西方美学经典精读

主编 高建平

高等教育出版社·北京

图书在版编目（CIP）数据

西方美学经典精读 / 高建平主编. -- 北京：高等教育出版社，2021.11
ISBN 978-7-04-055872-2

Ⅰ. ①西… Ⅱ. ①高… Ⅲ. ①美学史-西方国家-高等学校-教材 Ⅳ. ①B83-095

中国版本图书馆CIP数据核字(2021)第044546号

XIFANG MEIXUE JINGDIAN JINGDU

策划编辑	张　岩	责任编辑	张　岩	封面设计	李小璐	版式设计	马　云
插图绘制	杨伟露	责任校对	马鑫蕊	责任印制	耿　轩		

出版发行	高等教育出版社	网　　址	http://www.hep.edu.cn
社　　址	北京市西城区德外大街4号		http://www.hep.com.cn
邮政编码	100120	网上订购	http://www.hepmall.com.cn
印　　刷	北京天宇星印刷厂		http://www.hepmall.com
开　　本	787mm×1092mm 1/16		http://www.hepmall.cn
印　　张	40.25		
字　　数	800千字	版　　次	2021年11月第1版
购书热线	010-58581118	印　　次	2021年11月第1次印刷
咨询电话	400-810-0598	定　　价	98.00元

本书如有缺页、倒页、脱页等质量问题，请到所购图书销售部门联系调换
版权所有　侵权必究
物　料　号　55872-00

学术经典的文化使命
——"现代学术经典精读"系列丛书总序

张岂之

  高等教育出版社组织编写一套"现代学术经典精读"系列丛书,邀请我写几句话。我觉得,通过高等教育出版社推出一些有新意的经典读物,有助于传承、弘扬和创新优秀的中华文化,我乐意承担撰写序言的工作。

  中华民族拥有源远流长的文明史。中华文化凝结成为丰富的文化经典,亘古弥新,值得后来者不断发掘探讨。在中国思想文化史上,有一系列类似的著作带有研究的性质,比如研究《老子》的《解老》《喻老》(见于《韩非子》),研究先秦诸子的《庄子·天下》《荀子·非十二子》《韩非子·显学》《吕氏春秋·不二》《尸子·广泽》《史记·论六家之要指》,后来更有系统探讨学术源流与道统的《伊洛渊源录》《近思录》《宋元学案》《明儒学案》等著作。这些成果一方面在梳理中国思想学术发展演变的脉络,另一方面在传承和弘扬中华学术精神,比如"和而不同"的学术精神,在中华学术史上作出了重大贡献。中华文化之所以能够五千多年连绵不断,最主要的原因在于文化传承与创新得以世代相传。这也叫做文化的"道统",这个"道统"在今天应当发扬光大。

  时至今日,学人们在学术园地辛勤耕耘,视野更加开阔,资料更加周详,方法更加新颖，文字更加平实，形式更加多样，文风更加规范，所凝聚的学术成果，同样也是人们传承和创新文化的重要参考。正是在这种意义上，我认为，高等教育出版社组织编辑出版"现代学术经典精读"系列丛书是有价值的。

当然，这不意味着本丛书所选著作、论文都是臻于完美、无以复加了。实际上，有研究经历的人都能明白，学术研究本是一个不断传承、推进的过程，不可能一劳永逸。在个人或团队的努力下，前后相继，共同促进学术的繁荣和创新，是学术研究中的常态，所以往往难以用僵化的思维去考量丰富多彩、不断发展的学术研究本身。这启示我们，面对现代思想学术史上的名著名篇，我们应尽可能发挥它们的榜样和示范作用；这些研究成果为后来者提供参考和借鉴，使它们在承传文化精神、创新研究成果方面发挥更加重要的作用，这意味着不能仅仅从研究形式或规范方面去估价这些成果，尽管规范和形式也是很重要的层面。

我有这样的体会：在学术研究方面，需要有包容与会通的精神，这样才能给新课题、新探讨提供可能，使学术的薪火能够代代相传。中国古代也很重视这种相互辩驳的学术精神和理念，明清之际著名思想家黄宗羲在《明儒学案》的《发凡》中明确地指出："有一偏之见，有相反之论，学者于其不同处，正宜着眼理会，所谓一本而万殊也。以水济水，岂是学问！"

学术研究，文化传承，均要继往开来，不断推动学术创新与进步。中国古代学术著作，在梳理学术流变的过程中，侧重学术的继往开来，袭故弥新，"以复古为解放"（梁启超《清代学术概论》），穷本溯源，辨别考证，展现了学术研究的发展脉络和成果。正是这种订正增补，反复斟酌，使中华文化长河滔滔不息，绵延不绝。即使在民族遭遇重创的危急关头，中华文化中卓著的学术精神依然能够鼓励世人勇挑重担，成长为民族发展的脊梁。因为，学术研究和文化经典承载有不朽的文化精神，所以学术兴替往往被视作民族精神生死存亡的大事。因此，引导人文学科的研究生阅读以往的经典和名著，不仅仅在于丰富其专业知识，而且在于在潜移默化中使其精神受到优秀文化精神的熏陶，这将是更加重要的教育目标。

以上写了这么多的话，无非是想说明在学术研究作品的研读中，应注意凸现其中所隐藏的文化精神，以此作为大学文化传承和创新的基础。我想，对"现代学术经典精读"系列丛书的宗旨和意义应有这样的理解。

"现代学术经典精读"系列丛书，旨在向研究生传播文化知识和科研经验，提高研究生的学术鉴别能力和学术素养，为研究生以及青年教师从事学术研究提供帮助。

这套丛书内容涵盖国务院学位委员会、教育部印发的《学位授予和人才培养学科目录（2011年）》所涉文、史、哲、艺术等学科。每卷主编都是该学科领域学有专长的专家，选文尽可能突出学生必读的著名论文（或经典著作的节选），侧重20世纪的研究成果，其中不少是读者较难获得的论著。丛书编者希望所选论著大体上能反映学科研究的学术史体系，简要展现学科研究的发展历程、代表人物及其成果。前言由分卷主编撰写，主要介绍该领域学术史概况及论著遴选标准等，并对所选作品进行介绍和点评。每篇选文后附延伸阅读文献篇目。这使该丛书具有提纲挈领、扩展延伸的双重功能，编选应是有特色的。可见，高等教育出版社编辑出版的这套系列丛书，经过深思熟虑，又有在人文学科方面具有丰富教学、科研经验的专家学者主持，不但有益于大学人文学科的建设发展，而且为大学在文化传承创新方面提供了一种实施的途径，值得支持。

在浩如烟海的现代学术作品中甄别筛选出有代表性的精华论文或著作，的确并非易事，也难以避免取舍失当的不足。希望这套丛书能为研究生和年轻老师提供文化和研究的滋养，也希望读者朋友能为本丛书的编写提供更多的建议和意见。

是为序。

2012年12月

目　录

001 / 导言：20 世纪西方美学的新变与回归（高建平）

020 / 克罗齐与《美学原理》

041 / 科林伍德与《艺术原理》

057 / 桑塔耶纳与《美感》

080 / 沃林格与《抽象与移情》

100 / 布洛与《作为艺术因素与审美原则的"心理距离"说》

114 / 托马斯·门罗与《走向科学的美学》

132 / 克莱夫·贝尔与《艺术》

152 / 罗杰·弗莱与《视觉与设计》

168 / 苏珊·朗格与《感受与形式》

191 / 阿恩海姆与《艺术与视知觉》

210 / 海德格尔与《艺术作品的本源》

245 / 杜夫海纳与《审美经验现象学》

259 / 梅洛-庞蒂与《眼与心》

278 / 阿多诺与《美学理论》

295 / 罗兰·巴特与《从作品到文本》

305 / 福柯与《作者是什么？》

326 / 鲍德里亚与《拟象的进程》

346 / 利奥塔与《崇高与先锋》

365 / 彼得·比格尔与《先锋派理论》

387 / 莫里斯·韦兹与《理论在美学中的作用》

402 / 阿瑟·丹托与《艺术世界》

419 / 乔治·迪基与《审美态度的神话》

441 / 古德曼与《艺术的语言》

458 / 杜威与《艺术即经验》

480 / 舒斯特曼与《实用主义美学——生活之美，艺术之思》

503 / 阿诺德·贝林特与《艺术与介入》

523 / 沃尔夫冈·韦尔施与《超越美学的美学——致力于该学科的一种新形式》

541 / 沃尔海姆与《观看者之所见》

562 / 马格利斯与《为一种阐释理论所作的各项准备》

579 / 麦克卢汉与《媒介即是讯息》

597 / 波兹曼与《娱乐至死》

610 / 艾尔雅维克与《眼睛所遇到的……》

629 / 出版说明

导言：20世纪西方美学的新变与回归

高建平

18世纪美学学科形成，19世纪美学的大体系得以建构，在20世纪初，美学有了新的开端，并以自身话题的丰富性、内容的深刻性而使这个学科传遍世界。美学在许多国家和地区成为大学人文教育的一个重要科目，也与艺术创作的发展、艺术教育的普及形成密切的呼应关系。

20世纪的美学是从两个人开始的，这两个人就是克罗齐和弗洛伊德。恰好在1900年这一年，他们分别发表了具有划时代意义的两部论著。克罗齐发表了提交给蓬塔尼亚研究院的论文《一种作为表现的科学和一般语言学的美学的根本论题》("Fundamental Theses of an Aesthetics as Science of Expression and General Linguistic")，以关于"表现"的论述提示了20世纪初美学研究的新方向。他从维柯那里，特别是从维柯关于"诗性思维"的论述中汲取营养，提出了"艺术即直觉"而"直觉即表现"的观点。这种观点对"感性"作了重新肯定，并将它与艺术结合起来。弗洛伊德同年出版了《梦的解析》(*The Interpretation of Dreams*)一书，通过对梦的研究，探讨精神现象，发现了人的无意识。有一种说法称，哥白尼打破了"地心说"，达尔文打破了"人类中心论"，而弗洛伊德打破了"意识中心论"。这当然只是弗洛伊德拥趸者的赞美之语，但也不无道理。尽管弗洛伊德不是职业哲学家、心理学家和美学家，但他对哲学、心理学和美学的贡献具有里程碑意义。

当然，无论是克罗齐还是弗洛伊德，都在20世纪受到许多人的批判。20世纪的美学不能被理解成他们二人提出决定性的结论，此后的人则对他们进行阐释发挥。恰恰相反，20世纪的美学研究是通过对他们二人的批判而展开的，许多人通过批判他们建立了自己的理论模式。尽管如此，二人论述的方向奠定了一种新的基调，使此后总结19世纪和20世纪美学历史的人可从他们的思想中看出世纪之交的转折。

■ 一、心理学转向

20世纪初的美学出现了一些新的倾向，这些倾向多与广义上的心理学有关。在那个时代，人们积累了一种新的冲动，试图通过对人的心理的研究，揭开美学的奥秘。这是一种科学主义的倾向，要借助心理学探讨审美的心理机制。这与19世纪以德国哲学为代表的从哲学推导出美学的思辨方法形成鲜明的对照。

这种心理学的转向最早可溯源到德国莱比锡大学教授费希纳（Gustav Theodor Fechner，1801—1887）。费希纳提出了"自下而上的美学"的概念，写过多篇用定量方法研究绘画之美的文章，著有《实验美学论》（1871）和《美学导论》（1876）两部著作，讨论各种美学问题、原则和方法。这种努力对美学后来的发展具有巨大影响。

在从19世纪后期到20世纪初的一段时间里，科学成为一种意识形态。不仅心理学要走向科学，而且在哲学和美学领域内都出现了走向科学的强烈的呼声。费希纳的研究深刻地影响了心理学和美学这两个学科后来的发展进程。然而，他对这两个学科的影响在性质上是完全不同的。

费希纳在莱比锡大学学术工作的继承者，一位比他年轻31岁的同事威廉·冯特（Wilhelm Wundt，1832—1920），于1879年创立了世界上第一个专门研究心理学的实验室。在心理学史上，这被看成学科形成的标志，冯特也由此被称为实验心理学之父。

与心理学不同，此后美学的发展道路是复杂的。费希纳以后，实验美学诞生了，也出现了一些研究者，获得了一些研究数据。在此后的若干年里，不断出现认真严肃地从事实验美学研究的学者，直至今天，这种研究仍然有人在坚持。这些研究是很可贵的，并且随着科学手段越来越丰富、有力和成熟，一些有价值的成果产生了。

不过，20世纪美学史不能像20世纪心理学史那样来描绘。费希纳以后的美学并没有走上"自下而上"的道路。这不是因为美学家们不愿意这么做，而是因为客观上这么做行不通。美学的研究对象是美和艺术，其中所涉及的心理机制和心理活动极其复杂，心理学所能使用的手段还远没有达到揭示这种复杂性的水平。同时，美和艺术与人的社会性、意识形态性，与人的活动、经验和实践，与人的历史发展水平、文化传统的制约性等，也都有着各种复杂的联系，这些都不是心理实验室的工作所能解决的。因此，20世纪的美学研究从一开始就在这种复杂的情况下展开。

作为一种流行的研究方法，实验美学吸引了许多追随者，却很难出现引人注目的成果。在这方面，英国学者爱德华·布洛（Edward Bullough，1880—1934）的例子比较典型。布洛立志要做实验美学的研究，在这方面努力良多，他的一些研究成果发表在《英国心理学杂志》上。① 这些研究报告很少有人关注，与此相比，他的《作为一个艺术因素和审美原则的"心理距离"》② 一文却获得了意外的成功，被广泛阅读，在美学史上影响巨大。他的这篇论文所使用的并不是实验的方法。"心理距离"所指的不是空间距离，也不是时间距离，其本身无法测量。"心理距离"所使用的范围很广，在理解上也就变得多样化。在一些理论家那里，到处都是"距离"，这些"距离"的内容又各不相同，例如，对海上大雾的欣赏有赖于欣赏者与大雾的无利害的某种心理距离，对《奥赛罗》的欣赏有赖于欣赏者对剧中奥赛罗的感同身受却又得保持一种观赏的态度。至于"心理距离"如何形成，却又含糊其词，只是要求欣赏者像开车换挡一样，操控离合器、换挡、再合上，有意作出某种心理选择。而这一切，从实验的角度看，是无法测量的。

布洛的例子说明，存在着两种审美心理学的研究：第一种是实验美学，用"自下而上"的方法；第二种是面对种种审美现象，提出一些假设，再选择例证，对这些假设进行说明。第二种方法不是思辨哲学的"自上而下"，不是实验美学的"自下而上"，可称为"上下结合"。布洛以他自身的实践表明，美学界对这种"上下结合"的方法颇为欢迎。与实验美学相比，这是另一种审美心理学研究。这种研究因科学的发展而受到刺激，形成推动力，但主要使用的仍是人文学科的研究手段。正是从

---

① 例如1905年至1908年，他做过大量的有关色彩欣赏的试验，并于1907年、1908年和1910年在《英国心理学杂志》上发表了三篇有关这方面成果的研究报告。

② 参见 Edward Bullough, "'Psychical Distance' as a Factor in Art and an Aesthetic Principle," *Aesthetics: Lectures and Essays*, London: Bowes & Bowes, 1957。

这里开始，美学与心理学产生了分野。心理学高度自然科学化，而美学则保持人文学科的特色。

与这个例子相似的是"移情"说。移情说由西奥多·立普斯（Theodor Lipps, 1851—1914）提出，在 20 世纪初有很多追随者。"移情"本来的意思是将情感移入审美对象中，再从对象中感受到这种情感。从实验的角度看，这是无法证明的。情感如何通过移情射向对象，再反射回来，这似乎是一个神话。然而，我们在审美欣赏中的确能够感受到这种反射的现象。

这些具有"上下结合"特点，建筑在"假设加经验"基础之上的诸种学说，后来被人们概括为审美态度说。这些学说有一个共同之处，即都认为只要人摆出一种态度，就能使对象变成美的，因此美是主观的。这种审美态度说有两种形式：一种是"强形式"，即不管对象如何，只要有了一种态度，对象就变成了美的；另一种是"弱形式"，即不管对象如何，只有有了一种态度，对象才能变成美的。前者即审美态度的"强形式"，认为客观对象的形式与欣赏无关，完全由主体的状态所决定，因而具有纯主观性。这是一种在"上下结合"中更强调"自上而下"，更依赖哲学体系的学说。例如，在叔本华那里，"去欲"成了美感形成的条件。后者即审美态度的"弱形式"，其背后虽然有哲学体系的影子，但一定程度上已经实现了去体系化，它默认客观对象的形式仍是欣赏的基础，但依赖主体的状态使欣赏得以实现。例如"距离"说和"移情"说就是如此，它们都是主观派的美学学说，但具有一定的客观性。美的对象所具有的形式或形象上的性质使主体的美感态度的形成成为可能。这里所要强调的是，不管是"强形式"还是"弱形式"，都是用一种"上下结合"的方法，通过假设而非实验所形成的关于美的原理。

与这些审美态度说的发明者和支持者不同，20 世纪初还有一些与艺术批评保持着更加密切的关系的哲学家，试图打通主体与客体、情感与形式之间的联系。克莱夫·贝尔的"有意味的形式"就是如此。自从哲学上的主客二分观形成后，主体与对象之间如何重新建立联系就成了哲学家们需要解决的重大难题。作为解决这一难题的尝试，"有意味的形式"试图寻找对应性，即主客体之间，或者人的内在感受与艺术形式之间具有的"同形同构"的关系。

在 20 世纪中叶，有三位学者的观点具有代表性。他们都与心理学有一定的联系，或者自称使用了心理学的方法，却又与当时正在发展的实验心理学有明显的区别。第一位代表性学者是苏珊·朗格（Susanne E. Langer, 1895—1982）。朗格是新康德主义者恩斯特·卡西尔（Ernst Cassirer，1874—1945）的弟子，她继承卡西尔的观点，认为人是用符号来把握世界的。艺术是一种情感的符号，通过这种符号，物质性的形式与精神性的情感得到了沟通。苏珊·朗格在《感受与形式》一书中，也像克莱夫·贝尔那样讲"有意味的形式"。但是，朗格与贝尔有明确的不同。贝尔只看到形式，而强调形式中有意味，至于这种意味是如何被赋予形式的，在贝尔看来是一种神秘的现象。朗格则认为意味的获得是一种符号现象，人们通过符号，使流动中的情感感受获得了可把握的外在形式。①

第二位代表性学者是鲁道夫·阿恩海姆（Rudolf Arnheim，1904—2007）。阿恩海姆从事过艺术评论，特别是电影评论，但他受到普遍关注主要是由于从格式塔心理学那里借鉴了一些方法，对视觉现象进行研究。格式塔心理学派是从冯特那一代的实验心理学发展而来的。他们批判了冯特式的构造主义学派观点，认为人的视觉不是从对对象的个别要素的感觉发展到对对象整体的知觉，恰恰相反，人们是先有知觉，然后才通过对知觉的分析而获得关于知觉要素的知识。在视觉中，整体先于部分，整体大于部分。这些思想认识来源于格式塔心理学的实验结果。阿恩海姆的《艺术与视知觉》一书借用了这方面的大量知识。但是，他在将这些知识运用于艺术分析时，总要在每一章的最后提示艺术品的意义对知觉的决定性影响，而这恰恰是实验不能解决的问题。②

第三位代表性学者是恩斯特·贡布里希（Ernst H. Gombrich，1909—2001）。严格说来，贡布里希不是心理学家而是艺术史家，他的思想方式和研究路径与当时的心理学研究群体相差很远。但是，他的著作《艺术与错觉》特别加了一个副标题"图画再现的心理学研究"。显然，他这里的"心理学"一词取前面所说的第二种含义。贡布里希所说的心理学提出了一种观点，认为图像再现不能像过去那样，被看成简单的模仿，其中有一个"作"（making）与"配"（matching）的过程。人总是有制作符号的冲动，而在一些特定的历史时期，例如希腊的古典时期、文艺复兴时期，人们将这种符号性的图像与视觉所把握的对象形成了匹配，从而形成制作逼真图像

---

① 参见［美］苏珊·朗格《感受与形式——自〈哲学新解〉发展出来的一种艺术理论》，高艳萍译，江苏人民出版社2013年版。
② 参见［美］鲁道夫·阿恩海姆《艺术与视知觉》，滕守尧、朱疆源译，中国社会科学出版社1984年版。

的要求。①

与以上这些心理学研究的思路不同，在美国出现了机能主义心理学，以詹姆斯（William James，1842—1910）、杜威（John Dewey，1859—1952）等人为代表。从构造主义到格式塔心理学，都围绕着感觉和知觉进行研究，思考其中的要素及其相互关系。与此不同，机能主义从心理的功能出发进行研究。对于这种研究路径上的区别，我们可以用一个比喻来展现。面对一辆自行车，研究者形成两种思路：一种思路是将自行车拆开，看它是由哪些零件组成的；另一种思路是从自行车的功能来理解它为什么需要这些零件。后者就是机能主义的认识。研究自行车的整体结构以及组成它的零件，是科学研究的传统方法，即分析的方法。这种方法当然很重要，例如修理自行车就必须了解自行车的整体结构和相关零部件。由此推知，如果人是机器，是一台或一组功能极强大的机器，那么，对人的心理的理解也要建立在这种结构和元素分析的基础之上。然而，一辆自行车的整体结构和零件设计要服务于自行车的功能，正是功能决定了对象的结构和相关设计，又在使用过程中加以改进。所有的机器都是如此。

在杜威的美学中，心理学起了很重要的作用。杜威的美学从经验分析出发，研究"活的生物"与环境的互动关系，提出"一个经验"的概念，努力填平日常生活经验与审美经验之间的鸿沟。杜威致力于从日常生活的经验出发来理解艺术，看到了高雅艺术与通俗艺术、艺术与工艺、艺术与非艺术之间的连续性。对于艺术，他有一个很好的比喻：当我们看到一座山时，不能将它看成上天在平地上放了一块石头，而应将它看成地貌起伏变化的产物。因此，艺术是与大地连在一起的，而不是放在大地上的。在涉及哲学本体论的问题上，他指出，世界首先是人的环境，在此基础之上，世界才变成了人的对象，不能离开这种人与环境的互动关系来理解和研究人的心理。

杜威是一位密切关注科学发展的学者，他热衷于将科学的最新成果运用到哲学和美学研究中。然而，跟踪科学，尽可能地运用最新科学成果，并不等于科学主义。有一种说法认为是黑格尔将杜威从科学主义中解救出来的，这种说法也许在细节上不准确，但其基本含义是对的。保持对世界、社会和人的宏观把握，同时考虑科学

---

① 参见 E. H. Gombrich, *Art and Illusion: A Study in The Psychology of Pictorial Representation*, New York: Phaidon Press, 1960.

成果的可使用性，基于科学又超越科学，这是杜威的方法的特点。

在杜威以后，托马斯·门罗（Thomas Monroe，1897—1974）写了《走向科学的美学》①，此书与杜威的立场是一致的。美学要走向科学，但不能理解成美学的自然科学化，不能从量化测量出发来展开美学研究。

■ 二、语言与符号的观点

哲学家们喜欢下一个断语，说20世纪是语言的世纪。的确，在美学史上，20世纪发生了一次重大的语言学转向。这种转向，从某种意义上讲，是对世纪之初的科学主义的一次拯救。发生于19世纪末20世纪初的美学的心理学转向，具有挣脱思辨哲学特别是德国古典哲学的庞大体系的作用。然而，心理学转向迫使美学纠缠于科学与人文之间。美学毕竟不是心理学，完全采用实验的手段在当时收效不大。尽管有人努力，也有成效，但美学的心理学转向不能成为主流。正是在这个争论过程中，语言学作为一股外在的力量，介入美学研究之中，骤然改变了美学研究的基本图景。

美学的语言学转向可以溯源到瑞士语学家索绪尔（Ferdinand de Saussure，1857—1913）和他去世后出版的一本书《普通语言学教程》。这本书由索绪尔的学生根据他的讲稿和听课笔记整理而成，其中提出了许多重要的思想。该书提到思维对语言的依赖性，没有清晰的语言，就没有清晰的思想。该书还提出，语言并不表达内在的思想，我们正是用语言来思考的。意义并非隐藏在语词的背后的，相反，正是通过语词，意义才得以形成。用索绪尔自己的话说，能指（语词符号）与所指（意义）正像一张纸的正面与反面，不能将一张纸的正面切开而不切开反面。

这样一些看似简单的思想，在文学艺术的研究中具有革命性的意义。这种思想启发我们，不应从作品之外来寻找作品的思想，一部作品的思想恰恰处于作品之中。作家与艺术家是在创作作品之时，创作出了与作品形式同在的作品的思想，而不是先有某种思想，再寻找一个形式将它展现出来。于是，对文学艺术研究者来说，重

---

① 参见［美］托马斯·门罗《走向科学的美学》，石天曙、滕守尧译，中国文艺联合出版公司1984年版。

要的不再是研究艺术家的传记、创作心理，也不是离开作品去研究作家与艺术家可能有的意图，而是研究作品的文本本身，感受文本所体现出的意义。作品的文本是一个客观的研究对象，它自身具有意义。不仅作家、艺术家的身世和对他们进行的心理研究无助于人们解读作品的意义，甚至作家、艺术家本人也不再是作品意义的最权威的解说人。对作品接受者来说，重要的已经不是作家、艺术家所叙述的作品的意义，而是作品实际具有的意义。

哲学中的语言学转向对美学的影响是极其深远的。这种转向通过各种途径在美学研究中体现出来，其中最突出的是两种倾向，即"分析美学"和"符号论美学"。

"分析美学"在学术传承上主要受维特根斯坦哲学的影响。维特根斯坦（Ludwig Josef Johan Wittgenstein，1889—1951）很少谈美学，但他对20世纪中叶美学发展的贡献是极其巨大的。

在哲学中，美学是一个非常特别的组成部分。许多哲学家在开始建立自己的哲学体系时，都将美学排除在外；而等到他们的哲学体系建立起来以后，又觉得美学仍不可缺少；最后，他们越来越重视美学，将美学看成哲学体系最后完成时必不可少的。康德就是一个典型，他在写作《纯粹理性批判》和《实践理性批判》时，并没有想到最后要写《判断力批判》，只有在《判断力批判》完成后，他的哲学体系才算搭建完成。康德研究者们可以争论《判断力批判》只是前两大批判之间的桥梁还是他的哲思发展的最高体现，但无论如何，对康德哲学体系来说，《判断力批判》都是不可或缺的。同样的例子也可以在黑格尔身上见出，他的《美学讲演录》在他去世后才出版，但这本书对于理解黑格尔具有重要的意义。杜威也是在古稀之年才发表了《艺术即经验》一书。许多哲学家经过一生的哲学思考，最终都愿意回归到美学上来，用美学为他们的哲学大厦加上屋顶。

如果说这些哲学家都有一个晚年的美学时期的话，与他们相比，维特根斯坦没有活到自己的美学时期，给美学留下了一个巨大的问号。继承他的思想的哲学家莫里斯·韦兹（Morris Weitz，1916—1981）提出了"家族类似"观点，认为艺术品之间没有共同点，它们之间的相似之处像"家族类似"一样似有若无。这是一种否定主义的"反本质主义"美学。然而，正是韦兹的研究引领了此后一代分析美学家回到艺术本质上来。

韦兹说艺术是不可定义的，却引来了众多的艺术定义寻找者。原因在于，这是一个艺术定义自觉的时代。美学的研究对象是美还是艺术，这是一个长期争论的话题。康德是从美开始进行研究的，黑格尔认为美学就是艺术哲学。然而，无论康德还是黑格尔，都不认为他们对美学的规定具有排他性。康德的《判断力批判》从美开始，归结到艺术；黑格尔谈艺术以美的艺术为中心，也兼论美的自然。至于前面所说的心理学派的美学，都具有美与艺术兼顾的特点。康德与黑格尔的美学所潜藏的对立，到了20世纪演变成真实的对立。

分析美学出现以后，美学家们开始明确宣布美学与美无关，只研究艺术。

分析美学研究的重要代表人物有门罗·比厄斯利（Monroe Beardsley，1915—1985）、乔治·迪基（George Dickie，1926—　）、阿瑟·丹托（Arthur Danto，1924—2013）、纳尔逊·古德曼（Nelson Goodman，1906—1998）、理查德·沃尔海姆（Richard Wollheim，1923—2003）和约瑟夫·马格利斯（Joseph Margolis，1924—2021）等人。比厄斯利既受分析哲学的影响，也受经验主义的影响，他将美学定义为"元批评"，即批评的批评或关于批评概念的分析。这一规定后来被当作分析美学的经典定义。由此，美学不再对艺术作品本身进行研究，而只是辨析文学艺术批评中所使用的术语。

分析美学是适应先锋艺术的发展而形成的理论。在此之前，艺术与美的关系问题当然是美学的核心问题。这一关系可以狭义地理解，即认为艺术是自然和生活中的美的集中体现，艺术比非艺术更美；也可以广义地理解，即认为艺术不仅表现美，也表现美丑对照，表现能激发人情绪反应的其他对象。然而，此前的美学家们从来没有想到会出现一种艺术，它不但不符合狭义的美，而且与广义的审美欣赏，与激发愉悦、惊恐、哀伤、痛苦、恶心等各种各样的情感和情绪反应都毫无关系。对于塞尚和马蒂斯的艺术是否美的判断，可以见仁见智，他们的作品是不是艺术与它们是否能提供某种审美感受仍多少有一些联系。而杜尚的《泉》是不是艺术则与它的造型和光泽无关。这些物品成为艺术品，很可能只是由于它们制造了艺术事件，从而被人们当作对事件的记录和回忆，并因此被写进艺术史，得到评论家和理论家的评论。

分析美学是20世纪美学史中重要的一页。一批分析美学家通过对艺术理论和评论的概念的梳理，在美学史上留下了丰富的成果。直至今天，分析美学的研究仍在继续，并不断出现一些新的有价值的成果。然而，在20世纪后期，出现了对分析美学挑战的声音。这种挑战主要认为分析美学只对艺术批评所使用的术语进行分析研究，不直接接触艺术作品及审美经验，从而使美学不再研究美和艺术本身，具有间接性。

语言学转向与符号学的形成和发展有着呼应关系。理论界一般认为符号学主要包含三条线索。第一条线索来自德国而在美国得到发展。来自德国的恩斯特·卡西尔从人类学、心理学和艺术学中汲取营养，于20世纪20年代出版了三卷本巨著《符号形式的哲学》。卡西尔从康德哲学出发，并极大地扩展了康德的"先验方法"，将康德说的认知世界所依赖的时间和空间，以及各种因果性范畴，转变为符号，并认为人是通过符号来认识世界的。他像康德一样，认为"物自体"不可认识，而语言和符号体系在很大程度上决定了人的认识的范围和性质。符号有两种，一种是语言的，它天生具有逻辑推理的倾向，另一种是神话的，它有着直接性和情感性。卡西尔的另一本著作《人论》在中国引发了巨大反响。这本书在翻译成中文时，恰逢中国关于"形象思维"的讨论和对马克思关于"艺术地"掌握世界的方式①的研究处于高峰之际。这种思想的引入对探索艺术思维与符号思维的结合起到了重要的作用。

卡西尔的学生苏珊·朗格追随他的思想，写了《哲学新解》一书，相应地提出"呈现性"和"推理性"符号（symbol）之分，并通过"呈现性符号"指出一条通向艺术符号之路。由此，她又写出《感受与形式》一书，提出艺术是"情感符号"，以音乐为例，发展了克莱夫·贝尔"有意味的形式"的观点，并由此形成一种心与物、情感与形式之间的"同构"关系。在此以后，苏珊·朗格还写了《艺术问题》和《科学中的抽象与艺术中的抽象》等著作和文章，结合各门艺术，对这种"情感符号"进一步阐释。

第二条线索是从实用主义者皮尔士开始的。皮尔士（Charles Sanders Peirce，1839—1914）论述了指号（sign）的理论，并提出了"肖似指号"（iconic sign）的思想。根据符号学的一般原理，指号与所指对象之间的关系是人为的关系，从而具有任意性。"肖似指号"概念的提出就挑战了这种关系，从而在一定程度上恢复了古老的"模仿说"，寻找指号与所指对象的联系。这种思想在莫里斯那里得到了发展。

朗格的"呈现性符号"与莫里斯的"肖似指号"渗透到20世纪中期以后的美学思维之中，为不同流派的许多美学家所接受。

---

① 马克思的原话是："整体，当它在头脑中作为思维整体而出现时，是思维着的头脑的产物，这个头脑用它所专有的方式掌握世界，而这种方式是不同于对世界的艺术的、宗教的、实践一精神的掌握的。"引自［德］马克思《〈政治经济学批判〉导言》，见《马克思恩格斯论艺术》，中国社会科学出版社1982年版，第84页。20世纪80年代这段话在中国引起了热烈的讨论。

第三条，也是最重要的一条线索，是从索绪尔开始的关于语言符号的线索。尽管索绪尔只是论述了他关于语言学的构想和一些基础概念，但他对后来的美学，特别是文学理论的发展有着重要影响。在这方面，最奇特的是一批远在莫斯科和圣彼得堡的年轻人，他们实现了这种语言学的理论在文学上的移植。

■ 三、现象学、存在主义与身体论

尽管分析美学可以溯源到奥地利哲学家维特根斯坦，但作为一种美学流派，它主要还是在一些英语国家特别是在英国和美国流行。与此同时，在欧洲大陆，流行的是从现象学和存在主义开始的新的美学线索。

现象学是20世纪的一个重要哲学流派。如果绕过艰涩的论述，用最简单的语言对现象学与美学有关的思想进行解说的话，那么，可从三个关键词入手。

第一个关键词是"意向性"。人的思想、情感、欲望和行动总是有所指向的。这种指向可以是个体性的，也可以是群体性的。群体性的意向不一定是真实的，但可以有一种真实感。这种意向性可以有具体的指向。在这方面有一个经典的例子，就是"青春泉"。西班牙探险家庞塞·德莱昂听印第安人说，一个岛上有可以返老还童的青春泉，就出发寻找，最后虽然没有找到，但发现了一片美丽的陆地，并将其命名为佛罗里达（Florida），即鲜花盛开的地方。我们的人生也常常是如此，追求一个目标，而这个目标可能并不存在或难以实现，但追求的过程给我们带来了美好的东西。因此，重要的不是对象的实有，而是有这个意向。

第二个关键词是"括起"，即只关注对象本身，而将对各种对象的由文化所带来的偏见"括起"。这种"括起"也叫"现象的还原"。但"还原"不是回到事物存在本身，而是去除一切相关的观念，"还原"到一种不受干扰的经验上来。

第三个关键词是"生动的直觉"。意向性的对象绝不是某种抽象的概念，而是形象本身。譬如青春泉是生动的泉水，而不是抽象的长生不老的信念。这与中国人所说的"意象"相近，有着生动的形象，又能直接揭示事物的本质，是一种"本质的直观"。人们固然可以对一个对象进行理论的和实践的思考，但除此以外，还具有一种可能，这就是将这一切都"括起"，面对它而展开经验的全部的丰富性。

这种现象学的方法在英伽登（Roman Ingarden，1893—1970）的著作中得到了具体的体现。面对一部文学作品，例如一首诗，英伽登的方法是将作者、时代、社会等因素"括起"，直接分析作品所提供的经验。他将文学作品分为四层，即语词的声音、语词的意义、作品所揭示的事件和故事，以及图式化的观点。他还将分层的方法运用于其他艺术门类，例如，绘画有三层，音乐只有一层。这种观点培育了一种对文学艺术作品的分析方法，即面对作品，展开当下的经验，而不是引入对作品的各种现成的见解。

从哲学线索的源头上讲，存在主义与现象学原本并非同一个哲学流派，也不存在一种从现象学向存在主义的自然过渡。现象学的方法是在批判德国古典哲学的基础上形成的。对现象学来说，对象的本质是被"括起"的，这种对待世界的态度具有从康德哲学向前延伸的特点。康德认为，人们关于对象的知觉是由于主体的投射而构成的，而本体的世界是不可知的。然而，康德所追寻的仍是关于世界的知识，他只是确定知识的限度而已。现象学的方法同样试图从主体的角度对作为对象的世界进行理解。这种方法不再探讨作为对象的现象背后有什么客观的本质，而是发挥生动的直觉，关注当下的对象，形成对它的经验。

严格说来，存在主义不应被看成从现象学发展而来的哲学。尽管胡塞尔（Edmund Husserl，1859—1938）与海德格尔（Martin Heidegger，1889—1976）有师承关系，我们不能由此而断定在现象学的基础上发展出了存在主义。从严格的意义上讲，现象学与存在主义在哲学的发展史上所具有的是相遇的关系。

存在主义有自身的历史。一般说来，存在主义的哲学要溯源到丹麦哲学家克尔凯郭尔（Soren Kierkegaard，1813—1855），他反对黑格尔的冰冷的逻辑，认为基督的真理在信仰而不在关于神的观念，"我"要寻求的"真理"是"我的真理"。这开启了一条非理性的哲学路径。存在主义的第二位代表是尼采（Friedrich Nietzsche，1844—1900），他关于"上帝之死"的宣言开启了一种可能性，即人可以从自身而非某种外在的权威获得存在的意义。这种思想在哲学史上的意义是极其深远的。通过这种哲学，德国古典哲学所追求的"超越性"（transcendence）实现了向"内在性"（immanence）的转化。人的情感、焦虑、矛盾以至人的肉身，都受到关注。

当然，存在主义思想的线索并不止这两位。许多关注人的意志、欲望、肉身、行动、实践和内在性的哲学家，都对这种哲学潮流的发展起了推动作用。正是由于与现象学的结合，以及20世纪的哲学氛围，才使存在主义哲学得到全面的发展。

存在主义的巨大影响主要是通过海德格尔和萨特（Jean-Paul Sartre，1905—

1980）这两位实现的。

海德格尔提出了一系列概念，他关于"此在"（Dasein）的观点影响尤为深广。"此在"对"在"（Being）有一个前概念的理解，是由于它就处在"在"之中，"在"通过它来展现自身。许多研究者通过海德格尔提出的一系列复杂而专门的术语，试图理解他所提出的体系。这一工作当然重要，但同样重要的是，美学研究应重视海德格尔所代表的一种转向。这种转向与现象学结合在一起，重视主体通过投射而赋予对象以意义。如果说笛卡尔通过"我思故我在"的命题而形成了一种理性主义的哲学传统的话，那么，海德格尔则将此颠倒了过来，提出了"我在故我思"，更进一步说，是"我"驱动我的"在"以形成与世界和他人的结合，进而获得意义。

在大众的眼光中，萨特是一位更有影响力的存在主义者，特别是在文学和艺术界，萨特的名言"存在先于本质"已经被反复阐释。"存在"是基本的事实，而"本质"是通过自由意志所进行的选择。这种本质是通过意识来表达的，而意识所代表的不是实物，而只是指向。

存在主义所提供给美学的是一种根本的方向上的转换。这种哲学展开论述人的处境、焦虑、荒诞感、自由意志，特别是列出真诚性作为标准，强调人对世界的"介入"（engagement），这些都成为后来哲学和美学研究的普遍的工具。

存在主义所强调的非概念性进一步导致对身体、活动和动作的强调。这成为对知觉的实践性理解的来源。在以后的一些哲学家，诸如伽达默尔、阿伦特（Hannah Arendt，1906—1975）、马尔库塞（Herbert Marcuse，1898—1979）、德里达（Jacques Derrida，1930—2004）和福柯（Michel Foucault，1926—1984）等人那里，都可以看到存在主义的影响，尽管他们中的许多人都不是或不会承认自己是存在主义者。

■ 四、美学的回归与超越

20世纪末，美学经历了一系列重要变化。从世纪之初到世纪中叶，所形成的各种美学的流派思想各自依照自己的逻辑发展着，又时时遭遇各种危机。与一些建立在实证基础上的自然科学相比，美学似乎是一种建立在沙滩上的学问。它具有一种流动性，不断变换着自己的基本前提，转换着学科的姿态，针对当时的状况而提出新的思考。人们反复讨论"什么是美学？"这个问题，正表明了对这个学科的对象不能确定，也显示这个学科的基础处在变动之中。

那么，到了20世纪末和21世纪初，西方美学在做什么，这个问题当然很难回答。"西方"不是一个人，不是一个国家，不是一个流派，而是一群人，依托各自的理论资源，面向自己当下的现实，正在进行思考和研究。我们过去所持有的那种"自我"与"西方"的二元对立，由于国际学术交往和理论交流而逐渐变得过时。中国的美学中掺杂了许多西方的理论，同时，西方学者也从中国学者那里学到了许多东西。同样的情况出现在其他一些西方与非西方的关系之中。这时，我们所要回答的，不再是旁观式地询问西方美学中出现了什么新东西，而是参与式地思考：在哪个国家、哪个地方，出现了什么样的美学观点和方法？对我们有什么影响？我们可以从中学到什么？

经历了一个世纪的动荡变化，在又一个世纪之交，美学的发展可以用两个词来概括，这就是"回归"和"超越"。

当下的美学首先呈现出的趋向是"回归"。从一定意义上讲，20世纪初的美学与20世纪末的美学具有呼应性。从20世纪初开始，美学这个学科就走出思辨哲学的圈子。18世纪形成的现代美学概念，是以艺术自律和审美无功利为核心概念的；19世纪的一些哲学体系，从总体上讲，是在强化这种艺术和审美的概念；20世纪的美学，借助心理学、语言学，以及从文化、历史和社会等方面的各门学科，试图解决艺术和审美的问题，美学发展走向了多样化。这一趋势到了又一个世纪之交，又有了新的动向。

这里所说的"回归"是多重意义上的回归。

第一个"回归"，是美与艺术的重新结合。面对先锋艺术的一些新的挑战，一些分析美学家提出，美或审美是与艺术无关的。美不限于艺术，艺术也不必美。艺术是由体制、观念、阐释所决定的，与是否美，甚至与是否能提供广义的审美反映无关。

这种观点是对夏尔·巴托（Charles Batteux，1713—1780）以来的"美的艺术"的观念及由此产生的现代艺术体系（modern system of the arts）的挑战。巴托建立现代艺术系统，在18世纪所要实现的是艺术与工艺的区分。现代艺术系统借助原有的一些艺术中的高低之分和精粗之分，以及艺术与诗的种种结合，最终使一些艺术门类脱离工艺,成为高雅艺术的结合,并将它们称为"美的艺术"(beaux-arts)。①后来,在这种体系(system)的观念的指导和支配下,建立了与艺术相关的建制(institutions)。这包括建立相关的大学系科和研究院所,在规定的学科体系中设立一个位置,例如使"艺术"成为一门学科。一个学科形成后就有了自己的独立性。巴托认为,诸"美的艺术"要归结为同一的原理,即模仿。由此,艺术就成为一个独立的本体论的领域。柏拉图(Plato,公元前427—公元前347)区分"理念"的床、现实的床和画家的床,形成三张床的理论。巴托借用柏拉图的形而上学理论,却放弃了柏拉图式的对艺术的排斥,以肯定性的立场论述艺术,说明一个独特的本体论领域的存在。依托这一对艺术的肯定性立场,"美的艺术"得以成立。下一步的发展,则是它被简称为"艺术",而对艺术之"美"的理解逐渐变化。

"美的艺术"原本具有"美""精美""高雅"等含义。艺术之"美",在历史上具有多种变化:从绘画雕塑所追求的形式之美、逼真之美、制作之精美,音乐的旋律之美、音质纯和之美,到舞蹈的动作流畅之美、与音乐相谐和之美,再到诗歌的语言声音谐调之美、词语意象之美,等等。艺术一词原本有评价的含义,不达到一定的水平,就不能称之为艺术。或者说,"美"构成了艺术的标准,不美就不是艺术。然而,从文学开始,就出现了对"美"的理解的多样化。当亚里士多德(Aristotle,公元前384—公元前322)谈到悲剧能通过"哀怜"和"恐惧"产生"疏泄"而达到"净化"时,悲剧就成为一种通过给人痛感而达到快感的艺术。此后的"崇高""怪诞""恐怖"等范畴都具有通过"痛感"产生"快感"的特点。在一些近代的画家和雕塑家那里,再现丑形丑态的人也能成为艺术,而音乐中也出现有意打破和声之美加入不和谐声音的现象。美学家们致力于解释这些现象,说明"美"的概念具有弹性,丰富而包容。各种具有感性特征的物都有可能成为美的对象。

然而,当一些先锋派艺术作品出现时,美学碰到了前所未有难题。杜尚(Marcel Duchamp,1887—1968)的《泉》能成为艺术品,不是由于"造型"或"光泽",这与一切感性特征都无关。约翰·凯奇(John Cage,1912—1992)的《4分33秒》也是如此。有人评论道,这种艺术是无声的天籁,是此时无声胜有声,努力从感性特征方面寻求解释。殊不知,这种艺术原本就是要实现对一切感性特征的超

---

① 参见[美]保罗·奥斯卡·克里斯泰勒《现代艺术体系:美学史研究》,高艳萍译,见汝信主编《外国美学》第21辑,江苏教育出版社2013年版。

越。由此,一些分析美学家开始宣布,"艺术"与"美"无关。他们所说的"艺术",当然是指从夏尔·巴托开始的,从属于现代艺术体系的"美的艺术"。这就是说,在这时,"美的艺术"已经与"美"无关。

艺术不再具有对"美"的依赖性,从而使艺术家们自行其是。阿瑟·丹托(Arthur C. Danto,1924—2013)曾讨论艺术与非艺术在外观上无区别的问题。在外观上无区别时,那根据什么来区分?在"艺术家创作出艺术作品,根据作品确定某人是否是艺术家"这一循环中,人们开始取前半个循环,只要是艺术家创作出的,就是艺术作品。而一个人是不是艺术家,是由他或她是否加入这种关于艺术的建制所决定的。这一理论解决了诸多先锋艺术品与美无关的问题,在艺术界受到普遍欢迎。

然而,当"艺术"与"美"脱钩,一物是不是艺术品由作者的身份所确定之时,一个问题自然就会被提出:艺术品之间是否还能相互比较,从而决定谁更"艺术"?艺术家经过技能的练习、知识和见识的增长、性情的修养等种种个人的努力之后,艺术水平是否会"进步"?这种"进步"意味着什么?艺术会不会随着时代的发展而发展?这种随时间推移而具有的采用新技术、学习新的表现手段和能力所带来的改进,是不是"进步"?这又意味着什么?面对这些问题,"艺术"与"美"脱钩的理论无法回答。于是,"艺术终结"或"艺术史终结"的理论自然产生了。

有了"艺术终结"观的冲击,就有"艺术终结之后"的思考。归根结底,艺术仍是不能与美分离的。当我们试图给艺术下定义从而说明艺术的本质时,不应该只是描述当下的艺术。实际上,当我们试图对艺术下定义时,就进入一个整体的思考之中。在其中,我们要依据对艺术的预期,回顾艺术的过去,并针对当下的现实来赋予艺术以意义。这种对艺术的要求就给美与艺术的重新结合提供了可能。当然,这里所谓的美不是指康德意义上的"纯粹美",而是指包括各种美的范畴在内的审美特性。超越美学的美学,就是在传统的美学被打碎以后的重建,要寻找新的美学原则,实现艺术与美的重新结合。

美学的第二个"回归",是意义的回归。艺术作品要不要表达意义,艺术的接受者能否从艺术作品中获得意义、知识和能力,这些问题原来是很清晰的。艺术可以寓教于乐,艺术对人的成长和心理健康具有重要意义。但是,20世纪美学的发展使得一些传统的被视为常识的观点被放弃了。这时,出现了所谓价值论转向和本体论转向。价值论转向是指这样的一种潮流,认为审美只是一种价值评价,艺术不是认识，不提供知识，更与道德教育和情感教育无关。这种观点是对康德美学的误读。康德并没有否定艺术的认识和教育意义，但他在讨论美的契机时，由于要论述"纯粹美"，把美与概念、功利、目的等区分开。但康德接下来就回到了对在审美中大量存在的"依存美"的论述，并关注美与知识和道德的连接。分析美学则绕过这些问题，只关注批评的术语，把面对艺术时丰富的人的活动抽象成纯粹的语言活动，只面对艺术批评中所使用的术语进行研究。其实，美学不能只作词语分析，而要研究审美活动，回到活动本身来实现意义的寻找。审美也不能被设想为静态地面对一个审美对象进行观赏，并实现审美价值的评价。美学要对人的审美活动进行反思，从而进行理论的抽象。在这个活动中，有知识的增长，有意义来源的探寻，也有价值的评价，更有欣赏者的审美、道德和各方面能力的提高。

美学的第三个"回归"，是生活的回归。艺术不再是一种超越生活之上，与生活相区分并对立的事物，而是生活的一部分。从18世纪开始的美学学科建立的背后，存在着一种社会学意义上的推动力，即美学家们努力实现艺术与工艺的区分，从而维护艺术的独立。这种追求本身有重要意义。通过这种区分，艺术学在现代学科制度中得以确立，艺术的现代教学模式也得以建立，艺术品由此而被当成专门的精神产品而得以生产和流通。经过一个漫长的现代发展过程，到了当代社会，日常生活的审美化造就了一种新的语境，使得艺术在这种新的语境中承担新的任务，起着新的作用。从某种意义上讲，这是向现代艺术系统出现以前的状态的回归。当然，这不是否定和打破现代艺术系统，而是在艺术与非艺术之间寻找连续性，实现在新语境下的连接。

世纪之交的美学所实现的回归，不是完全回到此前的状态。一百年来，美学有很大的发展，积淀了许多理论成果，同时也带来许多既有的理论偏见。2013年在波兰克拉科夫召开的第20次世界美学大会上，德国学者沃尔夫冈·韦尔施（Wolfgang Welsch，1946— ）的发言题目是"超越美学的美学"。他认为，传统的美学已经过时，我们要走出去。但走出去以后，不等于就没有美学了，而是要寻找新的探究美学的方式。美学走向实践，美学走进生活，美学关注身体，这都是美学发展的新方向。

西方美学的发展趋势将是解构西方美学本身。长期以来，在美学领域一直有一种西方中心主义的传统。从18世纪美学概念和学科体系形成，到20世纪众多美学流派的发展，这个学科一直存在从西方向非西方流传的趋势。很多非西方国家和地区的美学都是在经过西方美学传入后建立起来的。中国、日本、韩国的美学如此，印度、拉美、东欧也是如此。国际美学协会为自己定下两项宗旨：促进美学在当前该学科较发达国家之间的学术交流，促进美学向一些尚未建立这个学科的国家和地区传播。这两项任务尚未完成，还要继续下去。然而，同样是促进学术交流，性质在发生着变化。从21世纪开始，在国际美学界，非西方美学的声音越来越大，越来越多的非西方的学者依托自己的传统，面对自身的审美和艺术的现实进行美学研究，并在国际美学界发出自己的声音。当代美学也正在走出西方中心的局面，进入一个美学共建的时代。

在当代美学界，另一个热点话题是对人类中心主义传统的挑战。受德国古典美学的影响，在中国美学界有一个用"人的本质"来论证"美的本质"的逻辑，而且似乎不证自明。在西方，也多少有类似的情况。20世纪前期的思辨美学和心理学美学，以及世纪中叶的语言学转向和世纪后期的文化学转向，都是在人类中心主义的框架中进行的。达尔文的进化论在生物科学领域中被普遍接受，但在美学领域处处受排斥。到了世纪之交，沃尔夫冈·韦尔施开始了对动物美学的探讨。[①] 这种探讨是朝向达尔文的回归，也是走出人类中心主义的探索。这方面的工作进展当然还很艰难，我们现有的许多美学基本概念都是建立在人类中心主义基础之上的，要想一下子摒弃它很难，尚有很多理论工作要做。但这毕竟是一个有益的思路。依照约翰·杜威的观点，我们能做到的，至少不是在人与动物的差异点上进行美学的立论，即不是以"人的本质"去论证"美的本质"，而是在人与动物的连续性上进行立论，从而扭转这方面研究的学术方向。这一点对当前的美学研究很有启发。

当下的美学，无论在国外还是在国内，生命、身体、生态的观念都深刻地影响着美学本身。如果说相比之下这些观念还比较消极的话，那么，生活、活动、实践和创造的观念能够与这些美学观念构成一种互补的关系。在世纪之交，美学"终结"话语流行，然而，我们已经来到了"终结"之后。21世纪所要做的事，不是消解美学，而是建构一种超越美学的美学。

[①] 参见［德］沃尔夫冈·韦尔施《超越人类界限的艺术——通向超人类的姿态》，徐德林译，见汝信主编《外国美学》第21辑，江苏教育出版社2013年版。

■ 结语：经验与介入

回顾20世纪的西方美学，内容丰富，精彩纷呈。在21世纪，美学从哪里出发？归结起来，无非这样三点。

第一，美学与艺术的结合。艺术与美脱钩是在一个特定时代艺术所体现出来的对艺术传统、对习俗和惯习、对社会现实状态的反抗，这并不意味着艺术永远与美无关。艺术会出现概念化倾向，但并不会像黑格尔说的那样一劳永逸地回归理念。艺术会回到感性，在艺术中，感性的追求会是永恒的。因此，艺术与美分离之后又会重新结合。或者应该说，二者从来没有分开过，只是在历史长河的某一瞬间在某些艺术流派那里出现了一些过激反应。在未来的岁月里，艺术与美的结合会不断以创新的形式出现。

第二，美学要走向生活。我们不能简单地回到一个渐渐丧失其意义的老生常谈之中，即艺术从生活中成长起来，又服务于生活。实际上，艺术从来都是面对生活现实的，人们将它创造出来，又作用于生活。法兰克福学派只讲"救赎"，其实除此之外，更多的艺术对生活起到的是滋养作用，"救赎"是指在生活中起药品作用，而艺术既在生活中起药品作用，也在生活中起食品作用，是精神的食粮。

第三，美学要关注生活中的各个方面。这包括城市和乡村。城市发展和改造的实现要克服"千城一面"，使传统文明与现代文明结合；乡村的振兴要留住青山绿水，建设美丽家园；日常生活要审美化，建立人生的美学。所有这些，实际上都是在实现另一种跨越，即艺术向生活的进入。艺术成了美的实验室，将艺术的成果扩展到人生中，实现人生的艺术化，用艺术改造生活。这是艺术的意义，也是美学的意义。

20世纪的美学成果丰硕，这是我们在21世纪继续推动美学发展的宝贵财富，是我们进一步进行理论创造的依托。

克罗齐与《美学原理》

经典导读

贝内戴托·克罗齐（Benedetto Croce，1866—1952，又译贝内代托·克罗齐、贝尼季托·克罗齐），意大利著名美学家、文艺评论家和历史学家。作为西方美学现代转型的枢纽，克罗齐的美学立足于主体的感性直觉，不但完成了对西方传统美学的批判性总结，而且推动了现代美学从认识论到价值论的转型，在西方美学史上拥有独特的地位。

1866 年 2 月 25 日，克罗齐出生于意大利那不勒斯附近佩斯卡塞罗里镇的一个地主家庭。宽裕的家境使克罗齐能够将一生大部分精力投入学术研究，他最终成为意大利的学术巨擘。克罗齐还是一位积极的政治活动家，曾两次出任政府的内阁部长。墨索里尼法西斯统治时期，他拒绝效忠法西斯政权，被撤去部长职务。1902 年，克罗齐创办了意大利著名杂志《批判》，并长期担任主编。从那时起，他着手建立自己的精神哲学体系，这一年他完成了精神哲学的第一部著作《美学》。随后又相继完成了《逻辑学》（1905—1909）、《实践哲学》（1909）、《历史学》（1914），从而构建起了他的精神哲学基本思想体系。

作为克罗齐精神哲学重要组成部分的《美学》由两部分组成，即《美学原理》和《美学的历史》。在中国，朱光潜只翻译了《美学原理》部分，《美学的历史》当时并没有翻译成中文。

《美学原理》深刻传达出克罗齐的美学思想——"直觉-表现"说，其核心是要从哲学理论的高度去论证艺术的独立性和特殊地位。克罗齐在《美学原理》中开宗明义地声称直觉是一种知识，并指出了直觉活动的独特性。他指出，知识有两种形式：不是直觉的，就是逻辑的；不是从想象得来的，就是从理智得来的；不是关于个体的，就是关于共相的；不是关于诸个别事物的，就是关于它们之间的关系的。总之，知识所产生的不是意象，就是概念。克罗齐鲜明地指出了直觉活动与逻辑活动的区别，表明了直觉的独特性：从直觉的产生来看，直觉是由想象而来的；从直觉的内容来看，直觉是关于个体的，而不是关于诸个体的抽象概念。克罗齐又认为，直觉就是心灵赋予杂乱无章的、无形式的质料、物质、印象以形式，是心灵主动的赋形活动，直觉只在内心完成，而不需外在媒介。

　　通过对直觉的上述界定，克罗齐把直觉同概念、经济、道德活动区别开来，指出它是一种独立自主的、最基本的精神活动。需要指出的是，克罗齐的整个美学思想是建立在他对直觉上述界定基础上的，他对艺术、美和其他美学问题的阐述都是从"直觉"概念出发推演出来的。

　　从"直觉"概念出发，克罗齐提出了全新的艺术独立观念：直觉即艺术，艺术即直觉。因此，直觉所包含的内容实际上也就是艺术所包含的内容，直觉的特征也就是艺术的特征。在很大程度上克罗齐正是以艺术为实例来说明直觉的。同时，克罗齐又把审美经验等同于艺术经验，把审美活动等同于艺术活动，同等对待审美与艺术。总而言之，克罗齐认为艺术能力是人类的一种普遍能力，这种普遍能力会开启一个全新领域：自然美，进而开发出一种新的可能性，即自然物可能成为艺术品。此外，克罗齐把审美活动同人类其他一般行动相区别，分析了人类认识中诸多有关美学的理论谬误。

　　针对传统美学（以黑格尔美学为代表）中的艺术终结论，克罗齐通过强调直觉的知识（艺术）是人类心灵活动中必不可少的一个阶段，来说明艺术不但不会终结，还会有自己的独立地位。克罗齐指出："美学史就其作为哲理科学已为众人所知的特点而言，是不能同整个其他哲学的历史脱离开来的，因为哲学给它带来光明，同时也从美学那里得到同样的光明。"[①]我们也就不难理解为何克罗齐会把《美学》一书首

[①]［意］贝内代托·克罗齐：《美学或艺术和语言哲学》，黄文捷译，中国社会科学出版社1992年版，第30页。

先写就，因为克罗齐丰富的美学思想是建立在其庞大的哲学体系之上的，同时《美学》也成为克罗齐哲学思想的先声。

《美学原理》一书的副标题是"作为表现的科学和一般语言学"，克罗齐指出："美学与语言学，当作真正的科学来看，并不是两事而是一事。世间并没有一门特别的语言学。人们所孜孜寻求的语言的科学，普通语言学，就它的内容可化为哲学而言，其实就是美学。任何人研究普通语言学，或哲学的语言学，也就是研究美学的问题；研究美学的问题，也就是研究普通语言学。语言的哲学就是艺术的哲学。"比较而言，克罗齐提出语言学与美学的联系，只是停留在设想和初步的比较上，而语言学转向的真正实现是在分析哲学、存在主义、解释学中最终完成的。但是克罗齐把语言学与美学结合起来，并从语言学的角度探讨美学，这在20世纪前期西方美学领域可谓具有重大理论意义，对现代西方美学向语言学的转向产生了深远的影响。同时这种结合也使得近现代西方美学思想有了全新的视角，语言学与美学的结合既保证了审美活动作为人类特殊心灵活动的独特性，又使美学具有更加开放的理论发展态势，可谓开天辟地。正如美国学者凯·埃·吉尔伯特和德国学者赫·库恩所说："在十九世纪和二十世纪的交替时期及以后至少二十五年间，贝内戴托·克罗齐关于艺术是抒情的直觉的理论，在美学界居统治地位。"[1]

—— 延伸阅读文献

1. [意] 贝尼季托·克罗齐：《作为表现的科学和一般语言学的美学的历史》，王天清译，袁华清校，北京：中国社会科学出版社1984年版。

2. [意] 克罗齐：《美学的历史》，王天清译，袁华清校，北京：商务印书馆2015年版。

3. [意] 克罗齐：《美学原理》，朱光潜译，北京：商务印书馆2012年版。

4. 张敏：《克罗齐美学论稿》，北京：中国社会科学出版社2002

---

[1] [美] 凯·埃·吉尔伯特、[德] 赫·库恩：《美学史》下卷，夏乾丰译，上海译文出版社1989年版，第722页。

年版。

5. ［意］维柯:《新科学》，朱光潜译，北京：商务印书馆1989年版。

6. 朱光潜:《悲剧心理学——各种悲剧快感理论的批判研究》，北京：人民文学出版社1983年版。

（宋薇 撰）

—— 原文:《美学原理》（节选）

经典原文

美学原理（节选）

克罗齐 著　朱光潜 译

■ 第一章　直觉与表现

〔**直觉的知识**〕知识有两种形式：不是直觉的，就是逻辑的；不是从想象得来的，就是从理智得来的；不是关于个体的，就是关于共相的；不是关于诸个别事物的，就是关于它们中间关系的；总之，知识所产生的不是意象，就是概念。①

在日常生活中我们常用到直觉的知识。人们说，有些真理不能下界说，不能用三段论式证明，必须用直觉去体会。政治家每指责抽象的理论家对实际情况没有活泼的直觉；教育理论家极力主张首先要发达学童的直觉功能，批评家在评判艺术作品时，以为荣誉攸关的是撇开理论和抽象概念，只凭直接的直觉下判断；实行家也每自称立身处世所凭借的，与其说是理智，不如说是直觉。

直觉的知识在日常生活中虽然得到这样广泛的承认，在理论与哲学的区域中却没有得到同样应得的承认。理性的知识早就有一种科学去研究，这是世所公认而不容辩论的，这就是逻辑；但是研究直觉知识的科学只有少数人在畏缩地辛苦维护。逻辑的知识占据了最大的份儿，如果逻辑没有完全把她的伙伴宰杀吞噬，也只是悭吝地让她处于侍婢或守门人的卑位。没有理性知识的光，直觉知识能算什么呢？那就只是没有主子的奴仆。主子固然得到奴仆的用处，奴仆却必须有主子才能过活，直觉是盲目的，理智借眼睛给她，她才能看。

〔**直觉知识可离理性知识而独立**〕现在我们所要切记的第一点就是：直觉

---

① "直觉的知识"（intuitive knowledge）：见到一个事物，心中只领会那事物的形相或意象，不假思索，不生分别，不审意义，不立名言，这是知的最初阶段的活动，叫作直觉。直觉是一切知的基础。见到形相了，进一步确定它的意义，寻求它与其他事物的关系和分别，在它上面作推理的活动，所得的就是概念（concept）或逻辑的知识（logical knowledge）。

知识并不需要主子，也不要倚赖任何人；她无须从旁人借眼睛，她自己就有很好的眼睛。

一个科学作品和一个艺术作品的分别，即一个是理智的事实，一个是直觉的事实。这个分别就在作者所指望的完整效果上面见出。这完整效果决定而且统辖各个部分；这各个部分并不能一一提出而抽象地就它本身去看。

〔直觉与知觉〕只承认直觉可独立不靠概念，还不能尽直觉的真义。有一派人承认这种独立，或是至少不彰明较著地使直觉靠理智，却仍不免犯另一种错误，以至不明直觉的真相。这就是把直觉认成知觉①，认成对于现前实在的知识，即说某某事物是实在的那种认识。

〔直觉与时间空间概念〕有些人把直觉看成纯靠时间空间两范畴来形成和安排的感官领受②，这倒似较近于真理。空间与时间（他们说）是直觉的两形式；具有一个直觉品，就是把它安排在空间里和时间次第里。直觉的活动于是包含空间性与时间性这两重的并行的功能。但是关于时空这两种范畴在与直觉品混合时，上述关于理智分辨与直觉品混合的话还可以适用。

〔直觉与感受〕既已使直觉的知识脱净理智主义的意味以及一切后起外加的东西了，我们现在就要从另一方面来说明它，定它的界限，替它防御另一种侵犯和混淆。在直觉界限以下的是感受，或无形式的物质。这物质就其为单纯的物质而言，心灵永不能认识。心灵要认识它，只有赋予它以形式，把它纳入形式才行。单纯的物质对心灵为不存在，不过心灵须假定有这么一种东西，作为直觉以下的一个界限。物质，在脱去形式而只是抽象概念时，就只是机械的和被动的东西，只是心灵所领受的，而不是心灵所创造的东西。

这物质，这内容，就是使这直觉品有别于那直觉品的；这形式是常住不变的，它就是心灵的活动；至于物质则为可变的，没有物质，心灵的活动就不能

---

① "知觉"（perception）：见一事物形象而知觉其为某某，明白它的意义，叫作"知觉"。它在直觉之后，概念之前。知觉的对象仍是个别事物，概念则须涉及许多事物的共相或公同属性。不过事实上这三种活动常可辨别而不可分割。比如说"那是一个人"，直觉得到"那"所代表的形象，知觉得到"那是一个人"的认识，而"人"则为凡人的共同属性，由概念作用得来。
② 西文 sensation 一字普通的译名是"感觉"。既成"觉"，即与"知觉"无别。克罗齐用这字的意义与一般用法不同，它只是事物触到感官而感官起作用，还没有到"觉"的程度。它应译为"感受"，意即"感官领受"，或刺激在感官上起作用。"感受"还是被动的，未由心灵领会的，心灵主动，把"感受"的东西察觉，于是才成知觉。

脱离它的抽象的状态而变成具体的实在的活动①，不能成为这一个或那一个心灵的内容，这一个或那一个确定的直觉品。

〔直觉与表现〕要分辨真直觉、真表象和比它较低级的东西，即分辨心灵的事实与机械的、被动的、自然的事实，倒有一个稳妥的办法。每一个真直觉或表象同时也是表现，没有在表现中对象化了的东西就不是直觉或表象，就还只是感受和自然的事实。心灵只有借造作、赋形、表现才能直觉。若把直觉与表现分开，就永没有办法把它们再联合起来。②

直觉的活动能表现所直觉的形象，才能掌握那些形象。

〔直觉与表现的统一〕在本章开始给直觉所下的各种形容词以外，我们可以加上这一句：直觉的知识就是表现的知识。直觉是离理智作用而独立自主的；它不管后起的经验上的各种分别，不管实在与非实在，不管空间时间的形成和察觉，这些都是后起的。直觉或表象，就其为形式而言，有别于凡是被感触和忍受的东西，有别于感受的流转，有别于心理的素材；这个形式，这个掌握，就是表现。直觉是表现，而且只是表现（没有多于表现的，却也没有少于表现的）。

---

① 本书常用具体（concrete）和抽象（abstract）两个相对立的形容词，但与通常的用法稍有分别，依通常的用法，实物是"具体"的，属性是"抽象"的。克罗齐用这两字，颇受黑格尔的影响。一个整个的东西就其全体来说，是"具体"的；在其中单抽出某一部分来说，是"抽象"的。例如内容与形式融化成一体，才是"具体"的艺术作品；如果单就内容说，或单就形式说，那就成了"抽象"。换句话说"具体的"是"全面的"，"抽象的"是"片面的"。

② "表现"（expression）：克罗齐用这个字，和一般的用法大异。普通是：心里有一个意思，把它说出来（用文字或用其他媒介）叫作"表现"。例如说某人在某作品里"表现"他的情感和思想。这正犹如说某人面红耳赤，声色俱厉，"表现"他的怒，把藏在心里的东西"现"在"表"面来。据克罗齐的意思，事物触到感官（感受），心里抓住它的完整的形象（直觉），这完整形象的形成即是表现，即是直觉，亦即是艺术。这一点是他的基本原理，对于了解他的美学极为重要，参看达尔文的《人与兽的情绪的表现》（The Expression of the Emotions in Man and Animals），1875年出版，达尔文用"表现"一词是取克罗齐所谓"自然科学的意义"。"表现"一词的意义大要有三种：第一即这个"自然科学的意义"，如面红耳赤是羞的表现；表现等于流露，不经过心灵的创作。第二即一般所谓"传达"，把审美活动借物质的媒介外射于可以使旁人见闻的作品，比如说把心里要说的话借文学"表现"出来，这个用法最普遍。第三即克罗齐所说的表现，这和直觉、审美的活动、心灵的审美的综合、艺术创作等词实在都是同义，即通常所谓"腹稿"。把这"腹稿"用文字写在纸上——第二个意义的表现——克罗齐以为只是实践的活动，因为有叫旁人看或自己后来看那一个实践的目的；而它的成就则是物理的事实，一本书或一幅画本身不能算艺术，但是人可借它窥见艺术，"窥见"就是心灵的活动。

■ 第二章　直觉与艺术

〔艺术与直觉的知识统一〕我们已经坦白地把直觉的（即表现的）知识和审美的（即艺术的）事实看成统一，用艺术作品做直觉的知识的实例，把直觉的特性都付与艺术作品，也把艺术作品的特性都付与直觉。但是我们的统一说和连许多哲学家也在主张的一个见解不相容，就是以为艺术是一种完全特殊的直觉。他们说："我们姑且承认艺术就是直觉，可是直觉不都是艺术；艺术的直觉当自成一类，和一般的直觉不同，在一般的直觉以外还应有一点什么。"

〔它们没有种类上的分别〕但是没有人能说明这另外一点什么究竟是什么。有时人们以为艺术并不是单纯的直觉，而是直觉的直觉，正犹如科学的概念不是一般的概念，而是概念的概念。因此，人在成就艺术时，并不像一般的直觉只把感受外射为对象，而是把直觉本身外射为对象。但是这种提升到第二级的过程并不存在；拿它和一般的概念与科学的概念的关系相较，也不能证明所要说明的，因为科学的概念也并非概念的概念。这个比较所能证明的适得其反。一般的概念如果真是概念而不是单纯的表象，就是十足的概念，不管它的含义怎样贫乏窄狭。科学以概念代替表象，以含义较富较宽的概念代替含义较贫较窄的概念。它常在发见新关系。它的方法和最平常的人形成最简单的概念所用的方法并无差别。普通叫作真正的艺术所组合的直觉品，比我们通常所经验的直觉品固较广大较繁复，可是这些直觉品仍不外用感受与印象做材料。

艺术是诸印象的表现，不是表现的表现。①

〔它们没有强度上的分别〕我们必须坚持我们的统一说，因为艺术的科学——美学——之所以不能阐明艺术的真相，和艺术在人性中的真正根源，其

---

① "印象"（impression）：即事物印在心中的象，起于感受（sensation）事物刺激感官，所起作用名"感受"，感受所得为印象。感受与印象都还是被动的，自然的，物质的。心灵观照印象，于是印象才有形式（即形象），为心灵所掌握。这个心灵的活动即直觉，印象由直觉而得形式，即得表现。表现是在心内成就的工作。一般人以为表现是把在心内的已经心灵综合掌握的印象（即直觉品）外射出去，即借文字等媒介传达于旁人。克罗齐反对此说，以为印象经心灵观照，综合，掌握，赋予形式，即已得到表现。传达是另一回事，是下一步的事。

主要原因就在把艺术和一般的心灵生活分开，使它成为一种特殊作用，像贵族的俱乐部。

〔艺术的天才〕我们也不承认"天才"或"艺术的天才"一词。就其与一般人的"非天才"有别而言，它在量的多寡以外不能有其他含义。大艺术家们据说能使我们看见我们自己。除非他们的想象和我们的想象性质相同，只在量上有分别，这如何可能呢？"诗人是天生的"一句成语应该改为"人是天生的诗人"；有些人天生成大诗人，有些人天生成小诗人。天才的崇拜和附带的一些迷信都起于误认这量的分别为质的分别。人们忘记天才并不是天上掉下来的，它就是人性本身。天才家如果装着，或被人认着，和人性远隔，这就会显得有些可笑，可笑就是对他的惩罚。浪漫时代的"天才"和我们时代的"超人"都是例证。①

但是这里应该提到一点：有些人把"无意识"②看成艺术天才的一个主要的特性，他们又不免把天才从高到人不可仰攀的地位降低到人不可俯就的地位。直觉的或艺术的天才，像人类的每一种活动总是有意识的，否则它就成为盲目的机械动作了。艺术的天才只可以没有"反省的"意识，这反省的意识③是历史家或批评家应有的进一层的意识，它对于艺术的天才却非必要。

〔美学中的内容与形式〕材料与形式（或内容与形式）的关系，像人们常说的，是美学上一个争辩最激烈的问题。审美的事实还是只在内容，只在形式，或是同时在内容与形式呢？这问题有各种不同的意义，各人所见不同，我们到适当的时候当分别提出。但是如果认定这些名词有如上文所定的意义：材料指未经审美作用阐发的情感或印象，形式指心灵的活动和表现，我们就毫不

---

① "天才"（genius）在浪漫时代的德国特别受人崇拜。人们以为艺术家须有非凡人所可高攀的天才，才能有大成就。克罗齐以为艺术的天才是人人都有的，只是分量多寡不同，一般人的与大艺术家的天才在本质上并没有分别。

② "无意识"（unconscious）是意识所不能察觉到的心理活动。近代心理学家大半都心以为"天才"是"无意识"的心理活动的成就，最显著的是弗洛伊德派的学说。

③ "反省的意识"（reflective consciousness）是就已意识到的事物，加以反省，即由直觉进入逻辑的思考。

怀疑地说，我们必须排斥这两种主张：（一）把审美的①事实看作只在内容（就是单纯的印象），和（二）把它看作在形式与内容的凑合，就是印象外加表现。在审美的事实中，表现的活动并非外加到印象的事实上面去，而是诸印象借表现的活动得到形式和阐发。诸印象好像是再现于表现品，如同水摆在滤器里，再现于器的另一端时，虽还是原水，却已不同。所以审美的事实就是形式，而且只是形式②。

〔评艺术模仿自然说与艺术的幻觉说〕艺术是"自然的模仿"一句话也有几种意义。它有时显出（或至少暗示）一些真理，有时也产生一些误解，大半是根本没有确定的意义。把"模仿"看作对于自然所得的直觉品或表象，看作认识的一种形式，这个意义在科学上是妥当的。在这句话作如此解时，而且为着要强调这模仿过程的心灵的性质，另一句话也是妥当的：艺术是自然的理想化，或理想化的模仿。但是模仿自然③如果指艺术所给的只是自然事物的机械的翻版，有几分类似原物的复本；对着这种复本，我们又把自然事物所引起的杂乱的印象重温一遍，这种艺术模仿自然说就显然是错误的了。模仿实物的着色的蜡像陈列在博物馆里，只能令人站在前面发呆，却不能引起审美的直觉。幻觉和错觉与艺术直觉品的静穆境界是毫不相干的。但是如果一个艺术家把蜡

---

① "审美的"（aesthetic）一词起源于希腊文 aisthētikos，原义为"感觉"，即见到一种事物而有所知。这种知即克罗齐所谓直觉的知，与逻辑的思考有别。因此研究直觉的知识的科学叫作 aesthetic，研究概念的知识的科学叫作 logic（逻辑）。aesthetic 应译为"感觉学"，它原来毫没有"美"的含义。但是凡是"美"的感觉都由直觉生出，所以一般人把 aesthetic 和"美学"（the science or philosophy of beauty）混为一事。本译沿用已流行的译名，深知其不妥，所以特将原义注明。又 aesthetic 也当作形容词用。这有两个意义：一是"美学的"，例如美学的原理，美学的观点，美学的学派之类；一是"审美的"，例如审美的经验，审美的态度，审美的活动之类。现在一般人常把"美学的"和"审美的"两个意义混淆起来，例如说音乐是"美学的对象"，所指的实是"审美的对象"。"美学的对象"应该指美学这门科学所研究的对象。

② 形式与内容是文艺思想史上一个大争执。一般人以为要作品好，先要选择好内容（即题材）；批评作品的好坏也要从内容着眼。克罗齐和一般哲学家都以为艺术作品是完整的有机体，内容与形式不能分，犹如人的形体和生命不能分。艺术之所以为艺术，就在内容得到形式。未经艺术赋予形式以前，内容只是杂乱的印象，生糙的自然，我们就无从从艺术的观点去讨论它。既经艺术赋予形式之后，内容与形式混化为一个有生命的东西，我们也就无从从艺术的观点把内容单提出讨论。

③ "模仿自然"是欧洲美学思想中很古的一个信条，它可以溯源到柏拉图的《理想国》和亚里士多德的《诗学》，到了十七八世纪假古典主义时代，一般学者把"模仿自然"当作一个基本的信条。

人馆的内部画出来，或是一个戏剧家在台上戏作一个蜡人像的样子，我们就有心灵作用和艺术直觉品了。最后，照相术如果有一点艺术的意味，那也就由于它传出照相师的直觉，他的观点，他所要抓住的姿态和组合。如果照相术还不很能算是艺术，那也恰由于它里面的自然成分还有几分未征服而且不能割开。即便最好的相片是否能叫我们完全满意呢？一个艺术家不想在它们上面加一点润色，添一点或减一点吗？

〔评艺术为感觉的（非认识的）事实说——审美的形象和感觉〕人们常说：艺术不是知识，不说出真理，不属于认识①的范围，只属于感觉②的范围。这些话的来由是在不能洞悉单纯直觉的认识性。这单纯直觉确与理性知识有别，因为它与对实在界的知觉有别。上述那些话是起于"只有理智的审辨才是知识"这个信念。我们已经说过，直觉也是知识，不杂概念，比所谓对实在界的知觉更单纯，所以艺术是知识，是形式，它不属于感觉范围，不是心理的素材。许多美学家都坚持艺术是"形象"③，理由也恰在他们觉得要把艺术的纯粹直觉性保持住，以便使它和较复杂的知觉的事实分清。如果他们有时也主张艺术是感觉，理由也是一样。因为如果把概念除开，把只有历史事实身份的历史事实也除开，不让它们留在艺术范围之内，剩下来的内容就只有从最纯粹、最直接的方面（这就是从生机跳动方面，从感觉方面）所察知的那么一种实在；这就无异于说，就只有纯粹的直觉品。

〔评审美的感官说〕审美的感官④说所由起，也在没有确定或认清表现有别

---

① "认识"（theory）：旧译一律为"理论"，甚不妥。

② "感觉"（feeling）：旧译为"感情"，这字在西文本有"触摸"的意义，"触摸所得的知觉"也还是用这个字来表示。在心理学上这字的较确定的意义是指"快"与"痛"的感觉（the feelings of pleasure and pain）。由此引申到温度感觉（例如说"我感觉冷"），再引申到情感发动时种种生理变化的感觉（例如说"她感觉害羞"，"他感觉恐惧"）。feeling大半指器官变化所生的感觉，这种感觉向来没有像对外界事物的知觉那么清楚，所以近于"知觉"（perception）而仍不是"知觉"；可是它比"感受"（sensation）又进一步，"感受"只是"感官领受"，实际上在这阶段时我们还没有"觉"，"感觉"则于"感"时即有明暗程度不同的"觉"。这"感觉"的对象有时有"情"的成分，有时却不一定有。比如我们可以说有"痛的感觉""冷的感觉""身体不适的感觉"，却不能说有这些生理状态的"感情"。

③ "形象"（appearance, Schein）：是事物本身现于感官的形状，得到这形状由于直觉。

④ "审美的感官"（aesthetic senses）：旧美学家把感官分为高级的（视觉的与听觉的）与低级的（其他）两种，把高级的感官特定为"审美的感官"，以为嗅触味诸感官不能审美。也有人不赞成这种看法。

于印象,形式有别于内容。

上文曾谈到有人想找出一条通道,使内容的诸属性可以转变为形式的诸属性,这个审美的感官说还是犯了同样错误。要问审美的感官是什么,其实就是问那些由感受来的印象可以而且必定进入审美的表现。这问题我们可以立刻回答:一切印象都可以进入审美的表现,但是没有哪一个印象必定要如此。

有些人虽主张某几类印象(例如视觉的和听觉的)才有审美性,其他感官的印象却没有;然而也愿承认视觉的和听觉的印象直接地进入审美的事实,而其他感官的印象虽也可进入审美的事实,却只以相关联者的资格进入。但是这种区分实在太勉强。审美的表现是综合,其中不能分别什么直接和间接的。一切印象,就其同经审美作用而言,就让这种综合摆在平等地位了。一个人领会一幅画或一首诗的题材,并不把它当作一串印象摆在面前,而在其中分出上下。在领会之前,所有的经过他毫无所知,正如在另一方面,反省所立的分别与艺术之为艺术也毫不相干。

审美的感官说还以另一姿态出现:就是要证明生理的器官对审美的事实为必要。生理的器官或工具不过是一群细胞,取一种特殊方式组织安排起来的,这就是说,它只是一个物理的自然的事实或概念。但是表现与生理的事实无关。表现以印象为起点,至于印象经过怎样的生理的途径达到心里,却与表现毫不相干。随便哪一条途径都是一样,它们只要是印象就够了。

〔艺术作品的整一性与不可分性〕表现即心灵的活动这个看法还有一个附带的结论,就是艺术作品的不可分性。每个表现品都是一个整一的表现品。心灵的活动就是融化杂多印象于一个有机整体的那种作用。这道理是人们常想说出的,例如"作品须有整一性","艺术须寓变化于整一"(意思仍然相同)之类肯定语。表现即综合杂多为整一。

我们常把一个艺术作品分为各部分,一首诗分为景、事、喻、句等,一幅画分为单独的形体与实物、背景、前景等;这似与上文所说的不相容。但是作这种区分就是毁坏作品,犹如分有机体为心、脑、神经、筋肉等等,就把有生命的东西弄成死尸。有些有机体分割开来固然仍可生出许多其他有生命的东西,可是在这种事例中,我们如果仍把有机体来比喻艺术作品,就必须作这样的结论:在艺术作品中也有许多生命种子,其中每一个都可以在一顷刻中化成一个单一而完整的表现品。

〔艺术作为解放者〕人在他的印象上面加工,他就把自己从那些印象中解放了出来。把它们外射为对象,人就把它们从自己里面移出来,使自己变成它们的主体。说艺术有解放的和净化的作用,也就等于说"艺术的特性为心灵的活动"。活动是解放者,正因为它征服了被动性。

这也可以说明人们何以通常说艺术家们一方面有最高度的敏感或热情,一方面又有最高度的冷静,或奥林匹亚神的静穆①。这两种性格本可并行不悖,因为它们所指的对象不同;敏感或热情是指艺术家融会到他心灵机构里去的丰富的素材,冷静或静穆是指艺术家控制和征服感觉与热情的骚动所用的形式。

■ 第三章　艺术与哲学

〔理性的知识不能离直觉的知识〕审美的与理性的(或概念的)两种知识形式固然不同,却并不能完全分离脱节,像两种力异向牵引那样。我们虽已说明审美的知识完全不倚靠理性的知识,却并没有说理性的知识可脱离审美的知识而独立。如果认为这种独立是双方面的,那便不正确。

概念的知识是什么呢？它是诸事物中关系的知识,而事物就是直觉品。概念不能离直觉品,正犹如直觉自身不能没有印象为材料。直觉品是：这条河,这个湖,这小溪,这阵雨,这杯水；概念是水,不是这水那水的个例,而是一般的水,不管它在何时何地出现；它不是无数直觉品的材料,而是一个单一常住的概念的材料②。

但是概念在一方面虽不复是直觉,在另一方面却仍是直觉,而且不能不为直觉。人在思想时,只就他在思想一事实来说,有各种印象和情绪。他的印象

---

① "奥林匹亚神的静穆"(Olympic serenity)：据希腊神话,文艺之神阿波罗(Apollo)居奥林匹斯山的高峰,凭视人寰,一切事物经过他的巨眼的光辉,才得到形象,他对于悲欢美丑,一例观照,无动于衷。有人以为古典派的文艺理想就是这种"静穆"。

② 这就是哲学上"个例"与"公性"、佛典中"自相"(殊相)与"共相"的分别；孟子说的"白马之白无以异于白玉之白"也是指这个分别,这匹马或这块玉的白色,在一时一地眼可见到的白色,是个例或自相,它由感受起印象,生知觉。一切白马及白玉的白,与一切白色物的白,在白之所以为白上相同,是公性或共相,它是由理智分析与综合所得的概念,可适用于任何时任何地任何白色物的普遍属性。

和情绪不是一个身非哲学家的人所有的,不是对于某物某人的爱或恨,而是他的思想本身的奋发振作,以及连带的艰苦和欢欣,爱和恨。这种奋发振作在成为心灵的观照对象时,不能不取直觉的形式。说话不一定就是依逻辑去思想,而依逻辑去思想却同时还是说话。

〔艺术与科学〕直觉知识与理性知识的最崇高的焕发,光辉远照的最高峰,像我们所知道的,叫作艺术与科学。因此艺术与科学既不同而又互相关联;它们在审美的方面交会。每个科学作品同时也是艺术作品。人心在集中力量要了解科学家的思想,衡量它的真理时,也许很少注意到审美的那一方面。但是如果我们由理解的活动转到观照的活动,就会看到那思想不外两种:不是明晰、精确、完美地在我们面前展开,没有太过或不及的字句,而有恰当的节奏和音调,就是含糊零乱、没有把握、带尝试性的;在这时候我们就会注意到科学思想的审美的方面了。大思想家有时也叫作大作家,而其他同样大的思想家却只有几分是零星片段的作家,尽管他们的零星片段的著作比起谐和连贯而完美的著作,在科学上的价值是相同的。

〔内容与形式的另一意义。散文与诗〕思想家和科学家们在文学方面的平庸是可以容忍的。他们的零星片段,他们的突然的闪耀,可以弥补全体的缺陷,因为用"以一反三"的办法,就像在火星中看出火焰一样,很容易在天才的片段著作中找出安排停匀的布局,而发现天才却比这难得多。但是在纯粹的艺术家们的作品中,平庸的表现是不可以容忍的。"诗人的平庸不但是人神共嫉,连书贾也不能容。"①

诗人或画家缺乏了形式,就缺乏了一切,因为他缺乏了他自己。诗的素材可以存在于一切人的心灵,只有表现,这就是说,只有形式,才使诗人成其为诗人。这也足见否认艺术只在内容,是正确的,内容在这里就指理智的概念。在把内容看成等于概念时,艺术不但不在内容,而且根本没有内容。这是毫无疑问的真理。

诗与散文的分别也不能成立,除非把它看成艺术与科学的分别。古人早已看出这分别不能在节奏、声调、有韵无韵之类② 外表的成分;它是内心方面的

---

① 引拉丁诗人贺拉斯的《诗艺》中的话。
② 亚里士多德在《诗学》里就已经说明诗与散文的分别不在音律形式方面。

分别。诗是情感的语言，散文是理智的语言；但是理智就其有具体性与实在性而言，仍是情感，所以一切散文都有它的诗的方面。

〔第一度与第二度的关系〕直觉的知识（表现品）与理性的知识（概念）、艺术与科学、诗与散文诸项的关系，最好说是双度①的关系，第一度是表现，第二度是概念。第一度可离第二度而独立，第二度却不能离第一度而独立。诗可离散文，散文却不能离诗。人类活动的最初的实现就在表现。诗是"人类的母传语言②"，原始人"生来就是雄伟的诗人"。换句话说，由动物的感受到人的活动，由物欲之心到人理之心的转进，要归功于语言，这就是要归功于一般直觉品或表现品。不过如果把语言或表现品看成自然与人道的中间连锁，看成好像是自然与人道的混合，那也是不正确的。人道出现了，自然就退了位，人在表现他自己时，确是从自然状态的深渊里涌现出来，但是既已涌现出来，就不是半在水底，半在水面，像"中间连锁"一词所暗示的。

〔知识没有其他形式〕在上述两种之外，认识的心灵③活动没有其他形式。表现与概念两项就结清了它的账目。人的全部认识生活就在表现与概念这双度活动中翻来覆去。

〔哲学为完善的科学，所谓自然科学和它们的局限性〕曾经发生过的具体的史实的世界就是叫作实在的自然的世界，这定义把叫作物理的实在界和叫作心灵的人的实在界都包括无遗了。世界全是直觉品，其中可证明为实际存在的，就是历史的直觉品；只是作为可能的，或想象的东西出现的就是狭义的艺术的直觉品。

科学，真正的科学，不是直觉品而是概念，不是殊相而是共相，它只能是

---

① "双度"（double degree）：克罗齐把知的心灵活动依出现的先后次第分为第一度（first degree），即直觉，和由此进一步的第二度（second degree）即概念。直觉可以离开概念，概念却必先经过直觉。

② "母传语言"（mother tongue）意为生下来就从母亲学得的语言，普通叫作"国语"。

③ "认识的心灵"（cognitive spirit）：克罗齐所用的 lo spirito，英译即用 spirit，中译通常为"精神"。这个字与德文 geist 相同，与英文 mind 相当，应译为"心"或"心灵"。Spirit 源于拉丁，本意为"呼吸"。古人迷信人的神魂就是呼吸的气，人死了，气断了，神魂就随之飞散，因此 spirit 又有"神魂"的意思。

心灵的科学，即是研究实在界具有如何共相的科学：那就是哲学。①如果离开哲学来谈自然科学，我们就要说自然科学不是完善的科学，而只是一些知识的杂凑，勉强抽象而凝定的。所谓自然科学自己也承认有种种局限性，而这些局限性就不外是它们要根据历史的和直觉的资料。自然科学计算、测量、确定相同点和一致性，创立类和类型、抽绎法则，用它们的那套办法说明一个事实如何起于其他事实：但是在做这种工作时，它们不断地碰上一些直觉地历史地知觉到的事实。连几何学现在也说它自己完全站在假设上面，因为三度空间或欧几里得②空间只是许多可能的空间之一，为方便计而选出来研究的。自然科学中的真理不是哲学，就是史实。它们所含的真正可称为"自然"的那一部分只是抽象的和牵强的。自然科学如果想变成完善的科学，它们必须跳出自己的圈套而进入哲学。自然科学在设立没有任何"自然"色彩的概念，例如没有体积的原子、以太或震动、生力、不由直觉得来的空间之类的概念时，它们就已进入哲学了。这些如果不是一些无意义的字，就是探求哲学的真正尝试。自然科学的概念固然也很有用，但是我们不能从这些概念得到只属于心灵的那一个学理体系。

〔现象与本体〕这些说明已经确立了纯粹的或基本的知识形式有两种：直觉与概念——艺术与科学或哲学。历史介乎二者之间，它好像是摆在概念一起的直觉的产品：即一方面把一些哲学的分别接受过来，一方面仍是具体的和个别的艺术产品。一切其他形式的知识（自然科学与数学）都不纯粹，因为夹杂有起于实践的外来的成分。直觉给我们的是这世界，是现象；概念给我们的是本体，是心灵。③

……

---

① 哲学与科学许多人以为是对立的，其实一切运用理智作分析，综合，推理以求真理（概念，原则）的活动都可以叫作"哲学"，也都可以叫作"科学"。"知"有许多种类，每一类的"知"是一科学问，所以有"科学"的名称。依克罗齐看，只有哲学才是真正的完善的科学，因为它所用的完全是逻辑的推理，所研究的完全是万事万物的共相，所得到的完全是可推证的原理大法（概念）。所谓"自然科学"只是经验科学，还要靠由感官得来的个别事物的知觉，还要假设一些概念如"原子""能力"之类，这些概念本身尚待证明，由它们推断出来的结论当然也还是尚待证明的。
② 欧几里得（Euclid）：公元前3世纪希腊数学家，对于物理学多有贡献。
③ 现象与本体：这两个名词对不同的哲学派别就有不同的意义。比如说，康德以为我们所知道的都是现象，而现象后面的本体我们却无法知道。依克罗齐，用直觉知道的是现象，用推理知道的是本体。

第十八章　结论：语言学与美学的统一

〔本书提要〕把已走过的路回看一下，就可见我们已完成本书的全部计划了。我们研究了直觉或表现的知识的性质，这就是审美的或艺术的事实（第一、二章）；描绘了知识的另一形式，理性的知识，以及这两种形式的渐次的错综（第三章）；因此，我们就能批评一切错误的美学理论，这些错误都起于混淆直觉的形式与理智的形式，以及把甲形式的特质转置于乙形式（第四章）。我们于是趁便把在理性知识和史学理论中一些反面的错误也指出（第五章）；进一步探讨审美的活动与心灵的其他活动（不是认识的而是实践的）的关系。我们说明了实践活动的本质，以及它对认识活动所占的地位，因此批评到实践的概念对于美学理论的侵越（第六章）。我们于是把实践活动辨明为经济的与伦理的两种形式（第七章），而且达到一个结论：除掉所分析的四种以外，心灵没有其他形式；因此（第八章）批评到各种神秘的或幻想的美学。既没有其他心灵形式与上述四种形式平行，这已成立的四种也不能再分。由此说到表现品不能分类，批评了把表现品分为简单的与雕饰的，以及作其他类似分类与再分类的修辞学（第九章）。但是依照心灵的统一律，审美的事实同时也是实践的事实，唯其如此，它引起快感与痛感。这就引我们研究一般价值的感觉，尤其是审美的价值的感觉（第十章）；批评审美的快感主义的各种形态和错综复合（第十一章），并且把从前侵越美学的许多心理学的概念排出美学的系统之外（第十二章）。从审美的创造进到再造的事实，我们开首就研究审美的表现品的外射；这是为再造而设的，它叫作"物理的美"，无论是自然的或人为的（第十三章）。根据这个分别，我们批评了混淆物理事实与审美事实的错误（第十四章）。我们确定了艺术技巧的意义，技巧是为再造用的；因此批评到各种艺术的区别、界限和分类，并且确定了艺术、经济、道德三者的关系（第十五章）。因为物理的东西并不足以充分刺激审美的再造，我们必须回忆那刺激物原来活动的情况，才能再造，所以我们就研究到历史学的功能在于建立想象与过去作品之中的交通，作为审美判断的根据（第十六章）。我们结束时说明这样得来的再造品后来如何被思想的范畴阐明，这就是探讨文学与艺术的历史方法（第十七章）。

总之，我们就审美的事实本身研究过，又就它与其他心灵的活动、快感与痛感、物理的事实、记忆与历史处理的关系——研究过。审美的事实在我们面前由主体变成对象，这就是说，由它产生的时刻，逐渐变成对于心灵来说是历史的题材。

如果从外表上拿本书和通常讨论美学的大部头著作比较，本书也许是很单薄。但是它并不单薄，如果我们看出那些大部头著作十分之九都是些不相干的材料，例如假充审美概念的心理学的或形而上学的定义（雄伟的、喜剧的、悲剧的、诙谐的之类），关于所谓美学的动物学、植物学和矿物学的叙述，以及用审美方式评判过的普通历史；具体的艺术史与文学史也整部地拉进美学里来，而且通常是割裂过的；它们备载对于荷马和但丁、阿里奥斯托和莎士比亚、贝多芬和罗西尼①、米开朗琪罗和拉斐尔的评判。如果这一切都从那些大部头著作中一笔勾销，我们就颇可自豪地说，本书不但不能算是太单薄，反而比普通美学书籍丰富得多，它们或完全忽略了大部分美学所特有的难问题，或仅约略提及。这些问题是我们认为在职责上应该研究的。

〔语言学与美学的统一〕我们虽已把美学当作表现的科学加以四面八方的研究，现在还应说明我们为什么替本书加上"普通语言学"一个别名；说明我们何以主张艺术的科学与语言的科学、美学与语言学，当作真正的科学来看，并不是两事而是一事，世间并没有一门特别的语言学。人们所孜孜寻求的语言的科学，普通语言学，就它的内容可化为哲学而言，其实就是美学。任何人研究普通语言学，或哲学的语言学，也就是研究美学的问题；研究美学的问题，也就是研究普通语言学。语言的哲学就是艺术的哲学。

如果语言学真是一种与美学不同的科学，它的研究对象就不会是表现。表现在本质上是审美的事实；说语言学不同美学，就无异于否认语言为表现。但是发声音如果不表现什么，那就不是语言。语言是声音为着表现才连贯、限定和组织起来的。从另一方面说，如果语言是美学中一门特种的科学，它就必须有一类特种的表现。但是我们已经说明了表现不能分类的道理。

〔语言的起源与发展〕最明白语言活动性的那些语言学家们也还犯了一个错误，我们在这里应该指出，他们以为语言在起源时是一种心灵的创造，但是后来借联想而扩充光大。这分别并不确实，因为这里所谓起源只能就性质或性

---

① 罗西尼（Rossini，1792—1868）：意大利大音乐家。

格说；如果语言是心灵的创造，它就应永远是创造；如果它是联想，它也就应从始就是联想。已成就的表现品必须降到印象的地位，才能产生新的表现品；没有抓住这个美学基本原则，才会有这个错误。我们开口说新字时，往往改变旧字，变化或增加旧字的意义；但是这过程并非联想的而是创造的，虽然这创造所用的材料，并不是假想的原始人的印象，而是许多年代以来都在社会中生活着的人的印象，这社会的人已经在他的心理机构中储蓄了许多东西，其中有同样多的语言。

〔文法与逻辑的关系〕审美的事实与理智的事实的分别问题，在语言学中就是文法与逻辑的分别问题。这问题曾以两种片面正确的方式解决过，即逻辑与文法的不可分性和可分性两说。但是完善的解决是：逻辑形式虽然不能离开文法（审美的）形式，而文法形式却可离开逻辑形式。

〔规范文法的不可能〕语文有时被认成一种出于意志或任意的作为；但是有时人们也看得清楚，凭意志来勉强创造语文，是不可能的。"你，恺撒，你能公布法律于民众，却不能公布语文于民众。"有人曾经向一个罗马皇帝说过。表现品的审美性（唯其是审美的，所以是认识的，与实践的相对立）就可以显出：如果要有一种规范文法去定出正确的语言规律，从科学观点看，这就是一个错误的观念。聪明人总要反抗这个错误。据说伏尔泰说过："该文法倒霉。"就是反抗的例证。但是文法教师们也承认过规范文法的不可能，他们招供说：写得好的作品是不能依规矩学来的，文法的学习应取实践的方式，从读物例证下手，以便养成文学的鉴赏力。这种不可能性有一个科学的理由，就是我们所已说明的那个原则：认识活动的技巧是一个自相矛盾的名词。规范文法不正是语文表现的技巧（即认识活动的技巧）吗？

〔审美的判断与模范语言〕最后，有人要寻求一种模范语言，寻求一种方法，使语言的习惯用法归于统一，这是由于迷信美的事物可凭一个理性的标准去测量，即我们所称为"错误的审美的绝对性"那一个概念。在意大利，这叫作"语言的统一"问题。

语言是常川不断的创造。已用语言表现过的东西就不再复演，除非根据已创造成的东西再造。生生不息的新印象产生音与义的继续不断的变化，即生生不息的新表现品。寻求模范语言，就是寻求动的不动。每个人都说话，而且都应依照事物在他的心灵中所引起的反响，即他的印象，去说话。所以最热心维护语言统一问题的任何一个解决方案者（无论他主张采用近似拉丁的标准意大利语、14世纪的习用语，或是佛罗伦萨的方言），在他们说话传达思想要人了解时，都不很愿意实践他们的理论。因为他们觉得用拉丁、14世纪的意大利语，或是佛罗伦萨语的字，来代替根源不同而恰合他们的自然印象的那种字，就不免牵强失真。那样办，他们就会成为自语自听者而不是说话者，是学究而不是认真的人，是戏子而不是诚实人。依照一种理论去写作，就不是真正写作，至多只是"炮制文学品"。

语言统一问题常再蹶再起，因为照它的字面看，它所根据的是错误的语言概念，所以它是不可解决的。语言并不是一种军械库，装了已制好的军械；不是一部字典，搜集了一大堆抽象品；也不是坟园中抹油防腐的死尸。

我们对于模范语言或语言统一问题的排斥似颇突然，但是我们不能不这么办，这并非对意大利许多世纪以来争辩这问题的一长串作者不表示敬意。那些热烈争辩的对象原只是审美性相而不是审美的科学，是文学而不是文学原理，是有效力的写作和说话而不是语言的科学。它们的错误在把一种需要变成一种科学的主张，比如说，把有方言隔阂的人民应能容易互相了解那一个念头，变成要有一个唯一的理想的语言那一个哲学的要求。这种寻求正如寻求一种普遍的语言①一样荒谬，所谓普遍的语言就是和概念与抽象一样有固定性的语言。人与人应该更好地互相了解那一个社会需要，只有借普及教育，改良交通，与交流思想这些方法才能得到解决。

〔结论〕这些零散的话应该已够说明，语言学的一切科学问题和美学的问题都相同；两方面的真理与错误也相同。如果语言学与美学似为两种不同的科学，那就由于人们把语言学看作文法，或一种哲学与文法的混合，一种牵强的备忘表格，一种教书匠的杂凑，而不把它看作一种理性的科学，一种纯粹的语言哲学。文法，或是与文法不是无关的东西，也在人心中引起一个偏见，以为语言的实在性可以在分散而可合并的单字上见出，而不在活的语言文章上（即于理为不可分划的表现有机体上）见出。

凡是有哲学头脑的语言学家们在彻底深入语言问题时，常发现自己很像掘地道的工人们（用一个陈腐而却有力的譬喻），到了某个地点，他们必能听到

---

① 寻求一种普遍的语言：17世纪哲学家莱布尼茨就有这个意思，近代"世界语"是一个实例。

他们的伙伴美学家们从地道的另一头在挖掘的声音。在科学进展的某一阶段，语言学就其为哲学而言，必须全部没入美学里去，不留一点剩余。

（据［意］克罗齐《美学原理》，朱光潜译，商务印书馆2012年版校录）

科林伍德与《艺术原理》

经典导读

罗宾·乔治·科林伍德（Robin George Collingwood，1889—1943），英国现代哲学家、历史学家和考古学家。出生于英国兰开夏郡的考尼斯顿，父亲是考古学家兼艺术家，母亲是艺术家，1908 年科林伍德进入牛津大学学习人文科学，后留校研究并任教。主要著作有《宗教与哲学》（1916）、《艺术哲学概论》（1925）、《艺术原理》（1938）、《历史的观念》（1946）等。

科林伍德作为 20 世纪表现主义美学的代表人物之一，其美学思想主要表现在前期的《艺术哲学概论》与后期的《艺术原理》中；前期思想集中于阐述艺术哲学的基本问题，后期则基于时代艺术变化而对前期思想进行了全面的修正。

《艺术原理》写作的时代正值西方表现主义美学风起云涌、现代艺术日新月异之际。但是，在科林伍德看来，无论是古典的再现理论，还是时新的表现理论，都不足以解释现代艺术发展的现状。要解释现代艺术，必须有新的视野与新的方法。因而《艺术原理》写作的首要目的，就在于回应 19 世纪末以来欧洲艺术领域出现的新状况与新问题。[①] 科林伍德指出，在几乎整个 19 世纪，人们都认为，绘画是一种

---

① 参见 [英] 罗宾·乔治·科林伍德《艺术原理》，王至元、陈华中译，中国社会科学出版社 1985 年版，序言第 2 页。

单纯的视觉艺术，画家的使命在于使用自己眼睛，将自己看到的东西用手记录下来。然而塞尚的出现颠覆了这一传统。塞尚抛弃了绘画的视觉观看传统，而像瞎子一样作画。他使用色彩不在于复制他看静物时所见的东西，而是将色彩符号化，用色彩符号表现他看静物时所感受到的东西。塞尚的风景画几乎脱去了所有视觉性质的痕迹，他所画的树木并不像真实树木的形象，倒像一个人闭上眼睛盲目地在树林里瞎闯乱撞、偶然遇到一些树时所感受到的形象。①

对于 19 世纪末以来出现的这些新的"现代艺术"现象，科林伍德指出，奠基于古老的艺术模仿说之上的"艺术再现论"无法给予有效的解答。因为作为"现代艺术"的绘画不是画家对外物的凝神观照，而是画家全身心的参与；作品亦不是画家的单纯视看与二维空间呈现，而是画家调动全身肌肉动作与内在情感想象的语言表现。

为了有效地解释现代艺术现象，保持艺术理论与艺术实践的互动关系，科林伍德认为，有必要重新检讨并反思基于"再现艺术"的古典艺术理论，重拾艺术创作的感性传统与身体经验。《艺术原理》一书所要解决的，就是这一问题。

从艺术本源的角度讲，该书回答的是"什么是艺术"问题；从艺术实践的角度讲，该书回答的是"什么是真正的艺术"问题。这两个问题又可归结为一个本体论问题："艺术是什么？"科林伍德的回答是：艺术是具有表现性与想象性特征的语言。

为了使这一定义与传统美学关于"艺术"的定义区别开来，科林伍德又作了详细的界定。

首先，艺术是情感的表现。

与克罗齐一样，科林伍德也是从否定的方面对艺术的情感表现进行界定的。②

（1）表现情感不是"唤起情感"。艺术首先表现的是表现者自己的情感，让观众可以清晰地感受到表现者的情感，其次才是唤起观众可以理解的情感。

（2）表现情感不是"描述情感"。描述是一种概括活动，而表现是一种个性化活动。艺术家并不想表达对某一种事物的情感，而是想表达对某一特定事物的情感。

---

① 参见［英］罗宾·乔治·科林伍德《艺术原理》，王至元、陈华中译，中国社会科学出版社 1985 年版，第 149 页。

② 参见［英］罗宾·乔治·科林伍德《艺术原理》，王至元、陈华中译，中国社会科学出版社 1985 年版，第 112~127 页。

（3）表现情感不是"暴露情感"。艺术表现的过程是使情感逐渐明朗化的过程，而不是将深藏于心的某种固定情感暴露出来。一个艺术家在表现情感之前并不知道他的情感是什么，而只有在艺术创作中进入情感表现的过程，这种情感才逐渐明朗起来。

（4）表现情感不是"选择情感"。艺术家可以自由地表现人类任何一种情感而不必拘泥于某一特定类型的情感。没有不适合艺术表现的情感。

（5）表现情感不是表现艺术家"私人化的情感"，而是表现能为观众接受和理解的"社会化情感"。艺术家的真正使命，就是超越自己小圈子的狭隘视界，表现能为观众共同分享与感受的情感。

其次，艺术是想象性经验。

在艺术的本质问题上，科林伍德一方面继承了克罗齐的"直觉主义"观念论，认为艺术作品作为被"创造的想象的事物"，不同于"为了达到特定目的之手段而制作"的真实事物，"只要艺术作品在艺术家的头脑里占有了位置，就可以说它被完全创造出来了"[1]；另一方面，他又对这种观念论进行了经验主义的改造，提出"真正的艺术作品"是某种"总体想象性经验"[2]。这种"总体想象性经验"分为两种："一种是我们在艺术作品中所发现的东西，即艺术家赋予作品的实际的感性性质；另一种严格讲来是我们在作品中不能发现的东西，倒不如说它们是由我们自己的储存经验和想象力注入到作品里去的。前者被设想为是客观性的，真正属于艺术作品本身；后者被设想为是主观性的，并不属于艺术作品，而是属于我们观照艺术作品时在我们身上进行的各种活动。"[3] 这二者并非对立的，而是通过艺术作品中"经验的感觉"与艺术欣赏中"经验的想象"来构成一种"总体活动的想象性经验"[4]。

在科林伍德看来，这种能够包括感觉、想象、意识、思维等诸多复杂心理－生理活动要素的"总体活动的想象性经验"，才是"现代艺术"创作与欣赏的精神指

---

[1] ［英］罗宾·乔治·科林伍德：《艺术原理》，王至元、陈华中译，中国社会科学出版社1985年版，第134页。

[2] ［英］罗宾·乔治·科林伍德：《艺术原理》，王至元、陈华中译，中国社会科学出版社1985年版，第148页。

[3] ［英］罗宾·乔治·科林伍德：《艺术原理》，王至元、陈华中译，中国社会科学出版社1985年版，第152~153页。

[4] ［英］罗宾·乔治·科林伍德：《艺术原理》，王至元、陈华中译，中国社会科学出版社1985年版，第154~155页。

南，它摆脱艺术创作长期滞于其中的"精神艺术创造"与"物质技艺制作"的二元割裂状况，使艺术成为一种基于感性生理经验而又指向心理情感表现的语言艺术。

最后，艺术是语言。

通过对艺术"表现性"与"想象性"特征的论述，科林伍德自然得出结论："如果艺术具有表现性和想象性这两个特征，它必然会是一类什么东西呢？答案是：'艺术必然是语言。'"[1]"表现某些情感的身体动作，只要它们处于我们的控制之下，并且在我们意识到控制它们时把它们设想为表现这些情感的方式，那它们就是语言。"[2] 在科林伍德看来，"语言"作为一种与我们日常有声语言表现方式相同的"任何器官的任何表现活动"，"不过是情感的身体表现"[3]，它通过"想象性"填充内容，通过"表现性"发挥功能。

可以看出，科林伍德正是通过扩展"语言"的内涵，才打通了长久横亘在艺术创造与欣赏中非此即彼的生理/心理屏障，为20世纪30年代后的多种艺术创作与批评提供了方法论的启示：它不仅强化了美学理论由"再现外物"到"表现内心"关注重心的转变，更启示了形式主义美学的内在发展：当"语言"超越科学主义的声音体系而扩展为可控制的身体动作时，它自然就升华为确证人的存在的本己性符号形式。

────── **延伸阅读文献**

1. R. G. Collingwood, *The Principles of Art*, London & New York: Oxford University Press, 1958.
2. R. G. Collingwood, *Outlines of a Philosophy of Art*, London: Oxford University Press, 1925.
3. R. G. Collingwood, *The Idea of History*（Revised Edition）, London & New York: Oxford University Press, 1994.

---

[1]［英］罗宾·乔治·科林伍德：《艺术原理》，王至元、陈华中译，中国社会科学出版社1985年版，第279页。

[2]［英］罗宾·乔治·科林伍德：《艺术原理》，王至元、陈华中译，中国社会科学出版社1985年版，第242页。

[3]［英］罗宾·乔治·科林伍德：《艺术原理》，王至元、陈华中译，中国社会科学出版社1985年版，第243页。

4. R. G. Collingwood, *Religion and Philosophy*, Wien: Leopold Classic Library, 2015.

（谷鹏飞 撰）

—— 原文:《艺术原理》(节选)

经典原文

艺术原理(节选)

科林伍德 著 王至元、陈华中 译

什么是艺术?这是本书试图回答的问题。

这一问题的解答应当分两步进行。首先我们必须明确,对于"艺术"这一关键词汇,在应当使用时应知道如何使用,在不应当使用时应知道如何拒用。对于一个通称性术语,如果我们看到了其存在实例而不能加以辨认,那么,我们仅以争论艺术正确定义为开端的讨论,显然没有多少意义。我们的首要工作,就是找好自己的立足点,然后才能充满信心地说:"这个、这个和这个都是艺术,而那个、那个和那个都不是艺术。"

为了廓清附着于"艺术"一词上的种种含混意义,我们必须考察一下这个词的历史。"艺术"的美学含义,即我们这里所讨论的含义,它的起源是很晚的。古拉丁语中的 Ars,类似希腊语中的 τέχνη,是指诸如木工、铁工、外科手术之类的"技艺"或某一专门形式的技能。在希腊人和罗马人那里,没有区别于我们今天冠以"艺术"概念所指称的东西。我们今天称为"艺术"的东西,在他们看来不过是一些"技艺"而已,例如作诗的技艺。

当我们赞赏古希腊人的艺术作品时,我们会很自然地设想,他们是以和我们同样的心情加以赞赏的。可是,我们赞赏它是一种艺术,这里的"艺术"一词就带有欧洲人审美意识的全部微妙而精细的含义。我们可以充分断定,希腊人并不采用与我们类似的方式加以赞赏,他们用另一种观点来看待艺术。这种观点是什么呢?我们或许通过阅读柏拉图等人的相关论述能有所发现。

中古拉丁语中的 Ars,很像早期现代英语中的 art,词形词义都是借用的,意指任何形式的书本学问,例如语法、逻辑、巫术和占星术之类。在莎士比亚时代,它的含义依然如此。可是到了文艺复兴时期,首先是意大利,然后是其他各国,人们又重新恢复了"艺术"一词的古老含义。文艺复兴时期的艺术家,就像古代的艺术家一样,确实把自己看作工匠。一直到17世纪,美学问题和美学概念才开始从关于技巧的概念或关于技艺的哲学中分离出来。到了18

世纪后期，这种分离越来越明显，以至于确定了"美的艺术"与"实用艺术"之间的界限。这里的"美的艺术"并不是指精细的或具有高度技能的艺术，而是指"非实用的艺术"。到了19世纪，这个词组通过去掉表示性质的形容词词尾，并以单数形式代替表示总体的复数形式，最终压缩概括为 art。

至此，艺术在理论上完全从技艺中分离出来了，不过也仅仅在理论上而已。

建立一种完善的美学理论所要采取的第一步，就是把技艺的概念和真正艺术的概念区别开来。而要做到这一点，我们又必须首先举出"技艺"的一些主要特征。

（1）技艺总是涉及手段与目的之间的区别，而手段与目的既相互区别又彼此关联。手段泛指被使用以达到目的的那些东西，然而更严格地讲，它是指与目的有关的活动。进行活动，都是为了达到一定目的；目的一经达到，活动也就停止了。

（2）技艺涉及计划与操作之间的区别。待取得的结果在获得之前就已预先被设想和谋划好了，工匠在制作之前就知道自己要制作些什么，这种预知对于技艺是绝对不可少的。

（3）在计划过程中，手段与目的以某种方式彼此关联；在操作过程中，二者则以相反的方式关联。

（4）存在着原料与成品／制造物之间的区别。

（5）存在着形式与物质之间的区别。原料和成品一样，它们都是物质；但是，它们的形式不同。成品是运用技艺加以改变的物质；而原料，则是虽未施加技艺，却仍然有着固有形式的物质。

（6）各种技艺之间存在着一定的等级关系，一种技艺提供另一种技艺所需要的东西，一种技艺使用另一种技艺所提供的东西。存在着三种等级：各种材料的等级、各种手段的等级和各个部分的等级。（a）某种技艺的原料是另一种技艺的成品。（b）在各种手段的等级里，一种技艺向另一种技艺提供工具。（c）各个部分的等级，像汽车制造那样复杂的操作过程，一般都是分成许多行业来进行的。

我们的问题在于，从根本上讲，艺术究竟算不算一种技艺？

（1）技艺的第一个特征是手段与目的之间的区别，艺术作品有这种情况吗？照技巧论来说是有的。一首诗是在观众中间产生某种心理状态的手段，正如马掌是在钉马掌的主人身上产生某种心理状态的手段；反过来，诗歌也会是以其他东西为手段的一种目的。钉马掌要烧红锻件、切割铁条、然后再加热等；与此类似，写诗也要寻找纸和笔，笔里要灌上墨水，然后坐下来，弯起肘部。可是写诗这些动作不是为创作（它在诗人头脑里进行），而是为书写做准备的。

（2）计划与操作的区别当然也存在于某些艺术作品中，即那些同时是工艺品和人工制品的艺术作品当中。显然，在这两种东西之间可以有一部分的重叠，比如我们在楼房或陶罐那里看到的情形，它们为了某种特殊需要而制造，服务于某种实用目的，但仍不失为一件艺术作品。可是，假定某位诗人一边走路一边构想诗句，脑子里突然想到一行诗句，跟着又是一行，然后他觉得不满意，修改这些诗句，直到把它们联成整体，在这一过程中，他操作的是什么计划呢？他可能只是模糊地知道，如果他去散步，可能会写出诗来；至于说他计划要作的诗的标准与风格是什么，他就不会事先知道了。所以，(a) 计划只是艺术的消极特征，而非积极特征。(b) 计划是艺术的一个可允许特征，而非必备特征。

（3）如果在真正的艺术中，既无手段与目的之分，又无计划与操作之分，那么显然，计划与操作、手段与目的就无前后次序可言。

（4）我们接着讨论原料与成品的区别。在真正的艺术中存在着这种区别吗？如果存在，一首诗就是用某种原料制作的。本·琼生写的《皇后和女猎手，光彩又美丽》一诗所用的原料是什么呢？也许是一些字眼。……但是诗里出现的字眼在他的心目中是作为整体出现的；它们具有与诗歌排列次序相同的次序，诗人绝不是以这种次序把字眼随意搭配组合，直到出现我们所见的那首诗为止。

（5）从某种意义上说，在每一件艺术作品里都具有可以称为形式的那种东西，说得更准确些，都具有韵律、格式、组织、布局或结构等性质。可是不能由此得出结论，说诗里存在着形式与物质的区别。当人们联系艺术谈论物质与形式时，或者谈论那种奇怪的混合的区别，亦即形式与内容的区别时，他们实际上指的是两者之中的一个，或者两者同时混指了。他们或者把艺术品混同为工艺制品，把艺术家的创作混同为工匠的劳作；或者以含糊比喻的方式运用这些术语去说明艺术中确实存在的不同于形式与物质区别的那些区别。艺术中总是存在着表现者与被表现者之间的区别；存在着写作或绘画或作曲的最初冲动与完成了的诗篇或画作或乐曲之间的区别；存在着艺术家感受中的情感因素与所谓理智因素之间区别。所有这些区别都是值得考察的，不过，它们之中任何一种情况都不属于形式与物质的区别。

（6）最后，艺术中没有什么东西类似于技艺中的等级关系，在那种关系中，每个技艺向比它低一级的技艺指示目的，又向比它高一级的技艺或提供手段，或提供原料，或提供部件。

只要我们认真地考察"技艺"概念，就很容易明白真正的艺术绝不可能是任何一种技艺。今日大多数论述艺术的人似乎都认为艺术是一种技艺，这是一个重大的错误，现代美学理论必须和它进行斗争。就是那些并没有公开接受这种错误主张本身的人，往往也接受了包含着这种错误的种种学说。艺术技巧论就是这样一种学说。

比如，诗歌的技巧论，首先意味着一个诗人具有某种需要表现的感受；然后，他就设想能够表现这些感受的一首诗的可能性；再后，这首诗作为一个尚未达到的目的，为了实现这一目的的要求使用某些技能力量和技能形式，这些东西构成了诗歌的技巧。上述说法包含着某些真理成分。……但是，在感受的表达完成之前，艺术家并不知道需要表达的经验究竟是什么。艺术家想要说的东西，预先并未作为目的呈现在他眼前并想好相应的手段，只有当他头脑里诗篇已成形，或者他手里的泥土已成形，那时他才明白自己想要表达的感受。

名不副实的艺术有六类。它们之所以被称为艺术，是因为在这些技艺中，创作者能够运用技巧在观众身上引起合乎愿望的心理反应，因此它们就被置于虽然老旧但并未死亡的艺术概念（如诗艺、画艺概念等）之下。它们之所以是名不副实的艺术，因为它们之中的每一种在创制时都有手段与目的区别，而这种区别并非真正的艺术所有。

让我们赋予这六种名不副实的艺术以适当的名称。如果情感只是被作为一种可供享乐的感受而唤起时，唤起情感的技艺就称为娱乐；如果是因为情感的实用价值而被唤起时，这种技艺可以称为巫术；如果仅仅是为了训练技能而激发智力活动，这样被设计的技艺产品称为哑谜；为了认识某一事物而制作的技艺产品称为教诲；如果一种技艺的目的在于激发某种有用的实际活动，它就是广告或宣传（取其现代流行的意义而非古老义）；如果激发情感的活动是正当的，这种技艺就称为告诫。

上述六种技艺既可以单独存在，也可以结合起来，它们很好地穷尽了现代世界盗用"艺术"之名的所有活动，而其自身与真正的艺术毫不相干。这并不像王尔德所说的那样，因为"一切艺术都是完全无用的"，事实上并非如此。一件艺术作品可以具有娱乐、教诲、哑谜、告诫等功能，此时它仍不失为艺术；而且在这些方面，艺术可能确实非常有用。或许正如王尔德所力图说明的那样，关键是要认清，使事物成为艺术的原因与使它成为有用东西的原因并不相同。判定一件所谓的艺术作品产生什么心理反应（比如问你自己，某一首诗"使你感受如何"），与判定它是不是一件真正的艺术作品，其间没有任何关系。艺术作品旨在产生什么样的心理反应，同样是一个与此无关的问题。

我们的首要问题是，既然真正的艺术家与情感有某种关系，而这种关系又并不是唤起情感，那么它是什么呢？……没有什么比说艺术家表现情感再平凡不过了，这个观念是每个艺术家都熟悉的，也是略知艺术的任何其他人都熟悉的。叙述这一点并不是在叙述一种哲学理论或为艺术下定义，而是在叙述事实或设想事实。当我们稍后充分加以辨析时，我们还必须从哲理上对这些事实加以理论的说明。

当说起某人要表现情感时，我们所说的无非这个意思：首先，他意识到有某种情感，却没有意识到这种情感是什么；他所意识到的一切是一种烦躁不安或兴奋激动，他感到它在内心活动着，但是对它的性质一无所知。处于此种状态的时候，关于他的情感他只能说："我感到……我不知道我感到的是什么。"他通过做某种事情把自己从这种无依托的受压抑处境中解救出来，这种事情我们称之为表现他自己。这是一种与我们叫作语言的东西有某种关系的活动：他通过说话表现他自己。这种事情与意识也有某种关系：对于表现出来的情感，感受它的人对于它的性质不再是无意识的了。这种事情与他感受这种事情的方式也有某种关系：未加表现时，他感受的方式我们曾称之为"无依托的"和"受压抑的"方式；既加表现后，这种抑郁的感觉从他感受的方式中消失了，他的精神不知什么原因就感到轻松自如了。

以语言来表现一种情感，可能是向着某人说的，但是即便如此，其意图也并不是在某人身上唤起同样的情感。如果说我们希望在听者身上产生什么效应，那效应只能说是让他明白我们是如何感受的。但是，我们早已看到，这正是我们的情感表现在我们自己身上时所产生的效应，它使跟我们谈话的人和我们自己都明白我们是如何感受的。一个唤起情感的人，在着手感动观众的方式中，他本人并不必然被感动；他和观众对该行动处于截然不同的关系中，非常像医生和病人对于药物处于截然不同的关系中一样，一个是开药，另一个是服药。与此相反，一个表现情感的人以同一种方式对待自己和观众，他使自己的情感对观众显得清晰，而那也正是他对自己所做的事情。

由此可以得出结论，情感的表现，单就表现而言，并不是对任何具体观众而发的；它首先指向表现者自己，其次才指向任何理解它的人。

一个人的情感还未能完全表现时，他并不知道自己有些什么情感。因此，表现情感的动作就是他对自己情感的一种探测，试图发现这些情感都是些什么。这里当然有一个引导过程，也就是说，有一种导向某一目的的努力；但是该目的并不是某种被预见或被预想的东西，并不是根据我们对目的特性的了解就能想出恰当手段的那种东西。表现是一种不可能有技巧的活动。

表现一种情感和描述这种情感并不是一回事。说"我生气了"是描述一种情感，而非表现一种情感。

描述不仅丝毫无助于表现，实际上反而损害了表现，原因在于，描述是一种概括活动。描述一件事物就是认为它是这样一个事物和这样一类事物，就是把它置于一个概念之下并加以分类。相反，表现却是一种个性化的活动。

这一点使作为情感表现的真正艺术鲜明而突出地区别于任何旨在唤起情感的技艺。技艺想要实现的目的，总是从一般性原则加以设想，而从不加以个性化。

作为情感的表现，真正的艺术与上述一切毫不相干。真正的艺术家尽力解决表现某一情感的问题，他会说："我要把这一个搞清楚。"把其他事物搞清楚对于他是没有用处的，不论其他事物和这一个多么相似，什么东西也不能代替它。他不想表达某一种类的事物，他要表达的是某一特定事物。

有时人们会问，情感是否可以区分为适合艺术表现的情感与不适合艺术表现的情感？如果他说的艺术是指真正的艺术，并且把它同表现等同起来，那么唯一可能的回答，就是说没有这种区分。凡是可以表现的东西都是可以表现的。在特殊的场合，可能因为某些隐蔽的动机，真正的艺术家乐意表现某些情感而不表现另外一些情感；但是，这种情况仅限于他所用的"表现"一词只是指当众公开的表现，即允许人们偶然听到他表现自我的场合。

如果艺术并不是一种技艺，而是情感的表现，那么艺术家与观众之间的种类差异也就消失了。因为只有在人们听到艺术家表现自我并且理解他们所听到的东西时，艺术家才算有了观众。现在，如果某个人通过表现他心中的感受说出了某些东西，而另一个人听见了并且理解了他所说的话，那么，理解他的听者在自己的心中就有了同样的感受。

这样，一位诗人表现某种恐惧情感，只有那些能够亲身体会这种恐惧情感的人才能领会他的诗句。因此，当某人阅读并领会了诗人的诗句时，他就不仅仅领会了诗句所表现的诗人的情感，而且凭借诗人的语言表现了他自己的情感，于是诗人的语言就变成了他自己的语言。正如柯勒律治所说，我们知道某人是诗人，是基于他把我们变成了诗人这一事实；我们知道他在表现他的情感，是基于他使我们能够表现我们自己的情感这一事实。

因此，如果艺术是表现情感的活动，那么读者和作者同样是艺术家，在艺术家与观众之间并没有种类的差别。当然，这并不意味着二者之间根本没有差别；蒲柏曾经写道，诗人的任务就是说出"大家都感受到了却没有人很好地表现出来的东西"。我们可以这样理解他的话（不管蒲柏本人写这些话时是否自觉地意指这一点），诗人与观众的差别在于如下事实：虽然二者都确切地做了同样的事情，即运用这些特殊的语言表现这种特殊的情感，但诗人能够自己解决如何表现的问题，而观众只有当诗人为其示范时才能把情感表现出来。不论就具有那种情感而言，还是就表现那种情感的能力而言，诗人都不是超凡独特的；但是，就表现大家都感受到的并且大家都能表现的情感的首创精神而言，诗人是超凡独特的。

为了创造一件艺术品，一个有可能成为艺术家的人，在他身上就必须具有某些未加表现的情感，还必须具有表现它们的必要能力。

我们必须进一步区分下去。前面所举的作为被创造事物实例的全部事物，我们平常都把它们称为真实的事物。一件艺术品我们就不必把它称为真实的事物，我们可以把它称为想象的事物。一场骚扰、一件麻烦事、一支海军或其他事物，要待其在真实世界占有自己的位置之后才算完全被创造出来。但是，一件艺术作品作为被创造的事物，只要它在艺术家头脑里占有了位置，就可以说它被完全创造出来了。

如果编写乐曲是一个想象性创造的实例，那么乐曲就是一个想象性事物。同样的道理适用于一首诗、一幅画或任何别的艺术作品。……真正艺术家的任务并不是在观众身上产生一种情感效果，而是比如说编写一首乐曲，当这首乐曲还仅仅存在于他的头脑中时，也就是说，还是一首想象的乐曲时，它就已经是完成的和完美的了。然后，它可以设法把乐曲在观众面前加以演奏，这时就出现了一支真实的乐曲，就产生了一连串的音响集合。但是，这两件东西中哪一个是艺术作品呢？它们中哪一个是音乐呢？我们已经说过的话中就包含了答案：音乐、艺术作品并不是音响的集合，它是作曲家头脑中的那首乐曲。表演者制造出来的、观众所听到的那种音响，其本身根本不是音乐，它们只是一种手段，假如观众听时有理解力的话，他们凭借这些音响可以把存在于作曲家头脑中的那个想象的乐曲为自己重新建立起来。

在19世纪结束之际，绘画上发生了革命性的变化。在那100年内，每个人都认为绘画是"一种视觉艺术"，而画家首先是一个使用自己眼睛的人，他的手只是用来记录由眼睛揭示给他的东西。后来出了塞尚，开始像瞎子一样地作画。他的静物写生铭记着他的天才的精华，它们就像被人用手探索过的一组事物。他使用色彩不在于重新复制出他看静物时所见到的东西，而是几乎用一种代数符号表现在这种探索中他所感受到的东西。

塞尚当然是对的，绘画绝不能是视觉艺术。一个人是用手而不是用眼睛画画。

关于绘画的这个被人遗忘的真理，是由被称为塞尚-伯伦森方法所重新发现的。该方法认为，观众在观赏一幅绘画时的经验根本不是一种专门的视觉体验，他所感受到的东西并不是由他所见到的东西构成的，它甚至也不是由观众所见到的东西经过视觉想象的修正、补充和纯化之后所构成的。它不仅属于视觉，而且（在一些场合甚至更主要地）属于触觉。可是，我们必须说得稍微准确一些。当伯伦森先生谈到触觉价值时，他考虑的并不是皮毛与布匹的质地，不是树皮冰凉的粗糙感，不是石头的光滑或坚硬之类的东西，抑或某种事物在我们敏感的指尖下呈现的其他性质。正如他本人的论述所充分表明的那样，他所考虑的，或者主要考虑的，不是触觉，而是距离、空间和质量，是像我们运用肌肉活动四肢时所体验到的那种运动感觉。当然，这并不是实际的运动感觉，而是想象中的运动感觉。

这就启示我们，从一件艺术品中获得的东西总是可以分为两部分。(1) 存在一种特殊化的感官经验，它是看到的经验还是听到的经验要依具体情况而定。(2) 还存在一种非特殊化的想象性经验，它不仅包括（按其想象的方式）与构成特殊感官经验的东西同属一类的因素，而且包括与之相异的其他因素。这些想象性经验与其感官基础上的相应的特殊化经验相去甚远，于是我们只好称它们为总体活动的想象性经验。

值得说明的是，两部分的经验并不是以我们所幻想的那种方式相对立。我们没有根据说，经验的感觉部分是我们所发现的东西，而经验的想象部分则是我们所引入的东西；我们也没有根据说，感觉部分是客观地存在于艺术作品之中，而想象部分则是主观的，是一种区别于一个客观事物性质的主观意识方式。我们当然在绘画里发现了种种色彩，但是我们能发现这些色彩，只是因为我们积极主动地使用了我们的双眼，而且我们所具有的是这样一双眼睛，它足以看出画家希望我们看出的东西，而这是色盲者所办不到的。我们随身带着自己的视力，就能发现视力所揭示的东西。同样，我们随身带着自己的想象力，就能发现想象力所揭示的东西，亦即总体活动的想象性经验；我们在作品里发现它，是因为画家本来就把它放在那里了。

一件艺术作品是什么？比如说，一部音乐作品是什么？根据上文讨论，我们可以回顾并总结如下：

（1）从认为艺术是一种技艺的假美学来看，一部音乐作品就是一系列可以听见的音响。我们现在可以看出，那些心理学的美学家和实用主义的美学家见解，并未超出这种假美学的概念。

（2）如果"艺术作品"指的是真正的艺术作品，那么一部音乐作品就不是某种听得见的东西，而是某种只可能存在于音乐家头脑里的东西。

（3）在某种程度上，音乐作品只能唯一地存在于音乐家（在这个称呼下，也包括作曲家与听众在内）的头脑中，因为他的想象力总是对他实际听到的声音加以补充、矫正与净化。

（4）这样，作为艺术作品而被他实际欣赏的音乐，根本不是感官上的或"实际"听到的东西，它是某种被想象的东西。

（5）但是，音乐作品并不是被想象的音响（正如在绘画的场合不是被想象的色彩造型，以此类推），它是一种总体活动的想象性经验。

（6）因此，一件真正的艺术作品，是欣赏它的人运用自身的想象力所领会与意识到的总体活动。

现在，我们有了关于艺术的总结性结论：如果艺术具有表现性与想象性两个特征，那么它必然会是一类什么东西。答案是："艺术必然是语言。"

审美经验或艺术活动，是表现一个人情感的经验，而表现它们的活动，就是一般被称为语言或艺术的那种总体想象性活动，这就是真正的艺术。

如果从理论活动与实践活动相区分的角度看，审美经验同时具有两类活动的特征。首先，审美经验是对一个人自己及他的世界的认识，由于这两种被认识的东西与认识活动还未加区分，因而自我在世界中被表现；而这个世界是由语言构成的，这种语言的意义又是构成自我的情感性经验，并且自我就是由种种情感构成的，这些情感只有表现在语言（它就是他的世界）中时才为人们所知。同时，审美经验是对一个人的自我和他的世界的创造，原来是心灵的这个自我，在意识的形态中被重新创造了，或者说被转变成为想象性的、携带有情感意义的感受物了。

艺术的情感表现也可以说就是语言，而语言本身并不一定必须传达给任何其他人。因此，艺术家本身是一个谈论或表现他自己的人，而且他的表现不以任何方式依赖或要求观众的合作。构成观众的这些人，看来充其量只是艺术家准许在他说话时偷听的人。是否有什么人在偷听他说话并不能改变这样的事实：他表现了他的情感，并且因此完成了作品。凭借作品他就成了艺术家。

艺术家成为诗人、画家或音乐家，并非像长胡子一样，是由于身体内部的自然成长过程，而是因为他们生活在一个通行艺术语言的社会中，像其他讲话人一样，艺术家对理解他的人讲话。

艺术创造的工作并不是艺术家们以任何专有或完全的方式在头脑中进行的工作，这种想法是由个人主义心理学造成的一种错觉；而它所连带产生的误解，与其说是基于肉体与精神的关系，不如说是基于经验的心理水平与思维水平之间的关系。审美活动是一种意识形式的思维活动，它把本来是感觉的经验（除了那些已被如此转化了的经验）转化成为想象，而活动本身却不属于任何个人，而是属于社会的合作性活动。这种活动不仅由我们从个体性角度称为艺术家的人进行，而且在某种程度上也由我们说"影响"了他的其他艺术家所进行。当我们说"影响"时，实际上说这些人与他进行合作。审美活动不仅是由这些艺术家群体进行的，而且在表演艺术的场合，它也是由表演者进行的，表演者的活动不仅听命于艺术家，而且也与艺术家合作以完成作品。艺术创作活动即使行进到这里，也还未全部完成。要全部完成就必须有观众，观众的职能不仅是接受，而且也是合作。这样一来，艺术家就处于与整个社会的合作关系中，这一社会并非全人类本身的理想社会，而是同类艺术家们（艺术家向他们借鉴）、表演者们（他用他们）和观众（他向他们讲话）三者合一的实际社会（虽然受个人主义思想偏见的迷惑，艺术家可能会否认这些合作关系）。承认这些关系并在自己的作品中依靠这些关系，艺术家就能使作品本身丰富有力；如果否认这些关系，他就会使作品内容贫乏。

艺术必须具有预言性质，艺术家必须预言。这倒不是说，他预告了即将来临的事态，而是说，他冒着使观众生气的危险，把观众内心的秘密告诉他们。作为一个艺术家，他的任务就是要把话讲出来，把心里话完全坦白出来。但是艺术家必须说的东西，并不像个人主义的艺术理论要我们相信的，是他自己的私人秘密。作为社会的代言人，艺术家必须讲出的那个秘密是属于那个社会的。社会之所以需要艺术家，是因为没有哪个社会完全了解自己的内心；并且社会由于没有对自己内心的体认，它就会在这一点上欺骗自己，而对这一点的无知就意味着死亡。对于来自那种愚昧无知的不幸，作为预言家的诗人不提出任何其他药物，因为他已经给出药物了，这药物就是诗歌本身。艺术是社会疾病的良药，专治最危险的心理疾病——意识腐化症。

（选自［英］罗宾•乔治•科林伍德《艺术原理》，王至元、陈华中译，中国社会科学出版社1985年版；据该书英文原著编选校改，参见 R. G. Collingwood, *The Principles of Art*, London & New York: Oxford University Press, 1958）

桑塔耶纳与《美感》

经典导读

乔治·桑塔耶纳（George Santayana，1863—1952，又译桑塔亚那），散文家、诗人、小说家、评论家。出生于西班牙马德里，后随母移居美国波士顿，先后入读波士顿拉丁语学校和哈佛大学。1886年毕业于哈佛大学，随后赴柏林求学两年，之后回哈佛大学师从美国著名心理学家和实用主义哲学家威廉·詹姆斯，在其指导下完成博士学位论文。1889年任教哈佛大学哲学系，与詹姆斯、乔塞亚·罗伊斯成为哈佛哲学界"三巨头"，此时正值哈佛大学哲学系的黄金时代。1912年辞去教职，从此返归欧洲，辗转迁居于西班牙、英国、法国和意大利等地，直至1952年在罗马病逝，按其遗嘱，被安葬在天主教公墓中的西班牙墓地。桑塔耶纳虽然在美国生活多年，却一直未改国籍，一生持西班牙护照。

桑塔耶纳一生著述甚丰，文风充满诗性，用钱锺书的话来讲，"带些女性，阴沉，细腻，充满了夜色的憧憧的黑影"[①]。他的哲学著作包括《美感》（1896）、《诗与宗教的阐释》（1900）、5卷本的《理性生活》（1905，1906）、《三位哲学诗人：卢克莱修、但丁与歌德》（1910）、《怀疑论与动物信仰》（1917）、4卷本的《存在领域》（1927—1940）等。在早期的《美感》和《理性生活》中，他遵循的是自然主义的、心理学的方法，

---

① 钱锺书：《作者五人》，见《钱锺书散文》，浙江文艺出版社1997年版，第148页。

但是在后来的《存在之域》中，他发展出一种柏拉图主义和唯物论的奇特的综合体。

虽然桑塔耶纳前后期略有转变，但是观念及其自然基底之间的区别，或者说，"本质"（essence）与"物质"（matter）之间的区别贯穿桑塔耶纳的思想之始终。与许多经典的实用主义者一样，桑塔耶纳精通进化论，信奉自然主义。他一贯崇仰历史上那些怀有"自然主义的虔诚"（naturalistic piety）的哲学家，包括伊壁鸠鲁、卢克莱修及斯宾诺莎。与此相关，他又是副现象学（epiphenomenalism）的追随者，认为思想和感觉是派生性的，本质上是结果而不是原因。

《美感》一书是根据他在1892年至1895年在哈佛大学讲授美学理论和美学史的讲稿整理而成的。此书是桑塔耶纳的第一部哲学著作，也是他自然主义美学之作。他后来在《艺术中的理性》中为"理念"或"完善"寻找自然的根基或基础，脱不开《美感》一书为美的经验寻找自然的底基，实际上也可谓对美的经验及其条件的心理学研究，兼具内省与思辨的色彩。门罗·C.比厄斯利认为，该书所采用的研究方法与18世纪审美经验论有相似之处，但在当时黑格尔主义占主导地位，实验美学也不发达，该书可谓异乎寻常。

在《美感》一书中，美被定义为"客观化的快感"。桑塔耶纳认为美是一种建基于感觉的人类经验的观点影响甚远。该书包括导言、正文四卷及结论。正文四卷为"美的本质""美的材料""形式"和"表现"，其中"美的本质"一卷旨在讨论美的本质并提出美的定义。他提出美的经验不是来自对事实的判断，而是来自对价值的判断。但审美价值又不同于道德价值，后者是消极的、来自利益导向的，而前者是积极的、直接的。审美快感又与生理快感相对立，生理快感使我们注意到身体某个器官的快感，而审美快感则将我们无障碍地引向激发快感的外在事物。但桑塔耶纳并不认为审美快感的特征在于无利害观念和普遍性，并由此反对康德的审美无利害说。桑塔耶纳是从审美判断过程中的"感觉的因素转化为事物的性质"这一心理现象得出他的美的定义的。最终他将美定义为一种积极的、固有的、客观化了的价值，或者说，美被当作事物之属性的快感。他也称之为"美是一种客观化的快感"。

在作出这种说明之后，桑塔耶纳进一步论述了美的种类和条件，即美的材料、形式和表现。桑塔耶纳分析了人的意识构成中的诸要素在形成美感过程中的作用，认为人体的一切机能（不仅仅是视听感官）、恋爱激情、社会本能、低级感觉、声音与色彩，皆对美感的形成具有贡献，构成"美的材料"。他又尝试处理美学中最具特色的形式美问题，以"形式"之名探讨人的知觉如何在各种自然形式和艺术形式中获得客观化的快感；同时他提出某些不同于传统美学的形式美的样式，如无定形。美的另外一种模式即表现美，被桑塔耶纳定义为"事物通过联想而取得的性质"，以区别于物质美与形式美所示，表现美不是存在于对事物本身的知觉过程中的，而是存在于其他思想的构想，即联想。

在《美感》的结论部分，桑塔耶纳得出了令人激动的论点，即美感是我们的性灵与经验的和谐，而后将笔调转向对美的崇信，即美是心灵与自然之间可能存在的一致性的保证，从而是信仰善为至高的根据。实际上，桑塔耶纳一生都保持着对美的信仰，晚年自称是"审美的天主教徒"。

—— 延伸阅读文献

1. ［西班牙］乔治·桑塔耶纳：《美感——美学大纲》，缪灵珠译，北京：中国社会科学出版社1982年版。

2. 《缪灵珠美学译文集》第四卷，章安祺编订，北京：中国人民大学出版社1998年版。

3. George Santayana, *The Sense of Beauty: Being the Outlines of Aesthetic Theory*, New York: C. Scribner's Sons, 2012.

4. George Santayana, *Life of Reason or The Phases of Human Progress*, One Volume Edition, New York: Charles Scribner's Sons, 1955.

5. George Santayana, *The Realms of Being*, New York: Charles Scribner's Sons, 1942.

6. George Santayana, *Three Philosophical Poets: Lucretius, Dante, and Goethe*, Cambridge, MA: Harvard University Press, 1910.

7. ［美］门罗·C.比厄斯利：《西方美学简史》，高建平译，北京：北京大学出版社2006年版。

（高艳萍 撰）

—— 原文：《美感》（节选）

经典原文

美感（节选）

桑塔耶纳 著　缪灵珠 译

■ 卷一　美的本质

1. 美的哲学是一种价值学说

要寻找一个关于美的定义，以寥寥数语给这名词作出有力的释义，那是容易的。我们根据美学权威知道，美是真，美是理想之表现，是神的完善性之象征，是善之感性显现。这些光荣的称号不难编成一卷祷文，反复颂赞我们的神祇。这些词句可能激发思想，给我们一时的快慰，但是很难给人多少永久的启发。一个真正能规定美的定义，必须完全以美作为人生经验的一个对象，而阐明它的根源、地位和因素。我们必须从这个定义尽可能弄清楚：美为什么出现、在何时出现、又怎么样出现；一件东西必须具备什么条件才是美的；我们天性中有什么因素使我们能感觉美；审美对象的构造与我们的感情兴奋之间有什么关系。舍此之外，就不能真正阐明美，或者使我们了解审美的欣赏究竟是什么。我全书的任务，就是要给美下此种意义的定义，这个任务只能就这范围内简略地完成。

美学在历史上的称号，可以启发我们开始作出这样的定义。18世纪许多作家称美学为"批评"（criticism），这个名词至今还保留着，用以称呼对艺术作品进行推敲论究的欣赏。然而，欣赏自然，我们就很难说是批评了。我们不会批评落霞；我们只对它感受欣赏罢了。"批评"这名词，用在这样的场合，就未免太着重审慎的判断和标准的衡量等成分了。美，虽然往往是这样表述的，但甚少是这样感受；自然和艺术的一切绝妙之处绝不能凭一条规律来认可，它们本身就成了标准和理想，批评家据此就衡量出了种种逊色的效果。

当今科学昌明术语明确，于是采用了一个比较专门的名词，称美学为"感性论"（aesthetics），意即关于知觉或感受的学说。假如说"批评"这名词是太狭义了，指的完全是我们人为的判断，那么"感性论"又似乎太广义，它的范围包括一切快感和不快感，即使不是包括任何的知觉。我们知道，康德曾使用这名词来表示他认为时间和空间是一切感知形式的学说；有时候它在狭义上用作艺术哲学的同义语。

然而，假如我们将批评的原义同感性论的原义结合起来，我们就兼有美学的两种基本特质了。批评含有判断之意，感性论含有感知之意。要想使两者具有共同的根据，而说"批评的感受"或"感受的判断"，我们就得扩大审慎批评的概念，使之包括那些直觉的和直接的价值判断，也就是说，包括快感和不快感；同时，我们也要缩小感性论的概念，使之排除一切非欣赏性的知觉，一切不是从对象中发现价值的知觉。这样，我们便达到批评的感受或欣赏的感受这个范围了，简言之，这就是我们所要研究的范围。所以，若果保留今日流行的 aesthetics 这术语，我们就可以说，美学是研究"价值感觉"的学说。那么，"价值"的意义和条件，就是我们首先要讨论的问题。

自从笛卡尔的时代以来，哲学家就熟识这个概念：在自然界中一切可见事态都可以用以前的可见事态来说明，一切运动，例如，说话时舌的运动，或者绘画时手的运动，都有其单纯的物理原因。那么，假如意识不过是生活的附属品，而不是生活所必需的，人类就大可以生存在大地上，只须学得生存所必需的一切技术，而无须具有任何感觉、意念或感情了。经过天然淘汰，那些能自动对其环境作出有效反应的人们，就定会留存下来。一种自卫本能将会发展，危险可以避开而无须畏惧，仇害可以报复而无动于衷。

在这样的世界，人将是最美满的生物。他们将具有所谓极端利己的表现和显然追求一切可能的善。因为他们将具有天生的和习染的避祸求福的倾向；他们的思想通过手势和表情便一目了然，然而，在全部生活过程中，当然就会没有思想，没有希望，没有自觉的成就。

旁观者可以猜出你的预谋的目的和对象，正如我们可以想象水会力求平稳、大自然不容真空那样。但是物质粒子始终不会知道自己的安排情况，大自然也不能感觉到物质的变化关系。只有我们，自然过程的唯一旁观者，凭借我们切身的利害关系和习惯，能够看出这过程的进展或顶点。当达到的结果满足了我们实用的或审美的要求，我们便知道这是顶点；当这过程使我们得到满足，我们便知道这是进展。然而，在这样的一个机械的世界，除了我们自己和人性偏见，我们就不知道有任何价值因素。抛弃了意识，我们就抛弃了一切可能的价值。

然而，不但没有任何意识，这世界便没有任何价值；而且，即使不是那么过激地排除全部人生经验，我们也可以想象出人类是一种纯粹理性型的生灵，自然现象的变化反映到他们的心中，却不会引起任何感情的激动。他们可能注意到一切事件，观察它的关系，甚或可以预料到它的再现；但是万事万物的生灭都不会引起丝毫的欲望、快感或懊悔。没有什么事叫人讨厌，也没有什么情况叫人害怕。一言以蔽之，我们只有个观念的世界，而看不见意志的世界。在这场合，正如仿佛完全没有意识的那种场合一样，一切价值和美妙事物都将完全消失。所以，为了这世界还有任何形式的美可言，我们就不但需要有意识，更需要有感情的意识。只靠观察是不行的，必须有欣赏。

2. 爱好毕竟是非理性的

所以，我们可以立刻提出一个定理（这定理对于一切道德哲学是重要的，但对于某些顽固不灵的思想是致命伤）：离开了对价值的欣赏，便无价值可言；离开了对善恶的爱恶，便无善恶可言。一切美妙性的根源和本质，在于欣赏，在于爱好，或者，正如斯宾诺莎所阐明的，人们并不是因为事物是善的才去追求它，但只有人们加意追求的事物，才有可能成为善的。

当然，在不是直觉的反应之时，我们还可以应用这些形容词于使用价值。我们可以说，某一行为是坏的，或某一大厦是好的，因为我们认识它们具有一种我们所称为坏的或好的特质；但是，除非我们心中有一点点情绪的反感或感性的愉悦，否则就无所谓道德的判断或审美的判断。这个问题完全在于用词是否恰当和事物是否虚有其名。某些刻板的说法，曾被当作价值的判断，其实是对此种事情的愚昧无知之掩饰。老生常谈最容易使人感觉麻木。假如我们更多诉诸真实的感受，我们的判断也许会更加分歧，不过这些判断却会更合情合理，富有教益。语言的判断固然是表达思想的有用工具，但是断定价值毕竟不能依靠语言。

价值发乎我们情不自禁的直接性或莫名其妙性的反应，也发乎我们本性中的难以理喻的成分。合情合理的成分在本质上是相对而言的；它引导我们从资料得到结论，或者从部分达到整体，但是它绝不能提供研究的资料。假如说某种爱好或某种教训是古今至理,那就无异于说它难以理喻,因为审思、推断、综合是论理的本质。"合情合理"这个理想,正如任何理想那样,它本身是任意武断的,多半视某特定个人的需要而定。只因为合情合理毕竟能保证哲学家取得他梦寐以求的心安理得,这个理想对于他才有必要。虽然在言词上可以说,理性要求合情合理,但是真正要求合情合理,认为它是必要的好事,而赋予以无上威信的,却不是情理本身,而是因为我们无论为了安全和省事,或者为了领会的轻快,都需要它。

显然,美是一种价值。我们关于一般价值的论述,也适用于这种特殊的价值。所以,排除了一切知识的判断,排除了事实问题或关系问题的判断,我们就向美的定义迈进第一步。以事实判断代替价值判断,是卖弄学问的或剽窃的批评之标志。假如我们以科学态度来研究艺术品或自然美,为了认识它的历史渊源或正确类别,我们就不是作审美的欣赏。发现一件艺术品的年代或它的作者,可能别有一番趣味,但是这只能非常间接地影响我们的审美欣赏,在直接效果上增加某些联想而已。假如毫无直接的效果,而且对象本身也索然寡味,那么这些情况就无足轻重了。莫里哀的"恨世者"对一位自夸在一刻钟内写成一首十四行诗的宫廷诗人说:

> 先生,我们认为时间对这种事情无关紧要

所以,我们大可以对沉湎于考古的批评家说,请给我们讲作品,就别管它的年代了。在相反的方向,如果以如实的再现作为艺术优点的唯一标准,这同样是以事实代替价值的表现。不少一知半解的评论家鄙夷天真烂漫或妙想天开的大师们的作品,因为,照他们说,它画得不像,这句话的含义是:照原型正确地临摹是一切美的先决条件。当然,正确是效果的一个要素,而且这要素对大家熟悉的描写对象来说,几乎是绝不可少的,因为没有这种要素就会使人失望和不满,也就谈不上欣赏了。我们对于自然越热爱越有认识,我们就愈益懂得重视真实。然而,逼真之所以是一种艺术优点,只因为它是在这方面引起我们快感的一个因素。它与其余一切效果因素处于平等地位。如果你把逼真提高到先于一切的地位,对别的什么也不能欣赏,就暴露了你审美能力的衰退。因为你的科学习性妨碍了你的艺术态度。

"事实有其本身的价值",这句话既把问题弄复杂了却也说明了这个问题。任何知觉都使我们自然地感到愉快,而对认识和意外的发现又使感觉特别敏锐。每当我们在任何一种模仿中发现惊人的逼真,我们定必感到愉悦;这种快感是理所当然的,是一切写实艺术的最好效果。所以真实性和现实主义在审美上是好的,但它们决不能满足一切,因为凡事都如实再现并不尽是愉快的和感人的。形容毕肖是使人满意的一个根源,所以批评家颇有理由要求逼真,但是这种真实性在审美方面之不足,恰好说明科学的真实和艺术的真实各有其不同的价值。科学满足我们求知的要求,在科学上我们要求一切都真实,而且只要求真实。艺术满足我们娱乐的要求,我们要求刺激我们的感官和想象,而真实性在艺术上只是有助于达到这些目的罢了。

然而,科学的真实也不是终极的和绝对的价值。它一半依赖实用的价值,一半依赖审美的兴趣。当我们的观念经过辛苦的取舍过程逐渐符合客观事实时——因为直觉既可以达到真理也可以陷入错误,如果不听从经验支配,直觉就不能解决什么问题——我们在控制环境上就有广泛收获。这是自然科学的根本价值,今日科学正不断在出成果。我们洞察自然和人生的眼光并不比我们的前人高明多少,但是我们掌握的物质资料则更多了。因此,认识事物构造及其历史的真相,是一件好事。这所以是好事,同样也因为它扩大我们的视野,因为自然的景象是神奇而且迷人的,它充满了沉重的悲哀和巨大的慰藉,它交还我们身为大地之子与生俱有的权利,它使我们归化于人间。这就是科学的世界观(Weltanschauung)的富有诗意的价值。真理的一切价值就来自实用的和想象的两种利益。

因此,审美判断和道德判断同知识判断对照之下可以归为一类。前两者都是价值的判断,而知识判断则是事实的判断。假如知识判断有什么价值的话,这价值也是派生的;我们的全部知识生活,只因为同我们的苦乐有关,才有其存在的理由。

3. 道德价值与审美价值的对比

审美判断与道德判断之间的关系,美的领域与善的领域之间的关系,是非常密切的,但是两者的区别也是十分重要的。这种区别的一个因素是:审美判断主要是积极性的,也就是说,它是对好的方面的感受,而道德判断主要地而且基本上是消极性的，亦即对坏方面的感知。区别的另一因素是：在审美感受中，我们的判断必然是内在的，是根据直接经验的性质，而绝不是有意识地根据对象毕竟实用的观念；反之，道德价值的判断，如果是积极性的话，则往往根据它可能涉及的实利意识。这两种区别需要进一步予以阐明。

快乐论的伦理学不得不时时对人类的道德心作斗争。严肃的人们，感到人生的责任和尊严，便反对正确行为的目的在于享乐这种学说。在他们看来，快乐往往是一种诱唆；有时候他们甚至认为回避快乐是一种美德。事实上，道德绝不是主要地关心获得快乐的；在一切更深刻更可信的道德格言中，倒更为关心避免痛苦。刻意追求快乐就不免有点矫揉；以享乐为义务也不免有点荒唐。在享乐方面，我们并无责任之感。在日常工作完毕之后，我们去寻乐是很自然的；我们娱乐时的自由自在，正是娱乐的最根本因素。

人生的苦事，是要逃避人性使我们遭受的某些可怕灾难——死亡、饥饿、疾病、疲劳、孤独、侮辱，等等。这些灾难幽灵似的躲在每一道德禁令的后面，其实良心的责备就是慑于这些灾难的威严；一颗深受感动的心灵，相形之下，就不禁感到寻乐是极其无聊的，也不禁感到纵情娱乐、爱恶无常的生活必然会不知不觉间陷入丧身的危险。然而，自从人类社会摆脱了早期的环境压迫，颇能安然防御主要灾害以来，道德便日渐松弛。此后，生活将采取的方式，就不一定听命于道德权力，而是取决于种族的天才、时机的偶合、个别人物的情趣和才智了。义务的统治让位于自由的统治；法律和约据让位于仁德的赦免。

审美的欣赏和美在艺术上的体现，是属于我们暇时生活的活动，那时我们暂时解脱了灾难的愁云和忧恐的奴役，随着我们性之所好，任它引向何方。所以，我们在这里讨论的价值是积极的；在道德的领域内，它们却是消极的。丑也不例外，因为丑绝不是任何真正痛苦的原因。丑本身也是一种乐趣的来源。假如丑态的联想确实使人反感，丑的存在便成为一种真正苦难，我们对它就要采取一种实际的道德态度了。因此，我们明白，快乐绝不是一种真正道德禁令的对象。

4. 工作与游戏

于是，这里我们便有一个区分审美价值与道德价值的重要因素，这就是在有名的工作与游戏相对照中曾经指出的因素。这两个名词可以用于种种不同含义；它们在道德类别上的重要性，因其被赋予的含义不同而各异。凡是无用的活动，我们都可以称之为游戏，它是出自生理冲动的运动，只为了发泄生活急务所不曾耗尽的精力。凡是对生活必需的或有用的行为，则是工作。显而易见，假如工作与游戏被这样客观地区别为有用的和无用的行为，工作便是一个褒义词，游戏便是一个贬义词。我们最好是把全副精力都转用到工作上，而绝不把精力浪费在无目的的活动上。照这一意义，游戏是不能充分适应环境的标志。游戏在童年是正当的，因那时我们的身心还未适合于适应环境，但是游戏在成年就不大恰当，在年老便显得可怜，因为它表示人性的一种萎缩，表示未能抓紧人生中的种种机会。

这样说起来，游戏基本上是无聊的。某些人照这层意思去理解游戏一词，就对于把公共娱乐、艺术、宗教都归入游戏之列很反感，他们依某个学派的做法，用"无聊"一词判定游戏，而当人类接近于成熟时期，这些活动就应逐渐消灭，并认为但凡自由心灵都有此同感。然而，假如说在适应过程中，如果说我们生活中一切无用的装饰物都应该逐渐割舍，那么进化就会使人性贫乏而不是使之丰富。或许那确实是进化的趋势，我们半开化的祖先，在劳动和战争当中，以其如火的热情和各种的神话，比起我们善于适应的后代所享受的，他们过的生活就更丰富多彩了。

然而，我们可以希望，一些想象力还残留下来，寄存在甚至最勤劳的人们的脑海中。不论历史将采取什么途径——我们在这里并不想作预言——"什么是可喜爱的"这问题都不会受到影响。指摘发乎自然怡情乐性的事情，只因为它们对于自卫没有用处，这显示了不问生活内容而无条件地珍惜生命。依这种学说，宇宙的最有价值的功能将是永远运行不息。凡是为其自定的功利而采取的行为，被说成一无用处，就成了一种最害人的责备，但是那些为游戏而做的事情，就可以为自身辩解。

同时，称人类一切文艺和想象的活动为游戏，也有其无可否认的恰当之处，因为它们都是发乎自然的，不是在外在需要或危险的压迫之下进行的。它们对于自卫的用途也许十分间接和偶然，但是它们并不因此就毫无价值。反之，我们根据一个种族在自由豁达的追求上，在生活的美化和想象力的教养上投入了多少精力，就可以衡量出它已经达到的幸福和文明的程度，因为人发现自己和找到快乐，正是在于他的才能的自由自在的发挥。奴隶地位是人所受的最屈辱的地位，但是人往往屈从于大地的吝啬和上苍的不仁，正如他屈从于某个主人或某种制度一样。当他所有精力都消耗在逃避痛苦和死亡之时，当他一切行动都受到外界的强制，而没有喘息之余地，没有余力来作自由消遣之时，他就是一个奴隶。

在这里，工作与游戏就带上另一种不同的含义：工作等于奴役，游戏等于自由。这变化出于适才所作的区分的主观观点。我们不再把工作解释为一切有用的事情，而仅仅指无可奈何不得不做的事情；我们不再以游戏表示徒劳无功的事情，而是指任何发乎自然为自己而做的事情，不论它有没有另外的用途。在这意义上，游戏可能是我们最有用的事情。人类对环境的逐渐适应，绝不会使这种游戏废弃，反而有助于废除工作而使游戏普及。因为随着本能中一切冲突和错误之逐渐消除，人类会自然而然做出任何造福人类的事，而我们也将免除外在的刺激或约束，过上安泰而繁荣的生活。

5. 所有价值从某方面说都是审美价值

在第二义，即主观的意义上，工作就是贬义词，游戏就是褒义词。凡是感到想象力产物之尊贵和重要的人，都毫不犹豫地采纳称它们为游戏的这种分类法。因此，我们要指出，绝不能说想象的产物就毫无价值，它们的价值是内在的，它们包含着某种一切价值的源泉。显然无论什么价值归根到底必然是内在的。有用的东西所以好，因为它的效果良好；但是这些效果在某些方面必然有一天会失去其单纯的效用，或者作为手段不再只是出色而已；我们必须在某些地方找到一种好处，它本身是好的而且对自己是好的，否则整个探索过程将是徒劳无益，而我们的主要目的——功利也将成为泡影。到此，我们便找到区分审美价值和道德价值的第二个因素，那就涉及它们的直接性的因素。

假如我们试图从人生中消除一切苦难，像世俗有时想象的那样，我们将会发现，构成纯粹幸福的东西除审美快感以外所余无几。感情和欲望的满足，是我们人间幸福的主要寄托，它们本身就带有一种美感的色彩，假如我们在理想中除去其丧失或变化的可能性的话。奥林匹斯神灵彼此尊重的是什么呢，或者说，天使对上帝崇拜的是什么呢？可不就是他们所体现的永恒属性，某些实质，它们像美那样只有在观照时才使我们感到快乐的吗？天堂的光荣唯有用光辉和音乐来象征，此外别无他法。甚至，最清醒的神学者也认为即使得睹天国之精华的真理知识，也是一种审美快感，因为当真理再无其他实际的用途时，真理就宛若一片风景。对它的快感是想象的快感，它的价值是审美的价值。

一切价值都不可避免地还原为直接欣赏，还原为感性的或生机的活动。甚至最勇敢的唯理论者也会想到这点。不过，对于他们，这种分析不会使审美价值摆脱事务纷扰，成为人生中唯一纯粹而积极的价值，反而导致整个否定一切纯粹和积极的价值。这些思想家当然承认道德价值是固有而至上的；但是既然这种价值若非物质罪恶之存在或逼迫以外就不会产生，所以他们就持一种奇僻之论，认为没有恶则任何的善都不可想象。

护教论的严酷要求，无疑助长他们采取此种立场，但是只需一阵春风或一个美丽生灵就可以使他们转移这种立场。他们的道学气质和束缚思想的枷锁，不容他们重新考虑其原来的假说，不容他们设想道德是手段而不是目的，是人类对环境的不适应的代价，是对环境不配合的原罪的结果，这不过是把人类行为压缩在安全事项和可能事项的小天地里。免除了危险，免除了痛苦，免除了可怜的际会，道德也就不需要了。于是，说"尔勿如此"将是一句不适当的话。

然而，教训之革除并不等于生活之中止。感官还是敞开着，本能还是起作用，它将引导所有人类都各得其所。自然的丰富多彩，艺术的无限世界，人们的交朋结伴，将填满那种理想生活中的闲暇。这些就是我们的积极幸福的因素，就是在无穷的烦恼和虚幻中还显然值得生存的东西。

6. 一般原理的审美崇拜

不但道德旨在求得的各种满足，归根到底是审美满足，而且当良知业已形成，正确原理取得一种直接的威信时，我们对这些原理的态度也将成为审美的态度。节操、诚实、清廉，就是明显的例子。如果缺乏这些美德会引起本能的厌恶，像有教养的人们所感到的，那么这种反应在本质上就是审美的，因为它不是根据反省和仁爱，而是根据天性的敏感。然而，这种审美的敏感本应称为道德的敏感，因为它是良知训练的结果，比诸苦心培养的德行对于社会的善更有威力，因为它更恒久更动人得多。这就是"美善"，是对道德的善的审美要求。这也许是人性中最美丽的花朵。

然而，表象原则之变成独立威力和取得固有价值，这种倾向有时是有害的。它是感情与公理之间、直觉道德与功利道德之间发生冲突的基础。人类的每一改革，都是重申人的基本权益，以反抗那些业已不能公平地代表人权但是仍然博得人类盲目崇敬的普遍原则之威信，侠义和宗教之易陷入这种道德的迷信，不是唯一的例子。每当抽象的善代替了等价的具体的善之时，道德的迷信便产生。守财奴的迷妄就是典型的情况，我们大半可敬的同胞的道德原则也颇与此相仿。为了训练某些有用的习惯，人们不惜牺牲那些习惯的原始根据和正确理由之利益。人们不惜牺牲大量心思以追求详尽知识，不惜牺牲安适和自由以追求财富。

如果那引申的目的本身具有一些审美魅力，这种错误便更加显得冠冕堂皇；例如斯多葛派就主张人应该在人生大悲剧中扮演一个角色，却不问什么人会得到什么利益，就有点像守财奴的激情也变得稍为正常，有如他的眼睛不但迷恋一张支票的数字，而且迷恋黄金的光辉那样。扮演悲剧角色的虚荣心和自觉地牺牲自我的光荣，也具有同样直接的魔力。所以，许多不合理的格言竟取得一种崇高的性质。一个目的被公举为最高的善，它就不但带有一定的表象价值，而且具有一种内在价值——它不仅是实现其他价值的一种手段，而且它本身的实现就有一种价值。

服从上帝之于基督教徒，正如遵守自然规律或理性法则之于斯多葛派一样，是一种态度，除它根据功利原则的原来理由以外，还具有某种情感的或激情的价值。这种情感的或激情的力量就是宗教狂热的要素。它把神的戒令当作无上命令，授予它对良心的绝对权威，而不顾及它对人性的多样要求来说是片面而不公道的。

服从上帝或服从理性，对一个人来说，本来只能作为平衡他的目的和综合他的欲望之最可靠而且毕竟最不痛苦的方法，才有可取之处。这种认识甚至对于最烈性的人也是必要的，一个殉道者，如果他不相信在审判日"真理"的势力会支持他，他就决不会走向火刑柱。然而，人的心灵毕竟是一个骚乱的王国，那些支持至善的法律要在其间建立起来，就不能不有一些局部的牺牲，不能不压制许多个别的冲动。因此，理性的呼声或上帝的命令，本来可以助长最大最高的快乐的，却受到各色各样分散的和倔强的势力反抗。这些势力因此被称为恶。不假思索的良心，忘记了自己的优点本来是受托性质，便取得一种严肃的不可思议的独立性，仿佛它的命令是绝对的和真正权威的，而不是一朝一夕的事，而谁也说不出它们是从哪里来的。当本能唤起一种兴趣盎然、热情磅礴的想象活动时，它就愈益容易产生这种神秘化作用。在绝对论者的良心中，不论其属笃信或属理性主义，以及在恋爱的热情中，这种效果最为显著。因为，在所有这些热情里，人们授予其梦寐以求的对象以某种个性、明确性和排他性，于是热情的火焰便把种种意志力的追求熔化成一种敬之如神的势力的意识。

虽然这些复杂因素对于实干家和空谈家，到头来可能欺骗性很大，但是它们应该骗不了人性的批判者。显然，一般的善所不能从它们代表的特殊快感取得的价值，它们本身，作为使人愉快和支配想象的观念，却具有这种价值。某些原则和手段的这种内在优点依然确实在某种意义上是审美的。只有卑鄙的功利主义者、抹杀人性中的想象力或者至少轻视它对我们快乐的巨大贡献的人，才不肯承认这些原则优胜于实践的善的其他原则。

例如，假使可以证明君权制在一定情况下，正如其他政体一样适合于维持社会福利，君权制就有人拥护，而且无疑会建立起来，因为它有想象性的和戏剧性的优点。但是，假使一个党派，受这种多少玄妙的优点所蒙蔽，为它而牺牲了重大的社会利益，其为不义就昭然若揭。一个民族，经过痛苦的斗争之后，决定为它的感情需要而牺牲多少利益，这种情形就很难断言了。主要的是我们应该记着：一种原则的表象价值或实用价值是一回事，它的内在价值或审美价值是另一回事，后者大可以算作它的优点以平衡一切可能的外在的缺点。每当人愤然摒弃各种终极利益的比较和平衡，而赞成某些不计人类之苦乐而定下的绝对原则，我们就见到一种未经实践证明的个人的狂热的伦理学说。这就是迷信的想象力侵入清醒的、实践的道德领域之明证。

7. 生理快感与审美快感

我们已经仔细地从我们的论题范围内排除了知识判断和道德判断，而且知道我们所要研究的仅仅是价值的感知，并且仅仅是当它们是积极的和直觉的价值之时。然而，即使有了这些区分，美感的最显著的特点还是未曾阐明。一切快感都是固有的和积极的价值，但绝不是一切快感都是美感。快感确实是美感的要素，但是显然在这种特殊快感中掺杂了一种其他快感所没有的要素，而这要素就是我们所知所说的美感与其他快感之间的区别的根据，留意这种差异的程度，将是有益的。

肉体的快感是离美感最远的快感。当然，所谓肉体快感不仅指在身体上的快感，因为那类快感将包括一切快感以及一切意识的方式和因素。审美快感也有生理的条件，它们依赖耳目的活动，依赖大脑的记忆及其他意识功能。然而，我们绝不会把审美快感同它的根源联系起来，除非要做生理研究；审美快感所唤起的观念并不是对于它的肉体原因的观念。肉体的快感都被认为是低级的快感，也就是那些使我们注意到身体某部分的快感。而且最惹人注意的是出现快感的器官。

所以，生理快感与审美快感之间有着十分明显的区别；审美快感的器官必须是无障碍的，它们必须不隔断我们的注意，而直接把注意引向外在的事物。所以审美快感的地位较高和范围更大，就很可以理解了，我们的灵魂仿佛乐于忘记它与肉体的关系，而幻想自己能够自由自在地遨游全世界，正如它可以自由自在地改变其思想对象，心灵可以从中国走到秘鲁，而绝不觉得身体哪部分有丁点紧张变化。这种超脱的幻觉是使人高兴的，而沉湎于肉体之中、局限于感官之内的快感，就使我们感到一种粗鄙和自私的色调了。生理快感所唤起的一般是比较卑贱的联想，这也有助于说明它们是比较粗劣的。

8. 审美快感的特征不是无利害观念

快感与美感之间的区别有时被认为在于审美快感无关功利性自私心。据说，在别的快感中，我们满足我们的感官和情欲；在审美观照中，我们却能神驰身外，使情欲平静下来，我们认识了一种我们并不想占有的善而感到快乐。画家并不带着渴而思饮的眼光来看一池清水，也不带着荒淫好色的眼光来看一个美人。所以，有人主张，区别在于审美享受的"忘我"。然而，这种区别不过是强烈程度和入微程度的区别，不是性质的区别，只有最无审美能力的人才满意这种说法。

其次，这种假定的审美快感的无利害观念，也不是最基本的。欣赏一幅画固然不同于购买它的欲望，但是欣赏总是或应该是与购买欲有密切关系的，而且应该说是它的预备行为。自然的美和造型艺术的美不会因享受而消耗，它们还保留着感动第二个观众的一切功效。但是这种情况是次要的；那些依靠变化和消耗时间的审美对象，例如各种表演，它们的享受是竞争的对象，而且像任何其他娱乐那样使人垂涎。甚至造型艺术的美也往往只能供少数人享受，因为需要旅行或克服其他困难才得一睹，那么这种审美享受就像其他享受一样是自私的追求。

　　这种学说所企图说明的真理，似乎是这样的：当我们寻求审美快感时，我们心中再无其他快感；我们并不把虚荣心和占有欲的满足同观照的愉悦掺杂在一起。这是真的，但是毕竟一切追求和享乐都是如此。每一真正的快感在某种意义上都是无私念的。我们并不带着另外的动机去追求它；充满我们心中的不是得失计较，而是感情所倾注的事物形象。一种世故的意识也许往往以自我观念作为爱好的试金石；但是这个"自我"，我们也许为了满意它和扩大它而生存的"自我"，本身只不过是许多意图和回忆的复合体，以前曾有过它们的直接对象，而我们对这对象的兴趣也曾是自然的和无私的。那些合并起来构成这自私心的满足，它们每个都是天真的，并不比最大公无私的情操更自私一点。自私的内容本是一片无私。一个人的欲望或他的自然感情，并不涉及所谓"自私"这一名义上的性质；但是，当一个人醉心于酒肉、房地产、儿女和犬马之爱，他就被称为自私的人，因为这些兴趣，虽然在他是自然的和本能的，却并不与别人共享。一个无私的人，他的天性有更普遍的倾向，他的兴趣有更广阔的天地。

　　然而，忘我的思想仅仅表现在对对象的态度上，而不在主观或个人本身，因为一切思想都是对某些人的思想；所以无私的兴趣也必然是对某些人的兴趣。如果我们对美不感兴趣，如果不论事物为美为丑都与我们的快乐无关，就无所谓说我们已经最大限度地或整个地丧失了审美能力。所以，这种快感的无私念是属于一切原始的直觉的快感之类，无论如何也不能用一种人为的普遍概念（像"自我"这个概念）来规定的，它的一切力量本身必须出自它的组成成分的独立能力。我关心我自己，因为"自己"是我所关心的一切事物的代名词。虚构"自我"这名词，把它当作关心的对象，而不问作为它的内容和实质的兴趣，这就使道德家成为空谈家，使伦理学成为一种迷信。"自我"本是"amour propre"（自尊心）的对象，却成了图腾的偶像，它必须分解为它所凭借的原始的客观的兴趣，才能用理性来认可自我崇拜。

9. 审美快感的特征不是普遍性

这种假定我们对美的热爱的无私念，转入往往被视为主要特征的另一个特征——它的普遍性。据说，感性的快感本身是没有武断性的；说一件东西给我以快感，并不就肯定它也能给别人以快感。但是当我判断一件东西为美时，我的判断意味着这件东西本身是美的，或者说，人人都应该觉得它美（意思一样，不过是更严格的说法）。按照这种学说，普遍性的要求是审美判断的本质；所以说审美感知是一种判断而不是一种感觉。除非我们承认我们的判断具有一种似是而非的普遍性，否则一切审美学说都不可能，一切批判都是武断的和主观的了；对这一说法的哲学含义我们随后还要发挥一下。不过，我们幸而不需要进入这种方法所引向的迷宫，因为研究这些问题还有更简单更清楚的方法，那就是对我的眼前的结论提出诘难和分析，并在人性中寻找它的根据。不这样做，我们就会扩大一种自然的误解或思想的差误，从而使它陷入一种根深蒂固和执迷不悟的偏见，并把它错误地当作一个精密体系的中心问题来看待。

普遍性的要求是一种自然的误会，这是不难证明的。众所周知，在审美中是找不到多少一致性的；所有的一致性是基于人们的出身、性格和环境的相同而得出的，如果有这样的相同，就会产生各种判断和感情的一致。当一个人认为某件事物是美的，就认为别人也必定认为它是美的，这种说法毫无意义。如果他们的感觉一样，他们的联想和意向也相同，那么同一事物在两人看来当然都是美的，但如果他们的性格不同，那么一个人为之神魂颠倒的形式对另一个人来说甚至连瞧也不愿瞧一眼，因为他在感知方面的分类和识别标准不同；在别人看来是一个完美的整体，在他看来可能就是可怕的、支离破碎的或不成样子的一团——所以，对象的一致性完全是功能和运用的一致性。认为一个使人连看也不愿看的东西能使他感到美，那就荒谬绝伦了。显然，这种要别人对某种性质得到同样的感受的要求，取决于双方具有相同的能力，但是世界上就没有两个人会具有恰好相同的能力，事物也不能对于任何两个人都有恰好相同的价值。

说某人应该能见到这种或那种的美，这个不严谨的说法是指：假如他的性癖、修养或注意都合乎我们对他的理想的要求，他就应该见到这种或那种的美；而我们认为某人应该如何的这个理想，却有着极其复杂而又不容易发现的根源。例如，我们的判断得到别人的判断支持，我们就感到一些快慰；一个性格与我们不同的人，我们即使能忍受他的存在，至少也不能容忍他的谈吐和判断。我们见到自己犹豫未决的见解普遍地被人接受，我们就有了信心或者沾沾自喜。我们不能在自己的经验中找到我们趣味的根据，所以我们就不愿意向那里找寻。假如我们深信我们的根据，我们就会愿意默许别人天性不同的感情和习性，正如一个人知道自己操一口都会口音，就会欣然承认口音是人为武断的一样，听到乡下人的口音不同，也会觉得愉快和有趣；但是乡下人总是热衷于去证明，他的土腔怪调是持之有故的。所以，人们没有审美情感，又不知道自己为什么这样判断，就往往企图证明他们是根据普遍理性来判断的。

因此，假使我们自己的判断脆弱肤浅，就不容易容忍别人的反驳，假如我们讨厌别人的怀疑，那是因为我们不能对他说明我们为什么信仰。所以，我们对别人所抱的想法，几乎总是想使他们的判断与我们的一致；虽然我们也许承认这种要求用于与人性绝不相同的生物是愚蠢的，但是我们也会毫无道理地要求所有民族都应该赞美同样的建筑风格，或者所有时代都应该赞美同一诗人。

在某一传统的历史范围内，人类的趣味的极端一致，也助长了这种要求。但是在原则上这是站不住脚的。对艺术作品的真正价值毫无关系的标准，莫过于说人人都能欣赏它了；真正的标准是一件作品所给予最能欣赏者的快感的程度和性质。即使人类一半都是聋子，像人们十之八九对于交响乐的微妙和声确实是聋子那样，交响乐也不会失去任何价值；但是假如贝多芬不曾存在，交响乐的损失就很大了。不仅如此，不能欣赏某种类型的美，也许就是能欣赏另一种美的 sine qua non（必要条件）；假如在欣赏和创作两方面都有最大的能力，那就会导致高度的专一性和排他性，所以艺术史上最伟大的时代往往也是最不宽容的时代。

一派对另一派的谩骂，在哲学方面也许是偏激，在艺术方面却往往是健康的表征；因为它们表示对某些种类的美的激赏，对它们的爱已经变成了嫉妒的激情。建筑家凭自己的思想挑剔古代建筑物的缺点，比如查理五世在艾尔罕不瑞旁边，建立他的宏伟宫殿，从某一观点看来是可以指摘的。他们的干涉破坏了不少美；但是他们显出对自己的直觉的莫大信心、对自己的趣味的自豪感，这是审美诚意的最大佐证。反之，我们的摸索、折中、慕古却是无能之征候。假如我们不是这么博学、这么公平，我们也许更有魄力。假如我们的欣赏不是这么一般化，它也许更真实；假如我们锻炼我们的想象力达到排他的程度，它也许就具有个性。

10. 审美快感的特征在于客观化

然而，这审美判断的普遍性要求，却不仅是希望普及我们自己的意见而已。它还表现了一种奇怪而熟悉的心理现象，即感觉的因素转化为事物的性质。假如我们说别人应该见到我们所见的美，这是因为我们认为那些美存在于对象上，像它的颜色、比例、大小那样。我们觉得，我们的判断不过是对一种外在存在，对外界的真正美妙的感知和发现。然而这种想法是十分荒谬的和矛盾的，我们知道，美是一种价值，不能想象它是作用于我们感官后我们才感知它的独立存在。它只存在于知觉中，不能存在于其他地方。一种不曾感知的美是一种不曾感觉的快感；那是自相矛盾的。然而，现代哲学教我们按下列方式来说明感性世界的一切因素：一切皆是感觉；感觉所组合成的东西就被想象为永恒的和外在的事物，这是理智的某些习惯之成果。散漫的生活经验，若不是予以组织、予以分类，从混乱印象中构成那些习惯而易辨的事物之世界，我们就不能考察和记住这些经验。

流行的知觉学说说明这是怎样进行的，外物往往同时作用于几种感官，事物的印象就是由此而联结成的。对同一事物的反复经验也因其相同而联结了起来；因此发生合并和统一的两重倾向，使那些其实来源于一个外物的记忆和反应组合成单一的知觉表象，而授之一个名称。然而，这个知觉表象一旦形成，就显然不同于生长它的那些特殊经验了。知觉表象是永恒不变的，经验却变化无常。经验不过是它部分的浮光掠影而已。因此，这个构成的概念便被当作实在，它的材料不过是现象。实体与属性、实在与现象、心与物之间的区别，即起源于此。

事物就是这样因被人知觉而区别于我们对它的观念的，它本来是由各种印象、感情、回忆凝结成的，这一切都供给我们去联想，都卷入想象力的旋涡之中融为一体了，但凡我们从某物得来的感觉，本来都被当作它的一种属性。然而，试验以及在实践上需要对事物的构成有个较简单的概念的要求，使我们把事物的许多属性逐渐化为最小限度，而且把大部分知觉当作这少数属性对我们的作用。这少数基本属性是最足以说明我们的经验秩序的属性，例如延展性，我们都坚持把它当作绝对的真实，或者把它当成本质的属性。其余一切属性，例如颜色，则归入主观领域，只作为客体对我们心灵作用的结果，作为表面的第二物性。

不过，这种区分只具有实用的理由而已。只是为了运思的简单方便，我们才决定哪些感觉合成物要继续客观化为其他合成物的来源。客观化的权利和倾向，对一切感觉都是平等的，因为它们的出现都早于我们思想的加工，我们通过这番加工才把概念同它的素材分开，把事物同我们的经验分开。

我们现在认为是属于实物的那些属性，多半是视觉和触觉的映像。快感和痛感自然是第一类作用之一种，却给看作第二类作用了，因为一般说来，假如把我们的快感和痛感看作事物本身的性质，那对于知性活动的有效性就毫无帮助了。然而感情，正如感觉印象一样，在本质上说来是能够客观化的。我们深信，在原始民族的无意识经验中，这世界看上去就是他们的恐怖和激情所化成的精灵，而不是他们尚未能想到的明了的数学概念之投影。

这种精灵崇拜和神话迷信的思想习惯，在那些科技知识还不发达的领域内，仍有其势力。在习而不察的我们自己身上，在复杂零乱的动物生活和人类生活方面，我们仍然诉诸意志和观念的功能来说明一切，正如宇宙问题和宗教问题仍沉没在沉沉夜色之中一样；然而，在平凡白昼的一切中间地带，机械科学已取得进展，如果把感情因素和激情因素都归入"实在"这个概念中，就未免过分了。在这方面，我们关于事物的观念尽是由知觉因素、形态和运动的观念构成的。

然而，事物的美是一个例外。美是一种感情因素，是我们的一种快感，不过我们却把它当作事物的属性。然而，我们现在已经有准备，可以了解这例外的特性了。我们往往把事物对我们的每一作用当作假定的物性的一个成分，这是一种本来普遍的倾向的遗习。一件事物的科学观念是该物所唤起的许多知觉和反应的最大抽象；但是审美观念是不大抽象的，因为它还保留着感情的反应和知觉的快感，并把它们作为所设想的事物的必要成分。

感情的客观化在其他方面业已绝迹，但是在美感方面还残留着，其原因是不难寻找的。事物所唤起的快感，多半是容易同对事物的感知区别开来的：物必先作用于一个特殊的器官，例如味觉，或者被咽下，例如酒，或者设法运用，快感才能产生。所以，快感与其他有关的感觉因素之间的结合是微乎其微的；快感是及时地同知觉分离的，或者落在另一器官上，于是马上就被认为是事物的作用，而不是事物的属性。然而，当感知的过程本身是愉快的时候（这是不难的事），当感觉因素联合起来投射到物上并产生出此事物的形式和本质的概念的时候，当这种知性作用自然而然是愉快的时候；那时我们的快感就与此事物密切地结合起来了，同它的特性和组织也分不开了，而这种快感的主观根源也就同知觉的客观根源一样了。在这些情况下，我们自然不能区别快感与其他客观化的感情。快感就像其他感觉一样变成了事物的一种属性。我们把这种属性同其他在知觉过程中不是这样结合的快感加以区别，而称之为美。

11. 美的定义

现在，我们已经到了给美下定义的时候了。根据我们一连串分析中逐步紧缩的概念来说，美是一种积极的、固有的、客观化的价值。或者，用不大专门的话来说，美是被当作事物之属性的快感。

这个定义的用意，在于综合许多异同之点，这里也许应该予以更明白的阐述。美是一种价值，也就是说，它不是对一件事实或一种关系的知觉；它是一种感情，是我们的意志力和欣赏力的一种感动。如果一件事物不能给任何人以快感，它绝不可能是美的；一种人人永远对之无动于衷的美，是一种自相矛盾的说法。

其次，这种价值是积极的，它是对某种善之存在或不存在（在丑的情况下）的感觉。它绝不是对一种积极性恶的知觉，也绝不是一种消极的价值。我们具有美感，而这种美感又是一种纯粹的和不搀杂恶的感觉。当丑不再是富有情趣，或者仅仅是因索然寡味而变得可厌时，丑就真的成为一种积极的恶，不过这是一种德性的恶或实际的恶，不是审美的恶。"恶不过是善之不存在"，这句话在伦理学上往往是太不诚实，在美学上却是真实的，因为即使一种无美可言的东西，其平庸烦人本身与其说是丑，毋宁说是可哀和可鄙的。缺乏审美的善，是一种德性的恶；审美的恶只是相对的，它表示比起此时此地所期望的审美的善较少而已。世间没有哪种形式本身是给人以痛感的，虽然有些形式（即使确实是美的形式）会因为引起震惊而使人感到痛苦；例如一个母亲在她孩子的摇篮里看到的不是她的孩子而是一只美丽的小牛，那时她的痛苦在本质上就不会是审美的。

再则，这快感必不是事物的功利作用，而是对事物的直觉；换句话说，美是一种最高的善，它满足一种自然功能，满足我们心灵的一些基本需要或能力。所以，美是一种内在的积极价值，是一种快感。这两个条件就足以区分美学领域和伦理学领域了。道德价值一般是消极的，而且往往是非直接的。道德涉及避恶从善，美学只涉及享受。

最后，官能的快感不同于审美的知觉，正如一般感觉不同于知觉那样：因为审美的因素和审美现象的客观化，构成事物的属性而非意识的属性。从感觉到知觉的过渡是逐渐的，它的途径有时甚至反复，美感和一般快感都是如此。这两者之间没有分明的界线。然而，我是说"它令我愉快"，还是说"它是美的"，这视乎此时我的感情得到客观化的程度而定。如果我抱自觉的和批评的态度，我大概使用后一句话；如果我情动于中难以自禁，我大概使用前一句话。快感越是遥远、交错，难解难分，它就好像更为客观些；有时候两种快感的结合构成一种美。莎士比亚的第五十四首十四行诗有如下的话：

> 啊，美确实似乎美丽得多，
>   因为真给她以可爱的浓妆！
>   蔷薇悦目，我们认为她更婀娜，
>   因为花心里蕴藏一股清香。
>   毒花也有一样深浓的色彩，
> 不比蔷薇的馥郁的红晕稍衰，
>   它挂在荆棘枝头放肆地摇摆，
>   当夏日熏风展开它的蓓蕾。
> 但是因为它的美是金玉其外，
>   活时无人求爱，谢了无人敬仰，
>   抱恨而终；可爱蔷薇始终可爱，
> 它的香骨将酝成最甘美的清香。

我们看到，只需增加一点装饰，以前只是金玉其外引人观赏的深浓色彩，就化为美和真的一个因素；正如真是知觉的协作一样，美也是快感的协作。如果颜色、形式、动作没有馥郁的香味就不成其为美，那么香味本身要成为美，这些东西也就是必不可少的！如果我们把香味关在瓶里，没有人会想到它是美的；它给予我们的感觉既过于隔离又过于顺从了！没有一件东西可以轻易掺和进香味。但是，让花香从园里飘来，它就会给同时认识到的事物添上另一种感性的魅力，帮助它们显得美。因此，美是在快感的客观化中形成的，美是客观化了的快感。

（选自《缪灵珠美学译文集》第四卷，章安祺编订，中国人民大学出版社1998年版）

沃林格与《抽象与移情》

经典导读

威廉·沃林格（Wilhelm Worringer，1881—1965），出生于德国亚琛，早年在德国的弗莱堡、柏林和慕尼黑等地学习艺术史，1907年在瑞士伯尔尼大学获得博士学位。其博士学位论文即《抽象与移情——对艺术风格的心理学研究》。此书令他声名鹊起。之后，他任教于伯尔尼大学，于1911年出版《哥特形式论》，声名更炽。1914年第一次世界大战爆发后，沃林格离开瑞士应征入伍，战后到波恩大学任教，其间，完成《埃及艺术》（1927）和《希腊式与哥特式》（1928）。1928年迁居科尼斯堡，1945年迁至当时被苏联控制的东德，在哈勒大学任教。1950年离开东德，定居慕尼黑，直至1965年去世。

沃林格的其他著作还包括《早期德意志的书籍插图》（1912）、《木板油画的起源》（1924）、《德意志的青年时代与东方精神》（1924）。

沃林格的理论挑战了当时西方艺术史界长期以来认为哥特艺术、埃及艺术低于古希腊罗马艺术和文艺复兴艺术的偏见，提出前者乃是一种不同于自然主义或现实主义的抽象艺术，具有自身独特的艺术意志。沃林格的这种艺术史观深深影响了赫尔伯·里德（Herbert Read）等人。而对20世纪的德国艺术界而言，沃林格的价值还在于他对原始艺术的尊重，以及他认为抽象形式源自精神焦虑的社会的观点，正中表现主义派的下怀，深受基西纳（Ernst Ludwig Kirchner）和诺尔德

（Emil Nolde）等人的拥护。

沃林格理论的奠基之作无疑是《抽象与移情——对艺术风格的心理学研究》，实际上，他后来的《哥特式艺术》《埃及艺术》等著作皆以此为理论基础。在《抽象与移情》这本书的第一部分，沃林格提出产生艺术的心理条件分为两种，即移情冲动与抽象冲动。移情冲动是以人对物质世界的信任感及从其中获得的愉悦感为条件的，产生的是自然主义的艺术，譬如古希腊罗马艺术和意大利文艺复兴艺术。抽象冲动则是人在物质世界中不安全感的产物，具有一定的超验倾向，产生的是风格化的艺术，譬如埃及艺术和中世纪艺术。人类在感到焦虑没有安全感的历史阶段，总是试图从不可预测的状态中寻找抽象形式并将它转变为绝对的和超验的形式。《抽象与移情》的第二部分运用该理论对装饰艺术、建筑和雕塑艺术，以及欧洲北部早期文艺复兴时期的艺术进行具体的分析。

沃林格审美二元论学说的理论主要来自立普斯与李格尔。从立普斯（Theodor Lipps）的"审美享受是一种客观化的自我享受"这一命题出发，沃林格发展出自己对移情的论述。沃林格尤其受惠于艺术史家李格尔（Alois Riegl）在《罗马晚期的工艺美术》中提出的"艺术意志"概念，即一种先于艺术作品而产生的目的意识的冲动；李格尔还明确地将抽象冲动视为古代文明民族意志的基础。由此，沃林格强调艺术史其实是意志史，艺术生产的内在动力并不是模仿，而在于满足这种"意志"本能，风格化艺术的形成正是来自以精神化的方式呈现对象的心理需要。

延伸阅读文献

1. ［德］沃林格：《抽象与移情》，王才勇译，北京：金城出版社2010年版。

2. Wilhelm Worringer, *Abstraktion und Einfühlung: ein Beitrag zur Stilpsychologie*, München: Piper Verlag, 1948.

3. Wilhelm Worringer, *Eyptian Art*, G. P. Putnam's Son, Itd., 1928.

4. ［德］沃林格尔：《哥特形式论》，张坚、周刚译，杭州：中国美术学院出版社2004年版。

5. ［奥］李格尔：《罗马晚期工艺美术》，陈平译，北京：北京大学出版社2010年版。

6. ［瑞士］H. 沃尔夫林：《艺术风格学——美术史的基本概念》，潘耀昌译，杨思梁校，沈阳：辽宁人民出版社1987年版。

（高艳萍　撰）

—— 原文：《抽象与移情》（节选）

经典原文

抽象与移情（节选）

沃林格 著　王才勇 译

第一章　抽象与移情

　　本书准备探讨的是有关艺术作品，尤其是造型艺术作品中的美学问题，因此，自然美的问题显然不在本书探讨之列。尽管大多探讨艺术作品问题的美学和艺术史研究，不承认我所界定的这个范围并直截了当地把对自然美的探讨移入艺术美中，但是，我所界定的这个范围并不因此而失去意义。

　　本书的探讨以之为出发点的前提是：只要人们把物的可见外观理解成自然，那么，作为独立有机存在的艺术作品就与自然具有同等价值，而且，它无须与自然发生关联就已深入自然的最深层的内在本质中。自然美即使成了艺术作品的一个富有价值的要素，而且确实与艺术作品有相同的部分，那它也绝不能被视为艺术作品的一个前提条件。

　　我们的这个前提蕴含着这样一个结论：专门的艺术法则与有关自然美的美学理论原则上毫不相关，例如，有关专门艺术法则的探讨就不会关心某个景致何以为美的条件，而去探讨对该景致的表现何以成为艺术作品的条件。① 当代美学迈出了从审美客观论到审美主观论的决定性的一步，这就是说，当代美学研究不再从审美对象的形式出发，而是从观照主体的行为出发。这样的美学在

---

① 参阅希尔德布兰德《形式问题》一书中的这样一段话："在艺术作品的结构造型上出现的形式问题，并不是一个孤立的直接就自然对象提出的问题，它绝对是指向艺术家的。"或者参阅另一段话："造型艺术创作所处理的对象，并不是一种自在地就富有诗意或具有伦理效用或富有意味的对象，而是一种通过表现方式才能加以解释的对象。"希尔德布兰德的"结构造型"这个词并没有把人们引入歧途，这个词在他那里包含着所有那些由单纯模仿出发去制作一部艺术作品的要素。对此，可参阅《形式问题》第三版序言中的详细论述，希尔德布兰德在该书的第三版序言中，明确地阐述了他的艺术信条。

人们一般宽泛地称为移情说的理论中达到了顶峰，这个理论首先在立普斯①那里得到了明确而广泛的表述。因此，立普斯的美学体系就可视为以后移情说理论的代表②。

本书的研究主要在于指出，这种由移情概念出发的当代美学是如何与浩瀚的艺术史不相符合的，这样的美学充其量只是在人类艺术感知的某个要素上建立了阿基米德式的原则，这种美学只有与从对应的另一个要素出发的思路相结合，才能成为一个包罗万象的美学体系。作为这种对应要素，我们注意到了这样一种美学，这种美学并不是从人的移情冲动出发，而是从人的抽象冲动出发的。就像移情冲动作为审美体验的前提条件是在有机的美中获得满足一样，抽象冲动是在非生命的无机的美中，在结晶质的美中获得满足的，一般地说，它是在抽象的合规律性和必然性中获得满足的。

由于移情概念对我们的理论具有特定意义，因而，我们首先要做的工作就是在极严格的意义上去描述移情概念的特征，我们这样做的意图就是要阐明抽象与移情的对立关系。③描述移情这种审美体验特点的最简单套话就是：审美

---

① 立普斯（Theodore Lipps，1851—1914），德国著名心理学家和美学家，移情说美学理论的最主要代表。沃林格在写作该书之时，立普斯的主要美学著作（《空间美学》，1893—1897，《美学》，1903）均已出版。因而沃林格在该书中的立论就从立普斯的移情说美学出发，他的理论目的就是要补充、完善立普斯的学说。——译者注

② 这样的界定是迫不得已的，因为这里不可能再有篇幅去比较分析各种由心理移情活动出发的体系，因此，我们在这里不得不撇开对立普斯理论体系的各种批判，更何况我们在此所引用的只是一般的基本思想。有关对移情问题的阐述，可以一直追溯到浪漫派那些人，他们用现代美学所说的艺术直觉，率先提出了移情说的基本思想。对移情问题进行科学探讨的人有洛采、弗里德利希·弗舍尔、罗伯特·弗舍尔、伏尔盖特（Johannes Volkelt，1848—1930，德国哲学家、美学家。移情说美学的著名代表。其美学名著《美学体系》三卷本，出版于1905年至1914年间）、谷鲁斯[Karl Groos，1861—1946，德国哲学家、美学家。移情说美学的著名代表。美学方面的著作有：《美学导论》（1892）、《审美欣赏》（1902）等]、西伯克[Hermann Siebeck，1842—1920，德国哲学家、美学家。移情说美学的著名代表。美学著作有：《审美观赏的本质》（1875）、《论音乐中的移情》（1906）、《听觉艺术中心理学和美学的基本问题》（1909）等]，以及立普斯有关探讨移情问题的更详尽的情况可参阅保罗·斯泰恩（Paul Stern，生卒年代不详，德国历史学家）的那篇明确而又杰出的博士学位论文：《现代美学中的移情和联想》（慕尼黑，1897）。

③ 立普斯本人在1906年的《未来》周刊上，发表了一篇概述其学说的文章，公开阐述了他的基本思想。而我们下面对移情概念之特征的描述，部分地方还要逐字引用立普斯理论的基本思想。

享受是一种客观化的自我享受。审美享受就是在一个与自我不同的感性对象中玩味自我本身，即把自我移入对象中去。"我移入对象中去的东西，整个地来看就是生命，而生命就是力、内心活动、努力和成功。用一句话来说，生命就是活动，这种活动就是我于其中体验到某种力量损耗的东西，这也就是一种意志活动，它在不停地努力或追求。"

当以往的美学使用快感和痛感这些概念时，立普斯只承认它们具有表达感受的价值，在这样的意义上，我们所说的某个颜色的深或浅，就不是该颜色本身的东西，而是对该颜色的一种感受。因此，决定性的东西与其说是感受的表达，不如说是感受本身。这就是说，决定性的东西是一种内心活动、一种内在生命、一种内在的自我实现。

移情活动的前提条件是一般的统觉活动。"每一个感性客体，就它对我来说是存在的这一点而言，在任何情况下都只是双重作用的结果，即感性对象和我的统觉活动的结果。"

任何一个简单的线条，只要我试图按照它所是的那样去把握它，都会使我产生一种统觉活动，我必须去扩充内在视线，直到把握了线条的所有部分为止。我必须内在地限定这样把握到的东西，并自为地把这东西从其环境中抽离出来。因此，每一个线条都已使我产生了那种包含着两个方面的内在活动，即扩充和限定。此外，每个线条凭借其方向性和样式，还会向我提出各种各样的特殊指令。

因此，就出现了这样的问题：我如何去对待这种指令呢？这里存在着两种可能，即接受这样的指令和拒斥这样的指令；要么我自由地去从事对象所要求我进行的活动，要么就去拒斥这种指令，要么我自身的天生本能倾向和自我实现的需求与对象的指令相一致，要么就是相反。我们在任何情况下都有自我实现的需求，甚至可以说，这是构成我们本质的基本需求。但是，由感性客体所催发出的自我实现表现出这样一种特点，它鉴于上述这些情形，并不是顺利地、没有内在矛盾地由自我而实现的。

如果自我能够排除内在矛盾从事这种由对象引起的活动，那么，自我就具有了对自由的感受。快感始终就是一种对自由的自我实现活动的感受。如果活动是无内在冲突地进行的，那么，快感就对应地是所体验过的活动感受的体现，这种体现就是活动指令与成功实现之间自由统一的意识标志。

可是，在上述两种情况下，都会出现天生的自我实现活动与对象给自我的指令要求间的冲突。同样，对这种冲突的感受就是客体所引起的一种痛感。立普斯称前一种情形为肯定性移情，后一种情形为否定性移情。由于这种一般的统觉活动把客体带到了自我的精神活动领地，因而，这种统觉活动也就成了客体的组成部分："一个客体的形式，始终是一个由自我的内在活动所造就的形式。一个感觉到的客体，严格地来说是一种非物，一种并不存在而且不会存在的东西，这是所有心理学，更是所有美学的一个基本事实。由于客体对我来说是存在的——人们只能在这样的意义上去谈论客体——因而，它也就渗透着我的活动，渗透着我的内在生命。"可见，这种统觉活动并不是一种任意的和随心所欲的活动，它必然与客体相关。

在肯定性的移情活动中，即在天生的自我实现倾向与感性客体所引起的活动发生一致的情形中，统觉活动就成了审美享受，面对艺术作品所产生的就是这种肯定性移情。这里，艺术作品具体表现为移情活动这一点构成了移情说的基石，由此也就生发出了有关美和丑的定义，例如，立普斯曾说："仅就产生这种移情活动来看，对象的造型就是美的，对象的美就是这种自我在想象中深入对象里去的自由活动，而相反，当自我在对象中不能进行这种活动之时，当自我在形式中或在对形式的观照中，内在地感受到不自由、受阻挠，感受到一种遏制之时，那么，该对象的形式就是丑的。"（立普斯：《美学》）

这里已不再存在进一步改造这种移情说体系的余地了。因而，我们的意图在于揭示这种审美体验方式的立足之点，即揭示这种审美体验方式的心理依据。正是基于此，我们才理解了那句对我们来说很重要的套话，即"审美享受是一种客观化的自我享受"。这句套话应成为我们下面进一步探讨的前提背景，所以，我们在这里又重新提到了这句话。

下面进一步探讨的主旨在于证实，主张这种移情活动在任何情况下都是艺术创造前提条件的推测是站不住脚的。如果依据这种移情说，我们面对许多时代和许多民族的艺术创造，大多是茫然而不知所措的，例如，对于理解由古希腊罗马和当代各国艺术的狭隘框架中走出来的那些庞大艺术品综合体来说，移情说就提供不出任何一个可以依循的线索。这就迫使我们去接受这样一种认识：在此存在着一种与移情完全不同的心理过程，这个心理过程解释了那些风格（Stil，der）特有的、我们一般只是否定地去看待的特点。在我们准备粗略地去界定这个心理过程之前,我们必须先说明一下有关艺术学的一些基本概念,因为,只有基本概念统一,往下的理解才有可能。

19世纪,曾出现了艺术史研究的繁荣局面,当时有关艺术作品起源的理论几乎全是建立在唯物主义观点之上的。这样一来,就不会有人再去关心、探究艺术本质的努力作为对18世纪思辨美学和美学中美的精神的回复是怎样健全和符合理智的。当时新出现的学科就以这样的方式获得了一个极有价值的基石。当时问世的一本著作,即高特弗里特·塞姆佩尔①的《风格》一书,不管怎么说都是艺术史上的一个重大成就,这个成就就像每一个庞大的严加推敲的思想体系那样,是超然于"正确"或"错误"这种历史评价之外的。

尽管如此,现在在我们看来,塞姆佩尔的这本在艺术作品起源问题上表现出唯物主义观点的著作,既是对进步的敌视,也是简单思维的大本营所在。这种唯物主义观点渗透到所有领域,并超越19世纪深入我们现在的20世纪中,如今,大多数艺术史的研究都把这种唯物主义观点视为潜在的原则。我们认为,这样过分看重艺术的这种附属要素,就很难再深入艺术作品的最内在本质中,更何况,并不是每一个引用塞姆佩尔的人都领会了塞姆佩尔的精神实质。今天,人们又普遍对这种简单化的、不费神的艺术唯物论产生了不满。抨击这个思想体系最激烈的人是死于青年时代的维也纳学者阿劳意斯·李格尔②,他那本有关晚期罗马美术工艺的浩瀚巨著,内容深刻,具有划时代的意义,可惜这本著作未能及时受到世人的赏识——部分原因是该书在当时出版发行方面存在

---

① 高特弗里特·塞姆佩尔(Gottfried Semper, 1803—1879),德国艺术理论家和著名建筑师。1860年至1863年间出版的两卷本著作《风格》(全称为《技术与结构艺术中的风格》)主要批判了当时资本主义社会的分工,认为这种分工是资产阶级社会中艺术衰落的主要原因。他的建筑实践主要以文艺复兴全盛时期和巴洛克式的风格进行,著名的建筑作品有:德累斯顿的皇家剧院(1837—1841)和新博物馆(1847—1854),以及苏黎世的综合中等技术学校(1858—1864)等。——译者注

② 阿劳意斯·李格尔(Alois Riegl, 1858—1905),奥地利美术史学家,美术史学上"维也纳学派"的创始人。著有《风格问题》(1893)、《晚期罗马的美术工艺》(1901)、《荷兰的群像》(1902)等书。他认为,主宰艺术创作活动的是人根据特定历史条件与世界相抗衡的一种"艺术意志"(Kunstwotlen, das),一切艺术作品都是人根据特定"艺术意志"创造出来的,而且,艺术史研究要以揭示各时代、各民族特定的"艺术意志"为主要课题,例如,对于晚期罗马时代的艺术作品不能简单地认为它们就是希腊、早期罗马时代艺术作品的一种颓废堕落,而要揭示这些晚期罗马时代艺术作品的独特的艺术意志。沃林格的《抽象与移情》一书就是以李格尔的这个理论为依据而展开的,而且沃林格进一步充实、发挥了李格尔的理论。——译者注

着困难。①

李格尔首先在艺术史的研究方法中引进了"艺术意志"这个概念。而对于"绝对艺术意志"（absolute Kunstwollen，das）人们应理解成那种潜在的内心要求，这种要求是完全独立于客体对象和艺术创作方式的，它自为地产生并表现为形式意志（Formwillen，das）。这种内心要求是一切艺术创作活动的最初的契机，而且，每部艺术作品就其最内在的本质来看，都只是这种先验②存在的绝对艺术意志的客观化。艺术唯物论方法着重强调的东西，其实在高特弗里特·塞姆佩尔那里并不直接地就有，而是部分地来自对塞姆佩尔著作错误的、肤浅的解释。艺术唯物论的方法在原始艺术作品中看到了三种要素：功利目的、原始材料和技巧。这样一来，对塞姆佩尔来说，艺术史归根到底就是技巧的演变史。而与此相反的新观点则把艺术发展史视为意志的演变史。从心理学角度来看，技巧是第二性的东西，它只是意志所导致的结果。因此，我们不能把往日特定风格的消失归之于缺乏某种技巧，而应归之于产生了不同的意志。所以，决定性的东西就是李格尔称之为"绝对艺术意志"的东西，以及只能由功利目的、原始材料和技巧这三要素去规定的东西，"与这三要素相应的不再是那种唯物论赋予该三要素的积极的创造主体，而是一个遏制性的、消极的主体，这就是说，这三要素仿佛构成了整个创造物的变动要素"（李格尔：《晚期罗马的美术工艺》）。③

一般很难理解，艺术意志这个概念何以获得如此独特的意义。这通常是由

---

① 我的著作在某些地方还是以李格尔在《风格问题》和《晚期罗马的美术工艺》中表述的观点为依据的。李格尔在这些著作中的见解，对理解我的观点来说，尽管不是绝对必不可少的，但都是相当有益的。虽然我并没有在所有观点上全盘采纳李格尔的思想，但是在研究方法上，我与李格尔是立足在同一基点上的。因此，对于李格尔在方法上给我的巨大启示，我谨向他致以深切的谢意。

② 此处"先验"与下面所述"艺术意志"植根于"世界感"（Weltgefuehl，das）的说法看起来似乎矛盾，其实不然。我以为，此处"先验"不能理解成天生自在、凝固不变，而应理解成相对艺术作品来说的先验，即这种"艺术意志"是先于艺术作品而存在并制约艺术活动的。

③ 沃尔夫林曾指出："我当然绝不会去否认，单个造型在技巧方面的根源。材料特性、对它的加工方式、设计，自然会产生一些影响，但是，我——面对新近出现的一些探讨——所要坚持的是，技巧永远创造不出某种风格。在人们所谈的艺术范围内，第一性的东西始终是一种特定的形式感（Pormgefuhl，das），技巧性地制作的形式不能与这种形式感相悖，技巧性地制作的形式只有在顺应当时的形式趣味时，它才能获得存在。"（《文艺复兴运动与巴洛克风》，1888）

于，人们往往从这样一种根深蒂固的朴素原则出发，即艺术意志，一种先于艺术作品而产生的目的意识的冲动，在任何时候都是与人们称之为风格化的一定程度上的变形相统一的，而且，只要去观赏造型艺术就能看到，这种变形合目的地接近了自然原型。

我们以往对艺术作品所作的一切评判，都犯有这种片面性的毛病，我们必须承认这一点，但是，这种承认又很少表明什么，因为，那种使我们显出片面性的评判方式有着悠久的传统，它明显地成了我们的习惯方式，以至于这里依然存在着对或多或少的理智活动的意义的重新评估。感知活动为了在不着痕迹的最初观照中，迅速回复到它那原始的牢不可破的意象中，它就只有努力去效仿那种理智活动。我们毫不怀疑地所坚持的评判标准正如前面所述，就是对真实的接近，对有机生命本身的接近。我们有关风格的概念和美学上所说的美的概念，实际上与上述这种评判标准是根本不可分割的，我们的这两个概念在自然主义理论中就被视为艺术作品的一种附属要素①。

抛开这个理论，便呈现出这样一种情形，即我们用含义不明确的"风格"这个词所粗略地描述的那种高级要素，具有了一种我们赋予它的对复现有机生命真实所起的调节和修正作用。

任何一种艺术史的研究方法，如果抛弃了这种看法，都将被指责为虚假的，是一种对"健全人类知性"的损害。这种"健全人类知性"与我们的迟钝精神的不同之处在于，它摆脱了我们想象行程的那种如此狭小和受限定的眼界，并且认可其他前提条件存在的可能。这样，留存下来的就始终是那些有才能的人们个人的思想，时代就以这些人的思想为荣。

在我们进一步深入探讨之前，还必须明确模仿自然与美学的关系。这里，真正的美学并不触及模仿本能这种人类的基本欲求，而且，模仿本能在实现原则上是与艺术丝毫不相关的，这无疑是众所共认的事实。

---

① 例如，人们所想到的只是，即便是一个受过艺术训练的现代观众，在表述诸情形中的某一种情形时，面对某种现象，如面对贺德勒（Ferdinand Hodler，1853—1918，瑞士画家，瑞士现代派绘画的创始者。其所作的风俗画、历史画和风景画多用平行、对称方法组织画面，造型富于装饰性和象征意味。代表作有：《玛里涅诺之退却》《威廉·退尔》《昼》《夜》《伐木者》等。——译者注）的作品也是多么束手无策，这就表明，人们是多么习惯于把自然美和自然真实视为艺术美的条件。

然而，这里还必须把模仿本能与作为一种艺术样式的自然主义区分开来。这两者在外表特征上是根本不相关的，而且，它们也必然明显地彼此区分开来。但是，这种区别又是很难察觉的，在这样的情形下，任何一种对这两个概念的混淆都会导致极大的不良后果，这兴许就是我们要寻找的混淆模仿自然与艺术关系的根源所在，大多数受过专门训练的艺术工作者都搞不清楚模仿自然与艺术之间的关系。

原始模仿本能在任何时代都存在，而且，它的发展史就是不具有美学意义的人类手工模仿技巧的发展史。恰恰是在最远古的时代，这种本能完全地与真正的艺术本能相分离了。这种本能尤其在工艺美术中，也就是在那些小偶像和象征性的小玩意上得到了实现，这些小偶像和小玩意，我们在所有人类早期艺术活动中都能看到，而且这些东西时常直接地与表现出有关民族纯粹艺术本能的创造物相矛盾。对此，人们只需回想一下，例如在埃及人那里，模仿本能和艺术本能是怎样彼此分离又并行不悖的。当所谓的民间艺术用奇特的现实主义创造了那些著名的诸如《书记像》或《村长像》①的雕塑作品之时，被误认为"宫廷艺术"的那种真正的艺术就表现出了一种严格的不同于任何一种现实主义的风格，这既不是由于没有技巧，也不是由于某种僵化状态，而是由于一种特定的心理本能在此得到了满足。这就是我们在下面进一步探讨中还要阐述的东西。真正的艺术在任何时候都满足了一种深层的心理需要，而不是满足了那种纯粹的模仿本能，即对仿造自然原型的游戏式的愉悦。环绕着艺术概念的神秘光环，人们在任何时代都能感受到的对艺术的所有迷狂，只有从心理学角度才能去解释，因为，由此可以看到，艺术植根于人的心理需要而且满足了人的心理需要。

只有在这样的意义上，艺术史才获得了一种几乎与宗教史具有同等价值的意义。如果人们把一切形而上学都视为其根本上所是的东西，即视为人与自然

---

① 《书记像》系古埃及第五王朝最著名的人物圆雕，《村长像》系古埃及第四王朝最著名的人物木雕。两尊雕像以纯熟而圆润的刀法和写实技巧，把人物表现得生动有力。因而，这两尊雕像成了古埃及雕塑中的现实主义杰作。——译者注

的一种分离，那么，施马尔佐夫①在他基本概念中以此为出发点的模式（"艺术是人与自然的一种分离"），便是很有意义的。单纯的模仿本能同样或多或少地与这种分离本能相关，就像在另一方面，例如自然力的功利创造（这也是一种与自然的分离）与为自身创造上帝的高级心理本能相关一样。

一部艺术作品得以获得美的特质的价值，一般如人们所述，就在于它的愉悦价值，而这种愉悦价值又必定与那种心理需要构成了因果关系，这种愉悦价值满足了人的心理需要。因而，"绝对艺术意志"就成了衡量那种心理需要的准绳。

有关艺术需要的心理学——由我们现在的立足点来看就是有关风格需要的心理学——迄今还未得到重视。这样一种心理学应成为世界感②演化史，而且应作为与宗教演化史具有同等价值的东西而存在。我把世界感理解成这样一种心理状态，在这种心理状态中，人们面对宇宙，面对外在世界的现象，觉察到了自身的存在。这种心理状态在心理需要的质态中表现出来，也就是说，它存在于绝对艺术意志的情形中，而且在艺术作品中，也在艺术作品的风格中获得了外在显现。因此，艺术作品的风格特点也就是心理需要的特点。因而，这种世界感的各种内容就像在民族的神谱上被发现一样，同样在艺术风格的发展中被发现。

每一种风格，对从自身心理需要出发创造了该风格的人来说，就表现为一种最高层次的愉悦，这一点必须成为所有客观的艺术史研究的最高信条。从我们的角度来看，表现为最大变形的东西，对当时的创造者来说，就必须成为最高级的美以及其艺术意志的实现。因而，一切从我们的立足点、从我们的现代美学出发所作的评价，从某个更高的角度来看，就是抽去意义和趋于平淡。我们这种现代美学是唯一在古希腊或文艺复兴时期的意义上去进行评判的。

在进行了这种必要的外围阐述之后，我们就要回到原来的出发点上，即又

---

① 施马尔佐夫（August Schmarsow，1853—1936），德国艺术学家。他在艺术理论上的主要观点是，主张"艺术自由"是创作的基础，并视艺术为一种"形式创作"，因此他认为："艺术是人与自然的一种分离。"著有研究13世纪至14世纪意大利艺术和15世纪莱茵河上游色彩画方面的著作，而且在考察马萨乔（Masaccio）和玛索利诺（Masolino）、维敦（R. van der Veyden）和康平（R. Campin）的创作风格方面，留有许多著作。——译者注
② "世界感"这个概念，沃林格直接取之于李格尔，意指人在应世观物中面对世界的精神态度和感受。——译者注

要回到移情说有限的适用性这个命题上来。

只有在艺术意志倾向有机生命,即接近高级形态的自然之时,移情需要才能被视为艺术意志的前提条件。愉悦感就是对立普斯视为移情活动前提条件的那种内在自我实现需要的一种满足,这种愉悦感由作为有机美的我们自身生命活力的表现引起,现代人就把这样的东西视为美。我们在一部艺术作品的造型中所玩味的其实就是我们自己本身,审美享受就是一种客观化的自我享受,一个线条、一个形式的价值,在我们看来,就存在于它对我们来说所含有的生命价值中,这个线条或形式只是由于我们深深专注于其中所获得的生命感而成了美的线条或形式。

我们只要回想一下埃及金字塔所具有的那种无机的形式,或者在拜占庭的镶饰画①中所表现出来的对生命力的抑制,就不难发现,显而易见地倾向有机物的移情需要,在此尚不足以决定艺术意志。由此,就必然导出这样的结论:必有一种与移情本能恰恰相反的本能存在,这种本能遏制了满足移情需要的事物。②

在我们看来,移情需要的这个对立面就是抽象冲动。我认为,本书所应做的首要工作就是去分析这种抽象冲动,并阐明这种抽象冲动在艺术发展史上所具有的意义。

我们通过下面的进一步探讨就可以看到,艺术作品中,这种抽象冲动在多大程度上界定了艺术意志。在这样的探讨中我们发现,原始民族的艺术意志,就他们根本上存在着这样一种艺术意志来看,展现了所有原始艺术时代的艺术意志,而且是已经历了某种特定发展的东方文明民族的艺术意志,最终展现出了这种抽象的趋势。因此抽象冲动与任何一种艺术同时并生,而且在特定的、具有发达文化的民族那里,也依然是占主导地位的,而这种抽象冲动,例如在希腊人和其他西方民族那里,却是逐渐减弱的,西方人总是为移情冲动寻找地

---

① 拜占庭的镶饰画系拜占庭建筑中普遍出现的一种内部装饰画,这些画大多用马赛克艺术装饰在建筑内部的墙面上。这些镶饰画不表现空间,削平了深度层次,人物大多凝固,很少有动态。——译者注

② 由此不应否认,即便在今天也能移情于金字塔的形式中,这就像在根本上很难否认,在我们以后还要详尽阐述的抽象形式中也有发生移情的可能存在一样。与所有事实相违背的只是这种假设,即认为,这种移情本能对创造金字塔的人同样也是适用的。

盘。本书的实践篇将证实上述这些观点。

那么，什么是抽象冲动的心理条件呢？对此，我们就必须到那些民族的世界感中，到他们面对宇宙的心理态度中去探寻这种心理条件。移情冲动是以人与外在世界的那种圆满的具有泛神论色彩的密切关联为条件的，而抽象冲动则是人由外在世界引起的巨大内心不安的产物，而且，抽象冲动还具有宗教色彩，表现出对一切表象世界的明显的超验倾向，我们把这种情形称为对空间的一种极大的心理恐惧。提布卢斯[①]说"上帝首先在世界中造成了恐惧"，因而，这种对空间的恐惧感本身也就被视为艺术创造的根源所在。

为了便于理解，我们不妨比较下那种作为病患的人在机体上的广场恐惧症，这也许有助于更好地理解我们所说的对空间的心理恐惧。按照流行的看法，那种机体上的广场恐惧症是人正常发展的某个阶段的产物，在这正常发展阶段中，人要去了解在自身面前展开的空间，就不能只是凭借其视觉印象，还要用触觉去进一步核实。只要当人成了双足直立的动物并且作为这样的动物只是成了凭借视觉行动的人，那么，作为这种演化的结果就必然会出现一种轻微的不安感。人类在以后的进一步发展中，通过适应和智力思考活动才摆脱了面对一个广阔空间的原始恐惧。[②]

这一点与人们面对广阔而杂乱无章的紊乱世界所产生的对空间的心理恐惧是相类似的，人类的理性发展遏制了那种由人在整个世界中丧失立身之地而产生的本能的恐惧，只有他们对世界的深刻直觉阻止了这种理性发展的东方文明民族，才依然能意识到一切生命现象的那种神秘的混沌，而且，对世界一切外表的思维把握都难以向这些东方文明民族掩盖上述那种生命现象之神秘的混沌，这些东方文明民族在世界的外显现象中所看到的始终是犹如幻象的那种朦胧光彩。东方文明民族对空间的心理恐惧，他们对所有存在物之相对性的直觉，就像在原始民族那里一样，并不是先于认识的，而是超于认识的。

这些民族困于混沌的关联以及变幻不定的外在世界中，由此便萌发出了一种巨大的安定需要，他们在艺术中所觅求的获取幸福的可能，并不在于将自身

---

① 提布卢斯（Albius Tibullus，公元前55—公元前19）：古罗马哀歌诗人。——译者注
② 这就使人想起了在埃及建筑中明显表现出的对空间的恐惧。人们用那些没有一根是出于构造需要的无数支柱，打破了观赏者对自由空间的印象，并用这些支柱给不知所措的眼神以支撑的慰藉（参阅李格尔：《晚期罗马的美术工艺》）。

沉潜到外物中，也不在于从外物中玩味自身，而在于将外在世界的单个事物从其变化无常的虚假偶然性中抽取出来，并用近乎抽象的形式使之永恒，通过这种方式，他们便在现象的流逝中寻得了安息之所。他们最强烈的冲动，就是这样把外物从其自然关联中、从无限的变幻不定的存在中抽离出来，净化一切有声有息的生命运动，净化一切变化无常的事物，从而使之永恒并合乎必然，使之接近其绝对价值。在他们成功地做到这一点的时候，他们就感受到了那种幸福和有机形式的美而得到满足。他们所达到的确实只能是这样的美，因此，我们就可称经过这种抽象的对象为美。

李格尔在《风格问题》一书中曾指出："严格地根据对称性和节律的最高法则所构造的几何风格，从合规律性角度来看就是最完美的风格。但是，在我们看来，这种风格是最低级不过的。艺术史表明，这种风格大多是某个时代的某个民族所固有的，这种民族在文化上还处于一个相对低级的阶段之中。"

如果我们着手去研究这个否认几何风格在拥有高级文化的民族那里所起作用的原理，那么，我们就面临了这样一个事实，就其合规律性来看是最完满的风格、最高级的抽象，也就是最严格专注于生命的风格，是拥有最原始文化的民族所获得的。因而，在原始文化与最高级的、最纯粹地合规律的艺术形式之间就存在着一种因果关系，这就进而出现了这样一个原理：人类凭借其理性认识对外物了解以及与外物的联系越少，赖以谋取那种最高级的抽象之美的可能也就越大。

原始人所做的并不是更强烈地去追寻自然中的合规律性或更强烈地在自然中感受到规律性，而是恰恰相反，原始人的强烈冲动是：从外物中去把握其变化无常和不确定性，并赋予外物一种必然性价值和规律性价值，因为，原始人在外物中是被失落的，而且，面对外物他们在精神上是不知所措的，为了大胆地进行对比，在原始人那里，对"自在之物"（Ding an rich）的直觉仿佛是最强烈的。从精神方面控制和适应外物的增强，同时就意味着一种迟钝化，即意味着直觉的受损。只有在人类精神于数千年之久的发展中竭尽了理性认识的所有方面之后，对"自在之物"的感受作为对认识的最后放弃，在人类精神中才又死而复生。这时，先于直觉存在的就是最后的认识产物。当认识到下述这种情形之后，人类又从自傲的知识中跌落下来，又重新像原始人一样面对外在世界处于被失落和不知所措的境地中。我所指的人类认识到的情形是，"我们生活于其中的可见世界是幻觉的产物,是一种骗人的巫术、一种把视觉幻象和空间加以比较所产生的无根基即无自身本质的外观,这个可见世界是一层环绕着人类意识的混浊的迷雾,它是那种同时是错误和真实的东西,这种东西人们可以在说它不存在的同时,又说它是存在的"(叔本华:《康德哲学批判》,1814—1818)。

然而,这种见解在艺术上并没有什么意义,因为,人已经演变成了单个的个体并与群体分离了开来,而只有存在于共同直觉使他们连在一起的未分裂之联合体中的活动,才能够从自身创造出具有高级抽象美的造型,而孤立的个体对这样的抽象是无能为力的。

如果有人认为:是由于对规律性的渴望人类才把握了几何的规律性,那么,这就是对抽象艺术形式产生的心理条件的一种误解,因为,只要几何的形式表现为计算和思考的产物,那么,抽象艺术的前提条件就是在几何形式中渗透着智力活动。我们有充分依据接受的观点是,在此存在着一种纯粹的直觉创造,也就是说,抽象冲动并不是通过理性的介入而为自身创造了这种具有根本必然性的形式,正是由于直觉还未被理性损害,存在于生殖细胞中的那种对合规律性的倾向,最终才能获得抽象的表现。

因而,这种合规律的抽象造型就是独一无二的最高级的造型,当人面对外物巨大的杂乱无章时,在这种造型中就能获得心灵的安息。我们在当代艺术理论家那里就可以经常发现那种乍看使人目瞪口呆的思想,例如数学是最高级的艺术形式。这句话显然是很有见地的,它与艺术感受通常的朦胧性是相违背的,推出这种表面看起来好像似是而非的思想的正是浪漫派艺术理论家,例如,诺瓦利斯①首先维护了这种高级的数学观点,并据此提出了这样的名训:"数学就是上帝的生命所在","宗教就是纯粹的数学"。但是,没有人会否认,诺瓦利斯是个不折不扣的艺术家。只有在这种认识与原始人的本能直觉之间才存在着某种本质区别,就像在原始人对"自在之物"的感知与对"自在之物"的哲学推演之间得以发现的某种本质区别一样。

李格尔针对结晶体般的美曾指出:"这种美构成了无机材料首要的而且是

---

① 诺瓦利斯(Novalis, 1772—1801):德国浪漫派作家,原名弗里德里希·冯·哈登贝格(Friedrich von Hadenberg)。——译者注

永恒的形式法则，它最完满地达到了绝对美（材料上的特性）。"

这样的阐述还不能使我们认为：人类是从无机材料中获得了这种法则，即抽象地合规律性的法则。在我们看来，更合乎思维逻辑的，毋宁是这个法则存在于人类自身的有机组织中，尽管任何一种认识活动都不能背离该书第二部分中所论及的合逻辑的推想。

因而，可以推出这样的原则：简单的线条以及它按照纯粹几何规律的延伸，必然向那些被外物的变动不居和不确定性搅得内心不安的人呈现出获取幸福的最大可能。可以说，在此这种线条消除了与生命相关以及为生命所依赖的事物的最后的残余，这样也就达到了那种最高级的抽象形式，即达到了最纯粹的抽象。在有机组织"一般情况下完全占主导地位的地方就存在着法则，存在着必然性。几何线条恰是由此而从自然对象中被区分出来，即它并不存在于自然关联中。当然，几何线条在本质上还是离不开自然的。机械力就是自然力，但是，在几何线条以及几何形式中，机械力完全脱离了自然关联以及自然力的无限的交互更替，并且自为地达到了直观"（立普斯：《美学》）。

当然，只要还有真正的自然原型存在，那么，这种纯粹的抽象是永远不会达到的。这样，就出现了一个问题，抽象冲动面对外物采取了什么态度呢？我们已经强调，这并不是模仿本能，模仿本能的历史与艺术史是不同的。模仿本能驱使着人们去艺术地复现自然原型，而在抽象冲动中，我们更多地看到的是这样一种活动，这种活动把特别容易唤起人们功利需求的单个外界事物从其对他物的依赖和从属中解放了出来，并根除它的演变，从而使之永恒。

李格尔明确地把这种抽象冲动视为古代文明民族艺术意志的基础。他说："古代文明民族依据的是所熟悉的（臆想的）人类自身自然而来的类比，在外物中虽然看到了材料各方面的特性，但是，每一个外物都构成了一个有固定关联的部分，都构成了一个不可分割的整体，而对外物的感性知觉却使他们以为，变动不居和不确定性是彼此交错地共存于事物之中的。这样，他们就从造型艺术中抽取出了各种特性，并把这些特性放到其显然封闭的统一体中去看待。因此，整个古代的造型艺术就通过这样的活动去谋求其最终目的，即用明显的材料个性去复现外物，并同时在外物的自然显现面前回避和压抑一切有害于对材料个性直接可信表现而且会削弱这种表现的东西。"（李格尔：《晚期罗马的美术工艺》）

这样一种艺术意志导致的主要结果就是，一方面以平面表现为主，另一方面竭力抑制对空间的表现，并独特地复现单个形式。

人们之所以趋向于对平面的表现，主要原因在于，三维空间阻碍了用对象本身材料的独特个性去把握对象。这一则是因为，对具有三维空间的对象，必须以连续的知觉活动去感知它，而在这个连续知觉活动中，对象自身所具有的封闭特性无形之中便被消除掉了；二则是由于，在绘画艺术中，空间的深度只能用远近法和阴影来表现，而领会这种表现则完全取决于理解力和习惯的通力合作。基于这两点理由，对象的实际特性难免要受到主观的损害，因此，古代文明民族所致力的就是尽可能地去避免三维空间。

因此，抑制对空间的表现就成了抽象冲动的一个要求，因为，空间正是这样一种东西，它使诸物彼此发生关联，并使宇宙万物具有相对性，再加上空间本身又不容被分化成个体。因此，感觉对象如果还依赖于空间，它就不会向我们展现出其材料上独有的特性，这样一来，所有艺术创作活动的目的就在于获得那种被从空间中拯救出来的单个形式。

人类具有借助艺术表现把感性对象从由三维空间导致的不确定性中解放出来的原始需要。凡是将此命题视为假想的和不真实的人就会清楚看到，现代艺术家甚至现代雕塑家，又一次极其强烈地感受到了这种需要。因此，我想引用希尔德布兰德《形式问题》一书中的这样一段话："雕塑的任务并不在于使处于未成型和不安状态的观赏者，面对一个必须竭力构造明确视觉想象且由自然印象而来的三维物体或立体物，而在于赋予观赏者这种视觉想象并由此略去立体物中令人不快的东西。只要雕塑造型首先是作为一个立体物而产生效用，它就仍然是处于艺术创造的初级阶段，而当它作为一个平面而产生效用之时，尽管它还是立体的，却已获得了一个艺术形式。"

在此，希尔德布兰德称之为"立体物中令人不快的东西"，从根本上说就是人在面对混沌和变动不居的外物时所产生的厌烦和不安的残留物，它完全是所有艺术创造的出发点，即对抽象冲动的一种最终渴望。

如果我们现在重复那句植根于移情冲动的、我们视之为审美体验基础的套话"审美享受就是客观化的自我享受"，那么，我们随即就会意识到审美享受处于相反两极的形式。其一，在审美享受中，自我成了对享受程度的损害，成了对艺术作品给人幸福可能的破坏；其二，在审美享受中，自我仅仅与那种所有意义均来自自我的艺术作品间存在着最密切的关联。

这种由所谓的两极对立来表明其特征的审美体验的二元性——由此也就能结束这个篇章——并不是已成定型而不可改变的，审美享受的这种相反两极只意味着某种共同需要的不同层面，这种共同需要向我们展示了所有审美体验最深层而且是最终的本质，即审美体验来自摆脱自我的需要。

在抽象冲动中，摆脱自我的要求是相当强烈且不可动摇的，这种摆脱自我的要求，在此并没有像在移情需要那里一样表现为一种摆脱个体存在的冲动，而是表现为一种在对必然和永恒的观照中根本地摆脱人类存在的偶然性，即摆脱所有有机存在外表上的变动不居的冲动，这种变动不居的有机存在就被视为对审美享受的骚扰。

因此，我们再来回顾一下"审美享受就是客观化的自我享受"这句套话。

乍一看来，按照这句话我们很难理解这种论调：就连移情需要作为审美体验的出发点也在根本上表现了一种摆脱自我的本能，而那句套话所指的，却分明是移情活动表现了一种自我肯定，即表现了一种对我们所共有的活动意志的肯定，"我们在任何情况下都有一种自己行动的需要，这种需要甚至是构成我们本质的基本需要。"由于我们把这种活动意志移入了一个别的对象中，我们也就在该对象中获得了存在，只要我们随着我们内在的体验冲动而在某个外在客体中，即在某个外在形式中出现，那么，我们就摆脱了我们个体的存在。我们似乎感觉到，我们的个体特性相对于个体意识无限的差异性而流入了一个确定的范围中，摆脱自我就发端于这种自我客观化。这种对我们个体活动需要的肯定，同时表现为对我们那种不可限制的活动可能性的一种限制，表现为对我们各不相容的差异性的一种否定。我们随着我们内在的活动冲动栖息于这种客观化之中，"因此，移情之自我已非现实之自我，而是内在地摆脱此我（指现实之我——译者注）的自我。这就是说，凡是脱离了对形式观照的自我，都不是移情之自我。移情之自我，只是指这种理想的自我，观照的自我"（立普斯：《美学》）。民间语言就恰当地表达了在观赏一部艺术作品时的自我丧失。

因此，在这样的意义上，即使说一切审美享受，甚至说人类对幸福的一切感受都源于摆脱自我的本能，也未必言过其实，因为这种摆脱自我的本能，乃是一切审美享受，甚至人类对幸福之所有感受的最深层的终极本质。

因而，扩展到普通有机生命力之上的摆脱自我的本能，作为抽象冲动是与只专注于个体存在并在移情需要中表现出来的摆脱自我的冲动相对立的,它们分别处于相反两极。下一章我们还将更进一步地阐明这种审美二元论。相反两极只意味着某种共同需要的不同层面,这种共同需要向我们展示了所有审美体验最深层而且是最终的本质,即审美体验来自摆脱自我的需要。

在抽象冲动中,摆脱自我的要求是相当强烈且不可动摇的,这种摆脱自我的要求,在此并没有像在移情需要那里一样表现为一种摆脱个体存在的冲动,而是表现为一种在对必然和永恒的观照中根本地摆脱人类存在的偶然性,即摆脱所有有机存在外表上的变动不居的冲动,这种变动不居的有机存在就被视为对审美享受的骚扰。

(选自［德］沃林格《抽象与移情》,王才勇译,金城出版社 2010 年版)

布洛与《作为艺术因素与审美原则的"心理距离"说》

经典导读

爱德华·布洛（Edward Bullough，1880—1934），英国美学家和审美知觉研究家。著有《现代美学观念》(1907)一书，并发表过多篇关于审美知觉的研究报告，但他在美学界影响最大的作品还是名为《作为艺术因素与审美原则的"心理距离说"》的长篇论文。这篇论文自从1912年写作发表后，被各种美学文集和教材选入，至今仍在美学界有着深远的影响。在中国，由于朱光潜的介绍，"心理距离"说成为一种美学界非常熟悉的美学观点。

"心理距离"说力图证明，"距离"这个概念可用来决定艺术与非艺术的区分，这也是审美时所必须遵循的原则。也就是说，"距离"产生美，也产生艺术。但是，这里所说的心理距离既不是空间距离，也不是时间距离。根据我们通常对距离的理解，看一幅油画太近了只见笔触不见整体，太远了看不清画面细部，于是只有保持一定的距离才能欣赏。这时所指的是空间距离。又如，《诗经》的典雅，青铜器的古朴，在欣赏时需将它们放到作品所产生的时代背景中去感受。这时，时间的意识已经内化到欣赏者的心中，形成时间距离。另外，还有一种文化间的"距离"，东方人到西方，或者西方人到东方，从文化的差异中发现新的美。这时，距离不仅是空间的，也是时间的。布洛指出，这几种距离本身并不能成为艺术和审美的因素，它们只是在心理距离形成中起着辅助作用。"心理距离"说提出，"距离"是在心理活动中形成的，具体说来，就是去除功利和实用的考虑，从而与实际人生"拉开距离"，或者是在审美与日常生活的知觉之间"插入距离"。空间与时间只是有助于这种心理活动的形成而已。

"心理距离"说的一个经典例子是"海上大雾"。布洛的这篇论文写于1912年，当时人们跨洲远行主要还是靠乘海船。海上航行一遇到大雾就是一件令人不快的事。大雾会使人视线受阻，耽误行期，甚至还可能导致事故，令船只撞上其他行船、险滩暗礁、冰山异物。多愁善感的人会为此忧心忡忡。"泰坦尼克"号海难就发生在写作此文的同一年。但是，如果人们能在心理上与这些切身的忧虑拉开距离，就会看到，远近的景色都被大雾罩上了朦胧而神秘的面纱，人仿佛进入梦幻境界，仿佛海上的仙女正在围着你翩翩起舞，一时难分天上人间。

朱光潜喜欢引用阿尔卑斯山路口的一个标牌："慢慢走，欣赏啊。"其实，我们看周围的一切又何尝不是如此。在日常生活中，转换一下心境，插入一段距离，眼前种种见惯不怪的事物瞬间就能成为美景。

看风景是如此，看人生也是如此。插入一段距离，不再囿于眼前的得失，超越过于切身的态度，静观周围的人与事，就会看出趣味，得到领悟，将人生化为风景。从这个意义上讲，康德的无功利态度、叔本华的审美静观说在布洛这里得到综合、发展，而又简化。

由此转向艺术的话题。保持心理距离不仅是一个审美原则，也是一个艺术原则。这个原则，用最简单的话说，就是要将艺术当作艺术来看。英国老太太看到《哈姆雷特》一剧的最后一幕，看到王子与恶人决斗时，情不自禁地大叫起来："那剑是有毒的！"这成为一个笑谈。妒忌的丈夫在看莎士比亚的名剧《奥赛罗》时会坐立不安。朱光潜曾举例说，有观众要提刀上台去杀演曹操的京剧演员。一位著名演员也回忆道，他由于演《白毛女》中的黄世仁而挨过小战士打。所有这些都是人们没有把戏当作戏来看，而将其与实际生活混淆了。同样，那些将米开朗琪罗的《大卫》和安格尔的《泉》看成淫秽作品的人，也是失去了"距离"。

布洛据此提出"距离的二律背反"（the antinomy of distance）。有两种力出现在审美经验中，一种将人拉向对象，一种将人拉离对象。审美经验是由于这两种力的相互作用而产生的。如果只有前一种力量起作用，就出现了危险的失距现象，欣赏者离对象太近了，将之当成了生活中的对象。这样的欣赏者面对自然的美景时，只看到生活的需要；在欣赏艺术时，也不能将艺术当作艺术来看。如果只有后一种力量起作用，就离对象太远了。此时，生活中的对象与欣赏者无关，艺术也变得过于抽象，从中看不到任何生活的趣味。因此，只有让两种力量维持一种平衡，审美欣赏才有可能。

布洛的"心理距离"说与后来的斯托尼兹（Jerome Stolnitz，又译斯托尔尼兹）、维瓦斯（Eliseo Vivas）等人的观点一道，在西方形成了声势浩大的"审美态度"说，即认为事物或艺术美之源，在于人具有一种"审美态度"。这种观点在20世纪中叶遭到了迪基（George Dickie）等分析美学家的批评。然而，其他一些分析美学家，包括沃尔海姆（Richard Woolheim）在内，都试图通过修正的办法，汲取"心理距离"说中的合理因素。

—— **延伸阅读文献**

1. Edward Bullough, *Aesthetics: Lectures and Essays*, London: Bowes & Bowes, 1957.
2. ［德］叔本华：《作为意志和表象的世界》，石冲白译，杨一之校，北京：商务印书馆1982年版。
3. 朱光潜：《文艺心理学》，见《朱光潜全集》第一卷，合肥：安徽教育出版社1987年版。
4. ［美］乔治·迪基：《审美态度的神话》，李素军译，见汝信主编《外国美学》第24辑，南京：江苏教育出版社2015年版。
5. Richard Wollheim, *Art and Its Objects*, Cambridge: Cambridge University Press, 1980.
6. ［美］苏珊·朗格：《感受与形式》，高艳萍译，南京：江苏人民出版社2013年版。
7. 高建平：《"心理距离"研究纲要》，见高建平《西方美学的现代历程》，合肥：安徽教育出版社2014年版。

（高建平 撰）

—— 原文：《作为艺术因素与审美原则的"心理距离"说》

经典原文

作为艺术因素与审美原则的"心理距离"说[1]

布洛 著 牛耕 译 卓如 校

■ （一）

联系到艺术来谈，距离这一概念能够引起人们一系列饶有兴味或者很富于思辨意义的思想活动。也许它对我们最明确的启示就是关于"实际空间"距离的概念，也即艺术作品与观众之间的距离；或者是关于"重现空间"距离的概念，也即艺术作品当中所重现出来的距离。而"时间"距离一词的含义则略欠清晰，更富于隐喻意味。关于"实际空间距离"，亚里士多德在他的著作《诗学》中已经有所论述；至于"重现空间距离"，则一直在绘画史上以透视的形式发挥着重大作用。这两种距离的区分对于区别雕塑中的圆雕与浮雕具有特别重要的理论意义。时间距离（即在时间上与我们相距遥远）尽管往往造成错觉，但是它仍然一直被人们认为是对我们的鉴赏力起着重大作用的因素。

本文所说的距离并不是从上述任何一种含义的角度上提出来的。虽然如此，但从本文的论述过程中仍可以清楚地看到，上述各种距离毋宁可以说是本文所论证的距离这一概念的一些特殊形式。不论它们具有什么样的审美特质，那也都只能是从距离的总的内涵之中推衍出来的。这种总的内涵就叫作"心理距离"。

用一段简短的说明就可以解释清楚"心理距离"的含义：设想海上起了大雾，这对于大多数人都是一种极为伤脑筋的事情。除了身体上感到的烦闷以及诸如因为担心延误日程而对未来感到忧虑之外，它还常常引起一种奇特的焦急之情，对难以预料的危险的恐惧，以及由于看不见远方、听不到声音、判别不出某些信号的方位而感到情绪紧张。船只的胡乱漂动及其发出的警报很快就会

---

[1] 译自莫里斯·威茨编《美学问题》，美国麦克米兰公司1970年第2版。

打乱旅客的心神；而且当人们处于这种情境之中时往往会伴随而来的那种特殊的，充满希冀而又缄默无言的焦急之情与紧张状态，一切都使得这场大雾变成海上的一场大恐怖（由于它那极端的沉寂与轻飘迷茫而显得更为可怕），不论是对不谙航海的陆上居民，抑或是对于那些惯于海上生活的海员们都是这样。

然而，海上的雾也能够成为浓郁的趣味与欢乐的源泉。就像所有那些兴高采烈地登山的人们并不计较体力上的劳累及其危险性一样（尽管无可否认，有时这种情况也偶然会渗入欢乐的情绪之中，并增强欢乐之情），你也同样可以暂时摆脱海雾的上述情境，忘掉那危险性与实际的忧闷，把注意力转向"客观地"形成周围景色的种种风物——围绕着你的是那仿佛由半透明的乳汁做成的看不透的帷幕，它使周围的一切轮廓模糊而变了形，形成一些奇形怪状的形象；你可以观察大气的负荷力量，它给你形成一种印象，仿佛你只要把手伸出去，让它飞到那堵白墙的后面，你就可以摸到远处的什么能歌善舞的女怪；你瞧那平滑柔润的水面，仿佛是在伪善地否认它会预示着什么危险；最后还有那出奇的孤寂以及与世隔绝的情境，宛如只有在高山绝顶才能感受到的情况。这种经历把宁静与恐怖离奇地糅合在一起，人们可以从中尝到一种浓烈的痛楚与欢快混同起来的滋味。这种情绪与另一些方面所形成的盲目而反常的焦躁之情形成了尖锐的对比。这种对比，往往是突如其来地出现的。它像是某种片刻之间涌现出来的新的急流；或者有如强烈的亮光一闪而过，照得那些本来也许是最平常、最熟悉的物体在人们眼前突然变得光耀夺目——有时我们处在最危险的绝境的时刻会领略到这种感受。此时我们的实际利益就会像一根绷得太紧的金属丝那样突然断裂，我们仿佛是怀着旁观者那样令人诧异的、无动于衷的心情来注视着某种即将来临的灾祸趋于完成。

这是一种看法上的差异，是由于距离从中作梗而造成的（请允许我作这样的比喻）。这距离就介于我们自身与我们的感受之间，这里使用感受这个词是就其最广泛的意义上说的，指的是一切在身体上或精神上对我们发生影响的事物，它使我们形成感觉、知觉、感情状态或观念。说距离是介于我们自身和这些事物之间与说距离是我们的这些感受的源泉或媒介往往是同一个意思，尽管不一定永远是这样的。

因此，在海雾中，距离所造成的变化，可以说，一开始就是由于使现象超脱了我们个人需要和目的的牵涉而造成的——总之，正如人们常说的，是由于

"客观地"看待现象而造成的。这是由于我们只准自己产生有助于加强我们经验中的"客观"面貌的那种反应,以及甚至于将我们的"主观"感情不当作我们自身存在的模式而将其说成是现象的特性这种种情况使然。

这样说来,距离的作用确实并不简单,而是极为复杂的。它有其否定的、抑制性的一面——摒弃了事物实际的一面,也摒弃了我们对待这事物的实际态度——也有其肯定的一面——在距离的抑制作用所创造出来的新基础上将我们的经验予以精炼。

结果,这种有距离的事物形象就不是,也不可能是我们的正常视像。照例,经验常常是以其同一个侧面对着我们的,即它那具有最强的实际吸引力的一面。通常我们对于事物的那些不能迅速地真正打动我们的侧面,总是不予理会的;另外,我们平常对于那些自己感受不到的其他印象也是意识不到的。人们平常看不到的事物背面的形象一旦突然出现就会成为对人的一种启示,确切地说,这就是艺术的启示。从这一最广泛的意义上说,距离乃是一切艺术的共同因素。

正是由于以上的原因,距离也就成了一种审美原则。人们常常把审美静观与审美观点描述成是"客观"事物。我们把莎士比亚或委拉斯凯兹（Velazquez,1599—1660,西班牙著名画家——译者注）叫作"客观"艺术家,把荷马的史诗《伊里亚特》或戏剧称作"客观的"艺术作品或艺术形式。这一类词汇在讨论与批评中屡见不鲜,然而,只要一加考究,其含义就颇成问题了。因为人们往往把诸如抒情诗一类的某些艺术形式称为"主观的"作品;比如往往把雪莱当成"主观"作家。另一方面,如果从"客观"一词应用于历史著作或科学论文的那种意义上来看,根本就不可能有什么真正的"客观"艺术作品;同时,就"主观"一词而论,就其日常为人们所理解的意义上说,例如理解为个人感情,一种愿望或信念的直接表述,或者某种激情的呼唤等等,那么,同样也就根本不可能有什么"主观的"艺术作品了。"客观性"与"主观性"是一双对立的范畴,它们是互相排斥的,因此用来解释艺术时就会很快引起混乱。

主观与客观并不是唯一的一双对立范畴。人们也曾同样起劲地把艺术交替地称为"理想的"与"现实的"、"感官的"与"精神的"、"个性的"与"共性的"。在为这些命题中的某一方进行辩护的论争之中,大多数美学理论派别都曾在对立的双方之间摇摆不定。本文的论点之一就是要说明这些对立范畴都可以从较之更为带有根本性的距离这一概念中找到它们的会合点。

距离还更进一步为区分什么叫作美的，什么仅仅是可人的，提供了最需要的判别标准。

其次，距离还标志着它是艺术创作过程的各个主要的环节之一，而且是借以判别平常被人们笼统地称为"艺术气质"因素的一种特征。

最后，距离还可以被当作"审美悟性"的主要特征之一——我用"审美悟性"这个词指的是对于经验的某种特殊的内心态度与看法。这种态度与看法在各种艺术形式中获得了涵蕴极为丰富的体现。

■（二）

我在前面说过，距离是通过把客体及其吸引力与人的本身分离开来而获得的，也是通过使客体摆脱了人本身的实际需要与目的而取得的。正因为如此，对客体的"静观"才能成为可能。但是，这并不是说人本身与客体的关系已经分裂到了"不受个人感情影响"的程度。就"人情的"与"非人情的"二者相较，当然以后者更为接近真理；不过，在这里也和在别的场合一样，我们也会遇到必须借用本来是为了完全不同的目的而创造出来的词汇来表述某些事实这样的困难。而这样做往往造成似非而是的后果。这种情形再没有比关于艺术的讨论更难于避免的了。"人情的"与"非人情的"、"主观的"与"客观的"就是这一类的词汇。它们并不是为了审美思辨的目的而创造的。因而一旦将它们使用于它们那特殊含义的范围之外时，它们的意义就会变得含混不清而模棱两可。所以当我们喜欢用"非人情"一词来描述观众与艺术作品之间的关系时，就应该注意到，我们并不是指这个词汇，比方说，在讲到科学的"非人情"特性时所包含的那种含义而言。为了取得"客观而又牢靠"的结果，科学家必须排除"人情因素"，即他对于他所取得的结果的可靠性的个人愿望，以及他对于他的研究将予以证明或将予以否定的任何一种体系的个人偏爱。当然，一切实验与调查研究都是出于个人对一门科学的兴趣才得以进行的，也是为了最终找到证明以证实某种明确的假说而进行的，其中包含着个人想要取得成功的希望；但是这一切并不会影响研究者"不动感情"的态度，他还得忍受被人指责为"正在为自己制造证据"的委屈。

距离并不意味着非人情的纯理性关系。恰恰相反，它所描述的是人情的关系，而且往往带有浓厚的感情色彩，只不过有其奇异的特性罢了。距离的特异性在于这种关系中的个性特征，可以这样说，它是已经经过过滤的。它的吸引力的实际的具体性已经去除，只不过还未丧失其本来的结构罢了。最有名的事例就是我们对于戏剧中的事件与人物的态度：它们像日常经验中的真人真事那样地感动着我们，只不过它们的吸引力中往常那种以其个人身份直接影响我们的那个侧面暂时失效罢了。这种平时被人们看作微不足道的区别，一般都被解释为是由于人们已经认识到剧中的人物与情境"并非真的"，而是"想象中的"。……但是，事实上，这种想象中的感情反应所赖以存在的那种"假设"，并不一定是距离的前提条件，反而往往是距离的后果。也就是说，把平常所说的因果关系颠倒过来就是真实的情况：即事实是由于距离改变了我们与剧中人物的关系，所以他们才显得似乎是出于虚构，而不是由于剧中人物的虚构性改变了我们对他们的感情。当然，在实际上人们所公认的戏剧行动的非真实性，反过来又更加强了距离的效果。不过，对于那些为剧中不幸的女主人公的遭遇爱打抱不平，想要起而作骑士一般的干预的有名的无知乡下佬，那就只能尽力给他们造成一种印象，使其明白"剧中人是在做戏"，以阻止他们出来胡闹。这种人当然不是理想的剧场观众。应当是距离首先给予戏剧行动以不真实的外貌，而不是后者决定了前者。对于这种乍看起来似非而是的道理，下述的情形就可予以证明：有时由于我们内心的看法突然变化，会感到真实的人和事也似乎变得"不真实"起来。同样的感情过滤现象也会在我们身上发生，这时我们就会充满了这样的感情，仿佛"整个世界都不过是个舞台"罢了。

这种有人情但又有距离的关系（我将冒昧地把它称为我们的视野的无名特性）把人的注意力导向一种奇异的事实，它乃是艺术中的许多重要谜团之一：我建议把它叫作"距离的内在矛盾"。

应该承认，当我们对某件艺术作品特有的吸引力的感受能力愈强时，它感动我们的程度就愈深。确实，假如我们对它预先并没有某种程度的爱好，那它就必然是不可理解的，同样也就难以欣赏了。所以说，艺术作品之能否感动我们，它那感染力的强度如何，似乎是与它与我们的理性和感情特点以及与我们的经验的特殊性互相吻合的完美程度如何直接成正比例的。在艺术作品中的人物与观众之间如果缺乏这种协调，当然就会成为用来解释"趣味"方面的种种差异的最一般的理由。

同时，这种协调原则又需要一种素养，这素养立即就可以导向距离的内在矛盾。

假如有这么一个人，他认为自己有理由忌妒他的妻子，他正在观看《奥赛罗》一剧的演出。当奥赛罗的感情和经历与他自己的感情和经历愈加吻合一致时，他对奥赛罗的处境、行为与性格的领会就愈加深刻而完美——至少，按照上述的协调原则，他应当如此。就事实来说，也许他根本就不欣赏这出戏。实际情况是，这种协调只会促使他更加痛切地意识到自己的忌妒心；只要他的看法突然来个颠倒，他就不会再认为奥赛罗显然是被戴丝迪蒙娜出卖，而会感到是他自己与自己的妻子处于类似的境地了。这种看法的颠倒就是距离丧失的后果。

如果把这件事当作典型事例，那么，其中所需要的素养就是上述的吻合既要很完整，同时也要适于保持距离。上述《奥赛罗》一剧的这位爱忌妒的观众如果能够做到在戏剧行动与他的个人感情之间保持距离，那么剧情与他个人的经历愈加吻合，他对这出戏的领会以及身临其境之情也必然愈加深切入微。但是在这种情况下，要做到这一点确实很困难。正是由于这同一的困难，专家和职业评论家们才往往成为很糟糕的观众，因为他们的专业与批评的职业是一些实际活动，包含着他们的具体个性，往往会危及他们保持距离的可能性。（恰好，这正是批评本身为什么也是一种艺术的理由之一，因为它也需要从实际的态度向有距离的态度不断进行转换，同时需要由后者向前者不断转换，而这一点恰好正是艺术家的特色。）

这样的素养对于艺术家同样适用。艺术家只有塑造出高度个性化的经验来才能产生最大的艺术效果。但是，他又只有与他的纯个人经验分离开来，才能在艺术上塑造出高度个性化的经验来。因此，许多艺术家都认为进行艺术塑造的过程乃是一种感情净化的过程，是使他们自身摆脱那种几乎弄得如醉如痴地着了迷的浓烈的思想感情的一种方法。因此，从另一方面说，这也就是平常人不会把他们切身体验到的忘形的狂喜与深沉的哀痛原原本本地传达给别人的原因。个人介入这件事当中的情形，使得他无法把自己所感受到的其中的全部意义与完整性和盘托出，予以再现，好让别人也得到与他同等的感受。

所以说，无论是在艺术欣赏的领域，还是在艺术生产之中，最受欢迎的境界乃是把距离最大限度地缩小，而又不至于使其消失的境界。

距离的易变性是与距离的内在矛盾密切相连的又一因素。事实上，它是距离的"内在矛盾"的一个前提条件。与"客观性"和"分离"这一类词汇比较起来，距离一词的好处在这儿表现得特别明显。"客观性"与"分离"，两者都不含有人情关系的意味，实际上，两者都排除人情关系；仅就它们的不变性和排斥对立范畴这两点来看，就会使应用"客观性"与"分离"这两个词汇趋于毫无意义。距离则恰恰相反，它很自然地承认有程度的不同，它不仅依照能够形成程度大小不同的距离的客体的性质而发生变化，而且还依据个人保持程度大小不同的距离的不同能力而有所变化。在这里，人们可以看到，不但是不同的人度量距离的习惯尺度各异，而且同一个人在不同的客体与不同的艺术面前，保持距离的能力也是不一样的。

所以说，不论是在何种特定情况之下，都存在着两套不同的影响距离程度的条件，即客体所提的条件与主体所认知的条件。二者交叉起来就给各种不同的审美经验提供出最为包罗宏富的解释。因此，不论是由于上述的这种条件，还是那种条件，只要使距离丧失，就意味着审美鉴赏力的丧失。

总之，可以说距离既可以依据个人保持距离的力量大小而变化，也可以依据客体的特性而变化。

距离的丧失可以出于如下两种原因，或失之于"距离太近"，或失之于"距离太远"。"距离太近"是主体方面常见的通病；而"距离太远"则是艺术的通病，过去的情形尤其是这样的。从历史上看，仿佛艺术曾试图弥补主体方面在保持距离上的缺陷，而且做过了头。以后可以看清楚，这种情形确是事实。因为，超距离的艺术看来都是专供某一类人的欣赏而设计的。这类人不善于自动保持任何程度的距离。不论是由于这种或那种原因而丧失距离，其后果都是相近似的；距离太近则会使人们指斥某一艺术作品为"粗鄙的自然主义""令人难堪""咄咄逼人的现实主义"。而距离太远则会给人以不切实、匠气、空洞或荒唐等印象。

我已经说过，就个人来说，丧失距离往往是由于"距离太近"而不会是由于"距离太远"。从理论上讲，距离的缩短是可以无止境的。所以在理论上，不仅一般的艺术题材可以使其保有足够的距离，以便达到可供审美欣赏的境地，而且甚至于连对那些最富于个性的感情，诸如观念、知觉或激情等也都可以这样做。艺术家们正是在这方面具有极高的才华。而普通人的情况则恰恰相反，他们缩短距离的能力很快就会罄尽，他们的"距离极限"就是他使距离丧失，使欣赏力要么消失要么变质的那个限度。

所以，在普通人的实践中，确实存在着一个极限，它表明在欣赏领域，这个人的欣赏力能保持的最低界限，而这一般人的最低界限比起艺术家的"距离极限"来要高得多。实际上，要想确定这个极限，缺乏资料是无法办到的；同时这个极限在不同的人中间高低悬殊也很大，因此，同样确定不下来。不过，作以下的推论是不会错的：在艺术实践中，明确地涉及机体的感情，涉及人体的物质存在，尤其是两性关系，这些都是处于距离极限之下的，在艺术上只能谨慎行事地予以对待。涉及对人有程度不同的重要性的社会风俗习惯——特别是涉及对其是否正当有所怀疑——对某些大家公认的伦理准则提出疑问，对当前社会公众十分关切的现实题材有所牵涉，如此等等，这一切都包含着一种使艺术作品濒临一般极限的边沿的危险，并且随时有使人跌落到极限以下的危险。那样就不但不会引起美感欣赏，反而会引起严重的敌意或仅仅被人当作笑料。

艺术家与普通公众之间的距离极限的差异一向是造成种种误解与不公正的根源。有不少艺术家的作品被人指责，本人受到排斥，原因是所谓"道德败坏"，可是在他本人看来，他的作品本来是地地道道的美术品。他那保持距离的力量，还有，他那与感情、感觉与情境保持距离的必要性（在某种人身上，这些感情、感觉与情境与本人的实体存在结合得过于紧密，因而不可能像艺术家似的在一定距离之外对待它们）常常很不公正地招致别人的责难，说他玩世不恭、放纵肉欲、病态或轻薄。有许多"社会问题剧"和"社会问题小说"也引起同样的误解。因为公众力图从中看到一些他们预先设想到的，合乎"时宜"的问题，可是作者已经——而且往往可以证明是这样——能够与作品的素材保持足够的距离，以便超脱于它那实际问题的含义之上，并将其仅仅看作一种戏剧里和人性之中的有趣情境。

暂时撇开主观方面的牵涉，仅就艺术上的距离的可变性来看，它既是艺术的一个普遍特征，也是说明各种特殊艺术之间的差异的普遍特征。

"眼睛的艺术与耳朵的艺术"实际上为什么会相比依靠其他感官的艺术占了绝对优势,这一直是个老问题。想要把"烹饪艺术"抬高到成为一种美术的水平的种种尝试都已经失败了,尽管人们曾做过大量的宣传,甚至把它吹嘘到是在创造什么香味或酒类的"交响乐"那么美好的地步,也还是不行。毫无疑问,除开部分是由于心理和生理上的原因,部分是由于技术性的原因之外,把视觉和听觉的对象与主体分离开来的实际空间距离对于形成上述眼睛的艺术和耳朵的艺术的垄断地位确实曾起过决定性的作用。时间的久远也会以类似的方式形成距离,在时间上与我们相去久远的客体,事实本身就表明它们和我们之间距离遥远的程度绝不是那些客体的同时代人所能企及的。有许多绘画、戏剧和诗歌事实上毋宁说只是在作阐释和图解方面才有它的重要意义——例如,大部分宗教绘画;或者说它们只不过是一种直接的实在的倾诉力量——例如许多讽刺作品与戏剧中的嬉笑怒骂——这特色在我们今天看来,似乎与这作品的审美要求有些格格不入。所以说,这一类作品已经从时间的流逝之中大受其惠,并且是全靠时间的助力才达到了艺术的高度的。而另外一些作品的情况则完全相反,往往也是由于同一的原因,因为"距离太远"而遭到丧失距离的厄运。

这里必须特地说一说,有许多艺术概念表现出距离过度的毛病乃是由于其吸引力的形式使然,而不是由于实际表现出来的内容造成的。这一点可以说明,有必要把与客体保持距离以及与以客体作为源泉而出现的吸引力保持距离这二者加以区分。我这里说的是人们往往含含糊糊地称为"理想主义的艺术"的那种艺术,也就是发源于抽象的概念,表达的是一些隐喻的含义,或者是阐明一些普遍真理的艺术作品。在这类艺术之中,由于概括和抽象而不得不蒙受损失,由于普遍适用的范围太广而无法引起个人对它们的兴趣。另一方面又由于它们太缺乏具体个性,所以也就无法阻止它们倾其全力一股脑儿对我们袭来的势头。它们面向一切的人,所以也就无法打动任何一个人。欧几里得的一项几何原理之所以不属于任何个人,正是由于它迫使所有的人都得表示赞同的缘故。普遍的概念诸如爱国主义、友谊、爱情、希望、生和死等,对迪克、汤姆、哈里和对我通通一视同仁。因此,要么我就与它们不产生任何的个人关系,要么就是恰恰相反,我一旦与之有了个人关系,那它们就会立刻明显而具体地变成了"我的"爱国主义、"我的"友谊、"我的"希望、"我的"生和死。仅仅有概括普遍真理或一般概念的力量与我自己的距离还是太远,因而我就无法获得具体的认识。反之，假使我一旦有了具体认识，我就只能把它们理解为我这个实际存在的实体的一部分，也就是说，它们就完完全全地陷落在距离极限的下面去了。结果，在这种奇异的困难情境中，"理想主义的艺术"往往由于它们那距离太远而转化成为距离太小的吸引力而蒙受挫折——由于主体方面往往容易犯"距离太小"的毛病，而不易出现"距离太远"的问题，所以上述的转化就更加易于发生。

现在，各种不同的特殊艺术部类要求人们欣赏领会它们时所必须具备的保持距离的程度大小差别很大。不幸的是，在这一点上，我们又一次感到缺乏资料的难处，并且这困难还表明有必要进行观察研究。如有可能，还应该做做实验，以便把这一类想法建立在更加牢靠的基础之上。有一种艺术，即戏剧，我们可以从一个意想不到的地方取得少量的情报资料，即从审查委员会的活动中取得。对这些资料作仔细考察，有可能抽引出使心理学家感兴味的证据来。事实上，整个审查制度的问题，只要它不是纯粹为了经济问题而进行的，那就可以说它是以距离为转移的。假使所有的公众，人人都靠得住能够保持距离，那么戏剧审查官就根本没有理由存在了。当然，一般说来剧场演出无疑自来就带有丧失距离的特殊冒险性。这是因为戏剧主题素材赖以体现的材料与别的艺术不同而造成的。用活生生的真人作为戏剧艺术的传达媒介，这是其他种类的艺术所不曾遇到过的一种困难。舞蹈所遇到的困难有些类似，在许多方面也许较之戏剧的困难还更为严重。尽管舞蹈引人感兴趣的面较小，但是它那动物性的情绪常常是任何的性灵闪现都无法予以减缓的，从而就会形成强度与之相适应的一种诱惑力，驱使人们趋于"距离太小"的境地。在舞蹈的高级形式中，最富有表现力的技法可以大大弥补舞蹈本身丧失距离的固有倾向。它作为一种通俗的表演形式，仍然保留着许多古老的艺术光彩，至少在南欧还是这样的。在纯粹由于身体运动而产生的欢快与高度的技巧造诣之间形成了一种奇特微妙的距离平衡。我要顺便说一下，指出下面的这种情况是很有意思的（因其与距离的发展有关）：即舞蹈这种艺术，希腊人曾经把它当作特别有价值的教育课业。可是现在除一些个别情况以外，它已经从以往的宝座上跌落尘埃。在戏剧与舞蹈的后面就是雕塑。它虽然不用活人的躯体做媒介，但是它那与人体完全一致的空间物质存在对距离也形成了一种与前者相类似的威胁。我们北方人穿衣的习惯与对人体的无知大大增加了与雕塑保持距离的困难。之所以出现这种情况,部分原因是由于人们对于雕塑抱着许多严重的误解。另一部分原因是由于人体的完美性完全没有什么公认的标准,以及认识不到雕塑形式与人的体形之间的区别所致。而这种区别则是赖以区分一座雕像与一件人体模型的唯一基本依据。绘画艺术之所以能够比雕塑敢于更切近地莅临正常的距离极限,显然是由于它那表现形式及其通常照比例缩小形象的做法使然。……音乐与建筑所处的地位很奇特,这两种最抽象的艺术在其距离方面表现了惊人的伸缩性。有些音乐,尤其是"纯音乐"或"古典音乐",或"严肃音乐",对许多人说来显得距离过分遥远。轻快的、"容易领会的"曲调则正好相反,很容易达到距离缩小的最低点。超过了这个最低点,它们就再也不成其为艺术,而变成纯粹的消遣了。尽管音乐有其奇异的抽象性,许多哲学家也认为它可以与建筑或数学相提并论,然而音乐却有其满足人的感官享受的特性,有时往往是肉欲方面的。音乐旋律与和声对生理方面与肌肉方面确定无疑的刺激作用较之它在节奏方面的种种作用并不逊色。这种刺激作用似乎可以说明为什么距离会偶尔消失。此外,还得加上它那强烈的倾向性,它能激发人们产生一系列与音乐本身毫无联系的思想活动。这些思想随着人们的主观意愿而进行——或多或少是一些带有个人特点的白日梦。建筑则几乎毫无例外地要求有一个很大的距离。也就是说,除对于其中的一些装饰图案与有关设备偶然得到一些印象之外,大多数人是无法就这样从建筑本身获得什么美感享受的。原因是多方面的,但其中最主要的乃是由于人们把建筑物与建筑艺术混同起来,以及功利主义的种种目的占据了绝对优势所致。这些功利主义的目的掩盖了人们对于建筑艺术的注意力。

(选自中国社会科学院哲学研究所美学研究室编《美学译文》第2期,中国社会科学出版社1982年版)

托马斯·门罗与《走向科学的美学》

经典导读

托马斯·门罗（Thomas Munro，1897—1974），美国当代著名美学家。出生于内布拉加州奥马哈市，1917年在哥伦比亚大学取得硕士学位，1924年起在宾夕法尼亚大学与罗格斯大学从事研究与教学，1931年至1967年任克利夫兰艺术博物馆馆长，1942年发起创立美国美学学会，1945年发起创办学会会刊《美学与艺术评论杂志》，并担任该杂志主编至1956年。门罗深受杜威实用主义与自然主义哲学影响，一生关注审美与艺术的实际问题，致力于艺术的普及教育。其代表性著作有：《原始黑人雕塑》[与保罗·纪尧姆（Paul Guillaume）合著，1926]、《艺术教育：艺术哲学与艺术心理学》（1956）、《走向科学的美学》（1956）、《东方美学》（1965）、《论艺术的形式与风格》（1970）等。

《走向科学的美学》集中体现了门罗的美学思想。门罗美学包罗万象，琐细繁杂，但基本可以概括为"一个根基、一种方法、三大问题"。

"一个根基"就是自然主义的哲学根基。自然主义哲学是人类源远流长的一种哲学思潮，它以追求外在自然的客观性为知识探究目标，在融合了20世纪美国经验主义与实证主义的传统后，逐渐发展为一种经验—实证型的科学哲学。这种科学哲学的主要特征在于：它一反传统哲学通过理性抽象来认识事物本质的方法，标举哲学与科学的连续性，认为通过经验与实证，可以认识事物的本质。在自然主义哲学影响下，自然主义美学认为，美和审美都是自然现象，通过现代自然科学的方法，比如实验的方法、心理学的方法，可以实现"科学美学"的建立。

作为科学美学的重要代表人物，门罗认为，美学研究应该"走向科学"。而走向科学的第一步，就是要进行方法论的革新，摆脱美学研究长期纠缠于美的本质问题的抽象思辨的程式，运用经验主义与自然主义的"科学方法"，对美的现实存在领域进行科学探究。这就是门罗美学坚持的一种"科学方法"。而这种科学方法在门罗看来，"并不意味着去证明美的各种概念、艺术家的准则或者关于人们应该喜欢艺术中的什么东西的准则。它也不意味着要努力去对美进行测量；或者在实验室中对艺术和艺术家进行解剖，继而在显微镜下对解剖体进行观察。它也不是试图在一夜之中把美学变成一门精确的科学"[1]。相反，真正的美学的"科学方法"，从方法论上讲，要求美学研究走一条"中间道路"：一方面，要依托现代经验主义与实证主义的科学方法，"首先对具体的现象进行观察和比较，以发现它们之间的相似之处和不同之处。然后通过形成某些假设来解释它们的起因和反复出现的原因。最后再通过对具体事实的更加仔细的观察和实验来验证这些假设"[2]。另一方面，又要"利用过去的思辨理论，并把它们当作一些有待验证和发展的暗示"[3]。可以说，正是通过方法论的革新，门罗才打通了古典美学与现代美学研究的畛域，使美学成为见证并提升人类经验与感受的重要领域，在美学成为一门真正"实用"的科学的道路上迈出了坚实的一步。

在《走向科学的美学》中，在"科学美学"研究方法的引导下，门罗探究了"三大问题"，那就是：审美形态学、审美心理学、审美价值学。审美形态学主要从审美客体的角度，研究艺术的基本形式、类型与风格；审美心理学主要从审美主体的角度，对审美活动的心理过程作出描述、分析与评价；审美价值学则从审美主体与审美客体相互作用的角度，对艺术作品的功用进行评价。

首先来看审美形态学。按照门罗的观点，审美形态学就是从艺术作品可以观察

---

[1] [美]托马斯·门罗:《走向科学的美学》，石天曙、滕守尧译，中国文艺联合出版公司1984年版，序言第3页。

[2] [美]托马斯·门罗:《走向科学的美学》，石天曙、滕守尧译，中国文艺联合出版公司1984年版，第5~6页。

[3] [美]托马斯·门罗:《走向科学的美学》，石天曙、滕守尧译，中国文艺联合出版公司1984年版，第21页。

到的形式的角度对艺术进行分析、描述和分类。"审美形态学的一个任务是按照下述方法区分这些不同的形式:(1)按照它们的要素、细节、组成部分、材料、概念,或其他有关成分进行区分;(2)按照这些要素之间互相联系的方式——它们互相结合的暂时或永久的结构——进行区分。"① 在门罗看来,首先,科学的美学要对艺术的形式因素作出分析。这些因素既包括"呈现因素",又包括"暗示因素":前者如绘画的线条、色彩、形状,文学的话语与文字,音乐的音响与乐谱;后者如绘画的形状与色彩暗示的人物情感、心理,文学话语暗示的主题、意蕴,音乐氛围暗示的画面、情感与思想等。其次,科学的美学还要对艺术形式的构成方式与类型风格进行研究。门罗在梳理分析了艺术的四种构成方式,亦即功利的、再现性的、解释性的、主题的或装饰的构成方式之后,又重点分析了艺术的风格类型,提出了艺术风格类型的复杂分类谱系,比如以时代划分的风格类型、以地区划分的风格类型、以民族划分的风格类型、以艺术家划分的风格类型等。正是在对艺术"风格"的分析中,门罗才既表现出科学主义的美学态度,也透露出他与现代分析美学在方法论上的融合。

其次,审美心理学。审美心理学在更加广阔的范围内研究人类艺术作品及其相关行为。"它感兴趣的是要弄清究竟是艺术家个性中的什么力量促使他们创造艺术作品;是要理解欣赏活动的整个过程;是要理解这些创造活动和欣赏活动与艺术以外的其他人类经验的关系,以及它们与人类机体结构的关系。"② 按照门罗的看法,审美心理学研究的主要目标是描述并揭示审美经验。这就需要引入科学美学的研究方法。首先,按照现代自然科学的方法,将审美对象区分出第一性质(事物客观属性,如体积、形状)、第二性质(事物客观属性使人产生的知觉,如红色、圆形)与第三性质(由对事物知觉而产生的情感,如晴朗的天空、舒适的房间)。然后,再区别三类性质分别令人产生的经验属性,说明审美经验只与事物第三类性质相关的事实。为了弄清这一事实,门罗还制定了审美经验的变量公式:$OSC \rightarrow R$。其中 O 代表客体性质,S 代表主体性质,C 代表主体对客体产生经验反应时的具体环境,R 代表三种因素作用后所产生的特定审美经验。门罗认为,正是由于审美经验中三种变量因素

---

① [美]托马斯·门罗:《走向科学的美学》,石天曙、滕守尧译,中国文艺联合出版公司1984年版,第275页。
② [美]托马斯·门罗:《走向科学的美学》,石天曙、滕守尧译,中国文艺联合出版公司1984年版,第71页。

不同、相互作用方式不同，才产生出千差万别的审美经验。可以看出，门罗的这种试图通过人类艺术作品及其相关行为来理解整个人类审美经验的宏伟审美心理学勾画，实际上是对精神分析学、现代实验心理学与格式塔心理学美学的综合借鉴，尽管它还显得比较粗糙与凌乱。

最后，审美价值学。审美价值学涉及两个方面，一是艺术作品本身的价值问题，二是人们对艺术作品的审美评价问题。门罗主张对艺术作品本身的价值应进行描述性的判断，而非仅停留于规范性的判断。换句话说，我们应通过对艺术作品形式要素与欣赏者审美判断要素的综合分析与对比考察，来判定艺术作品是否具有以及在何种意义上具有审美价值。门罗用一个公式把这一判断标准概括出来："某种形式倾向于在某种情况下对某种类型的人产生某种效果。"[①] 显然，在审美价值问题上，门罗既反对绝对主义，又反对相对主义，主张一种自然主义的中间立场。这也是门罗"科学美学"方法贯彻到底的必然结果。

尽管今天来看，门罗《走向科学的美学》中展现的"科学美学"的所有方法与体系构造存在许多局限，但它毕竟代表了那个时代美学发展的主潮与美学家的关怀思考：在一个科学主义日益昌盛的时代，传统上作为"规范性"学科的美学，其出路又在哪里？

延伸阅读文献

1. Paul Guillaume, Thomas Munro, *Primitive Negro Sculpture*, London: Harcourt, Brace & Company, 1926.

2. Thomas Munro, *Scientific Method in Aesthetics*, New York: W. W. Norton & Co., 1928.

3. Thomas Munro, *Art Education, Its Philosophy and Psychology: Selected Essays*, New York: Liberal Arts Press, 1956.

4. Thomas Munro, *Oriental Aesthetics*, Cleveland, OH: Case Western Reserve University Press, 1965.

[①] [美]托马斯·门罗：《走向科学的美学》，石天曙、滕守尧译，中国文艺联合出版公司1984年版，第120页。

5. Thomas Munro, *Form and Style in the Arts: Introduction to Aesthetic Morphology*, Cleveland, OH: Case Western Reserve University Press, 1970.
6. Judith Wechsler, ed., *On Aesthetics in Science*, Cambridge, MA: The MIT Press, 1978.
7. Eugen Fischer, John Collins, ed., *Experimental Philosophy, Rationalism, and Naturalism: Rethinking Philosophical Method*, London & New York: Routledge, 2015.

（谷鹏飞　撰）

—— 原文：《走向科学的美学》（节选）

经典原文

走向科学的美学（节选）

托马斯·门罗 著　石天曙、滕守尧 译

本书的这些论文试图为美学标明一条前进的道路，并试图说明怎样才能获得这种进步，以及为什么人们值得为取得这种进步而努力。这些论文还试图设想出一种未来的美学科学。

许多对这一学科不熟悉的人，一听到要把"科学"这个词应用于美学，就匆忙作出一些错误的结论。因此，有必要及时告诫这种草率的读者，本书所说的"美学的科学方法"并不意味着去证明美的各种概念、艺术家的准则或者关于人们应该喜欢艺术中的什么东西的准则。它也不意味着要努力去对美进行测量；或者在实验室中对艺术和艺术家进行解剖，继而在显微镜下对解剖体进行观察。它也不是试图在一夜之中把美学变成一门精确的科学。它真正要做的事情要比上述这些事情无害得多、温和得多并且实际得多，本书将对美学要做的事情加以阐述。

美学的科学方法绝不等同于对 X 光、比色图表、电表或任何其他特殊科学工具的使用；它也不同于绝对的逻辑证明或几何学所进行的一系列"必然性"的推理，也不同于数量测量的方法。……如果像"实验美学"那样把这些方法奉若神明，就会导致一些不成熟的论断，这种论断表面上很有把握，实际上会把那些比较有成效的探究方法拒之门外。

过去几年，通过对思维心理学中的逻辑方法的研究，人们对那种曾使自然科学得到发展的基本思想方法有了稍微清楚的认识。这种基本的思想方法主要包括如下内容：首先对具体的现象进行观察和比较，以发现它们之间的相似之处和不同之处。然后通过形成某些假设来解释它们的起因和反复出现的原因。最后再通过对具体事实的更加仔细的观察和实验来验证这些假设。

只有那种永远是尝试性的和不带成见的方法才称得上"实验的"方法。在进行任何一种把科学的方法运用于美学的尝试时，人们都必须不断地认识到这一点。如果只是把古老科学所使用的那些特殊方法和术语简单地搬用到美学中去，是永远不会成功的。……美学要想取得进展，就必须对审美现象进行崭新的和深入的观察。

美学中实验态度的另一种含义是：必须随时地和最充分地利用手头的材料（包括资料和假设两方面）。如果过分固执地强调资料的可靠性和"客观性"，如果急于作出普遍有效的判断，就会给那些不能立刻达到这些要求的研究工作造成某种障碍。

即使在经过令人失望的两代人的努力之后，费希纳提出的美学应该以观察为基础的理论看上去仍然是一个合理的出发点。但是，关键是下面的一步，这就是要说明究竟应该观察哪些东西，以及怎样进行观察。

如上所述，在费希纳的美学传统中，一般是局限于观察艺术和审美经验中的那些可以进行精确描述的特征，例如：空间维度及人们对某种形式的喜爱程度等。这样一来，就自动地排除了艺术家和批评家们最为关心的一个事实，即艺术品对敏感的观赏者产生影响的微妙而复杂的形式。

譬如，我们可以这样假设：当我们观赏一幅画时，事先就下决心不抱任何成见，只是将那些无可争议的事实记录下来，如它的体积、它所包含的人物的数目、与标准颜色值相似的颜色、由相互交叉的直线和曲线组成的几何图形，等等。于是，我们说这就是对这幅画的描述。但是，当某位艺术家或批评家谈到这种描述时，他很可能会这样说："你遗漏了这幅画最重要的性质，即线条的优美性和色彩的丰富性。"而另外一位艺术家或批评家又可能会说："你遗漏了这幅画最重要的性质：俗气的色彩和粗糙的线条。"尽管两者对该画最重要的性质看法大相径庭，但他们都一致认为"科学的"描述遗漏了该画最重要的特征。

在这一点上，那些强调严格的客观概念的美学家会感到困惑不解。他们会坚持认为：批评家们所说的那些性质根本就不存在于这幅画内，这些所谓性质充其量也只是批评家们自己的主观情感反应，是桑塔耶纳所说的事物的那些"第三性质"，即类似于阴雨天气的"沉闷性"、一棵老橡树的"威严性"等等性质，这样一些性质并不在科学描述之列。它们远非客体本身所固有的性质，甚至也不是"红色"和"温暖"这样一些普通感官都能觉察到的"第二性质"。它们仅仅是那些因人而异的个人情感和评价在这幅画上的无意识的投影，而人们却错把它们当成是这幅画的固有性质。

假如我们把注意力从这幅画转移到观赏这幅画的人的意识，试图观察在这里发生的事情，结果也同样会令人失望。因为其中的情感是外界观赏者无法看到的，而观赏者的面部表情及动作又仅仅是一些不太清晰的线索。或许人们可以通过内省的方式考察自己的感情。然而，人们对自己的思想和感情进行的描述实在又不是那么可靠的。迄今为止，用这种方法还未能为建立科学美学提供足够的资料。

因此，目前人们所持的较为一致的看法是：在美学领域内实行科学的观察是不可能的。现在能做到的还只能是对审美经验的外围作一些较为严格和客观的现象学考察，而这种考察并不能构成一门完善的科学的基础。

我们不能指望通过运用具体实例来证明审美理论是一定正确的还是一定错误的，但是在运用具体实例的方法和纯论证的方法之间有一条中间道路。一般说来，人们在实践中可以通过下述方法对某种特定的理论进行验证，即：在对一些有关的艺术对象进行直接欣赏时，脑子里一直装着这种理论，注意这种理论可以在多大程度上为自己的亲身经验所证实。当一个美学家不抱成见地对某件艺术作品进行过几次观察之后，他的任务并没有完成，他还应该再根据各种可能理论对该作品进行反复观察，并拿这件艺术品同各种理论涉及的其他作品作比较。

离开了这种直接的感受概念，人们对艺术作品的注意力就会分散在大量的细节上面，其结果就会使所提出的理论和事实之间没有特殊的联系。

因此，美学家有必要观察和描述各种艺术形式，但是在描述时又不完全脱离人对这些形式的反应，而是把这些形式本身当作明确的刺激物。对形式进行观察和描述的实验方法是：首先以那些用批评的术语大致标示出来的情感性质或"第三性质"作为描述的起点，然后逐渐清楚地识别出在刺激物中究竟是哪些东西决定了这种"第三性质"。

如同推理论证一样，观察也可以是实验性的。人们可以保持高度的注意力，但必须不断变化注意的方向；不是过分地固定在某一个方面或某一个主题上面，而是由此及彼，就好像在浓雾弥漫的大街上行走一样，首先应该寻找某些显著的特征，以便为所去的地方提供线索。总的来说，最理想的顺序是：首先运用一种不加选择的一般方式对客体进行观察，而不专注于其中某种特殊的东西，也不试图回顾某人对客体曾经有过某种评论。假如客体是一幅画，就要站在一定距离之外观看，这样，细微的部分就会结合在一起；假如客体是一首诗或一首乐曲，就要首先不带任何目的地阅读或聆听，以便使客体尽可能以一种随便的和自然的方式产生"深刻"的效果。在经过这一阶段之后，便再回过头来对客体进行研究，找出它的主要构成部分，它的主题和特殊性质，并且把这些部分看作一个整体，而不过多地注意次要的细节。然后，这些整体——譬如由几个乐句组成的旋律、某场戏中的某个角色的复杂动机、绘画中的某个人物的服饰，等等——就可以依次被解析为各个部分。在观察中还存在着一种危险的倾向：人们往往把注意力集中在某些熟悉的或明显的细节上面，而忽视它们所在的更大的结构。在最后，或在反复出现的间隙，如果任务仍然十分艰巨，就应该改换方式，首先进行一种一般的、然而又更具综合性的观察，并且总是力求获得一种更加有机的知觉，以取代最初得到的那些模糊不清的和表面的印象。

如果说对形式的研究主要涉及按照直接的观察和感受对艺术作品进行描述，那么审美心理学则是把艺术作品放在更广阔的人类行为范围内进行研究。它感兴趣的是要弄清楚究竟是艺术家个性中的什么力量促使他们创造艺术作品；是要理解欣赏活动的整个过程（这种理解要比那些把自己注意力集中于眼前的作品，并以适当的批评语汇对其描述的人的理解更加清晰）；是要理解这些创造活动和欣赏活动与艺术以外的其他人类经验的关系，以及它们与人类肌体结构的关系。

总而言之，审美心理学家在寻找那些反复出现的现象和类型时，多数不是从艺术形式中寻找，而是从那些与艺术形式有关的经验中寻找。他将从各种不同的关系中寻找相似的心理反应。例如：当人们面对形式极不相同的艺术作品或艺术以外的其他事物时，所产生的某种十分相似的感情。反过来，他还要注意同样一种艺术作品如何使不同的人产生完全不同的反应或如何使同一个人在不同时间产生不同的反应。它还试图追溯产生这种现象的人类机体方面的原因。把人们反应的不同归结为是由于人们在体质、性格、特殊训练和暂时的条件等方面存在着差别。

如果美学一开始就认识到人类的本质和条件是因时、因人而异的，它就有可能根据特定的因素探究它们之间差异的程度。通过系统地比较人们对相同的形式及形式类型的反应，美学就能设法估计出在每种情况下存在着多少一致性和多样性。它还可以进一步设法把多样性和伴随因素（年龄、环境、教育、职业、艺术方面的特殊训练等）联系起来。美学还能把反应方面的变化记录下来，并设法把这些变化和有关因素（由儿童到青年或成年的成长过程、在艺术欣赏方面所学的训练课程等）联系起来。通过长期进行这种观察，美学便可创立一种新型的历史：某些艺术作品和艺术类型对那些接触过它们的人所产生的影响的历史，这种影响既包括即时的影响，又包括长期的、累积的影响。应该明确的是，所有这些都不包含对什么样的艺术是最好的艺术进行推断，也不包含对什么样的艺术最适合什么样的人进行推断。它不意味着相信最流行的艺术便是最优秀的艺术，也不意味着通过投票就能决定价值；它并不试图把艺术价值降低到一般水准。……它旨在作出下述这种有限的描述性判断："某种形式倾向于在某种情况下对某种类型的人产生某种效果。"

美学是不是一门科学，它能否成为一门科学，对此，人们进行了许多争论。问题的答案取决于以下两点：第一，人们给美学领域规定的研究内容是什么；第二，人们所承认的"科学"的定义是什么。根据不同辞典的解释，可以有好几种正确的答案。

从强调精确的测量方法的狭义观点来看，美学并不是一门科学，而且在近期内也不可能成为一门科学，尽管目前在美学研究中对艺术作品以及与之有关的心理现象也进行少量的测量，甚至对艺术作品的某些方面（例如：建筑物和花瓶的体积、绘画线条的分布、音乐韵律的反复和声调的变化等）的测量还可以达到相当精确的程度。外部的行为是可以用数字测量的，例如：通过投票对人们的喜好或其他表现性判断进行判断测量，以及对公众对某种艺术的需要程度进行测量。但是，艺术和审美过程中的许多深层经验——例如音乐、绘画和诗歌给人们造成的某些特殊的情感和启示——则是相当复杂的和多变的，在目前还无法对其进行精确的测量。在美学研究中，进行精确测量的范围正在而且将继续扩大。但是，在精确的测量方法成为主要的研究手段之前，必须首先对研究的现象作初步的分类、分析和解释。

现在我们再回过来研究"美学能否成为一门科学"的问题。根据韦氏大词典对"科学"一词所作的广义解释，答案是肯定的，这就是，美学是一门科学。韦氏词典给科学下的定义是："一种对事实进行观察和分类，特别是运用假设和推理建立起可以验证的一般法则的研究领域，如生物学、历史学、数学，等等；具体说来，是一个将人类积累的和接受的知识（不论是发现的一般真理，还是掌握的一般规律）进行系统化和条理化的领域。"这一定义使那些尚未提出数量法则或者根本没有数量法则的学科有了立足之地。……从人类及其全部作品（包括艺术在内）都是自然现象这一意义上说，美学就应该是一门自然科学。但是，从狭义上说，即从人和物质自然界是相互对立的意义上说，美学则和心理学及社会学一样，是一门人文科学。

科学的美学所需要的研究手段和资料从19世纪起就开始发展了。在某种程度上人们通常还没有认识到这一点。我们可以将其简要地总结为以下三个方面。

首先，我们现在已经有了足够数量和种类的艺术作品，可以广泛地对人类艺术进行总结。我们初步具备了一切主要文明、民族及其各个发展阶段的主要艺术产品的优秀样品。尽管我们的知识水平还有很大差距，但是我们已经能用一种19世纪以前无法采用的方法从整体上观察世界艺术。在视觉艺术方面，我们有了更多的东方的、古代的和原始的艺术样品，作为进行比较的资料。这些资料一方面是来自考古的新发现，另一方面是来自探险、旅游、商业、博物馆技术，以及彩色印刷和铸造等技术的改进。在世界文学方面，作品的新版本和改进了的译本也有了大量增加。在音乐方面，有了留声机和有声电影的录音，使我们能听到印度、爪哇和非洲部落的异国音乐，甚至能听到更为生疏的巴洛克时期、文艺复兴时期和中世纪的欧洲音乐。

其次，社会科学相互合作，使这些艺术作品变成历史的和文化的文献，并帮助我们观看和理解艺术作品，使我们在观看艺术作品时，不是仅仅把它们当作博物馆的展品，而是结合其他文化背景观看。社会科学向我们说明了艺术和艺术家在不同时代、不同场合的地位和作用，人类学和人种学向我们说明了原始的和东方的艺术的意义，以及产生这些艺术的整个文化模式，即由宗教的、社会的、经济的、道德的、技术的和其他诸方面的因素构成的模式。社会科学正在逐步地解粹高级的、纷繁复杂的东方和西方文明。

再次，最近，心理学对人的本质及其生理基础、动物的根源、内在的结构、力量、学习的过程、成长的周期，以及个性和智力的老化等问题进行了全面的、自然主义的说明。心理学还为我们说明了视觉、听觉、情感、欲望等基本功能。心理分析和深层心理学对生活中有意识和无意识的想象，以及情感和动机的本质进行了探讨。所有这些都对艺术产生了明显的、直接的影响。艺术的创造和欣赏中涉及的过程和机制，已基本不再被当作独立的和割裂的现象对待了，而被看作人类其他主要活动领域中的过程和机制的特例。在科学的心理学为我们描述人类本质的总轮廓之前，美学不可能靠自身的力量成为一种可以理解艺术的科学。

通过心理学，我们就可以用一种新的和锐利的方法对美的形式进行分析。一幅绘画或一尊雕像不仅仅是一种物质形式和分子的组合，一部奏鸣曲不仅仅是一些连续的音波，它们同时是一种美的形式：是对统觉能力的刺激，还包括对显现出来的一切感觉细节组成的复杂组织以及这种组织所暗示的意义的理解。当暗示的意义以文化的形式表现时，就变得比较客观（或者带有主体性）。正如基督教把十字架作为自身的象征一样，艺术作品也能激起人们情感的、欲望的和评价的反应。这对审美心理学的研究是相当重要的。但是，这种反应对不同的人在不同的时间来说，是非常不同的。因此，在描述某种艺术形式时，最好把观察者个人感情上的反应排除在外。甚至人们对艺术作品的意义或者其暗示的因素的理解也部分地依赖于观察者以往的经验和教养。艺术作品的刺激力在很大程度上取决于主体经历的文化模式。艺术作品是一种工具，它通过文化的形式保存和传播个人和社会的经验。某种文化所产生的艺术作品可以输出或保存，供另一种文化观察，而这种艺术作品的意义肯定会发生变化。因此，当描述每一作品的暗示能力时，都应考虑到一种或多种文化背景。对形式的分析也包括对艺术形式中感觉的和心理学的成分（例如线条、色彩、声调和韵律）所进行的研究。心理分析还要研究各种艺术和媒介的不同成分怎样组合并产生出无数种艺术作品和历史风格的。按照这种方式或与之类似的方式，对形式和风格进行的描述性分析被称为"艺术形态学"或"审美形态学"。对风格的分析是这一学科的一个部类或一个分支。艺术分析的另一种心理学方法，是通过观察艺术家的作品推断其个性的特点及其自觉的和不自觉的动机和思维过程。在弗洛伊德分析了小说《格拉底瓦》、荣格（Jung）分析了神话和曼荼罗之后，另外一些人又对文学作品、绘画和雕刻进行了类似的分析，同时，对精神病人、神经病人、盲人和其他类型的病人的绘画和雕刻也进行了心理分析。这种分析的目的当时可能是为了治疗和教育。分析儿童绘画的目的是发现儿童的欲望和个人问题。欣赏主体对待艺术的行为（例如对一幅画的评论）同样可以成为心理学或精神病学的论据。尽管这种分析方法有时会作出一些显得牵强附会、缺乏可靠性的判断，但总的来讲，这种方法使人们在通过艺术以及对艺术的反应来表现自己在个性方面找到了新的途径。但是，批评家们曾经警告说，对艺术产品及其作者所作的这种心理分析不能作为评价的基础。凡·高是个疯子，但这并不意味着他的艺术作品也是疯狂的或低劣的。

　　哲学美学很晚才承认心理学的最新贡献。由于它在对艺术心理学的研究中执着于形而上学的绝对观念，所以很少能解释具体艺术作品；许多人还连续进行了大量的尝试，企图提出一条简单的原则，以解释"美感""表现"和"移情"等审美现象。有些现象的概念（例如"意愿完成"）是孤立地从其他心理学分支中移植过来的，而没有连同其他有关资料（例如心理分析的资料）一起移植过来。美国心理学中的许多极端行为主义观点，使我们不敢大胆采用其他方法（特别是内省法）。有迹象表明，心理学、美学与艺术之间的关系将越来越密切。完形心理学、个性诊断心理学和学习心理学等研究方法正一个接一个地被应用于美学问题的研究。

　　在心理分析和个性心理学的协助下，我们现在已经能系统地揭示出艺术世界中的种种个性类型，艺术家的个性以及某种个性类型与它生产的艺术种类的关系，某种符号意义表现了艺术家哪些潜意识的欲念和冲突，某种趣味和某种个性之间的关系，决定人们的艺术爱好的因素，不同性别、年龄和个性的个人以及不同社会、教育、经济、宗教和种族的人群在体验、使用和评价艺术时所采用的不同方式。荣格主义者强调外倾性格与内倾性格的对立以及原型观念的继承。荣格的这种方法正在被用于分析民间传说和艺术的各个阶段。人们特别注意那些由不同性别和年龄的儿童用不同的媒介所创造的并为他们所喜爱的艺术，也特别注意联系总的思想和感情的成长、健康和失调等情况对艺术能力的发展和个人的表现类型进行研究。由于对儿童心理学和对创造性想象的因素及其对儿童的价值有了更加全面的理解，就使得艺术教育的方法得到了改进。

　　语义学研究词汇和其他符号的含义，并且把心理学和逻辑学运用于传播和记录思想的文化机制之中。它与审美心理学部分相似，特别是与对文学、符号、标记和所有艺术的意义，用语言表达的艺术批评和评价等方面所进行的研究更为相似。

　　普通心理学可以从审美资料的研究中学到许多东西。但是，由于它忽视了人的本质在文明的水准上自我表达的思想形式和结构,因而对人的本质的认识还是很不完全的。普通心理学已经从艺术家对人的本质的洞察中(例如从柯勒律治的诗歌中)学到了许多东西,但是,它还应该从这方面学习更多的东西。许多被称作适用于全人类的现代心理学观念,实际上是从非常有限的而且大都是受现代西方城市文化影响的人的代表中得来的。这种观念的不足之处在于,在检验那种发展为高度复杂、合理和富有想象力的思想时,必然会脱离那些用于对所有人类(甚至是某种年龄、性别和个性的人)作出判断的标准。在普通心理学所接触的领域里,思想的模式、情感和行为随着文化和历史发展阶段的不同而大不相同。要寻找符合这一标准的普遍有效的心理学原则,我们就必须首先对大量的文化及其内在的复杂特征进行比较。

这将导致对艺术的风格直接进行比较分析,即对艺术风格进行解释,不仅把它们当作各种艺术产品,而且当作人们在某一地点、某一时间和某种文化背景下如何进行思维、感觉和想象的证据。在新兴的心理学分支中,文化心理学(或称不同文化人群的心理学)对美学最有用处。这种心理学经常把心理分析、人类学以及人种学结合起来。这种学说是建立在弗洛伊德关于图腾和戒律的假说之上的,但是在一些具体的地方(例如对恋母情结的普遍性的看法)则有所不同。这种学说也是建立在心理学领域发现的新的资料的基础之上的,它提出了关于在不同的文化模式中存在着不同的个性类型的非常有启发性的理论。目前,心理学还很少根据对人们精神结构的深入理解来对不同人的艺术产品进行解释。但是,从美学的角度来说,这显然是下一步要做的事情。

现在,人们正以一种更加具有描述性的精神来探讨评价这一课题,其目的在于:发现评价过程的本质并确定其内在因素(包括存在于人的本质内部的以及文化环境中的各种因素);发现评价和表达这些评价的方式;发现它们在语义学、逻辑学、认识论和形而上学中的含义;发现趣味的历史;发现不同类型的人和不同的团体所偏爱的种种不同的艺术,他们为什么偏爱这些艺术;发现不同的文化团体在不同的时期所实际使用的价值标准;发现这些标准的起因,它们为什么被人们接受,以及这些标准所产生的效果;发现价值标准与其他文化因素之间的关系,它们是如何表现不同的态度、文化模式、动机和社会发展阶段的;发现艺术自觉或不自觉地服务于什么样的目的,它具有什么样的职能;发现在不同的条件下,各种艺术对不同类型的人产生的种种影响。通过上述途径检查的种种艺术功能和经验,既包括了间接的,又包括了直接的;或者说,既包括了消费的和功利性的,又包括了审美的;还包括着知觉的、情感的、认识的以及其他方面的功能和经验。

许多审美评价可以用描述的方法表达为:(1)对某件艺术品未来可能产生的直接的和间接的效果所进行的预测;(2)对种种可能产生的效果之间的关系,以及这些效果是否符合个人或团体的审美和道德标准所进行的估计。经过调查,对这些艺术作品就可以按照它们对某种效果是否有益加以描述;具体说来,它们就可以被描述为:在实现艺术家所企图达到的某一目的,以及观赏者所期望达到的目的方面是成功的,或者是不成功的。

对与特殊条件和特殊个人有关的非常特殊类型的艺术进行预测,要比对含糊的和笼统的艺术所作的预测更加精确。因此,对所评价的现象的描述性研究,离不开对下列各项内容进行科学的分类:(a)艺术产品——例如可以根据统觉特征将艺术产品分为各种风格和审美形式;(b)文化模式,包括审美价值的种种社会标准;(c)个性特征,包括那些影响趣味和嗜好的动机和习惯;(d)对审美反应有深刻影响的个人的暂时状况,包括瞬间的心情、愿望、厌恶和态度等;(e)产生审美反应和评价的种种环境、条件和外界形势——例如工作、游戏、宗教信仰、战争等;体验和观赏某一作品时的环境和背景——例如博物馆、教堂、音乐厅、舞厅、公园、剧场或图书馆。这样,就可对上述各种因素之间的相互关系及其联合效果作出更加精确的描述。

某种审美反应或经验(简称R)总是由三组主要因素相结合而成的。这三个方面是:客体(简称O)的性质、主体或观赏者(简称S)的性质和环境(简称C)的性质。O包括从客体中直接观察和理解到的一切性质;由客体表现出来的和暗示的性质,包括文化方面的确定含义,以及它们在空间、时间、因果和其他组织模式中的形式排列。它不包括主体感受到的并被主体归结到客体上面的情感性质或评价性质(例如美),因为这些性质是主体反应的一部分。然而,O可以包括第三性质暗示出来的一些确定含义,例如"美"这个词在诗歌中暗示出来的含义就是如此。S包括观赏者所具有的那些稳定的、永久的或变化缓慢的特征,如:性别、体质、智力、个性结构、成熟阶段、特殊资质和所受的教育;同时包括那些暂时的和变化迅速的特征,如:心境、兴趣和当时的活动等。

C包括主客体相互作用时所处的环境,如客体被观看和聆听时的自然环境;周围有什么人,有什么知觉刺激物等;还包括一般的自然和文化背景,例如是20世纪的巴黎还是中世纪的采邑。所谓环境,也包括目前崇尚的风格和人们的趣味。环境部分地是通过影响主体或观赏者而产生作用的。主体所处的一般的自然环境和文化环境已经促成了他自己的稳定的个性、趣味和能力。而在产生审美反应时主体所处的直接环境,只会影响他的情绪和态度,例如:他是在教堂还是在音乐厅里聆听音乐,是在博物馆里还是在赤道非洲的乡村中正在跳着舞的武士的簇拥下观赏原始雕刻。环境还可以影响作为知觉的刺激物的艺术作品的本质。一尊雕像或一幅绘画很少孤立地出现在人们的视野之中,它总是有自己的背景;这一背景可能是希腊的庙宇,也可能是艺术家的工作室。光线、邻近的客体以及观赏者的观看位置都会影响艺术作品的视觉形式和性质。

这种反应或特殊经验,其实是对观赏者过去所进行的活动和具有的经验(包括外部的和内部的、有意识的和无意识的活动和经验)的一种修改。这种修改一部分包括他对客体的注意力和兴趣的改变,并且对他头脑中的其他思想和眼前的刺激物都要或多或少地有所忽视。

在某一特定的情况下,通过上述三种因素的相互作用,便会产生一种特殊的反应或经验。对这一过程,可以用公式 OSC→R 来表示。从理论上讲,如果我们对 O、S 和 C 有了一定了解,便可以预测结果,即特殊经验(R_1),这种经验可能是愉快的鉴赏,也可以是其他类型的。在具体实例中,上述因素中有许多是很难确定的,或者说是不可能确定的;但是,许多人又是靠正确地预测和掌握不同社会团体和不同类型的观赏者的喜好来谋生的,例如预测某一年内大多数城市青年将喜爱什么样的舞曲、小说和电影。如果预测到某种特殊的类型 R(R_1 或 R_2 等)是人们所期望的,而且将被当作人们向往的目标或价值标准,那么,某一特殊类型的 O(例如某种类型的或风格的艺术),就将成为实现这一目标的潜在手段,而对这种手段的确定又关系着 S 和 C 的种类和类型。这样,O 的特征和种类,就被看成能与 S 和 C 这两种因素相配合,从而实现目的 R_1 的良好的或有价值的手段。如果 R_1 被认为是美的经验或性质,那么 O 的这些特征便成了产生美的经验的因素之一。

在这方面,公众往往具有一种错误的思想,即忽视 S 和 C 联合起来产生效果的作用;同时他们也不能把 O 的"客观的"或"知觉的"特征与 S 所赋予 R1 的情感特征区分开来，而仅仅把它看作美的。过去的美学曾错误地认为，在欣赏某种艺术时只能获得一种（或很少几种）R，而按照现代人的趣味，却应该有多种多样的 R。

这样，单纯从美的角度来评价艺术和审美经验的情况就变得越来越少了，现代人的评价总是根据多种多样的特殊目的和标准，因而变得更加多样化了。按照人文主义的观点，一切目的归根结底都是为了使人生具有美好的经验，但是，现代人更为强调这种美好经验的多样性；在他们看来，如果把美好的经验缩减为或局限于某种狭义的或固定的类型，特别是禁欲主义的类型，那将是危险的；人们应当自由地对艺术和趣味进行选择和试验，从而使每个人都能通过欣赏古典的美或其他的美、通过艺术来获得他能够获得的那些美好的经验。

客观的刺激物（O）包括艺术作品的整体或者它的其他一些注意焦点。这种刺激物包括它在自己所发挥作用的文化中的确定含义，同时包括它的表现性质和感觉性质，所有这些含义和性质都属于一种多少有点统一的形式的要素。而当这种形式作为审美经验的对象时，就成为一种审美形式。在某种程度上，呈现给感官的刺激物，它们所暗示的或者人们赋予它们的含义，是随着文化背景的不同而变化的。它们同产生经验的一般环境或条件是不可分割的，因此，两者之间没有明显的界线。

我们不应该把艺术作品的某一特征或一小部分特征看成形式或客体的全部。我们在对作品进行批判性的分析时所能列举出来的诸种特征（例如：统一或分裂、和谐或冲突、宁静或不安），有可能是属于整体中的某些细节部分或整体的排列，但是，它绝不是对整体的完整的描述。整体的任何一个部分（或单个的）抽象性质，都是在同整个形式的其他部分和其他性质的关系中发挥作用的。我们可以把这种关系称为它的形式关系。一个红点，在孤独的情况下和在周围有黄点或蓝点的情况下，会显得大不相同。在《罗密欧与朱丽叶》中，蒙太古与凯普莱特之间的矛盾是整个剧的一个构成方面，而把苏格拉底的丑恶与森林之神相比，只不过是《欢乐宴》中的一个细小部分。如果两者处于不同的形式关系之中，情况就会不同了。某种普遍存在的性质（例如紧的、硬的、几何图形式的统一等）在埃及金字塔、多立克庙宇或者文艺复兴式宫殿内的整齐的花园中体现出来时，会给我们造成某种感受；而当它在英国别墅中那带有浪漫主义色彩和风景如画的花园中出现时，又会给我们造成另外一种感受。某些特征,当出现在某种风格的艺术作品中时,会显得适宜、始终如一与和谐,而当它们出现在其他风格的艺术作品中时,就显得不相称。

因此,客体的诸如"统一"之类的构成性特征究竟会产生什么样的审美效果(不管人们是否认为是美的、乏味的还是别样的),不仅取决于它同客体本身之内的其他因素之间的关系,同时还取决于整个客体同观赏者和周围环境之间的关系。在对某一例子中的 S 或 C 进行分析时,同样会揭示出它们并不是一种单独的因素,而是相互作用的种种因素构成的不断变化的复合体,因此,人们不可能对其进行完全的和分析性的描述。令人费解的是:人们竟然能够依靠粗略的估计或根据经验进行的猜测来成功地理解和预测某些审美效果。其原因在于,尽管审美经验所涉及的诸因素是复杂多变的,但也并非完全如此。它们在许多方面是不变的,因此经验使得我们在预测它们的行为时能取得某些成功。对科学来说,要更多地了解这些可变项及其在相互作用过程中部分地重复出现的情况,并不是一项无法完成的任务。但是,由于审美经验本身的复杂的相对性,就使得我们不能随意地推测出客体的某一特征必定会产生出某种具有类似特征的审美反应。艺术作品中表现出来的统一和宁静,如果辅之以某种形式关系和某些 S 和 C 的因素的话,就可能会给观赏者造成一种感情的冲突或恼怒这样的效果。只有通过经验主义的实验,才能发现和掌握这些倾向的本质。在普通人的经验和某些审美理论中,往往过分简单地把某种单一的特征或一组特征看作产生审美效果的原因。然而,正如我们所看到的,审美效果只能是许多不同的决定因素所共同产生的结果。

(选自[美]托马斯·门罗《走向科学的美学》,石天曙、滕守尧译,中国文艺联合出版公司1984年版)

克莱夫·贝尔与《艺术》

经典导读

克莱夫·贝尔（Clive Bell，1881—1964），英国形式主义美学家，早年在剑桥大学攻读历史学，是英国著名学术团体"布鲁姆斯伯里"集团（The Bloomsbury Circle）的主要成员。

贝尔的主要美学思想集中在他的著作《艺术》一书中。在这本书里，他提出了著名的"有意味的形式"（significant form）的命题。他指出，所有的视觉艺术都具有一种共性特征和属性，这使得人们能将艺术与非艺术区分开来，这种特征和属性是本质性的："这种属性是什么呢？唤起我们审美情感的所有对象的共同属性是什么呢？圣索菲亚教堂、沙特尔的窗户……和塞尚的作品共同的属性又是什么呢？可能的答案只有一个——有意味的形式。在每件作品中，以某种独特的方式组合起来的线条和色彩、特定的形式和形式关系激发了我们的审美情感。我把线条和颜色的这些组合和关系，以及这些在审美上打动人的形式称作'有意味的形式'，它就是所有视觉艺术作品所具有的那种共性。"① 那么，什么是"有意味的形式"呢？在贝尔看来，它就是艺术家按照某些未知的、神秘的法则将线条、色彩组织起来的一种形式。这种形式以一种独特的方式打动了我们，因此，我将这些打动人的组合和安排称为

---

① ［英］克莱夫·贝尔：《艺术》，薛华译，江苏教育出版社2005年版，第3~4页。

"有意味的形式"。进一步理解这一命题需要明确以下几个方面。

第一，艺术、审美情感、审美形式之间的关系。

在《艺术》一书中，贝尔开宗明义地对艺术下了定义。他认为："所有美学体系的起点一定是个人对某种独特情感的体验。我们将唤起这种情感的对象称为艺术作品。"[①]在贝尔看来，只有艺术作品才能唤起人的独特情感，对这种独特情感的体验才是审美体验，而从自然事物中，我们无法获得这种审美体验。那么，为什么艺术能够激发人的审美情感，使人获得独特的体验呢？那是缘于艺术的线条和色彩所构成的"有意味的形式"。贝尔非常注重审美情感的重要性，他说："艺术家的形式难道不是因为表达了某种特定的情感所以才有意味的吗？它们难道不是因为适合于这种情感，并围绕着这种情感而组织起来，所以才会是连贯的吗？它们难道不是因为传达了这种情感所以才带给我们快感吗？"[②]所以，可以说，审美形式激发了审美情感，这种情感使我们获得了独特的体验，这才是艺术的意义所在。

第二，描述性的绘画和"有意味的形式"的绘画的不同。

这里涉及艺术的表现和再现的问题。19世纪末20世纪初，西方现代艺术兴起，立体主义、表现主义、后印象派、野兽派等流派的出现令西方艺术面临重大转折。贝尔十分赞赏塞尚的绘画，因为它是表现性的、具有"有意味的形式"的绘画。这里我们还要将"有意味的形式的"绘画和其他"描述性的绘画"区分开来。

贝尔指出，并非所有的艺术作品都具有"有意味的形式"的特征，其中再现性的绘画或描述性的绘画，就不具有这种特征。有些绘画令我们爱慕不已，却无法在情感上打动我们，因为它是描述性的。这种描述性艺术的基本特征就是暗示和寓意，即它指向的是情节、主题和内容，而非形式本身。在贝尔看来，这并不是好的艺术作品，因为"它们触及不到我们的审美情感，因为它们用以打动我们的不是它们的形式，而是它们的形式所暗示、所传达的观念或信息"[③]。贝尔因此对再现性或描述性的绘画进行尖锐的批判，认为这"常常是一位艺术家的缺点的标记。一位低能的画家如果无力创作出哪怕能唤起稍许审美情感的形式，他将会通过暗示生活中的情感来弥补这一点，而为了唤起生活中的情感，他必须运用再现的手法"[④]。贝尔以此为基

---

① ［英］克莱夫·贝尔：《艺术》，薛华译，江苏教育出版社2005年版，第3页。
② ［英］克莱夫·贝尔：《艺术》，薛华译，江苏教育出版社2005年版，第35页。
③ ［英］克莱夫·贝尔：《艺术》，薛华译，江苏教育出版社2005年版，第9页。
④ ［英］克莱夫·贝尔：《艺术》，薛华译，江苏教育出版社2005年版，第15页。

础，对古典主义绘画、皇家绘画甚至当时出现的意大利"未来主义"绘画进行了尖锐的批评，盖因为它们无从激起人们的审美情感，而仅仅用来传达信息。而这样的绘画往往迎合了"不能感受审美情感的人"的需要，因为这些人无法对绘画的形式本身感兴趣，而是对主题和再现部分感兴趣，他们是通过画面的主题来欣赏艺术作品的。

相反，"有意味的形式"的绘画，则只关注形式，即线条和色彩的组合与安排，以及它们之间的关系、用量和质量，而这些则构成对人的审美情感的冲击。后印象主义的绘画，尤其是塞尚的绘画，则充分体现了"有意味的形式"的特征。因为他的画从不追求形似或卖弄技巧，而只关注形式。贝尔称后印象主义者闯入了一个人们希望艺术家成为摄影师或杂技演员的世界里，他们懂得艺术本身，而不是关注技巧和再现。他们从这些东西之中获得的情感，比从对事实和观念的描述中获得的情感要深刻得多、崇高得多。所以，贝尔认为："如果一件作品的形式是有意味的，那么它的出处是毫无关系的。"①

第三，有意味的形式阐释了艺术的本质存在。

纯粹的有意味的形式是超越生活利害关系的存在，由于艺术家和艺术欣赏者专注的是形式，而非艺术的主题或与主题相关联的外在现实生活，因此，它更能激发人的非同寻常的快感。这种快感如此强烈，是由于它超越了偶然性和有限性，从而获得了更加深刻的形而上的无限存在之感。所以贝尔认为，当我们仅仅将形式作为目的而不是手段的时候，我们获得了艺术的最本质的现实，通过它，我们"认识存在于一切事物之中的神性，认识个体中的一般性，认识无所不在的韵律"②。这也是艺术的真正意义所在。

贝尔的理论是西方形式理论的重要组成部分。19世纪末20世纪初，伴随着西方艺术实践的变革，西方艺术和美学理论的形式主义思潮应运而生。这一时期，在德语国家产生了"视觉形式"理论思潮，著名形式主义美学家和艺术史家如沃尔夫林、李格尔、沃林格、希尔德勃兰特等都是这一理论的杰出代表。而在英语国家，与德语国家形式理论相呼应的是克莱夫·贝尔和罗杰·弗莱。与德语国家的形式理论相比，贝尔的"有意味的形式"理论更注重个体的审美情感和审美体验，紧紧将其形

---

① [英]克莱夫·贝尔:《艺术》，薛华译，江苏教育出版社2005年版，第19页。
② [英]克莱夫·贝尔:《艺术》，薛华译，江苏教育出版社2005年版，第39页。

式理论与艺术实践联系在一起，实现从个别到一般、从有限到无限的超越，在西方美学史上具有重要意义。

―― 延伸阅读文献

1. Clive Bell, *Art*, London: Chatto & Windus, 1914.
2. Henri Focillon, *The Life of Forms in Art*, New York: Zone Books, 1989.
3. ［英］克莱夫·贝尔：《艺术》，薛华译，南京：江苏教育出版社2005年版。
4. ［瑞士］海因里希·沃尔夫林：《艺术风格学——艺术史的基本概念》，潘耀昌译，北京：中国人民大学出版社2004年版。
5. ［德］沃林格：《抽象与移情》，王才勇译，沈阳：辽宁人民出版社1987年版。
6. ［奥地利］A.李格尔：《罗马晚期的工艺美术》，陈平译，长沙：湖南科学技术出版社2001年版。
7. ［德］阿道夫·希尔德勃兰特：《造型艺术中的形式问题》，潘耀昌等译，北京：中国人民大学出版社2004年版。
8. ［英］罗杰·弗莱：《视觉与设计》，易英译，南京：江苏教育出版社2005年版。
9. ［美］鲁道夫·阿恩海姆：《艺术与视知觉》，滕守尧、朱疆源译，成都：四川人民出版社1998年版。
10. 张坚：《视觉形式的生命》，杭州：中国美术学院出版社2004年版。

（曹晖 撰）

―― 原文：《艺术》（节选）

经典原文

艺术（节选）

克莱夫·贝尔 著　薛华 译

■ 审美假说

关于美学的无稽之谈肯定没有关于其他东西的无稽之谈多，对这一学科的论述尚不充分。然而，可以肯定，在我所熟悉的学科之中，人们对美学的说法切中要领的最少。其中的原因可想而知：一个人要想详尽阐述一种可信的美学理论，就必须具备两种素质——艺术的敏感性和清晰的思维能力。没有敏感性的人就无从获得审美体验，而不是以深广的审美体验为基础的美学理论显而易见是没有价值的。人们只有把艺术当作不竭的激情的源泉，才能获得可以演绎出有用理论的材料。但是，即便是从精确的材料来演绎有用的理论，也需要相当多的脑力劳动。不巧的是，强健的智力和精细的敏感性往往不能兼备。经常有这样的情况：思考最勤奋的人却没有任何审美体验。我有一个朋友，天赐钻头一般锐利的智力，而且对美学颇有兴趣，但是，他在几近四十年的生活中从来未曾染指任何审美情感。他不具备区分一件艺术品和一把手锯的能力，所以，他很容易将一把手锯就是一件艺术品当作前提，提出许多振振有词的论点。这个缺陷使他明晰精微的论证失色许多，因为一句格言曾经说过：用完美的逻辑从文不对题的前提中推导出来的结论并不可信。然而，每片乌云之中都会有闪亮的线条，虽然这种不敏感使得这位朋友不幸没能为他的论点选择一个合理的基础，并使他看不到他的结论的荒诞之处，却让他沾沾自喜于自己高明的推埋。假设埃德温·兰西尔①爵士是有史以来最好的画家，人们从这一假说

---

① 埃德温·兰西尔（Edwin Landseer，1802—1873）：英国风俗画家。画风细腻，有《老牧羊人的哀悼者》等作品传世。

出发，就不会觉得认为乔托①是最糟的画家的理论有什么不妥之处。因此，当这位朋友顺理成章地得出结论，认为一件艺术作品应该是小的、圆的或是光滑的，或者认为要鉴赏一幅画就应该在画前踱着方步，或者把它像陀螺一样旋转，这个时候，他搞不清我为什么会问他最近有没有去过剑桥——一个他时常造访的地方。

另一方面，虽然在我看来，那些对艺术作品作出迅速的、确定的反应的人比那些智力有余、敏感性不足的人更为可取，但是，他们谈起美学来常常不能言之有义，他们的头脑并不总是非常清晰。他们尽管拥有一切理论体系必须依赖的材料，却通常欠缺从可靠的材料中作出正确推论的能力。他们已经从艺术作品中体味到了审美情感，本可以从所有感动他们的东西中找出共同的特性，但是，他们事实上并没有这么做。我不会因此抱怨他们——既然对于他们来说感受作品就已足够了，那么他们为何还要费力去探究自己的感受呢？既然他们不善于思考，那么他们为何还要停下来进行思考呢？既然他们可以流连于每件作品精妙而独特的魅力，那么他们为何还要去探求以某种独特的方式感动他们的所有对象的共性呢？因此，如果他们写了评论并称之为美学，如果他们在谈论具体艺术作品或绘画技巧的时候以为自己是在谈论艺术，如果他们喜欢特定的艺术作品却觉得对整个艺术的思考很乏味，他们的选择或许也不失为明智之举。假如他们对自己情感的本性并不感兴趣，或者对唤起自己情感的所有对象的共同特性并不感兴趣，我也会对他们给予同情，同时也表示钦佩，因为他们所说的东西常常富有吸引力并具有启发性。只是大家不要认为他们所写的或所说的东西是美学才好——那些东西仅仅是评论，或者说仅仅是"工作谈话"而已。

所有美学体系的起点一定是个人对某种独特情感的体验。我们将唤起这种情感的对象称为艺术作品。所有敏感的人都会同意：存在一种为艺术作品所唤

---

① 乔托（Giotto di Bondone，1267—1337）：意大利文艺复兴时期杰出的雕塑家和建筑师，是开启意大利文艺复兴艺术的人物。从他开始，艺术中的宗教人物成为有血有肉有思想感情的人，并且解剖学、透视学和光学原理被运用到艺术创作中，艺术注重塑造真实的人物和真实的空间关系。从1305年至1308年，乔托在帕多瓦阿累那教堂创作了一组壁画。在教堂的左中右三面墙上一共绘有38幅连环画，其内容是描绘圣母和基督的生平事迹。这些壁画被誉为"14世纪意大利艺术的重要纪念碑"，其中以《金门之会》《逃亡埃及》《犹大之吻》和《哀悼基督》四幅最为著名。

起的独特情感。当然我不是说所有的作品唤起的是一样的情感，恰恰相反，每件作品会唤起不同的情感，但是所有的这些情感在类别上可以视为一样的。到目前为止，最合理的观点可以支持我的看法。对于任何一个可以感知这种情感的人来说，我认为有一点无可质疑，即存在一种由视觉艺术作品唤起的独特情感，并且每一种视觉艺术（绘画、雕塑、建筑、陶瓷、雕刻、纺织品等）都会唤起这种情感。这种情感我们称之为审美情感。如果我们找到唤起这种情感的所有对象的共同的或独特的属性，这就解决了我所认为的美学中心问题，也就发现了艺术作品的本质属性，即将艺术作品与其他对象区分开来的那种属性。

因为，事实要么是所有视觉艺术作品具有某些共性，要么是我们在谈论艺术作品的时候是在胡言乱语。所有的人谈起艺术的时候，总会在心理上将艺术作品与其他所有的东西区分开来。这种分类有什么正当的理由呢？艺术这一类别中的所有东西有何共同而又独特的属性呢？毫无疑问，不管这种属性是什么，它总是与其他诸般属性相伴出现的，但是其他诸般属性都是偶然发生的，而唯有它是本质性的。一件艺术作品要想存在，就必须具备某种属性，而具备了这种属性的作品起码可以说不是毫无价值的。这种属性是什么呢？唤起我们审美情感的所有对象的共同属性是什么呢？圣索菲亚教堂（St. Sophia）、沙特尔①的窗户、墨西哥的雕塑、一个波斯碗、中国地毯、乔托在帕多瓦②的壁画、普桑（Poussin）的杰作、皮耶罗·德拉·弗朗切斯卡和塞尚的作品共同的属性又是什么呢？可能的答案只有一个——有意味的形式。在每件作品中，以某种独特的方式组合起来的线条和色彩、特定的形式和形式关系激发了我们的审美情感。我把线条和颜色的这些组合和关系，以及这些在审美上打动人的形式称作"有意味的形式"，它就是所有视觉艺术作品所具有的那种共性。

有人可能会在这一点上提出异议，说既然我依靠的所有材料不过是个人对特定情感的体验，那么，我是在把艺术说成一种纯粹主观的东西。人们会说唤起这种情感的对象会因人而异，因此美学体系就失去了客观有效性。对此我们必须回答：任何美学体系如果装腔作势地说自己是建立在客观真理之上，那它显然是荒谬绝伦的，在此也无须多论。除了感受，我们没有其他认识艺术作品

---

① 沙特尔（Chartres）：法国北部城市。
② 帕多瓦（Padua）：意大利东北部的一个城市，位于威尼斯的西部，中世纪时是个重要的文化中心，以乔托、曼特纳以及多纳泰洛的艺术和建筑作品而闻名。

的途径。唤起审美情感的对象会因人而异，审美判断就是人们常说的"进行品味"的问题。正如大家都乐于认可的那样，关于品味无须争论。一个好的评论家可能会让我在一幅画中看到我所忽视的东西，直至最终使我获得审美情感，于是我将这幅画视为一件艺术作品。不断指出那些彼此结合起来而产生有意味的形式的部分、要点或是组合，这乃是艺术批评所承担的功能。但是，一位批评家若只是告诉我什么东西是艺术作品，这是没有用的，他必须让我亲身去感受这件作品。他只有让我去看，只有通过我的眼睛才能触及我的情感。除非他让我看到使我感动的什么东西，否则他就无力主导我的情感。对于我不能作出情感反应的任何东西，我没有权力将它称为艺术作品，而对于任何我感到不是艺术作品的东西，我也没有权力在其中寻找什么本质属性。批评家只能通过影响我的审美体验来影响我的美学理论。一切美学体系必须建立在个人体验之上，即是说，它们必须是主观的。

但是，尽管一切美学理论必须建立在审美判断的基础之上，而且一切审美判断最终必定是个人品位的问题，可是要断言所有的美学理论都不可能具有一般有效性，这也未免流于草率。因为，尽管打动我的作品是 A、B、C、D，而打动你的作品是 A、D、E、F，但是我们可能同样都会相信我们喜爱的所有作品具有唯一的共同属性 X。我们大概都会同意审美的存在。但是我们在特定的艺术作品上会有不同意见，可能会在具体作品中到底有没有 X 这一属性上意见相左。我的直接目标是要指出"有意味的形式"是所有打动我的视觉艺术作品所具有的唯一的共同而独特的属性，并且我还想问问那些审美体验与我不尽相符的人，问一问我所说的这种属性是否也是所有打动他们的作品的共同属性，问一问他们自己是否能够发现具有同样特点的其他任何属性。

在这一点上同样会产生疑问，这种疑问事实上毫无关系，但是很难抑止。这个疑问就是："为什么以某种独特方式组合在一起的形式会如此深刻地打动我们呢？"这个问题极为有趣，但是与美学无关。在纯粹的美学中，我们只需考虑自己的情感和它的对象，因为就美学而言，我们没有权力、也没有必要由审美对象来探求创作这一对象的人的心理状态。我将会在后面尝试着回答这个问题，因为通过回答这个问题，我可能就会阐明自己关于艺术与生活的关系的理论。然而，我不会产生这样的错觉，认为自己是在提出完美的美学理论。要讨论美学，我们只需同意这一点，即根据某些未知的、神秘的法则安排和组合起来的形式的确以一种独特的方式打动了我们，而且艺术家的工作就是把这些形式安排和组合起来，以此来打动我们。为了方便起见，也因为我后面将会谈到，我将这些打动人的组合和安排称为"有意味的形式"。

在此我将第三次被打断。

"你忘了色彩了吗？"有人会问。我当然没有忘记色彩，在我的术语"有意味的形式"之中就包含着线条和色彩的组合。形式与色彩之间的区别是一种不真实的区别——你无法设想没有色彩的线条或是没有色彩的空间，同样你无法设想没有形式的色彩关系。在黑白的绘画中，空间是纯白色的，并且全部为黑色的线条所限定；在大多数的油画中，空间是复色的，边界也是复色的。你并不能想象出一条没有任何内容的边界，或者是某种没有边界线条的内容。因此，当我说"有意味的形式"的时候，我说的是在审美上打动我的线条和色彩（把黑色和白色也算作色彩）的组合。

有些人可能会惊讶于我没有把这种东西称作"美"。当然，对于那些将美定义为"唤起审美情感的线条和色彩的组合"的人，我乐于让他们用自己的提法来替换我的提法。可是无论我们多么严谨，我们中多数的人还是会将"美的"这一形容词用到某些并没有唤起那种独特情感的对象上。我怀疑每个人都曾经将蝴蝶或鲜花说成是美的。有谁在蝴蝶或鲜花身上感受到他在教堂或绘画中感受到的情感了吗？可以肯定，我们中多数的人在自然美中所感受到的东西一般并不是我所说的那种审美情感。在后文中我将会提到，有些人在某些时候可能会在自然中看到我们在艺术中看到的东西，并在自然中感受到某种审美情感，但是，令我欣慰的是，多数人在禽鸟、鲜花以及蝴蝶的翅膀上所感受到的情感，与他们在绘画、陶瓷、庙宇以及雕塑中所感受到的情感极为不同。这些美的自然物为什么没有像艺术作品那样打动我们呢？这是另外一个问题，而不是美学问题。为达到我们直接的目标，我们只需探寻那些作为艺术作品打动我们的对象的共性。在本章的最后，当我尝试着回答那个问题——"为什么线条和色彩的某些组合会如此深刻地打动我们？"——的时候，我希望可以提供一个让人能够接受的解释，来回答为什么其他对象不能像艺术作品那样深刻地打动我们。

既然我们会把没有激发审美情感的属性称作"美"，那么，如果我们用同样的名字来称呼激发审美情感的属性，这就具有误导性。要想把"美"当作审美情感的对象，我们就必须给这个词下一个过于严格而且令人感到陌生的定义，因为每个人有时都会从非审美的意义上来使用"美"这个词，而多数的人则是惯于这么做。对每个人来说，这个词的最常用的意义是非审美的，除非他在这儿或那儿偶尔作为美学家的时候才会例外。我并不需要考虑大家对"美"这个词的更为粗俗的滥用，比如我们唠叨时候所说的"美的狩猎"和"美的枪法"——当然那些用词过于考究的人尽可以说他们从来未曾如此滥用过这个词。此外，我们这儿的用法尚且没有混淆这个词的审美用法和非审美用法的危险，但是，当我们谈起美女的时候就会有这样的危险了。一个普通人说起美女，他肯定不是说这个女人只是在审美上打动了他，但是，当一位艺术家把一个年老色衰的妇人说成是"美的"的时候，他想表达的意思，与当他把被毁坏的人体雕塑称作"美的"的时候所要表达的意思可能是一样的。如果一个普通的人具备鉴赏力，他会说被毁坏的人体雕塑是美的，但是不会说年老色衰的妇人也是美的，因为在女人的问题上，这个普通人赋予"美的"这个形容词的意义，并不是老妇人身上可能具有的那种审美属性，而是其他的某些属性。的确，我们中多数的人从来没有想过要在人的身上寻找审美情感，我们在人身上所寻求的是完全不同的东西。当我们在一个年轻女人身上发现这样的"东西"的时候，我们就会把它称作"美"。我们生活在一个不错的年代，对一般的人来说，"美的"更多的时候是"撩人绮思的"的同义词。这个词无论如何也不必然意味着任何形式的审美反应。我不禁要相信：在许多人的脑子中，这个词的"性"的意味要比审美的意味强得多。我已经注意到：在某些人当中有着某种一致的看法，即世界上最美的东西就是美女，其次则是一张画着美女的画。在他们那儿，审美与性感美之间的混淆并不像人们认为的那么严重，或许也可以说根本就没有这种混淆，因为他们可能从来就没有一种可以与其他情感相混淆的审美情感。被他们称为"美的"的艺术通常都是与女人紧密相连的，一幅美的画就是一个漂亮姑娘的照片；美的音乐就是那种能够唤起音乐笑剧中的年轻女人所唤起的情感的音乐；美的诗歌就是那种使人回味起二十年前在教区神父的女儿身上所感受到的情感的诗歌。非常清楚，对于人们用"美"这个词指称的对象来说，它所唤起的情感显然不同于审美情感，这乃我不使用这个词（它会使我和我的读者陷入混淆和误解之中）的原因之一。

另一方面，有些人认为，把唤起我们审美情感的形式组合和安排称作"有意味的形式关系",而不是"有意味的形式",这样要更为确切。他们把这些关系称作"韵律",并试图以此来充分利用审美和形而上的世界。我和这些人没有什么好争的。我业已说明,我使用的"有意味的形式"指的就是以某种独特的方式打动我们的安排和组合,我也乐于与那些用不同的名字来命名同一事物的人携手合作。

"有意味的形式"是艺术作品的本质属性,这一假说至少有一个其他许多更为著名、更为引人注目的假说所不具备的优点:它的确有助于解释许多问题。我们都很清楚,有些画让我们感兴趣,让我们爱慕不已,但是不能像艺术作品那样打动我们。我所说的那种"描述性的绘画"即属此类。在"描述性的绘画"中,形式不是用作表达情感的对象,而是用作暗示情感或传达信息的手段。心理和历史取向的人物画像、地形学作品、讲述故事和暗示情境的画以及各种各样的插图都属于"描述性的绘画"。很清楚,我们都能认识到其中的区别——谁未曾说过某幅这样的画作为插图是很好的,作为艺术品却一文不值?当然许多描述性的绘画不仅具有其他的属性,同时具备形式上的意味,因此它们也是艺术作品。但是更多的描述性的作品并不具备形式上的意味,它们让我们感兴趣,它们可能以一百种不同的方式打动我们,但是它们不能在审美上打动我们。根据我的假说,它们不是艺术作品。它们触及不到我们的审美情感,因为它们用以打动我们的不是它们的形式,而是它们的形式所暗示、所传达的观念或信息。

很少有什么绘画比弗里思①的《帕丁顿火车站》(*Paddington Station*)更著名,更令人喜爱了,没有人会不愿承认它受人欢迎。我曾经在这幅画上消磨了许多困倦的时光,来分析它那奇异的细节,并在每个细节中联想到某种充满奇思异想的过去和某种虚无缥缈的未来。可以肯定,弗里思的这幅杰作或它的翻版为成千上万的人带来了新奇曼妙的愉悦,但是,同样可以肯定,没有一个人在这幅画前面体验到哪怕是半秒的审美快感——尽管这幅画中也有多处漂亮的色彩运用,而且绝对不能说画得不好。《帕丁顿火车站》不是一件艺术作品,它只是一件有趣好玩的文献。在这幅画中,线条和色彩被用于叙述轶事、暗示

---

① 弗里思(William Powell Frith,1819—1909):英国维多利亚时期著名的现实主义画家。弗里思的作品多描绘英国"尽情欢乐的百年时代",在风俗画和肖像画方面均取得相当的成就。代表作有《包厢》(1855)等。

观念以及表现一个时代的行为方式和风俗习惯，而不是被用来唤起审美情感。对于弗里思来说，形式和形式关系不是情感的对象，而是暗示情感和传达观念的手段。

《帕丁顿火车站》中所传达的观念和信息是如此有趣，而且表现得又是如此之好，因此，它具有相当高的价值，值得好好珍藏。但是，随着摄影技术和摄影机的不断完善，这类绘画正日渐变得多余。一位《每日镜报》的摄影师和一位《每日邮报》的记者携手合作所能提供的关于"日常伦敦"的信息，要比一位皇家院士所能提供的多得多，这一点谁会质疑呢？将来，我们若是想了解什么行为方式和流行时尚，就会宁愿去找摄影师，外加一个稍微有点才气的记者，而无需诉诸描述性的绘画。如果尼禄①时代帝国院士们不是令人憎恶地忙于模仿古董，而是在他们制作的壁画和镶嵌图案中记录下当时的行为风尚，那么，虽然他们的作品在艺术上不过是一堆垃圾，但是现在应该还不失为具有历史价值的金矿。只要他们曾经是弗里思而不是阿尔玛·塔得玛②，这一点就可以做到！但是摄影业已使得现代的艺术垃圾无法再变成金矿了。因此，必须承认弗里思风格的画已是多余的了，它们只不过是在浪费那些富有才华的人（如果他们从事更有益的工作的话，或许会作出更有价值的贡献）的时间罢了。可是这些画尚不至于让人感到不快，而以《医生》(*The Doctor*) 为代表的那种描述性的绘画就完全可以说是让人感到不快了。《医生》当然算不得艺术作品，在这幅画当中，形式不是用作表达情感的对象，而是用作暗示情感的手段，单单这一点就足以让它一文不值了。但是这幅画比一文不值更糟，因为它所暗示的情感是虚假的，它所暗示的不是遗憾与钦慕，而是我们的悲悯和慷慨之中的那种扬扬自得之感。它表现的是那种伤感情调。艺术高于道德，或者毋宁说一切艺术都是合乎道德的，因为正如我马上要说的那样，艺术作品是表达善的直接手段。一旦我们将一样东西视作艺术作品，我们就已经在伦理上将它视作至关重要的，并且是连伦理学家也鞭长莫及的了。但是，描述性绘画不是艺术作品，因而它们未必是表达善的心理状态的手段，所以，这些绘画理当是伦理哲学家们注意的对象。《医生》不是一件艺术作品，它丝毫没有一切唤起审美快

---

① 尼禄（Nero，37—68）：古罗马暴君。
② 阿尔玛·塔得玛（Alma Tadema，1836—1912）：英国画家。艺术上接近现代古典派，深受维多利亚时代人的欢迎。代表作有《安东尼和克利奥佩特拉》(1883)、《春之约》(1890) 等。

感的艺术作品所具有的那种广博的伦理价值。在我看来，作为一幅插图，《医生》所表现的那种心理状态是不能让人喜欢的。

意大利那些大胆的、年轻的未来主义者们的作品也是值得注意的描述性绘画的例子。他们和那些皇家院士们一样，不是用形式来唤起审美情感，而是用形式来传达信息和观念。的确，未来主义者们所发表的理论证明，他们的绘画与艺术没有任何关系。虽然年轻的未来主义者们的社会和政治理论是值得尊重的，但是，我还是想告诉他们，如果他们有幸天生是艺术家的话，他们还是可以既在思想和行动上做个未来主义者，而同时又做个艺术家的。将艺术与政治联系起来常常是个错误。未来主义的绘画是描述性的，因为它们的目标是要在线条和色彩中表现某个特定时刻纷繁杂乱的心理，它们的形式不是用来激发审美情感，而是用来传达信息的。顺便提一下，无论这些形式所表达的观念的本性是什么，这些形式本身绝对不是革命性的。在我见过的那些未来主义的绘画作品［或许塞弗利尼①的某些作品应该除外］中，可以见到它们落入了贝斯纳德②三十年前所开创的那种柔弱和庸俗套路的窠臼，并且可以发现它们随后又受到法国美术学院学生们的很大影响。作为艺术作品，未来主义的绘画是可以忽略的，但是人们根本不应该把它们当作艺术作品来评价。一件好的未来主义作品会像一篇心理学作品那样获得成功，它会以线条和色彩来揭示某种有趣的心理状态的枝枝蔓蔓，而如果未来主义绘画看起来是失败的，我们一定不要用缺少艺术性来解释其中的原因（它们的作者从没有想让它们具有艺术性），而要在它们要揭示的心理状态中寻找解释。

大多数重视艺术的人发现，最能打动他们的作品大部分是学者们所谓的"原始作品"。当然也有糟糕的原始作品。比如说，我还记得我曾经满怀热情到普瓦蒂耶③去看一个早期的罗马式教堂——一座圣母院（Notre-Dame-la-Grande）——结果发现这座教堂比例失调、雕绘满眼、粗俗鄙陋、蠢笨乏味，与活跃在一千年前或八百年后的高度文明的建筑师所建构的任何更富丽堂皇的

---

① 塞弗利尼（Gino Severini, 1883—1966）：意大利立体主义和未来主义画家。主张绘画要表现现代生活的活力和速度。代表作有《通过村庄的红十字列车》(1915)。
② 贝斯纳德（Albert Besnard, 1849—1934）：法国画家。早年画风遵从学院派传统，后来注重印象派的光线和色彩。代表作有《午休》等。
③ 普瓦蒂耶（Poitiers）：法国的一个村庄。

建筑别无二致。但是这样的例外并不多见，原始艺术一般来说是好的（我的假说在此又一次显示出它的作用），因为这种艺术总是免于带上描述的属性。原始艺术当中，你找不到精确的再现，而只能找到有意味的形式。直至今日，依然没有什么艺术能够像原始艺术那样深刻地打动我们。我们考虑一下苏美尔人①的雕塑，或是埃及尚无朝代的时期的艺术，或是古希腊或魏唐的名作②，或是我有幸于1910年在牧羊者丛林画展③上见过的日本早期作品（尤其是两个木菩萨）；或者更近一点，我们考虑一下6世纪原始的拜占庭艺术以及它在西方野蛮人中的发展情况；或者更远一点，我们考虑一下白人到来之前在中南美洲盛行的那种神秘而庄严的艺术，在我们所考虑的每种艺术中，都可以观察到三个共同的特点——没有再现，没有技巧上的装腔作势，唯有给人留下深刻印象的形式。这三个特点之间的联系并不难发现，那就是如果过分注重精确再现和炫耀技巧，"形式上的意味"就会消失。④

有人很自然会说，原始艺术中鲜有再现，更少有智力游戏，那是因为原始人无力达到形似，或者不会玩那种技巧游戏。这种想法是不对的。毫无疑问，

---

① 苏美尔人（Sumerian）：一个古代民族，居住在古代幼发拉底河下游，公元前四千年在苏美尔建立城邦国家。
② 顾恺之的存在说明这个时期（5—8世纪）的艺术是典型的原初主义运动，说明梁、陈、魏、唐几个朝代富有活力的伟大艺术是从汉代精心雕饰的、穷途末路的颓废艺术中发展出来的，这等于是说，罗马风格的雕塑是从普莱克西泰勒斯（Praxiteles）那里发展起来的。在两者之间有什么东西发生了，它填充了艺术的河流。在中国，发生的是紧随佛教兴起而来的精神和情感革命。
③ 牧羊者丛林画展（Shepherd's Bush Exhibition）：牧羊者丛林系伦敦的一个地方，有120个展厅和20处殿堂。
④ 这并不是说精确的再现本身是不好的。再现本身没有什么关系，精确再现的形式也有可能是有意味的，只有当人们为了再现而牺牲意味的时候，这才是致命的。意味和幻象之间的争论与艺术本身一样古老，我并不怀疑，损害多数旧石器艺术的因素正是想要精确再现的念头。旧石器时期画图的人显然没有形式意味感，他们的艺术和更能干、更虔诚的皇家学院画家的艺术很相似——他们的艺术比爱德华·约翰·波因特（Edward John Poynter）爵士要高一点，而比莱顿（Leighton）爵士晚期的艺术要低一点。奥尔塔米拉岩窟（Altamira，西班牙北部的一组岩窟，位于桑坦德西南偏西，洞穴里有1879年发现的旧石器时期艺术的宏伟的标本）中的图画，或者人们在勃鲁尼凯尔发现的、现在收在大英博物馆中马的素描，都证明这是不矛盾的。如果在布拉森堡的教皇神龛中发现的象牙雕的女孩头和在同一个地方发现的残缺躯干真的是旧石器时代的作品，那么，这说明在旧石器时代也有好的艺术家，他们创造形式而不是模仿形式。当然，新石器时代是相当不同的一回事。

这个说法虽然有一定的道理，但是，即便我是一个依靠知识的伪装来打动大众的批评家，我也会比这些人更谨慎地考虑是不是该附和这种说法，如果假设拜占庭大师们缺乏技巧，或者说他们虽然希望创造形似的幻象，但是无力为之，那么，这个假设说明人们并不熟悉那个时代的一些糟糕作品中所包含的令人惊奇的、熟练的写实技巧。原始作品之所以有错误的再现，更多的时候恐怕必须要归因于批评家们所谓的"任意变形"。问题在于，无论是出于缺乏再现的技巧，还是缺乏再现的愿望，原始人既没有创作再现的幻象，也没有去显示铺张的技巧，而是专力于一件该做的事——创造形式，因而他们创作出了我们所拥有的最好的作品。

不要认为再现本身是不好的，现实主义的形式如果在创作中运用得当，也可以和抽象的形式一样富有意味。但是如果一个再现的形式具有其艺术价值，它是作为一种形式，而不是作为再现而具有价值的。一件艺术作品中的再现成分可能是有害的，也可能是无害的，这通常是不相干的，因为我们在欣赏一件艺术作品的时候，并不需要从生活中带进来任何东西。我们不需要把有关生活观念和事物的知识带入艺术作品中，也不需要熟谙生活中的各种情感。艺术使我们走出人活动着的世界，进入一个审美的世界中，在某些片刻，我们与人的利益相隔绝，我们的愿望和记忆为艺术而凝滞，我们被拔升到生活的河流之上。倾心于研究纯粹的数学家熟悉一种与我所说的相类似的（如果不是相同的话）心理状态，他在思索中体验到一种情感，这种情感并非产生于那些思索与人生之间的关系，而是非人的、超人的，它产生于抽象科学本身。有时我想知道：鉴赏艺术的人和品味数学求解的人是不是结合得还不够紧密。在我们从形式组合中感受到某种审美情感之前，难道我们没有在理性上来感知这种组合的合理性和必要性吗？假如我们这么做了，这就可以解释如下的事实：当我们很快走过一个房间的时候，我们会快速判断出一幅画好不好，尽管我们尚且不能说它已经唤起了我们多少情感。虽然我们并没有停下来全神贯注地收集这幅画中各种形式的情感意味，但是我们似乎已经在理性上认识到了它的合理性。设若事实就是如此，那么我们就可以提出这样的问题：激发了我们的审美情感的东西是形式本身呢，抑或是我们对形式的合理性和必要性的感知呢？但是我想在此我们无须赘述。我一直在探讨特定的形式组合为何会打动我们，假使我曾经探讨的不是这个，而是人们为何会觉得特定的组合是合理的、必然的，以及我们对形式的合理性和必要性的感知为何会打动我们,那么,我就不会走其他的弯路。我必须说的是:全神贯注的哲学家以及推敲艺术作品的人,他们置身于其中的世界本身具有强烈的、独特的意义,它与生活中的意义毫不相干。他们的世界本身就具有情感,而生活中的情感在其中找不到位置。

为了欣赏一件艺术作品,我们只需具备形式感、色彩感和三维空间的知识。我承认一点三维空间的知识对欣赏许多伟大作品来说是必需的,因为人类历史上许多最能打动人的形式是三维的。把立方体或偏菱形看成扁平的结构就会损害它们的意义,而要充分欣赏绝大多数建筑形式就必须具备三维空间感。绘画之所以能够深刻地打动我们,是因为事实上我们把它们视为彼此关联的多个平面,如果我们就把绘画看作平面的,那么它们就丧失意味了。如果对三维空间的再现会被人们称作"再现",那么我同意有一种再现和艺术是相关的。我同样同意,如果要是充分地欣赏每种形式,我们不仅需要具备对线条和色彩的感受力,而且还必须具备空间的知识。然而,有一些优秀的作品无须空间感同样可以欣赏,因此,尽管空间感与欣赏某些艺术作品是相关的,但是它并不是欣赏所有作品都不可或缺的。我必须要说,三维空间的再现对于一切艺术来说既不是毫无干系的,也不是必不可少的,而其他的再现对艺术来说都是没有干系的。

在许多伟大的艺术作品之中,也会出现不相关的再现性成分,或者是描述性成分,这一点也不奇怪,其中的原因我将在别的地方来加以说明。再现未必就是有害的,而高度现实主义的形式也可能是非常有意味的。但是,再现常常是一位艺术家的缺点的标记。一位低能的画家如果无力创作出哪怕能唤起稍许审美情感的形式,他将会通过暗示生活中的情感来弥补这一点,而为了唤起生活中的情感,他必须运用再现的手法。好比一位画家来画死刑的场景,因为害怕有"意味的形式"不能达到目标,因而就试图激起人们的恐惧与同情,以此来达到目标。如果说,艺术家玩弄生活情感的倾向常常是灵感闪烁不定的迹象,那么,观众在形式的背后寻找生活情感的倾向通常就是敏感性有缺陷的迹象,这表明他的审美情感的不足,或者,怎么说也是审美情感不够完美。在一件艺术作品面前,在纯粹的形式中感受不到,或很少感受到情感的人就会感到茫然无措。他们简直是音乐会上的聋子,虽然他们也知道他们面对着某种伟大的东西,但是他们缺少理解这种东西的能力;虽然他们知道他们应该在这种东西当中感受到强烈的情感，但是这种情感恰恰是他们很难感受到的，或者说是他们根本感受不到的。于是，他们就在作品的形式当中寻找那些他们能够感受到其情感的部分，并在其中感受他们能够感受到的情感，即平常的生活中的情感。面对一幅画的时候，他们会本能地后退到他们生活的世界当中，以此作为参照来理解其中的形式。他们把创作出来的形式当作模仿现实的形式来对待，把一幅画当作一张照片来看。他们不是沿着艺术的溪流走到那个审美经验的新世界中，而是一个急转弯，径自返回到人的世界当中。对他们来说，一件艺术作品的意义有赖于他们自己赋予这件作品的意义——艺术没有给他们的生活增添什么，而只是搅动了其中原有的东西。一件好的视觉艺术作品会把一个能够欣赏它的人带到生活之外的快感当中，而把艺术当作体验生活情感的手段，就譬如用望远镜来读报纸。你会发现，那些不能感受纯粹审美情感的人总是按照绘画的主题来记住它们，而那些能够感受纯粹审美情感的人则常常会对一件作品的主题感到茫然。他们从未注意过作品的再现性的成分，因此，他们在讨论绘画作品的时候，谈的是形式的形状以及色彩的浓淡和关系。他们常常会根据一根线条的质量来判断某人是否是好的艺术家。他们只关注线条和色彩，关注它们的关系、用量和质量，但是他们从这些东西之中获得的情感，比从对事实和观念的描述中获得的情感要深刻得多，更要崇高得多。

有人可能会想，上面的最后一句话非常自负——简直太自负了。但是如果我要是解释一下自己对音乐的感受，或许就能够表明我这么说是有道理的，而且能够把我的意思讲得更为清楚。其实我并不懂音乐，不能很好地理解音乐，我发现音乐形式理解起来极为困难。我可以肯定，我无法感受大部分深刻、精妙的和谐与旋律，我所真正能够领略的音乐形式一定是那种非常简单的形式。我关于音乐的观点也不值一提。但是，有时在音乐会上，尽管我对音乐的欣赏是有限的、卑微的，但是这种欣赏是纯粹的；有时，尽管我并不能很好地理解音乐，但是我有一种纯净的鉴赏，因此，当我感到愉快、明朗、热切的时候——比如说在某个音乐会开始的时候——如果演奏的是我所能够领略的乐曲，我就会从音乐中感受到我从视觉艺术中感受到的那种纯粹的审美情感。但是我在音乐中感受到的情感要比自己在视觉艺术中感受到的要少，而且感受到的快感转瞬即逝。我对音乐的悟性太差，所以音乐无法将我带到纯粹的审美快感的世界之中，但是，在某些时刻，我确实将音乐当作纯粹的音乐形式，当作根据神秘的必然性连接起来的音的组合,当作本身具有丰富意味、与生活的意义没有任何关联的纯粹的艺术。在这样的时刻里,我徜徉在视觉艺术常常将我带入的那种无限崇高的境界中。然而,在通常的情况下,我在音乐会上的心理状态是何等低级啊!我要么是那么疲倦,要么是那么迷茫。我的形式感消失了,我的审美情感崩溃了,于是我便在自己所不能领略的乐曲中编织进生活中的观念。由于无力感受严肃的艺术情感,我开始在音乐形式中听取人类的恐惧与神秘、喜爱与憎恨,并在混乱、低等的情感世界中颇为怡然自得。在这样的时候,假使交响乐中出现最粗糙的拟声再现——比如鸟雀的歌唱、骏马的疾驰、孩童的哭叫或是魔鬼的狞笑之类——我也不会感到不快,相反我倒很可能会感到高兴,因为这些声音会为一系列新的浪漫情怀和英雄思想提供新的起点,我清楚发生的一切:我已经把艺术当作感受生活情感的手段,并且在其中听取生活的观念;我已经用剃刀割开那些障碍,已经从审美快感的高高的巅峰跌落到温暖舒适的人性的山脚下。后者是一个欢快的国度,大家不必羞于在那儿尽情享受。在温暖的山谷之中,只有曾经到过那个巅峰的人才会情不自禁地感受到一丝失落,而人们也千万不要因为自己曾经在温煦的土地上和精奇的角落里享尽欢乐,就以为自己能够揣测那些登临过寒风料峭、白雪皑皑的艺术顶峰的人所领略到的那种庄严激扬的快感。

多数人在音乐方面乐于像我这样谦卑。设若他们无法抓住音乐形式,无法从中领略纯粹的审美情感,他们就会承认他们对音乐的理解不够完美,或者是完全不能理解音乐。他们清楚地看到,音乐家对纯音乐的感受和一般音乐爱好者对音乐所暗示的内容的感受是有区别的。后者品味他自己的情感——他们有权这么做——并认识到这些情感是低等的。不幸的是,在关于欣赏视觉艺术的能力方面,人们往往就没有这么谦虚了。每个人可能都会相信,他肯定能够阅尽绘画中所有值得欣赏的东西;如果有些人说还有更多的东西可以欣赏,他可能就会呵斥"胡扯""骗子"。那些感受到纯粹的审美情感的人的良好信用会受到那些从未感受到过这种情感的人的质疑。我想,就是那种盛行的再现成分使普通的人断言他能够辨别好的绘画作品的,因为我已经注意到,在建筑、陶瓷和纺织品方面,无知与无能更乐于遵从那些富有独特的艺术敏感性的人。遗憾的是不能让那些有教养、有天分的人相信:欣赏视觉艺术的卓绝才能和欣赏音乐艺术的卓绝才能一样罕见。我自己在两种艺术中的经验对比使我能够在纯粹的欣赏和非纯粹的欣赏之间作出区分。要求其他人忠实于他们对绘画的感受,就像我忠实于我对音乐的感受一样,这种要求难道过分吗?我可以肯定多数光顾画廊的人确实感受到许多我在音乐会上的感受。他们的确有感受到纯粹审美快感的时刻,但是这些时刻转瞬即逝而且游移迷茫,他们很快就会退回到人类利益的世界当中,并感受到那种虽不失为美妙、却低了一等的情感。我并不想说他们从艺术中感受到的东西是不好的,或是毫无价值的,我是说他们没有领略到艺术的精华所在;我不是说他们无法理解艺术,我更愿意说他们不能理解那些领略到艺术精华的人的心理状态;我不是说艺术对于他们形同虚设,我是说他们没有领会艺术的全部意义;我从来不是要说他们对艺术的鉴赏是可耻的——大部分我所认识的聪敏之士都不能纯净地欣赏视觉艺术。此外,顺便说一句,对几乎所有伟大作家的作品的欣赏也是不纯净的。但是,只要还有一点纯粹的审美情感,那么,我敢肯定,即便是一种混杂的、些微的艺术欣赏也是这个世界上珍贵的东西之一。这种东西是如此珍贵,真的,所以在一些眼花缭乱的时刻我不禁相信:艺术可能证明着世界的救赎。

尽管艺术的回响和阴影丰富着平凡众生的生活,但是它的精神栖身于高高的山巅之上。对于那些虽然追求它、追求却并不纯净的人,它会报以丰富的、他们自己带到艺术中来的生活情感,就像太阳一样,它温暖着肥沃的土地中的优良的种子,使之生长并结出硕果。但是,只有对那些完美的情人,它才会拿出一个新奇的礼物,一个不可估价的礼物。不完美的情人带到艺术中的是他们自己时代和文明的观念和情感,他们从艺术中得到的也是这些东西。在20世纪的欧洲,一个人可能曾经为一座罗马式的教堂深深打动,但是在一幅唐代的画中一无所获;在更迟的一个时代里,一个人会觉得希腊雕塑很好而墨西哥雕塑一无是处,因为他只能把熟悉的情感带入前者之中。但是,完美的情人能够感受到深刻的形式意味,他超脱于时间和地点的偶然因素之外,对他来说,考古学的、历史的、圣徒传闻的内容都是无关紧要的,如果一件作品的形式是有意味的,那么它的出处是毫无关系的。在卢浮宫壮观的苏美尔人雕像面前,完美的情人顺着情感的河流获得一种审美快感,这种快感和四千多年前的迦勒底情人获得的情感是一样的。伟大艺术的标记就在于它的魅力是普遍的、永恒的。① 对能够感受到审美情感的人来说,"有意味的形式"总是能够唤起他们的审美情感。人类的观念总是嘈杂不堪,然后就像小虫子一样销声匿迹;人类改变他们的机构和风俗,就像换件衣服一般容易;在一个时代胜利的某种理性往往是另一个时代的敌人,只有伟大的艺术依然经久不变,从来不曾黯淡过。伟大的艺术之所以永葆光辉,是因为它所唤起的情感超越了时空,因为它的王国不是此时此地的世界。对那些具有形式意味感的人来说,打动他们的形式无论是前天在巴黎创作的,或是五千年前在巴比伦创作的,这又有什么关系呢?艺术的形式是永不枯竭的,但是它们都沿着审美情感这条道路通向同一种审美快感的世界。

(选自[英]克莱夫·贝尔《艺术》,薛华译,江苏教育出版社2005年版)

---

① 罗杰·弗莱(Roger Fry)先生同意我使用一个可以说明我的观点的有趣的故事。当《日本庙宇珍宝》的官方编辑第一次来到欧洲的时候,他对于那些由于缺少再现的愿望和再现的技巧,因而没有创造逼真的幻象,而是集中精力来创造形式的艺术家的作品,理解起来并没有什么困难。他立即就能够理解拜占庭大师们以及法国和意大利原始作家的作品。另一方面,在那些带着描述性的考虑和文字逸闻兴趣的文艺复兴画家们的作品中,他只能看到粗俗与困惑。在这样的作品当中,艺术普遍的、本质的性质,即"有意味的形式"丧失了,或者说缩减为狭窄的溪流,为杂乱茂盛的杂草所覆盖,因此,它不能唤起审美情感这样普遍的反应。直到他看到亨利·马蒂斯的作品的时候,他才感觉自己置身于纯粹的艺术世界之中。与此相类似,具有敏感性的欧洲人能够立即对伟大的东方艺术中的"有意味的形式"作出反应,而面对中国业余艺术爱好者所心仪的琐屑逸事和社会批判却无动于衷。

罗杰·弗莱与《视觉与设计》

经典导读

罗杰·弗莱（Roger Fry，1866—1934），英国形式主义美学家和艺术批评家。早年在布里斯托克利夫顿学院和剑桥大学国王学院接受教育，毕业后在巴特（Francis Bate）门下和巴黎朱利安学院（Academie Julian）学习绘画。他创造了"后印象主义"（Post-Impressionism）一词，由此命名了一个时代，成为1910年前后英国现代主义事实上的创始人。他在多篇文章中探讨艺术形式、审美经验、艺术教育、艺术与生活的关系等问题。其论文集《视觉与设计》集中体现了他的思想。这部书被克莱夫·贝尔誉为"自康德以来对这门科学所做的最有益的贡献"[①]。

与克莱夫·贝尔一样，弗莱是英国形式主义的代表。在《视觉与设计》中，弗莱认为，审美形式是现代和古代艺术评论的基础。通过研究后印象派绘画，弗莱认识到西方绘画正面临着根本性的转折，这就是从客观再现转向主观表现，从注重形象的描述转向视觉形式的经营和构造。后印象派因其形式的离经叛道而受到当时传统艺术评论界的批评和诘难，而弗莱的形式理论正是在为后印象派辩护的过程中形成的。他指出："现在这些艺术家不追求毕竟是苍白地反映真实表象的东西，而是去唤起一种新颖明确的真实的信念。他们不求模仿形式，而是创造形式；不模仿生活，

[①]《外国美学》编委会编：《外国美学》第8辑，商务印书馆1992年版，第345页。

而是发现一种生活的代码。……他们希望通过逻辑的清晰结构和质感的严密统一所创造的形象,引起我们对同样生动的某些事物无利害感的和观照的想象。"① 这一论点可以用弗莱提出的两个概念之别来理解,即自然(现实)与艺术的区分。弗莱指出:"人具有两重生活的可能性,一种是现实生活,另一种是想象生活。"这一区分虽然是康德形式美学的继续,但对理解"现实和艺术"或"再现与表现"的关系很有帮助。现实生活往往关注一般现实、伦理和道德,而想象生活则是无功利、无实用价值的,是加入个人想象的存在。弗莱认为,"在现实生活中反应行动负有道德责任,在艺术中我们没有这种责任——它体现为一种从我们客观存在的有约束力的需要中摆脱出来的生活"。想象生活中更多的是个人的情感和体验。艺术生活正与想象生活相关,如绘画,它是想象生活的表现,而不是模仿现实生活。因而,后印象派"无疑是企图放弃所有与现实形式相似的东西,去创造一种纯粹抽象的形式语言——视觉的音乐"②。

弗莱因此反对将艺术与生活简单地联系在一起。艺术反映生活,但是这种反映绝对不是简单的反映。因为艺术是一种特殊的精神活动,有自己的独立的发展规律和自律性的价值。他说:"如果我们考虑到艺术作为特殊的精神活动,无疑会发现它有时接受来自生活的影响,但基本上是自足的——我们发现变化的节奏和顺序主要是由它自己的内在力量——由它自身因素的调整——而不是外部力量来决定的。当然我承认这多少受到经济变化的制约,但这些制约完全是它所存在的条件,不是直接的影响。"③ 所以他认为,"通常直接假定生活与艺术之间的决定性联系绝不是正确的"④。弗莱用历史中的实例来论证这一命题的正确性,从中世纪到文艺复兴再到启蒙时代,直至弗莱所生活的"后印象主义"的时代,艺术的发展并非简单的生活推动的结果。历史上艺术与生活时而分离,时而结合,但是它们的关系并非必然的,而是具有偶然性的。而真正需要明确的是,作为艺术创造和欣赏,审美感觉非常重要。这种审美感觉不是生活的感觉,它悬置了艺术与生活的联系,是纯粹的、有距离的、是无功利的。所以弗莱认为,"所有的艺术都取决于多大程度上脱离对日常生活感觉

---

① [英] 罗杰·弗莱:《视觉与设计》,易英译,江苏教育出版社2005年版,第154页。
② [英] 罗杰·弗莱:《视觉与设计》,易英译,江苏教育出版社2005年版,第154页。
③ [英] 罗杰·弗莱:《视觉与设计》,易英译,江苏教育出版社2005年版,第6页。
④ [英] 罗杰·弗莱:《视觉与设计》,易英译,江苏教育出版社2005年版,第6页。

的实际反映,而释放出一种纯粹的、脱离现实的精神功能。"①

此外,受到现代科学的影响,弗莱十分关注从生理学和心理学角度研究审美经验。在《视觉与设计》中,他提出了"创造视觉"的概念,指出艺术家在生活中的主要工作以第四类的视觉方式来进行,即创造视觉。这种视觉方式是与想象生活相关的,它要求彻底地脱离表象的任何意义和含义,将混沌变成和谐,从而将日常视觉逐渐变形为创造的视觉。即"当艺术家观照特殊的视觉范围时,(审美的)混沌与形式和色彩的偶然结合开始呈现为一种和谐;当这种和谐对艺术家变得清晰时,他的日常视觉就被已在他内心建立进来的韵律优势所变形了"②。弗莱认为,我们在长期的生活中双眼已经被蒙蔽了,由于生活的原因,我们会对某些事物视而不见。人们更习惯于用速记的方式来理解生活的含义,即抓住主要枝干而将细微的感受都屏蔽掉,我们只关注实用性,没有实用性的对象往往被我们忽略掉。弗莱深刻地意识到现代人审美视觉的缺失,但他也给出了恢复这一感觉的途径。他在书中详尽地描述了艺术家如何观看艺术作品,认为"这就是我们用以观照艺术品的审美视觉的实质。这就是艺术家用以观察他周围任何事物的视觉,……如果有人也能采用这种视觉,他就可以和艺术家一样获得正确的判断"③。

弗莱的美学和艺术理论对现代艺术和美学产生了深远的影响。正如有学者指出的:"弗莱对20世纪上半叶公众观看和理解艺术的方式所产生的巨大影响力,使其成为那个世纪的精神领袖之一。"④ 弗莱系统发展了德语国家的视觉形式理论,但更加强调艺术形式的自律性和自身价值,而前者更注重从知觉方式的变化来探讨视觉形式,同时将形式的探讨与"生命感""世界观"和"艺术意志"有机地联系在一起。⑤ 当然,弗莱晚年对艺术形式与生活的关系做了进一步的探讨,逐渐改变了之前认为艺术与生活无关的理论观点,开始承认形式的精神分析学意义,希望"通过将再现与形式主义范式综合起来而又不放弃纯粹审美经验的理想,从而将现代主义重新整

---

① [英]罗杰·弗莱:《视觉与设计》,易英译,江苏教育出版社2005年版,第156页。
② [英]罗杰·弗莱:《视觉与设计》,易英译,江苏教育出版社2005年版,第32页。
③ [英]罗杰·弗莱:《视觉与设计》,易英译,江苏教育出版社2005年版,第32页。
④ John Murdoch: "Foreword," in *Art Made Modern: Roger Fry's Vision of Art*, ed. Christopher Green, London: Courtauld Gallery, 1999, p.5. 转引自沈语冰《罗杰·弗莱的批评理论》,《美术研究》2008年第4期。
⑤ 关于德语国家视觉形式的具体阐释,可参见曹晖《视觉形式的美学研究》,人民出版社2009年版,第3~33页。

合进更广阔的艺术史传统"①。弗莱的这种转变既反映了他本人的矛盾立场,也反映了艺术形式自身的复杂性。

───── 延伸阅读文献

1. Frances Spalding, *Roger Fry, Art and Life*, New York: Black Dog Books, 1999.
2. Caroline Elam, *Roger Fry's Journey: From the Primitives to the Post-Impressionists*, Edinburgh: The Watson Gordon Lecture, 2006.
3. Virginia Woolf, *Roger Fry*, London: Penguin Books, 1940.
4. Clive Bell, *Art*, London: Chatto & Windus, 1914.
5. Henri Focillon, *The Life of Forms in Art*, New York: Zone Books, 1989.
6. [英] 罗杰·弗莱:《视觉与设计》,易英译,南京:江苏教育出版社2005年版。
7. [英] 罗杰·弗莱:《弗莱艺术批评文选》,沈语冰译,南京:江苏美术出版社2010年版。
8. [英] 克莱夫·贝尔:《艺术》,薛华译,南京:江苏教育出版社2005年版。
9. [瑞士] 海因里希·沃尔夫林:《艺术风格学——美术史的基本概念》,潘耀昌译,北京:中国人民大学出版社2004年版。
10. [奥地利] A.李格尔:《罗马晚期的工艺美术》,陈平译,长沙:湖南科学技术出版社2001年版。

(曹晖 撰)

───── 原文:《视觉与设计》(节选)

---

① [英] 罗杰·弗莱:《弗莱艺术批评文选》,沈语冰译,江苏美术出版社2010年版,译者导论第34页。

经典原文

视觉与设计（节选）

罗杰·弗莱 著　易英 译

■ 论美感

一位在当今颇有名望的画家在一本论及他本人的艺术的小册子中给艺术下了一个简明的定义，我以此作为这篇文章的出发点。

那位著名的权威说："绘画是以颜料为工具在一个平面上模仿立体物象的艺术。"[①] 其简明还是值得称赞的，但也带来了问题——这就是艺术的全部含义吗？如果是的，就会引起大量不必要的混乱。如今在他身后再来否定这位功成名就的现代画家是没有意义的。确实，柏拉图早就对艺术作过十分相似的阐述，他自己提出了问题——那么艺术有价值吗？经过谨慎和无情的推理，他得出结论：艺术是没有价值的，并力求将艺术家从他的理想国里驱逐出去。[②] 不管怎样，世界还是坚持认为绘画是有价值的，虽然绘画艺术对世界的贡献有多大，一直不甚了了，但世界仍赋予画家以荣誉和崇敬。

我们能就绘画艺术的本质得出何种结论？这个结论将全面解释我们对绘画的感情，至少能将绘画归类于某种相关联的其他艺术，而不使我们陷入由纯粹模仿的理论带来的极端混乱之中。我想，必须承认，如果模仿是绘画艺术的唯一目的，那么很奇怪，这类艺术品并不被看成奇品异物或精巧的玩具，而是由

[①] 约翰·科利尔（John Collier, 1850—1934）在《油画指南》中写道："以颜料为工具在一个平面上再现自然物体是非常明确的事实，大多数人有能力判断这种再现是否真实或错误……"约翰·科利尔是一位肖像画和主题性绘画画家。

[②] "那么这是可能的，如果一个人来到我们的城市，他如此聪明，能扮演各种角色，模仿各种事物，将有意公开展示他的才能和作品，我们将把他作为一个神圣的、值得赞美的和有魅力的人物来崇敬，但我们还将告诉他，在我们的国家里没有一个像他那样的人……我们将把他送往别的城市……"（《柏拉图的理想国》，J. L. Davis 和 D. J. Vaughan 译，剑桥，1866，pp.92—93）

成年人来认真理解领会。同样，绘画如果不具有与其他艺术显而易见的密切关系也是不可思议的，如在音乐和建筑这些门类的艺术中，对客观物象的模仿就只占微不足道的比例。我在本文中为自己规定的目标是得出这种结论，即使结果不是决定性的，但对问题的探讨也会将我们引向不是完全没有成果的一种绘画艺术的观念。

我必须从一些基本的心理学问题，从考查直觉的本质开始。当世界上大量事物出现在我们的视觉中时，我们便启动一种复杂的神经机能，并导致某种本能的相应行动。我们在野外看到一头公牛，除非尽力克制，就会发生完全没有我们意识干扰的神经变化过程，这将导致相应的逃跑反应。引起逃跑的神经机能所产生的某种精神状态，我们称为恐惧情绪，动物的全部生活和人类的大部分生活都是由这些对可感事物的本能反应及随之而来的情绪所构成的。但人类具有特殊的功能，能在他的意识中再次唤起对这类以往经验的反应和重温这种经验，即我们所说的"想象"。这样，人具有两重生活的可能性，一种是现实生活，另一种是想象生活。两种生活之间有很大的差别，自然选择的过程带来本能反应，例如从危险中逃跑，将是整个过程的重要组成部分，人把全部自觉意识的努力转向这种反应。但在想象生活中这种行动是不必要的，因为整个意识可能集中在经验的感觉和感情方面，通过这种方式我们从想象生活中得到不同层次的价值标准和不同类型的感觉。

从照片中我们可以简略地看到这种想象生活的实质的一个奇怪的侧面。几乎在每一方面，照片与生活都一模一样，除了心理学家所谓的我们对感觉反应的意动部分，这即是说，相应的会产生结果的行动中断了。如果我们在一张照片上看到了一辆飞奔的马车，既不会想到要躲到一边去，也不会英雄式地去拦截马车。首先，其结果是我们清楚地看到了照片上的事情，看到一些非常有意思但与我们无关的事情，它们不会干扰我们在现实生活中的意识，而实际上是使我们的相应反应转变方向的问题。我记得在一张照片上看到一列火车开进国外的一个车站，人们从车上下来，那儿没有站台。使我十分惊奇的是看到一些人着地后在原地转圈，似乎在辨别自己的方位。现实生活中有几百次机会在我眼前出现这种近乎可笑的表演，但从没引起我的注意。在真正的火车站上，不会有人像一名观众一样来观看，而是一名在搬运行李或预定车票的戏剧中演出的演员，在实际生活中看到某种情况时会促成相应的行动。

其次，关于照片的场面，人们注意到由此引起的无论何种感情都更清楚地呈现在意识中，虽然这种感情比日常生活中的感情要来得微弱。如果呈现出来的场面是一次事故，因为人们没有像生活中那样立即采取援救的行动，尽管我们的怜悯和恐惧很微弱（因为我们知道没有人真正受伤），却被非常纯粹地感觉了。

看一面反映出街景的镜子时，可以获得一种和看照片的场景相似的效果。如果我们直接看着街道，肯定会用一些方式使自己适应街上的实际情况。我们认出了一个熟人，不明白他为什么今天早上神情忧虑，或者我们又对一种新样式的帽子发生了兴趣——当我们产生这些念头的时候，符咒就被解除了，无论从多么微小的程度来说，我们正在对生活本身做出反应。但是在镜子里，我们很容易使自己完全超脱出来，从整体上审视正在变动的场景。这时，镜面立刻体现出幻象性，我们成了真正的观众，我们将看到没经过筛选的事情，而且平等地看待一切现象。因此，我们逐渐发现一些以前没有注意过的现象和现象间的关系，因为通过选择我们将所吸收的印象不断删减，在生活中这项活动是通过无意识过程完成的。确切地说，镜子的边框是在一定范围内将反映出来的场景由属于我们现实生活的那部分转变到想象生活中去了。既然镜框使我们获得艺术的幻象，镜面就成为一件最基本的艺术品。你可能会想到，这就是我要得出的全部结论，即艺术生活与想象生活密切相关，所有的人在或大或小的范围内都处于这种生活之中。

可以从对儿童的观察中推想出，绘画艺术是想象生活的表现而不是模仿现实生活。我相信，如果让儿童自己去画，他不会模仿所见的事物，即我们所说的"模仿自然"，而是以愉快的自由和诚挚来表现构成他们想象生活的主观形象。

艺术是这种想象生活的一种表现和刺激，缺乏反应行动的想象生活与实际生活相分离。在现实生活中反应行动负有道德责任，在艺术中我们没有这种责任——它体现为一种从我们客观存在的有约束力的需要中解脱出来的生活。

那么，什么是所有人都多少生活在其中的这种想象生活的标准呢？对一个只接受伦理标准的纯粹的道学家来说，为了证明这个标准的正确性，它必须不仅不妨碍，还要实际上促进正确的行为，否则这个花费了我们精力的行为不仅无益，反而是有害的。对这种标准可能有两种看法，一种是最褊狭的清教徒观点，认为想象生活如果不优于感官愉悦的生活，甚至更糟的话，就要受严厉的谴责。另一种观点则争辩说想象生活有助于道德。像罗斯金那种道学家有这种观点是难免的，在他看来，想象生活仍然是一种绝对的需要。这种观点会引起一些非常艰难而特别的争辩，甚至导致一种本身就不合道义的自我欺骗。

在这儿牵涉到宗教的问题，因为宗教也是一种想象生活的现象，尽管它宣称对人的品行有直接的影响。我并不认为一个明智的宗教人士会完全依据宗教对道德的影响来证明它的正确性，因为从历史上看，二者无论如何不具有相同的优势。人们可能会说宗教经验与人的本质的某种精神能力相一致，这种经验的运用除了对现实生活的影响，在其自身也是有益的、合乎道德的。不过，我也认为如果艺术家采取某种神秘的态度，他就可以宣称他的想象生活在充实性与完美性上可以和比我们所知道的任何道德生活更真实更重要的生活方式相一致。

按这种说法，他的辩解将会在大多数意见中得到同情的反应，因为我想大多数人会认为出自艺术的快感具有完全不同的特征，比唯感官的愉快要重要得多，它们发挥的功能被认为属于我们的任何部分，完全不是短暂的和物质的。

从这个观点看，我们可能宁愿根据现实生活与想象生活的关系来证明现实生活的正确性，根据现实生活与艺术的相似程度来证明自然的合理性。我的意思是说，既然想象生活经过一段时间在一定程度上逐渐体现出人类感觉到的事物是它自身本质的最完整的表现和天赋能力的最自由的发挥，那么虽然有些偏颇和不恰当，现实生活就可以根据它在此处或彼处与更自由完美的生活的相似来解释和证明它的合理性。

在离开艺术的合理性的话题之前，我再从另一个方面来谈谈。人的想象生活在不同的时代有不同的标准，这些标准与现实生活的一般道德标准是不一致的。例如，当我们读到使我们震惊的13世纪的野蛮和残酷时，会承认今天的道德水平和一般的人性明显高于过去，但我们的想象生活水平无可比拟地低于过去；我们确信深深震撼着13世纪的是粗俗、十足的野蛮与卑劣。我们承认道德有令人满意的进展，并不以任何损失为代价；我们难道不认为普通商人的想象生活如果不是这样低劣和混乱，他们在各方面就会得到更多的赞扬和尊敬吗？那么，如果我们承认有什么损失的话，那就是在人的某些自然本能方面，而不是在纯道德方面，后者具有可操作的实用价值。

想象生活在种族和个人都有自己的历史。在个人生活中，出自相应反应行动所需要的自由经验的首要影响之一是无节制地沉浸在高傲自大的感情中。一个儿童的白日梦充满了夸张的浪漫故事，他在这些故事中总是一个不可战胜的英雄。音乐——在所有艺术中为想象生活提供了最强烈的刺激，同时对自己的走向又最缺乏控制力——在人生的某一阶段，音乐才会在近乎荒谬的范围内引起这种利己主义的自鸣得意的效果。托尔斯泰似乎相信这是唯一可能的效果。①但随着经验的教育和性格的成熟，想象生活逐渐对其他本能产生反应，满足其他的愿望，直到它最终反映了人性所能具有的最高尚的希望和最深刻的憎恨。

在梦中，或是在麻醉药的迷蒙中，想象生活脱离了我们的控制，在这种情况下，它的经验可能不被重视。但无论何时，只要它仍在我们的控制之下，就肯定是值得向往的生活。这并非说想象生活总是愉快的，非常清楚，人类的构成就是这样，除愉悦之外还有更多的东西要追求，对我们将提到的伟大艺术家和想象生活的代表人物中的大多数人来说，单纯的愉悦只是所追求的目标中的很小一部分。想象生活的长处十分明显地区别于现实生活，同时是最基本的差异的直接结果，即它免除了必要的外部条件。如果我是正确的话，艺术就是想象生活的主要方式，想象生活通过艺术在我们内心产生动力并得到控制。我们知道，想象生活是通过更清晰的感觉和更纯粹自由的感情而得以表现出其特色的。

首先来谈更清晰的感觉。我们在现实生活中对视觉的要求是绝不可少的，视觉在其使用过程中也高度专业化了。我们学会仅用极经济的目光来观看，甚至这对我们的目的也是必要的；事实上用很少的目光来识别每个物体或人物已足够了，对象被看了，它们进入了我们精神通道的入口，就不用再作认真的观察了。在现实生活中，普通人对他们周围的事物只是认真看看标签，就不愿费更多事了。几乎所有的事物无论在哪方面都多少打上了这种无形的标记。存在于我们生活中的物体只有不带其他目的，仅是为了观赏，我们才会去认真地观看，如一件中国的装饰品或一颗宝石，大多数普通人在一定程度上是采取从生活必需中抽象出的纯视觉的艺术态度来看待这些艺术品。

现在这种视觉的专门化走得太远了，普通人对事物究竟是什么样子几乎

---

① 托尔斯泰并没有明确地说到这一点，但他责备贝多芬的第九交响曲不能"把所有的人统一在一种共同的感情里面"。（列夫·托尔斯泰：《什么是艺术？》，Aylmer Maude 译，第3版，1898，p.173）

毫无概念,很奇怪的是由于大多数普通人的整体生活方式,运用于绘画的通用批评标准,即艺术品是否肖似自然,已妨碍他们正确运用它。他们真正能看到的不过是另一类画;当一个观察自然的画家带给他们的是根据他亲眼所见的事物而做的明确记录时,他们会为他不忠实于自然表示愤慨。这种情况在我们这个时代就经常发生,无须作更多的证明。仅举一例就够了,莫奈是这样一个画家,他具有真实地再现自然的某些特性的惊人才能,他的首要任务是认识置于这种才能面前的事物,然而他真正的天真与诚挚却被公众当作最肆无忌惮的欺骗;他们要求巴斯蒂安-勒帕热①那种给人启迪的作品,后者巧妙地在真实与模仿真实的可以接受的惯例之间调和折中,使世界逐渐转向承认在乡下独自漫步时,以既定的无偏见的纯视觉所见到的真实。

  虽然我们在想象生活中发现的这种清晰化的感官知觉非常重要,虽然它在绘画艺术中比在其他艺术中起更重要的作用,但是,是否想象生活——虽然它有趣、奇特,富于魅力——本身使艺术对人类具有深刻的重要性,也许是值得怀疑的。但我认为感官知觉不同于感情的部分。我们已经承认一般说来想象生活的感情比现实生活的感情要微弱一些。……我认为,现实生活中更强烈的感情有一种麻木的效果,类似于某些动物恐惧的麻痹感应;即使这种经验不能得到普遍认可,但也会承认,急切催促我们的反应行动妨碍我们全面理解感情是我们感觉的产物,以及妨碍感情完美地与其他境况协调一致。总之,我们实际所经验的动机与我们过于密切而使我们不能清楚地感受到感情。它们是在一种难于理解的感觉中。相反,我们在想象生活中能感觉和观察到感情。当我们在剧院里真正被感动的时候,我们总是在舞台上或包厢里。

  关于想象生活的感情还有另一方面——既然这种感情不要反应行动,我们就能给它们一种新的评价。现实生活中,我们必须在一定程度上高扬那种导致实用行动的感情,我们有义务根据作为结果而产生的行动来评价感情。例如,敌对和竞争的感情得到不应有的鼓励,反之,看起来有高度内在价值的某种感情在现实生活中却得不到鼓励。又如,那些已被赋予喜剧感情的名声的感情在生活中几乎没找到立足之地,但它们既然属于我们本性的某种深层的原动力,

---

① 巴斯蒂安-勒帕热(Bastien-Lepage,1850—1884):法国"外光派"重要画家,对英国新艺术俱乐部早期活动有重要影响。

在艺术中也会成为重要的因素。

道德根据作为结果而产生的行动为标准来欣赏感情。艺术以自身或为其自身来欣赏感情。

感情是艺术中重要的基本因素,这一观点是托尔斯泰精彩而新颖的,仍被视为反常的,甚至是令人恼怒的著作《什么是艺术?》中的核心思想。虽然我并不同意他的结论,但乐于承认从他那儿获益匪浅。

托尔斯泰举了一个例子来说明他所谓的艺术是传达感情的工具。他说,让我们来设想一个小伙子在森林里被一只熊追赶。① 如果他回到村子里仅仅叙述他被熊追赶和逃跑,那只是普通的语言,传达事实或思想的工具;但如果他叙述这次经历首先用漫不经心的口气,然后突然变得紧张和恐惧,好像熊真的出现一样,最后说到他逃走时松了一口气,这样,在叙述事情的过程中他的听众分享了他的感情,那么这种叙述就是件艺术品。

小伙子为了促使村民们出去把熊杀了,虽然他可能使用艺术的方式,但就他这种行为而言还不是纯粹的艺术品;但如果是在一个冬夜,小伙子为了欣赏这次历险的缘故而回忆他的经历,或更有甚者,为了想象的感情的缘故,他编造了整个故事,那他的讲述就成了纯粹的艺术品。但托尔斯泰采用了另外的观点来评价完全因为艺术对现实生活的反应而引起的感情。尽管,这种观点致使他谴责米开朗琪罗、拉斐尔和提香的全部艺术和贝多芬的大部分艺术,而唯独不提到他自己写的任何作品是好的还是糟的,他还是勇敢地维护这种观点。

我想,这样一种观点将使任何缺乏勇敢精神的人踌躇不前。他不明白在有关一种普遍功能的问题上,不论其价值如何,人类是否在根本上就错了。就事实而言,他将找到其他的词来表示我们今天所称的艺术。托尔斯泰的理论不能使他平安地读完自己的书,因为在他的合乎道德需要的,即优秀艺术的例子中,他不得不承认这些观点绝大部分是来自质量低劣的作品。因此我们必须放弃根据艺术对生活的反映来评价艺术的意图,而将它看作以自身为目的的一种感情表现。这又把我们带回到已经得到的思想。艺术是作为想象生活的表现。

那么,如果由人创造的非实用的任何一件物品,尽管适合现实生活,但作为一件艺术品,一件对想象生活有益的作品,将是什么样的性质?首先它必须

---

① 在托尔斯泰的故事中是一只狼。

是无利害的观照的极致,我们已经发现这是排除反应行动的结果。它必须适应我们从那种结果中发现并得到强化的感受力。

在我们的感觉中,我们所要求的性质首先是秩序,没有秩序我们的感觉会混乱不堪和茫然无措,其次是变化,没有变化感觉不能得到足够的刺激。

对此可能有不同意见,自然中许多东西,如花卉,同时拥有秩序和变化这两种性质,这些东西无疑刺激和满足了作为美感特征的清晰和无利害的观照。但我们对艺术品的反应不仅如此——还有目的意识,这是一种对于为了明确唤起我们所经验的感觉而创作这件作品的人表示同情的意识。当我们来到高大的艺术品前面时,感觉的处理在这儿唤起我们内心深沉的感情,与表现这些感觉的人有一种特殊联系的这种感情变得十分强烈。我们感到他表现了任何时候都可能潜藏于我们内心的某种东西,但我们从没意识到它,他在表现他自己时也使我们感到自身得以表现。我相信,这种目的意识是审美判断的一个基本部分。

在一件事物中,有目的的秩序和变化的感觉使我们产生这是根据"那是美丽的"来表现的感情,当我们的感情通过感觉的方式调动起来时,我们在其中也要求有目的的秩序和变化,但如果这种感情是因为牺牲感觉之美而产生的话,我们宁愿不要这种感情。

从纯感觉的观点来看,不必为一个瓷罐的丑陋而不安,伦勃朗和德加的画为什么会是崇高与壮美的丑,自有其理由。

我想,这将解释"美"这一词在两种截然不同的使用之间的明显差异,一种为了具有感官的魅力,另一种则是为了给我们面前的物体通常是极丑的地方以有想象力的艺术品的审美认可。在前者的观念中,美仅属于艺术品的一个方面,即在想象生活的知觉部分被运用了的地方;在后者,美似乎成为超感觉的,与被引起的感情的适应性和强度相联系。当这种感情是以完全满足我们认可的想象生活所需的方式而引起时,愉悦便通过我们所欣赏的感觉上升到经验,因为它们拥有关于那感情的秩序和变化。

在艺术品中,秩序的一个主要方面是统一性;某种统一性对我们将艺术品作为一个整体来宁静地观照是必要的,如果它缺乏统一性,我们不能在整体中观照它,我们会绕过去,必然从其他方面完成它的统一性。

在一幅画中,这种统一性归于视觉对画面中心线注意的平衡,这种平衡使视线轻松地停留在画面范围之内。哈佛大学的登曼·沃尔多·罗斯在他的《纯粹设计理论》中对以初步思考为基础的这种平衡做了最有价值的研究。他在一个公式中概括了他的结论：构图是它所展示的有意义的、成比例的、在数的秩序中的联系。①

　　罗斯博士明智地将抽象的和无意义的形式排除在他的研究之外。当再现性被带进形式时会产生一些全新的价值，例如，表明头部突然转向某个方向的一根线条比仅作为构图中的一根线条具有更重要的价值，因为一个显明的姿势对眼睛有吸引力。几乎在所有的绘画中，因再现性效果的原因都产生对纯装饰性价值的干扰，并因为几何学的证明使问题复杂化了。

　　而且，仅作为装饰性的统一在不同的艺术家和不同的时代有完全不同的强度。构图中紧凑的几何形结构在英雄式或纪念碑式的设计中比在小尺寸的风俗画中更加必要。

　　看来我们对绘画设计中统一性的欣赏可能分为两类。我们仅习惯于只考虑若干注意力的平衡所产生的统一性，这又取决于一幅有框的画把画面同时呈现在眼前，我们忘记了可能还有其他的绘画形式。

　　在某些中国绘画中，太大的画幅使我们不能立刻看到整个画面，我们也不打算那么做。有时一处风景是画在一卷很长的绢上，我们只能逐段地分片欣赏，当我们在一端把画幅打开，在另一端把它卷起来时，我们就游历了辽阔的原野，可以顺着河流的源头直到大海来探索它的变迁，当这一切完成后，我们对画面的统一性得到一个十分清楚的印象。

　　对我们来说，这样一种连续的统一性在文学和音乐中当然是熟悉的，在绘画艺术中也发挥作用。它取决于以这样一种连续形式呈现于我们眼前，每一连续部分都感到与前一部分有一种基本的和谐关系。这使我想到在欣赏作品时我们对绘画统一性的感觉大多是这种性质；如果是一件优秀作品，线条的每一抑扬顿挫如同我们的目光沿着线条的运动使我们产生的秩序和变化感。可能，这样一幅画几乎完全没有我们习惯上对一幅画所要求的几何形平衡，但它仍具有，而且是高层次的统一性。

---

① 登曼·沃尔多·罗斯（Denman Waldo Ross）：《纯粹设计理论：和谐、平衡、节奏》，马萨诸塞州：波士顿和剑桥，1907。

现在让我们看看艺术家是怎样通过满足我们对秩序和变化感的要求的阶段，达到激发我们感情的目的。我将之称为受不同方式影响所构成的感情因素。

第一个因素是用于勾画形式的线条的节奏。所画出的线条是一种姿势的记录，通过直接传达给艺术家的感情使姿势得到修正。

第二个因素是体积。我们认识一件物体，是因为它具有使我们感觉到的对抗运动的力量，或将它自己的运动传达给另一物体时产生的惯性，当它被这样表现出来时，我们对它的想象反应由我们在现实生活中关于体积的经验所控制。

第三个因素是空间。在用非常简单的方法在两张纸上制作同样大小的正方形，看起来既可以像表现了两三英寸高的立体，也可以像几百英尺高的立体，我们对空间的反应是按比例变化的。

第四个因素是光与形。我们所看到的物体被强光照射并衬以黑色或深色的背景，会使我们对同样的物体产生完全不同的感觉。

第五个因素是色彩。这个有直接感情效果的因素明显出自与色彩相关的一类词——欢快、阴沉和忧郁等。

我还可以提到其他因素，虽然这可能不过是体积与空间的混合物：亦即对一个斜面的观察，它是否逼近或离开我们。

已提到的所有构成这些感情的因素几乎都与我们生理存在的基本条件相联系：节奏诉诸所有伴随肌肉运动的感觉；体积诉诸所有无限适应我们被迫产生的重力；空间判断在其对生活的运用上具有相等的深度与广度；我们对斜面的感觉与我们对地球本身构造的必然制度相联系；光线也是我们必需的生存条件，我们对光线强度的变化十分敏感。色彩是唯一对生活不具有关键性和普遍的重要性的因素，它的感情效果既没有深度也不像其他因素那样清晰明确。那么，可以认为绘画艺术是通过运用可以引起我们主要的生理需要的一些联想因素而调动我们的感情的。它们确实具有这种诗歌难以相比的巨大优势，它们比我们非生理存在的感情附属物更具直接和迅速的感染力。

如果我们用简单的图解式手法罗列这些不同的因素，必须承认，这种效果在感情上是非常微弱的。例如，在肌肉感觉刺激下的线条节奏与音乐中传向耳朵的节奏相比，其微弱程度是不能同日而语的；这种曲线图最多能引起像幽灵一样细微的不同性质的感情反应；但这些感情因素与自然表象，首先是人体的表象融合为一体时，就会发现这种效果被无限升华了。

例如，我们在欣赏米开朗琪罗的《耶利米》①时，意识到他的运动具有不可抵御的力量，我们体验到景仰与敬畏的强烈感情。或者我们在乌菲齐博物馆看到米开朗琪罗的《圣家族》②时，发现这样安排的一组人物：画面上有一个在宽度与人物等级上可以比较的顺序，地面上的造型以明显感觉到的等级上升到一个超越一切的顶点，无数本能的反应被调动起来。③

在这点上他的敌手（如莱昂那多·达·芬奇所称）完全可以这样反驳：你从自然形式中抽象出一些所谓感情因素，并用图解式的线条来表现它们，你自己也承认，它们显得非常贫乏无力，然后借助于米开朗琪罗，你又把它们放回到派生了它们的自然形式中去。它们立刻身价百倍，因此，它最终说明了自然形式包含了这些已经为我们编排好的感情因素，而艺术必须做的一切是模仿自然。

但是，自然对想象生活的要求是无情而冷漠的，上帝将他的雨水同时降落在公正与不公正之上，太阳忽视了给胜利的拿破仑或垂死的恺撒提供恰到好处的舞台灯光效果。④我们没有确切的保证，在自然中感情因素会恰如其分地与想象生活结合在一起，我认为，首先给予我们在感觉范围内的所有秩序和变化是绘画艺术的重要职能，然后以此处理物体在感觉中的呈现，即感情因素是出自一种完全非自然所提供的秩序和适合性。

让我来稍微总结一下所谈到的艺术与"自然"的关系，自然可能是理解绘画艺术的最大的绊脚石。

我已经承认自然中美的存在，即是说某种物体，或许是任何物体，不断迫使我们以属于想象生活的强烈的无利害的观照来看待它们，而这对于现实生活的需要和行为是不可能的；在引起审美感情的创作作品中我们得到一种依附于

---

① 米开朗琪罗的《耶利米》在西斯廷教堂内。
② 即圆形构图的《圣家族》。
③ 据说罗丹曾说过："一个女人、一座山、一匹马——它们都是同样的东西；都是以同样的原则创造出来的。"[古斯塔夫·科基奥特（Gustave Coquiot）：《真正的罗丹》，第2版，巴黎，1913，p.226] 这即是说，用无利害的想象生活的视觉来观看，它们的形式具有相似的感情因素。
④ 我不会忘记《每日电讯报》的撰稿人坦尼森在临死前所说的："落月均匀的光线洒落在游吟诗人的脸上"；但是，毕竟在它自己的方式中，《每日电讯报》也是一件艺术品。

创作者方面的目的意识，他创作的目的不是为了使用而是为了观看和欣赏；这种感情是审美判断本身的特征。

当艺术家经过纯感觉达到以感觉的手段引起的感情时，他使用预计能调动我们感情的自然形式，他在这样一种方式中呈现它们，引起我们感情状态的形式以我们生理和心理本质的基本要求为基础。因此，艺术家对自然形式的态度是根据他希望引起的感情而千变万化的。他可以为他的目的要求最完整地再现一个人物，他可以是极端写实的，但以使我们完全摆脱依赖于自然的感情因素为条件，尽管画面非常接近自然表象。或者他可以给予我们最纯粹的自然形式的暗示，这几乎完全取决于包含在他的描绘中感情因素的力量与强度。

那么，我们最终可以摒弃模仿自然的观念，可以摒弃以准确或不准确作为检验标准的观念，只考虑自然形式内固有的感情因素是否被充分发现，除非无论在何种意义上说，感情的观念确实依赖于模仿，或丝毫不差的再现。

（选自［英］罗杰·弗莱《视觉与设计》，
易英译，江苏教育出版社2005年版）

苏珊·朗格与《感受与形式》

经典导读

苏珊·朗格（Susanne Katherina Langer，1895—1985），美国心灵哲学家、艺术哲学家，她是美国历史上第一位在哲学领域取得学术成就的女性。生于曼哈顿，父母都是德国移民。她在少女时代曾学习大提琴和钢琴，这为她日后的音乐哲学作了铺垫。1920年，在拉德克里夫学院获学士学位。1921年至1922年在维也纳大学进修。1924年获哲学硕士学位。1926年以《对意义的逻辑分析》一文获哈佛大学博士学位。先后任教于拉德克里夫学院、华盛顿大学、西北大学、哥伦比亚大学、纽约大学。晚年一度独居于森林。

朗格一生著作颇丰。她平生的第一本书是童话集，名曰《一只小勺子的漫游，以及其他童话》(1924)。她的哲学思想深受卡西尔和怀特海的濡染。主要著作包括：《哲学的实践》(1930)、《符号逻辑导论》(1937)、《哲学新解：理性、仪式与艺术的符号学研究》(1942)、《感受与形式：自〈哲学新解〉发展出来的一种艺术理论》(1953)、《艺术问题：哲学十讲》(1957)、《哲学速写》(1962)，以及晚年的三卷本巨著《心灵：论人类感受》(1967，1972，1982)。其中《哲学新解》《感受与形式》《心灵：论人类感受》先后承接，是她最重要的哲学贡献。

《哲学新解》的副标题是"理性、仪式与艺术的符号学研究"，侧重论证符号学理论的哲学基础和艺术的性质和结构。该书指出人类具有一种基本的、普遍的需要，即符号化、发明意义、赋予世界以意义的需要。《感受与形式》的副标题是"自《哲学新解》发展出来的一种艺术理论"。按朗格自己的话来说，这种理论是将《哲学新解》中已然得到阐述的符号论导向一种严肃而深刻的批评。《心灵：论人类感受》则力图从人类学、心理学和生理学等不同角度，对审美经验进行哲学和科学的探究，堪称《感受与形式》的续篇。

朗格试图通过《感受与形式》为艺术的一般或具体的哲学研究建构一个理性框架。"感受"（feeling）在朗格的哲学中扮演着重要的角色。在《哲学新解》研究理性、仪式和艺术的过程中，朗格提出在理性之外尚有一种并不亚于理性也非理性可替代的精神活动，即感受；感受对人类的知性贡献甚大。同样，《心灵：论人类感受》也以"感受"作为基本论题。《感受与形式》认为感受正是艺术符号化的对象，一切伟大的文明皆以保存感受为基本内容。艺术创造的对象是"被感受的生活"，艺术接受在于获得对感受的认识，艺术教育即感受教育。但是，艺术品表现的不是直接的真实的感受，而是对于感受的认识和想象。需要指出，在朗格这里，感受是人类所能感受到的一切，它包括感觉、知觉、情绪甚至理解等内在精神活动，而不仅仅是一般的情感反应。

朗格最终将艺术定义为"人类感受的符号形式的创造"。她早在《哲学新解》中已对推理性符号与非推理性符号做出区分，在《感受与形式》中进一步指出，人类感受不是推理性符号所能表现的实在，作为感受的符号创造的艺术属于非推理性符号。

何为"形式"？首先，艺术形式是对现实的"抽象"，创造的是不同于现实世界的纯然的"表象"（semblance）或"幻象"（illusion）。譬如，造型艺术创造的是虚幻空间，音乐创造的是虚幻时间，诗歌创造的是虚幻的记忆，舞蹈创造的是虚幻的力。其次，艺术形式不是空洞的抽象，而是富有表现性的、有生气的形式，忠实于经验结构或生命固有的有机样态。再次，艺术形式是通过符号呈现的、与感受的内在形式相吻合的明晰（articulate）形式。此外，艺术形式是通过一定的艺术技巧为中介而完成的。

朗格直言，《感受与形式》的任务是确切说明下列各词的意义：表现、创造、符号、意蕴、直觉、生命力和有机形式，并借此理解艺术的性质、艺术与感受的关系、各门艺术的相对自足性和统一性、主题和媒介的功能，以及艺术"交流"和艺术"真理"的认识论问题。她同时声称《感受与形式》是从"创作室"的角度而非观众的角度来研究艺术的,实际上,朗格从其艺术观念出发对绘画、雕塑、建筑、音乐、诗歌、舞蹈等艺术门类进行的细致而精微的阐述的确得艺术形式之堂奥。

―――― **延伸阅读文献**

1. [美] 苏珊·朗格:《感受与形式》,高艳萍译,南京:江苏人民出版社 2013 年版。

2. [美] 苏珊·朗格:《艺术问题》,滕守尧译,南京:南京出版社 2006 年版。

3. Susanne K. Langer, *Philosophy in a New Key*: *A Study in the Symbolism of Reason, Rite, and Art*, (6th ed.), New York: New American Library, 1954.

4. Susanne K. Langer, *Feeling and Form*: *A Theory of Art Developed from Philosophy in a New Key*, New York: Charles Scribner's Sons, 1953.

5. Susanne K. Langer, *Mind*: *An Essay on Human Feeling*, three volumes, Baltimore: The Johns Hopkins University Press, 1967, 1972, 1982.

6. Robert E. Innis, *Susanne Langer in Focus*: *The Symbolic Mind*, Bloomington, IN: Indiana University Press, 2009.

(高艳萍 撰)

―――― **原文:《感受与形式》(节选)**

经典原文

感受与形式（节选）

苏珊·朗格 著　高艳萍 译

■ 第四章　表象

　　一个令人纳罕的事实是，那些与艺术朝夕相处的人们——艺术家是从不采取或孕育"审美态度"的。于他们而言，美的赏味是持续而"直接"的经验。于他们，作品的艺术价值就在于它最显露的性质之中。他们总是自然之中就瞥见了这性质，而不必尽先让自己忘却周围的世界。现实的意识也许残留，却只是附属性的，形同任何一位专心致志于奇闻逸事的人们；不过，假若现实意识滞留过久以致很难不予理会，艺术家或许会变得格外狂躁。然而，审美客体的魅惑力往往胜过那些与之相争的让人分心的事物。实则，并非观众贬低了周遭世界，而是成功的艺术作品超然于周围世界；观众只是在其向它呈现之际见了它。

　　每一件真正的艺术品都有这种从世俗背景中游离的倾向。它创造的最直接效果就是有别于现实的"他性"（otherness）——幻象的效果。这幻象包围着构成作品的事物、行动、叙述或音响之流。甚至在再现要素不在场的地方——无物被模仿或虚构（比如，一块可爱的织物、一件陶品、一个建筑物、一首奏鸣曲），这种幻象的气息，这种作为纯粹形象的气息依然强烈地存在着，就像它存在于最为逼真的图画或最为雄辩的叙述之中。在具体艺术领域的专家直接感知到形式的"恰当性和必然性"的地方，不谙艺理却敏感的观众知觉到的仅仅是"他性"的独特气息。这个"他性"，被各不相同地描述为"陌生性"（strangeness）、"表象""幻象""透明"或"自足"（self-sufficiency）。

　　这种与现实的分离，这种赋予一个真实的产品（比如建筑物）或一个花瓶某种幻象光晕的"他性"，是寓示艺术本性的重要因素。美学家们对之苦思冥想，并非纯属偶然，也算不得怪癖（心理学观点风靡的某个时期，他们曾企图从心智状态中寻找解释呢）。在"非现实"这一令艺术家喜忧参半的要素中，有着某种通往非常深沉的和本质性的问题——创造性问题——的线索。

在艺术品中，什么被"创造"了出来？这不只是人们一般所说的"创造性"，或指称作为作者"创造物"的小说中的人物；不只是诸种感官要素的愉快结合；更不只是对人、事、物的任何沉思或"解释"——这些人、事、物无非艺术家在自己创造的世界中所运用的虚构物，因此，一些美学家认为这类作品只是"再造"（re-creation）而不是真正的创造。但是，已然实存的事物，如一瓶鲜花或一个活生生的人，是不可能经历再造的。它也许必须被摧毁以便被再造吧。况且，图画既非人也非瓶花呢。艺术品创造的是形象（image）。它是从十分现实而非想象的事物——画布或纸张、颜料、炭笔或墨水——中破天荒地创造出来的。

或许，天真地思考最先围绕着形象及其原型之间的关系，是最自然不过的事；将一幅画、一尊雕塑或一幅插图视为对现实的模仿，也是自然而然的。可是让人诧异的是，当艺术理论远远逾越了天真阶段，每一位严肃的思想家也都意识到了模仿既非目标也非艺术创造的标尺，而形象与原型的关系却仍然占据着艺术哲学的中心位置。它被描述为形式和内容的问题、理想化问题、真实与虚假的问题，以及印象与表现的问题。但是，复制自然的观念并非适用于全部艺术。一幢建筑复制了什么了呢？一支乐曲又模仿了什么现成的事物了呢？

尽管哲学家判定它只是细枝末节，这个问题却始终没有销声匿迹，且依然担负着给思想界以刺激的使命。事实上，这个问题本身的意义远远超过了任何一种系统阐述。我们可以说：这个通常以形象和原型表达出来的哲学问题，确实触及了形象的本质及形象与现实的根本不同。其不同是功能性的；因此，现实物，若以形象通常的方式起作用，也可以呈现纯想象性的状态。这也就是为何幻象的特征可以依附于那些不再现任何事物的艺术品。模仿他物并非形象的本质力量，尽管非常重要——正是凭借这种力量，关于事实和虚构的整个问题才得以进入我们哲学思考的领地。而形象的真正力量蕴藏于这一事实之中：它是抽象、符号、观念的载体。

不再现任何事物的艺术品——如，一幢建筑物、一件陶品、一块有图案的织物——如何可以被称为形象？答案是，在它单纯地诉诸我们的视觉而自我呈现的时候，也就是，作为一个纯粹的视觉形式而不是具体时空中的物体的时候，它成为形象。若是我们将它接受为一个完全视觉性的东西，我们其实已经将它的外观从其物质性的存在中抽离出来了。我们这样看到的某物成为单纯的视觉物——一种形式，一个形象。它将自己从现实的背景中分离出来，从而获得了一种不同的语境。

这个意义上的形象，即从物理的因果律中抽身而出而仅为知觉存在的事物，正是艺术家的创造。呈现在画布上的形象并非画室中新添之"物"。画布长存于斯，颜料长存于斯；画家并未增添任何事物。某些优秀的评论家或是画家们，谈及画家对形式和色彩的"安排"的时候，认为最终成形的作品主要是一种"安排"。惠斯勒（Whistler）似乎就是这样看待自己的画作的。不过，形式甚至也不是这些实物的秩序的外现，就像桌布上的斑点一样；构图形式，无论多么地抽象，总是拥有超出单纯斑点的某种生命。在画布表面发生的色彩安排过程产生了某物，这个某物不只是以新的秩序聚拢和排列的，而是被创造的：那就是形象。它从颜料的配置中骤现，而随其降临，画布以及"安排"其上的颜料的实存仿佛被取缔了；这些实物已很难识其庐山真面目了。一种新的外观代替了它们的自然外表。

事实上，形象是纯然虚幻之"物"。它的意义在于：我们并不通过它走向有形的或现实的事物，而是将它看作仅仅拥有视觉属性和视觉关联的完整实体。别无其他；它的可见性就是它的整个存在。

大自然中最为突出的虚幻物是诉诸眼睛的——异常清晰的可见之"物"往往不容触摸，譬如彩虹和蜃景。从而，许多人必以为形象或幻象是可见的事物。这种观念的局限甚至令某些文学评论家——他们发觉诗歌本质上是形象性的——揣想诗人一定是视觉思维者，而且扬言那些不能唤起视觉想象的修辞绝非真正的诗性。[①] 不断徘徊在史诗边缘的普雷斯科特（F. C. Prescott）以为，"怜悯的本质未受损伤"这句诗是非诗，因为它没有暗示任何可见之物呢。[②] 但是，事实上，诗歌的形象绝不会是画布上的形象。它们之间的区别是巨大而深邃的，这将留待下章探讨；我们这里感兴趣的是"形象"更宽泛的含义，"形象"一词可以说明非视觉艺术的真正艺术性，它与语言描写或其他类似画布上播撒

---

① 比如，参见古尔蒙（Remy de Gourmont）的《风格问题》，尤其第47页。作者宣称只有具有视觉思维的人才是能够"写作"的人。

② 《诗性思维》（*The poetic Mind*），第49页。

颜料以出现图像的行为根本沾不上边。

"形象"一词之所以总是与视觉形影相随，大概是因为，一提起它，我们总会套板反应似的想到镜中世界，而镜中呈现的则是镜前事物的诉诸我们视觉的复制品，而不会诉诸触觉或其他感觉。但是，指示所谓"审美客体"的虚幻性的另外一些词语避开了这种联想。比方说，荣格（Carl Gustav Jung）唤它为"表象"（semblance）。他举的幻象的典型其实不是反射的映像，而是梦境；在梦中，有着声音、气味、感觉、事件、意图、险象——种种可见要素——以及场景，而所有这些按照公共事实的标准来看都同样不真实。梦境并不能完全涵括形象，但是其中的一切皆是想象性的。梦中音乐来自一个虚幻音乐家的一架虚幻钢琴；这整个的经验都是事件的表象。其生动性或许可以跟任何实境媲美，而这就是席勒（Schiller）所谓的"假象"（Schein）。

席勒是最先指出为何"假象"或表象对艺术来说如此重要的思想家。"假象"将知觉以及随之而来的知觉的力量，从所有实用目的中释放出来，而让心意盘桓在单纯的事物的表象之上。艺术幻象的功能不是"伴信"，如许多哲学家和心理学家所宣称的那样，恰恰相反，它是"信"的搁置，它是对感觉性质的观照，而不包括诸如"椅子在这儿""那是我的电话""这些数字合起来就是银行账单"那样的通常含义。眼前之物不具有现实世界的实用意味，认识到这一点，我们就分外地措意于它的外观本身了。

万物既有因果意义，又有外观。即使如此，并非诉诸感官的现实之物或可能之物，也会向不同的人以不同方式显现。这就是事物的"表象"，借此，它与他物"相像"（resemble），而当这种相像导致对因果性质的错误判断时，我们认为它"掩饰"（dissemble）了自己的本性。当我们发觉一个"对象"整个地作为表象而存在，也就是离开表象便无凝聚和整体可言，譬如彩虹或影子，此时，我们称之为纯虚幻物或幻象。正是在此意义上，图画是幻象；我们看见了脸、花、海景或大地等，但我们明白，若是向它伸出手去，触摸到的将只能是涂满油彩的画布。

这些所见之物只为视觉而存在。这就是"模仿"或"客观性"绘画的主要目的。让事物呈现在视觉之中，也即成为幻象，是将可见形式从其寻常语境中抽象出来的捷径（虽然绝非必要）。

当然，表象通常不具误导性；一物正是它看起来的样子。但是即使不存在欺骗，也有可能发生的是，一个对象——比如，一个花瓶或一幢建筑物——那么完全地攫取了某种感官，以致它看似专为那种感官开放，而所有其他的性质变得无关紧要了。它平白无故地在那儿，只是因其视觉特性而有意义。于是，我们倾向于将它接受为视像；它的外观如此吸引我们的注意力，以致我们看见的仿佛唯有外观了——这就是，幻象感。

这乃是艺术的"非真实性"，甚至像陶品、织物和庙宇此类完全现实的东西，也染上了这种色彩。无论我们面对的是现实的幻象抑或艺术家有意塑造的类幻象（quasi-illusion），两者呈现的均是席勒所说的"假象"；于自然界粗糙的物质现实而言，纯粹表象实在像是一位陌客了。它醒目的标签是陌生性、孤立性（separateness）、他性——随你怎么称呼。

如此浮现的事物之表象正是艺术品直露的美学品质。借用几位著名评论家的说法，这正是艺术家企图让其自行显露的东西。但是这种对质或本质的强调，其实只是艺术构思的一个阶段而已。一种纯化要素的制造到头来是为了服务于其他事物——想象性艺术作品自身——的制造。这个形式就是感受的非推理的然而明晰的符号。

我以为，这阐明了贝尔的观点的，他自己曾在一段话中将"有意味的形式"（然而不是意味任何东西）和"审美性质"混同了。纯粹性质或表象的确立促生了一个与亲熟世界分离的新维度。这就是表象的职能。一切艺术形式正是在此维度上酝酿并呈现的。既然艺术形式的实质是幻象或"假象"，那么从实际现实的角度看，它们是单纯的形式；它们只为着感官或感知它们的想象力而存在，犹如海市蜃楼或是我们梦中繁复而荒诞的情节。"表象"的功能是在纯粹质的、非真实的情形之中赋予形式某种新的含义，将其从现实物的常规含义中拯救出来，如此，它们便可以被如其所是地认出，并在艺术家的终极目标即意味或逻辑表达之中，自由地酝酿和构成。

艺术的一切形式都是抽象化了的形式；它们的内容不过是表象或纯粹外观，其功能就是令形式显现，假若这些形式在一个现实情境和紧张的利害关系的语境之中范例化，这种显现则绝无可能如此自由和整全。正是在这个基本的意义上，一切艺术皆为抽象。它的实质或没有实用意味的质，是对物质性存在的抽离；这种在幻象或类幻象的媒介之中的范例化使得事物的形式（不仅形状，而且包括逻辑形式①，比如，事件重要性的程度，或运动的不同速度）抽象地呈现自身。这种基本的抽象既属于最富图解性的壁画和最现实主义的戏剧——假如它们是各自门类中的优秀之作的话，同样无可厚非地属于那些精微的抽象，后者或是极微小的再现或是完全非再现性的构形。

然而抽象形式本身并非艺术家的理想。尽可能地抽象并在最赤裸的概念媒介之中获得单纯的形式，是逻辑学家的事，画家或诗人则不以此为务。在艺术中，形式之抽象乃是为了变得清晰显明，形式之摆脱其通常的功用也仅仅是为了获致新的功用：担当符号，表现人类的感受。

艺术符号比我们通常认为是形式的东西更加复杂，因为它涉及了各个要素之间的所有关系以及所有性质的类似和不同，而不仅是几何的或其他熟知的关系。这就是为何性质直接进入形式自身，不是作为它的内容，而是作为内中建构性的要素。我们的科学传统将不包含性质的数学形式抽象化，并使其适应于经验，它总是将性质要素当作"内容"；由于科学传统支配着我们的学术思考，在艺术理解中，人们也想当然地认为形式应该与性质的"内容"相对立。但是正是在这个不加批判的假定之上，所有形式和内容的概念一同遭殃，分析也最终以含混的断言而告终，诸如艺术是"赋予形式的内容"，形式与内容实为同一，云云。②解决这个悖论的说法是：艺术品是一种结构，其中相互依存的要素往往是性质或性质的属性（比如某种性质的强度）；性质进入形式，通过这种方式，它们合而为一，这是他们有且仅有的关系了；说它们是"内容"而形式正是从中逻辑地抽象出来，纯属无稽之谈。因为形式乃是在它与性质的关系之中确立的；它们是这个结构中的形式性要素，而非内容。

然而，形式既是空洞的抽象，又具有内容；艺术形式拥有非常特殊的形式，即意蕴。它们是逻辑地表现的形式或有意味的形式。它们是明晰表现感受的符号，传达那种惝恍而又熟悉的感觉。而作为基本的符号形式，它们存在的维度又不同于自然事物本身。它们与语言同属一个范畴，虽然两者的逻辑形式互不

---

① 理查德先生在其《文学批评的原则》一书中，宣称人们在讲到"逻辑形式"时其实不知所云。兴许他真的不知，然而我是知道的；假如他真的想要知道的话，或许可以在我的《符号逻辑导言》第1章中读到初级但系统的解释。
② 韦兹（Morris Weitz）在他的《艺术哲学》中，对形式—内容问题给出了详尽的解释，这说明这个解释是建立在概念的混乱之上的。

相同；它们又与神话和梦同属一个范畴，虽然两者的功能不甚类同。

此中包含着艺术对象独有的"陌生性"或"他性"。形式直接向知觉呈现，而且超越自身；形式是表象，但似乎承载现实。如同语言——语言不是什么物理事实，而是微小的嗡嗡声——形式也充满自己的含义，而且它的意义就是现实。在一个明晰的符号中，符号的意蕴弥漫于整个结构，因为这个结构的每一明晰表现皆是其所传达观念的明晰表现；含义（或准确地说，非推理性符号的含义即生命意蕴）是符号形式的内容，它似乎是向知觉呈现的。①

艺术符号特有的"陌生性"有时也被叫作"透明性"，这仿佛是明证着艺术的符号性质似的。假如被模仿对象的含义分散了我们的兴趣，那么，这种透明性将会在我们面前遮蔽起来；艺术品展现实有的意味而且激发感受，而这感受又遮蔽了艺术形式的感受内容，即逻辑地呈现的感受。这无疑就是再现的危险，当手段远远超出其原初职能之需要时，危险出现了。艺术作品在创造艺术形式（对此，将会有详细展开）的同时产生了附属的功用，为此，太多的艺术家肆意挥霍他们的模仿才能；然而在大师的作品中，表现性形式总是如此盛气凌人，透明性如此昭然若揭，以致一个已然洞见艺术意蕴奥秘的人是绝无可能熟视无睹的。而麻烦在于许多人几乎从未感受到它，原因是他们生活在充塞着太多艺术品的喧嚣之地，在那里，伟大的艺术作品与不计其数的糟糕透顶的作品相混相杂，而不是凌驾于设计和手工艺的朴实优良的平庸传统之上，就像巍巍嵯峨本应凌驾于丘壑盆地。对形式的知觉被这些不愉快的经验钝化了，而在较为清明、较少折中的文化中，人们会不断地经历单纯而优雅的形式的邀约。蒂里亚德（Tillyard）提出，研读伟大诗歌的最好准备实乃披读大量优秀的散文。同样，感知伟大绘画作品的最可靠训练乃生活在美好视觉形式的围绕之中，如织物设计和家用器具的朴素平面，造型优美的、装饰优美的大水罐、坛子、花瓶，比例和谐的门窗，精良的雕刻和刺绣（而不是弗莱抱怨的"一切表面上那种像湿疹似的喷发"）以及书籍的美丽插图，尤其是儿童读物。在一个有核心、有传统的文化中，某些对应于简单感受的基本形式萌发了，继而为一些缺乏创造性想象的人们所掌握，他们易于接受流行观念并喜欢将之付诸实

---

① 就语言来说，物理意义上琐细的形式包含着概念意蕴，这几近奇迹。正如鲍桑葵所言，"语言是如此透明，以至于，可以说它消失进入它的意义之中，而我们无须任何具有特征的中介。"（《美学三讲》，第64页。）

用。但是，在一个自由松散且沉溺于各种影响的社会中，没有什么形式能够长久不受玷污地只受到某种清晰感受的支配，并且获得完全的表现；没有单纯的有意味的形式可供追循，可供在想象的火花之中骤然间铸成伟大的创作，因为伟大的创作与它所超越的常见原则之间是具有连续性的。在那样的社会中，一个汽车加油站模仿的是泰姬陵的风格，第二个呢，刻意融入殖民地的建筑环境，第三个是半心半意的宝塔模样，旁边一个却像是一排气体泵肃穆地排列在瑞士的林中小屋前。我们马不停蹄地"喜欢"这个不喜欢那个，然后认为我们应该"喜欢"的是第五种，一种由玻璃和混凝土构造的功能主义的方盒子，因为它是美国的、现代的、"我们的传统"，如此等等。

只有对形式的异乎寻常的敏感才能幸免于这种历史文脉的混乱——这种混乱终结于我们叫作文明的大混乱。普通人的绘画或音乐的直觉混乱了，以至于完全丧失；其本能的防御是全盘放弃造型形式语言、音乐或诗歌，而整个地仰靠感觉经验（柯勒律治称之为"初级想象"）的标准化摄入。这样，艺术的再现力转而成为避难所，为我们所熟悉的那种现实提供意义的担保；常人包括许多评论家，相信艺术家"再造"了水果、花朵、女人和休闲胜地，权以于白日梦中占为己有。正如奥特加（Ortega）指出的，"多数人无法将注意力投向玻璃和透明性——而这才是艺术品；反之，他们穿越它，温情地沉迷于艺术作品所指涉的人类现实。如果他们被要求松开他们的猎物，凝神于艺术作品本身，他们将会嚷道，他们什么都没看见啊，因为事实上，他们没有在那儿看见任何的人类现实，除了艺术透明性或纯粹本质。"①

我们与其说遭受坏趣味的折磨，不如说是无趣味。人们同时接纳好的、坏的趣味，无非是因为他们对感受符号这种抽象表现形式视而不见。

这就是为何艺术的感受功能变得不可解的原因所在。那些重新发觉知觉形式并意识到它确为本质要素的人们，通常通过斩断它与各种"含义"的粘连而将它供奉起来。这样，他们弃绝了感受，同时弃绝了各种相关联的"内容"。结果，残留的只是各种性质的"令人兴奋"的嵌片，令我们兴奋地走向虚无，一个真正的"审美"对象，一个经验的死胡同，纯粹本质。它就是形式兼性质，性质中的形式，形式化的性质。

---

① 奥特加，《艺术的非人化》（*The Dehumanization of Art*），引自雷德的《美学现代读本》。

不过，那些拥有艺术辨别力的人们（唯有他们能够发现知觉形式的令人兴奋之处）懂得，感受终是内蕴于每一种想象性形式之中的。那么，假如他们在忠诚地坚守某种纯粹性质的领域，那么这种性质便是想象性形式。于是，我们有了巴恩施的奇异的现象学发现，有了普劳尔《美的分析》（Aesthetic Analysis）的近似结论。

普劳尔的论述尤其令人关注，因为这来自我所见过的最严肃最系统的分析。他的对象是艺术中的感性要素，他称之为"审美表相"（aesthetic surface）。对普劳尔来说，各艺术均有一个一定的感性领域，为某种具体感官的选择性所限定，而各艺术的整个存在即在其中。这就是"审美表相"，它的破碎并将引起与其相关的艺术作品的破碎，因为它是艺术形式得以明晰表达的世界。各种色阶的色彩构成这样一个领域，各种音阶构成另外一个领域。无论如何，"审美表相"是某种天赋的东西；结构的基本规则也是如此，这些规则源自质料的性质，比如，全音阶来自谐音，谐音在于固定音高的任何基音之中。因此，这几种艺术均受到某种先天感官的支配，每种感官又给予艺术家某种特殊的要素构成秩序，而艺术家从中尽其所能地自由地组合、赋形。普劳尔接近艺术的哲学途径是不折不扣地技巧性的，而且受到几个艺术门类的可靠的艺术感觉的指引。他将每一件艺术品看作结构，其目的是让我们以逻辑的方式领会感性形式。"清晰的知觉和清楚的理解之间的差别"，他说，"不像我们有时想象得那么巨大。"① 而且："任何意识内容只要被把握为形式或结构，都是可理解的。当然，这意味着它由相互依存的要素组成。……因为并非以某种关系天然排列的要素，根本不可能为我们铸造结构，当然，要是我们没有意识到其中的关系，内在相关的要素也不可能为我们铸造结构。你不可能创造一个完整的空间，除非运用这些本质上是空间外延的要素。你也不可能创造旋律结构，除非运用这些按照固定音高而内在的、天然地排列的要素。……这些要素以某种与其本质相贴近的秩序存在着，我们将这种秩序把握为某种关系的建构。……我们发现它们可以被分解为这些相关联的要素，就此而言，我们称结构是可理解的。"②

换言之，广义上的结构或形式，必须在某种知性的维度中存在，以被感

---

① 《美学分析》，第39页。
② 《美学分析》，第41~42页。

知。艺术品由感性要素组成，但不是所有感性质料都能组成艺术品；只有那些位于理想连续体中的可构成材料——比如色阶中的颜色，其中每两个特定颜色之间的间隔可以通过暗示的方式填充进去其他要素；又如，一段音高连续的音阶中的音调是没有"空"的，因为有了"空"，音高就不可固定了。

在我看来，普劳尔的方法无可指摘：研究作品本身，而不是我们的反应和感受；发现作品的某些构造原则以解释它的独特功能、它的物理规定以及它值得我们尊重的原因。那么，要是我从不同的前提出发，那不是因为我不同意普劳尔的说法——它们几乎可以全盘接受下来，而是因为在我看来，他的理论的某些局限似乎存在于其基本概念自身，若置之以不同的假定，其局限性则可消除。在他的诗歌分析中，我们遇到了其中一个局限性。诗歌中只有一种成分，即声音的时间形式或"韵律"（measure），为所谓"审美表相"提供了可以在形式关联中展开并比较的要素，不过，这个成分尽管重要却并非卓拔。比如，散文形散，故难以按韵律诵读。而且，我们觉得所谓文学赖以建构的真正形式原则，其明显性与支配性必须见于所有文体，而诗性韵律风格这类的特点却只是实现形式原则的具体手段而已；每一种独特的文学形式必定拥有使自己成为文学的属己的手段，但不是什么新鲜原则。

如果我们将注意力转向舞蹈艺术，会出现另外的问题。普劳尔并未分析这门艺术，只是仓促地表示，他愿意将它当作一种时空形式，当然，它的构成要素——运动，是在时空上可以测量和比较的。但是这样把握它的基本形式，就将它完全地纳入活动雕塑的范畴了；即便可以罗列这两种时空艺术之间的种种不同，它们之间仍然关联甚密。然而，事实上，它们之间的联系是极小的；活动雕塑与舞蹈之间的联系不可能比它与静止雕塑的联系更密切。它完全是雕塑，而舞蹈完全是其他东西。

表演艺术比舞蹈更难以分析，因为空间与时间、色彩与节奏的感性连续体因为声响要素即文字而更加复杂了。事实是，普劳尔的理论显然只对纯视觉或纯听觉艺术——绘画和音乐——奏效，而拓展到其他领域甚至诗歌领域，就只能是设想，而非自然推论了。

简言之，普劳尔理论的内在局限在于它受到那些"基本秩序"（basic orders）的束缚，当然，他的理论运用得如此出色，以致实际上他所说的关于这些基本秩序的艺术功能的一切都是正确的。"审美表相"原则不断为人追随，实际上导致纯粹派批评（purist criticism）。这种批评硬是谴责歌剧是杂种艺术，勉为其难地容忍被文学同化的戏剧，而且往往将绘画的宗教或历史主题看作影响纯图案的尴尬事故。这导致人们无法洞察各门艺术之间的区别与联系，因为"审美表相"原则对感性秩序的基本区别是显见的。因此，它所承认的它们之间的联系，比如，音乐与诗歌或音乐与舞蹈之间的联系，同样是显见的；而显见有时就是欺骗。

局限性本身不是拥弃一种理论的理由。普劳尔了解自己研究的局限性，因而没有着手处理其余的问题。抛弃一个基本原则的唯一理由在于，拥有了更加强大的观念，而这个观念将大踏步地建构旧观念的工作，并且更有作为。我以为，普劳尔美学的弱点在于它误解了各门艺术的基础维度，从而误解了基本的构造原则。现有一种关于艺术结构的新观点引起了艺术哲学的焦点转移。这种新观点比普劳尔的音阶色阶和时空秩序的假定更加激然而更具可塑性，它并未寻找匿身于感性内容的感受要素，或实际上包蕴在艺术对象之中的感觉特质，而是径直走向创造的形式（它并不总是感性的）及其意味问题，这就是感受的现象学。普劳尔从未有暇顾及的创造性问题，在这里则是中心；因为各种要素本身以及它们赖以拥有独立的要素性存在的整体是创造出来的，而非拼凑而成。①

艺术品不同于所有其他美的事物，因它是"玻璃和透明性"——在任何重要的意义上，它不是物，而是符号。当然，每一位好的哲学家或艺术评论家都会意识到，感受以某种方式在艺术中获得表现；但是只要一件艺术品首先被看作意在某种不可理喻的审美满足的感性因素"组合"，表现问题就还是一个外在的东西。普劳尔用了整整一章的篇幅用心理学方法小心求证，跟这个问题苦苦搏斗；虽然其心理学明朗、高超，却终究给人以一种悖论感；这大概是因为艺术中的动情要素仿佛比严格的"审美"经验更为本质，而且仿佛是以不同的方式呈现的，而艺术品却游离于现实情感之外，容不得任何感伤的联想。在某种意义上，感受必须寓于艺术品之中；一件好的作品阐明、展示画家所察见、明辨和玩味的形式和色彩——他的同类若无依傍却无以如此——它同时亦阐明、呈露与这些形式相应的感受。艺术"表现"的感受是"作为形象内容的性

---

① 不是音阶和几何学，这些是逻辑的；而是那些典型的存在的连续体，如空间、绵延和力场。

质特征而呈露的感受或情感"①。

　　这里几乎与巴恩施在《艺术与感受》一文中对感受的论述不谋而合，遗憾的是巴恩施得出结论说，我们发现感受甚至不会全然存在于被视为"内容"的感性领域之内，而是弥漫于任一艺术作品的形式以及审美要素之间。然而，为了寻找出路，两位作者同时高超地将动情要素视作有形事物的性质，某种无生命之物而非观众好像"拥有"的东西；其实，两人都清楚，用非人的物——它可以脱离时空关联来分析——去"表现"真实的人类感受，这本身就是悖论。他们也清楚，他们的哲学方法乃绝望的调解。

　　普劳尔说，"如果人们发问，质的、形象的内容如何表现感受？它如何可以是艺术表现的真实感受？我们就来到了这个想象的奇迹前了，即艺术是精神在物质中的体现。然而，思考与奇迹无关。既然只需最简单的思考就会发现艺术品表现感受这一事实，那么，这种明显的特征迫使我们在呈现的内容内部寻找感受并将它当作内容的一方面，即内容实际呈现的特征的不可或缺的组成部分，或是作为整体的质的本性。"②

　　我以为，解决这个难题的方法在于，认识到艺术表现的感受不是实存的感受，而是感受的概念；正如语言并不表现实存的事物和事件，而是它们的概念。艺术是不折不扣的表现——每一根线条，每一个声响，每一个姿势；因此，它是百分之百的符号。它不仅令人感官愉悦，而且也是符号；感性品质服务于它的生命意蕴。艺术品比文字更加是符号，人们可以不解其意却可以学习且使用它；而一个纯粹的、完全明晰表现的符号却向每一位观众直接地呈露（present）它的意蕴，而只需要观众对于特定媒介的表现形式具有些许的敏感。③

　　然而，一个明晰形式在其传达任何意蕴之前，必须被清晰地提供与理解，尤其是在没有任何惯例指称——凭此，艺术作品的意蕴被指示为确定含义——

---

① 《美学分析》，第145页。
② 《美学分析》，第145页。
③ 普劳尔离此实现仅一步之遥，他回避用"符号"一词指代艺术作品，似乎是有意为之。显然，他倾向于假定感受包藏在感觉品质之中的华而不实的理论，而不是艺术的语义学，后者或许会将他置于理智主义或偶像崇拜主义的谴责之下。因此，他坚持感受在图画之内，当我们观看作品的时候，我们"拥有"了它。比较上述关于完美的表象符号的论述和如下段落："图画的要义，即其有效存在，就是在于我们所拥有的这种具体化的感受，假如我们睁开敏感的双眼观看它并让它的特征成为我们自己当下感动的知觉生命的内容。"（《美学分析》，第163页。）

的时候。然而符号形式与某些生命经验的形式的叠合，是必须借助完形力（Gestalt）来直接知觉的。这就是形式抽象的重大意义：取缔所有可能遮蔽逻辑的琐碎的东西，尤其是剥夺形式的通常含义，从而可以朝向新的含义。首先是让形式疏离于现实性并赋予其"他性""自足"；这需要创造一个幻象领域，在其中，它以"假象"即纯表象的方式起作用，脱离世俗的职能。其次是让形式具有可塑性，故此可以为了表现而非实用的意义而调遣它。这是通过同一种手段实现的，即，将形式从实际生活中分离出来，并将之抽象为一个自由的概念上的虚构。只有这样的形式才可以是可塑性的，可以为了表现之故，俯就于有意的扭曲、改变和构成。最后，形式必须是"透明的"——当有待表现的对现实的洞察，即活的经验（living experience）的完形，引导作者去进行创造之时，形式变得透明了。

只要艺术是一种技艺，这些原则——抽象、造型自由、表现——便总是完全范例化的，甚至在最低劣的作品那里。一些理论家为不同的艺术显现安置了不同的价值（譬如：纯图案，图解，架上绘画），将它们分为"低级"和"高级"类型，只有"高级"艺术是表现性的，"低级"艺术则是装饰性的，仅仅提供感官的愉悦而无任何深远的意味。[①] 但是这种区分让所有的艺术理论陷入了混乱。假如"艺术"一词还有所意指的话，它的使用就应当奠基于某个核心的标准，而不是几条相关的标准，如表现性、愉悦、有用性、情感价值以及其他。如果艺术是"表现人类感受形式的创造"，那么，感官的满足必须服务于此，不然就不值一提；而我完全同意托马斯·曼（Thomas Mann）的说法，不存在高级艺术或低级艺术，主要的艺术或增补的艺术，而是，如他所言，"艺术完全地、彻底地存在于它的每一种形式和显现之中；我们无须再加进不同的门类，以造就一种艺术整体。"[②]

因此，纯形式是一个试验案例，是本书提出的艺术概念的试金石，值得进一步考察。它是一个基本现象；我们发现，整个世界的形象修辞的某些元素，以及墙、织物、陶瓷、木头或金属或石板的天然清白的表面上的色纹，只

---

① 韦隆（Eugène Véron）是这个观点最著名的支持者（参见他的《美学》，尤其是第七章）。不过，亦可比照普尔（Henry Varnum Poor）最近的判断，"为装饰而装饰容易变得肤浅和狭窄"，装饰要求与"现实主义绘画"结合以激发想象。（《艺术杂志》1940年8月。）
②《弗洛伊德、歌德和瓦格纳》（1937）第139页。

向视觉呈现自身且令视觉愉悦。时而,它们是巫术符号,时而它们是自然物的代替物或提醒物;但是,不管有无这等功用,它们向来实现一个目的:装饰(decoration)。这乃纯形式最为擅长。

那么,"装饰"是什么?它最明显的同义词当属"添饰"(ornamentation)、"润饰"(embellishment);不过,如同其他的同义词,它们也不是十分贴切。"装饰"不像"润饰"只是涉及美,也不意味着纯饰物的添加。"装饰"与合宜(decorum)同词源;它意为合适(fitness)、形式化(formalization)。但是,什么是合适和形式化呢?

那就是可见的表面(surface)。好的装饰的直接效果是使得这个外观以某种方式更为可见。一块织物的漂亮镶边不仅突出边沿,而且让朴素的褶层凸显出来;一个美好的规则印花图案,必定是统一而不是分割的表面。无论如何,甚至最原始的图案也致力于集中和捕捉我们的视线,让我们措意它装饰的宽阔区域。

纯装饰性绘画和线描之中的形式相似性是如此显著,譬如世界上最不相干的角落里的陶品和篮子、桨和帆及图腾人体却极其相似,这使得马尔罗(André Malraux)提出史前文化的统一性加以解释。① 这一观点并非荒谬,哪怕针对最基本的图案;但是这也说明历史问题是复杂的,而我们往往只能求索其较简单的部分。似乎至少可能的是,从知觉原则来看,原始图案——平行线和锯齿形,三角形、圆形和旋涡形——具有直觉性的要素;在这些图案中,某种视觉领域的构造冲动那么直接地获得表现,以致它事实上并未经历任何文化影响的扭曲,而只是提供了一份最低度的视觉经验。晚年的 A. 巴恩斯(Albert Barnes)就是这样看待纯图案的,他写道:"这种装饰美的魅力或许可以解释为,它满足了我们的自由的、愉快的知觉的一般需要。我们所有的官能渴望充分的刺激,不管这种刺激来自何物。……这种以协调的方式运用我们的能力的需要,在装饰中获得了迎合和满足。"②

事实上,感官的解放是艺术知觉的一面;确实存在着某些与视觉"相协

---

① 参见他的《艺术心理学》第二卷《创造性行为》,第 122~123 页。就阿尔塔米拉和布什曼人艺术而言,他的假设极其可信,而且,在他之前,已有人类学家索勒斯(William Sollas)在他的《古代猎人与他们的现代代表》(1924)提出过这个假设。
②《绘画中的艺术》,第 29 页。

调"的形式——比如，包括将眼睛无障碍地从一处引向另一处的连续线条——以及完形心理学家们当作知觉判断的天然标准的简单形状。① 但是可理解性，即逻辑上的清晰，并不足以创造一个虚幻的客体并将它从现实性中分离出来。圆形和三角形就其本身而言并不是艺术品，而装饰性图案却是。在《绘画中的艺术》前半部分的一章中，巴恩斯对装饰性价值和表现性价值作了区分②——这种区分在我看来是不合事实的；装饰是表现性的③，不是"充分的刺激"，而是携带情感意蕴的基本艺术形式，正同所有创造出来的形式。它的职责不仅是纵容知觉，而是充满并转化知觉。它陶冶着造型性想象。装饰性图案向知觉者提供了视觉逻辑，其并无任何规则或解释可言，而仅仅是范例化而已。这一事实前已提及；但是还有一个更重要的事实是，这种逻辑并不走向几何学（任何或全部几何学）的空间关系的概念逻辑。④ 装饰形式结构中彰显的视觉原则是艺术视觉的原则，凭借此，视觉要素劈开无形的感性的骚乱，顺应的不是名称和论断，就像实用认知中的材料一样，而是生物学意义上的感受以及情感的绽放，即人的"生命"。它们从一开始就有别于那些符合推论性思想的要素；但是它们在建筑人类意识中的作用可能同样重要与深刻。艺术，如同论说，无处不是人类的印记。语言，无论出现在哪里，都要拆成字词，要求一些常规来重组半独立的词组以表达命题，同样，艺术视觉的语法发展出了表达基本生命节奏的造型形式。或许这就是为何某些装饰手法几乎无处不在；或许，这就是趋同（convergence），而不是分化，从而可以解释图案中存在的令人震惊的类似。这可以在中国刺绣、墨西哥陶品、黑人刺青以及英国的玫瑰花形图案装饰这些互不相关的文化产品中寻见。

纯装饰性图案是生命感受在可见的形状与色彩中直接的形象表现。装饰可以是极富变化的，也可以分外单纯；但是它总是拥有几何形式（比如欧几里得的范本图解）所没有的东西——运动和休息、节奏统一和整体性。不同于数学

---

① 参见科勒（Wolfgang Köhl）的《完形心理学》（1929），尤其是第五章"感觉构造"。
②《绘画中的艺术》，第30~33页。
③ 在后面的一个段落中，巴恩斯承认了这一点，其实得出了与我相同的结论；不过，他没有证明，也没有收回他原先的说法。
④ 没有认识到这种区别，使得柏克霍夫（Birkhoff）充满野心的著作《审美标准》对艺术的思考显得古怪，无法适用。

形式，这种图案具有"活的"形式，确切地说，它即"活的"形式，尽管它无须再现任何活的东西，哪怕是藤蔓或长春花之类。装饰性线条与平面在其自身似有所"动"的地方表现活力；当它们描绘出酷似有所动作的动物时，如一只鳄鱼、一只鸟、一条鱼，这只动物既像是运动的，又像（在一些传统中，甚至更像）是静止的。但是图案本身表现了生命。在中心点相交的线条从中心"放射"，虽然它们从未真正改变跟中心的关系。同一种元素或相一致的元素彼此"重复"，色彩彼此"平衡"，虽然它们并不具有物理重量，等等。所有这些隐喻术语都表示了虚幻事物即被创造的幻觉所具有的关系，不仅适用于船桨或围裙上最简单的图案，若图案有艺术价值的话，而且也适用于架上绘画或壁画。

在一本关于装饰性绘画的薄薄的教科书中，我看到这句关于装饰边沿的简单的、标准化的表述："边沿必须向前移动，同时生长（grow）。"① "移动""生长"这些词在这个语境中是什么意思？边沿是固定在它们赖以绘出、印染、刺绣或雕刻的表面之上的，而且，就一块桌布或书的扉页而言，很难说出哪个方向是"向前"。边沿的"移动"并不是科学意义上现实的移动，即空间的改换；它是节奏的表象，"向前"是图案的重复元素看起来密集的方向。许多边沿在任一方向上移动，全凭我们怎么"看"，但是有些时候也有一种单向运动的强烈感觉。这种效果直接来源于图案而非其他什么；图案的向前、向后、向外的运动，内在于它的结构之中。那么，接下来，"生长"意为什么？边沿不可能生长得比它所装饰的边缘还要大，况且，这样的奇迹也未必受人喜爱。是的。然而这一系列的重复似乎因为自身的规律性而生长得更长了，这规律令其连续下去。这又是节奏，生命的表象。（节奏使得这个术语事实上既适用于空间形式也适用于时间形式，有时也适用于非连续的组合。其界定，这里暂不提出，留待第7章讨论。）艺术中的一切运动无非生长——不是某种所画之物（比如树的）生长，而是线条和空间的生长。

在我们的"初级想象"中，在我们对视觉的实际使用中，就有这种幻象的趋向。运动和线条在观念中是密切联系的，线条和生长也同样如此。一只老鼠跑过地板而留下一条轨迹，这是一条随着其前移而生长的观念中的线条。我们说，这只老鼠在沙发下沿着墙壁跑过；我们也可以说它的轨迹跑过那段路程。

---

① 贝斯特－莫戈德（Adolfo Best-Maugard），《创造性设计方法》，第10页。

一个"在空中挥写"的人使得字母出现在我们的想象中,这不可见的线在我们眼前生长,尽管我们的眼睛只是看到了他的移动着的手。

在装饰边沿中,根本没有移动的物,没有老鼠也没有手率领着向前移动的线。边沿自身沿着桌布的边界或围绕着书页的边缘地带"跑过"。螺旋线是一条向前移动的线,但是仿佛真正生长的是空间,是它所界定的二维平面。

对于这种说到底是背景上全然静止的标记的动态效果的古典解释是,其强大的"对眼睛的说服"引发眼睛的实际移动,而眼部肌肉的动觉让我们真正感受到这个运动。① 但是在日常生活中,我们的眼睛在大幅度的肌肉活动中从一物转移向另一物,然而屋中的东西似乎并没有到处乱跑。我们这里看到的一小段边沿,只需一瞥即为眼睛所接纳,实际上却没有伴随着眼球的运动。其实,没有什么东西的移动足以给我们运动的感觉。然而,图案是一个抽象连续体、趋态和动量的符号形式,它传达这种抽象特性的观念,正如一切符号传达其含义。事实上,图案显示了比运动的本质更为复杂的东西:亦即生长的观念。但是,如果它只是刺激眼睛的微小移动引起的内在运动,那么它是不可以表示生长观念的。

理解一条向前移动的线如何引起生长的幻觉,涉及被创造外观的全部问题;而为何"移动"的边沿竟然"生长",则进一步提出了艺术中形式与感受的最后问题。让我们看看这个问题是如何被阐明的,表象和符号意蕴的理论又会提供怎样的解决办法。

某些线描图案,从物理上来讲,当然是一动不动地躺在画面上的,然而尽管无物改变位置,看起来却像有运动之存在。另一方面,在运动确凿发生的地方,观念中的一条持续的线被界定了,即使它没有留下任何痕迹。跑动的老鼠似乎在地板上画出了一条轨迹,而静止的、画上去的线也看似在跑动。原因在于两者都体现了方向(direction)的抽象原则,它们因此在逻辑上相一致,故足以成为彼此的符号;其实,平时,视觉的知性使用无时无刻不在相互代言,只是我们从未意识到罢了。这种功能并非先行推理设想继而赋予某种可能性的符号,而是在被科学认知(正如在物理学语言中,箭头通常意味着矢量)之前

---

① 这个假设是由立普斯(Theodor Lipps)在他的《美学》及其他著述中提出来的,并有佩吉特(Violet Paget 即 Vernon Lee)的辩护,尤其是她的著名的小书《美》。

早就非推理地显示和感知了。因此，运动在逻辑上是与线性形式相联系的，当线条连续不断并且扶持形式似乎也给出了方向时，对它的纯粹知觉就被运动的观念装满，这种观念照亮了我们对现实材料的印象，并且用统觉将之融合起来。其结果就是最初级的艺术幻象（不是错觉，因为不同于错觉，它经得起分析），我们称之为"活的形式"（living form）。

而且，这一术语由半幻觉的感知资料和生命观念之间的逻辑联系所证实；这种联系使得感知材料成为生命观念的天然符号。因为"活的形式"径直地展示了生命的本质——明晰表达恒久形式的流变或过程。

物理运动的轨道是观念中的线。包含"运动"的线条之中存在着观念的运动。在我们称为"生命"的现象中，持续的运动和恒久的形式并存；但是这种形式的形成和维持来自物理单元（原子、分子，然后是细胞、有机体）的交叉影响的复杂安置，凭此变化总是以某种卓越的方式出现。生物体通过累积性进程而生存，而并不遵循变化的简单规律，如我们在无机体的变化中所发现的；它们吸纳了它们周围的元素，而这些元素又服膺于变化的规律，那就是"生命"的有机形式。对于起初不属有机体的因素的吸纳——经由此，它们进入有机体的生命——是生长的原则。一个生长着的事物无须真的变大；因为当非生物物质被同化并变成生物物质的时候，新陈代谢的作用并没有停顿下来，而是发生持续地氧化，独立的要素从有机形式中消除了；它们再次分解为非有机结构，即死亡。当生长比之衰退更为声势浩大，富有生气的形式增大；当生长与衰退相平衡，它则自我持存；当衰退比生长更剧烈，有机体遂趋于衰败。直到新陈代谢的过程在某一时刻戛然而止，生命就此终结。

形式的恒久是生命物质的长存的目标；它不是终极目标（其终极目标是最终的衰亡），而是被恒久追求并无时无刻不在实现着的东西，这是因为形式的恒久完全地依赖于"活"的活动。但是"活"本身是过程，是持续的变化；假如这过程停滞了，形式即刻分解，因为：恒久是变化的一种形式。

因此，在我们的感受构造中，没有什么比恒久的感觉、变化及其亲密的统一体更为根本的了。我们所谓艺术中的"运动"不是位置的必然变换，而是可知觉即可想象的变化，无论通过什么方式。任何将变化符号化从而引起我们的关注的事物，就是艺术家出于直觉而习惯，唤作"动态"要素的东西。它可以是音乐中的"能动重音"，即响度而非物理事实，也可以是突出的承载情感的文字，或是以其物理存在刺激人的"令人兴奋"的色彩。

一个将恒久范例化并将运动符号化的形式，诸如固定的线条或界限分明的空间（视觉最永恒的停泊），携带着生长的观念，因为生长是这两个相互联系的原则的正常运行。因此，这种隐喻性的表述："边沿必须向前移动，同时生长"，是完全合理的，要是我们考虑到它们看似如此，以及为何看似如此。但是，为何它们"必须"看似如此？因为这种幻象，这种外观，是感受的真实符号。这种基本的感受形式，通过这种将"生长"符号化的普遍接受的符号表达出来，它就是生命感，即最原始的"圆满"；这种生命感不是反映在物理线条之中，而是反映在它们创造的"运动"之中。这种动态形式实为幻象，是对生命感受形式的复制。正是为了具有表现性，边沿必须移动和生长。

然而，图案的"运动"总是在具有稳定感觉的结构之中；因为不同于现实的运动，它不要求变化。据我所知，唯一清楚意识到造型空间的这一特性的人并非哪位画家，而是音乐家 R. 塞申斯（Roger Session）。在一篇颇具辨识力的小文《作曲家和他的信息》[①]（这篇文章，也许将反复征引），塞申斯先生写道："视觉艺术统治了空间世界，在我看来，也许空间给我们的最深刻感动不是广延，而是恒久。在最基本的层面上，我们感到空间是某种恒久的东西，本质上不可改变；当运动被我们的眼睛所把握，运动在静止的结构内产生了，这个结构中产生的心理学效果比发生在运动内部的颤动更为强大。"事实上，正是这种在恒久中运动的双重性，影响着纯粹精神抽象作用的抽象，并创造了生命的表象或维持其形式的活动。

逻辑意义上的"表现"——通过明晰的符号呈现观念——是艺术的主导力量和意图。符号自始至终是某种创造物。建构了艺术作品的幻象不只是既有材料的令人审美愉悦的排列，而是这种排列的结果，是艺术家制作之物而不是发现之物。幻象与他的作品共存亡。

艺术家的任务就是制造和维持这种基本幻象，将其从周围的现实世界中分离，并明晰表达幻象的形式，直至它丝毫不爽地与感受和生命的形式相吻合。为了达到这个目的，他使用任何可以屈从于技术处理的材料——音调、颜色、

---

① 载《艺术家的意图》，琴特诺（Augusto Centeno）编，第 106 页。

造型物质、字词、姿势或任何其他的物理手段。① 为此,"表象"的制造,生命形式的明晰表达(宛如镲铐之中的舞蹈),是我们的主要论题。所有其他艺术问题——想象方式、抽象的本性、天才现象——将在这一核心观念的暗示之中获得阐明,而这正是哲学的力量和概念的实用价值。

(选自苏珊·朗格《感受与形式》,高艳萍译,江苏人民出版社 2013 年版)

---

① 人们常常断言,绘画整合的无非是色彩,音乐整合的无非是音调,诸如此类。我认为这不是绝对正确的。这个问题由创造形式的理论来解决,较之基于艺术媒介的理论(亚历山大、普罗尔、弗莱)更为适宜,因为前者承认同化原则。

阿恩海姆与《艺术与视知觉》

经典导读

鲁道夫·阿恩海姆（Rudolf Arnheim，1904—2007），生于德国柏林，1928年从柏林大学毕业，获哲学博士学位，师从格式塔心理学创始人韦特默和柯勒。希特勒上台后，阿恩海姆随大批知识分子流亡他国，于1940年移居美国。1946年，阿恩海姆加入美国籍。1943年至1968年，任教于纽约市社会研究院新校、莎拉·劳伦斯舞蹈学院。从1968年起任哈佛大学视觉与环境研究系的艺术心理学教授。1974年以后任密歇根大学艺术系的访问教授。2007年在密歇根去世。

在漫长的学术生涯中，阿恩海姆广泛地研究了许多与美学有关的心理学课题，从各门具体的艺术种类到一般美学的原理，从艺术史、艺术教育到艺术的心理治疗等。他著述颇丰，主要的理论专著包括：《艺术与视知觉》（1954）、《作为艺术的电影》（1957）、《一幅画的诞生：毕加索〈格尔尼卡〉》（1962）、《走向艺术心理学》（1966）、《视觉思维——审美直觉心理学》（1969）、《熵与艺术》（1971）、《无线电广播：声音的艺术》（1971）、《建筑形式的视觉动力》（1977）、《中心的力量：视觉艺术构图研究》（1982）、《艺术心理学新论》（1986）、《阳光的寓言：论心理学、艺术以及其他》（1989）、《艺术教育之论》（1990）、《艺术的避难》（1992）、《银膜的灵魂》（2004）等。其中多部已译成中文。

格式塔心理学继承了康德的先验论和胡塞尔的现象学，吸收了现代物理学的

"场"理论，反对心理学中以冯特等人为代表的构造主义和元素主义倾向，主张物理—生理—心理三者之间的同形关系，强调人的心理完形功能。阿恩海姆力求将这些原理推广和应用于美学研究的各个领域，并始终围绕一个明确的中心——视知觉现象。同时他的审美心理学研究兼有思辨与实证的倾向，既求先验的逻辑假定，也兼顾经验研究，力图将经验的实证研究与哲学的思辨传统结合起来。此外，阿恩海姆还十分关注艺术和其他学科包括自然科学的发展，并将其吸纳进自己的理论体系，这包括现代认知科学、精神分析学、结构主义、符号学、信息论、文化史甚至生物学等。

阿恩海姆相信生命和世界的意义是通过各种图式、形状和色彩而被感知的，而艺术就是这样一种帮助人理解世界的方式，艺术的功能在于展示事物（包括我们的生存）的本质。同时，阿恩海姆认为视觉和知觉是创造性的、积极性的理解过程，而我们是借助某些结构来组织知觉的。若无此，我们将无法获得对世界的理解。

《艺术与视知觉》的副标题是"创造性之眼的心理学"。这本书是阿恩海姆的第一部重要著作，也是第一部将格式塔心理学原理运用到美学或视觉艺术领域的论著。在该书中，阿恩海姆系统地将格式塔心理学的原理，包括最为核心的同形律，以及完形律、平衡律、简化律、形-基关系等，贯彻到美学领域。该书深入而广泛地探讨了视觉艺术的诸多方面：平衡、形状、形式、空间、光线、色彩运动、张力、表现等。

谈到对客体表现性的把握，阿恩海姆既反对认为表现性源于对象自身固有性质的说法，又反对认为表现性是主体投射的"移情说"，认为前者忽略了主体的知觉功能和组织作用，后者忽视了客体的固有属性。他则依据格式塔的主要原理"同形律"作出解释。在论述过程中，阿恩海姆引入了物理学"力"的概念，提出对象中的物理力构成一定的形式或张力结构，它刺激主体，经由知觉的组织作用或完形功能、形式主体相应的生理力的型式，从而进一步唤起主体心理力的型式。这样，表现性其实质上是物理力—生理力—心理力之间的内在的契合，一种形式上的同构反应。进一步地讲，对客体表现性的把握，并不是一种理智的功能，而是知觉的功能。知觉的本性是一种整体性的结构把握，这使得知觉享有思维的诸机能，即思维的抽象、整合和判断等，从而与思维同一。

延伸阅读文献

1. Rudolf Arnheim, *Art and Visual Perception: A Psychology of the Creative Eye*, Berkeley and Los Angeles: University of California Press, 1974.

2. Rudolf Arnheim, *Visual Thinking*, Berkeley: University of California Press, 1969.

3. Rudolf Arnheim, *Entropy and Art*, Berkeley: University of California Press, 1971.

4. ［美］鲁道夫·阿恩海姆：《艺术与视知觉》，滕守尧、朱疆源译，成都：四川人民出版社1998年版。

5. ［美］鲁道夫·阿恩海姆：《视觉思维——审美直觉心理学》，滕守尧译，成都：四川人民出版社1998年版。

6. ［美］鲁道夫·阿恩海姆：《建筑形式的视觉动力》，宁海林译，牛宏宝校，北京：中国建筑工业出版社2006年版。

7. ［美］鲁·阿恩海姆：《艺术心理学新论》，郭小平、翟灿译，北京：商务印书馆1994年版。

8. ［美］鲁道夫·阿恩海姆：《中心的力量——视觉艺术构图研究》，张维波、周彦译，成都：四川美术出版社1991年版。

9. ［美］鲁道夫·阿恩海姆：《走向艺术心理学》，丁宁、陶东风、周小仪等译，郑州：黄河文艺出版社1990年版。

10. ［美］阿恩海姆、［美］霍兰、［美］蔡尔德等：《艺术的心理世界》，周宪译，北京：中国人民大学出版社2003年版。

（高艳萍 撰）

原文：《艺术与视知觉》（节选）

经典原文

艺术与视知觉（节选）

阿恩海姆 著　滕守尧、朱疆源 译

■ **第十章　表现性**

……

2. 表现性就存在于结构之中

身心之门是否是同一的呢？这个问题连威廉·詹姆斯也未能作出肯定的答复。但詹姆斯在涉及这个问题时，曾经说过这样的话："必须指出，这些作者们所极力强调的（外在）活动与情感之间的不等同，并不像乍一看上去那样绝对。在一般的情况下，我们不仅能从时间的连续中看到心理事实与物理现实之间的同一性，就是在它们的某些属性当中，比如它们的强度和响度、简单性和复杂性、流畅性和阻塞性、安静性和骚乱性中，同样能看到它们之间的同一性。"①

很明显，按照詹姆斯的见解，虽然身与心是两种不同的媒质——一个是物质的，另一个是非物质的——但它们之间在结构性质上还是可以等同的。

詹姆斯提出的上述观点，引起了格式塔心理学家们的极端重视。韦特默强调指出，由于对表现性知觉具有非常明显的直接性和强制性，所以它不可能仅仅是学习的结果。当我们观看一场舞蹈时，那悲哀和欢乐的情绪看上去是直接存在于舞蹈动作之中的。韦太默认为，舞蹈动作的形式因素与它们表现的情绪因素之间，有相同的结构性质。②

---

① 见詹姆斯《心理学原理》第六章，纽约版，1890年，第147页。虽然詹姆斯在这一章中讨论的是另一个题目——神经系统和心理经验之间的关系，但他提出的理由也能解释表现性问题。

② 有关格式塔学派对表现性的看法，可参见以下著作：韦特默《格式塔学说》，《社会研究》1944年第11期，第94~96页；柯勒《格式塔心理学》，纽约版，1947年，第216~247页；卡夫卡《格式塔心理学原理》，纽约版，1935年，第654~661页；阿恩海姆《格式塔心理学对表现性的解释》；索洛曼·E.阿什《社会心理学》第5~7章，纽约版，1952年。

为了更好地解释上述道理，我们试举比内的一个试验加以说明。① 在这个试验中，被试者是一组舞蹈学院的学生，他们被要求分别即席表演出悲哀、力量或夜晚等主题。试验结果证明，所有的演员在表现同一个主题时所做出的动作，都是一致的。举例说，当要求他们分别表现"悲哀"这一主题时，所有演员的舞蹈动作看上去都是缓慢的，每一种动作的幅度都很小，每一个舞蹈动作的造型也大都是呈曲线形式，呈示出来的紧张力也都比较小。动作的方向则时时变化、很不确定，身体看上去似乎是在自身的重力支配下活动着，而不是在一种内在的主动力量的支配下活动着。应该承认，"悲哀"这种心理情绪本身之结构性质，与上述舞蹈动作是相似的。一个心情十分悲哀的人，其心理过程也是十分缓慢的，而且很少能够超出与他的直接经验和眼前的喜好直接联系在一起的状态，他的一切思想和追求都是软弱无力的：既缺乏能量，又缺乏决心。他的一切活动，看上去都好像是由外力控制着。

当然，在舞蹈艺术中，表现"悲哀"等类情感的动作也有一套规定的方式，我们也不否认，这些被试者在测试中很可能是受到了这些传统表演方式的影响，但这一点并不影响我们对表现性的解释，因为不管这些动作是被试者自己发明的，还是学习的结果，在这些动作中所展示出一的结构性质都与它们所要表现的情感活动的结构性质有着一致性。既然速度、形状、方向等结构性质是被视觉直接把握的，我们就有理由断定，由这些性质所传达的表现性，同样是被视觉直接把握的。

但是，如果我们继续深入地分析这些事实，就会进一步发现，表现性其实并不是由知觉对象本身的这些"几何—技术"性质本身传递的，而是由这些性质在观看者的神经系统中所唤起的力量传递的。② 不管知觉对象本身是运动的（如舞蹈演员或戏剧性演员的表演），还是静止不动的（如绘画和雕塑），只有当它们的视觉式样向我们传递出"具有倾向性的紧张力"或"运动"时，才能知觉到它们的表现性。

我在本书中所列举的许多作品，都能说明视觉力的表现性含义。在吉托的《哀悼》中，那上升的斜线表现了"复活"这一能动的活动，而那群哀悼者

---

① 比内是阿恩海姆的学生。这个试验是在萨拉·劳伦斯舞蹈学院做的。
② 参见维尔纳·海纳斯的《精神发展的比较心理学研究》，芝加哥版，1948年，第 67~82 页。

所构成的忽升忽降的曲线,则代表了从悲痛欲绝的感情向敬畏的感情发展的过程。为了更进一步地证明"不必联系式样所再现的自然事物,就能从式样本身见出表现性"的道理,我将继续举出几个抽象的式样,加以分析。

如果我们拿两种曲线———一种是圆形的一部分,另一种是抛物线的一部分——进行比较,就会发现,从圆形中取出的那条曲线看上去比较僵硬,而从抛物线中取出的那条曲线看上去就比较柔和。那么,这两种不同的曲线为什么会造成两种不同的感受呢?在寻找原因时,我们并不需要联系我们周围的那些与这两种曲线同形的自然事物,而只需要直接分析这些曲线本身的结构。作为一个几何图形,圆形具有一种不变的曲率,而这种不变的曲率又是由圆形仅有的一个结构条件决定的。这个结构条件就是:圆形轨迹上所有点离中心点的距离都相等。与圆形比较起来,抛物线的曲率就有了变化,而这种变化性又与圆形比较起来,抛物线的曲率就有了变化,而这种变化性又是由抛物线的两个结构条件决定的,这就是:抛物线轨迹上的所有点,不仅需要离一个中心点的距离相等,而且还要离一条直线的距离相等。这就是说,抛物线是两种结构需求经过互相谦让或互相妥协之后的产物。这就证明,圆形曲线所具有的僵硬性和抛物线所具有的柔和性,完全是由这两种曲线的内在结构性质决定的。

我们所要举的第二个例子取自建筑艺术,这就是米开朗琪罗为罗马的圣彼得大教堂设计的圆屋顶。任何一个观看过这座建筑物的人,都无不为这座把庞大的体积和自由上升的运动巧妙地结合起来的圆顶建筑式样所慑服。仔细分析起来,这种表现性效果其实是由下述条件所决定的(从图 1 中我们可以看到):构成圆顶外围的两个组成部分,全都是从圆形中截取下来的,因此,它们都具有圆形曲线所特有稳固性。但是,这两部分曲线又不是从同一个圆形中截取下来的,所以连接在一起之后就不会形成一个半圆。这就使得右半部分圆形曲线的圆心落在了 a 的位置上,左半部分圆形曲线的圆心落在 b 的位置上。众所周知,在哥特式的建筑中,两部分曲线在拱顶上的交界是完全暴露着的,而在米开朗琪罗设计的这一拱顶上,却是隐蔽着的,因为它被一层顶棚和悬挂在这个顶棚上的吊灯遮盖起来了,这样一来,左右两个部分的曲线看上去就好像是连在一起似的,但看上去又不像同一个半圆那样僵硬。由于左右两部分的联结体现了两种不同曲率之间的和解,所以它就显得极其柔和,但在这种柔和性中透出了圆形曲线所特有的稳固性。整个拱顶的轮廓线看上去似乎是由同一个半圆偏离之后得到的，又由于这个半圆是向上伸展的，结果就产生出了一种垂直上升的运动感。此外，由于在线段 A 中包含了左右两部分圆形轮廓线在水平方向上的直径，所以就使得这两部分轮廓线与 A 相交的地方上下垂直，这就为整个圆顶造成一种极其稳定和富有静态的空间定向。但是，又由于这两个上下垂直的部分是被 A 和 B 之间的鼓形石块挡住的，就使整个圆顶的基点落在了 B 上而不是落在 A 上，这就为圆顶与基底相交的地方造成一定的倾斜度，这一倾斜度的出现，使得整个圆顶看上去不是垂直上升，而是稍稍向内倾斜着上升。这种内倾又进一步产生出了一种倾斜度，这一倾斜度的出现，使得整个圆顶看上去不是垂直上升，而是稍稍向内倾斜着上升。这种内倾又进一步产生出一种复杂的，同时又是统一的整体表现性。正如乌尔富林（即沃尔夫林——编者注）在评论这座建筑时所说的："那象征重力的形象保留了，但同时又受到了那体现精神解放的表现性质的支配。"① 这就使得米开朗琪罗的拱形建筑体现了"一般的巴洛克精神中所固有的矛盾"②。

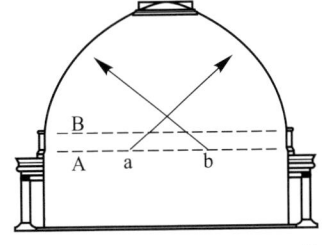

图 1　圣彼得大教堂圆顶结构图③

3. 表现性的优先地位

一个视觉式样所造成的力的冲击作用，是这个式样本身固有的性质，正如形状和色彩也是知觉式样本身的固有性质一样。

事实上，这种表现性还是视觉对象的一种最最基本的性质。我们总以为视知觉就是记录事物的形状、距离、色彩和运动的。事实上，对于事物中类似上述可以度量的性质的知觉能力，是人类发展到晚期之后才具备的。即使对 20 世纪的西方人来说，要想知觉到这样一些可以度量的性质，也是要有一定的先决条件的（例如，要经过训练等）。只有那些科学家、工程师或售货员的眼睛，才能一眼看出某一个顾客的腰围有多少、某个人的口红是浓是淡、某一只皮箱有多重，等等。但是，当普通人坐在火炉跟前观看那火焰的跳动时，绝不会注意火焰的色调和它的明亮度的变换，也不会注意火舌跳动时那优美的姿态和它

---

① 乌尔富林：《文艺复兴与巴洛克风格》，慕尼黑版，1888 年，第 306 页。
② 乌尔富林：《文艺复兴与巴洛克风格》，慕尼黑版，1888 年，第 306 页。
③ 该图转引自乌尔富林《文艺复兴风格与巴洛克风格》，慕尼黑版，1888 年，第 297 页。

那生动的色彩；当人们知觉或回忆一个熟悉的人时，只是知觉或回忆起这个人的面庞是和蔼的还是绷紧的、是注意力分散的还是全神贯注的，而不会是他的脸型的三角形性、眉毛的倾斜性或嘴唇的平直性。

表现性在人的知觉活动中所占的优先地位，在成年人当中已有所下降，这也许是过多的科学教育的结果，但在儿童和原始人当中，一直稳固地保留着。按照维尔纳和柯勒收集的资料，儿童和原始人在描述一座山岭时，往往把它说成是温和可亲的或狰狞可怕的；即使在描述一条搭在椅背上的毛巾时，也把它说成是苦恼的、悲哀的或劳累不堪的，等等。

外部表现性在人的知觉活动中所占的这种优先地位，其实不足为奇。我们的视觉并不是一台能够进行自动调节的摄影机，而是有机体在生存斗争中发展出来的对外界环境作出适当反应的工具。与有机体关系最为密切的东西，莫过于那些在它周围活跃着的力——它们的位置、强度和方向。这些力的最基本属性是敌对性和友好性。这样一些具有敌对性和友好性的力对我们感官刺激，就造成它们的表现性。

如果说注重表现性是人的日常视觉活动的主要内容，在特殊的艺术观看方式中，就更如此了。事物的表现性是艺术家传达意义时所依赖的主要媒介，他总是密切地注意着这些表现性质，并通过这些性质来理解和解释自己的经验，最终还要通过它们去确定自己所要创造的作品的形式。因此，在培养艺术家的时候，就要特别注重学生们对表现性的反应能力，并培养他们把表现性作为使用铅笔、画笔和雕刻凿刀时的用力基准。事实上，很多优秀的艺术老师在教学实践中也就是这样做的。

但是，另外一些教师所采用的教学法就完全不同了，学生们在接受了这种培养之后，不但未能使得自己对表现性的反应敏锐起来，就连自己原有的那点本能反应能力，也受到了压抑和破坏。这方面最典型的例子，是现在仍在沿用的那种老式教学法。按照这种教学法，学生们再现一个模特儿时，必须准确地再现出它的轮廓线的长度、方向、各个点的相对位置和形状。这就是说，它最关心的是如何把自然事物的"几何—技术"性质再现出来。这种习惯到现在，就是极力要求学生们把一个模特儿看作体积、平面和方向的集合体，实际上还是万变不离其宗。

很明显，这种教学法强调的，是如何按照科学原理创造，而不是按照视觉的本能反应创造,它与我们所推崇的教学法是完全不同的。为了说明我所推崇的教学法,只要把这种教学法的课堂教学情况介绍一下,就能说明问题了。

我所说的教学法是这样的:上课一开始,教师先让一个模特儿以耸肩姿势坐在地板上,但他并不把学生的兴趣集中引导在这个姿势的三角形形状上,而是要求学生们回答出这种姿势的表现性质。当学生们能够正确地回答出它的表现性质时(如看上去很紧张,那缩成一团的身体充满了潜在的力量等),老师便要求学生们将这种表现性再现出来。在作画时,学生们并不是不注重它的比例和方向,而是把它们当作体现这种表现性的因素,每一道笔触的正确与否,都是看它是否捕捉到了这一题材的表现性质而定。很显然,这种教学与那种把它们当成纯粹的"几何—技术"性质的做法完全不同的。

按照这种教学法,即使是纯粹的制图,也必须注重其表现性。在一堂制图课上,老师必须使学生和那些未染上坏习惯的人认识到,一个圆形,绝不是由所有离中心点的距离都相等的点所组成的一条具有不变曲率的轨迹,而首先应该是一件坚实、稳定和宁静的事物。一旦学生们理解了圆形性并不等于圆形这一道理之后,他们设计一个式样时所遵循的结构逻辑就会自然地符合这个被表现事物的基本概念;反之,如果学生们在设计时仅仅是把注意力集中在事物的纯形式特征上,就会在无数可供选择的形式式样面前感到不知所措。这就是说,只有一个表现性主题,才能引导学生们很自然地把那些适合这一目的的形式选择出来。

当然,我在这儿并不是鼓吹所谓的"自我表现","自我表现"只能大大减小被再现事物本身的表现性质,甚至完全把它们排除在艺术表现之外,因为这种"自我表现"法只是一味地要求艺术家把自己内在的情感像电影一样,极其被动地倾倒出来。我所推荐的方法与此完全不同,因为它要求艺术家必须积极地使用自己的一切组织能力,去把被再现事物的表现性质发掘出来。

或许有人会问:如果一个艺术家不去首先掌握表现形式的技巧,他怎么能够成功地把事物的表现性质表现出来呢?在我看来,这些人所提出的这种创作步骤恰好与艺术创作的实际步骤相反。事实上,所有的技巧练习,都不能离开对表现性的把握。这样一种看法是我在很多年之前观看舞蹈家格莱特·帕鲁卡表演一套最普通的动作时想到的。帕鲁卡称自己的这些舞蹈动作为"即兴技巧",它们看上去并不是什么很复杂的动作——不过是舞蹈家们在正式演出之前为了活动自己的关节而做的一套练习动作。这套动作一开始，是扭颈、转头动作，随后便是耸肩，最后是扭动脚趾。但是，在旁观者看来，即使这样一种纯粹的技术性练习，也是一种极其成功的表演，因为这样一些动作完完全全是表现性的。在这样一些准确、有力和富有节奏的表现性动作中，形形色色的情绪——从懒洋洋的惬意到傲慢的讽刺——就很自然地被表现出来。

为了使某种舞蹈动作达到技术上的准确性，一个有能力的舞蹈教师并不要求他的学生去表演一些准确的几何式样，而是要求他们努力获得上升、下降、攻击和退让时的肌肉经验。而要取得这样一些经验，就必须完成与这种经验有关的动作（这与医疗中所使用的物理疗法有点相似。在运用这种疗法进行治疗时，医生并不要求病人去做那些毫无意义的纯形式练习——伸胳膊、屈腿等，而要求把兴趣集中于完成某种游戏或某一件工作上，而要完成这些游戏或工作，四肢自然也就完成了要求的动作）。

4. 自然事物的外部表现性

实际上，对表现性的知觉，不一定（基本上就没有必要）等于透过某个人的外部表现去探查这个人的内在心理状态。柯勒曾经说过，在多数情况下，人们只是对那些具有表现性的物理活动本身作出反应，而不是着意地去探查这些活动反映出来的心理经验。①

也就是说，我们在自己的知觉中直接看到的，是眼前这个人那缓慢的、无精打采的和萎靡不振的动作，也看到了与此完全不同的另一个人那活泼的、挺直的和朝气蓬勃的动作，但我并没有进而越过这些表象去探究这些动作所标志的那种消沉的和活跃的心理状态，因为这种消沉和活跃早已包含在这些物理行为之中了。从本质上说来，在表现性方面，这样一些内在的心理活动与那些缓慢流动的焦油以及那种清脆有力的电话铃声并没有根本区别。当然，在某种外交谈判中，一方代表或许极力想要透过对方的脸色和手势判定出他的思想和情绪，以便弄清楚"他心里究竟是怎么想的，他最终会作出什么样的决定"，等等，但是，他在这样做的时候，很明显已经越出了对表现性的知觉范围，因为他已经在运用自己的分析能力，从自己看到的东西中探查隐藏这些外部表现后

---

① 柯勒：《格式塔心理学》，纽约版，1947年，第260~264页。

面的心理活动了。

尤其值得指出的是，一件艺术品的表现性内容，既不存在于舞蹈者本人所经验到的心理状态中，也不存在于观众观看玛丽·玛格达伦或赛巴斯提安的画像时所进行的想象中。一件艺术品的实体，就是它的视觉外观形式。按照这样一个标准衡量，不仅那些有意识的有机体具有表现性，就是那些不具意识的事物——一块陡峭的岩石、一棵垂柳、落日的余晖、墙上裂缝、飘零的落叶、一汪清泉，甚至一条抽象的线条、一片孤立的色彩或是在银幕上起舞的抽象形状——都和人体一样，都具有表现性。在艺术家眼里，这些事物的表现价值有时甚至超过人体。众所周知，人体是一种十分复杂的式样，而且很不容易被约简成为一种简单的形状或简单的动作，所以它传递出的表现性也就不那么使人信服。除此之外，用人体作为媒介还容易引起观赏者过多的非视觉联想。因此，对艺术表现来说，人体是一个最困难的，而不是一种最容易的媒介物。①

事实上，人体之外的所有事物都具有真正的表现性。但遗憾的是，这一事实在过去是一直被掩盖着的。按照那些流行一时的假说，无生命的事物所具有的人类的感情，似乎是由"感情的误置""移情作用""拟人作用"或原始的"泛灵观"产生出来的。事实上，表现性乃是知觉式样本身的一种固有性质。那作为一种特殊的知觉式样，人体只不过是那些较为普遍的式样中的一个个别事例。因此，将一个事物的外部表现性与一个人的心理状态进行比较，在决定事物的表现性方面不会起到决定性的作用。一棵垂柳之所以看上去是悲哀的，并不是因为它看上去像是一个悲哀的人，而是因为垂柳枝条的形状、方向和柔软性本身就传递了一种被动下垂的表现性；那种将垂柳的结构与一个悲哀的人或悲哀的心理结构所进行的比较，却是在知觉到垂柳的表现性之后进行的事情。一根神庙中的立柱，之所以看上去挺拔向上，似乎是承担着屋顶的压力，并不是在于观看才设身处地地站在了立柱位置上，而是因为那精心设计出来的立柱的位置、比例和形状中已经包含了这种表现性。只有在这样的条件下，我

---

① 按照雷纳·A.斯比兹在《微笑反应》（载《发生心理学论文献》1946年第34集，第57~125页）一文介绍，一个能够把某种柔和的运动和粗鲁的运动区别开来的儿童，却不能把人的面部表情的含义识别出来。一个三个月到六个月的婴儿，对一种逗笑的面孔的反应仍然是一种傻笑。这种傻笑其实并不是一种"笑"，因为那有点痉挛性的肌肉扭曲和爆发性的声音都不标志着"笑"的情绪。在对猩猩的测试中证明，这种动作其实是一种发怒的表示。

们才有可能与立柱发生共鸣（如果我们期望这样的话）。而一座设计拙劣的建筑，无论如何也不能引起我们的共鸣。

这种把视觉形象的表现性归结为人类感情的反应的理论，看来犯了如下两方面的错误：第一，它忽视了这样一个事实，表现性实际上取决于知觉式样本身以及大脑视觉区域对这些式样的反应。第二，它过分地限制了具有表现性的事物的范围。

我们发现，造成表现性的基础是一种力的结构，这种结构之所以会引起我们的兴趣，不仅在于它对于拥有这种结构的客观事物本身具有意义，而且在于它对于一般的物理世界和精神世界均有意义。上升和下降、统治和服从、软弱和坚强、和谐与混乱、前进和退让等基调，实际上乃是一切存在物的基本存在形式。不论是在我们自己的心灵中，还是在人与人之间的关系中；不论是在人类社会中，还是在自然现象中；都存在着这样一些基调。这种诉诸人的知觉的表现性要想完成自己的使命，就不能仅仅是我们自己感情的共鸣。我们必须认识到，那推动我们自己的情感活动起来的力，与那些作用于整个宇宙的普遍性的力，实际上是同一种力。只有这样去看问题，我们才能意识到自身在整个宇宙中所处的地位，以及这个宇宙整体的内在统一。

在世间诸事物中，某些事物之间的力的基本式样是一致的，而在另一部分事物（或事件）之间，力的基本式样看上去就极不相似。但只要以事物中那具有表现性的外表做基础，我们的眼睛就能够自动地创造出一种适于对所有的存在物进行分类的林奈分类法（林奈，瑞典博物学家——编者注）。这种知觉分类法能将那些按照科学的分类法建立起来的顺序和秩序"拦腰斩断"，并在这个斩断的横截面上将各种"极不相同的事物"归并为同一类。众所周知，在我们所生活的西方文化中，人们总是习惯于按照生物和非生物、人类和非人类、精神和物质等范畴，去对各种存在物进行分类，然而，如果在分类时，只以表现性作为标准，那些具有同种表现性质的树木和人就有可能被归并到同一类，它们之间在表现性方面的类似程度甚至比人与人之间的类似程度还要高。要是这样，人类社会就可以与自然界的事物归并为一类。如果人类社会中所发生的某种变动，与暴风雨来临之前天空中发生的那种变动相同，这两种事物就可以归并为同一类。由于我们总是习惯于从科学的角度和经济的角度去思考一切和看待一切，所以总是以事物的大小、重量和其他尺度去解释它们，而不是以它们外表中所具有的能动力来解释它们。这些习惯上的有用和无用、敌意和友好的标准，只能阻碍我们对事物的表现性的感知，甚至使我们在这方面不如一个儿童或一个原始人。如果一所房屋或一把椅子适合于我们的需要，我们便不再关心它们的外表是否适合于我们的需要，我们便不再关心它们的外表是否适合于我们的生活方式。在人与人之间的交往关系中，我们同样习惯于按照人们的社会地位、经济收入、年龄、职务、民族或种族去衡量——而当我们用这样一些范畴去解释人时，就会完全忽视人的内在本质的外部表现形式。

从原始语言中，我们还可以对原始知觉方式有一个大概的了解。在原始时期，人们主要是靠自己的知觉对事物进行分类。以非洲埃维人的语言为例，他们用于表达走路动作的词汇，并不仅仅是一个"走"字，而是能够把各种人的走法详细地描写出来的词组和句子，如："个子小的人走起路来步子碎，身体虚弱的人走路时腿抬不起来，腿长的人走起路来腿总是向前挺，肥胖的人走起路来步子很重，注意力分散的人走路时不看前面，浑身有力的人走起路来步伐坚定。"[1]

原始部族的人对各种"走"法所进行的这样一些区别，并不会全然是为了表达他们的审判感受，而是要用各种步伐的表现性质，提示与各种走法相对应的人的类型以及这些人要去干什么事情的重要信息。

虽然原始语言具有惊人的烦琐性（在我们看来大可不必），但确实揭示出了事物的某些一般的性质（这些一般的性质在我们看来并不重要或十分荒唐）。再以克拉玛茨一带的印第安语言为例，这种语言在表达某些有着相同形状或动作的不同事物时，就在这些事物的名词前面加上相同的前缀，用来描述"那些有着圆形、扁球形、圆盘形或球根形外表的事物，有时还可以描写某种盘旋状的事物或盘旋状的动作，甚至还可以进一步用来描述那些用身体、胳膊、手或身体的其他部分所做出的圆形、半圆形或波浪形的动作。这样一来，同一种前缀就可以同时与云朵、天体或地球表面的圆丘、圆形或球状的果实、石头、圆形的房屋等不同的事物联系在一起，有时甚至还可以用来描述一'群'动物、围墙或是某种社交集会（因为一个社交集会往往是围成圆圈进行的）。"[2]

---

[1] 列维-布留尔：《原始思维》，伦敦版，1926年，第153页。
[2] 列维-布留尔：《原始思维》，伦敦版，1926年，第165~166页。

运用这样一种分类法，就可以将那些依我们的思考方式本该属于不同范畴的，或很少具有相同之处的各种事物，组合在一起（归并为同一类）。原始语言所具有的这样一些特征使我们想到，诗人运用暗喻法将实际上很不相同的事物联系在一起的手法，并不是艺术家们独创，而是从一种极其普通和自发的经验世界的方式中，发展和衍化而来的。

乔治·布洛克曾经规劝艺术家，要注意从不同的事物之中寻找和表现它们的等同点，"例如，当诗人吟诵出'燕子像剪刀似的掠过天空时'他实际上已经在一把锋利剪刀和一只在天空中迅疾飞过的燕子之间找到了共同点"①。

这种比喻还可以使读者们透过客观事物的外壳，将那些除了力的基本式样相同，其余一切都很少有共同之处的不同事物联系起来。当然，比喻手法要想达到完美的效果，还需要读者在自己的日常经验中，对各种表象和各类活动的象征性或比喻性含义有着丰富的体验。例如，当听到某种击打或折断东西的声音或动作时，就应该产生出一种进攻或破坏的体验；当从事一种上升的运动时（如攀登楼梯等），就要有一种征服和进取的体验；如果在清早起床时看见晴空万里，房间里充满了煦和的阳光，那就不能仅仅是看到光线的明暗度变化。一种真正的精神文明，其聪明和智慧就应该表现在能不断地从各种具体的事件中发掘出它们的象征意义和不断地从特殊之中感受到一般的能力上，只有这样，我们才能赋予日常生活事件和普通的事物以尊严和意义，并为艺术能力的发展打好基础。②

当然，如果让这种本能的象征主义发展到病态的极端，就会引起像那些因情感和心理的不调而出现身心疾病的病人或其他神经病人发出的"器官语言"一样的东西。③

这种病态的"象征主义"，还可以在那些患不能吞咽症的病人身上表现出来，这些病人发病的病因，往往是在日常生活中曾经有一次没有把什么东西咽

---

① 布洛克：《笔记（1917—1947）》，纽约版。
② 参见阿恩海姆《对诗歌创作活动的心理学解释》，载《诗人的创作活动》，纽约版，1948年，第153~159页。
③ 精神分裂病人的语言习惯有点像是回复到了原始的语言习惯。E.冯·多玛罗斯在论述正常人与精神分裂病人之间在思维方式上的不同时，曾经指出："正常人总是通过主语之间的相同来标示事物之间的相同，而原始逻辑却是凭借谓语之间的相同来标示事物之间的等同。"见阿瑞提《精神分裂病人和其他孤僻的思维方式中的特殊逻辑》，载《精神病学杂志》1948年第11期，第325~338页。

下去。与此相类似的还有那些每天都在重复着某种洗刷动作的病人,他的这些动作是在某种无意识的犯罪感的迫使下做出来的。

5. 艺术中的象征

按照"象征"这个词的更为一般的含义,如果一幅艺术品所再现的事实中,没有隐含着某种观念,就不能把它称为象征性的艺术。举例说,一幅再现了一群农民正围在某个小店的茶桌周围闲谈的荷兰风俗画,就不是一幅象征性的作品。但是,当我们看到提香画中在水井旁边对称站立着两个女人(一个女人身体差不多是全裸的,另一个女人则穿着衣服),或是丢勒雕塑中那个手拿高脚杯张开双翼站在一个圆球上驾云飞行的女人时①,其中那些怪诞的景物就会马上使我们想到,这些作品一定是用来象征某种观念的。从这些作品中看到的象征性,是运用类似宗教艺术中使用的那种比喻性的绘画语言揭示出来的。我们知道,在宗教艺术中,百合花总是象征着玛丽的童贞,羊羔象征着信徒,两只鹿在池塘边饮水象征着信徒们的娱乐,等等。

在观看这类象征艺术时,如果我们的理智或学识不能帮助我们弄清作品的题材,它的象征意义不可能直接从作品中把握到。但是,那些伟大的作品就不同了。这些作品所要揭示的深刻含义,是由作品本身的知觉特征,直接传递到眼睛中的。举例说,任何一个粗知《创世纪》故事的观赏者,在观看米开朗琪罗在罗马的西斯庭教堂创作的天顶画《亚当出世》时,都能一眼看出其中那深刻的象征意义(见图2)。

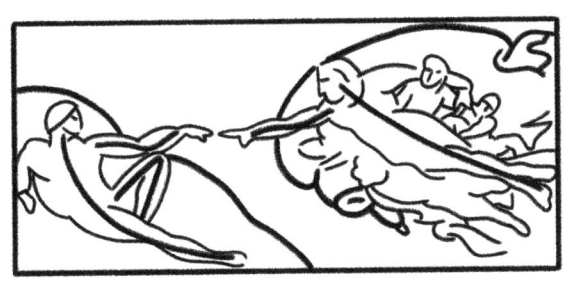

图2 《亚当出世》的画面结构示意图

---

① 提香的《神之家和世俗之爱》,画于1510—1512年,藏于罗马的鲍尔金斯美术馆。丢勒的《复仇女神》则作于1500—1503年。

谁都知道，在这件作品中，米开朗琪罗对原来的故事情节作了某些改动，经过改动之后，它包含的内容更加广泛，给人的印象也更加深刻。在改动后的作品中，上帝不再把生命的灵魂吹到亚当身上（这样一种题材很不容易转换成一种表现性的式样），而是把手伸向亚当伸出的胳膊。这样一来，那生命的火花就好像从上帝的指尖跳到了亚当的指尖，从而完美地再现了生命由创世者身上输送到他的创造物上面的题材。这两个完全不同的世界，是通过两条胳膊形成的桥梁联系在一起的。上帝所在的世界是通过斗篷形成的那个独立完整的圆形象征出来的，这个圆形将上帝围裹在当中，并通过上帝身体的倾斜姿势呈现出一种向前的运动；亚当所在的世界则是由大地上那块不完整的平板断片象征出来的，它的整个轮廓线是向后倾斜的，这样一来，就使它呈现出一种被动性，这种被动性又进一步由亚当身体中所出现的种种凹进形式，得到大大加强。亚当躺在地上，他的身体的上半部分在创世主吸引力的作用下，微微地抬了起来。他那种想站立起来行走的欲望，以及他那种能够达到这个目的的潜在力量（这是作为辅助性的题材出现的），又是通过那屈起的左腿暗示出来的。我们还可以把这条屈起的左腿看成他那向外伸出的胳膊的支撑物，这条胳膊看上去并不像上帝的胳膊那样，既能自由挥舞，又充满了巨大的能量。

从以上的分析中可以看出，表现这个故事的能动式样是由绘画构图的结构骨架显示出来的。它先是使一种积极的力与一种被动的物体接触，然后又把这一被动的物体接收到能量之后由死变活的过程呈现出来。这个故事的本质是由那首先映入眼帘的事物——作品的主要式样显示出来的，在观赏时，这个主要式样并没有被观赏者神经系统原原本本地复制出来，而是在他的神经系统中唤起了一种与它的力的结构相同形的力的式样。这样一来，观赏者的欣赏活动就不再是一种对外部客观事物的纯认识活动。这个用于表现这个故事的特定的力的式样，在观赏者头脑中活跃起来，并使观赏者处于一种激动的参与状态，而这种参与状态，才是真正的艺术经验。这种经验与那种对信息的纯粹理解是完全不同的。

但事情还不止于此，这个结构式样所呈现出的那些富有动感的物体，在准确地描绘了这个圣经故事的同时，还进而对发生在物理世界和心理世界中的那些与此相类似的普遍性的情势，作出了解释。这就是说，这一知觉式样是人们理解这个创世故事的媒介，而这个故事本身又反过来说明和解释了那种具有一般或普遍意义的媒介，这种一般的或抽象的东西一经变成有血有肉的和活灵活现的东西，就会立即被眼睛理解和把握。

艺术品的知觉式样并不是任意的，它并不是一种由形状和色彩组成的纯形式，而是某一观念的准确解释者。此外，作品所选择的题材同样也不是任意的和无足轻重的，它在作品中与形式式样相互依赖和相互配合，为抽象主题提供一个具体显现的机会。那些只凭形式式样对作品进行评判的鉴赏家，是不能对作品作出公正的评判的，正像那些只凭作品的题材对作品进行评判的门外汉不能公正地评判作品一样。当维斯特勒［即惠斯勒（Whistler）——编者注］把他的母亲的画像称为"灰色和白色的排列"时暴露出来的片面性，同一个在这幅画像中仅仅看到了"一个坐在椅子上的严肃女人"的门外汉所暴露出的无知，性质上是一样的。无论纯粹的形式，还是题材，都不是一件艺术品的最终内容。它们所能起到的作用，都是给一个无形的一般概念赋予形体。

……

7. 所有的艺术都是象征的

如果艺术创作的目的仅仅在于运用直接的或类比的方式把自然再现出来，或是仅仅在于愉悦人的感官，它在任何一个现存的社会中所占据的那种显赫地位，就会使人感到茫然不可理解。我认为，艺术的极高声誉，就在于它能够帮助人类去认识外部世界和自身，它在人类的眼睛面前呈现出来的，是它能够理解或相信是真实的东西。在我们生活的这个世界上，每一件事物都是一种独特的个体，我们从来就找不到两件完全相同的东西，然而任何事物也都是可以认识的，因为它的组成成分并不是它独有的，而是许多事物或全部事物所共有的。在科学中，当我们将所有存在的现象都归纳在一个共同规律之中时，就会获得最完美的知识。艺术中发生的事情其实也是如此，最成熟的艺术品，能够成功地使其中的一切成分服从于一个主要的结构规律。在完成这一步骤时，它并不是将现存事物的多样性歪曲为千篇一律性，而是通过将各种不同的事物相互比较，使它们的差别性更加清晰地显示出来。布洛克曾经说过："把一个柠檬放在一个橘子旁边，它们便不再是一个柠檬和一个橘子，而变成了水果。数学家们信奉这个规律，我们也信奉它。"①

---

① 布洛克：《笔记（1917—1947）》，纽约版。

但布洛克在这里忘记了,通过将一件事物与另一件事物发生联系,所产生出来的效果其实是双重的。它不仅显示了诸事物间的相似性,而且在显示这种相似性的同时还鲜明地突出了它们的个性。艺术家通过使所有不同的对象都服从于一个共同的"风格",而把一个整体创造出来。在这一个整体中,每一个对象的位置和作用也都被清晰地显示出来。歌德曾经说过:"美就是自然之秘密规律的显现,假如没有人把这种秘密规律揭示出来,它就永远是不可知的。"

在一件艺术品中,每一个组成部分都是为表现主题思想服务的,因为存在的本质最终是由主题体现出来的。即使作品看上去似乎完全是由中性的物体排列起来的,我们也能从中发现象征性。以图3为例,只要我们对这两幅静物画大体扫视一遍,就会得到两种完全不同的现实概念。左面一幅静物画是塞尚的作品,在这幅作品中,占支配地位的是由背景、桌子、瓶子和杯子的垂直和水平轴线构成的各种稳定的构架。这些构架显得如此稳固和结实,所以即使台布上遍布歪七扭八的皱褶,它们对整幅画中所表现出的静态也没有发生任何妨碍。此外,由那些直立的瓶子和杯子所形成的对称性中还传递出一种简单的秩序。由于大多数物体的形态都是向外凸出的,所以即使在那些比较混乱的物体中,也呈现出一种圆满性和柔和性。这种富足、充满和安静的形象,与右面毕加索的静物中所呈现出的那种极度的骚动和混乱,形成鲜明的对照。在毕加索的作品中,我们看不到丝毫稳定性痕迹,也根本见不到任何呈垂直或水平定向的物体,其中的房间看上去都倾斜的,那张被掀歪的正方形桌面,一部分被掩

图3 塞尚与毕加索的静物画对比 ①

---

① 塞尚的静物画藏于华盛顿国家美术馆,毕加索的《内有一只死禽的静物》画于1942年,此处所用插图是由亚尼斯复制的,见亚尼斯《毕加索——近年(1937—1946)的状况》插图57,花园城版,1946年。

盖在倾斜的物体后面，另一部分则发生了强烈的变形，连它的四条桌腿，看上去也不再是平行的。桌子上的瓶子东倒西歪，摇摇欲坠。就是那只仰躺在桌面上的死禽，也像是要从桌子上掉下来似的。所有的线条都显得那样僵硬、呆板、毫无生气。甚至那样用于描绘动物身体的线条，看上去也是如此。

既然主题是由基本的知觉式样传达出来的，所以，即使艺术不再现任何自然物体，也能够完成自己的职责，这些不再现任何自然物体的"抽象艺术"，以自己特有的方式执行着艺术一贯所担负着的任务。当然，我们并不能说"抽象艺术"就一定是比再现艺术好一些，因为再现艺术同样也没有隐藏（而是揭示出了）那富有意味的力的结构；但也不能说它比再现性艺术差一些，因为它也能像再现艺术一样，把存在的本质揭示出来。"抽象艺术"并不是由"纯粹的形式"构成的，即使它所包含的那些简单的线条，也都蕴含着丰富的含义，因而也都具有象征性；但是，这些抽象的线条所提供的，也不是抽象的概念。还有什么能比它所包含的那些色彩、形态和运动更为具体的呢？它既没有局限于表现人的内在生活，也没有局限于去表现人的无意识。因为对艺术来说，所谓外部世界与内部世界、意识与下意识之间的区别，都是虚假的。在艺术中，人的心灵运用一切有意识和无意识的能力去接收外部世界的信息，并给这些信息赋以形状和解释。这就是说，如果无意识的领域不与感性物体联系在一起，就永远也不可能进入我们的经验；同样，如果外部世界没有内部世界的参与，如果有意识的领域没有无意识领域参与，它们同样无法把自己呈现出来。但是，外部世界和内部世界的本质，最终都应该归结为力的作用。事实上，这种"音乐式的"探讨方式，早已经被那些误称为抽象派的艺术家们应用着了。我们无法知道将来的艺术会是什么样子，但肯定不再会是抽象艺术，因为抽象艺术并不是艺术发展的顶峰，然而，抽象艺术确实是观看世界的一种有效方式，也是一种只有站在神圣的山峰上才能看到的景象。从这个峰顶上的任何一个不同的位置上，都会看到一种独特的景象，然而把所有位置上看到的东西合并起来，又是同一种景象。

（选自［美］鲁道夫·阿恩海姆《艺术与视知觉》，滕守尧、朱疆源译，

四川人民出版社1998年版）

海德格尔与《艺术作品的本源》

经典导读

马丁·海德格尔（Martin Heidegger，1889—1976），德国20世纪伟大的哲学家、现象学家、思想家，20世纪存在主义哲学的创始人。海德格尔出生于德国西南部巴登邦弗赖堡附近的梅斯基尔希镇的天主教家庭，逝世并安葬于故乡。他的一生总体上说属于比较典型的学者生涯。自1909年进入弗赖堡大学读书，直至1959年退休，期间除去20年代在马堡大学执教的五年，海德格尔一直生活在弗赖堡大学，差不多长达半个世纪之久。晚年主要居住在黑森林的托特瑙小屋，做一个远离尘嚣的宁静的思者。他的人生，他的哲学，是人类思想史上饶有趣味的话题。他的思之影响早已超出了德意志，超出了欧洲，而融入了整个人类文明史的进程。海德格尔是在德国民族文化经典化之后又一位具有原创精神的思想大师，他的著作书写了德国精神发展史上激动人心的一页。作为当代西方最有影响的哲学家之一，他在哲学思想的经典作家行列占有稳固的地位。对此必须从两个完全不同的方面来确定。"一方面是他在我们这个世纪的学院哲学中的地位，特别是在德国的舞台上；另一方面是他在我们这个时期普遍意识中的影响和意义。这两个方面在他那里完全是不可分离的，而且能特别恰当地确定他的等级。只有少数在哲学思想方面的伟大的经典作家，如笛卡尔或莱布尼茨，休谟或康德，黑格尔或尼采，才居于这种地位。"[①] 其代表作有《存在与时间》《林中路》《路标》《荷尔德林诗的阐释》《艺术作品的本源》《在通向语言的途中》《尼采》等。

有学者把20世纪三四十年代称为海德格尔思想的"真理时期"，认为海德格尔这一时期的主要运思是真理问题。事实上，海德格尔的思之转向在三四十年代中期的一些过渡性著作中显露了踪迹。从1935年11月到1936年12月，海德格尔曾多次在弗赖堡、法兰克福、苏黎世以艺术为主题发表演讲，这些演讲最终荟萃为《艺术作品的本源》《诗人何为》等出版。《艺术作品的本源》被当代哲学大师伽达默尔称为哲学史上的轰动事件。海德格尔关于"艺术"的演讲，既关乎艺术的使命和真理的本质，又关涉对美学的理解。演讲虽名为谈"艺术"，但实际上谈的是哲学问题，一个通过艺术显隐运作的争执打开存在视域的问题。

海德格尔终其一生都在关注与探寻人的存在，他曾在《存在与时间》的末尾说道："研究一般存在'观念'的源头与可能性，借助形式逻辑的抽象是不行的，亦即不能没有借以提问与回答的可靠视野。须得寻找一条道路并走上这条道路去照明存在论的基础问题。"[②] 艺术之思可以视作他进行新道路探索的一个尝试。在这篇文献中，他以叛逆者式的冒险离开了西方逻辑传统而寻找非逻辑的思路，不是站在世界前，而是站在世界中，不是对象性思维的二分割裂，而是寻求互蕴互含的世界圆舞，去捕捉和追寻逻辑之网永难捉住的思之诗，以探求走上通向"存在真理"的途径。这就是海德格尔格外看重艺术的原因。但他的艺术之思迥然有别于传统的艺术学、艺术哲学，以及传统的"感性学"式的美学而有着自己鲜明的独特性。他是这样陈述的："什么是艺术？这应从作品那里获得答案。什么是作品，我们只能从艺术的本质那里获知。"[③] 很清楚，致思于诗的艺术运行在追问存在之本质的途径上。其目的并不只在于文学式的诗歌形式，也并不仅在于艺术批评。他谈论作品时从未提到过个体之人，也没有在一个地方描述过个体的人的特殊体验，即使以凡·高的"农

---

① ［德］伽达默尔：《转折之路》，见严平编选，邓安庆等译《伽达默尔集》，上海远东出版社1996年版，第429页。
② ［德］海德格尔：《存在与时间（修订译本）》，陈嘉映、王庆节合译，熊伟校，陈嘉映修订，生活·读书·新知三联书店1999年版，第493页。
③ ［德］海德格尔：《艺术作品的本源》，孙周兴译，见《海德格尔选集》上册，孙周兴选编，上海三联书店1996年版，第238页。

鞋"为例，他也没有移向个体的农民而是指向类——总体的"农妇的世界"，因此他是传统的哲学家、艺术哲学家，而不是传统意义的艺术批评家。更确切地说他是一位现象学家，他以其现象学的本质直观洞悉了艺术的本性。

海德格尔认为，艺术的本性是真理，也就是诗。他说："艺术作品的本源，同时也就是创作者和保藏者的本源，也就是一个民族的历史性此在的本源，乃是艺术。之所以如此，是因为艺术在其本质中就是一个本源：是真理进入存在的突出方式，亦即真理历史性地生成的突出方式。"① 当艺术作品使存在之真理创生显现，便放射出真理的光芒，也就是诗意的光辉。说艺术的本性是真理，也就是诗，并非意味着"真理"和"诗"完全同一，两者是同一事情的两个不同名称。艺术是真理的创造与生成，而诗是真理的显现和光辉，它们与美都居于存在的近旁。

海德格尔的艺术之思，首先追问的是艺术的本质。其逻辑顺序的展开如下：物之物性的三种解释——器具—艺术作品（真理的无蔽性存在）—艺术作品的两极（世界和大地）——最后和黑格尔美学观之区别，从而形成他独特的艺术真理观。海德格尔把艺术作品的本质、把作品的作品性归结为真理的发生，而真理又是作为澄明和遮蔽的始源争斗发生的，作品所建立的世界与大地的归隐就属于这一争斗，这就必然使艺术作品带上了"历史"性质。真理在作品中显现，通过艺术设定在作品中，是真理以艺术作品的方式发生，而发生就意味着成为"事件"，它与"历史""历史的"具有同一词根，具有互通的意义。因此，海德格尔说真理在作品中发生时，可以说是在作品中是真理的事件在发生。② 艺术和艺术作品的历史性取决于这一历史世界的历史性。

美是真理（"无蔽"）的现身方式，是真理的显现和发生。经由现象学的存在之思，海德格尔使艺术作品、美与真理比肩而立，这是他的艺术存在论的核心。他的艺术论和以往传统艺术论的不同，不在于阐释字面语义的不同，而是一种动态性改变，也就是说，海德格尔的艺术论是激发人去生存（即 Dasein，绽出去生存）的动态活动。这就是现象学一再强调的思之活动。

海德格尔把艺术问题与存在问题联系起来思考，在更为宽泛而深邃的文化背景

---

① ［德］海德格尔：《艺术作品的本源》，孙周兴译，见《海德格尔选集》上册，孙周兴选编，上海三联书店1996年版，第298~299页。
② 参见［德］海德格尔《艺术作品的本源》，孙周兴译，见《海德格尔选集》上册，孙周兴选编，上海三联书店1996年版，第287页。

下把哲学与诗学统一起来，从而将艺术哲学引领到一个崭新的理论境界。这在西方现代哲学与美学史上是绝无仅有的。因此，在众多的西方现代哲学家和美学家眼里，海德格尔体现了西方现代艺术哲学或美学的深度。其艺术运思已明显地体现了他对现代形而上学进行反思和克服的努力。其艺术之思形成了对近代以来以"浪漫美学"为标志的主观主义（主体性）美学传统的反动；很明显，这也是海德格尔对其前期哲学的主体形而上学立场的一个自我修正。在海德格尔的现象学视野中，正如"真"（真理）不是主体的认知活动，"美"也绝非主体的体验，绝非"天才"的骄横跋扈的创造，艺术更非所谓"美的体验"的激发器。作为存在之真理发生的一种方式，诗、艺术和美等都是富有创造性的"揭蔽"活动。这些思想对20世纪后期以来的哲学、美学、艺术学以及后现代思潮的兴起等，都产生了极其深刻的影响。在一定意义上，海德格尔的思想是人类思想史上不可绕过的，他关于艺术和美的运思也是美学思想史和艺术发展史不可绕过的。

延伸阅读文献

1. Martin Heidegger, *Einfuehrung in die Metaphysik*, Tuebingen: Niemeyer, 1953.

2. Martin Heidegger, *Unterwegs zur Sprache*, Pfullingen: Neske, 1959.

3. Martin Heidegger, *Vortraege und Aufsaetze*, Pfullingen: Neske, 1959.

4. Martin Heidegger, *The End of Philosophy*, trans. Joan Stambaugh, New York: Harper & Row, 1973.

5. Martin Heidegger, *Poetry, Language and Thought*, trans. Albert Hofstadter, New York: Harper & Row, 1971.

6.《海德格尔选集》上册，孙周兴选编，上海：上海三联书店1996年版。

7. ［德］瓦尔特·比梅尔：《当代艺术的哲学分析》，孙周兴、李媛译，北京：商务印书馆1999年版。

8. 张祥龙：《海德格尔思想与中国天道——终极视域的开启与交

融》，北京：生活·读书·新知三联书店1996年版。

9. 范玉刚：《睿思与歧误——一种对海德格尔技术之思的审美解读》，北京：中央编译出版社2005年版。

10. 刘旭光：《海德格尔与美学》，上海：上海三联书店2004年版。

（范玉刚 撰）

—— 原文：《艺术作品的本源》（节选）

经典原文

艺术作品的本源（节选）

海德格尔 著 孙周兴 译

■ 作品与真理

艺术作品的本源是艺术。但艺术是什么呢？在艺术作品中，艺术是现实的。因此，我们首先要寻求作品的现实性。这种现实性何在？凡艺术作品都显示出物因素，虽然方式各不相同。依靠通常惯用的物的概念来解释作品的物之特性早已宣告失败。这不光是因为这些物的概念不能解释物因素，而且由于它追问作品的物性根基，把作品逼入了一种先入之见，阻断了我们达到作品之作品存在的通路。只要作品的纯粹自立没有清楚地显明出来，作品的物因素就根本无法揭示。

然而，作品自身是可以通达的吗？若要使这成为可能，也许有必要使作品从它自身以外的东西的所有关系中解脱出来，从而使作品只为了自身并根据自身而存在。而艺术家的独到匠心的意旨也正在于此。作品要通过艺术家进入自身而纯粹自立。正是在伟大的艺术中（本文只谈论这种艺术），艺术家与作品相比才是无足轻重的，他就像一条为了作品的产生而在创作中自我消亡的通道。

作品本身就这样摆和挂在陈列馆和展览厅中。然而，作品在那里自在地就是它们本身所是吗？或者，它们在那里倒不如说是艺术行业的对象？作品乃为了满足公众和个人的艺术享受的。官方机构负责照料和保护作品。鉴赏家和批评家也忙碌于作品。艺术交易操劳于市场。艺术史研究把作品当作科学的对象。然而，在所有这些繁忙折腾中，我们能遇到作品本身吗？

在慕尼黑博物馆里的《阿吉纳》群雕，索福克勒斯的《安提戈涅》的最佳校勘本，作为其所是的作品已经脱离了它们自身的本质空间。不管这些作品的名望和感染力是多么巨大，不管它们被保护得多么完好，人们对它们的解释是多么准确，它们被移置到一个博物馆里，它们也就远离了其自身的世界。但即使我们努力中止和避免这种对作品的移置，例如在原地探访波塞冬神庙，在原处探访班贝克大教堂，现存作品的世界也已经颓落了。

世界之抽离和世界之颓落再也不可逆转。作品不再是原先曾是的作品。虽然作品本身是我们在那里所遇见的，但它们本身乃是曾在之物（die Gewesenen）。作为曾在之物，作品在承传和保存的范围内面对我们。从此以后，作品就一味地只是这种对象。它们面对我们，虽然还是先前自立的结果，但不再是这种自立本身了。这种自立已经从作品那里逃逸了。所有艺术行业，哪怕它被抬高到极致，哪怕它的一切活动都以作品本身为轴心，它始终只能达到作品的对象存在。但这种对象存在并不构成作品之作品存在。

然而，如果作品处于任何一种关系之外，那它还是作品吗？作品处于关系之中，这难道不是作品的本性吗？当然是的。只是还要追问：作品处于何种关系之中。

一件作品何所属？作品之为作品，唯属于作品本身开启出来的领域。因为作品的作品存在在这种开启中成其本质，而且仅只在这种开启中成其本质（Wesen）。①我们曾说，真理之生发在作品中起作用。对凡·高的油画的提示试图道出这种真理的生发。有鉴于此，才出现了什么是真理和真理如何可能发生这样的问题。

现在，我们在对作品的观照中来追问真理问题。但为了使我们对处于问题中的东西更熟悉些，有必要重新澄清作品中的真理的生发。针对这种意图，我们有意选择了一部不属于表现性艺术的作品。

一件建筑作品不描摹什么，比如一座希腊神庙。它单纯地置身于巨岩满布的岩谷中。这个建筑作品包含着神的形象，并在这种隐蔽状态中，通过敞开的圆柱式门厅让神的形象进入神圣的领域。贯通这座神庙，神在神庙中在场。神的这种现身在场是在自身中对一个神圣领域的扩展和勾勒。但神庙及其领域并非飘浮于不确定性中。正是神庙作品才嵌合那些道路和关联的统一体，同时使这个统一体聚集于自身周围；在这些道路和关联中，诞生和死亡，灾祸和福祉，

---

① 后期海德格尔常把名词"本质"（Wesen）作动词化处理，以动词 wesen 来表示存在（以及真理、语言等）的现身、出场、运作。我们译之为"成其本质"，亦可作"现身"或"本质化"。——译者注（本篇此后注释均为译者注，不再一一标示。）

胜利和耻辱，忍耐和堕落——从人类存在那里获得了人类命运的形态。这些敞开的关联所作用的范围，正是这个历史性民族的世界。出自这个世界并在这个世界中，这个民族才回归到它自身，从而实现它的使命。

这个建筑作品阒然无声地屹立于岩地上。作品的这一屹立道出了岩石那种笨拙而无所促迫的承受的幽秘。建筑作品阒然无声地承受着席卷而来的猛烈风暴，因此才证明了风暴本身的强力。岩石的璀璨光芒看来只是太阳的恩赐，然而它却使得白昼的光明、天空的辽阔、夜晚的幽暗显露出来。神庙的坚固的耸立使得不可见的大气空间昭然可睹了。作品的坚固性遥遥面对海潮的波涛起伏，由于它的泰然宁静才显出了海潮的凶猛。树木和草地，兀鹰和公牛，蛇和蟋蟀才进入它们突出鲜明的形象中，从而显示为它们所是的东西。希腊人很早就把这种露面、涌现本身和整体叫作 Φύσις①。Φύσις 同时照亮了人赖以筑居的东西。我们称之为大地（Erde）。在这里，大地一词所说的，既与关于堆积在那里的质料体的观念相去甚远，也与关于一个行星的宇宙观念格格不入。大地是一切涌现者的返身隐匿之所，并且是作为这样一种把一切涌现者返身隐匿起来的涌现。在涌现者中，大地现身为庇护者（des Bergende）。

神庙作品阒然无声地开启着世界，同时把这世界重又置回到大地之中。如此这般，大地本身才作为家园般的基地而露面。但是人和动物、植物和物，从来就 不是作为恒定不变的对象，不是现成的和熟悉的，从而可以附带地把对神庙来说适宜的周遭表现出来，此神庙有朝一日也成为现身在场的东西。如果我们反过来思考一切，我们倒是更切近于所**是**的真相；当然，这是有前提的，即我们要事先看到一切如何不同地转向我们。纯然为颠倒而颠倒，是不会有什么结果的。

神庙在其阒然无声的矗立中才赋予物以外貌，才赋予人类以关于他们自身的展望，只要这个作品是作品，只要神还没有从这个作品那里逃逸，那么这种视界就总是敞开的。②神的雕像的情形亦然，这种雕像往往被奉献给竞赛中的胜利者。它并非人们为了更容易认识神的形象而制作的肖像；它是一部作品，

---

① Φύσις 通译为"自然"，而依海德格尔之见，Φύσις 是生成性的，本意应解作"出现""涌现"（aufgehen）等。
② 注意此处的"外貌"（Gesicht）、"展望"（Aussicht）和"视界"（Sicht）之间的字面的和意义的联系。

这部作品使得神本身现身在场，因而就是（ist）神本身。相同的情形也适合于语言作品。在悲剧中并不表演和展示什么，而是进行着新神反抗旧神的斗争。由于语言作品产生于民众的言语，因而它不是谈论这种斗争，而是改换着民众的言说，从而使得每个本质性的词语都从事着这种斗争并作出决断：什么是神圣，什么是凡俗；什么是伟大，什么是渺小；什么是勇敢，什么是怯懦；什么是高贵，什么是粗俗；什么是主人，什么是奴隶（参看赫拉克利特：残篇第五十三）。

那么，作品之作品存在何在呢？在对刚才十分粗略地揭示出来的东西的不断展望中，我们首先对作品的两个本质特征该是较为明晰了。这里，我们是从早就为人们所熟悉了的作品存在的表面特征出发的，亦即从作品存在的物因素出发的，而我们通常对付作品的态度就是以物因素为立足点的。

要是一件作品被安放在博物馆或展览厅里，我们会说，作品被建立（aufstenllen）了。但是，这种建立与一件建筑作品的建造意义上的建立，与一座雕像的竖立意义上的建立，与节日庆典中悲剧的表演意义上的建立，是大相径庭的。这种建立乃是奉献和赞美意义上的树立。这里的"建立"不再意味着纯然的设置。在建立作品时，神圣（das Heilige）作为神圣开启出来，神被召唤入其现身在场的敞开之中；在此意义上，奉献就是神圣之献祭（heiligen）。赞美属于奉献，它是对神的尊严和光辉的颂扬。尊严和光辉并非神之外和神之后的特性，不如说，神就在尊严中，在光辉中现身在场。我们所谓的世界，在神之光辉的反照中发出光芒，亦即光亮起来。树立（Er-richten）意味着：把在指引尺度意义上的公正性开启出来；而作为指引尺度，是本质性因素给出了指引。但为什么作品的建立是一种奉献着—赞美着的树立呢？因为作品在其作品存在中要求如此。作品是如何要求这样一种建立的呢？因为作品本身在其作品存在中就是有所建立的。而作品之为作品要建立什么呢？作品在自身中突现着，开启出一个**世界**，并已在运作中永远守持这个世界。

作品存在就是建立一个世界。但这个世界是什么呢？其实，当我们谈论神庙时，我们已经说明了这个问题。只有在我们这里所走的道路上，世界之本质才得以显示出来。甚至这种显示也局限于抵制那种起初会把我们对世界之本质的洞察引入迷途的东西的防止中。

世界并非现存的可数或不可数的、熟悉或不熟悉的物的纯然聚合。但世界也不是加上了我们对这些物之总和的表象的想象框架。**世界世界化**[①]，它比我们自认为十分亲近的那些可把握的东西和可攫住的东西的存在更加完整。世界绝不是立身于我们面前能让我们细细打量的对象。只要诞生与死亡、祝福与亵渎不断地使我们进入存在，世界就始终是非对象性的东西，而我们人始终归属于它。在此，我们的历史的本质性的决断才发生，我们采纳它，离弃它，误解它，重新追问它，因为世界世界化。一块石头是无世界的。植物和动物同样没有世界，它们不过是一种环境中的掩蔽了的杂群，它们与这环境相依为命。与此相反，农妇却有一个世界，因为她居留于存在者之敞开领域中。她的器具在其可靠性中给予这世界一个自身的必然性和亲近。由于一个世界敞开着，所有的物都有了自己的快慢、远近、大小。在世界化中，广袤（Geräumigkeit）聚集起来；由如此广袤而来，诸神决定着自己的赏罚。甚至那诸神离去的厄运也是世界世界化的方式。

因为一件作品是作品，它就为那种广袤设置空间。在这里，"为……设置空间"（einräumen）特别地意味着：开放敞开领域之自由并在其结构中设置这种自由。这种设置出于上面所说的树立。作品之为作品建立一个世界。作品张开了世界之敞开领域。但是，建立一个世界仅仅是这里要说的作品之作品存在的本质特性之一。至于另一个与此相关的本质特性，我们将用同样的方式从作品的显凸因素那里探个明白。

一件作品从这种或那种作品材料那里，诸如从石头、木料、铁块、颜料、语言、声音等那里，被创作出来，我们也说，它由此被制造（herstellen）出来。然而，正如作品要求一种在奉献着—赞美着的树立意义上的建立因为作品的作品存在就在于建立一个世界，同样地，制造也是必不可少的，因为作品的作品存在本身就具有制造的特性。作品之为作品，本质是有所制造的。但作品制造什么呢？关于这一点，只有当我们追究了作品的表面的、通常所谓的制造，我们才会有所了解。

作品存在即建立一个世界。倘在此种规定的视界内来思考，那么，在作品中哪些本质是人们一向称为作品材料的东西？器具由有用性和适用性所决定，

[①] "世界世界化"（Welt welter）是海德格尔的一个独特表述，相似的表述还有"存在是"（Sein ist）、"无不"（Nichts nichtet）、"时间时间化"（Zeit zeitigt）和"空间空间化"（Ram räumt）等。

它选取适用的质料并由这种质料组成。石头被用来制作器具，比如制作一把石斧。石头于是消失在有用性中。质料愈是优良愈是适宜，它也就愈无抵抗地消失在器具的器具存在中。而与此相反，神庙作品由于建立一个世界，它并没有使质料消失，倒是使质料出现，而且使它出现在作品的世界的敞开领域之中：岩石能够承载和持守，并因而才成其为岩石；金属闪烁，颜色发光，声音朗朗可听，词语得以言说。所有这一切得以出现，都是由于作品把自身置回到石头的硕大和沉重、木头的坚硬和韧性、金属的刚硬和光泽、颜色的明暗、声音的音调和词语的命名力量之中。

作品回归之处，作品在这种自身回归中让其出现的东西，我们曾称之为大地。大地是涌现着——庇护着的东西。大地是无所促迫的无碍无累、不屈不挠的东西。立于大地之上并在大地之中，历史性的人类建立了他们在世界之中的栖居。由于建立一个世界，作品制造大地。在这里，我们应该从这个词的严格意义上来思制造。① 作品把大地本身挪入一个世界的敞开领域中，并使之保持于其中。**作品让大地成为大地**（Das Werk Lässt die Erde eine Erde sein）。

作品把自身置回到大地中，大地被制造出来。但为什么这种制造必须这样发生呢？什么是大地——恰恰以这种方式达到无蔽领域的大地呢？石头负荷并显示其沉重。这种沉重向我们压来，它同时却拒绝我们向它穿透。要是我们砸碎石头而试图穿透它，石头的碎块却绝不会显示出任何内在的和被开启的东西。石头很快就又隐回到其碎块的负荷和硕大的同样的阴沉之趣中去了。要是我们把石头放在天平上，以这种不同的方式来力图把握它，那么，我们只不过是把石头的沉重带入重量计算之中而已。这种对石头的规定或许是很准确的，但只是数字而已，而负荷却从我们这里逃之夭夭了。色彩闪烁发光而且难求闪烁。要是我们自作聪明地加以测定，把色彩分解为波长数据，那色彩早就杳无踪迹了。只有当它尚未被揭示、未被解释之际，它才显示自身。因此，大地让任何对它的穿透在它本身那里破灭了。大地使任何纯粹计算式的胡搅蛮缠彻底幻灭了。虽然这种胡搅蛮缠以科学技术对自然的对象化的形态给自己罩上统治和进步的假象，但是，这种支配始终是意欲的昏庸无能。只有当大地作为本质上不可展开的东西被保持和保护之际——大地退遁于任何展开状态，亦即保持

---

① 显然，海德格尔这里所谓"制造"（Herstellen）不是指对象性的对事物的加工制作。

永远的锁闭——大地才敞开地澄亮了,才作为大地本身而显现出来。大地上的万物,亦即大地整体本身,汇聚于一种交响齐奏之中。但这种汇聚并非消逝。在这里流动的是自身持守的河流,这河流的界线的设置,把每个在场者都限制在其在场中。因此,在任何一个自行锁闭的场中,有着相同的自不相识(Sich-nicht-Kennen)。大地的本质是自行锁闭。制造大地就是把作为自行锁闭者的大地带入敞开领域之中。

这种对大地的制造由作品来完成,因为作品把自身置回到大地中。但大地的自行锁闭并非单一的、僵固的遮盖,而是自行展开到其质朴的方式和形态的无限丰富性中。虽然雕塑家使用石头的方式,仿佛与泥瓦匠与石头打交道并无二致。但是雕塑家并不消耗石头;除非出现败作时,才可以在某种程度上说他消耗了石头。虽然画家也使用颜料,但他的使用并不是消耗颜料,倒是使颜色得以闪耀发光。虽然诗人也使用词语,但不像通常讲话和书写的人们那样必须消耗词语,倒不如说,词语经由诗人的使用,才成为并保持为词语。

在作品中根本就没有作品质料的痕迹。甚至,在对器具的本质规定中,通过把器具标识为在其器具性本质之中的质料,这样做是否就切中了器具的构成因素,这一点也还是值得置疑的。

建立一个世界和制造大地,乃作品之作品存在的两个基本特征。当然,它们是休戚相关的,处于作品存在的统一体中。当我们思考作品的自立,力图道出那种自身持守(Aufsichberuhen)的紧密一体的宁静时,我们就是在寻找这个统一体。

可是,凭上述两个基本特征,即使有某种说服力,我们却毋宁说是在作品中指明一种发生(Geschehen),而绝不是一种宁静;因为宁静不是与运动对立的东西又是什么呢?但它绝不是排除了自身运动的那种对立,而是包含着自身运动的对立。唯有动荡不安的东西才能宁静下来。宁静的方式随运动的方式而定。在物体的单纯位移运动中,宁静无疑只是运动的极限情形。要是宁静包含着运动,那么就会有一种宁静,它是运动的内在聚合,也就是最高的动荡状态——假设这种运动方式要求这种宁静的话。而自持的作品就具有这种宁静。因此,当我们成功地在整体上把握了作品存在中的发生的运动状态,我们就切近于这种宁静了。我们要问:建立一个世界和制造大地在作品本身中显示出何种关系?

世界是自行公开的敞开状态，即在一个历史性民族的命运中素朴而本质性的决断的宽阔道路的自行公开的敞开状态（Offenheit）。大地是那永远自行锁闭者和如此这般的庇护者的无所促迫的涌现。世界和大地本质上彼此有别，却相依为命。世界建基于大地，大地穿过世界而涌现出来，但是世界与大地的关系绝不会萎缩成互不相干的对立之物的空洞的统一体。世界立身于大地，在这种立身中，世界力图超升于大地。世界不能容忍任何锁闭，因为它是自行公开的东西。但大地是庇护者，它总是倾向于把世界摄入它自身并扣留在它自身之中。

世界与大地的对立是一种争执（Streit）。但由于我们老是把这种争执的本质与分歧、争辩混为一谈，并因此只把它看作紊乱和破坏，所以我们轻而易举地歪曲了这种争执的本质。然而，在本质性的争执中，争执者双方相互进入其本质的自我确立中。但本质之自我确立从来不是固执于某种偶然情形，而是投入本已存在之渊源的遮蔽了的原始性中。在争执中，一方超出自身包含着另一方。争执于是愈演愈烈，愈来愈成为争执本身。争执愈强烈地独自夸张自身，争执者也就愈加不屈不挠地纵身于质朴的恰如其分的亲密性（Innigkeit）之中。大地离不开世界之敞开领域，因为大地本身是在其自行锁闭的被解放的涌动中显现的。而世界不能飘然飞离大地，因为世界是一切根本性命运的具有决定作用的境地和道路，它把自身建基于一个坚固的基础之上。

由于作品建立一个世界并制造大地，故作品就是这种争执的诱因。但是争执的发生并不是为了使作品把争执消除和平息在一种空泛的一致性中，而是为了使争执保持为一种争执。作品建立一个世界并制造大地，同时就完成了这种争执。作品之作品存在就在于世界与大地的争执的实现过程中。因为争执在亲密性之单朴性中达到其极致，所以在争执的实现过程中就出现了作品的统一体。争执的实现过程是作品运动状态的不断自行夸大的聚集。因而在争执的亲密性中，自持的作品的宁静就有了它的本质。

只有在作品的这种宁静中，我们才能看到，什么在作品中发挥作用。迄今为止，认为在艺术作品中真理被设置入作品的看法始终还是一个先入为主式的断言。真理究竟怎样在作品之作品存在中发生呢？也即：在世界与大地的争执的实现过程中，真理究竟是怎样发生的呢？什么是真理呢？

我们关于真理之本质的知识是那样微乎其微，愚钝不堪。这已经由一种漫不经心的态度所证明了，我们正是凭着这种漫不经心而肆意沉湎于对这个基本词语的使用中。对于真理这个词，人们通常是指这个真理和那个真理，它意味着：某种真实的东西。这类东西据说是在某个命题中被表达出来的知识。但是，我们不光称一个命题是真的，我们也把一件东西叫作真的，譬如，与假金相区别的真金。在这里，"真的"（wahr）意指与真正的、实在的黄金一样多。而这里对于"实在"（das Wirkliche）的谈论意指什么呢？在我们看来，"实在"就是实际存在着的东西（das in Wahrheit Seiende），即在真理中的存在者。真实就是与实在相符，而实在就是处于真理之中。这一循环又闭合了。

何谓"在真理之中"呢？真理是真实之本质。我们说"本质"，我们思考的是什么呢？本质通常被看作真实的万物所共同拥有的特征。本质出现在类概念和普遍概念中，类概念和普遍概念表象出一个对杂多同样有效的"一"（das Eine）。但是，这种同样有效的本质（在 essentia 意义上的本质性）却不过是非本质性的本质，那么，某物的本质性的本质何在？大概它只在于真理中的存在者的所是之中。一件东西的真正本质由它的真实存在所决定，由每个存在者的真理所决定。可是，我们现在要寻找的并不是本质的真理，而是真理的本质。这因此表现为一种荒谬的纠缠。这种纠缠仅只是一种奇怪现象吗？甚或，它只是概念游戏的空洞的诡辩？或者——竟是一个深渊么？

真理意指真实之本质。这里，我们要通过回忆一个希腊词语来思真理。Ἀλήθεια 即存在者之无蔽状态。但这就是一种对真理之本质的规定吗？我们难道不是仅只做了一种词语用法的改变，也即用无蔽代替真理，以此标明一件事情吗？当然，只要我们不知道究竟要发生什么，才能迫使真理之本质必得在"无蔽"一词中道出，那么，我们确实只是变换了一个名称而已。

这需要革新希腊哲学吗？绝对不是。哪怕这种不可能的革新竟成为可能，对我们也毫无助益。因为自其发端之日起，希腊哲学的隐蔽的历史就没有与 ἀλήθεια 一词中赫然闪现的真理之本质保持一致，同时必然把关于真理之本质的知识和言说越来越置入对真理的一个派生本质的探讨中。作为无蔽 ἀλήθεια 的真理之本质在希腊思想中未曾得到思考，在后继时代的哲学中就更是理所当然地不受理会了。对思而言，无蔽乃希腊式此在中遮蔽最深的东西，但同时是早就开始规定着一切在场者之在场的东西。

但为什么我们就不能停留在千百年来我们已十分熟悉的真理之本质那里就

算了呢？长期以来，一直到今天，真理便意味着知识与事实的符合一致。然而要使认识以及构成并且表达知识的命题能够符合于事实，以便因此使事实事先能约束命题，事实本身却还必须显示出自身来。而要是事实本身不能出于遮蔽状态，要是事实本身并没有处于无蔽领域之中，它又怎样能显示自身呢？命题之为真，乃由于命题符合于无蔽之物，亦即与真实相一致。命题的真理始终是正确性（Richtigkeit），而且始终仅仅是正确性。自笛卡尔以降，真理的批判性概念以作为确定性（Gewissenheit）的真理为出发点，但也只不过是那种把真理规定为正确性的真理概念的变形。我们对这种真理的本质十分熟悉，它亦即表象（Vorstellen）的正确性，完全与作为存在者之无蔽状态的真理一起沉浮。

如果我们在这里和在别处把真理把握为无蔽，我们并非仅仅是在对古希腊词语更准确的翻译中寻找避难之所。我们实际上是在思索流行的、因而也被滥用的那个在正确性意义上的真理之本质的基础是什么；这种真理的本质是未曾被经验和未曾被思考过的东西。偶尔我们只得承认，为了证明和理解某个陈述的正确性（真理），我们自然要追溯到已经显而易见的东西那里。这种前提实在是无法避免的。只要我们这样来谈论和相信，那么我们就始终只是把真理理解为正确性，它却还需要一个前提，而这个前提就是我们自己刚才所做的——天知道如何又是为何。

但是，并不是我们把存在者之无蔽设为前提，而是存在者之无蔽（即存在）把我们置入这样一种本质之中，以至于我们在我们的表象中总是被投入无蔽之中并与这种无蔽亦步亦趋。不仅知识自身所指向的东西必须已经以某种方式是无蔽的，而且这一"指向某物"（Sichrichten nach etwas）的活动发生于其中的整个领域，以及相应地那种使命题与事实的符合公开化的东西，也必须作为整体发生于无蔽之中了。① 倘若不是存在者之无蔽已经把我们置入一种光亮领域，而一切存在者在这种光亮中站立起来，又从这种光亮那里撤回自身，那么，我们凭我们所有正确的观念，就可能一事无成，我们甚至也不能先行假定，我们所指向的东西已经显而易见了。

然而这是怎么回事呢？真理作为这种无蔽是如何发生的呢？这里我们首先

---

① 此句中的"指向某物"（Sichrichten nach etwas）也可译为"与某物符合一致"，与"正确性"（Richtigkeit）有着字面和意义的联系。

必须更清晰地说明这种无蔽究竟是什么。

物存在,人存在;礼物和祭品存在;动物和植物存在;器具和作品存在。存在者处于存在之中。一种注定在神性和反神性之间的被掩蔽的厄运贯通存在。存在者的许多东西并非人所能掌握,只有少量为人所认识。所认识的也始终是一个大概,所掌握的也始终不可靠。一如存在者太易于显现出来,它从来就不是我们的制作,更不是我们的表象。要是我们思考一个统一的整体,那么我们好像就把握了一切存在者,尽管只是粗糙有余的把握。

然而,超出存在者之外,但不是离开存在者,而是在存在者之前,在那里还发生着另一回事情。在存在者整体中间有一个敞开的处所。一种澄明(Lichtung)在焉。从存在者方面来思考,此种澄明比存在者更具存在者特性。因此,这个敞开的中心并非由存在者包围着,不如说,这个光亮中心本身就像我们所不认识的无(Nichts)一样,围绕一切存在者而运行。

唯当存在者站进和出离这种澄明的光亮领域之际,存在者才能作为存在者而存在。唯这种澄明才允诺并且保证我们人通达非人的存在者,走向我们本身所是的存在者。由于这种澄明,存在者才在确定的和不确定的程度上是无蔽的。就连存在者的**遮蔽**也只有在光亮的区间内才有可能。我们遇到的每一存在者都遵从在场的这种异乎寻常的对立,因为存在者同时总是把自己抑制在一种遮蔽状态中。存在者站入其中的澄明,同时也是一种遮蔽。但遮蔽以双重方式在存在者中间起着决定作用。

要是我们关于存在者还只能说"它存在",那么,存在者就拒绝我们,直至那个"一"和我们最容易切中的看起来最微不足道的东西。作为拒绝的遮蔽不只是知识的一向的界限,而且是光亮领域之澄明的开端。但遮蔽同时存在于光亮领域之中,当然是以另一种方式。存在者蜂拥而动,彼此遮盖,相互掩饰,少量阻隔大量,个别掩盖全体。在这里,遮蔽并非简单的拒绝,而是:存在者虽然显现出来,但它显现的不是自身而是它物。

这种遮蔽是一种伪装(Verstellen)。倘存在者并不伪装存在者,那么我们又怎么会在存在者那里看错和搞错,我们又怎么会误入歧途,晕头转向,尤其是如此狂妄自大呢?存在者能够以假象迷惑,这就决定了我们会有差错误会,而非相反。

遮蔽可能是一种拒绝,或者只是一种伪装。遮蔽究竟是拒绝呢,抑或伪装,对此我们简直无从确定,遮蔽掩饰和伪装自身。这就是说:存在者中间的敞开的处所,亦即澄明,绝非一个永远拉开帷幕的固定舞台,好让存在者在这个舞台上演它的好戏。恰恰相反,澄明唯作为这种双重的遮蔽才发生出来。存在者之无蔽从来不是一种纯然现存的状态,而是一种生发。无蔽(即真理)既非存在者意义上的事物的一个特征,也不是命题的一个特征。

我们相信我们在存在者的切近的周围中是游刃有余的。存在者是熟悉的、可靠的、亲切的。但具有拒绝和伪装双重形式的持久的遮蔽仍然穿过澄明。亲切根本上并不亲切,而倒是阴森的(un-geheuer)。真理的本质,亦即无蔽,由一种否定而得到彻底贯彻。但这种否定并非匮乏和缺憾,仿佛真理是摆脱了所有遮蔽之物的纯粹无蔽似的,倘若果真能如此,那么真理就不再是真理本身了。**这种以双重遮蔽方式的否定属于作为无蔽的真理之本质。真理在本质上即非真理(Un-Wahrheit)。**为了以一种也许令人吃惊的尖刻来说明,我们可以说,这种以遮蔽方式的否定属于作为澄明的无蔽。相反,真理的本质就是非真理。但此命题不能说成:真理根本上是谬误。同样地,说"真理从来不是它自身,辩证地看,真理也总是其对立面",这种话也没有说出什么来。

只要遮蔽着的否定(Verweigern)作为拒绝(Versagen)首先把永久的渊源归于一切澄明,而作为伪装的否定却把难以取消的严重迷误归于一切澄明,那么,真理就作为它本身而成其本质。那种在真理之本质中处于澄明与遮蔽之间的对抗(Gegenwendige),在真理的本质中可以用遮蔽着的否定来称呼它。这是原始的争执的对立。就其本身而言,真理之本质即原始争执,那个敞开的中心就是在这一原始争执中被争得的;而存在者或者站到这个敞开中心中去,或者离开这个中心,把自身置回到自身中去。

这种敞开领域(das Offene)发生于存在者中间。它展示了一个我们已经提到的本质特征。世界和大地属于敞开领域,但是世界并非直接就是与澄明相应的敞开领域,大地也不是与遮蔽相应的锁闭。毋宁说,世界是所有决断与之相顺应的基本指引的道路的澄明。但任何决断都是以某个没有掌握的、遮蔽的、迷乱的东西为基础的,否则它就绝不是决断。大地并非直接就是锁闭,而是作为自行锁闭者而展开。按其自身各自的本质而言,世界与大地总是有争执的,是好争执的。唯有这样的世界和大地才能进入澄明与遮蔽的争执之中。

只要真理作为澄明与遮蔽的原始争执而发生,大地就一味地通过世界而凸现，世界就一味地建基于大地。但真理如何发生呢？我们回答说：真理以几种根本性的方式发生。真理发生的方式之一就是作品的作品存在。作品建立着世界并制造着大地，作品因之是那种争执的实现过程，在这种争执中，存在者整体之无蔽亦即真理被争得了。

在神庙的矗立中发生着真理。这并不是说，在这里某种东西被正确地表现和描绘出来了，而是说，存在者整体被带入无蔽并保持于无蔽之中。保持（halten）原本就意味着守护（hüten）。在凡·高的油画中发生着真理。这并不是说，在此画中某种现存之物被正确地临摹出来了，而是说，在鞋具的器具存在的敞开中，存在者整体，亦即在冲突中的世界和大地，进入无蔽状态之中。

在作品中发挥作用的是真理，而不只是一种真实。刻画农鞋的油画，描写罗马喷泉的诗作，不光是显示——如果它们总是有所显示的话——这种个别存在者是什么，而是使得无蔽本身在与存在者整体的关涉中发生出来。鞋具愈单朴、愈根本地在其本质中出现，喷泉愈不假修饰、愈纯粹地以其本质出现，伴随它们的所有存在者就愈直接、愈有力地变得更具有存在者特性。于是，自行遮蔽着的存在便被澄亮了。如此这般形成的光亮，把它的闪耀嵌入作品之中。这种被嵌入作品之中的闪耀（Scheinen）就是美。**美乃是作为无蔽的真理的一种现身方式**（Schöneit ist eine Weise, wie Wahrheit als Unverborgenheit west）。

现在，虽然我们从几个方面对真理之本质有了较清晰的把握，因而对作品中起作用的东西该是比较清楚了。但是，眼下显然可见的作品之作品存在依然还没有告诉我们任何关于作品的最切近、最突出的现实性和作品中的物因素。甚至看来几乎是，在我们追求尽可能纯粹地把握作品自身的自立时，我们完全忽略了一件事情，即作品始终是作品——宁可说是一个被创造的东西。要是有某某东西能把作品之为作品突出标明出来的话，那么它只能是作品的被创作存在（Geschaffensein）。因为作品是被创作的，而创作需要一种它借以创造的媒介物，那种物因素也就进入了作品之中。这是无可争辩的。不过，悬而未决的问题还是：作品存在如何属于作品？对此问题的澄清要求弄清下面两点：

一、何谓区别于制造和被制造存在的被创作存在和创作？

二、唯从作品本身的内在本质出发，才能确定被创作存在如何属于作品和它在多大程度上决定了作品的作品存在。作品的这种内在本质是什么呢？

在这里，创作始终被认为是关涉于作品的。作品的本质就是真理的发生。

我们自始就从它与作为存在者之无蔽的真理的本质的关系出发，来规定创作的本质。被创作存在之属于作品，只有在一种更加原始的对真理之本质的澄清中才能得到揭示。这就又回到了对真理及其本质的追问上来了。

倘"在作品中真理起着作用"这一个题不该是一个纯粹的论断的话，那么我们就必须再次予以追问。

于是，我们现在必须更彻底地发问：一种与诸如某个作品之类的东西的牵连（ein Zug），如何处于真理之本质中？为了能成为真理，能够被设置入作品中的真理，或者在一定条件下甚至必须被设置入作品中的真理，到底具有何种本质？但我们曾把"真理之设置入作品"规定为艺术的本质。因此，最终提出的问就是：

什么是能够作为艺术而发生，甚或必须作为艺术而发生的真理？何以有艺术呢？①

■ 真理与艺术

艺术是艺术作品和艺术家的本源。本源即存在者之存在现身于其中的本质来源。什么是艺术？我们在现实的作品中寻找艺术之本质。作品之现实性是由在作品中发挥作用的东西，即真理的生发，来规定的。我们把此种真理之生发（Geschenis）思为世界与大地之间的争执的实现。在这种争执的被聚合起来的动荡不安（Bewengnis）中有宁静。作品的自持就建基于此。

真理之生发在作品中发挥作用。这样发挥作用的东西却在作品中，因而在这里就已经先行把现实的作品设定为那种发生的载体。对现存作品的物因素的追问又迫在眉睫了。于是，下面这一点终于清楚了：无论我们多么热诚地追问作品的自立，如果我们不领会艺术作品是一个制成品，就不会找到它的现实性。其实这种见解简直近在咫尺，因为作品一词告诉我们被制成的是什么。作品的作品因素，就在于它的由艺术家所赋予的被创作存在之中。我们直到现在才提到这个最显而易见的普遍的对作品的规定，也许显得有些奇怪吧。

---

① 这里加着重号的"有"（es gibt）的含义比较特别，含"给出""呈现"之意。

然而，作品的被创作存在只有在创作过程中才能为我们所把握。在这一事实的强迫下，我们不得不深入领会艺术家的活动，以便达到艺术作品的本源。完全根据作品自身来描述作品的作品存在，这种做法业已证明是行不通的。

如果我们现在撇开作品不管，而去追踪创作的本质，那么，我们无非是想坚持我们起初关于农鞋的油画，继之关于希腊神庙所说出的看法。

我们把创作思为生产（Hervorbingen）。但器具的制作也是一种生产。手工业却无疑不创作作品——这是一个奇特的语言游戏①；哪怕我们有必要把手工艺产品和工厂制品区别开来，手工业也不创作作品。但是创作的生产又如何与制作方式的生产区别开来呢？按照字面，我们是多么轻而易举地区分作品创作和器具制作，而要按它们各自的基本特征探究生产的两种方式，又是多么举步维艰。依最切近的印象，我们在陶匠和雕塑家的活动中，在木工和画家的活动中，发现了相同的行为。作品创作本身需要手工艺行为。伟大的艺术家最为推崇手工艺才能了。他们首先要求出于娴熟技巧的细心照料的才能。最重要的是，他们努力追求手工艺中那永葆青春的训练有素。人们已充分看到，对艺术作品有良好领悟的希腊人用同一个词 τέχνη 来表示技艺和艺术，并用同一个名称 τεχνίτης 来称呼手工技艺家和艺术家。

因此，看来最好是从创作的手工技艺方面来确定创作的本质。但上面提到的希腊人的语言用法以及它们对事情的经验迫使我们深思。不管我们多么普遍、多么清楚地指出希腊人常用相同的词目 τέχνη 来称呼技艺和艺术，这种指示依然是肤浅的和有失偏颇的；因为 τέχνη 并非指技艺也非指艺术，也不是指我们今天所谓的技术，根本上，它从来不是指某种实践活动。

τέχνη 这个词更确切地说是知道（Wissen）的一种方式。知道就是已经看到（gesehen haben），而这是在"看"的广义上说的，意思就是：对在场者之为这样一个在场者的觉知（vernehmen）。对希腊思想来说，知道的本质在于 ἀλήεια，亦即存在者之解蔽。它承担和引导任何对存在者的行为。由于知道使在场者之为这样一个在场者出于遮蔽状态，而特地把它带入其外观（Aussehen）的无蔽状态中，因此，τέχνη 作为希腊人所经验的知道就是存在者

---

① 在德文中，"手工艺"（das Handwerk）一词由"手"（Hand）和"作品"（Werk）合成，而"手工艺"实际上并不创作"作品"——是为"语言游戏"。

之生产；τέχνη从来不是指制作活动。

艺术家之为一个τεχνίτης，并非因为他也是一个工匠，而是因为，无论作品的制造（Her-stellen），还是器具的制造，都是在生产（Her-vor-bringen）中发生的，这种生产自始就使得存在者以其外观而出现于在场中。但这一切都发生在自然而然地展开的存在者中间，也即在涌现（φύσις）中间发生的。把艺术称为τέχνη，这绝不是说对艺术家的活动应从手工技艺方面来了解。在作品制作中看来好像手工制作的东西却有着不同的特性。艺术家的活动由创作之本质来决定和完成，并且也始终被扣留在创作之本质中。

如果不能以手工艺为引线去思考创作的本质，那么我们应依什么线索去思考创作的本质呢？莫非除了根据那被创作的东西即作品，还有别的办法吗？尽管作品实际上是在创作中完成的，它的现实性也因此取决于这一活动，但创作的本质却是由作品的本质决定的。尽管作品的被创作存在与创作有关，但被创作存在和创作都得根据作品的作品存在来规定。至此，我们为什么起初只是详尽地分析作品，直到最后才来看这个被创作存在，也就毫不奇怪了。如果被创作存在在本质上属于作品，一如从作品一词中即可听出被创作存在，那么，我们就必须进一步更为本质性地去领会，究竟什么东西可以被规定为作品的作品存在。

根据我们已获得的对作品的本质界定，在作品中真理之生发起着作用；由于这种考虑，我们就可以把创作规定为：让……入于被生产者而出现（das Hervorgehenlassen in ein Hervorgebrachtes）。作品之成为作品，是真理之生成和发生的一种方式。一切全然在于真理的本质中。但什么是真理？什么是必定在这样一种被创作的东西中发生的真理呢？真理何以出于其本质的基础而牵连于一作品？我们能从上面所揭示的真理之本质来理解这一点吗？

真理是非真理，因为在遮蔽意义上的尚未被解蔽的东西的渊源范围就属于真理。在作为真理的非——遮蔽中，同时活动着另一个双重禁阻（Verwehren）的"非"。真理之为真理，现身于澄明与双重遮蔽的对立中。真理是原始争执，在其中，敞开领域一向以某种方式被争得了，于是显示自身和退隐自身的一切存在者进入敞开领域之中或离开敞开领域而固守自身。无论何时何地发生这种争执，争执者，即澄明与遮蔽，由此而分道扬镳。因此就争得了争执领地的敞开领域。这种敞开领域的敞开性也即真理；当且仅当真理把自身设立在它的敞开领域中，真理才是它所是，亦即这种敞开性。因此在这种敞开领域中始终必定有存在者存在，好让敞开性获得栖身之所和固定性。由于敞开性占据着敞开领域，因此敞开性开放并维持着敞开领域。在这里，设置和占据都是从 θέσις 的希腊意义出发来思考的，后者意谓：在无蔽领域中的一种建立（Aufstellen）。

由于指出敞开性自行设立于敞开领域之中，思就触及了一个我们在此还不能予以说明的区域。所要指出的只是，如果存在者之无蔽状态的本质以某种方式属于存在本身（参看《存在与时间》第44节），那么，存在从其本质而来让敞开性亦即此之澄明（Lichtung des Da）的领地得以出现，并引导这个领地成为任何存在者以各自方式展开于其中的领地。

真理之发生无非是真理在通过真理本身而公开自身的争执和领地中设立自身。由于真理是澄明与遮蔽的对抗，因此真理包含着此处所谓的设立（Einrichtung）。但是，真理并非事先在某个不可预料之处自在地现存着，然后再在某个地方把自身安置在存在者中的东西。这是绝无可能的，因为是存在者的敞开性才提供出某个地方和一个充满在场者的场所的可能性。敞开性的澄明和在敞开中的设立是共属一体的。它们是真理之发生的同一个本质。真理之发生以其形形色色的方式是历史性的。

真理把自身设立于由它开启出来的存在者之中，一种根本的设立方式就是真理把自身置入作品中。真理现身运作的另一种方式是建立国家的活动。真理获得闪耀的又一种方式是邻近于那种并非某个存在者而是最具存在者特性的东西。真理设立自身的再一种方式是本质性的牺牲。真理生成的又一种方式是思想者的追问，这种作为存在之思的追问命名着大可追问的存在。相反，科学绝不是真理的原始发生；科学无非是一个已经敞开的真理领域的扩建（Ausbau），而且是通过把握和论证在此领域内显现为可能和必然的正确之物来扩建的。[①]当且仅当科学超出正确性之外而达到一种真理，也即达到对存在者之为存在者的彻底揭示，它便成为哲学了。

由于真理的本质在于把自身设立于存在者之中从而成其为真理，所以在真理的本质中包含着那种**与作品的牵连**（Zug zum Werk），后者乃真理本身得以

[①] 海德格尔在此罗列了真理发生的几种原始方式：艺术、建国、牺牲（宗教）和思想等；科学则不是真理的原始的发生方式，而是一种"扩建"（Ausbau），是对已经敞开的领域的"扩建"。

在存在者中间存在的一种突出的可能性。

真理之进入作品的设立是这样一个存在者的生产,这个存在者先前还不曾在,此后也不再重复。生产过程把这种存在者如此这般地置入敞开领域之中,从而被生产的东西照亮了它出现于其中的敞开领域的敞开性。当生产过程特地带来存在者之敞开性亦即真理之际,被生产者就是作品。这种生产就是创作。作为这种带来,创作毋宁说是在与无蔽之关联范围内的一种接收和获取。① 那么,被创作存在何在,我们可以用两个本质性的规定来加以说明。

真理把自身设立在作品中。真理唯独作为在世界与大地的对抗中的澄明与遮蔽之间的争执而现身。真理作为这种世界与大地的争执被置入作品中。这种争执不会在一个特地被生产出来的存在者中被解除,也不会单纯地得到安顿,而是由于这个存在者而被开启出来。因此,这个存在者自身必具备争执的本质特性。在争执中,世界与大地的统一性被争得了。由于一个世界开启出来,世界就对一个历史性的人类提出胜利与失败、祝祷与亵渎、主人与奴隶的决断。涌现着的世界使得尚未决断的东西和无度的东西显露出来,从而开启出尺度和决断的隐蔽的必然性。

另一方面,当一个世界开启出来,大地也耸然突现。大地显示自身为万物的载体,入于其法则中被庇护和持久地自行锁闭着的东西。世界要求它的决断和尺度,并让存在者进入它的道路的敞开领域之中。大地力求承载着又凸现着保持自行锁闭,并力求把万物交付给它的法则。争执并非作为一纯然裂缝之撕裂的裂隙(Riss),而是争执者相互归属的亲密性。这种裂隙把对抗者一道撕扯到它们的出自统一基础的统一体的渊源之中。争执之裂隙乃是基本图样,是描绘存在者之澄明的涌现的基本特征的剖面图。这种裂隙并不是让对抗者相互破裂开来,它把尺度和界限的对抗带入共同的轮廓之中。②

只有当争执在一个有待生产的存在者中被开启出来,亦即这种存在者本身被带入裂隙之中,作为争执的真理才得以设立于这种存在者中。裂隙乃是剖面

---

① 此处译为"生产"的德语 Her-vor-bringen 含义较广,不是技术制造;其字面含义为"带出来"。故海德格尔说作为"生产"的创作是一种"带来"(Bringen)。
② Riss 一词有"裂隙、裂口、平面图、图样"等意思,我们译之为"裂隙";此处出现的 Grundriss、Auf-riss、Umriss 等均以 Riss 为词干,几不可译。我们权译 Grundriss 为"基本图样",译 Auf-riss 为"剖面",译 Umriss 为"轮廓"。

和基本图样、裂口和轮廓的统一牵连（Gezüge）。真理在存在者中设立自身，而且这样一来，存在者本身就占据了真理的敞开领域。但是，唯当那被生产者即裂隙把自身交付给在敞开领域中凸现的自行锁闭者，这种占据才能发生。这裂隙必须把自身置回到石头吸引的沉重、木头缄默的坚固、色彩幽暗的浓烈之中。大地把裂隙收回到自身之中，裂隙于是进入敞开领域而被制造，从而被置入亦即设置入那作为自行锁闭者和保护者进入敞开领域而凸现的东西之中。

争执被带入裂隙，因而被置回到大地之中并且被固定起来，这种争执乃形态（Gestalt）。作品的被创作存在意味着：真理之被固定于形态中。形态乃构造（Gefüge），裂隙作为这个构造而自行嵌合。被限合的裂隙乃真理之闪耀的嵌合（Fuge）。这里所谓的形态，始终必须根据那种摆置（Stellen）和座架（Ge-stell）来理解；作品作为这种摆置和座架而现身，因为作品建立自身和制造自身。①

在作品创作中，作为裂隙的争执必定被置回到大地中，而大地本身必定作为自行锁闭者被生产和使用。但这种使用并不是把大地当作一种材料加以消耗或肆意滥用，而是把大地解放出来，使之成为大地本身。这种对大地的使用是对大地的劳作，虽然看起来这种劳作如同工匠利用材料，因而给人这样一种假象，似乎作品创作也是手工技艺活动。其实绝非如此。作品创作始终是在真理固定于形态中的同时对大地的一种使用。与之相反，器具的制作却绝非直接是对真理之发生的获取。当质料被做成器具形状以备使用时，器具的生产就完成了。器具的完成意味着器具已经超出了它本身，并将在有用性中消耗殆尽。

作品的被创作存在却并非如此。这一点从我们下面就要谈到的第二个特点来看，就一目了然了。

器具的完成状态与作品的被创作存在有一点是相同的，那就是它们都含有某种生产出来的东西。但与其他一切生产不同，由于艺术作品是被创作的；所以被创作存在也就成了被创作品的一部分。但是，难道其他的生产品和其他的形成品就不是这样吗？任何生产品，只要它是被制成的，就肯定会被赋予某些被生产存在。确实如此。不过，在艺术作品中，被创作存在也被寓于创作品

---

① "座架"（Ge-stell）是后期海德格尔的一个基本词语，在日常德语中无此词。海氏把技术的本质思为"座架"，意指技术对人类的一种神秘的支配、控制力量。

中，这样的被创作存在也就以独特的方式从创作品中，从如此这般的生产品中突现出来。如若果真如此，那我们就必然能发现和体验到作品中的被创作存在。

从作品中浮现出来的被创作存在并不能表明这作品一定出自名家大师之手。创作品是否能被当作大师的杰作，其创作者是否因此而为众目所望，这并不是问题的关键。关键并非要查清姓名不详的作者。关键在于，这一单纯的"存在事实"（factum est）是由作品将它带进敞开领域之中的。也就是说，在这里，存在者之无蔽发生了，而这种发生还是第一次。换言之，这样的作品存在了，的的确确地存在了。作品作为这种作品所造成的冲击，以及这种不显眼的冲力的连续性，便构成了作品的自持的稳固性。正是在艺术家和这作品问世的过程、条件都尚无人知晓的时候，这一冲力，被创作存在的这个"此一"（Dass）①，就已从作品中最纯粹地出现了。

诚然，"此一"被制造也属于任何备用的、处于使用中的器具。但这"此一"在器具那里并未出现，它消失于有用性中了。一件器具越是凑手，它的"此一"就越难辨出。结果，在它的器具存在中，器具就越发把自己关闭死了。比如，一把榔头就是如此。一般说来，在每个现存手边的东西上我们都可以发现这一点；但是，即便注意到这一点，人们也很快就忘掉，因为这太寻常了。不过，还有什么比存在者存在这回事情更为寻常的呢？在艺术作品中情形就不同了，它作为这件作品而**存在**，这乃非同寻常的事情。它的被创作存在这一发生事件（Ereignis）并非简单地在作品中得到反映，确切地说，作品把这一事件——即作品作为这件作品而存在——在自身面前投射出来，并且已经不断地在自身周围投射了这一事件。作品自己敞开得越根本，那唯一性，即作品存在着，的的确确存在着这一事实的唯一性，也就愈加明朗。进入敞开领域的冲力愈根本，作品也就愈令人感到意外，也愈孤独。这种"唯一性"（dass es sei）的浮现就孕育于作品的生产之中。

对作品的被创作存在的追问应把我们带到作品的作品因素以及作品的现实性的近处。被创作存在显示自身为：通过裂隙进入形态的争执的被固定存在。在这里，被创作存在本身以特有的方式被寓于作品中，而作为那个"此一"的

---

① Dass 在德语中是从句引导词，独立用为"Dass"，实难以译成中文；我们权译之为"此一"。

无声的冲力进入敞开领域中。但作品的现实性并非仅仅限于被创作存在。不过，正是对作品的被创作存在的本质的考察，使得我们现在有可能迈出一步，去达到我们前面所道出的一切的目标。

作品愈是孤独地被固定于形态中而立足于自身，愈纯粹地显得解脱了与人的所有关联，那么，冲力，这种作品存在的这个"此一"，也就愈单朴地进入敞开之中，阴森惊人的东西就愈加本质性地被冲开，而以往显得亲切的东西就愈加本质性地被冲翻。然而，这形形色色的冲撞却不具有什么暴力的意味，因为作品本身愈是纯粹地进入存在者的由它自身开启出来的敞开性中，作品就愈容易把我们移入这种敞开性中，并同时把我们移出寻常平庸。服从于这种移挪过程意味着：改变我们与世界和大地的关系，然后抑制我们的一般流行的行为和评价、认识和观看，以便逗留于作品中发生的真理那里。唯这种逗留的抑制状态才让被创作的东西成为所是之作品。这种"让作品成为作品"，我们称之为作品之保藏（Bewahrung）。唯有这种保藏，作品在其被创作存在中才表现为现实的，现在来说也即：作品式地在场着的。

如果作品没有被创作便无法存在，因而本质上需要创作者。同样地，如果没有保存者，被创作的东西也将不能存在。

然而，如果作品没有寻找保藏者，没有直接寻找保藏者从而使保藏者应合在作品中发生着的真理，那么这并不意味着，没有保藏者作品也能成为作品。只要作品是一件作品，它就总是与保藏者相关涉，即使在（也正是在）它只是等待保藏者，恳求和希冀它们进入其真理之中的时候。甚至作品可能碰到的被遗忘状态也不是一无所有，它仍然是一种保藏。它乞灵于作品。作品的保藏意味着：置身于在作品中发生的存在者之敞开性中。可是，保藏的这种"置身于其中"（Inständigkeit）乃是一种知道。知道（Wissen）却并不在于对某物的单纯认识和表象。谁真正地知道存在者，他也就知道他在存在者中间意愿什么。

这里所谓的意愿（Wollen）既非运用一种知道，也不事先决定一种知道；它是根据《存在与时间》所思的基本经验被理解的。保持着意愿的知道和保持着知道的意愿，乃是生存着的人类绽出地进入存在之无蔽状态。在《存在与时间》中思考的决心（Ent-schlossenheit）并非主体的深思的行动，而是此在摆脱存在者的困围向着存在之敞开性的开启。然而在生存中，人并非出于一内在而到达一外在，不如说，生存之本质乃是悬欠着（ausstehend）置身于存在者之澄明的本质性分离中。在先已说明的创作中也好，在现在所谓的意愿中也好，我们都没有设想一个以自身为目的来争取的主体的活动和行为。

意愿乃生存着的自我超越的冷静的决心，这种自我超越委身于那种被设置入作品中的存在者之敞开性。这样，那种"置身于其中"也被带入法则中。作品之保藏作为知道，乃冷静地置身于作品中发生着的真理的阴森惊人的东西中。

这种知道作为意愿在作品之真理中找到了自己的家园，并且只有这样，它才是一种知道；它没有剥夺作品的自立性，并没有把作品强行拉入纯然体验的领域，并不把作品贬低为一个体验的激发者的角色。作品之保藏并不是把人孤立于其私人体验，而是把人推入与作品中发生着的真理的归属关系中，从而把相互共同存在确立为出自与无蔽状态之关联的此之在（Dasein）的历史性悬欠（Ausstehen）。再者，在保藏意义上的知道与那种鉴赏家对作品的形式、品质和魅力的鉴赏力相去甚远。作为已经看到（Gesehen-haben），知道乃一种决心，是置身于那种已经被作品嵌入裂隙的争执中去。

作品本身，也只有作品本身，才能赋予和先行确定作品的适宜的保藏方式。保藏发生在不同等级的知道中，这种知道具有各自不同的作用范围、稳固性和清晰度。如若作品仅仅被提供给艺术享受，这也还没有证明作品之为作品处于保藏中。

一旦那种进入阴森惊人的东西中的冲力在流行和鉴赏中被截获了，艺术行业就开始围着作品团团转了。就连作品的小心谨慎的流传，力求重新获得作品的科学探讨，都不再达到作品自身的存在，而仅只是一种对它的回忆而已。但这种回忆也能给作品提供一席之地，从中构成作品的历史。相反，作品最本己的现实性，只有当作品在通过它自身而发生的真理中得到保存之际才起作用。

作品的现实性的基本特征是由作品存在的本质来规定的。现在我们可以重新捡起我们的主导问题：那个保证作品的直接现实性的作品之物因素的情形究竟如何呢？情形是，我们现在不再追问作品的物因素的问题了，因为只要我们作那种追问，我们即刻而且事先就确定无疑地把作品当作一个现存对象了。以此方式，我们从未能从作品出发来追问，而是从我们出发来追问。而这个作为出发点的我们并没有让作品作为一个作品而存在，而是把作品看成能够在我们心灵中引发此种或彼种状态的对象。

然而，在被当作对象的作品中，那个看来像是流行的物的概念意义上的物因素的东西，从作品方面来了解，实际上就是作品的大地因素（das Erdhafte）。大地进入作品而凸现，因为作品作为其中有真理起作用的作品而现身；而且因为真理唯有通过把自身设立在某个存在者之中才得以现身。但是，在本质上自行锁闭的大地那里，敞开领域的敞开性得到了它的最大的抵抗，并因此获得它的永久的立足之所，而形态必然被固定于其中。

那么，我们对物之物因素的追问是多余的吗？绝对不是。作品因素固然不能根据物因素来得到规定，但是对作品之作品因素的认识，能把我们对物之物因素的追问引入正轨。这并非无关紧要，只要我们回想起那些陈旧的思维方式如何扰乱物之物因素，如何使它成了对存在者整体的武断解释，就会明白这一点的。这种对存在者整体的武断解释不仅无助于对器具和作品的本质的把握，而且也使我们对真理的原始本质茫然无知。

要规定物之物性，无论是对特性之载体的考察，还是对其统一给予的感觉之多样性的分析，都无济于事。至于考虑那种被自为地表象出来的、从器具因素中得知的质料—形式结构，就更不用说了。为了求得一种对物之物因素的正确而有分量的认识，我们必须看到物对大地的归属性。大地的本质就是它那无所促迫的仪态和自行锁闭，但大地仅仅是在嵌入一个世界之际，在它与世界的对抗中，才将自己揭示出来。大地与世界的争执在作品的形态中固定下来，并通过这一形态才得以敞开出来。我们只有通过作品本身才能体验器具之器具因素。这一点不仅适用于器具，而且也适用于物之物因素。我们绝对无法直接认识物之物因素，即使可能认识，那也是不确定的认识，也需要作品的帮助。这一事实本身间接地证明了，在作品的作品存在中，真理之发生也即存在者之开启在起作用。

但是，如果作品无可争辩地把物因素置入敞开领域之中，那么就作品方面来说，作品不是已经——而且在它被创作之前并为了这种被创作——被带入一种与大地中的万物的关联，与自然的关联之中了吗？这正是我们最后要回答的一个问题。阿尔布雷希特·丢勒（Albrecht dürer）想必是知道这一点的，他说了如下著名的话："千真万确，艺术存在于自然中，因此谁能把它从中取出，谁就拥有了艺术"。"取出"在这里意味着画出裂隙，用画笔在绘画板上把裂隙描绘出来。①但是，我们同时要提出相反的问题：如果裂隙并没有作为裂隙，也就是说，如果裂隙并没有事先作为尺度与无度的争执而被创作的构思带入敞开领域中，那么，裂隙何以能够被描绘出来呢？诚然，在自然中隐藏着裂隙、尺度、界限以及与此相联系的可能生产（Hervorbringenkönnen），亦即艺术。但同样确凿无疑的是，这种隐藏于自然中的艺术唯有通过作品才能显露出来，因为它原始地隐藏在作品之中。

对作品的现实性的这一番刻意寻求乃是要提供一个基地，使得我们能在现实作品中发现艺术和艺术之本质。关于艺术之本质的追问，认识艺术的道路，应当重新被置于某个基础之上。如同任何真正的回答，对这个问题的回答只是一系列连同步骤的最后一步的最终结果。任何回答只要是植根于追问的回答，就始终能够保持回答的力量。

从作品的作品存在来看，作品的现实性不仅更加明晰，而且根本上也更加丰富了。保藏者与创作者一样。同样本质性地属于作品的被创作存在。但作品使创作者的本质成为可能，作品由于其本质也需要保藏者。如果说艺术是作品的本源，那就意味着：艺术使作品的本质上共属一体的东西，即创作者和保藏者，源出于作品的本质。但艺术本身是什么呢？我们正当地称之为本源的艺术是什么呢？

真理之生发在作品中起作用，而且是以作品的方式起作用。因此，艺术的本质先行就被规定为真理之自行设置入作品。但我们自知，这一规定具有一种蓄意的模棱两可。它一方面说：艺术是自身建立的真理固定于形态中，这种固定是在作为存在者之无蔽状态的生产的创作中发生的。而另一方面，设置入作品也意味着：作品存在进入运动和进入发生中。这也就是保藏。于是，艺术就是：对作品中的真理的创作性保藏。**因此，艺术就是真理的生成和发生**（ein Werden und Geschehen der Wahrheit）。那么，难道真理源出于无？的确如此，如果无（Nichts）意指对存在者的纯粹的不（Nicht），而存在者则被看作那个惯常的现存事物，后者进而通过作品的立身实存（das Dastehen）而显露为仅仅被设想为真的存在者，并被作品的立身实存所撼动。从现存事物和惯常事物那里是从来看不到真理的。毋宁说，只有通过对在被抛状态（Geworfenheit

---

① 动词"取出"（reissen）与"裂隙"（Riss）有字面的和意义的联系，含"勾画裂隙"之意。

中到达的敞开性的筹划,敞开领域之开启和存在者之澄明才发生出来。

作为存在者之澄明和遮蔽,真理乃通过诗意创造而发生。① 凡艺术都是让存在者本身之真理到达而发生;**一切艺术本质上都是诗**(Dichtung)。艺术作品和艺术家都以艺术为基础;艺术之本质乃真理之自行设置入作品。由于艺术的诗意创造本质,艺术就在存在者中间打开了一方敞开之地,在此敞开之地的敞开性中,一切存在遂有迥然不同之仪态。凭借那种被置入作品中的、对自行向我们投射的存在者之无蔽状态的筹划(Entwurf),一切惯常之物和过往之物通过作品而成为非存在者(das Unseiende)。这种非存在者已经丧失了那种赋予并保持作为尺度的存在的能力。在此令人奇怪的是,作品根本上不是通过因果关系对以往存在者发生影响。作品的作用(Wirkung)并不在于某种制造因果的活动;它在于存在者之无蔽状态(亦即存在)的一种源于作品而发生的转变。

然而,诗并非对任意什么东西的异想天开的虚构,并非对非现实领域的单纯表象和幻想的悠荡飘浮。作为澄明着的筹划,诗在无蔽状态那里展开的东西和先行抛入形态之裂隙中的东西,是让无蔽发生的敞开领域,并且是这样,即现在,敞开领域才在存在者中间使存在者发光和鸣响。在对作品之本质和作品与存在者之真理的生发的关系的本质性洞察中,出现了这样一个疑问:根据幻想和想象力来思考诗之本质——同时也即筹划之本质——是否已经绰绰有余了。

诗的本质,现在已得到了宽泛的但并非因此而模糊的了解,在此它无疑是大可追问的东西。我们眼下应该对之加以思考了。

如果说一切艺术本质上皆是诗,那么建筑艺术、绘画艺术、音乐艺术都势必归结为诗歌(Poesie)了。这纯粹是独断嘛!当然,只要我们认为,上面所说的各类艺术都是语言艺术的变种——如果我们可以用语言艺术这个容易误解的名称来规定诗歌的话——那就是独断。其实,诗歌仅只是真理之澄明着的筹划的一种方式,也即宽泛意义上的诗意创造(Dichten)的一种方式;虽然语言作品,即狭义的诗(Dichtung),在整个艺术领域中是占有突出地位的。

为了认识这一点,只需要有一个正确的语言概念即可。流行的观点把语言当作一种传达。语言用于会谈和约会,一般讲来就是用于互相理解。但语言不

---

① "诗意创造"(dichten),或可译为"作诗"。

只是、而且并非首先是对要传达的东西的声音表达和文字表达。语言并非只是把或明或暗如此这般的意思转运到词语和句子中去，不如说，唯语言才使存在者作为存在者进入敞开领域之中。在没有语言的地方，比如，在石头、植物和动物的存在中，便没有存在者的任何敞开性，因而也没有不存在者和虚空的任何敞开性。

由于语言首度命名存在者，这种命名才把存在者带向词语而显现出来。这一命名（Nennen）指派（ernennen）存在者，使之**源**于其存在而**达**于其存在。这样一种道说（Sagen）乃澄明之筹划，它宣告出存在者作为什么东西进入敞开领域。筹划是一种投射的触发，作为这种投射（Wurf），无蔽把自身打发到存在者本身之中。而筹划着的宣告（Ansagen）即刻成为对一切阴沉的纷乱的拒绝（Absage）；在这种纷乱中存在者蔽而不显，逃之夭夭了。

筹划着的道说就是诗：世界和大地的道说（die Sage），世界和大地之争执的领地的道说，因而也是诸神的所有远远近近的场所的道说。① 诗乃存在者之无蔽的道说。始终逗留着的真正语言是那种道说（das Sagen）之生发，在其中，一个民族的世界历史性地展开出来，而大地作为锁闭者得到了保存。筹划着的道说在对可道说的东西的准备中同时把不可道说的东西带给世界。在这样一种道说中，一个历史性民族的本质的概念，亦即它对世界历史的归属性的概念，先行被赋形了。

在这里，诗是在一种宽广意义上，同时在与语言和词语的紧密的本质统一性中被理解的，从而，必定有这样一个悬而未决的问题：艺术，而且是包括从建筑到诗歌的所有样式的艺术，是否就囊括了诗之本质？

语言本身就是根本意义上的诗。但由于语言是存在者之为存在者对人来说向来首先在其中得以完全展开出来的那种生发，所以，诗歌——即狭义上的诗——在根本意义上才是最原始的诗。语言是诗，不是因为语言是原始诗歌（Urpoesie）；不如说，诗歌在语言中发生，因为语言保存着诗的原始本质。相

---

① 后期海德格尔以"道说"（Sage）一词指称他所思的非形而上学意义上的语言。所谓"道说"乃"存在"——亦作"大道"（Ereignis）——的运作和发生。作为"道说"的语言乃"寂静之音"，无声之"大音"。海氏也以动词 Sagen 标示合乎 Sage 的本真的人言（即"诗"与"思"）。我们也译 Sagen 为"道说"。参看海德格尔《走向语言之途》，孙周兴译，《台湾时报》1993 年。

反地，建筑和绘画总是已经、而且始终仅只发生在道说和命名的敞开领域之中。它们为这种敞开所贯穿和引导，所以，它们始终是真理把自身建立于作品中的本己道路和方式。它们是在存在者之澄明范围内的各有特色的诗意创作，而存在者之澄明早已不知不觉地在语言中发生了。

作为真理之自行设置入作品，艺术就是诗。不光作品的创作是诗意的，作品的保藏同样是诗意的，只是有其独特的方式罢了。因为只有当我们本身摆脱了我们的惯常性而进入作品所开启出来的东西之中，从而使得我们的本质置身于存在者的真理中时，一个作品才是一个现实的作品。

艺术的本质是诗。而诗的本质是真理之创建（Stiftung）。在这里，我们所理解的"创建"有三重意义：即作为赠予的创建，作为建基的创建和开端的创建。① 但是，创建唯有在保藏中才是现实的。因此，保藏的样式吻合于创建的诸样式。对于艺术的这种本质构造，我们眼下只能用寥寥数语的勾勒来加以揭示，甚至这种勾勒也只是前面我们对作品之本质的规定所提供的初步线索。

真理之设置入作品冲开了阴森可怕的东西，同时冲倒了寻常的和我们认为是寻常的东西。在作品中开启自身的真理绝不可能从过往之物那里得到证明并推导出来。过往之物在其特有的现实性中被作品所驳倒。因此艺术所创建的东西，绝不能由现存之物和可供使用之物来抵销和弥补。创建是一种充溢，一种赠予。

真理的诗意创作的筹划把自身作为形态而置入作品中，这种筹划也绝不是通过进入虚空和不确定的东西中来实现的。毋宁说，在作品中，真理被投向即将到来的保藏者，亦即被投向一个历史性的人类。但这个被投射的东西，从来不是一个任意僭越的要求。真正诗意创作的筹划是对历史性的此在已经被抛入其中的那个东西的开启。那个东西就是大地。对一个历史性的民族来说就是他的大地，是自行锁闭着的基础；这个历史性的民族随着一切已然存在的东西——尽管还遮蔽着自身——而立身于这一基础上。但它也是他的世界，这个世界由于此在与存在之无蔽状态的关联而起着支配作用。因此，在筹划中人与之俱来的那一切，必须从其锁闭的基础中引出并且特别地被置入这个基础之

---

① 在此作为"创建"（Stiften）的三重意义的"赠予"（Schenken）、"建基"（Grunden）和"开端"（Anfangen）都是动词性的。

中。这样，基础才被建立为具有承受力的基础。

由于是这样一种引出（Holen），所有创作（Schaffen）便是一种汲取（犹如从井泉中汲水）。毫无疑问，现代主观主义直接曲解了创造（das Schöpferische），把创造看作骄横跋扈的主体的天才活动。真理的创建不光是在自由赠予意义上的创建，同时是在铺设基础的建基意义上的创建。它绝不从流行和惯常的东西那里获得其赠品，从这个方面来说，诗意创作的筹划乃来源于无（Nichts）。但从另一方面看，这种筹划也绝非来源于无，因为由它所投射的东西只是历史性此在本身的隐秘的使命。

赠予和建基本身就拥有我们所谓的开端的直接特性。但开端的这一直接特性，出于直接性的跳跃的奇特性，不是排除而是包括了这样一点，即开端久已悄然地准备着自身。真正的开端作为跳跃始终是一种领先①，在此领先中，凡一切后来的东西都已经被越过了，哪怕是作为一种被掩蔽的东西。开端已经隐蔽地包含了终结。可是，真正的开端绝不具有原始之物的草创特性。原始之物总是无将来的，因为它没有赠予着和建基着的跳跃和领先。它不能继续从自身中释放出什么，因为它只包含了把它固缚于其中的那个东西，此外无它。

相反，开端总是包含着阴森可怕之物亦即与亲切之物的争执的未曾展开的全部丰富性。作为诗的艺术是第三种意义上的创建，即真理之争执的引发意义上的创建；作为诗的艺术乃作为开端的创建。每当存在者整体作为存在者本身要求进入敞开性的建基时，艺术就作为创建而进入其历史性本质之中。在西方，这种作为创建的艺术最早发生在古希腊。那时，后来被叫作存在的东西被决定性地设置入作品中了。进而，如此这般被开启出来的存在者整体被变换成了上帝的造物意义上的存在者。这是在中世纪发生的事情。这种存在者在近代之初和近代进程中又被转换了。存在者变成了可以通过计算来控制和识破的对象。上述种种转换都展现出一个新的和本质性的世界。每一次转换都必然通过真理之固定于形态中，固定于存在者本身中而建立了存在者的敞开性。每一次转换都发生了存在者之无蔽状态。无蔽状态自行设置入作品中，而艺术完成这种设置。

每当艺术发生，亦即有一个开端存在之际，就有一种冲力进入历史中，历

---

① 注意"跳跃"（Sprung）与"领先"（Vorsprung）之间的字面联系。

史才开始或者重又开始。在这里，历史并非指无论何种和无论多么重大的事件的时间上的顺序。历史乃一个民族进入其被赋予的使命中而同时进入其捐献之中。历史就是这样一个进入过程。

艺术是真理之自行设置入作品。在这个命题中隐含着一种根本性的模棱两可，据此看来，真理同时既是设置行为的主体又是设置行为的客体。但主体和客体在这里是不恰当的名称，它们阻碍着我们去思考这种模棱两可的本质。这种思考的任务超出了本文的范围。艺术是历史性的，历史性的艺术是对作品中的真理的创作性保藏。艺术发生为诗。诗乃赠予、建基、开端三重意义上的创建。作为创建的艺术本质上是历史性的。这不光是说：艺术拥有外在意义上的历史，它在时代的变迁中与其他许多事物一起出现，同时变化、消失，给历史学提供变化多端的景象。真正说来，艺术为历史建基；艺术乃根本性意义上的历史。

艺术让真理脱颖而出。作为创建着的保藏，艺术是使存在者之真理在作品中一跃而出的源泉。使某物凭一跃而源出，在出自本质渊源的创建着的跳跃中把某物带入存在之中，这就是本源（Ursprung）一词的意思。

艺术作品的本源，同时就是创作者和保藏者的本源，也就是一个民族的历史性此在的本源，乃艺术。之所以如此，是因为艺术在其本质中就是一个本源：是真理进入存在的突出方式，亦即真理历史性地生成的突出方式。

我们追问艺术的本质。为什么要做这样的追问呢？我们做这样的追问，目的是为了能够更本真地追问：艺术在我们的历史性此在中是不是一个本源，是否并且在何种条件下，艺术能够而且必须是一个本源。

这样一种沉思不能勉强艺术及其生成。但是，这种沉思性的知道（das besinnliche Wissen）是暂先的，因而也是必不可少的对艺术之生成的准备。唯有这种知道为艺术准备了空间，为创造者提供了道路，为保藏者准备了地盘。

在这种只能缓慢地增长的知道中将做出决断：艺术是否能成为一个本源因而必然是一种领先，或者艺术是否始终是一个附庸从而只能作为一种流行的文化现象而伴生。

我们在我们的此在中历史性地存在于本源的近旁吗？我们是否知道亦即留意到本源之本质呢？或者，在我们对待艺术的态度中，我们依然还只是因袭陈规，照搬过去形成的知识而已？

　　对于这种或此或彼的抉择及其决断，这里有一块可靠的指示牌。诗人荷尔德林道出了这块指示牌，这位诗人的作品依然摆在德国人面前，构成一种考验。荷尔德林诗云：

　　　　Schwer verlässt
Was nahe dem Ursprung wohnet, den Ort.
　　　　依于本源而居者
终难离弃原位。

——《漫游》，载《荷尔德林全集》第4卷，海林格拉特编，第167页

（选自孙周兴选编《海德格尔选集》，上海三联书店1996年版）

杜夫海纳与《审美经验现象学》

经典导读

米盖尔·杜夫海纳（Mikel Dufrenne，1910—1995）毕业于巴黎高等师范学院，与波兰的罗曼·英伽登一道被公认为现象学美学两大家，曾任巴黎大学讲座教授、法国美学协会主席、法国《美学评论》杂志社社长等。杜夫海纳的主要著作有《审美经验现象学》(1953)、《先验的概念》(1959)、《诗学》(1963)、《语言与哲学》(1963)、《美学与哲学》(3卷本，分别出版于1967年、1976年、1981年)、《为了人类》(1968)。如果说莫里茨·盖格尔在审美价值问题领域，英伽登在艺术作品的存在方式等问题领域做出了卓越的理论贡献，那么杜夫海纳则在审美经验领域具有独特的理论建树。他不仅是法国第一个把审美经验作为探究"焦点"的现象学家，而且是整个现象学审美经验理论的集大成者。其代表作《审美经验现象学》被誉为"现象学美学领域出现的唯一最全面的、最完善的著作。"①

就现象学内部来看，盖格尔最早对审美经验问题进行论述，主要体现在他对审美享受的分析中，但还带有浓厚的心理主义的特征，英伽登的审美经验论存在不够系统与完整、唯理论色彩浓厚及论述范围狭窄等不足。杜夫海纳则在以下三个方面

---

① [法]米·杜夫海纳：《审美经验现象学》，韩树站译，文化艺术出版社1992年版，第606页。《审美经验现象学》法文版分上下两卷，每卷各两编；英译本将其合为一卷；中译本1992年版依照英译一卷本出版，1996年版依照法文本两卷形式出版，两个版本译文无出入。

有所突破：其一，把欣赏者的审美经验作为探究的主要视角与切入点，同时在研究欣赏者的审美经验时，关注作者的审美经验；其二，与此前的审美经验理论单从主体的某种心理和特殊的情感状态或从客体对象的某一属性来探讨不同的是，杜夫海纳把审美经验放在人与世界的相互关系中探究，这种关系被他称为存在的深度；其三，对审美经验研究领域的进一步拓展与深化。现代西方审美经验理论的一个显著特征就是以艺术作品为主要对象。与此不同的是，杜夫海纳把审美经验的探究领域由艺术领域拓展到自然领域和社会生活领域，从而深入探讨审美经验的整体特征及其在不同的领域呈现出来的独特性。在他看来，艺术领域的审美经验揭示的是人与人之间的主—主关系，体现了交往、对话与平等的现代人本精神；自然领域的审美经验揭示了人与自然相互守护的关系，以往的理论只强调人借对象展示自身、反观自身，杜夫海纳强调自然也通过人来展示自己的瑰丽、神奇，人与自然是对等关系；社会生活领域的审美经验则揭示了人与他的实用对象尤其是与技术对象相亲相融的亲密关系。

杜夫海纳认为，审美经验首先与审美对象有关，而艺术作品又是审美对象最重要的一个形态，因而关于艺术作品的审美对象的论述占据了《审美经验现象学》几乎一半的篇幅。该书主要探究了三个问题：其一，艺术作品与审美对象的关系问题，以及在审美经验过程中艺术作品在何种条件下转化为审美对象；其二，由艺术作品转化而来的审美对象与生命对象、实用对象等只是附带的、偶成的其他审美对象之间的关系；其三，艺术作品的审美对象区别于其他审美对象的本质特征。我们选取的这一部分原文是《审美经验现象学》第五章"审美对象与世界"第二节"审美对象的世界"后两部分，它是杜夫海纳理论最具创见性的部分。

杜夫海纳把作为艺术作品的审美对象界定为"准主体"。但是，在我们的习惯中有审美主体就必然有相应的审美客体，杜夫海纳缘何把艺术作品的审美对象看作一个"准主体"？首先，从其理论渊源看，杜夫海纳反对以往在人与自然、人与人关系等问题上的唯我论立场，这主要受胡塞尔交互主体性、雅斯贝尔斯的交往等理论的影响。其次，作为艺术作品的审美对象不仅在世界中存在而且具有自己的世界，审美对象的世界是再现世界和表现世界共同构成的世界。这个世界是一个主体性的世界即作者经由作品呈现的人的世界。再次，从审美对象的角度看，艺术作品的世界要得以显现必须有欣赏者的主体性介入，因此审美对象与欣赏者、作者这两种主体性密切关联。因而，在对艺术作品的审美把握中，是主体与主体、情感与情感之间的交流和对话，审美对象成为一种交互主体性的纽带，它揭示的是人与人之间的关系，是人在向人打招呼。这是艺术作品区别于作为自然的审美对象和作为技术对象的审美对象的根本所在。最后，作为艺术作品的审美对象为什么是一个准主体而非主体？在杜夫海纳看来，这是因为我们面对的毕竟是具有物化形态的审美对象，而不是像自我一样的真正主体，因此审美对象与人之间只是一种单向的交流与对话，而非双向的真正交流和对话，这样的审美对象只能是一个准主体而不是主体。

延伸阅读文献

1. Marlies Kronegger, ed., *Phenomenology and Aesthetics: Approaches to Comparative Literature and the Other Arts*, Dordrecht and Boston: Kluwer Academic Publishers, 1991.
2. Roman Ingarden, *Selected Papers in Aesthetics*, Washington D. C.: The Catholic University of America Press, 1985.
3. Dabney Townsend, *Aesthetic Objects and Works of Art*, London: London Academic, 1989.
4. ［法］米盖尔·杜夫海纳：《美学与哲学》，孙非译，陈荣生校，北京：中国社会科学出版社1985年版。
5. ［法］米盖尔·杜夫海纳主编：《美学文艺学方法论》，朱立元、程未介译，北京：中国文联出版公司1992年版。
6. ［波］罗曼·英加登：《对文学的艺术作品的认识》，陈燕谷、晓未译，北京：中国文联出版公司1988年版。
7. ［德］莫里茨·盖格尔：《艺术的意味》，艾彦译，北京：华夏出版社1999年版。
8. 牛宏宝：《现代西方美学史》，北京：北京大学出版社2014年版。

（张永清 撰）

—— 原文：《审美经验现象学》（节选）

经典原文

审美经验现象学（节选）

杜夫海纳 著　韩树站 译

■ 审美对象的世界

三、再现的世界和表现的世界

在表现的世界里开始出现的时间性和再现对象的时间是两种时间。要分辨这两种时间很难。这就告诉我们，表现物和再现物之间有着密切关系。我们曾经说过，表现物仿佛是再现物的结果；又说过，表现物先于再现物而存在并预示再现物的来临。这两个命题都是正确的。表现物和再现物之间的关系可以比作先验和后验之间的关系。表现物可以说是再现物的可能性，再现物可以说是表现物的现实性。它们二者一起并连同给予它们形体的风格构成审美对象的世界。这一点，我们在考察审美对象的结构时将加以证实，因为在这里意义也是内在于符号的。但是，让我们先来谈谈意义吧，以明确再现物和表现物之间的关系。

动词"表现"需要有一个主语。现在，主语是作品，是作品在表现。但作品首先是指作品再现的东西，所以表现的统一性也取决于再现的对象（因此对这些对象的思考也将是审美经验的一个必不可少的阶段）。在完全是再现性的艺术中，再现对象具有头等重要性，似乎它身上就带有表现，而且我们在它身上也看到这种表现。只有戏剧《哈姆雷特》讲述某个故事，同时故事中的人物和事件出现和发生在某个背景之中，才有哈姆雷特的世界。在这里，所有表示作者面貌的东西都是表现的世界的见证人和守护人，例如沙加尔的公鸡和驴子、莫里哀的狡黠侍女、格列柯的细长身躯，以及每个作家的关键词、特有的形象体系和自己的形容词（作家对形容词并非永远像吉罗杜的小说《朱丽叶在男人国》中那位教授那样吝啬）。作家用这些形容词主要不是去竭力描写或模拟一个先存在的世界,而是去提示他再创造的世界。① 一切以这种方式再现或暗示的东西,其意义都超出表面明示的意义,犹如口语的意义是根据说话的声调而定的,但更为突出。因为风格的神奇力量给予再现的情感系数不仅有助于强调意义,而且还有助于无限扩大意义。再现对象变成了符号,所以它不像譬喻那样把自己贡献给外部的意义。因为再现对象不打算说明概念:概念被人理解之后它就会变成无用之物。它不是人们从感性跳到悟性时抛弃的跳板。同时,表现的世界不是另外一个世界,而是再现对象按世界尺度的充分发展。当瓦莱里歌颂棕榈枝时,便有一个世界展现在我们面前。在这个世界里,一切都像棕榈枝:弯弯的线条和富有繁殖力、忍耐和富有、动作优雅和尽善尽美。但在非再现性艺术中,作品是以感性的形式来表现的,对表现的读解不能通过再现。这就把我们引到表现物和再现物之间关系的第二种形式,这种形式在我们看来是基本的形式。

再现的世界反过来需要表现的世界。更确切地说,再现的对象只有在表明给多样性带来统一性这个条件下才构成一个世界。这有点像克洛德·贝尔纳②的主导思想主宰着有机体的构成。表现物的这种优先地位可以用两个命题来阐明。首先,它引起再现的对象。我们说过,气氛是由这些对象产生的。现在应该说这些对象是由气氛产生的。如果我们又回到非再现艺术——音乐——这个例子上来,那么这种辩证关系的悖论就会减弱,因为这时只有其中一项是完全真实的:音乐的表现不是由再现对象产生的。而是相反,它有助于引起一些表象,即音乐有时在我们身上唤醒的是由气氛结晶成世界的一种方式的那些形象,而且往往是不受欢迎的形象。但这是没有用处的,因为作品根本没有这种要求,因为表现的世界应该自足。假如在表现的世界里添上许多想象的对象,那么我们甚至有可能再也看不到这个世界。但是应该承认,想象对这种诱惑不负责任,想象倒很容易顺从这种诱惑。表现自然要求再现作为补充,尽管它也可以不要。相反,在再现性艺术中,这种要求是准许的。这时奇怪的是,好像

---

① 因为,正如克洛德·鲁瓦在献给女小说家柯莱特的《批判性的描写》(巴黎伽利玛版,1943年)一书中指出的那样,"在自然中没有形容词"。[克洛德·鲁瓦(1915—),法国诗人、评论家、小说家。——译者注]
② 克洛德·贝尔纳(1813—1878):法国生理学家。他集中研究由血液和淋巴液构成的生物体内部环境。这个环境的平衡和稳定是形成独立的有机生命的条件。——译者注

是气氛在引起再现的世界。马尔罗就福克纳的《神庙》曾这样写道:"……如果作品对他来说不是一部情节决定悲惨情景的故事,而是相反,出自悲惨事件,出自陌生人物的对立或倾轧,如果想象仅仅用来逻辑地把人物引到这原来设想的情景,那我一点也不感到惊奇。"①马尔罗根据创作心理学说的这些话不正是这个意思吗?审美经验证实了这一点。我们往往是通过我们最初被投入的某种气氛来感知再现对象的。在戏剧中,最初几个场面一下子激起我们某种情绪,我们就在这种情绪的指引下去进行理解。提出一个问题或安排一个曲折情节是不够的,必须首先把问题或剧情在其中获得意义的那个世界的某种特质传达给我们。

这也就是说,表现物仍然处于优先地位,因为它改变再现物面貌,并赋予再现物以意义。有了意义,再现物便变成无穷无尽的东西——与它在现实中的无穷无尽不同。我们可以认为这一变化仅仅是由于对象变成了非现实的并被搬到作品中的缘故。有生命的物种移植时便有这种变化。当然,从现实到非现实的这种变化是不可忽视的。我们在谈论再现对象的无害性时曾经看到这种变化的结果。我们甚至还可以补充说,每种艺术特有的技巧,即再现的物质条件,可以改变对象的面貌乃至它的情感特性。比如说,大家都知道电影中一个微不足道的物体能变得多么动人,一滴眼泪能变得多么使人难以忍受,而这仅仅因为它们是异常地再三地出现在银幕上。但这里说的是另外一回事,是与物质条件无关的一种变化,是由于再现对象并入一个新世界而产生的变化。海德格尔说:"如果存在找不到进入世界的途径,存在断无显现之可能。"②又说,这个史前史(Urgeschichti)是通过超越定在而实现的。我们可以说再现对象也有类似的奇遇,还可以说审美对象有某些像超越定在的东西。因为表现就是超越自身,走向一种意义,而这种意义的光辉——气氛——的特质使对象产生出新的面貌。中世纪圣母领报瞻礼的百合花,在即刻出现的纯洁与信仰的世界中盛开时,散发出怎样的异香!古籍的彩色装饰字母被兰波在他特有的那个神秘和美好的世界里提出来时显示出怎样的色彩!连电影也能如此改变它所再现的对象,而且这种改变不是仅仅通过把对象搬上银幕:请想一想鲁诺·阿格伯格的

---

① 此语出自安德烈·马尔罗《艺术心理学》,日内瓦斯基拉版,1947年。——译者注
② 参看马丁·海德格尔《形而上学是什么》,科宾法译本,第90页。

杰出影片《黑夜就在黄昏后》中一个房间的家具吧。不仅如此，我们甚至还应该说：表现不但赋予再现物以弗西翁所说的"气氛"，因而再现物变成表现性的（当然，这种关系是辩证的，同时因为再现物是表现性的所以有表现），而且表现从再现物具有的客观性方面、在再现物自身带有的模仿现实的东西方面加以确认。诗中的棕榈枝，是因为我们对棕榈枝所表现的东西，对它带有的这种意外之意有感觉，所以我们才能公平对待它的植物本质，才能感到它的充实性，才能隐约看到它的庄重而柔和的曲线，使它对我们来说真正成为棕榈枝。当兰波用他写的"啊，四季，啊，堡！……"来表现存在于一个过于充实、过于美丽的天地（心灵只有否定这个天地才能与之匹敌）中的那个虚弱的、可怜的心灵世界时，四季和城堡是带着它们的全部威望存在在那里的。①小说或戏剧的时间和空间同样可以成为现实的时间和空间：它们在再现物的层次是客观的。但是我们已经观察到，小说家可以在客观性上玩弄手法：不是为了使客观性模糊不清或取消客观性，因为如果是这样的话，时间和空间就会失去自己意义中的最佳部分；而且由于世界存在于我们之外并阻挡着我们，时间和空间是世界的经纬。小说家玩弄手法为的是活跃这个时间和空间，使我们在表现层次能重新把握它们最初显示主体的那一运动。审美对象通过自己的结构和再现手法所表现的和欣赏者被要求与之结合的时间性或空间性是建立而不是破坏再现时间和再现空间的客观性，从而保证故事的可理解性。同样，形容词可以创立名词，通过形容给予名词的表现力使对象具有客观实在性，除非像在诗歌里使用的名词，它本身就是自己的形容词，如同乐音包含着自己的和声一样。所以，表现物确认再现物的客观存在，它是再现物的根据，同时它自己又以再现物为根据。

简言之，表现世界犹如再现世界的灵魂，再现世界犹如表现世界的躯体。它们之间的这种关系使它们形影不离。它们共同构成审美对象的世界，因而审美对象具有一种深度。正因为它们是结合在一起的，所以我们也能够根据作品世界或作者世界的内容来说明作品世界或作者世界的特征。我们可以说：巴尔扎克的世界就是这个或那个人物在其中活动的某种社会，塞尚的世界就是普罗旺斯这块贫瘠又火热的土地和像这块土地那样死板的、不透明的人物。但是不

---

① 参看阿尔蒂尔·兰波《地狱一季》。——译者注

要忘记，这仍然是另外一回事：这些自然的或人间的景色表现的是某种世界观，它们形成一种气氛，一种如音乐这类非再现性艺术使我们直接进入的气氛。总之，作品的世界就是一个完成的但又是无限的整体，这个整体是作品以自己的形式和内容向我们陈述的并要求思考和感觉的东西。作品的世界就是作品本身，但不是把作品的直接的、没有意指作用的现实视为一个无声的、没有灵魂的物，而是视为超越自身、走向它的意义即准主体的物。

四、客观世界和审美对象的世界

然而还有一个问题悬而未决：用"世界"这个词来表示审美对象之所指，尤其用来表示表现物超出再现物的那种意外之意，是否正当呢？我们不必在这里讨论审美对象的世界在多大程度上为客观世界作证，因为在后面探讨审美对象的真实性时，我们将研究这个问题。但是我们有必要说明为什么我们使用了世界这个概念。因为有人会反对说：这个概念不是只适用于现实吗？不是只有一个世界，即给予表象、发挥意义的世界吗？说符号内部有一个世界，这岂非海外奇谈？对悟性而言，唯一的世界是客观世界。理智即使对宇宙论的概念负责，也只不过使人想到悟性到达极限时的活动罢了。世界的存在观念把世界结合到艺术作品并通过作品结合到一个具体主体，从而把世界主体化，这个观念是没有意义的。是否应该接受这种反对意思呢？作品的世界不是一个像我生活在其间的种种对象那样现实的现实世界，这是不言而喻的；但作品的世界是否因此就僭取"世界"的称号呢？

首先，我们可以和雅斯贝尔斯一样看到，一个客观的完整世界的概念是不可确定的。只要我对这个概念进行分析，我就发现它把我送回到我的世界，即我所在和我所是的那个世界。对我来说，这个世界既是一种关联，又是一种命运：地球既是天文学所讲的绕日运转的星球，又是托载我的大地。（"可贵的坚硬，啊，这种对土地的感觉！"）这个大地，正如胡塞尔所说"作为土地是静止不动的"。因此"假如我说'世界'，我马上瞄准两个世界，这两个世界尽管完全不同却是联结在一起的"[1]。值得注意的是，这种模糊不清的情况，当科学不得不放弃一个唯一的普遍的客观世界的想法时，它也遇到过（也许它向哲学

---

[1]《哲学》第1卷第77页。雅斯贝尔斯在这里要我们参考海德格尔的《存在与时间》一书。他说：这本书"说出了这个问题的要点"，下面我们即将引用海德格尔的著作。

家们提出了这一点)。的确,生物学家,甚至步其后尘的社会学家,都把自己的探索引向世界的结构,因为他们把世界当作环境,当作构成生物的但依照不可还原的相互因果关系也被生物构成的一种东西。因此这里出现了众多世界的概念。我们可以把这众多世界说成主观世界,以与客观世界相对立。这众多世界不是为任何人的,只有不具形体的理智能认识,自然科学也正在力图加以阐述。但是不要忘记,对于生活在世界中的人来说,他的世界完全不是主观的:它是现实的、迫切的和不可还原的。所以,当思考发现这些主观世界的时候,不能再让客观世界独占世界的头衔了。因为像物理学,或者更确切地说,像康德式的自然形而上学所认识的客观世界既不是真正的世界(与它相比,其他世界都是虚幻的),也不是总的世界(其他世界都是它的局部)。相反,它的声誉来自它深深扎根于人对世界即共同存在的共同世界的经验。主体的世界不是一个主体化的世界,而是主体在其中并在其上与其他众多主体协调一致的世界,因为主体不是不可分割的主体性,而是一种"给予存在自身"的存在。① 所以这个世界要求给予客观的对待,使它作为共有的世界出现,并驳回唯我论的"我思"的要求。它要求科学来确认。但科学本身不否认主观世界的最初经验。一方面,随着科学抛弃科学主义的偏见,科学认真对待主观世界了:从蜘蛛的活动研究蜘蛛世界的生物学家,出自对蜘蛛的某种好感,难道不应该感到蜘蛛世界可能是什么吗?当精神病医生把握病人的知觉阈时,例如盖尔普对施内德的分析,或社会学家把握原始人的文化水平时,这种好感无论如何是掩盖不住的。另一方面,与真正客观世界难分难离的思考也可能在首先对客观世界有所感觉的条件下才能认识它。当然,思考感觉它只是为了否定这种感觉。在这方面,瓦莱里对巴斯噶的指责是深中肯綮的。但是,为了想象天文世界,也许首先需要静观天空并对无垠空间的沉寂感到惊异。同样,为了建立实用化学,必须首先感觉到化学体,甚至在想象力发挥这种感觉的作用时,不惜发生错乱。② 相对论告诉我们,根据同一律显示的静止和均匀直线运动的机械等值,任何观察都是与观察者相连的。这种理论似乎是任何对世界的理解都与对世界的感觉相连的这个概念在科学上的移植。

---

① 雅斯贝尔斯和梅洛-庞蒂都有这样的说法。
② 巴什拉尔在《科学精神的形式》第4卷(1938年,巴黎沃林版)中清楚地说明了这一点。

因此，客观世界没有其他特权，有的只是成为每个主观世界——当主观世界不再是被经历而是被思考的世界时——走向的极限。这个极限是无法确定的，因为思考总是某人的思考，并且是以最初经验为依据的。① 所以我们应该在主观世界中寻找世界概念的根源和世界与主体性的基本联系。这个主体性不是纯粹先验的主体性，而是恰恰根据它与一个世界的关系和它存在于世界的样式来界定的主体性。作为创造性主体性的表现的、审美对象特有的世界的观念就是这样得到了证实。

事实上，如果我们现在站在客观和主观的区分之外再去寻找世界观念，那么世界观念意味着什么呢？康德对我们说，这是一个理性的观念，它首先需要知性做工作，在众多现象间建立起秩序。因为理性"与知性有关……理性是以原理为手段，将知性的规则加以统一的能力"②。理性同知性的关系如此密切，致使康德在说过"纯粹的理性概念……是一些先验的理念……是由理性的性质本身给予的"③以后，又说"纯粹的先验的概念只能来自知性；理性并不真正产生任何概念，它只不过使知性的概念摆脱可能的经验的必然限制"，因而"先验的理念什么也不是，只是扩大到绝对的范畴"④，因此，世界的观念真正是绝对的："理性寻求的……只是绝对"⑤。现象的整体性观念只不过是一种原始统一性观念的运用和说明。正是因为"绝对永远蕴涵在再现于现象中的序列的绝对整体性之中"，所以，"理性才决心从整体性的理念出发，尽管它的最终目标只是绝对。"⑥ 所以绝对不是序列的结尾，不是再现的最后的、不能达到的对象，主要是序列的灵魂，是序列之所以成为序列的那种东西。这个"一切经验所同归、但本身绝非经验对象"⑦的本原不能用类似于使我们能从判断出发发现范畴的那种逻辑派生方法来确定。如果不能用知性去把握绝对的话，那么难道不可

---

① 但是反过来，我们不能因为主观世界，至少在人的相互主体性方面，是走这个极限的，就认为有可数的、许许多多主观世界，例如认为有多少独特的意识便有多少世界。因为假定有一个可数的多数，势必假定有一个总数。其结果又回到这种看法，即各主观世界是从一个事先给予的或者可以设想的客观世界中抽取的。

② 《纯粹理性批判》，第 297 页。

③ 《纯粹理性批判》，第 312 页。

④ 《纯粹理性批判》，第 377、378 页。

⑤ 《纯粹理性批判》。

⑥ 《纯粹理性批判》，第 383 页。

⑦ 《纯粹理性批判》，第 383 页。

以说绝对是在感觉之中显示的，即世界的观念首先是对世界的感觉吗？（如同伦理规律——理性的一种实际表现——首先是通过尊敬来把握的）另一方面，难道不可以说绝对来自主体性的存在本身吗？如果世界不是现象的不确定整体，而是现象的统一体，又像是序列的发生特质，如果绝对首先是一种开放方式，难道不是因为主体性本身即是开放，并且像海德格尔所说，主体性本身是先验的吗？

海德格尔恰恰在这第二点——在这里唯一与我们有关的一点——上继承了康德。的确，他从康德学说中分辨出世界的两种含义：一种是与传统形而上学有关的纯宇宙论的含义，另一种是不仅见之于《人类学》，而且已经见之于《纯粹理性批判》中的存在的含义。因为世界作为现象的整体是一个依然与有限认识有关的绝对。康德把这个世界区别于先验的理想，即作为"原始直觉"对象的一切事物的整体。① 因此，他在暗示认识的有限的同时，至少暗示着以这种有限为其基本结构的人的存在。海德格尔的解释给这个暗示增添了《人类学》中的分析的分量。在《人类学》中，正如康德所说："世界的概念指的是关于与每人必然有关的东西的概念。"② 因此，归根结底，"世界在它的存在的实质方面是指定在"③。但是，即使世界被说成主体的超验性的关联，我们也不能就此说它是"主观的"。海德格尔特别明确指出这一点：主体不是主观的，与主体有关的东西也不是主观的，因为主体恰恰是以这种超越运动来界定自己的："世界不像存在那样落入主观性的范围之内。"④ 主体"在自己面前产生"世

---

① 杜夫海纳在这里指的是康德的派生直觉和原始直觉的区分。康德在《纯粹理性批判》中说，原始直觉"似乎仅仅属于原始存在"。——译者注
② 转引自海德格尔《康德与形而上学问题》，第84页。
③ 海德格尔从宇宙现象滑向存在现象时又回到了他用先验联系超验的方法对康德所作的总的解释。他用"存在于世界"的概念阐释世界。一个世界之出现，存在之"进入世界"，是因为定在在构成自身的运动中超越自身，走向那里。它超越自身确实是走向世界，而不是走向这样或那样的存在，因为定在正是从世界这个整体出发才能与这样或那样的存在发生关系。（条件是必须把世界理解为本体论的整体而不是本体的连接。在这个问题上，海德格尔在科林译本《论根据的本质》一书第86页告诉我们，《存在与时间》一书中对客观世界的分析只不过指出仅仅为先验分析做准备的、世界现象的初步特征。）定在就是这样"感到自己处于存在之中，并与存在保持关系的"。而我们则更愿意说，定在有一个世界的感觉。这是因为海德格尔本人参照的是那个表现这一关系的存在（Befindlichkeit）。换言之，说"人的现实性超越，等于说人的现实性在其存在的本质方面是使世界具有形式的"（《论根据的本质》，第90页）。
④《论根据的本质》，第90页。

界时发现自己是属于世界的。这样才有可能客观地把世界作为我所在的世界而非我所是的世界来对待。这种客观的对待将把首先揭示出的世界作为主观的东西加以揭露,并把主体视为各种存在中的一种存在,不去注意主体的超越能力。主观世界和客观世界的紧张关系来源于对世界的原始经验,但原始经验没有达到区分主观和客观的水平。总之,尽管主体提出一个客观的世界概念,把世界视为不以主观性为转移的现象的场所或整体,他发现自己是与世界连在一起的。这一事实并不贬低主观世界而抬高理性思维力图阐明的客观世界。这样,审美对象才能同时作为存在于世界又打开一个世界的东西而出现。

但我们在这里有什么权力来引用审美对象呢?它是一种主观性,一种定在吗?海德格尔对主体的主观性所提出的解释,其目的无疑首先是"使存在这个问题成为可能"。主观性的存在像超验那样出现使他认为(见《论人道主义的信》)超验本身是存在的一种奇遇,但是无论如何,只要同意从先验到经验、从本体论到人类学的过渡,现象学也可以引向一种存在的精神分析。① 把主体当作超验性来建构的和揭示世界的基本投射可以具体分为一些独特的投射说明,每个投射都揭示一个特有的世界。这时世界就是一个主体的独特世界。当主体的投射是独特世界中一个存在的具体投射时,这个主体丝毫也不丧失自己的主体资格。这样我们才能说是一个主体的世界。但是我们能说是审美对象的世界吗?能,假如审美对象是一个准主体,就是说假如它能够表现的话。因为表现,这对审美对象而言,可以说就是超越自身,走向一种意义。这种意义不是给再现指定的显明意义,而是投射一个世界的更为根本的意义。在审美经验中,绝对就是一个主体的超验性借以显示的那种表现所显露的世界气氛。再说,我们也有权把审美对象当作准主体来对待,因为它是一个作者的作品:在它身上总有一个主体出现,所以我们可以不加区别地说作者的世界或作品的世界。审美对象含有创造它的那个主体的主体性。主体在审美对象中表现自己;反过来,审美对象也表现主体。

此外,作者内在于审美对象保证了审美对象的世界的现实性。因为我们现在面临着最后一个问题:这个世界是现实的吗?在这里,我们只能作初步的回答。这个问题确实不够明确,但是我们不能回避。因为,不管是把独特世界

---

① 在我们看来,这种过渡对本体论来说是一种决定性的、可避免的考验:必须回到洞穴中去。

与客观的、总的世界进行对比，还是把审美对象所陈述或暗示的东西视为不现实的或虚假的（因为再现的事物仅仅在不同程度上成功地模仿现实，其本身并不是现实的），我们总要遇到这个问题。在这里，有两种隐蔽的论调结合在一起贬低审美对象的真实性：一种是客观世界至上论，另一种是艺术虚空论（认为艺术的全部办法和雄心是模仿客观世界）。头一种论调使人们断定审美对象的世界是不现实的，因为它是个人对本身是非属人的世界所作的一种解释。现实性的尺度是客观性：黑夜作为天文现象是现实的，但作为黑暗、恐怖或作为佩吉①所说的那种极大的宁静，又是不现实的。对于这种论调，我们曾经回答说，尽管世界显然准许对客观性进行这样的探索，即在探索中主体性想方设法否定自己，或至少像雅斯贝尔斯所说的那样使自己变得准确，世界观念的根仍然是主体性作出的独特揭示，因而现实首先就是这种主体性使之成为现实的东西：黑夜的恐怖和静谧像天文现象一样现实。而且客观世界也不能当作理解或说明各种主观世界的东西来引用。如同光学用力学图替代视力时不能解释视力一样，医生的世界不包括病人的世界，经济学家的世界不调和雇主的世界和无产者的世界。美学家的世界也不能缩小或取代每个创作者的世界。此外，审美对象的世界并不因其虚假而是非现实的。说到非现实，再现对象倒是非现实的：博希②画的鬼怪即使对相信地狱的人来说也是非现实的。最逼真的肖像画还是非现实的，因为它没有把本人交出来。但再现之物不是主要之物，它只是表述某种东西的手段。一旦客观世界不再被认为是现实的绝对准则，被表述的东西就是现实的东西。博希的世界是现实的，即使他的鬼怪是非现实的，如同什么都没有再现的莫扎特的世界是现实的一样。而且如果人们有这种要求的话，还可以在客观世界中给这些世界的现实性找到保证，因为审美对象是安置在客观世界中的，作者也在客观世界中生活过。同时，是他们二者在说话：他们说的世界同其他任何一个世界同样现实。剩下的问题是探讨这一世界在多大程度上是真实的，它要成为真实的世界是否需要与客观世界进行比较。这个问题以后我们再来讨论。

我们已经指出，审美对象同主体性一样，是一个特有世界的本原，这个特

---

① 查理·佩吉（1873—1914）：法国作家。——译者注
② 杰罗姆·博希（1450—1516）：佛兰德尔画家。——译者注

有世界不能归结为客观世界。单指出这一点就够了。我们感觉到这个世界只能显示于一个主体，这个主体不但是它辉煌呈现的见证人，而且还能够把自己结合到产生它的那个主观性的运动中去，简言之，这个主体不是把自己变成一般意识去思考客观世界，而是用主观性来回答主观性。这时，审美知觉采用的形式便是我们所谓的感觉，即感知表现的世界的一种特殊方式。有关审美知觉的研究将设法论证这一点。但在此之前，我们必须再来谈谈存在于世界并含有一个特有世界的那个审美对象的本质。

（选自［法］米·杜夫海纳《审美经验现象学》，韩树站译，
文化艺术出版社1992年版）

梅洛-庞蒂与《眼与心》

经典导读

  莫里斯·梅洛-庞蒂（Maurice Merleau-Ponty，1908—1961，又译梅罗-庞蒂），生于法国，毕业于路易大帝中学，后考取当代哲学家的摇篮巴黎高等师范学院，与萨特、波伏娃等人是校友。主要著作有《行为的结构》（1942）、《知觉现象学》（1945）、《人道主义与恐怖》（1947）、《意义与无意义》（1948）、《哲学赞词》（1953）、《辩证法的历险》（1955）、《符号》（1960）、《可见的和不可见的》（1964）、《世界的散文》（1969）等。其中后面两部是在其去世之后整理出版的。另外他还有一些非正式的作品相继被整理发表，涵盖了他的课程记录、随笔集等。梅洛-庞蒂的主要著作大部分已有中译本。关于梅洛-庞蒂生平的系统整理，可参见佘碧平整理的梅洛-庞蒂生平年表。[①] 尽管受到法国最正统和最完备的哲学教育，梅洛-庞蒂却与萨特等人一样，在柏格森、胡塞尔、海德格尔等思想家的影响下，走上了与当时在学院里占主导地位的布伦茨威格观念论迥然不同的道路。他被认为是德国现象学在法国最忠实的继承者。

  梅洛-庞蒂的美学思想丰富而深刻，其中的绘画美学尤其具有启发性。研究者

---

① 参见佘碧平《梅罗-庞蒂历史现象学研究》，复旦大学出版社2007年版。

的普遍惯例是以他的三篇文章为绘画美学的核心文本：《塞尚的怀疑》①《间接的语言和沉默之声》和《眼与心》，它们分别收入《意义与无意义》《符号》和单行本的《眼与心》。从发表时间上看，这三篇文章恰好代表了梅洛-庞蒂前期思想的知觉现象学、中期思想的结构主义渗透和后期思想的存在论。《眼与心》写作于1960年，发表于次年1月。由于梅洛-庞蒂在1961年5月猝然离世，这本小册子成了他生前最后一部完整出版的著作。尽管他同时期写作的笔记《可见的和不可见的》后来被整理出版，但鉴于笔记显示的往往是思考过程而不一定是思考结果，因此《眼与心》通常被研究者作为体现梅洛-庞蒂后期思想较可靠的文本。

梅洛-庞蒂思想在后期发生了十分明显的转向：从知觉来到视觉，从现象学来到存在论。"什么是看？"对于这个问题，现代科学主义和传统的笛卡尔主义都给出过自己的回答。《眼与心》对这两种回答进行了集中清理和分析，从而表现出建立一种崭新的视觉理论的必要性。勒弗尔说过，《眼与心》向我们显示了梅洛-庞蒂"对现代科学及其在建构方面盲目乐观的自信的批判"，以及"他对反思思维及其对于说明它由以涌现的世界经验的无能为力的批判"②。这其实是指梅洛-庞蒂对与他的视觉存在论形成鲜明对照的两种思想的批判：现代科学技术的操作主义及笛卡尔传统中的理性主义反思哲学。梅洛-庞蒂的视觉存在论之形成，首先建立在对这两种思想的批判的基础上。③而此转向的更深刻的缘由来自视觉行为本身的特质，梅洛-庞蒂的遗稿《可见的和不可见的》就致力于展示他的视觉理论区别于笛卡尔的"看的思想"，更不像现代自然科学那样追求绝对的精确性和对自然对象的控制，以达到对世界的祛魅。梅洛-庞蒂走的是一条与现代科学相反的道路。他放弃作为超然的旁观者的位置，强调与自然世界在存在意义上的关系，努力重新找回存在的神秘性。这种重回诗性世界的方式同后期海德格尔回归艺术的初衷是类似的："梅洛-庞蒂和

---

① 该文在译名、主题等方面皆存在争议，具体可参见张颖《如何看待表达的主体——梅洛-庞蒂〈塞尚的怀疑〉主题探讨》，《文艺理论研究》2015年第4期。
② ［法］莫里斯·梅洛-庞蒂.《眼与心》，杨大春译，商务印书馆2007年版，第26页。
③ 与梅洛-庞蒂的绘画美学一直结伴而行的是梅氏对近代哲学和现代科学的批判态度。但需要澄清的是，梅洛-庞蒂并不是一个彻底意义上的反叛者，他从来不曾是一个反理性主义者。他不愿站在尼采的非理性立场上去反对理性，正如他在《意义与无意义》中强调的，赤裸的反叛是不真诚的，因为，我们生于理性之中，有如生于语言之中。他致力于从艺术尤其是绘画中寻求一种新的理性观。他也从来不是一个反科学主义者。尤其在前期的《行为的结构》和《知觉现象学》那里，他援引大量科学实验尤其是心理学实验的结论。

海德格尔一样，为我们指引的是一条回归诗意之路，让我们以艺术的方式维护世界的神秘，因为艺术的本性就是神秘莫测。"① 从绘画的角度讲，《眼与心》的任务就在于为视觉"复魅"，从而"恢复可感者的存在论地位"②，一种崭新的绘画存在论浮出水面。③

在20世纪中期以后，"可见与不可见"成为法国现象学界乃至文学艺术研究界的一个热门话题，至今余热不减，这很难说不曾受到梅洛-庞蒂的直接影响。梅洛-庞蒂的研究者常常以"可见"和"不可见"为题（例如麦古瑞的《可见者之肉：保罗·塞尚与莫里斯·梅洛-庞蒂》，以及论文集《梅洛-庞蒂在不可见者的边界》等），这个趋势也影响到后继学者，如马里翁的《可见者的交错》、米歇尔·亨利的《看见不可见之物：论康定斯基》等。因此，从《眼与心》入手，可以勾勒出一个法国当代美学的视觉问题史。

——— 延伸阅读文献

1. Maurice Merleau-Ponty, *Phénoménologie de la Perception*, Paris: Gallimard, 1945.

2. Maurice Merleau-Ponty, *Sens et Non-sens*, Paris, Nagel, 1948.

3. Maurice Merleau-Ponty, *Eloge de la Philosophie: Et Autres Essais*, Paris: Gallimard, 1960.

4. Maurice Merleau-Ponty, *Signes*, Paris: Gallimard, 1960.

5. Maurice Merleau-Ponty, *Le Visible et L'invisible, Suivi de Notes de Travail*, Paris: Gallimard, 1964.

6. Galen A. Johnson and Michael B. Smith, eds., *The Merleau-Ponty Aesthetics Reader: Philosophy and Painting*, Evanston, IL: Northwestern University Press, 1993.

7. Renaud Barbaras, *De L'être du Phénomène: Sur L'ontologie de*

---

① 杨大春：《杨大春讲梅洛-庞蒂》，北京大学出版社2005年版，第63页。
② ［法］莫里斯·梅洛-庞蒂：《世界的散文》，杨大春译，商务印书馆2005年版，第151页。
③ 参见张颖《回归"感性学"：梅洛-庞蒂的绘画美学》，见汝信主编《外国美学》第20辑，江苏教育出版社2012年版。

Merleau-Ponty, Grenoble: Jérome Millon, 1991.

8. Marie Cariou, Renaud Barbaras, et Etienne Bimbinet, eds., *Merleau-Ponty aux Frontières de l'invisible,* Paris: Vrin, 2003.

9. Taylor Carman and Mark B. N. Hansen, eds., *The Cambridge Companion to Merleau-Ponty,* London: Cambridge University Press, 2004.

10. Pascal Dupond, *Le Vocabulaire de Merleau-Ponty,* Paris: Ellipses Edition Marketing S. A., 2001.

（张颖 撰）

—— 原文：《眼与心》（节选）

经典原文

眼与心（节选）

梅洛-庞蒂 著 杨大春 译

科学操纵事物，并且拒绝栖居其中。它赋予事物以各种内在模式（modèle internes），依据这些模式的指标（indice）或变量（variable）对事物进行其定义所容许的各种变形，它只不过渐行渐远地与现实世界形成对照。它是而且总已经是这样一种惊人地主动、机敏、从容的思想，这样一种偏见：把任何存在都看作"一般客体"（objet en général），也就是说，仿佛它对我们来说既什么都不是，却又注定为我们的人工技巧（artifice）所用。

然而，古典科学保持着对世界的不透明性（opacité）的情感，它通过它的各种建构（construction）想要达到的正是这一世界，所以它自认为必须为它的操作（opération）寻找一个超越的（transcendant）或者先验的（transcendantal）基础。如今，不是在科学之中，而是在某种相当流行的关于诸科学的哲学之中产生了一种全新的情感：建构的实践自认为是自主的（autonome），并表现为是自主的，而且，思想被有意地归结为思想所发明的那些骗取或欺骗技巧之总和。去思考（penser）就是去尝试（essayer），去操作（opérer），去改造（transformer），唯一的条件是在实验控制之下：在这里，只有一些高度"加工过的"现象才会起作用，我们的仪器产生这些现象而不是记录它们。由此产生了各种各样的漂泊无根的尝试。科学对于理智模式（mode intellectuelle）从来没有像如今这样敏感。当某种模式在一系列问题上获得成功后，它就把这一模式到处试用。我们的胚胎学、生物学目前有各种级度（gradient），人们不能准确地看出它们如何区别于古典科学所谓的秩序（ordre）或整体性（totalité），然而问题并没有被提出，也不应该被提出。级度就如同一张撒向大海却不知道它将捞回什么的网。或者，它就如同在上面形成了许多无法预料到的结晶体的细枝。只要人们不时地做出调整，只要问一问为什么工具在这里起作用，在别处却遭致失败，总之，只要这一流动的科学了解它自己，只要它把自己视为在蛮荒的（brut）或现存的（existant）世界基础上的建构，并且不为一些盲目的操作要求那些"关于自然的概念"在唯心主义哲学中可能拥有的构造性价值，那么这种操作的自由确实将会克服许多虚狂的二难困境（dilemme）。说世界按名称规定（définition nominale）是我们的各种操作的对象 X，这乃把科学家的认知情景（situation de connaissance）提升为了绝对（l'absolu），仿佛那曾经存在或正存在的一切，从来都只是为了进入实验室中才存在似的。"操作"的思想变成一种绝对人工主义（artificialisme），就如同人们在控制论的意识形态（idéologie cybernétique）中所看见的那样，在这里，人类的创造来自信息的自然过程，而这一过程本身又是依据人类机器（machines humaines）的模子设想出来的。如果这样一种思想担负着人类和历史的使命，如果它假装不了解我们通过保持接触和采取立场而形成的对人类和历史的认识，从某些抽象的指标重复着手建构它们，就像某种衰落的精神分析和文化论（culturalisme）在美国所做的那样，既然人真正变成了他想成为的操作者（manipulandum），那么，人们将进入——就涉及人和历史而言——既不再有真也不再有假的某种文化体制（régime de culture）当中，进入不会有任何东西把它们唤醒的睡梦或噩梦当中。

科学的思想——俯瞰的思想、关于一般客体的思想——应该被重新放置到某种预先的"有"（il y a）当中，重新放回到场景中，即让它贴近于感性的世界（monde sensible）和加工过的世界（monde ouvré）的土壤。在我们的生活中，感性的世界和加工过的世界是为我们身体的，不是可以被视为一种信息机（machine à information）的可能的身体（corps possible），而是我称之为"我"的实际的身体，是沉默地处在我的言语和我的行动下面的哨兵。必须通过我的身体唤醒那些合作的身体（les corps associés），那些"他人"（les autres）——他们不是动物学所说的我的同类（congénère），而是那些烦扰着我的人，那些被我烦扰的人，那些我与他们一起烦扰着一个唯一现实的、在场的存在的人，因为野兽从来不会烦扰属于同一种类的野兽、它的领地或周围环境。在这一原初的历史性中，轻松活跃的、即兴而发的科学思想，将学会按照事物本身及自我本身的方式变得持重起来，将重新成为哲学……

而艺术，尤其是绘画从行动主义（activisme）不愿有任何了解的这一原始意义层次中汲取养料。甚至唯有艺术与绘画才会是完全天真地这样干。人们向作家、向哲学家征求建议或意见，不允许他们置世界于悬而未定之中，人们希望他们采取立场，他们不能够拒绝作为发言人的责任。与之相反，音乐太局限于世界及可指示者的那一边，以至于只能形象地表现存在的各种样态，它的涨落，它的生长，它的迸裂，它的旋动，而非别的东西。唯有画家有权无任何评估义务地注视全部事物。有人说，在画家面前，认识和行动的口号是无效的。那些攻击"有缺陷的"绘画的体制很少能够毁掉绘画作品：它们只是把那些作品藏起来，这其实是一种差不多等于承认的"我们从来都不知道"。人们很少针对画家提出逃避的指责。人们不想指责塞尚（Cézanne）在 1870 年战争①时期隐居在艾斯达克（Estaque），所有的人都怀着尊敬引用他的"生活是令人恐惧的"；然而，自尼采——他曾经说过，哲学不会教我们成为伟人——以来，即使最不起眼的学生也迅速放弃了哲学。在画家的工作中似乎有一种超乎其他急切之上的急切关怀。画家在生活中或是强者或是弱者，但在他对世界的反复思考中，他是无可争议的主人，他借助于他的双眼和双手的"技巧"而不是别的技巧努力去看、努力去画，他发奋地从历史的荣辱都喧嚣其间的这个世界中，提取一些既不会为人类的愤怒也不会为其希望增加任何东西，而且没有人会为之窃窃私语的"图画"。那么，画家拥有的或正在找寻的这种秘密的科学到底是什么呢？凡·高（Van Gogh）②想凭着它走得"更远"的这一维度又是什么呢？绘画的这一基础，或许还有全部文化的这一基础又是什么呢？

……

整个现代绘画史，它为了摆脱错觉法（illusionnisme）③、为了获得它自己的维度所做的努力都具有某种形而上学意义。或许问题不在于证明这一点。理由不在于历史中的客观性之限度，不在于解释的不可避免的多元性——这种多元性禁止把一种哲学与某一时间联系在一起：我们所思考的形而上学不是我们在权限范围内寻求归纳证明的一些截然不同的观念的汇集，在偶然性当中有着某种事件结构，有着为事态所特有的某种效能，该结构和效能并不妨碍解释的多样性，它们甚至是多样性的深层理由，它们使多样性成为历史生命的一个持久主题，而且它们有权获得一种哲学地位。在某种意义上说，我们就法国大革

---

① 指普法战争。——译者注
② 凡·高（1853—1890），荷兰著名画家。——译者注
③ 在艺术中运用透视技巧来制造出现实的错觉，比如罗马时期的壁画和浮雕，文艺复兴时期的艺术和巴洛克风格的艺术都采用错觉法。——译者注

命可能说过的和将要说的一切，总已经处在，从此以后都将处在法国大革命里面，处在这一波涛（它在由许多细小事实构成的地基上显现自身）和其过去的泡沫以及未来的浪峰中。总是通过好好瞧瞧它是如何发生的，我们才给予它、才将给予它新的表述。至于作品史，不管怎样，如果说这些作品是伟大的，我们事后给予它们的意义乃来自它们。正是作品本身开启了它在他日出现的场域，正是作品在自我变形并且变成其续篇，它可以合法地接受的那些没完没了的重新解释只能在它自身中改变它，如果说历史学家在明显内容下面重新发现了意义的剩余和厚度，那么正是文本结构为这一意义准备了一个久远的未来：他在作品中揭示的这种主动的存在方式，这种可能性，他在作品中找到的这种花押标记（monogramme）确立了一种新的哲学思考。但这一工作要求与历史保持长期接触。在进行该工作的时候，我们什么都需要，需要能力，需要地位。简单地说，既然作品的潜能或生成超出了全部实际的因果性（causalité）和谱系（filiation）关系，那么当一个外行笨拙地把某一古典思想领域与现代绘画的那些探究加以对照的时候，他通过让有关几幅画或几本书的回忆说话，指出绘画如何在他的思考中起作用，并记录下他对于人与存在关系的深刻不调和的感受、变动的感受，也就不能说是不合法的了。一种基于接触的历史，它或许并没有走出个人的各种局限，却把一切都归于与他人打交道。……

贾科梅蒂说，"我本人认为塞尚终其一生都在寻求深度"①，而罗伯特·德洛奈则说："深度乃是新的灵感。"② 在文艺复兴的"解决"过去四个世纪，笛卡尔的解决过去三个世纪之后，深度始终还是新的，它要求人们去寻求它，不是"一生中一度"，而是终其一生寻找它。深度涉及的不是我可以从飞机上看到的在这些近处树林和那些远景之间的毫无神秘的间距（intervalle），也不是一幅透视画生动地向我表现的事物的彼此遮掩：这两种观点都太过明晰，不会产生任何问题。那构成为谜的东西——我之所以看到事物各居其位，恰恰因为它们彼此遮蔽对方，它们之所以在我的目光面前成为对手，恰恰因为它们各居其位。我们从它们的相互包裹中认识到的是它们的外在性，在它们的自主中认识到的是它们的相互依赖。对于此次理解的深度，我们不再会说它是

---

① 夏波尼埃：《画家的独白》，巴黎，1959年，第176页。
② 罗伯特·德洛奈：《从立体主义到抽象艺术》，由皮埃尔·弗朗加斯代尔发表的备忘录，巴黎，1957年，第109页。

"第三维度"了。首先，如果说它是一个维度的话，那它毋宁是第一维度：因为除非我们明确表示出它们的不同部分离我们有多远，否则就不存在着确定的形式、确定的平面。然而某个第一的、包含着其他维度的维度并不是一个维度：至少在我们据以进行度量的某个特定关系的通常意义上是如此。如此理解的深度毋宁是对维度的可逆性（réversibilité）的经验，是对全面"定位"（localité globale）——在这里一切都是同时的，其中的高度、宽度与距离是抽象的——的经验，是对人们说某一事物在那里时用一个词表达容积的经验。当塞尚寻找深度时，他所寻找的乃存在的这一爆炸，而深度处在全部空间样式中，也处在形式中。塞尚已经知道立体主义（cubisme）[①]将要反复说的话：外形、外壳是第二位的、派生的，它不是让一个事物具形的东西，必须砸烂这一空间壳面，必须打碎高脚盘——取而代之，画什么呢？画一些立方体、球体、锥体，像他一度说过的那样？画一些纯粹形状——它们有着可以通过内在构造规则来界定的东西的坚实，它们作为事物的形迹或轮廓，整体地让事物出现在它们之间，就像一个面孔出现在某些网络中一样？这乃置存在的坚实于一边，置其变化于另一边。塞尚在其中年时期已经形成了这种类型的经验。他曾经直接通达固体，空间，并且注意到，在这一空间（盒子或对于它们来说过大的容器）中，那些物品开始针对颜色变换颜色，开始在不稳定中产生色调变化。[②]因此必须找寻空间和内容的整体。问题被一般化了，这不再仅仅是距离、线条和形状的问题，也是颜色的问题。

颜色是"我们的大脑与宇宙的交汇之处"，塞尚用克勒（Klée）[③]喜欢引用的这一存在的创造者的惊人之语说道。[④]正是为了颜色的缘故，必须打破形状–场景（forme-spectacle）。因此问题不在于各种颜色，"自然颜色的幻影"[⑤]，而在于颜色的维度，即那个从其自身到自身创造了一些同一、一些差异、一种结构、一种物质性、某一种东西的维度。……然而，可以确定的是，不存在着

---

① 立体主义是由布拉克（G. Braque, 1882—1963）和毕加索（P. Picasso, 1881—1973）领导的艺术革新运动，经历了多面立体主义、分析立体主义和综合立体主义三个阶段。——译者注
② 诺瓦提尼（F. Novotny）：《塞尚与透视法的科学性的终结》，维也纳，1938年。
③ 克勒（1879—1940）：瑞士画家。——译者注
④ 格罗曼（W. Grohmann）：《保罗·克勒》，法文译本，巴黎，1954年，第141页。
⑤ 罗伯特·德洛奈：《从立体主义到抽象艺术》，由皮埃尔·弗朗加斯代尔发表的备忘录，巴黎，1957年，第118页。

可见者的秘方（recette），不管是单纯的颜色还是空间都不构成一种秘方。回到颜色的好处就在于更接近地导向"事物的心脏"①；但事物的心脏在颜色-外壳（couleur-enveloppe）之外，就如同在空间-外壳（espace-enveloppe）之外一样。《瓦利埃肖像》（*Portrait de Vallier*）②在各种颜色之间安排了一些空白，这些空白从此以后就有了加工、勾勒某种比黄色-存在或绿色-存在或蓝色-存在更一般的存在之功能。就像在他最后岁月的那些水彩画（aquarelle）中，空间——人们相信它乃明见性本身，至少针对关于它的主题没有提出何处的问题——围绕着那些不能够明确定位在任何地方的平面辐射开来："各个透明表面彼此重叠"，"那些相互遮盖的、前移的、后退的颜色平面地浮动着"③。

正如大家都会看到的，问题不再是给画布的两个维度补充一个维度，不再是组织一种幻觉或一种无对象的知觉——其完善就在于尽最大可能与经验视觉相似。图像的深度（同样还有画出来的高度和宽度）将出现在我们所不知的何处，将在画纸上萌芽。画家的视觉不再是对一个外部的注视，不再是与世界的单纯"无力—光学"④关系。世界不再通过表象出现在他面前，毋宁说画家仿佛通过从可见者向自身集聚、回到自身而在事物中得以诞生。绘画最终求助于经验事物中的不管什么东西，唯一的条件是，它首先是"自身具象的"（autofiguratif）；只有通过成为"空无的展示"（spectacle de rien）⑤，只有通过刺破"事物的表皮"⑥来标明事物如何变成为事物、世界如何变成为世界，绘画才能成为某种东西的展示。阿波利奈尔⑦（Apollinaire）说，在一首诗里有这样一些句子，它们似乎不是被创造出来的，它们似乎是自己形成的。而亨利·米肖说，有些时候，克勒的颜色似乎缓缓地诞生在画布上，它们来自一种原始的

---

① 克勒，参其《日志》，克洛索夫斯基（P. Klossowski, 1905—2001, 法国作家、翻译家。——中译者注）法译本，巴黎，1959年。
② 塞尚创作于1906年的一幅油画作品。——译者注
③ 乔治·施密特（G. Schimidt）：《塞尚的水彩画》，第21页。
④ 克勒，参其《日志》，克洛索夫斯基法译本，巴黎，1959年。
⑤ 布律（Ch. P. Bru）：《抽象的美学》，巴黎，1959年，第86、99页。
⑥ 亨利·米肖（H. Michaux）：《线条的冒险》。
⑦ 阿波利奈尔（1880—1918）：著名诗人、评论家，在现代派诗歌中具有盟主地位。他出生于罗马，母亲是波兰贵族后裔，父亲是意大利军官，但从中学时代开始，就主要生活在法国。——译者注

底色，就像铜绿或霉一样"散发到合宜的地方"①。艺术不是建构，不是人工技巧，不是与空间、与外部世界的精巧关系。它真正是赫尔墨斯·特利美吉斯特（Hermès Trimégiste）②所说的"不发声的叫喊"，"它似乎是光的声音"。而一旦出现，它就会在沉睡着的潜能的通常视觉中唤醒预先存在的秘密。当我透过水的厚度看游泳池底的瓷砖时，我并不是撇开水和那些倒影看到了它，正是透过水和倒影，正是通过它们，我才看到了它。如果没有这些失真，这些光斑，如果我看到的是瓷砖的几何图形而没有看到其实体，那么我就不再把它看作它之所是，不再在它所在的地方（即更加远离任何同一的地方）看到它。水本身，水质的潜能，糖浆般的、闪烁的元素，我不能说它处于空间中；它不在别处，但它并不因此就在游泳池中。它寓于游泳池，它在那里得以实现，它并不被包含在那里。如果我抬眼看着反射光栅在那里起作用的柏树屏障，我不得不争辩说：水也参观了柏树屏障，或至少把它的活动的、活的本质抛掷到了那里。画家以深度、空间、颜色名义寻找的正是可见者的这种内在灵化（animation interne），这种辐射。

当人们就此进行思考时，一个惊人的事实是：通常一个好的画家也画出好的素描或做出好的雕塑。它们在表达手段与动作方面都没有可比之处，这就证明存在着一种等价系统（système d'équivalences），一种关于线条、光线、颜色、凹凸（relief）、主体③（masse）的逻各斯（Logos），一种关于普遍存在（Être universel）的无概念的表达。现代绘画的努力主要不在于在线条和颜色之间，或者甚至在事物的具象表现（figuration）和记号（signe）的创造之间进行选择，而在于增加等价系统，在于中断它们对于事物外壳的依附——这可能要求人们创造新的材料或者新的表达手段，但它们有些时候是通过反复考察和反复倾注（réinvestissement），从那些现存的材料和表达手段中形成的。例如，存在着一种关于线条乃自在物体的实际属性和特性的庸常看法。线条乃苹果的轮廓或者翻耕过的田地与牧场之间的边界，它们被视为呈现在世界中，是铅笔或毛笔只需一笔带过的一些虚线。但这种线条受到所有现代绘画，或许是所有绘

---

① 亨利·米肖：《线条的冒险》。
② 古希腊人为埃及神 Thot 取的别名。Thot 神为月亮神，是发明言语和书写的神。——译者注
③ 或译主要块面。在绘画或设计中，任何一片作为主要成分的较大或较重要的地方都可以称为主体。——译者注

画的质疑，因为芬奇（Vinci）①在《绘画的特征》（*Traité de la Peinture*）②中谈到"在每一物体中发现……那种特殊的方式，其中某条作为该物体的发生轴线的曲线被引导到穿透它的全部广延"。拉维松③（Ravaisson）和柏格森④（Bergson）在该书中领会到了某种重要的东西，却没有敢于彻底破解这一权威性意见。柏格森几乎只在那些有生命的存在者那里找到"个体的蜿蜒曲折"，他相当优柔寡断地提出：波浪线"或许不是外形的诸多可见线条中的一条"，"它既不是在此处也不是在彼处"，然而"给出了一切的钥匙"⑤。他靠近已经为画家们所熟知的这一惊人发现的门口了：不存在着自在地可见的线条，不管苹果的轮廓还是田地与牧场的界线都不是或在此处或在彼处，它们始终都要么不及要么超出于人们注视到的点，始终都在人们所固定的东西之间或后面，它们被事物所指示、所暗示，甚至被事物专横地要求，但它们不属于事物本身。它们被认为标出了苹果或牧场的范围，但苹果和牧场从它们自身"自己形成"，并且下降到可见者中，仿佛来自一个前空间的幕后世界（arrière-monde）。……然而，对平庸线条的质疑，绝对没有像印象主义者们（impressionnistes）认为的那样排除绘画的一切线条。问题只在于解放线条，让它的构造能力得以重新恢复。在像克勒或像马蒂斯——他们比任何人都更相信颜色——等一些画家那里，人们看到线条重新出现或取得了胜利，这没有任何矛盾。因为从此以后，按照克勒的说法，线条不再模仿可见者，它"导致可见"，它是事物的发生之图样（épure）。在克勒之前，或许画家从来都没有"让我们去想象一根线条"⑥。开始画图形的轮廓线就确立、布置了线条表现的一定的水准和样式，即线条之为线条、构成线条、"走线"⑦的某种方式。相对于它而言，随后发生的任何变化都具有区分价值，都将是线条与它自身的关系，都将构成线条的一种冒险、一种历史、一种意

---

① 达·芬奇（1452—1519）：意大利著名画家，文艺复兴时期科学与艺术的杰出代言人。——译者注
② 达·芬奇的重要作品，主要论述绘画这一职业及其技巧和理论。——译者注
　应译作《论绘画》。——本书编者注
③ 拉维松（1813—1900），法国著名哲学家。——译者注
④ 柏格森（1859—1941），法国著名哲学家。——译者注
⑤ 柏格森：《思想与运动》，巴黎，1934年，第264~265页。
⑥ 亨利·米肖：《线条的冒险》。
⑦ 亨利·米肖：《线条的冒险》。

义——这一切取决于线条或多或少、或快或慢、或细腻或不细腻的变化。

线条在空间中行进，它与此同时吞噬了散漫的空间和那些彼此外在的部分，它开展出了一种积极地延伸到空间中去的方式——这种空间既是一个事物、一棵苹果树的空间性，也是人的空间性的基础。克勒说，只是为了描绘一个人的生成轴线，画家"就需要如此极为错综复杂的线条网，以至于不再存在真正基础表象的问题"[①]。就算画家决定，像克勒所做的那样，严格地遵循可见者之发生原则，遵循基本的、间接的或克勒所说的绝对的绘画之原则，把用散文式名称指示如此构成的存在之操心交付给标题，以便让绘画更纯粹地作为绘画起作用；或者相反地，就像马蒂斯在其素描中那样，相信能够把存在的散漫的外观特征以及那种在存在中构成柔和或惯性与力量的暗中活动置于单一线条中，以便把存在构造成裸体、面孔或花朵，这两者间并没有太大的区别。有两片克勒以最具象的方式画成的枸骨叶冬青，它们最初是完全难以分辨的，由于"精确"的缘故，它们直至最后仍然是古怪的、让人难以置信的、幽灵般的。马蒂斯的女人们（人们会想到同辈人的种种嘲讽）并不直接是女人，她们变成女人：正是马蒂斯教会我们看她们的轮廓，不是以"物理-光学"的方式，而是把她们看作一些脉络，看作为肉身的主动性和被动性系统的诸轴线。不管具象的还是非具象的，线条无论如何不再是对诸事物的模仿，也不再是一种事物。它乃安排在白纸的随遇性（indifférence）中的某种不平衡，它是在自在中开辟出的某种洞孔，某种具有构造力的空无——摩尔[②]（Moore）的雕塑不容置辩地证明这种空无具有事物的所谓的实证性。线条不再像在古典几何学中那样是某种存在出现在底色的空无上面，而是像在现代几何学中那样，它乃对某种预先的空间性的限制、分隔与调整。

既然绘画已经创造出了潜在的线条，它可以通过振动或辐射表现出某种没有移位的运动。这种运动很有必要，因为，就像人们所说的，不管在画布上还是在纸上形成的，绘画都是一种空间艺术，它都没有办法制造出运动物体来。但不动的画布能够让人想到位置变化，就像我视网膜上的流星印迹让我想到它并不包含的一种转变，一种移动一样。绘画向我的双眼提供的东西有点接近于

[①] 格罗曼：《保罗·克勒》，法文译本，巴黎，1954年，第192页。
[②] 摩尔（1898—？），英国超现实主义画家，雕塑家，代表作有铜雕《王与王妃》等。——译者注

真实的运动向它们提供的东西:适当搞混的一系列瞬间景色,以及,如果涉及一个有生命之物的话,一些停留在先与后之间的不稳定姿态——简言之,参观者可以在它的印迹中阅读出位置变化之外端。正是在这里,罗丹①(A. Rodin)的名言呈现出重要的意义:那些瞬间景象,那些不稳定姿态使运动停止了——大量的照片表明了这一点:运动员在照片上从来都不是凝固不动的。我们并不能够通过增加视点使之活跃起来。马雷②(É-J. Marey)的照片、立体主义者的析像(analyse)、杜尚③(M. Duchamp)的《新娘》都是静止不动的:它们提供的是对于运动的芝诺④(Zenon)式的沉思。我们看见一个凝固的身体,它就像让自己的活节动起来的盔甲一样,它神奇地既在这里,又在那里,但它从来没有从这里走到那里。电影描绘运动,但它如何描绘呢?就像有人所说的那样,通过最贴近地复制位置变化?我们可以推测不是这样,因为慢镜头显示,身体就如同某一藻类那样漂浮在诸物体之中,而且它不会自己运动。罗丹⑤说,提供运动的乃是一种形象,胳膊、小腿、躯干、头在这一形象中各自都是在另一瞬间被捕捉到的,因此形象把身体具象在任何时刻都未曾拥有过的一种姿态中,并且在它的各个部分之间施加了一种虚构的连接,仿佛这些不可共同可能者之间的对抗能够并且单独能够让过渡和绵延出现在青铜里、出现在画布上。针对某一运动的那些孤零零的成功的快镜头,乃是一些接近这一悖谬安排的快镜头。例如,行走的人在其两只脚触地的瞬间被捕捉到:因为那时人们拥有的差不多是身体的短暂的无处不在,这使得人侵入了空间中。画面通过其内在的不一致使运动为我们所见;每一肢体的位置,正是由于它依据身体的逻辑与其他肢体位置的不相容,才不一样地获得了时间规定。而且,因为一切都明显地保持在身体的统一体中,所以,正是身体开始侵入了绵延中。它的运动是在小腿、躯干、胳膊、头之间预谋某种虚焦点(foyer virtuel)的东西,它只是在随后才绽裂为位置的变化。在其不触及地面,因此全速运动、四条腿差不多折叠

---

① 罗丹(1840—1917),法国雕塑家,代表作有《思想者》等。——译者注
② 马雷(1830—1904),法国医生、生理学家。——译者注
③ 杜尚(1887—1968),法国画家,达达派代表人物,代表作有《下楼梯的裸女》等。——译者注
④ 芝诺(约公元前490—前430),古希腊哲学家,以否定"多"和"运动"的论证著名。——译者注
⑤ 罗丹:《艺术》,由保罗·吉赛尔(P. Gsell)编的访谈,巴黎,1911年。

在自身下面的瞬间被拍摄下来的马，为什么好像在原地跳跃？为什么相反地，热里科①（Géricault）画的那些马却在画面上以一种任何奔驰的马都从来没有采取的姿势在奔跑呢？这是因为《埃普索姆的赛马会》（*Derby d'Epsom*）中的那些马让我看到了身体捕获地面，并且因为，根据我充分认识到的一种关于身体和世界的逻辑，对空间的这些捕获也是对时间的捕获。罗丹就此说过一句深刻的话："是艺术家在说真话，是照片在撒谎，因为在现实中，时间不会停止。"②摄影让那些随着时间的推进即刻闭合的瞬间保持开放，它瓦解了时间的超越、侵越、变形，而绘画却相反地使之成为可见的，因为那些马在它们自身中拥有"离开这里，走到那里"之动势③，因为它们在每一瞬间都有一只脚。绘画不是寻找运动的外部，而是它的那些秘密的密码。运动有比罗丹所说的那些更微妙的东西，任何的实体，甚至世界的实体都在向自身之外辐射。但是，根据不同时代、依据不同画派，人们更加着迷于明显的运动或不朽的东西，绘画从来都不完全外在于时间，因为它始终处在实体里面。

或许人们现在更好地体会到了"看"这一微不足道之词所包含的一切。视觉并不是思想的某种样式或面向自身在场；它是提供给我的与自我本身分离、从内部目击到存在的裂缝的手段，只是根据这一裂缝，我才面向自我封闭。

画家始终都懂得这一点。达·芬奇④诉之于一种"绘画科学"（science picturale），它不是用语词（更不是用数字），而是用以自然万物的方式存在于可见者中的作品来说话，它通过这些作品来与所有世代的世人交流。里尔克⑤（Rilke）谈到罗丹时说，这一沉默的科学（它使得"未曾启封"⑥的万物的各种形状进入作品中）来自眼睛，又投向眼睛。必须把眼睛理解为"心灵之窗"（la fenetre de l'ame）。"眼睛，……世界之美通过它而显露给我们的凝视，它是如此卓越，不管是谁，如果他甘愿失去它，就不再能够认识自然的全部杰

---

① 热里科（1791—1924），法国画家。——译者注
② 罗丹：《艺术》，由保罗·吉赛尔编的会谈，巴黎，1911年。罗丹使用我们引用的这段话，比"变形"走得更远。
③ 亨利·米肖。
④ 转引自罗伯特·德洛奈《从立体主义到抽象艺术》，由皮埃尔·弗朗加斯代尔发表的备忘录，巴黎，1957年，第175页。
⑤ 里尔克（1879—1926），奥地利著名诗人，著有诗集《生活与诗歌》。
⑥ 里尔克：《奥古斯特·罗丹》，巴黎，1928年，第150页。

作——视觉让满足的心灵逗留在身体的牢房里，多亏了眼睛向它表呈创造的无穷变化。丧失眼睛的人把这一心灵抛弃在一座阴暗的牢房里，在那里，重建太阳和宇宙光明的一切希望都中止了。"眼睛实现了向心灵开启非心灵的东西、万物的至福领地，以及它们的神和太阳的奇迹。一个笛卡尔主义者可能相信现存世界是不可见的，唯一的光明是精神，全部视觉都在上帝那里形成。一个画家却不会同意我们向世界的开放是虚幻的、间接的，我们所看到的东西不是世界本身，精神只与它的思想或者另一种精神打交道。他接受了心灵之窗的神话及其全部困难：那没有处所的精神必须被限定在一个身体中，不仅如此，还必须通过身体被所有其他精神和自然接纳。必须严格地理解视觉告诉我们的东西：我们通过视觉接触太阳、星星，我们在同一时间里无处不在，同样接近于远方和近物；甚至想象自己在别处的能力——"我在我的床上到了彼得堡，到了巴黎，我的眼睛看见了太阳"①——和自由地达到那些实际的存在所在之处的能力，还是借自视觉，反复使用着我们从视觉得来的那些手段。视觉独自教会我们，一些彼此不同的、外的、不相干的存在却绝对属于整体，具有"同时性"——心理学家们就像儿童处置爆炸物那样处置这一奥秘。罗伯特·德洛奈很简明地说："铁路乃接近于平行的连续形象：铁轨的相同。"②铁轨既趋近又不趋近，它趋近以便在那儿保持等距；世界依据我的视角，为的是独立于我而存在，它为了无我、为了成为世界才是为我的。"视觉的可感受特性"（quale visuel）③提供给我、单独提供给我那种并非我的东西的在场。它之所以会如此，是因为作为组织，它乃某种普遍的可见性的凝结，是某种唯一空间的凝结——该唯一空间既区分又统一，维持着全部的一致性（甚至过去与未来的一致性，因为，如果它们不是同一空间的部分的话，就不会有这种一致性）。每一种视觉的东西，它所是的任何个体，也都作为一种维度起作用，因为它表现为存在的一种开裂（dehiscence）的结果。这最终要表明的是，可见者的本性就是要拥有严格意义的不可见的衬里，

---

① 罗伯特·德洛奈：《从立体主义到抽象艺术》，由皮埃尔·弗朗加斯代尔发表的备忘录，巴黎，1957年，第115、110页。

② 罗伯特·德洛奈：《从立体主义到抽象艺术》，由皮埃尔·弗朗加斯代尔发表的备忘录，巴黎，1957年，第115、110页。

③ 罗伯特·德洛奈：《从立体主义到抽象艺术》，由皮埃尔·弗朗加斯代尔发表的备忘录，巴黎，1957年，第115、110页。

使它作为某种不在场呈现出来。"在他们的时代,即与我们的最近完全不同的那个时代,印象主义者们完全有充分理由在日常景致的新枝与荆棘中安家。至于我们,我们的心脏为把我们引向深处而跳动……,这些奇特的东西变成……一些实在……,因为它们并不局限于以各种方式强烈地恢复可见者,而是还要为它附加上被神秘地领会到的不可见者部分。"① 有从正面通达眼睛者,即可见者的那些正面属性——但也有从下面通达眼镜者,即姿势的深度潜能,身体在其中必须直立才能看到它——还有从上面通达视觉者,即全部的飞行、游泳和移动现象,视觉在这里分享的不再是那些开端的重负,而是各种自由的实现。② 借助于视觉,画家于是触及了两个极端。在可见者的古远的深处,某种东西已经躁动不安,已经着火,它侵入画家的身体中,而画家画任何东西都是对这种刺激的回应,他的手"是某种遥远意志的工具而非别的什么"。就像在十字路口,视觉乃存在的所有方面的交汇。"某种火花想要维持下去,它苏醒了;它沿着牵引之手抵达图画纸并侵入其中,然后,跳动的火花合拢了它经过的圆圈:回到眼睛和更远处。"③ 在这一环路中,没有任何断裂,不能说自然在这里得以完成,而人或表达得以开始。因此是沉默的存在自身最终显示出它自己的意义。这就是为什么具象和非具象的困境提得不好:没有哪颗葡萄是完全具象绘画中的葡萄,没有哪幅画(即使是抽象画)能够回避存在;卡拉瓦乔(Caravage)④画的葡萄酒是葡萄本身,这两者同时真实而无矛盾。⑤ 在者对于我们所见者和让我们所见者的这种先行,我们所见者和让我们所见者对于在者的这种先行,乃视觉本身。为了给绘画提供存在论的表述,我们几乎没有要夸大画家的话,因为克勒在39岁时写下了人们后来刻在他墓碑上的话:"我的内心是难以捕捉到的……"⑥

……

既然深度、颜色、形状、线条、运动、轮廓、面貌是存在的枝条,既然

---

① 克勒:《耶拿讲座》,1924年,参见格罗曼《保罗·克勒》,法文译本,巴黎,1954年,第365页。
② 克勒:《自然研究之路》,1923年,参拉扎洛(Lazzaro)《克勒》。
③ 克勒:《耶拿讲座》,1924年,参见格罗曼《保罗·克勒》,法文译本,巴黎,1954年,第99页。
④ 卡拉瓦乔(1571—1610),意大利画家,意大利名写为Caravaggio。——译者注
⑤ 贝尔纳-若弗鲁瓦(A. Berne-Joffroy):《卡拉瓦乔档案》,巴黎,1959年;比托尔(Michel Butor):《盎博罗削派的花篮饰》,载《新法兰西杂志》,1960年。
⑥ 克勒:《日志》,克洛索夫斯基法译本,巴黎,1959年。

其中之一就会把我们引回到整束枝条，那么在绘画中就既不存在着一些个别的"问题"，也不存在着一些真正对立的路径，一些局部性的"解决"，就既不存在着累积的进步，也不存在着从不复返的选择。我们永远无法排除画家可以重新拾起他已经排斥的那些象征（embleme）中的某一个，当然啦，他让它以另外的方式说话：胡奥①（G. Rouault）画的那些轮廓并不是安格尔②（Ingres）画的那些轮廓。光纤——乔治·兰布尔③（G. Limbour）说，"这个年衰的苏丹王后，其魅力在本世纪初就已经消失了"④——最初被那些强调材料的画家驱逐，最后作为材料的某种质地重新出现在杜比费⑤（J. Dubuffet）那里。画家从来都没能躲过这些复返。那些趋同也并非完全没有料到：有一些罗丹雕塑的片段就属于热梅内·尼西埃⑥（Germaine Richier）的某些雕塑，因为他们都是雕塑家，也就是说，他们都与某个单一的、相同的存在网络联系在一起。基于相同的理由，从来都没有什么东西是既得的。通过"用功于"他心爱的问题中的一个，不管天鹅绒还是羊毛问题，真正的画家都是在不知不觉中才弄乱了所有其他问题的已知材料。即使绘画从表面看来是部分的，它的寻求也是整体的。在他刚刚获得某种知-行（savoir-faire）的时刻，他就意识到他已经开启了另一个场，在那里，他从前能够表达的一切都需要以不同的方式重新说出。因此，他尚未拥有他已经找到的东西，这还需要他去探求，新发现则是那种呼唤其他探寻的东西。普遍的绘画、绘画的整体化、完全实现的绘画之观念是没有意义的。世界在持续了几百万年之后，如果它还存在的话，它仍然有待于去画，它将在没有被画成中毁灭。帕洛夫斯基指出，绘画的"那些问题"，那些给予绘画史以吸引力的问题，通常是以迂回的方式解决的，不是在那些最初把它们提出来的探寻线路中，而是相反：当画家们完全走进了死胡同，看起来忘记了它们，被吸

---

① 胡奥（1871—1958），法国野兽派画家，亦属巴黎画派，代表作为《将死的基督》等。——译者注
② 安格尔（1780—1867），法国画家，古典主义画派的最后代表人物，代表作有《莫瓦铁雪夫人像》。——译者注
③ 兰布尔（1900—1970），法国作家，写有大量关于画家及其画展的论文和专栏文章。——译者注
④ 兰布尔：《画家是您煮面条的好酵母：让·杜比费的原始艺术》，巴黎，1953年。
⑤ 杜比费（1901—1985），法国画家，他发明了所谓的原始艺术。——译者注
⑥ 尼西埃（1902—1959），法国艺术家、雕塑家。——译者注

引到了别处的时候，在完全放松的情况下突然重新回到了这些问题，并且克服了困难。这种通过迂回、越界、侵越在迷宫中进展，并且突然获得推动的非公开的历史性，并不意味着画家不知道他所期望的东西，而是说他所期望的东西为目标和手段所未及，它从高处支配着我们全部的有效行动。

我们是如此着迷于古典的理智符合观念，以至于绘画这一沉默的"思想"有时让我们产生这样的感受：空幻的意义旋涡、瘫痪或流产的言说。如果有人回答说，任何思想都不能完全摆脱某一支撑；能言说的思想的唯一优势在于让其支撑易于控制；文学和哲学的形象就如同绘画的形象一样都不是真正既有的，不能够累积成一种稳定的宝藏；甚至科学也在学习辨别充满着各种厚重的、开放的、碎裂的存在的一个"基本"区域——不可能对之加以穷尽地探讨，就像控制论专家的"感性信息"（information esthetique）或者数理学科的"运算群"（groupes d'operations）一样；我们说到底在任何地方都不处在客观总结或者思考自在进步的状态；知性如同拉米埃[①]（Lamiel）一样认为，全部人类历史在某种意义上都是静止的；仅仅是这样吗？理性的最高点就在于确认土壤在我们脚下的滑动，就在于夸张地把持续的惊愕命名为拷问，把圆圈内的缓慢进展命名为探求，把那种从来都不完全的东西命名为存在？

但这种欺骗乃虚假的想象物的欺骗，它要求一种可以完全填补其空虚的实证性。不能够成为一切乃是其遗憾。这甚至是一种并非完全有根据的遗憾。因为，如果说我们不能在绘画方面，甚至不能在别的方面确立文明的等级或者谈论进步，这不是由于某种命运在后面控制着，而毋宁说，在某种意义上，第一幅画就一直通达到了未来的深处。如果没有哪幅画完成绘画，如果没有哪一作品获得绝对完成，那么每一创造都在改变、更替、启示、深化、证实完善、再创造和预先创造着所有其他的创造。如果说这些创造不是一种既有的东西，这不仅仅因为它们像所有事物一样都将逝去，也因为它们面对事物，差不多已经拥有了它们的全部生命。

（选自［法］莫里斯·梅洛–庞蒂《眼与心》，杨大春译，
商务印书馆2007年版）

[①] 拉米埃系司汤达（Stendhal, 1783—1842）作品中的人物。——译者注

阿多诺与《美学理论》

经典导读

西奥多·W.阿多诺（Theodor W. Adorno，1903—1969，又译阿道尔诺），德国哲学家、社会学家、美学家、音乐理论家、作曲家，法兰克福学派的主要代表之一。阿多诺一生涉猎广泛，著述甚丰。哲学与美学主要著作有《启蒙辩证法》（1947，与霍克海默合著）、《新音乐哲学》（1949）、《伦理初阶——破碎生活中的思考》（1950）、《多棱镜：文化批判与社会》（1955）、《否定的辩证法》（1966）、《美学理论》（1970）等。他的《美学理论》是西方世界尤其是德国近现代时期重要的美学论著，与康德的《判断力批判》和黑格尔的《美学》地位相当。阿多诺《美学理论》的整体意图有二：（1）确立现代主义艺术和美学相对于传统艺术和古典美学的正当地位；（2）从现代艺术的自律性及其相应的理性内涵出发，批判先锋艺术诉诸梦幻和无意识等非理性要素的艺术实践。选文为阿多诺在《美学理论》中集中论述艺术作品的"谜语特质"和"真理性内容"的部分。

阿多诺首先谈论了艺术作品的"谜语特质"。在阿多诺看来，艺术作品尤其是现代艺术作品具有"谜语特质"。其成因大概有三：（1）因为年代久远，部分作为"文物"的艺术作品的现实指向和历史内涵无法索解，成为"丧失了信码的象形文字"；（2）现代艺术家基于理性能力构造的审美形式过于复杂，以致作品主旨晦涩，难以破译；（3）现代艺术为了对抗资产阶级的庸俗审美趣味，保持自身与物化世界的差异,逐渐去除了作品中可感的人性与物性要素,发展出高度抽象的艺术形式。艺术作品作为"谜语"期待"破解",而艺术批评或阐释即"解谜"。其"谜底"并非作品具体的"内容"或"主旨",亦非作者的"意图",而是抽象的"真理性内容"。"艺术品的真理性内容就是对每件艺术品提出的谜语的客观解答或揭示。"不过,此"真理性内容"并非形而上学悬设的超历史"理念"(die Idee),而是历史在作品中的结晶,具有丰富的社会历史内涵。那么何谓艺术作品的真理性内容呢?

首先,就哲学内涵而言,艺术的"真理性内容"指艺术对形而上学的批判、对"非存在"(nonexistence)的拯救。在阿多诺看来,艺术并非观念论哲学预设的"绝对理念"的感性显现、对"存在"领域的寻求,而是对"非存在"的拯救。所谓的"非存在"即尚未被主体借助"抽象"手段上升为"概念"的事物(客体),可简单理解为"现象界"。在由巴门尼德开启、苏格拉底和柏拉图确立下来的西方形而上学传统中,"现象"虽然可感可触,但因其无限多样且不断流逝而成为不可思的,唯有单一、永恒、完满却不可感知的"存在"才是可思的。"现象"作为流变的事物,既存在又不存在,因而是"非存在"。他们将哲学的思考对象投向了抽象的"存在","非存在"成为无意义之物。哲学止步之处,艺术起步之所。艺术因其感性维度而朝向经验世界,展现物质世界和人类经验的无限丰富性,因而艺术天然地是对"非存在"的展现与拯救。可以说,对待"非存在"的态度构成哲学与艺术的分野。然而,在形而上学观念影响下,美学亦将自身的目标设定为寻求作为"存在"变体的"永恒美",此美学观念要求艺术展现"理念",依据特定纲领和标准进行创作,甚至打压展现新生事物的艺术形式。对此,阿多诺认为哲学不应以抽象的"绝对理念"或"存在"为目标,而应从"客体优先性"出发,拒绝思想体系和概念对"非概念物"的压抑。同样,艺术和美学也应将目光投向客体世界或言"非存在"。艺术对"非存在"的展现,即对遭到"存在""理念"和"概念"等形而上学思想压抑的"非存在""客体"和"现象"的拯救。新事物不但不能为艺术所忽略,而且更应是艺术的主题,而这正是现代艺术的特点。如此,现代艺术相对于古典艺术具有更多的真理性。这是理解阿多诺美学理论的关键。

其次,就社会历史内涵而言,艺术的"真理性内容"指艺术借助自己的"审美形式整一性"(unity)对"物化"现实的批判。"若无决定性的否定,艺术品就没有真理性。"在阿多诺看来,唯有"自律艺术"才是真正具有否定性的艺术形式。"自律性"要求艺术不受政治、经济、伦理和道德等外在领域的干涉,同时不介入外在领域。自律艺术还应具有整一性审美形式。唯有借此，艺术才能区别于寻常物而成为自身，才能与现实保持距离、拒绝物化要素的侵入，提供一种不同的思想世界、超越意识和批判精神。艺术要建构整一性的审美形式，就必须借助理性来组构艺术作品。通过组织安排，艺术品成为比自身更有意义的东西。艺术应是理性的有机建构物，而非先锋艺术借助非理性创作的形式破碎的无机艺术。先锋艺术试图借助非理性和无意识，进行自发创作，以此来超越"工具理性"和"物化"现实的压抑，但是此类做法未能超越关于现实的"直接意识"，亦即对现实的非批判性认知，而且其破碎形式无法抵御现实物化逻辑的要求。先锋艺术作品实则是"物化"艺术。批判物化现实是阿多诺美学理论的现实关切。艺术作品的谜语特质并非源于艺术作品非逻辑的组构，而是因为理性力量的营造。

最后，就其美学内涵而言，艺术作品的"真理性内容"指艺术区别于"寻常物"的本质规定性。艺术和非艺术的边界在哪？一方面艺术要具有审美形式，如此才能否定物质世界，与现实拉开距离；另一方面要具有由此形式承载的"真理性内容"，"宣称艺术品中没有什么可以阐释的观点，认为艺术品仅仅是存在物的看法，都会抹杀艺术与非艺术之间的分界线"。但是，如前所述，此"规定"绝非柏拉图和黑格尔意义上的"理念"，亦非宗教意义上的"绝对者"。它和艺术作品的具体内容与组织形式密不可分，必须由后二者予以传达。它带有鲜明的感性要素，而理念与感性是不兼容的："艺术内容不会在还原为理念时不带有剩余物，相反地，这种内容正是对不可还原之物的推断结果。"然而，艺术的"真理性内容"亦非艺术作品的具体所指，而是决定艺术作品自身真假与否的东西。艺术作品的具体内容可以通过推理得出，真理性内容却无法由之得出。艺术的真理性虽然与哲学的真理性相符，可借助哲学反思得以认知，但是艺术作品蕴含的"真理性内容"断然不是某种哲学体系的说教或概念传达。

阿多诺是一个足够辩证的理论家。他的很多表述处于不断地否定与自我否定的过程之中，其确切内涵要在具体的文本语境中确认。而且，阿多诺的思想是高度历史化的，要充分理解他的美学理论，就必须对西方哲学史、美学史、艺术史及社会史，尤其是德国近现代史有着清晰的了解。概言之，批判形而上学、拯救"非存在物"是其哲学诉求，推崇现代主义自律艺术、批判激进先锋艺术和文化工业是其美学诉求，批判物化现实、反思启蒙后果、拒绝"奥斯维辛"悲剧重演是其现实诉求。

—— **延伸阅读文献**

1. ［德］马克斯·霍克海默、［德］西奥多·阿道尔诺:《启蒙辩证法》,渠敬东、曹卫东译,上海:上海人民出版社2006年版。

2. ［德］阿多诺:《美学理论》,王柯平译,成都:四川人民出版社1998年版。

3. Theodor W. Adorno, *Aesthetic Theory*, trans. Robert Hullot-Kentor, Minneapolis, MN: University of Minnesota Press, 1997.

4. ［美］马丁·杰:《法兰克福学派的宗师——阿道尔诺》,胡湘译,长沙:湖南人民出版社1988年版。

5. 谢永康:《形而上学的批判与拯救:阿多诺否定辩证法的逻辑和影响》,南京:江苏人民出版社2008年版。

(常培杰 撰)

—— 原文:《美学理论》(节选)

经典原文

美学理论(节选)

阿多诺 著 王柯平 译

谜语特性、真理性内容与形而上学

■ 谜语特性与知解力

所有艺术品(整个艺术)都是谜语;自古以来,这一直是艺术理论的刺激物。艺术品言说某种东西,但同时又遮蔽这种东西,从语言角度来看,这里所表现的就是其谜语特性。这一特征如同小丑在嬉戏作乐;如果有一谜语特性内在于艺术品之中,或者参与到艺术品内在的完成结果之中,那么这种谜语特性就使自身隐而不显;如果有一谜语特性越出艺术品之外,打破了与艺术品内在语境结成的契约关系的话,这一谜语特性就像复归的一种精神一样。这便进而提供了研究那些与艺术格格不入的诸多因素的理由:在其临近意义上,艺术的谜语特性会变得毫无节制,从而使艺术遭到完全否定,终极的艺术批评会不知不觉地滋生一种包含瑕疵的态度,借此来确认艺术的真理性。对于那些毫无艺术感受之人,是无法向其解释艺术的;他们不能将艺术的理智理解纳入其活生生的体验之中。在他们眼里,现实原则(Realitätsprinzip)是如此迷人,会抑制整个审美行为。在艺术取得文化认可的刺激下,与艺术格格不入的相异性时常会转化为敌对行为,这并非艺术去审美化的唯一原因。艺术的谜语特性以基本方式确认了所谓的非音乐成分,不懂音乐的人是无法理解"音乐语言"的,他只听到胡言乱语,只会猜测这些噪音关于何物,故而想要知道所有这些音响的含义。音乐门外汉和行家里手各自所听内容之间的差异性,说明了艺术的谜语特性。当然,这不限于音乐,音乐的非概念性使其谜语特性变得几乎过于明显。任何一位在强加的原则下拒绝重演作品的人,都会陷入一幅画或一首诗所造成的那种空洞凝视之中;在某种意义上,音乐中与艺术格格不入的东西也会导致与此相同的空洞凝视；如果觉察不到这一深渊，那就会难免坠落其中；无论意识如何力求自保以免迷失自己的路径，这确是至关重要的。对于提出"为何模仿某物？"或"为何讲述以假乱真与歪曲现实的故事？"之类问题的人，无法给出令其可信的答案。面对"艺术何为？"的问题，面对艺术品实无意义的责难，艺术品显得无能为力、无言以对。譬如，若有人回应说，虚构性叙事要比实际报道功效更能深刻地触动历史现实的本质，那么对此所做的可能答复会是：这实属理论问题，此理论没有必要虚构。面对公认的宏大原则的诸多问题，艺术的谜语特性显得不可理解，这在虚张声势的更为广大的语境里屡见不鲜，该语境内在于涉及人生意义的问题之中。这些问题所引致的令人尴尬的情景，易与其不可辩驳性混淆一起；这些问题的抽象水平，与那些毫不费力就可归为一类的事物相去甚远，结果会导致实际问题销声匿迹。理解艺术的谜语特性，不等于理解特定的艺术品，这需要发自内部的客观的经验性重演，在此相同意义上，对一部音乐作品的阐释，就意味着忠实地演出。面对艺术的谜语特性，理解自身是一问题重重的范畴。单凭一种尺度，任何一个力图仅经意识的内在性来理解艺术品的人，是不可能理解相关对象的；随着这类理解力的增长，盲目陷入艺术魅力之中的非充足性的感受也在增长，而艺术自身的真理性内容是与此种艺术魅力截然对立的。倘若退出这一内在语境或永远不在其中的人，会将谜语特性与憎恶敌意登记下来，谜语特性因此以骗人耳目的方式消失在艺术经验之中。艺术品越是获得更好的理解，就越不会在一个层面上显得那么令人费解，这样使得其构成的谜语特性变得更加晦暗不清。这只会以彰显的方式出现在至为深刻的艺术体验之中。假如一件艺术品完全开放自身，作为问题表露自身，那就要求进行反思；随之，这件作品就会消失远遁，只能回到那些认为理解该作品的人们那里，会再次以"艺术何为？"的问题整倒他们。然而，艺术的谜语特性会被视为其缺失之处的构成要素：呈现在凝照与思想面前而无任何剩余部分的艺术品就不是艺术品。这里所用的"谜语"一词，并非随口说出的用来表示"难题"的同义词；若从作品内在结构造成的任务的严格意义上看，"谜语"这一概念只具有审美的意味。严格说来，艺术品就是谜语（sind die Kunstwerke Rätsel）。它们包含破解谜底的潜能；这一破解方式并非客观上已知的。每件艺术品就是一个画谜（Vexierbild），将观众搞得心烦意乱、百思不解，此乃为其观众预先设定的路数。报纸刊登的画谜，是以逗乐的方式扼要重述艺术品以认真的方式所表达的东西。具体说来，艺术品就像画谜一样，因为它们所隐藏的东西，亦如爱伦坡的信件一样，在表面上是可见的，但实际上是隐晦的。在对审美体验的原哲学描述（vorphilosophisch die ästhetische Erfahrrung beschreibt）中，德语正确表达出的是某人对某种艺术性事物的理解，而不是某人对整个艺术的理解。艺术鉴赏力（Kennerschaft）是充分理解素材和偏颇费解谜语的整合体；这对隐藏在作品里的东西而言是中性的。老练机智的鉴赏家说起来头头是道，但远未触及作品是其所是的东西。某人若想要上前观看彩虹，彩虹就会消失。就所有艺术而论，音乐是这样一种原型范例：音乐既像谜语般莫测高深，又完全明晰外显。音乐之谜不可破解，唯有其形式可以译释，此处涉及艺术哲学。

或许唯一能听懂音乐的人，在聆听时凭借的是所有非音乐的异样方式，或者是斯格弗里德熟悉鸟语的那种特殊能力。不过，知解力并不能消除艺术的谜语特性。即便是得到恰当阐释的作品，仍然需要得到进一步的知解，就好像这一作品在等待破解隐晦难题的谜底（das lösende Wort）似的。以想象方式来搞通艺术品是彻头彻尾的、最自欺欺人的追求理解的替代方式，虽然这显然是趋向理解的一个步骤。那些无需聆听就能充分想象出音乐的人们，与理解音乐的相关要求或条件相关联。在至高的意义上，知解力既能破解谜语，也能维系谜语，这取决于艺术精神化和艺术性体验，这种体验的中介就是想象力。艺术精神化在处理谜特性时，不是直接通过概念性阐释，而是凭借将谜语特性具体化的做法。解开谜语的方式如同确定其为何难解的原因何在，这正是艺术品引人凝视之处。艺术品需要得到理解或把握其内容的诉求，离不开其具体特定的体验；但是，这一诉求只有通过反映这种体验的理论方式才能得到满足。对艺术现象学的异议，亦如对任何想象自己能够直接把握本质的现象学的异议，并非说它是反经验论的，恰恰相反，而是说它将中止思索经验。

■ 谜语特性，真理性内容与绝对

究其本质，艺术作品是谜一般的东西，这并非根据作品的组合，而是根据其中包含的真理性内容。艺术作品再也不会遇到"这到底表示什么？"之类由观众反复提出的问题。但是，"这到底表示什么？"的问题成为"这是真的吗?"这一涉及绝对（das Absolute）的问题。每件艺术品对该问题的应对方式，是设法摆脱推理的答案形式。对任何可能答案的禁忌是所有推理性思想均能提供的东西。艺术本身是抵制这一禁忌的模仿性抗争，旨在寻求赋予相关答案，但由于不是判断，艺术便不能赋予这种答案；如此一来，艺术成为谜语，就如同诞生于原始世界的恐惧一样，虽然这种恐惧会发生变形，但不会消失；所有艺术依然是记载这种恐惧的地震仪。解开艺术之谜的钥匙现已丢失，亦如某些灭绝种族的书写物丧失了解读的钥匙一样。

在最为极端的形式中，艺术谜语特性所提出的问题可以得到陈述，而此形式或许有或许没有意义。因为，没有艺术品是缺乏自身连贯性或关联性（Zusammenhang）的，不管这种连贯性在多大程度上会被转化为自身的对立面。透过艺术的客观性，这种连贯性对意义自体的客观性提出诉求。该诉求不仅无商量余地，而且遭到经验触犯。谜语特性透过每件艺术品展露出不同面孔，但它要求的答案好像斯芬克斯之谜一样总是相同，虽然只是通过多样性的方式，艺术的谜语所承诺（即便采用可能属于欺骗的手段）的并不是整一性。这种承诺是一种欺骗，那就是艺术的谜语。

■ 论艺术品的真理性内容

艺术品的真理性内容就是对每件艺术品提出的谜语的客观解答或揭示。由于要求得到其解答方式，艺术谜语与真理性内容发生关联。这种解答方式只能凭借哲学反思方可获得。这单纯是对美学的论证。尽管没有艺术品被还原为理性主义的决定性规定，就像艺术从事判断的情况那样，每件艺术品通过其谜语特性中隐含的需要性，趋向于探寻阐释的理由。没有任何启示可以从《哈姆雷特》中被排挤出去；这丝毫不会在真理性内容上留下印迹。伟大的艺术家，譬如歌德所创作的童话并不少于贝克特，并不欲求任何与阐释相关的东西，但这只会强调真理性内容与作者的意识及其意向的差异，这是通过强化作者自我意识的方式进行的。艺术品，特别是那些具有至高尊严的艺术品，是期待阐释的。宣称艺术品中没有什么可以阐释的观点，认为艺术品仅仅是存在物的看法，都会抹杀艺术与非艺术之间的分界线。最终，甚至连地毯、装饰品与所有没有图形的事物，都渴望得到阐释。把握真理性内容涉及批判。尚未把握其真理性或非真理性的一切，都是未被把握住的东西，这正是批判所要关注的。通过批判使艺术品获得的历史发展，与其真理性内容的哲学发展，具有一种互惠关系。艺术理论万万不可游离于艺术之外，而应遵循艺术运动的规律，同时需承认艺术品自身封闭，从而与这些运动规律的意识相隔绝。艺术品具有谜语特性，因为它们属于一种客观精神的现象学；这一精神在其显现的瞬间，从不是昭然若揭或完全透明的。荒谬事物作为非常难以阐释的范畴，内在于精神之中，此精神是艺术品得以阐释的必要条件。与此同时，艺术品对得到阐释的需要，对其真理性内容得以创制的需要，都是其构成不充足性所留下的烙印。就是说，作品并未取得客观上预想达到的效果。可望而不可即的东西与已经实现的东西之间所存在的不确定区域，构成作品的谜语。艺术品既有真理性内容，又无真理性内容。无论怎样，实证科学和非实证哲学均不能说明这一点。这既非艺术品的真理性内容，也不是其脆弱的和自我可以悬置的逻辑性（selbst suspendierbare Logizität）。抛开传统哲学不管，艺术的真理性内容不是理念（die Idee），即便这一理念范围宽泛，可以包括悲剧或有限与无限之间的冲突。的确，在其哲学建构中，这类理念会超出主观意向之上。然而，无论怎样运用，该理念都是抽象的，是外在于艺术品的。甚至在其最时兴之际，即在德国唯心论哲学之中，理念说曾将艺术品置于本质永久不变的某种范本地位之上。这便是对艺术中的理念法则的判决，诚如理念经受不住哲学批判一样。艺术内容不会在还原为理念时不带有剩余物，相反地，这种内容正是对不可还原之物的推断结果。在学院派美学家当中，唯有费歇尔（Friedrich Theodor Vischer）对此略知一二。

　　凭借艺术家的意向，真理性内容有多少成分与主观性理念相一致的呢？这对最为初步的研究来说都是显而易见的。在诸多艺术品里，艺术家明确而简要地表达出自己欲想表达的东西，其结果就是暗示出艺术家想要说出的东西，从而由此简化为一种密码化的比喻。一旦文献学家抽绎出艺术家灌入其内的那些东西，作品就会死亡，甚至连许多音乐分析也都遵循这种同义反复的游戏图式。艺术品中真理与意向的差别，呈现在批判意识面前；此时，艺术家的意向对象自身是虚假的，在那些通常作为永恒的真理中，神话只是在复述自身。神话的不可避免性（Unausweichlichkeit）篡夺了真理性。许许多多的艺术品均遭遇如下实情：它们自以为处于不停的自我转型与发展中，但在实际上作为经久不变的东西而生存下来。正是在那些断裂的节点上，技术性批判成为对虚假物的批判，并且由此将其与真理性内容联合起来。有充分理由断定，艺术品中的技巧性失误是由形而上学意义上的虚假事物揭示出来的。

若无决定性的否定，艺术品就没有真理性；发展促进这一点，恰是今日美学的任务。艺术品的真理性内容不是直接可以辨识的。就像艺术品只是通过中介为人而知一样，其真理性内容自身也是通过中介传导的。超越艺术品的事实性或精神性内容（geistiger Gehalt）的部分，不能指定为个体或感觉已知的东西，相反，这一部分是凭借经验性的已知方式构成的。这便是界定真理性内容的中介特性（vermittelte Charakter）。精神性内容并非悬浮在作品的断裂处上；相反，艺术品是通过自身的断裂及其详尽描述的连贯性而超越其事实性的。围绕在艺术品周围的气息，与艺术品的真理性内容密切相关，它既是事实性的又是非事实性的；它与艺术品以各种方式所表达的情态或心境根本不同；反之，在涉及艺术气息的利害方面，情态是被造型过程消耗掉的。在艺术品中，客观性与真理性是不可分割的。透过其自身中的客观性和真理性气息（作曲家谙悉一部作曲的"气息"理念），艺术品得以接近自然，这不是凭借模仿，其构成领域包括情态。艺术品愈是深刻地得以塑造，就愈加顽强地抵制任何矫揉造作的外观（veranstalteten Schein），这种顽强性是其真理性的否定性显现（negative Erscheinung ihrer Wahrheit）。真理性与艺术品的幻境性契机（phantasmagorischen Moment）是相对立的；精心塑造的作品被指责为形式主义的作品，实际上它们是最最现实主义的作品，因为它们在自身中得以实现，并且凭借这一自我实现方式取得自己的真理性内容，此处并非只是意指这种内容，而是表达了艺术品的精神性内涵。

然而，尽管艺术品通过自我实现超越自身，但这并不确保其获得真理性。许多质量上乘的作品，确确实实表现的是一种自身虚假的意识。诚如尼采对瓦格纳的批判那样，只有超越性批评（transzendenter Kritik）才会承认这一点。不过，尼采的批判也有败笔，它不是以这种批评方式来衡量这一事情本身，而是居高临下地对其加以评判。狭隘的真理性内容观念也会妨碍这种批评方式，该观念通常是忽视美学真理性之内在历史契机（auf das ästhetischer Wahrheit immanente geschichtliche Moment）的文化哲学观念。将自身真实的东西与对虚假意识的充分表现两者区别开来的做法是无法持续的，因为，尚无正确意识存在至今，就无任何意识占有崇高的有利位置，从而使其采取的区别做法不证自明。虚假意识的完整呈现，是名副其实的东西，也是真理性内容。有鉴于此，作品不仅通过阐释和批判得以展开，而且通过自身的救助得以展开，救助旨在呈现审美幻象中的虚假意识的真理性。艺术杰作不会撒谎。即使其内容是外观，但只要此内容是必要的外观，该内容就具有真理性，艺术品在此为证。

凭借重演现实的魔力（den Bann der Realität），通过将自身升华为一种形象，艺术同时将自个儿从中解放出来；因此，升华作用与自由解放是相互一致或彼此呼应的。艺术借助这种魔力，通过自身的整一性，将现实中的零星物件囊括在内，这种从现实那里借用的魔力，将艺术转化为否定性的乌托邦表象。依据自身的组织，艺术品具有更多意义，它们不只是作为被组成的东西，而且作为组织的原则，因为，作为组成的东西，艺术品获得非人工所为的外观，这便规定自身同时具有精神性。这种规定一旦得到认可，就会成为内容。艺术品表现出的这一点，不只是凭借其组织作用，而且依靠其瓦解作用，前者意味着后者。这便昭示出现代那种嗜好贫困肮脏的现象，以及相应那种厌恶华丽愉悦的情趣。潜隐在自我满足的外壳背后的，是对文化的猥亵性相的深刻意识。精神化的艺术断然摒弃那些幸福快乐和五彩缤纷的东西，因为此类东西在现实生活中是男男女女遥不可得的，艺术也拒斥那些诉诸感官享受的意义迹象，也就是说，艺术在毫不留情地摒弃那种孩提式幸福时，就成为没有幻象的幸福的实际现状的比喻，与此同时，艺术还承载着应对虚幻事物的致命的附加条款。

■ 艺术与哲学：艺术的集体性内容

哲学和艺术在真理性内容上是彼此趋同的：艺术品的真理性是自我逐渐展开的，这与哲学概念的真理性同出一辙。无独有偶，德国观念论在历史上（譬如在谢林那里），就曾从艺术那里获得自身的真理性概念。观念论体系的整体是封闭的但同时是动态的，这是从艺术品中解读出来的。不过，由于哲学涉及实在,因此在哲学著作中,哲学与艺术品在自给自足的组织程度方面并不能等量齐观,隐含在诸多哲学体系中的审美理想必然是支离破碎的。这些体系自掏腰包,自嘲式地称赞它们是思想艺术品(Gedankenkunstwerke)。然而,观念论中显而易见的非真理性(die hervortretendde Unwahrheit des Idealismus),拥有在反省意义上做出妥协的艺术品。不管其自给自足性如何,艺术品借此寻求自己的他者,寻求外在于其魔力的对象,这便使艺术品超出那种同一性(über jene Identiät),使艺术品借此从根本上得到规定。艺术自律性的瓦解,并非致命的衰落。相反地,这种瓦解成为艺术的义务,这种判决带来如下后果:哲学在很大程度上更像是艺术了。艺术品的真理性内容并非艺术品意指的东西,而是决定一件艺术品自身真假与否的东西,唯有作品自身的真理性是与哲学阐释相互通约的;从理念或思想的角度来看,在任何情况下,艺术品的真理性与哲学的真理性是彼此相符的。由于当前的意识专注于确凿和直接的东西,这与艺术建立的关系显然引起诸多难题,但若没有这层关系,艺术的真理性内容就是可望而不可即的:审美经验务必成为哲学,否则就不是真正的审美经验(genuine ästhetische Erfahrung)。

  哲学和艺术趋同的可能性条件,应当在普遍性的契机(dem Moment von Allgemeinheit)中去寻找,这种普遍性是艺术通过自身的特殊化而获得的,该特殊化即一种独特语言(ihrer Spezifikation als Sprache sui generis)。上述普遍性是集体性的,就好似哲学的普遍性,因为,在哲学普遍性中,先验主体曾经是缩写签名(Signum),现在是集体性回忆。在审美形象中,集体性主体恰恰是外在于自我的东西。社会包含在真理性内容之中。艺术品远远超过主体的外显方式,是主体的集体性本质的突然爆发。另外,每部艺术品所寻求的模仿的记忆痕迹,同时总是预示着个体与集体分离的条件。然而,艺术品中的集体性回忆,并非与主体脱离关系,而是通过主体得以发生;在主体的习惯性冲动中,集体性的反应形式成为显要的形式。因此,对真理性的哲学阐释就会坚定不移地说明特殊事物中的真理性内容。正是凭借这一内容的主观性模仿而来的表现要素,艺术品获得自身的客观性;艺术品既非纯粹的冲动,也非纯粹的形式,而是在这两者之间交互运动的凝结过程(der geronnene Prozeß zwischen beiden),而该过程是社会性的。

■ 真理性即无幻象物的外观

今日艺术的形而上学试图解决这一问题：某种人为制作的精神性事物（在哲学术语里是指某种"纯然设定的"事物）何以成真？该问题不是指直接意义上存在的艺术品，而且指其内容（Gehalt）。人工制品之真理性的运作委实涉及外观的问题，涉及救助外观的问题，这种外观是作为真实事物的外观。真理性内容不可能是某种制造物。艺术中的任何制作活动都是一种奇异的努力，旨在表示这种人工物品自身非其所是和非其所知的东西：确切说来，这就是艺术的精神。这便是艺术理念或思想的核心，艺术理念作为自然复原的理念，一直遭到压制，一直被拖入历史的动态之中。艺术献身于表现自然的形象，但自然并不以任何方式存在；艺术中真实的东西，是某种非存在的东西。这些非存在的东西，却成为影响艺术的现任者，在他者那里，出于设定同一性的理由，将其还原为物质，并且使用自然一词。这一他者不是概念与整一性，而是一种多样性。于是，真理性内容使自身在艺术中呈现为一种多样性，而不是抽象地附属于艺术品的概念。艺术的真理性内容与作品的关联，与其超过身份认同之蕴涵的多样性，是相应一致的。

在所有关涉艺术的悖论中，最为内在的悖论无疑就在于此：只有通过制作，只有通过生产造型精致而完整的特殊作品，而从来不是通过任何中介性的幻想，艺术才会取得真理性，才会取得并非人为的东西。艺术品与其真理性内容的关系，具有极大的张力。虽然这种真理性内容是以无概念的方式显现在人工制品中的，但它否定现成的人工制品。每件作品作为一种结构，均消亡在其真理性内容之中；正是通过这一点，艺术品坠入无关联性之中，这是伟大杰作所独有的特征。展望艺术目的的历史视域是每件作品的理念。所有艺术品都不会不做出这样的承诺：真理性内容在艺术品中显现为某种存在的东西，既在作为外壳的艺术品中实现自身，又会离开艺术品，犹如小说人物米戈龙（Mignon）所用的那些长篇韵诗预言。① 艺术真作的印记就在于艺术品显现为其所是的东西，看起来它仿佛不可能是含糊其词的东西，即便推理性判断无法对其进行界定。然而，如果它确实是真理性，那么，真理性连同其外观就将毁掉艺术品。

---

① 参见歌德的小说《威廉·麦斯特》（*Wilhelm Meister*）中的相关描述。——译者注

艺术的定义并不完全为审美外观所涵盖：艺术所拥有的真理性是作为无幻象事物的外观（Wahrheit hat Kunst als Schein der Scheinlosen）。要体验艺术，就等于承认其真理性内容并非子虚乌有的东西；每件艺术品，多数具有绝对否定性的艺术品，都会秘而不宣地告白："这含糊不得！"（non confundar）

尽管艺术品若无渴望就不能成为有效的艺术品，但如果艺术品只是一味地表达渴望，那它们就没有什么力量了。然而，艺术品借以超越渴望的东西，正是作为角色而被铭刻在历史存在物中的那种需要性（die Bedürftigkeit）。通过追溯这一角色，艺术品不仅超出单纯存在的东西，而且参与或分享着客观真理性，结果使得需要的东西唤起自身的完满与变化。就意识来看，这不是自为；就需要他者而言，这是自在；艺术品是表达这种需要的语言，艺术品的内容如同这种需要一样是实质性的。这一他者的要素存在于现实之中，它们只是要求至为细微的部分迁移到新的星座之中，以期在那里各得其所，找到合适归宿。与其说艺术品模仿现实，不如说艺术品展示出现实的迁移。究其根本，模仿学说应当予以颠覆；在一种升华的意义上，现实理应模仿艺术品。然而，艺术品存在的事实意味着非存在物的可能性。艺术品的现实是对可能事物之可能性（die Möglichkeit des Möglichen）的验证。艺术渴望的对象，非其所是的现实，在艺术中发生质变，成为记忆。在记忆里，是其曾似之物之所以与非存在物结为一体，是因为曾经所是之物已不再是其所是了。自从柏拉图的回忆说（der Platonischen Anamnesis）问世以来，尚未存在的东西一直是记忆中梦想的对象，这便使乌托邦得以具体化，而不将其出卖给存在。记忆依然与外观密不可分：因为，即便在过去，梦想亦非现实。不过，依照柏格森与普鲁斯特的论点，艺术的形象性（der Bildcharakter der Kunst）的确就是在经验界努力唤醒非自愿性记忆的东西。这一论点证明柏格森与普鲁斯特两人均为地地道道的观念论者。他们把自己意欲挽救的和内在于艺术的东西都归于现实，这一做法只是以牺牲艺术的现实为代价。他们用现实实在取代艺术质量，以期逃避审美外观的诅咒。

艺术品那种含糊不得的特性标示着其否定性的边界，这与萨德侯爵（Marquis de Sade）小说中所标示出的边界可以相提并论；在那里，萨德侯爵找不出更合适的字眼儿来描述那幅画作中最美的寻欢者，于是便以"美如天使"（*beaux comme les anges*）予以形容。在艺术登峰造极之处，其真理性超过了外观，得到生命攸关的展现。不像任何人性的东西，艺术宣称自身不会说谎，却被强制说谎。艺术在自身的能力中不能决定这一可能性，即：一切事物委实不会成为什么都不是的事物。艺术有其虚构性，在自身存在中隐含如下断言：艺术已然超越了界限。艺术品的真理性内容，作为对作品实存的否定，是以作品为中介得以呈现的，虽然艺术品不以任何方式来直接传达其真理性内容。真理性内容要多于艺术品所设定的东西，这里依靠的正是艺术品所分享的历史（ihre Methexis an der Geschichte）与艺术品通过其形式所实施的规定性批判。艺术品里的历史不是某种人工制造的东西，艺术通过这种历史才得以摆脱那些纯系设定或虚构的东西：真理性内容并非外在于历史，而是历史在作品中的结晶。艺术品这种未设定的真理性内容就是艺术品自身的名称。

■ 对攸关事物的模仿与调和

但是，在艺术品中，这一名称在严格意义上是否定性的。艺术品所言说的东西多于现存的东西，为此，艺术品的唯一做法就是制造出一种涉及艺术何以如此（Comment c'est）的星座。艺术的形而上学要求艺术必须同宗教严格分隔开来，即与艺术的历史源头分隔开来。艺术品不是绝对事物，绝对事物也不直接出现在艺术品里。由于艺术品分享或参与绝对事物，所以它们遭到盲目性的惩处，这一盲目性在同一时刻使艺术品的语言——即一种具有真理性的语言——变得模糊不清：艺术品既包含绝对事物，又不包含绝对事物。在其趋向真理性的运动中，艺术品需要那种概念，但为了其真理性起见，艺术品又与那种概念保持距离。

艺术的否定性是不是艺术的界限或真理性呢？这并非艺术所能决定的。根据艺术品的客观化法则，艺术品先天就是否定性的；艺术品消除或扼杀其客观化的事物，将其与自身生命的直接性撕裂开来。艺术品自身的生命则受死亡的折磨。这便界定着现代艺术的质性门槛或阈限。现代艺术以模仿方式放弃自身而追求物象化，此乃其死亡原则。逃避这一要素的努力就在于艺术的幻象契机（das illusorische Moment an der Kunst），自从波德莱尔以来，艺术就一直想在放弃这一契机的同时，又不致使自己沦落到诸物中一物的地位。作为现代主义的先驱,波德莱尔和爱伦·坡作为艺术家,是最早的艺术技巧统治论者(Technokraten der Kunst)。若无这种否定生命的有害化合物,实际上也就是对生命的否定,艺术对那种因文明而导致的压抑现象(zivilisatorische Unterdrückung)的反抗或抵制,就只能是毫无效果的慰藉而已。自早期现代派问世以来,艺术已经吸纳了诸多相异于艺术的对象,这些对象已然为人所接受,但并未依照艺术的形式律充分予以转化,于是就导致艺术中的模仿(如同在蒙太奇中那样)投入其对立面中去了。社会现实迫使艺术如此。艺术虽与社会抗衡,但它无法采取超出社会之外的立场;艺术只能通过认同社会才能抗衡与抗议社会。这便是波德莱尔的恶魔崇拜说的内容(der Gehalt des Baudelaireschen Satanismus),其意义远远超过对资产阶级道德观的适时批判,但由于不敌现实,这种批判显得幼稚而愚蠢。倘若艺术试图直接反对社会这张密网,它就会完全纠缠于其中而不得自拔;如此一来,就像在贝克特《终局》(Endspiel)的范式中所发生的那样,艺术要么务必将自身关切的自然从艺术中消除,要么务必对自然发动攻击。可能留给艺术的只有先入之见(parti pris),这关乎死亡或终结,因此立刻成为批评性的和形而上学的。就像在其技巧中那样,艺术品在其表演材料中也是源于物界的结果;事实上,艺术品里的一切莫不属于物界,除非以艺术的死亡为代价,否则不会有任何东西能够挣脱这个物界。唯有凭借其致命性力量(Kraft ihres Tödlichen),艺术才参与调和。但在这方面,艺术品同时依然听命于神话。这正是艺术具有的埃及式特质。为了生命,为了从死亡处拯救生命,艺术品就杀死生命。

令人信服的理由是,艺术品的和解力量应到其整一性中探寻,事实上,这与古代的传统观念相应一致,艺术品能使自身遭受的创伤得以愈合。理性在艺术品中促成整一,即便理性在此也有分化的意向;理性通过断然放弃干预现实,从而获得某种无罪感;不过,即使在具有审美整一性(ästhetischen Einheit)的伟大杰作中,也能听到社会暴力的回响;的确,通过放弃主宰,精神也会招致罪感。艺术品中那种联系和固化模仿与扩散事物的行为,不只会损害杂乱无章的自然。审美形象是对自然恐惧的一种抗衡,会将其驱散到混乱无序之中。审美的多样统一性(die ästhetische Einheit des Mannigfaltigen),看来就好像从来没有暴力行为,却一直为多样事物本身所选择。正是这种多样统一性,今日如过去一样关乎分裂,现在则走向和解。在艺术品里,通过详述神话在经验现实里的重复做法，神话的破坏力得以缓解或软化，对此重复做法，艺术品将其纳入尽可能相近的详述之中。在艺术品里，精神不再是自然的传统敌人。由于得到平息，精神促使和解。当然，艺术并非古典主义意义上的和解："和解"是艺术品的态度，艺术品借此开始意识到非同一物。精神并不将非同一物同一化：精神以非同一物为模型。通过追求自身的同一性，艺术品成为非同一物的相似物：此即艺术的模仿本质的当代发展阶段。如今，和解作为艺术品之所为，是确凿的事实，其间，艺术撤销了作品中的和解理念，但艺术形式却拒不妥协。然而，通过形式实施的这种具有非和解性的和解行为，所依据的正是艺术的非现实性。这种非现实性借助意识形态来威胁艺术。然而，艺术不会堕入意识形态的水平，意识形态也不是那种禁止每件艺术品表现真理性的裁决结果。事实上，恰恰是基于真理性，基于经验现实所摒弃的和解，艺术与意识形态形成共谋关系，因为艺术冒充和解的实存结果。假如人们需要的话，艺术品会根据其先验的假设或自身的理念，使自己与罪感的关联纠缠在一起。在其大功告成之际，所有艺术品理应超越这一关联，务必以此作为补偿；有鉴于此，其语言将力求转入沉默。如同贝克特所言，每件作品都是"对沉默的一种亵渎"（a desecration of silence）。

（选自［德］阿多诺《美学理论》，王柯平译，四川人民出版社1998年版；据德文版 Theodor W. Adorno, *Ästhetische Theorie*, Frankfurt am Main: Suhrkamp Taschenbuch Wissenschaft, 2013, 以及英译版 Theodor W. Adorno, *Aesthetic Theory*, trans. Robert Hullot-Kentor, Minneapolis, MN: University of Minnesota Press, 1997 校录）

罗兰·巴特与《从作品到文本》

经典导读

罗兰·巴特（Roland Barthes，1915—1980），法国当代文学理论家、批评家、符号学家和思想家，法兰西公学文学符号学讲座教授。巴特的思想经历了从结构主义到后结构主义的转变。代表作有《神话学》《符号学原理》《文之悦》《S/Z》等。

《从作品到文本》发表于《美学杂志》1971年第3期，是一篇经典的后结构主义文献。罗兰·巴特颠覆了传统的"作品"观念，提出了一个全新的"文本"概念。"从作品到文本"不但是概念的转换，更重要的是文学观及其研究方法论的转变。巴特从七个方面全面地讨论了从作品到文本的转变，归纳起来有以下五点。

第一，作品是一个物，一个放在图书馆书架上的物品，而文本则是一个方法论概念，它存在于语言之中。作品被视为物，就是与主体无关的东西，它是自在的。当巴特把文本规定为一个方法论概念时，便彰显了文本只有在语言活动中才存在的新理念。于是，那个与现实的主体无关的物便进入了活生生的语言活动之中，而离开了这种主体性的语言实践，文学便不复存在。

第二，巴特发现，作品通常止于所指，因而它要么是语文学的对象，要么是解释学的对象。而文本则不同，它总是在无限延迟着的能指之中。如果说作品像有机体那样有一个发展成熟的过程的话，那么，文本则充满了一系列断裂、重叠和变动。受制于作品论，规范的文学批评总是坚信，可以通过对页面上词语的细读来找到作品的意义、象征或意图。但文本理论把批评的触角引向了能指的游戏,进而把文本设想为充满了断裂、差异和变化的东西。

第三,文本是多元性的,其重心在过程而非结果,即从静态的作品物质性存在转向动态的文本生成过程,由此便引入一些新奇的概念,诸如交叉、倍增、散播、互文性、生产性等。

第四,作品是一个已经完成的封闭物,而文本则充满了开放性和生产性。为了说明文本的这个特征,巴特回到"文本"的拉丁语的语源学上寻找根据。在拉丁语中,文本的原义指"编织物"。编织是一个开放的、有待进一步完成的过程,编织物不是一个已经完成的固定之物。编织物这个说法实际上暗示了文本是一个符号编织活动的动态系统。这就摒除了传统的作品与作家的起源关系,按照巴特的看法,作者充其量不过是一个"纸面作者",他不过小说中的一个"宾客"而已,作者垄断作品意义的原有地位也就不复存在了。

第五,从作品到文本实现了从作者中心向读者中心的转变。在巴特看来,文本是"可写的",所以读者被赋予生产者的权利,阅读成为生产文本意义的行为。在削弱了作者写作的权威意义的同时,巴特赋予阅读与写作同样的功能,旨在强调阅读对文本的生产性和创造性。他借助音乐的诠释者(相当于阅读活动中的读者)成为乐曲的合作者的例证,指出了阅读所产生的"文之悦",是以能指游戏而构成一个独特世界,语言在那里平等交流,没有哪一种语言具有超然的霸权和支配地位。这便构成某种"透明的语言关系",由此透露出文本论内含的差异合法性和对话民主性的文化政治理念。

延伸阅读文献

1. [法]罗兰·巴特:《作者的死亡》,见《罗兰·巴特随笔选》,怀宇译,天津:百花文艺出版社1995年版。

2. [法]罗兰·巴尔特:《演讲:法兰西学院文学符号学讲座就职演讲》,见《罗兰·巴尔特文集·写作的零度》,李幼蒸译,北京:中国人民大学出版社2008年版。

3. [法]茨维坦·托多洛夫:《批评作家》,见[法]托多洛夫《批评的批评》,王东亮、王晨阳译,北京:生活·读书·新知三联书店 1988 年版。

4. [法] 米歇尔·福柯:《什么是作者?》,见赵毅衡编选《符号学文学论文集》,天津:百花文艺出版社 2004 年版。

5. [美] 威廉·K.维姆萨特、[美] 蒙罗·C.比尔兹利:《意图谬见》,见赵毅衡编选《新批评文集》,天津:百花文艺出版社 2001 年版。

6. [美] 斯坦利·费什:《看到一首诗时,怎样确认它是诗》,见[美] 斯坦利·费什《读者反应批评:理论与实践》,文楚安译,北京:中国社会科学出版社 1998 年版。

7. [德] 沃尔夫冈·伊瑟尔:《阅读过程:一个现象学的论述》,见李钧主编《二十世纪西方美学经典文本·结构与解放》,上海:复旦大学出版社 2001 年版。

8. [法] 雅克·德里达:《人文科学谈话中的结构、符号和活动》,见李钧主编《二十世纪西方美学经典文本·结构与解放》,上海:复旦大学出版社 2001 年版。

9. [美] 桑塔格:《反对阐释》,程巍译,上海:上海译文出版社 2003 年版。

10. [美] 阿瑟·C.丹托:《艺术世界》,王春辰译,见汝信主编《外国美学》第 20 辑,南京:江苏教育出版社 2012 年版。

(周宪 撰)

—— 原文:《从作品到文本》(节选)

经典原文

从作品到文本（节选）①

罗兰·巴特 著　杨庭曦 译　周韵、周宪 校

　　过去的若干年中，我们关于语言的概念、继而是文学作品的概念（至少其现象的存在归因于其使用的同一语言），事实上已经（或正在）发生某种变化。这种转变显然与当前（其他众多学科中的）语言学、人类学、马克思主义和精神分析学的发展密切相关（这里的"相关"概念是中立地加以使用的：不作出某种决断，而是让它保持多义和辩证）。新的东西以及影响作品概念的东西，与其说是源自其中的某一学科的内部重组，不如说是来自这些学科的接触，这种接触与传统上不属于它们范围的对象产生了关联。尽管跨学科性（interdisciplinarity）在今天已被认为是研究中一项最重要的价值，但它不是知识的专业分支之间的简单接触所能实现的。跨学科性并非那种相安无事的状态，它只有在如下情形中才会卓有成效地开始（这与宗教式的虔诚愿望的表达相反），即旧的学科体系之稳固状态瓦解时，甚至完全崩溃时，经由方法的颠覆，有助于新的对象和新的语言，而以前它们在诸科学平安相处的领域中却不能占据一席之地，这种分类上的不平衡正是有可能诊断某种突变的关键所在。然而，并不能过高评价可在其中把握作品概念的这一突变：它与其说是真正的突破，不如说是某种认识论上的渐变。正如经常所强调的那样，那种突破随着马克思主义和弗洛伊德主义的出现在19世纪已经发生。自那之后就没有更进一步的突破，因此某种程度上可以说，在过去一个世纪里我们是生活在重复之中的。大写的历史，我们的历史，留给我们的不外乎是渐进、转变、超越和否定。就像爱因斯坦学说主张将参照系的相对性纳入所研究的对象之中一样，马克思主义、弗洛伊德主义和结构主义理论的结合，就是文学中主张作者、读者和鉴赏者（批评家）关系的相对化。反对这种"作品"（work）的传统概念，

---

① 本文原载《美学评论》1971年第3期。译自罗兰·巴特《形象 音乐 本文》，斯蒂芬·海德选编并翻译，伦敦：方塔纳出版社1977年版。

亦即长期以来并且今天仍以牛顿方式来看待的作品概念，现在却要求某种新的对象，它需要通过改变或颠覆以前的范畴而获得。这个对象就是文本（text）。我知道文本这个词现在很时髦（我自己就经常受到影响而使用这个词），为此有些人对它存疑。但这恰恰就是为什么我想提及的此交叉点上本人的主要观点：我认为文本有其独立地位。这里的"观点"一词更应该被理解为语法意义上的，而不是逻辑意义上的：以下所做的不是论证，而是一些可以保持其隐喻意义的阐释、"触及"和接近。这里呈现的是一些观点；它们关心的是方法、文类、符号、多元性、起源关系、阅读和愉悦。

（1）不能把文本视为一个可计算的对象。试图在物质上将作品与文本分离开来是徒劳无益的。尤其要避免以下倾向：把作品说成古典的，而将文本说成先锋的；这里的问题不是以现代性的名义开列出一份粗略的荣誉名单，并按照时间顺序位置而宣布某些文学生产在此名单中，而另一些则不在其中。一个道地的古代作品中也可能存在着"文本"，而许多当代文学作品却全然不属于文本。区别就在于：作品是一个物质性的片段，占据着书本的部分空间（比如在一个图书馆里），而文本却是一个方法论的领域。这种对立会让我们想起（这完全不是为概念而概念）拉康对"现实界"和"真实界"的区分：一个是陈列（displayed），另一个则是演示（demonstrated）。同样，作品可以（在书店、书目、考试大纲里）看到，而文本却是一个演示的过程，是按照（或违反）一定规则进行言说；作品可以被拿在手里，而文本则维系在语言之中，它只存在于话语活动中（更准确地说，唯其如此文本才成其为文本）。文本不是作品的分解，而作品是文本想象性的附庸；或再强调一次，文本只在生产活动中被体验到。可以得出的一个结论是，文本决不会停留（比如停留在图书馆的书架上）；文本的构建性运动就是"穿越"（尤其是穿越某个作品、几个作品）。

（2）用这种方式来看，文本不会停留于（优秀的）文学之中；它也不可能包容在一种等级系统之中，甚至不可能包容在一个文类的简单划分系统中。相反（或准确地说），构成文本的正是它具有颠覆种种旧分类的力量。你如何给像乔治·巴塔耶这样的作家归类？他是小说家、诗人、散文家、经济学家、哲学家，还是神秘主义者？这个问题太难回答了，以至于文学手册通常宁愿忽略巴塔耶，而他事实上写作各种文本——或者也许只是一个单一的文本。如果说文本引发了分类的问题（进一步说这还是文本的"社会"功能之一），那是因为它经常会涉及某种限制性的经验［借用菲利普·索莱尔（Philippe Sollers）的表述］。蒂博代（Thibaudet）在严格的意义上论及了限制-作品（比如夏多布里昂的《朗塞的一生》，它今天正是作为文本来到我们中间的）。文本是这样一种事物，它走向阐释规则（理性、可读性等）的限制。这并不是一个借以达到一些"超凡"效果的修辞性的说法：文本试图明确地将自己置身于理念（doxa）限制的后面（民主社会构成的并由大众传播有力支持的普遍民意，难道不是由其限制、其用以排斥限度的能量和它的审查制度来界定的吗？）。从字面上看，可以说文本总是自相矛盾的（paradoxical）。

（3）文本可以在对符号的反应过程中被接近和体验。作品止于一个所指。有两种表意模式，它们可以归诸这一所指：要么是宣称所指是清楚显明的，而作品就是文学科学、语文学的对象；要么是另一种，认为所指是某种神秘的、终极的、需要探寻的东西，这样作品就会落到一种解释或是（马克思主义的、心理分析科学的、主题学的等）阐释学的范围之内；简言之，作品本身作为一般性符号起作用，正常来说它应当再现符号的文明体制范畴。相比之下，文本则是在实践所指的无限延迟（deferment），文本乃延迟；它的领域就是能指的领域，这种能指不能看作"意义的第一步"，即它的物质前台，而是与此完全相反，应作为它的延迟行为。与此相仿，能指的无穷性指涉的不是对于难以言喻之物（不能命名的所指）的某种观念，它指涉的是某种游戏观念；文本领域内（更恰当地说，文本即这个领域），永恒能指（在永恒时间方式之后）的产生不是按照一个有机体逐渐成熟的过程，或是依照一个深入考察的解释过程而实现的，而是确切地说，它的实现所依循的乃是一系列的断裂、重叠、变动活动。控制文本的逻辑不是综合的逻辑（如界定"什么是作品"），而是转喻的逻辑；联想、生成和延迟行为与象征能量的释放同时发生（少了后者，人就会死亡）；在最好的情况下，作品是适度象征的（它的象征意义失效，达至一个停滞状态）；文本则是彻底象征的：一个以其整合的象征特性来构想、感知和接受的作品也就是一个文本。因此文本就是回归语言。像语言一样，文本是被结构起来的，却是去中心化，没有终结（请注意，为了回应有时候直指结构主义的"时髦做法"轻蔑的质疑，准确地说，眼下基于语言的认识论特权是来自结构悖论观念的发现：结构是一个既开放又无中心的系统）。

（4）文本是多元的。这不是简单地说它含有若干意思，而是说它实现了意义的多元：一种不可化约的（同时并不只是可接受的）多元。文本不是若干意义的共存，而是一个过程，一种过度交叉（over-crossing）；这样它回答的就不是一种解释，即使是自由不拘的解释，它回答的是一种激增和散播。那就是说，文本之多元所依靠的不是内容的歧义含混，而是依赖于所谓的诸能指编织的立体多元性（从词源学上来说，文本就是指组织、编织物）。文本的读者可能被比作尚未决定做什么的人（他对任何想象都不敏感）；这个悠闲者在山谷的一边漫步，一条小溪在山谷下缓缓流动（小溪在此是为了提供某种陌生感）——这种情境会在此类作者身上发生，然后他对文本会有鲜明的概念；他感受到的东西是多重的、不可化约的，来自彼此无关的、混杂的种种物质和视角：光线、色彩、植物、热量、空气、微弱的爆破声、鸟儿尖细的鸣叫声、从另一边传来的小孩儿的声音、通道、手势、远远居民穿的衣服。所有这些细节都似曾相识：它们来自人所熟知的符码，但是它们之间的关联是独特的，这种独特的关联使得漫步处于某种差异之中，而差异只能作为差异才可重复。所以文本亦复如此：只有在其差异中文本才成其为文本（这并不意味着它的特性），它的阅读是单独发生的（这种说法使得任何有关文本的归纳—推理的科学变得可疑——不存在文本的语法），然而它整体上是由引文、参照、重复、过去的或当代的文化语言（什么语言不是文化的呢？）编织而成，它们在一种巨大的立体声中不断地贯穿于文本之中。每个文本都依存于互文状态，互文本身存在于一文本和另一文本之间，它不应与文本的某种本源相混淆：试图找到一个作品的"来源""影响物"也就落入了起源关系（filiation）之神话的窠臼；构成文本的引文是匿名的、无从查考的，而且是被阅读过的：它们是不加引号的引文。作品是不会对任何一元论哲学构成颠覆的（我们知道也有一些反例）；对这种哲学来说，多元简直就是魔鬼。然而，相对于作品，文本完全可以把被恶魔凭附者的话用作它的箴言（《马可福音》5：9）："我的名字叫群，因为我们多的缘故。"正是这种邪恶文本肌理（texture）的多元状态使得文本和作品相对立，这种多元状态导致阅读发生了根本性的变化，或确切地说，导致曾奉独白为圭臬的那些领域发生了根本变化：传统上被（历史的或神秘主义的）神学一元论所复原的《圣经》中的某些"文本"，将有可能成为诸多意义的扩散源（即是说，最后变成一种唯物主义的阅读），而对作品的马克思主义解释目前仍坚定地是一元论的，它将能够通过自我多元化而更多地被唯物化（当然，如果马克思主义体制允许的话)。

（5）作品卷入了某种起源关系的过程之中。人们会说是世界（先是种族，后是历史）决定了作品，各作品之间是连续的，作品从属于作者。作者被尊为其作品之父，他是作品的拥有者。文学科学因此教导人们，要尊重作者的手稿和作者所陈述的意图，而社会强调作者与其作品之间的关系是某种合法关系［the 'droit d'auteur'（或著作权）实际上是晚近的事，因为它在法国大革命时期才真正合法化］。至于文本，它的阅读应该撇开作者的题记。这里再次强调，文本的比喻义和作品比喻义迥然异趣：作品是指一个有机体形象，它随着生命扩张、通过"发展"（这是一个非常模糊的词，同时具有生物学和修辞学意义）而成熟；而文本则是比喻一个网状结构（network）；如果文本扩展自身，它就会形成一个联合系统（进一步说，是一个形象，近似于目前关于生命存在的生物学概念）。因此文本没有什么至关重要的"层面"：它可以被打碎（这就是中世纪对两个权威文本——《圣经》和亚里士多德的著作——所做的事）；对它的阅读不需要文本之父的担保，对交互文本的构建悖论地废除了一切旧说。不是说作者不能"回到"文本中来，而是说，在其文本中，作者也就像是一个宾客而已。如果他是一个小说家，他就会像小说中的人物形象之一那样刻写在其中，像图案一样呈现在地毯中；他不再有特权的、父亲式的、真理-神学性的（aletheological）地位，他的题记无足轻重。可以说，他不过是成为一个纸面作者（a paper-author）而已：他的生活不再是他的故事的本源，不过是对其作品有所贡献的一段情节而已；作品有一个向生活的回归（而不是相反状况）；在普鲁斯特、热奈的作品中，就允许把他们自己的生活当作一个文本来解读。"传记"一词重获了一种强有力的词源学意义，但与此同时，因为某种表达的真诚——文学道德所带有的名副其实的"交叉"——也就成为一个虚假问题：那个写作文本的我向来不过是纸面的我（a paper-I）而已。

（6）作品一般来说是某种消费的对象；这里所说的所谓消费文化并非为了蛊惑人心，但也不得不承认，在今天它就是作品的"特质"（这是假定终有一种"趣味"鉴赏），而不是可以区别不同书籍的阅读活动本身：从结构上来说，有教养的阅读和火车上的休闲阅读并无区别。文本（如果只就通常所说的"不可阅读性"）将作品（如果作品允许）从消费中沉淀下来，并且将其聚合为游戏、行动、生产和实践。这就是说文本需要人们尽力取消（或者至少是缩小）

写作和阅读之间的距离，不是强化读者对作品的投射，而是将读者和作品融合在单一的表意实践中。阅读与写作之间的距离是历史性的。在社会大分化时期（民主文明建立之前），阅读和写作都是阶级特权。那时伟大的文学法规——修辞学，是教会人写作（尽管当时一般的文学创作是演讲而不是文本）。意义深远的是，民主的到来转变了这个词语的指向：中学引以为豪的是教导学生阅读得好而不再是写作（缺陷意识在今天又变得时髦起来：教师被呼吁应该教孩子"表达自己"，这就有点像通过一个错误观念置换某种压抑形式）。事实上，在消费的意义上，阅读远不是在和文本游戏。在这里，"游戏"应该广泛地加以理解：文本是自身游戏（就像一道门：一个可游戏的机器），读者是二度游戏，和文本游戏也就像玩游戏那样，寻求一种再次生产出游戏的实践。但是，为了使这种实践不至于降格为一种被动的内模仿（准确地说，文本正是抵制这样一种降格），也就是在这一术语的音乐意义上来游戏文本。（作为实践而非"艺术"来说）音乐史和文本史的确非常接近平行关系：有一段时期，业余实践者队伍庞大（至少在特定阶层范围内），而"演奏"和"聆听"行为几乎不能严格区分；那么就有两个角色相继出现，首先是演奏者角色，他们是向那些介入演奏的中产阶级公众（尽管他们自己仍然能演奏一点——整个钢琴演奏史说明了这一点）作出诠释的人；其次是（被动的）业余爱好者角色，他们只是听而不能够演奏（唱片就代替了钢琴）。我们知道，今天的后序列音乐（post-serial music）已彻底改变了"诠释者"的角色，他被要求成为某种程度上的乐谱合作者，去完成乐谱而不仅仅是"表现"它。文本恰恰就是这种新型乐谱：它吁请读者给予现实的合作。就谁掌控作品而言，何者是重要的改变呢？（马拉美提出了这个问题，他是想让受众来生产书籍）。今天只有评论家掌控作品（他们只在口头上承认游戏）。面对现代（不可读的）文本、先锋电影或绘画时，许多人感到某种"厌烦"，而阅读被降格为消费则显然要对此负责：感到厌烦就意味着人们不能生产文本，不能开启文本，不能去发展文本。

（7）这就把我们引向了提出（或是建议）一个通往文本的最终路径，也就是愉悦文本的路径。我不知道是否有过一种快乐论的美学（幸福论哲学本身就很少见）。但可以肯定的是，存在着某种作品的愉悦（或者说是对某些作品的愉悦）；我津津乐道地阅读和重读普鲁斯特、福楼拜、巴尔扎克，甚至是大仲马,为何不呢?但是这种愉悦,不管多么强烈,甚至在排除所有偏见时,也仍部分地是消费性的愉悦(除非通过一些额外的批评性努力);因为如果我能阅读这些作家,我就知道我不能重写他们(今天是不可能"那样"写了)。这个认识足以使我在这些作品的生产面前望而却步,在那一刻它们与我的隔离便确立了我的现代性(但不会现代到让我清楚认识到什么东西不能重新开始)。至于文本,它与"快乐"(jouis sance)密切相关,它是不用隔离就能实现的愉悦。在能指的序列中,文本以自己的方式参与了社会乌托邦;在大写的历史(假定后来并未选择蒙昧的话)之前,文本所实现的如果说不是透明的社会关系的话,至少也是透明的语言关系:文本是一种空间,在那里没有一种语言能对其他任何语言进行制约,在那儿语言是流通的(保持这一术语的循环意义)。

无可避免的是,这些观点并未构成对一种文本理论的具体阐述,这不完全是提出这些观点的笔者失败的结果(在许多方面,他不过是捡拾了其周围的人正在开发的东西)。它源自如下事实,那就是元语言学解释不可能满足于一种文本理论:对元语言的解构,或至少来说(因为它也许暂且需要求助于元语言),元语言所呼吁的质疑乃是理论本身的一部分:有关文本的话语本身应不外乎是文本、研究、文本活动,因为文本是某种不让任何语言安然处于其外的社会空间,这个空间也不会给予任何言说主体诸如法官、主人、分析家、圣徒、译码员那样的位置。文本理论只会与写作实践相一致。

(选自汝信主编《外国美学》第20辑,江苏教育出版社2012年版)

福柯与《作者是什么？》

经典导读

  米歇尔·福柯（Michel Foucault，1926—1984），法国哲学家。福柯出生于法国普瓦捷的一个乡村家庭，其父保罗是一个外科医生，福柯对医学史的考察和批判无疑有来自家庭的影响。第二次世界大战后，福柯进入法国最负盛名的巴黎高等师范学院（简称"巴黎高师"），这是通向学术生涯的传统的门户。福柯在巴黎高师受到了非常严格的学术训练。当时法国对德国哲学家如黑格尔、胡塞尔、海德格尔和尼采的兴趣越来越强，福柯的教授让·伊波利特是一位非常有名的翻译家和德国哲学专家，声名卓著的梅洛-庞蒂当时也在巴黎高师教学。福柯在瑞典做了三年法语教师，期间开始撰写博士学位论文《疯癫与非理智——古典时期的疯癫史》。这部鸿篇巨制令他声名鹊起。1966年福柯出版了《词与物》，提出了"知识型"（épistémè）的概念，他认为每个历史阶段都有一套特殊的知识形构规则和话语体系。这部法国学术史上最畅销的著作为他带来了巨大的声望。1970年，福柯进入法兰西学院。此后，他出版了《性史》等作品，转向伦理学研究，从另一个方向继续研究主体建构的问题。1984年，福柯病逝。在生命的最后一年，他依然在授课，并规划新的研究方向。福柯的思想在哲学、文学、社会学、法学和学科史等领域产生了广泛而持久的影响，直至今天，其思想依然具有很强的现实感。凡是想要了解20世纪后期西方思想史的人，都不能不深入研究福柯。他在法兰西学院的演讲近年也陆续出版。

　　福柯与罗兰·巴特等先锋理论家一起对传统的"作者"概念提出了强烈的质疑，而作者之死是人之死的后果之一。尼采宣布上帝之死以后，"人"之存在也变得岌岌可危，福柯宣布人的死亡，罗兰·巴特也敲响了作者的丧钟。福柯认为，19世纪的人文主义被非辩证的文化取代："这种文化是随着尼采开始的，他指出上帝之死并不意味着人的出生，而是死亡；人和上帝有一种奇特的亲属关系，他们既是孪生兄弟，又是父子关系，一旦上帝死了，人就无法不死去，并且在他身后留下令人恐怖的地精。"① 人死之后，占据真理和知识话语位置的就是结构。

　　结构主义对主体性发出了最后的一击。列维-斯特劳斯的人类学使一切主体意识的说法变得没有了意义，并让结构的无意识作用走上人类自我认识和行为的前台。希腊神庙上的箴言"认识你自己"在结构主义时代遇到了人类难以逾越的困难和悲剧。对个人的理解不能基于他自身，而必须纳入那个之前就已经存在的无意识网络。主体性破碎了。列维-斯特劳斯认为："心理学的阐述不过纯然是社会结构在个人心理上的翻译和表达。"② 真正在世界中生活的主体不再是有血有肉的个人，而是穿越历史的结构。个人在象征结构中被分解，这个象征结构有一个隐含的逻辑组织，它在意识和思想的另一边。结构决定了一切意义的可能性，个人的行为不过是无处不在的结构在某个节点上的呈现。在语言学中，语言先于言语；在人类学中，编码-解码机制先于具体经验；在文学中，就是大写的文本（Texte）先于多种多样的作品。最后，即结构先于人。人不再是思想和知识的中心。

　　在与伯纳富瓦（Bonnefoy）的访谈中，福柯说："总体而言，我们可以这样说：人类学和辩证思想有部分的联系。忽视人的，是与罗素一起出现的当代分析理性，在列维-斯特劳斯和语言学家那里，都是如此。"③ 实际上，所有自然科学在某种意义上来说都"目中无人"，物理学中是不会有人的位置的。福柯所言，是强调研究人类现象的话语不再把人自身当作思想的出发点。按照福柯的想法，有关人的知识使人诞生；那么我们也可以说，有关人的知识致人死亡。人的独立性被粉

---

① Michel Foucault, "L'homme est-il mort?," (Entretien avec C. Bonnefoy), *Arts et Loisirs*, numéro 38, 15–21 juin 1966, pp.8–9. Quarto, Paris: Gallimard, vol.I, pp.568–572.

② Claude Lévi-Strauss, "Introduction à l'œuvre de Marcel Mauss," in Marcel Mauss, *Sociologie et anthropologie*, PUF, 1950, Réédition, 1999, XVI.

③ Michel Foucault, "L'homme est-il mort?" art.cit.

碎，或者更准确地说，他的统一性被分解在无意识的巨大系统中。人的清晰的古老形象变得模模糊糊。人不是知识与话语的出发点和终点。在人文主义传统中，人通过其意识自我表现并得到解释，在这个意识之上，他被指定了一个意义或价值，因此他自身就是主体性；然而对结构主义来说，人则服从于结构，结构把象征的形式和功能加之于个人之上，无处可逃。再也不能在人身上找到主体性了："现代思想从根本上提出的问题，是意义与真理形式和存在形式之间的关系：在我们的思考的天空上，统治的是一种话语（也许无法探入进去的话语），这个话语是唯一持有本体论和语义学的话语。结构主义不是一种新的方法，而是对现代知识觉醒和忧虑的认识。"①

福柯实际上认可意义生产过程中主体性的功能。作者之名保证了分类的可能性，赋予话语某种位置："这是某个人写的，意味着它应当以什么方式被接受，并且在具体的文化中，得到某种地位。"②然而这种认可只是为了把作者归之于一种功能，从而取消其超越性，因为命名是为功能，所以是非自主的，是依附性的，作者或主体之所以能够存在，仅仅是因为社会约定俗成地承认这种功能。作者不是理所当然之物，而是文化或者意识形态的结果。总之，福柯对"什么是作者？"这一问题的回答是：作者这个概念的存在方式取决于文化意识形态。

福柯认为，作者的功能之一就是意义的稀薄化（raréfaction）。从作者出发构建的协调性限制了话语的可能性，因为话语被作者这个"父亲"控制了。作品与非作品的区别是由作者—作用来决定的，作者的意图预先确定了话语的位置，和人们对待这些话语的方式。例如，同一个词，作为一个作品的标题还是看作日常话语，这样的区别将使它被仔细地分到不同的类型中。"评论限制了话语的偶然性，同一性-身份的游戏具有重复和相同的效果。作者这个源头也限制了这个偶然性，同一性-身份的效果具有个人性和'我'的形式。"③在同一个作者的每一部作品中，评论总是试图找到某些重复的东西——称之为主题（thème）——及其变奏。

---

① Michel Foucault, *Les Mots et les choses, Une Archéologie des sciences humaines*, Paris: Gallimard, 1966. p.221.

② Michel Foucault, "Qu'est-ce qu'un auteur?" *Bulletin de la Société de philosophie*, 63ᵉ année, n°3, juillet-septembre 1969, pp.73-104, repris dans *Dits et écrits*, Paris: Gallimard, 2001, pp.817-849.

③ Michel Foucault, *L'Ordre du discours*, Leçon inaugurale au Collège de France prononcée le 2 décembre 1970, Paris: Gallimard, 1971, p.31.

20世纪的文学不断内卷,越来越远离表象的模式。在先锋文本中,话语的目的不是表现,而是指向其他话语。文本不再说什么,现代作家们常常说的一句话就是他们其实没有什么要说的。书写的基本不再是交流,常常变成文学的自我批评和反思。福柯观察到文学写作不再关注于外部世界的表达,而是书写自身的呈现。作者本身也丧失了原来的那种权威,完全化身为一种功能性的概念,而这种功能并不能在话语世界中起到积极作用。当人们一切所说所写都变为"话语"的时候,福柯提出,人们提出的问题发生了变化,不再关心文本是谁写的,而只是关心如何对待这些话语和文本。

但是,我们也要注意的是,宣布"作者已死"的这些先锋理论家,包括福柯在内,他们在实际的生活世界中,依然分享"作者"的价值和意义。就像我们今天依据福柯这样一个作者来归类其思想,同样赋予其名字以某种特殊的价值和意义,甚至在社会运转中也要尊重其知识产权。虽然在今天的话语世界中,读者与作者的关系与以前相比发生了很大的改变,但是作者并没有真正死去,他们不过是略微改换了一下面目,调整了与读者和作品的关系。作者还活着。

—— 延伸阅读文献

1. [法]米歇尔·福柯:《词与物——人文科学考古学》,莫伟民译,上海:上海三联书店2001年版。

2. [法]米歇尔·福柯著,汪民安主编:《福柯读本》,北京:北京大学出版社2010年版。

3. 杜小真编选:《福柯集》,上海:上海远东出版社2003年版。

4. [法]朱迪特·勒薇尔:《福柯思想辞典》,潘培庆译,重庆:重庆大学出版社2015年版。

5. [法]米歇尔·福柯:《这不是一只烟斗》,邢克超译,桂林:漓江出版社2012年版。

6. [法]米歇尔·福柯:《主体解释学》,佘碧平译,上海:上海人民出版社2005年版。

7. [法]罗兰·巴尔特:《文本理论》,张寅德译,《上海文论》1987年第5期。

8. 钱翰：《二十世纪法国先锋文学理论与批评的"文本"概念研究》，北京：北京大学出版社2015年版。

（钱翰　撰）

—— 原文：《作者是什么？》（节选）

经典原文

作者是什么?（节选）

福柯 著　逢真 译

在提出这个稍显奇怪的问题时，我意识到需要某种解释。直到今天，就其在话语中的一般作用和就其在我自己著作中的作用来看，"作者"仍然是个悬而未决的问题；就是说，这个问题允许我回到自己著作的某些方面，它们现在看来有些粗心和令人误解，就此而言，我想提出一种必不可少的批评和重新评价。

举例来说，在我的《事物的秩序》里，我的目的是分析作为话语层次的词语群组，它们处于熟悉的一本书、一部作品或一个作者的范畴之外，但我在照一般方式考虑"自然历史""财富分析"和"政治经济"时，忽略了对作者及其作品做类似的分析；也许是由于这种疏忽，我才在这本书里以天真的、常常是粗糙的方式运用作者的名字。我提到了布封、古维尔、里卡多和其他一些人，却没有意识到我使他们的名字模糊地发生作用。这证明我陷入一种尴尬的处境。因为我的疏忽帮助提出了两种相关的否定。

人们论证说，我未曾恰如其分地说明布封或他的作品，按照马克思思想的整体性我对马克思的论述也极不充分。虽然这些否定明显地合乎道理，但它们忽视了我为自己设定的任务。我无意说明布封或马克思，也无意再现他们的陈述或蕴含的意义；坦率地讲，我是想确定构成他们作品中某些观念和理论关系的规则。此外，人们还说我创造了一些怪异的家族，因为我把一些纯属不同类型的人弄到了一起，如布封和利瑙斯，或者把古维尔的名字置于达尔文之后，不顾最明显的家族相似性和自然联系。这种反对看来也是不合适的，因为我从未试图建立一个关于杰出个人的系谱表，也不想构成一幅关于17、18世纪学者或博物学家的理智的达格尔式画像。事实上，我不想构成任何家族，不论是神圣的还是邪恶的。相反，我是想决定具体话语实践的作用条件——一项非常朴实的任务。

那么，在《事物的秩序》里为什么我要用作者的名字呢？为什么不完全避而不用或者少用？为什么不限定运用它们的方式？这些问题看来完全合乎道理，而且在不久即将出版的一本书里①我也力图测定它们的含义和后果。这些问题决定了我要努力安置综合性的话语单位，例如"自然史"或"政治经济"，并为界定、分析和描述这些单位确定方法和手段。然而，在思想、知识和文学历史里，或者在哲学和科学历史里，作为一种特殊的个人化的阶段，作者的问题要求一种更直接的回答。甚至现在，当我们研究一种观念史、一种文类史或一种哲学分支的历史时，对于作者及其作品的稳固和基本的作用，这些问题也表现为一种相对软弱和次要的地位。

为了这篇论文，我不去对作为个人的作者和在这个语境里值得注意的许多问题作社会历史的分析：在我们这样一种文化里，作者如何被个人化；例如当我们开始研究真实性和属性时，我们赋予作者什么地位，包括作者在内的辅助体系是什么，或者何时英雄的故事让位于作者的传记；形成系统表达"人及其作品"的基本批评范畴的条件是什么。我想暂时使自己局限于作者和文本之间单一的关系，即文本明显指向这个在它之外并先于它的人物的方式。

贝克特指出了一个方向："谁在说话有什么关系，某人说，谁在说话有什么关系。"②在这样一种差异里，我们必须承认当代写作中基本的道德原则之一。不仅因为表示我们说和写的方式的特征是道德的，而且还因为它是一种固有的规则，虽被不断采用却从未被充分运用。作为一种原则，它支配着作为一种不断发展实践的写作，并轻视我们习惯上对完成产品的注意。为了便于说明，我们只需考虑它的两个重要主题：第一，我们今天的写作摆脱了"表现"的必然性；它只指自己，然而又不局限于内在性的限制。相反，我们在其外部展开中对它认识。这种颠倒使写作变成符号的一种相互作用，它们更多地由能指本身的性质支配，而不是由表示的内容支配。此外，它包含一种行为，这种行为总是检验它的规定性的极限，侵越并颠倒某种它接受并运用的秩序。写作像某项运动那样展开，不可避免地超越它自己的规则，最后把规则抛开。因此，这种写作的本质基础不是与写作行为相关的崇高情感，也不是将某个主体嵌入语言。实际上，它主要关心的是创造一个开局，在开局之后，写作的主体便不断

---

① 《知识考古学》，A. M. 谢立丹·史密斯译（伦敦，1972），关于作者的讨论见英译本第92~96、122页。
② 萨缪尔·贝克特：《不为什么的文本》，贝克特译（伦敦，1974），英译本第16页。

消失。

　　第二个主题甚至更熟悉：这就是写作与死亡之间的密切关系。这种关系颠倒了希腊叙事或史诗的古老概念，即它是用于保证某个英雄不朽的概念。英雄接受一种早死，因为他的生命通过死亡的奉献和赞美变成了永存，而叙事偿还了他对死亡的接受。在一种不同的意义上，阿拉伯故事，尤其是《一千零一夜》，把这种战胜死亡的策略作为它们的动因、它们的主题和借口。讲故事的人把他们的叙述继续到深夜，阻止死亡，推迟人人都陷入沉默的不可避免的时刻。施赫拉查德的故事拼命将凶杀转化；在所有那些夜晚，它努力从生存圈里排除死亡。作为防止死亡的这种说或写的叙事概念，已经被我们的文化改变。写作现在与奉献和奉献生命本身联系在一起；它故意取消在书中不需要再现的自我，因为它发生在作者的日常生活之中。凡是作品有责任创造不朽性的地方，作品就获得了杀死作者的权利，或者说变成了作者的谋杀者。福楼拜、普鲁斯特和卡夫卡是这种转变的明显实例。此外我们发现，这种写作与死亡之间的联系，还表现在作者个人特点的完全消失；作者在他自己和文本之间产生的矛盾和对抗，取消了他独特的个人性的标志。如果我们今天要了解作者，那就要通过他不在的独特性和他与死亡的联系，而这就使他变成了他自己写作的受害者。虽然这一切在哲学里和在文学批评里都是熟悉的，但我不能肯定从这种消失或作者之死所产生的后果已经得到充分的探讨，或者这种事件的重要性已经得到正确的评价。具体地讲，我觉得必定取代作者所得到的特权地位的主题，只是用于抓住真正转变的可能性。对于这些，我想考察看上去特别重要的两点。

　　首先，关于一部作品的论点。一般认为，批评的任务不是重建作者与其作品之间的关系，也不是通过作者的作品重构他的思想和经验，进一步说，批评应该关注作品的结构、它的建构形式，通过研究它们了解它们固有的内部关系。然而，怀疑作品观念的语境怎么样呢？简言之，作品这个术语所表示的奇怪的单位是什么呢？如果一部作品不是由某个称作"作者"的人写的东西，那么什么是构成它的必需的东西？如果我们以这种方式提出问题，各个方面都会出现困难。如果个人不是作者，那么对他写的或说的那些东西，对他留在纸上或与别人交流的那些东西，我们会构成什么？难道不正是一部作品？例如，在萨德被承认为作者之前，他的文稿是什么呢？也许不只是一些他在监狱时不断说明自己幻想的纸卷。

假定我们是在谈一个作者,那么他写的和说的一切、他所留下的一切,是不是都包括在他的作品当中,这既是个理论问题又是个实际问题。例如,如果我们想出版尼采的作品全集,我们在什么地方划定界限?毫无疑问,一切东西都应该出版,但我们能就"一切东西"的含义达成一致吗?当然,我们会包括所有他本人出版的东西,以及他的作品的手稿、他的警句安排和他页边的注释与修改。但是,如果在一本充满警句的日记里,我们发现某种参照符号、某种关于约会的提示、某个地址或一张洗衣账单,那么这其中什么应该包括进他的作品?一个人在他死后会留下千百万线索,只要我们考虑一部作品如何从千百万线索中提炼出来,这些实际的考虑便无休无止。显然,我们缺少一种理论包括由作品引起的问题,而那些天真地承担出版一个作者全集的人的经验活动,则因没有这种架构而常常受到阻碍。而且还有更多的问题。我们是不是可以说《一千零一夜》、亚历山大的克莱蒙的《斯特罗梅茨》或狄奥尼斯·雷厄提斯的《生活》构成作品?这样的问题只是开始提出我们困难的范围,而且,如果有人觉得它适于绕开作者的个性或他作为作者的地位而集中于作品,那么他们对同样有争议的"作品"一词和它所表示的统一性的性质便不可能作出正确的评价。

另一种论点阻滞我们对作者的消失作出充分的评价。它避免面对具体的事件,而具体事件不仅使它成为可能,而且以一种微妙的方式继续保持作者的存在。这就是"写作"(écriture)[①]的概念。严格地讲,这种概念不仅应该使我们防止对作者的参照,而且应该使我们确定作者最近的不在。按照最近运用的情况,"写作"的概念既不关心写作的行为,也不关心在文本内部作为征兆或符号对作者意义的表示;相反,它标志着一种详述一切文本条件的非常深刻的尝试,既包括文本在空间分布的条件,也包括它在时间里安排的条件。

不过,按照当前应用的情况,似乎这个概念只是把作者在经验上的特点转变成一种超验的匿名。作者经验活动中极其明显的标志被抹掉了,从而使宗教或批评表现特征的方式在平行或对立中发挥作用。事实上,在赋予写作以一种

[①] 这里"写作"具有双重含义,既指写作行为,又指写作作为一种实体本身的原初的(和形而上学的)性质,这个术语最好地表明了德里达的设想。与自我参照的写作主题一样,它的基础也是符号理论,表明写作是"在"与"不在"的相互作用,因为"符号以'不在'表现'现在'"。

原始地位时，难道我们不是仅仅以超验的方式，重写神学上对它的神圣始源的肯定，或者批评上对它的创造性质的信念？如果按照写作使之成为可能的独特的历史，说那种写作服从于遗忘和压制，这是不是以超验的方式重新引入关于隐在意义的宗教原则（这需要解释），重新引入关于隐含的意义、无声的目的和朦胧的内容（这引起评论）的批评设想？最后，写作作为不在的概念，难道不是把一种固定而连续的传统的宗教信念，或者声称作品的生存乃是一种超越作者之死的、对作者的奇妙替代的美学原则①，转变成超验的形式？

这种"写作"的概念，通过维护演绎推论保持了作者的特权；形成作者独特形象的表现作用，在一种灰色的中性里得到延伸。作者的消失——自马拉美以来我们时代的一个事件——受到超验论的控制。有人相信，我们可以继续把我们现在的不连续性置于19世纪的历史和超验传统当中，也有人正在做出巨大的努力，使自己一劳永逸地摆脱这种概念的结构。在这两种人之间难道没有必要画一条界线？

显然，重复一些空洞的口号是不够的，如作者已经消失，上帝和人共同死去。② 相反，我们应该重新审视作者消失所留下的空的空间；我们应该沿着它的空白和错的界线，仔细观察它的新的分界线，仔细观察这个空的空间重新分配的情况；我们应该等待由这种消失所释发的流动易变的作用。在这种语境里，我们可以简要地考虑运用作者名字所产生的问题。作者的名字是什么？它如何发生作用？我也不想提供一种答案，而是想指出与这些问题相关的一些困难。

作者的名字提出了有关专用名称范畴的所有问题。（这里我特别指约翰·西厄尔的作品③）很明显，专用名称（包括作者的名字）不是一种单纯的指称，它具有指示作用之外的作用。它不只是一种表示，一种指某人的符号；在某种程度上，它等同于一种描写。当我们说"亚里士多德"时，我们是在用一个词，指一种或一系列属于这个符号的确定的描写："《逻辑分析》的作者"或"本体论的创始者"，等等。④ 此外，专用名称还有表意之外的作用：当我们发

---

① 关于"替代"，见雅克·德里达的《言语和现象》，第88~104页。
② 尼采：《快乐的科学》第3卷，第108页。
③ 约翰·西厄尔：《言语行为：语言哲学里的一篇论文》（剑桥大学出版社，1969），第162~174页。
④《言语行为》，第169、172页。

现兰波并没有写《精神的追求》时,我们并不能坚持说专用名称或这个作者名字的意义已经改变。专用名称和作者的名字在描写和指示的两极之间摆动,即使它们与它们所指称的东西相关,它们也没有被它们的描写或指示作用完全决定。① 然而——而且正是这里出现了伴随作者名字的具体困难——一个专用名称与被命名的个人之间的联系,跟一个作者的名字与它指称的事物之间的联系并不相同,它们也不以同样的方式发生作用;而这些差别需要加以澄清。

举例来说,知道彼埃尔·杜邦不是蓝眼睛,不住在巴黎,也不是个医生,这并不会使彼埃尔·杜邦这个名字不继续指同一个人;把这个名字与一个人相联系的指称并未改变。但是,如果是一个作者的名字,问题就复杂得多了。发现莎士比亚不是出生在现在旅游者访问的房子里,并不会改变作者名字的作用,但如果证明他不曾写那些归于他的十四行诗,这就会形成一种重大的变化,并且影响到作者名字发生作用的方式。另外,如果我们认定莎士比亚写了培根的《工具论》,并且认定同一个作家既对莎士比亚的作品又对培根的作品负责,那么我们就会引进第三种类型的改变,完全改变作者名字发生作用的情形。结果,一个作者的名字并不完全是其他名称中的专用名称。

许多其他因素都证实了作者名字中这种自相矛盾的独特性。它完全不同于坚持彼埃尔·杜邦并不存在,或者坚持荷马或荷尔姆斯·特里斯姆吉斯塔斯从未存在过。第一个否定只包含没有一个名叫杜邦的人,第二个否定则指好几个单个的人被称作同一个名字,或者真正的作者不具备传统上与荷马或荷尔姆斯相关的任何特征。同样,它不同于说雅克·杜让而非杜邦是 X 的真正名字,或者说司汤达的名字是亨利·彼勒。我们还可以审视这样一些陈述的作用和意义:如"布尔巴吉是这个或那个人","维克多·埃里米塔、克里马卡斯、安提克里马卡斯、弗拉特·塔西图纳斯、康士坦丁·康斯坦第厄斯,所有这些都是克尔凯郭尔"。

这些差别表明,作者的名字不只是一种词类成分(如一个主语、一个补语或一个可以用名词或其他词类代替的成分)。它的存在是功能性的,因为它用作一种分类的方式。一个名字可以把许多文本聚集在一起,从而把它们与其他文本区分开来。一个名字还在文本中间确立不同形式的关系。不论荷尔姆斯还

---

① 《言语行为》,第 169、172 页。

是希波克拉特，在我们说巴尔扎克存在的意义上他们都不曾存在，但是许多文本隶属于一个独特名字的事实，却意味着在文本中间确立了某些关系，如同质关系、渊源关系、互相解释的关系、证实关系或者共同利用的关系。最后，作者的名字表现出话语存在的一种特殊方式的特征。包含一个作者名字的话语不会马上消失和忘掉；它也不会只得到那种赋予普通瞬间词的短暂的注意。相反，它的地位和它的接受方式，由它在其中传播的文化控制。

我们可以断定，作者的名字不像专用名称那样，从话语的内部移到生产话语的、处于外部的真正的人，作者的名字仍然处于文本的外形线上——使它们彼此分开，限定它们的形式，表示它们存在方式的特征。它指向某些话语群组的存在，并涉及这种话语在社会和文化中的地位。作者的名字不是某人公民地位的一种作用，也不是虚构的；它处于不连续性的断裂缺口，产生新的话语群组及其独特的存在方式。因此我们可以说，在我们的文化里，作者的名字是一个可变物，它只是伴随某些文本以排除其他文本：一封保密信件可以有一个签署者，但它没有作者；一个合同可以有一个签名，但也没有作者；同样，贴在墙上的告示可以有一个写它的人，但这个人可以不是作者。在这种意义上，作者的作用是表示一个社会中某些话语的存在、传播和运作的特征。

在认为"作者"是话语的一种作用时，我们必须考虑一种话语的特征，因为它们支持这种运用并决定它与其他话语的差别。如果把我们的论述只限于那些有作者的作品或文本，我们可以分出四种不同的特征。

第一，它们是占有的客体；它们已经适应的占有形式属于一种独特的类型，其合法的编纂多年前已经完成。还有值得重视的是，它作为资产的地位，在历史上从属于支配其占有的刑事法典。只有当作者变得可以惩罚并达到他的话语被认为违法的程度时，言语和著作才会有真正的作者而不是神秘或重要的宗教人物。在我们的文化里——无疑也指在其他文化里——话语原初并不是一种事物、一种产品或一种占有物，而是处于神圣与世俗、合法与非法、虔敬与亵渎这种两极相对领域中的一种行为。远在它变成一种财产价值循环中的占有之前，它是充满危险的一种姿态。但是，恰恰在一种所有制和严格的版权规定确立时（约在18世纪末和19世纪初），写作行为固有的违法特征变成了强有力的文字规则。在作者被纳入支配我们文化的社会财产秩序的时刻，仿佛他是在为自己的新地位补偿，他以一种系统的违法实践复活话语中旧的两极相对的领域，同时恢复写作的危险，因为写作在另一方面得到了财产的利益。

第二，"作者—作用"在整个话语里不是普遍的或永恒的。甚至在我们自己的文化里，同样类型的文本并非总需要作者；曾经有一个时期，我们现在称作"文学的"那些文本（小说、民间故事、史诗和悲剧）得到承认、传播和维持，但根本不询问谁是它们的作者。它们的作者匿名不被注意，因为它们真正的或假定的年代足以保证它们的真实性。但是，我们现在称作"科学的"文本（论述宇宙和太空、医药或疾病、自然科学或地理学），在中世纪只有指出作者的名字才会被认为是真实的。类似"希波克拉底说……"或"普莱尼告诉我们……"这样的陈述，不仅仅是以权威为根据的论证公式，它们还标志着一种被证实的话语。17、18世纪，一种全新的观念得到发展，当时，科学文本根据它们自己的价值得到承认，并被置入关于既定真理和证实方法的一种匿名而清楚的概念系统。证实不再需要参照生产文本的个人；作者作为一种真实性的标志作用已经消失，在它仍然作为一个发明者的名字的地方，它只是表示一种特殊的定理或命题、一种奇怪的效果、一种特征、一个主体、一组因素，或者病理学上的综合征。

但与此同时，"文学的"话语只有载有作者的名字时才被接受；每一个诗或小说的文本，必须说明它的作者以及它写作的时间、地点和有关事项。归于文本的意义和价值依赖这种资料。如果一个文本偶然地或故意地以匿名的方式出现，人们会做出各种努力来确定它的作者。文学匿名只有作为一种待解之谜才有意义，因为在我们今天，文学作品完全受作者的统治权支配。（毫无疑问，这些说法过于绝对。一个时期以来，批评已经注意到文本的某些方面并不完全依靠单个创造者的概念，如文类研究、对重现文本主题的分析，以及对根据非作者标准的主题变化的分析。另外，在数学里，作者差不多成了对某个特殊定理或一组命题的随手可用的参考，而在生物学或医学里对作者的参考，或者对他的研究时间的参考，则具有一种实质上不同的意义。这后一种参考并非只是指出知识的来源，而是证实证据的"可靠性"，因为它必须评价在一个特定时间和特定实验室里所能获得的方法和资料。）

关于这种"作者—作用"的第三点是，它并不是通过把话语简单地归于个人而自发地形成。它是一种以构成我们称为作者的理性实体为目的的综合作用的结果。毫无疑问，这种构成被赋予一种"现实主义的"方面，因为我们谈到某个个人的深度或"创造性"力量，谈到他在写作中表现出来的意图或原始灵感，然而，我们称为作者的个人（或包含作者作为个人）的这些方面，按照或多或少总是心理学的方式，是我们处理文本方式的一些投射；我们进行比较，我们提炼有关的特征，我们确定连续性，我们实行排除。此外，所有这些作用都依照有关话语的时期和形式发生变化。一个"哲学家"和一个"诗人"不会以同样的方式构成；一部18世纪小说作者的构成方式也与现代小说家不同。然而，在支配作者构成的规则里，仍然有一些超越历史的持久的东西。

例如在文学批评里，确定一个作者——或毋宁说从现存文本确定作者构成——的传统方法，大部分产生于基督教传统用以证实（或否定）它所占有的特殊文本的那些方法。就现代批评意欲从作品中"重新发现"作者来看，当它想通过说明作者的神圣性来证实文本的价值时，它所运用的方法使人明显想到基督教《圣经》的评注。在《德维里图解》里，圣杰罗姆坚持同一人名并不证明是几本书的共同作者，因为许多人可以用同样的名字，或者某个人可以非法地盗用他人的名字。当名字与一种文本传统关联时，作为某个个人标记的名字是不够的。那么，几个文本如何归之于一个作者呢？联系到作者的作用，什么标准会说明多个作者的介入？根据圣杰罗姆的看法，有四种标准：必须从归于一个作者的作品名单中排除的文本，是那些低于其他文本的文本（这样作者被限定为一种标准的质量水平）；其思想与在其他文本中表达的学说相对抗的那些文本（这里作者被限定为某种观念和理论上连贯一致的领域）；以一种不同的风格写成并包含其他作品中一般没有的一些词语和修辞的那些文本（作者被视为一种文体风格上的统一）；涉及作者死后的事件或历史人物的那些文本（这样作者就是一个确定的历史人物，在他身上集中了一系列的事件）。虽然现代批评看上去没有这些关于证实的怀疑，它限定作者的策略却惊人地相似。作者解释一个文本内部某些事件的存在，并解释它们的转变、歪曲和它们的各种修改（其方法是通过作者的传记或参考他特有的观点，分析他的社会倾向及其在一个阶级中的地位，或通过描述他的基本的目标）。作者还在写作中构成一种统一的原则，写作中任何产品的不平衡性都归因于发展、成熟或外部影响所引起的变化。此外，作者还可以中和在一系列文本中发现的矛盾。支配这种作用的是一种信念，即相信在作者思想中的某个层次上，在他有意识或无意识的欲望的某个层次上，必定有一个矛盾得到解决的地方，在那里，互不相容的因素可以表现出互相关联,或者围绕一种基本的、原生性的矛盾连贯起来。最后,作者是表现的一种特殊源泉,他以或多或少完成的形式,在文本、书信、片断和手稿等当中,同样明确地表现出来,并且具有相似的效能。因此,圣杰罗姆的四种证实原则在现代批评家看来虽然远远不够,但它们仍然限定着现在用以说明作者作用的批评形式。

不过,如果认为作者的作用是按照作为被动材料的文本事实进行一种单纯的重构,那将是错误的,因为文本总是带有许多与作者相关的符号。语法学家清楚地知道,这些文本符号是个人的名词、时间和地点的副词以及动词的各个变化形式。但值得注意的是,这些成分对于有作者的文本和无作者的文本产生不同的意义。在后一种情况里,这些"转换者"指一个真实的说话者和一种实际指示的情境,也有一些例外,如第一人称里的间接引语。但是,当话语与作者联系起来时,"转换者"的作用就更复杂多变。众所周知,在以第一人称叙述的小说里,不论是第一人称代词的现在陈述时态,还是它因哪种情况而确定位置的符号,都没有直接涉及作者,既没有涉及他写作的时间,也没有涉及写作的具体行为;相反,它们代表一个"第二自我",这个"自我"与作者的相似性从不固定,在单独一本书的进程中经历相当多的变动。根据与实际作者的关系寻求作者,同根据虚构的叙述者寻求作者一样是错误的;"作者—作用"即产生于它们的分裂——在两者的分开和隔离中产生。也许有人会反对这种看法,认为这种现象只适用于小说或诗,适用于一种"准话语"的语境,但事实上,支撑这种"作者—作用"的所有话语都具有这种自我的复式性。在一篇数学论文里,在前言中指出论文构成情况的自我,与在文本正文中作出论证的"我",不论就其身份还是就其作用来看都不一致。前者包含一个独特的个人,他在一个既定的时间和地点成功地完成了一项工作;而后者则表示一种论证的实例和计划,只要运用同一套定理、预备性的运算和一套一致的符号,任何人都可以完成这种论证。我们还可以确定一种第三自我:他谈他研究的目标、遇到的障碍、研究的结果、仍然有待于解决的问题,以及这个"我"在目前和未来的数学话语领域里的作用。我们并不是在谈论一种从属系统,其中对"我"的第一次和实质性运用像某种小说那样被其他两个重复。相反,"作者—作用"在这样的话语里如此运作是为了使三个自我同时存在。

当然,进一步的思考会揭示"作者—作用"的其他特征,但我使自己只限于看上去最明显和最重要的四种。它们可以用下面的方式加以概括："作者—作用"依靠法律和惯例体系，这种体系限制、决定并明确表达话语的范围；在各种话语、各个时刻以及任何既定的文化里，"作者—作用"并不以完全相同的形式运作；"作者—作用"不是根据把文本自发地归于其创作者来限定，而是通过一系列精确而复杂的程序来限定；就它同时引起多种自我和任何阶级的个人都会占有的一系列主观看法而言，"作者—作用"并非单纯地指实际的个人。

我知道，直到现在我一直把主题保持在不适当的范围之内，我还应该谈到绘画、音乐和技术等领域里的"作者—作用"。由于承认我的分析局限于话语领域，似乎我赋予了"作者"这个词一种过于狭隘的意义。我只在狭隘的个人意义上讨论了作者，即作者是文本、书或作品的生产都可以合法地归之于他的个人。但十分明显的是，甚至在话语领域之内，一个人也可以不只是一种书的作者——例如，一种理论的作者、一种传统或一门学科的作者，其中新的书和作者都可以增生。为了方便，我们可以说这样的作者占据一种"跨话语的"地位。

荷马、亚里士多德和教会的神父们都扮演了这种角色，最早的数学家和希波克拉底传统的创始人也都扮演了这种角色。这种类型的作者肯定与我们的文明一样悠久。但我相信，欧洲19世纪产生了一种独特类型的作者，他们不应该与"伟大的"文学作者混淆，也不应该与真正宗教文本的作者和科学的奠基者混淆。我们可以多少有些武断地把他们称作"话语实践的拓荒者"。

这些作者的独特贡献在于，他们不仅生产自己的作品，而且生产构成其他文本的可能性和规则。在这种意义上，他们的作用完全不同于小说家的作用，例如小说家基本上只是他自己文本的作者。弗洛伊德不只是《梦的解释》或《才智及其与无意识的关系》的作者，马克思也不只是《共产党宣言》或《资本论》的作者：他们二人都确立了话语方式的无穷的可能。显然，对此很容易提出异议。一部小说的作者可以不只是对他自己的文本负责；如果他在文学界获得某种"重要性"，他的影响会产生有意义的漫延。举一个简单的例子：人们可以说安·拉德克利夫不只是写了《尤多尔佛的秘密》和其他一些小说，而且还使19世纪初哥特式传奇的出现成为可能。在这种意义上，她作为作者的作用超出了她的作品的局限。但是，这种异议可以用下面的事实回答：话语方式实践的创始者所揭示的种种可能（以马克思和弗洛伊德为例，因为我相信他们最早也最重要），与小说家所表示的那些有着重大的不同。安·拉德克利夫的小说使某些以她的作品为模式的相像和类似的因素进行循环——各种独特的符号、人物、关系和结构可以纳入其他的作品。简言之，要说安·拉德克利夫创造了哥特式传奇，就是说她的作品与19世纪哥特式传奇有某些共同的因素：如被自己的天真毁掉的女主人公、有某种反城市作用的神秘的城堡、发誓对诅咒他的世界报复的绿林英雄，等等。另一方面，作为"话语方式实践中的创始者"，马克思和弗洛伊德不仅使可以为更多文本采纳的"相似"成为可能，而且同样重要的是，他们还使某些"差异"成为可能。他们为引入非自己的因素清出了空间，然而这些因素仍然处于他们创造的话语范围之内。在说到弗洛伊德创立了精神分析时，我们不仅指力比多的概念或解梦的方法在卡尔·阿布拉汉姆或米莱尼·克雷恩的著作中重新出现，而且指他使关于他的作品、概念和前提的某些差异成为可能，而这些差异全都产生于精神分析的话语。

然而，这不正是任何新科学创立者的情况么？不正是任何成功地改变某种现存科学的作者的情况么？伽利略除为产生远远不同于他自己陈述之陈述扫清道路之外，他对那些机械地运用他所阐述的法则的人的文本也有间接的责任。如果说古维尔是生物学的奠基者，索绪尔是语言学的奠基者，这并不是因为他们被人模仿，或者因为一种有机观念或符号理论被不加批判地纳入新的文本，而是因为古维尔在某种程度上使一种与他自己的体系截然相反的进化理论成为可能，索绪尔使一种根本不同于他自己的结构分析的生成语法成为可能。因此，从表面上看，话语方式实践中的创始似乎像任何科学努力的创始，但我相信这里有一种基本的区别。

在科学活动中，创始行为与其未来的转变处于平等的地位：它只是它所引起的多种可能的转变中的一种。这种互相依存可以采取多种形式。在某种科学的未来发展里，创始行为可能只呈现为已经发现的某种更普遍现象中的一种独特的实例。它可能以回溯的方式受到怀疑，被认为过于直观或过于依赖经验，因此它服从于新理论作用的严密性，从而被置于一种形式领域当中。最后，它可能被认为是一种匆忙的概括，其有效性应该受到限制。用另外的话说，关于科学的创始行为永远可以通过它建立的转变方法被重新改变。

另一方面，一种话语实践的创始对其后来的转变是异质性的。按照弗洛伊德初创那样拓展精神分析实践，并不是要假定一种开始不曾提出的形式的普遍性；它是要探讨多种可能的运用。对它加以限定就是要在原始文本中分离出一小批命题或陈述，它们被认为具有某种创始价值，并且表明其他弗洛伊德式的观念或理论是衍生性的。最后，在这些创始者的作品里不存在"错误的"陈述；那些与另外话语相关而被认为是非本质的或"前历史的"陈述，由于支持作品中更恰当的方面被完全忽视。话语实践的创始不像一种科学的创立，它笼罩着而又必然脱离它后来的发展和转变。结果，我们根据创始者的作品来确定一种陈述的正确性，而在伽利略或牛顿的情况里，这种确定则根据宇宙学或物理学里所确立的结构的或内在的标准。按照这种概要的说明，这些创始者的作品不是处于与某种科学的关系之中，也不是处于作品所限定的空间；相反，恰恰是科学或话语实践把他们的作品当成了最初的参照点。

在保持这种区分当中，我们可以理解为什么这种话语的实践者不可避免地要"回归原始"。但这里还必须辨别"回归"与科学的"重新发现"或"恢复"。"重新发现"是与现存知识形式类似或类同的结果，它使被遗忘或被隐蔽的情形可以见到。例如，乔姆斯基在他论笛卡尔语法的著作里①，"重新发现了"从科多莫伊到洪堡一直使用的一种知识形式。这种知识形式只有根据生成语法的观点才能理解，因为这种后来的说明抓住了它的结构的关键：实际上，它是对一种历史观点的回溯式的整理。"恢复"是指大不相同的情况：将话语纳入关于概括、实践和转变的全新的领域。数学的历史充满了这种现象的实例，如米歇尔·塞里斯论数学回忆的著作就表明了这点。②

"回归"之说指一种有其自身特性的运动，它说明话语实践创始的特征。如果我们回归，那是因为一种基本的和构成性的省略，一种并非偶然或不理解造成的省略。实际上，创始行为本质上就是如此，它不可避免地屈从于自己的歪曲；那种表现这种行为并从这种行为衍生的东西，同时是它的分歧和歪曲的根源。这种非偶然性的省略必定由某些精确的活动控制，在对创始行为的回归中，这些活动可以得到定位、分析和归纳。由省略所引起的障碍不是从外部加上去的；它产生于所说的话语实践，由话语实践赋予它自己的法则。不论是障

---

① 诺姆·乔姆斯基：《笛卡尔的语言学》（纽约，1966）。
②《交流》（巴黎，1968），英译本第78~112页。

碍的原因还是消除障碍的方法,这种省略——也是防止回到创始行为的障碍的原因——只能通过回归来解决。此外,它永远是对文本本身的一种回归,尤其是对原始的、未加渲染的文本的回归,它特别注意那些在文本的空隙、它的空白和虚无中所表达的东西。我们回归到那些空的空间,而它们被省略掩饰起来,或者隐蔽在一种错误而令人误解的丰富性之中。在对一种实质性的空缺的这些重新发现里,我们发现两种独特的反应摇摆不定:"这一点是造出来的——如果你知道如何阅读就不得不看见它";或者反过来说,"不,在文本的任何印出来的词语里哪一点都不是造出来的,而是通过词语在它们的关系以及分开它们的距离中表达出来的"。其自然而然的结果是,这种作为话语方式组成部分的回归不断地引入修改,而且对文本的回归不是一种历史的增补,因为历史的增补会将自身固定于原始的话语性,并以一种终究不是本质的修饰形式对它重复。然而,它是转变话语实践的一种有效而必然的方式。对伽利略作品的研究可以改变我们对机械历史的知识,但不能改变对科学历史的知识;然而,重新考察弗洛伊德或马克思的著作,则可以改变我们对精神分析或马克思主义的理解。

这些回归的最后一个特征是,它们倾向于加强作者与其作品之间的不可思议的联系。一个文本具有某种创始性的价值,完全因为它是某个特定作者的作品,而我们的回归则受到这种认识的限制。重新发现牛顿或坎特尔的某个未知的文本,不会改变古典的宇宙学或群体理论;它最多只会改变我们对它们历史起源的鉴别。但是,揭示《精神分析概要》,承认它是弗洛伊德的一部著作,不仅可以改变我们的历史知识,而且可以改变精神分析理论的范畴——只是要通过侧重点或重心的转换。这些回归是话语实践的重要构成因素,它们在"原始"作者和间接作者之间形成一种关系,而这种关系不同于联结普通文本与其直接作者的关系。

关于话语实践创始的这些论述极其简要,对于我所追溯的这种创始与科学创立之间的对立关系尤其如此。两者之间的区分并不容易分辨;此外,也没有证据说明两种过程互相排斥。不过,在确立这种对立时,我唯一的目的是想说明"作者—作用",它在明确署名的一部著作或一系列文本的层次上非常复杂,当按照更大的实体——一批作品或整个学科——分析时,它还有其他的决定因素。

遗憾的是，就用于分析过程或指导未来研究而言，这篇论文里显然没有肯定的建议，但我至少应该说明为什么我如此看重这篇作品的某种延续。发展某种类似的分析可以为话语类型学提供基础。根据语法特征、形式结构和话语客体，这样的类型学不可能被充分理解，因为毫无疑问存在着一些特定的话语特征或关系，它们不可能归纳为语法和逻辑的规则，也不可能归纳为支配客体的法则。如果我们希望区分更大的话语范畴，就需要研究这些话语特征。作者可以假定的不同形式的关系（或无关系），显然是这些话语特征中的一种。

这种形式的研究，也允许引入一种对话语的历史分析。或许现在该研究的不仅是话语的表述价值和形式转变，而且还有其存在的方式：一切文化当中的，传播、增值、归属和占用等方式的修改和变化。尤其如果不顾作者置入作品的主题和观念，"作者—作用"还可以揭示根据社会关系表达话语的方式。

作为这种分析的一种合理的延伸，难道不能重新考察主体的特权么？非常明显，在对一部作品（不论文学文本、哲学体系还是科学著作）进行内部和结构分析时，在界定心理学和传记上的参照时，关于主体的绝对性和创造作用会出现怀疑。但主体不应该被完全放弃。它应该被重新考虑，不是恢复一种创始主体的主题，而是抓住它的作用、它对话语的介入，以及它的从属系统。我们应该中止一些典型的问题：一个自由的主体如何透过密集的事物赋予它们以意义？主体如何从内部调动话语的规则来完成它的构思？相反，我们应该问：在话语序列里，像主体这样的存在，在什么样的条件下以什么样的形式才能出现？它占据什么地位？它表现出什么作用？在每一种类型的话语里它遵循什么规则？简言之，必须取消主体（及其替代）的创造作用，把它作为一种复杂多变的话语作用来分析。

作者——或我所说的"作者—作用"——无疑是关于主体种种可能说明中的一种，考虑到过去历史的变化，这种作用的形式、复杂性甚至存在似乎都远非不可改变。我们可以很容易地想象出一种文化，其中话语的流传根本不需要作者。不论话语具有什么地位、形式或价值，也不管我们如何处理它们，话语总会在大量无作者的情况下展开。这里不再令人厌倦地重复下面的问题：

"谁是真正的作者？"

"对他的真实性和创造性我们有证据么？"

"在他的语言里，他对自己最深刻的自我揭示了什么？"

人们会听到新的问题：

"这种话语存在的方式是什么？"

"它来自何处；它如何流传；它由谁支配？"

"由于可能的主体会做出什么安排？"

"主体这些各不相同的作用谁能完成？"

在所有这些问题背后，我们几乎只听到漠不关心的低语：

"谁在说话有什么关系？"

（选自王逢振、盛宁、李自修编《最新西方文论选》，
漓江出版社1991年版）

鲍德里亚与《拟象的进程》

经典导读

让·鲍德里亚（Jean Baudrillard，又译为让·波德里亚尔、尚·布希亚等，1929—2007），法国哲学家、现代社会思想家。他在对"消费社会理论"和"后现代性的命运"的研究方面卓有建树，在 20 世纪 80 年代，他的媒介和社会批判理论，令人炫目而富有启发性。其代表作品有《消费社会》《生产之镜》《完美的罪行》《物体系》等。

鲍德里亚与大多数法国知识分子比较，他的成长生涯和心灵历程都很特殊。鲍德里亚的祖父母是农民，父亲是警察。因为成绩优异，他进入法国最著名的亨利四世中学，然而放弃了大学预备班的课程，因此无法被精英高等学校录取。顺应西蒙娜·薇依（Simone Weil）的哲学指引，他去南方的阿尔勒当了一名工人。这样做的直接后果是，他不得不在教授了许多年的语言课程后，为得到一份大学的工作而艰苦努力。

回到巴黎以后，鲍德里亚在索邦大学完成了学业，在几所中学教授德语文学。然后他又离开中学，撰写了研究日常生活的社会学博士论文。1968 年，他出版了《物体系》。鲍德里亚的研究在很大程度上是根据消费、媒介、信息和技术社会的发展，重新思考激进的社会和政治理论。鲍德里亚早期站在马克思主义的立场上对现代社会进行批判，然而 20 世纪 70 年代中期以后，他与马克思决裂，抛弃了马克思的物质经济基础决定意识形态的前提，把对现代社会的观察从实际的物质生产彻底转向了符号和表象的生产和消费，建立了以符号消费为主要内容的政治经济学。在他的理论中，模拟（simulations）和拟象（simulacra）、媒介和信息等术语取代了马克思主义中的唯物主义的生产和价值理论。

在晚期资本主义社会，商品生产在很大程度上不再出于人们对于衣食住行的功能性需求，而受心理的和符号的需求驱动。鲍德里亚强调："要成为消费的对象，物品必须成为符号，也就是外在于一个它只作意义指涉的关系——因此它和这个具体关系之间，存有的是一种任意偶然的和不一致的关系，而它的合理一致性，也就是它的意义，来自于它和所有其他的符号-物之间，抽象而系统性的关系。这时，它便进行'个性化'，或是进入系列之中，等等；它被消费——但（被消费的）不是它的物质性，而是它的差异（différence）。"①

鲍德里亚把罗兰·巴特等人对现代社会的符号学分析和批判推向一个新的高度，其论述更加系统化，但又充满种种灵机一动的奇思妙想，而不是理论命题的逻辑推理。因此他的书常常显得深刻而晦涩，理论性很强又充满感性的断语。现代社会中的商品和物不再以现实的方式呈现，而是以符号和意义的方式呈现："物远不仅是一种实用的东西，它具有一种符号的社会价值，正是这种符号的交换价值才是更为根本的——使用价值常常只不过是一种对物的操持的保证（或者甚至是纯粹的和简单的合理化）。以其充满悖论的形式，这才是唯一正确的社会学意义上的假设。在其具体的可见性之下，需求与功能主要只描述了一个抽象的层面，物是一种显明的话语（discours），与此相关，大部分属于无意识的社会话语，则显得更为根本。一种关于物及其消费的精确理论由此不能建立在一种需求及其满足的基础之上，而是要建立在一种社会回馈（la prestation sociale）及其意指（signification）的理论之上。"②阶级的差异也并不是由现实的物本身来决定，而是由物的意义秩序来决定的。

鲍德里亚很快从符号更进一步转向了拟象（simulacre，或译为仿象）的概念。在《象征交换与死亡》艺术中，他提出：

> 仿象的三个等级平行于价值规律的变化，它们从文艺复兴开始相继而来：——仿造是从文艺复兴到工业革命的"古典"时期的主要模式。
> ——生产是工业时代的主要模式。

---

① ［法］尚·布希亚：《物体系》，林志明译，上海人民出版社2001年版，第223页。
② ［法］让·鲍德里亚：《符号政治经济学批判》，夏莹译，南京大学出版社2009年版，第2页。

——仿真是目前这个受代码支配的阶段的主要模式。

第一级仿象依赖的是价值的自然规律，第二级仿象依赖的是价值的商品规律，第三级仿象依赖的是价值的结构规律。①

模拟的泛滥在某种程度上取消了现实与想象、真实与拟象之间的差异。对现实的指称取代了现实，并且发挥着现实的效果。在当今社会，谋杀总统的行为也已经被想象性的谋杀取代，并不需要有真实的死亡，仅仅这种模拟就足以产生相似的效果。鲍德里亚所强调的是从对社会的效果层面来分析拟仿问题，在今天的媒体作用之下，人们实际上是在政治景观中参与政治，或者说，普通大众参与政治的唯一方式和通道就是进入这个政治景观，一方面人们对政治景观产生回应，另一方面，其回应本身就是政治景观的一部分。应该说，鲍德里亚的分析看上去有些极端而脱离常识，然而，当我们今天看到在电视和报纸的新闻报道中出现的恐怖主义活动所造成的政治景观时，不得不承认其分析是深刻而富有启发性的。他指出了表征与现实关系的重要的倒置。以前，人们相信媒介是再现、反映和表征现实的，然而今天，媒介正在构成（超）现实，一个新的媒介现实——"比现实更现实"——其中现实已经从属于表征，这导致现实的最终消融。今天恐怖行为对普通大众的主要影响并不是其对生命的直接威胁，无论在法国还是在美国，每年因为车祸丧生的人数远远高于恐怖袭击造成的死亡人数。但是，只有恐怖袭击中的死亡才能构成一种特殊的现实，可以在想象中获得力量，而车祸的死亡则只是冷冰冰的真正的现实，无法在媒介中反复被拟仿，车祸新闻是一次性的，而恐怖袭击则以几何级数的方式扩大其形象的生产和消费。从最初的现场新闻起，恐怖主义的各种符号、形象、代码、阐释就会不断得到增殖、生产、分配和消费，并且进入一个媒介自身的再生产过程。

电视在拟象的进程中曾经是一个决定性的工具和场域，今天的互联网和自媒体更是加剧了"另一种现实"的实在性和力量。从今天世界上的互联网信息的传播过程和结果来看，我们更加能够理解鲍德里亚所说的话："所有可能的阐释都是真的，只要它们的真实性能够互换，只要它们处在一个普遍化的循环中，只要它们处在作为其源头的模型的形象中。"

鲍德里亚对当前媒体和信息传播状况那天才般的敏锐描写使他自身进入这个景

---

① ［法］让·鲍德里亚：《象征交换与死亡》，车槿山译，译林出版社2009年版，第61页。

观内部的相互映射游戏之中。其批判虽然鞭辟入里,但是无法与任何实践行动结合起来;他深入社会的某一个层面,却没有办法统摄整体的社会现实。如高亚春所说:鲍德里亚"精于批判社会,但是对于'社会应是什么'却缺乏见解"[1]。对现实社会不能提出可替代性的方案,其批判就无法落实为实践的指导。不过这一问题依然无法掩饰其理论的洞察力和批判的敏锐性,当我们观察和理解当今社会的运转方式的时候,鲍德里亚是无法绕过的。

―― 延伸阅读文献

1. [法]罗兰·巴特、[法]让·鲍德里亚等著,吴琼、杜予编:《形象的修辞——广告与当代社会理论》,北京:中国人民大学出版社2005年版。

2. [法]让·鲍德里亚:《象征交换与死亡》,车槿山译,南京:译林出版社2009年版。

3. [法]鲍德里亚:《生产之镜》,仰海峰译,北京:中央编译出版社2005年版。

4. [法]让·鲍德里亚:《消费社会》,刘成富、全志钢译,南京:南京大学出版社2014年版。

5. [法]让·鲍德里亚:《符号政治经济学批判》,夏莹译,南京:南京大学出版社2009年版。

6. 孔明安:《物·象征·仿真——鲍德里亚哲学思想研究》,合肥:安徽人民出版社2008年版。

7. 高亚春:《符号与象征——波德里亚消费社会批判理论研究》,北京:人民出版社2007年版。

(钱翰 撰)

―― 原文:《拟象的进程》(节选)

---

[1] 高亚春:《符号与象征——波德里亚消费社会批判理论研究》,人民出版社2007年版,第268页。

经典原文

拟象的进程（节选）

鲍德里亚 著　夏小燕 译

> 拟象物从来就不遮盖真实，相反倒是真实掩盖了"从来就没有什么真实"这一事实。
>
> 拟象物就是真实。
>
> ——《传道书》

如果我们有机会再次浏览一下博尔赫斯（Borges）的寓言——在那里，帝国的制图者绘了一幅地图，它是如此翔实，以至于精确无比地覆盖了全部版图（帝国的衰落证明了这张地图的争议。渐渐地，帝国陷入了崩溃之境，尽管有一些碎片在沙漠中仍然隐约可见——这种废墟抽象的形而上学的美景足以和帝国一起证明着自豪的时代，然后也如同牲畜的尸体一样腐烂，回归到粪土物质之中，经过年代的淘洗，通过与真实本身的混淆，多少有了一个双重的结局）——作为关于拟仿最美丽的寓言，这个寓言今天对我们来说已经整整经历了一个轮回，它所拥有的仅仅是第二层次拟象不连续的魅力。[①]

今天，抽象不再是地图、双体、镜像或者概念的抽象。拟仿不再是版图、某个指涉物或实体的拟仿。它是通过一种没有本源或真实性的现实模型来产生的，它是一种超现实。版图不再先于地图，也不会比后者更加长久。相反，是地图先于版图——这就是拟象的进程——是地图产生了版图。假如大家返回到刚才的那个寓言，那么在今天，应当是版图的碎片在地图的范围之间渐渐朽烂。是现实而不是地图的残余遗存在那沙漠的各角落。沙漠不再是那个帝国的，而是我们的。沙漠是"现实本身的沙漠"。

事实上，即使把关系颠倒过来，博尔赫斯的寓言还是无法被挪用。只有帝国的寓言也许还能维持下去。因为正是这同样的帝国主义促使当今的拟仿者试图

[①] 参见鲍德里亚《拟象的秩序》，见《象征交换与死亡》，巴黎：伽利玛出版社1976年版。

使现实、所有的现实与它们的拟仿模型相符合。但这既不是地图的问题，也不是版图的问题。某些东西消失了，这就是那区分彼此的至高无上的差异，是这差异构建了抽象的诱惑力。因为正是差异构建了地图的诗意和版图的魅力，构建了观念的魔力和现实的诱惑力。这种想象性的再现——在制图者的疯狂中达到了顶峰，同时又被制图者意欲达到地图与版图之间理想的共存的疯狂计划所吞食——消失在拟仿中。这种拟仿的运作是不明确的，同时又是基因性的，根本不再是镜像式的，也不是推论的。那所丧失的是全部的形而上学。不再有存在和表象的镜像，不再有现实和现实的概念的镜像，不再有想象性的共存，那作为拟象的向度的是基因的微型化。真实从微型化的细胞、母体和记忆库，以及控制模型那里被制造出来，并且能从这些东西中被无数次地复制出来。它不再需要理性的东西，因为它再也不把自身放在某个对抗理想的或否定的瞬间。它只是一种运作。事实上，它不再是真实的事实，因为再也没有想象性的东西包含着它。它是一种超现实，产生于一种没有气压的超空间中的结合模型的放射性综合。

借助于跨越一个其弧弯不再属于现实，也不再属于真实的空间，拟仿的时代通过对所有指涉物的清算被开辟出来。更糟糕的是，借着在指谓系统里的人工复活，以及比意义更具延展性的物质，它把自己引向了所有等价的系统，引向了所有的二元对立，引向了所有的组合代数。它不再是模仿的问题，也不是复制的问题，甚至不是滑稽模仿的问题。它是以现实的指谓取代现实的问题，也就是说，是通过其运作的双重体来延宕每一现实过程的运作的问题，是一个程式化的、超稳定的、完美地描画出来的机器，能提供所有的现实的指谓，并能造成其所有变迁的短路。从此，现实不再有机会再次制造自身，正如在死亡系统中那种模型的决定性功能。或者更确切地说，预期中的复活的决定性功能，它甚至不再给死亡事件一次机会。从此之后，超现实与想象性的东西再无牵涉，也与事实和想象之间的区分再无牵涉，只给模型的轨道式重现和被拟仿的差异生成留下了空间。

■ 一、意象的神圣非指涉性

若要掩饰，就得假装没有自身拥有的东西。若要拟仿，就得假装拥有自己本来没有的东西。一个暗示着到场，一个意味着缺席。但是实际的情形要比这复杂得多，因为拟仿不是假装："装病的人只要赖在床上，让别人相信他生病就行了。但是，模拟生病的人是在自身的体内制造出一些病人的症状。"（利特雷）所以，假装或者掩饰并不能动摇现实法则的完整性，差异仍然泾渭分明地存在着，它只是被掩盖了，然而拟仿却威胁到"真实"与"虚假"、"现实"与"想象"之间的差别。假如拟仿者连"真正的"病症都制造出来了，那他到底是病了还是没病？从客观上来讲，别人是不能视他为得病了或者没有得病。心理学和医学在这一点上都无计可施，被疾病本身尚未被发现的真相阻碍了。因为如果任何症状都能"被制造"并且不再被视为一种自然事实，那么每一种疾病都可以被当成可拟仿的和被拟仿的。这样的话，既然医学只懂得根据客观原因去治疗"真正的"疾病，它就失去了它的意义。心身不调就在疾病原则范围内发展成为一种可疑的状态。至于心理分析，它把一种有机体的症候转移到无意识的层次。后者是新的，并且被认为比其他的"事实"更加真实。但是为什么拟仿会在无意识的大门口呢？为什么无意识的"工作"没有以同样的方式被制造成为古典医学旧的症状呢？梦就是这样的。

　　当然，精神病学家声称说："对每一种心理异化的形式而言，在拟仿者所忽视的症状系列中，以及精神病学家不会受骗的不在场中，存在着一个特殊的层面。"这种说法（自1865年开始出现）是为了不惜一切代价捍卫真实的原则，为了逃避拟仿所展示出来的质询——有关真相、指涉、客观原因的知识不再存在。现在，对于那漂浮在疾病的两端和健康的两端的东西，对于再也不知何为真实、何为虚假的话语中的疾病的复制，医学能做些什么呢？对于在拟仿的话语中无意识话语的复制，精神分析还能做些什么？那话语再也不能被揭发出真相，因为它也不过是虚假的。（话语本身在移情中不易被解决。正是这两种话语的纠缠导致冗长的精神分析。）

　　对于拟仿者，军队是怎样处置的？从传统来看，它会根据明晰的同一性原则，暴露拟仿者，惩罚拟仿者。现在，它必须撤销一个非常优秀的拟仿者，如同对待一个"真正的"同性恋、一个心脏病患者，或者一个疯子。甚至军事心理学也不再遵从笛卡尔哲学的确定论。对于分辨真与假，对于分辨"被制造出来的东西"与可信的症状，它也感到犹豫不决。"如果他能逼真地表演疯狂，那是因为他就是疯子。"军事心理学在这方面也没有弄错，从这个意义上说，所有疯子都是在模拟疯狂,而区分能力的缺乏是最糟糕的颠覆。正是针对区分的这种缺乏,古典理性在其所有的范畴内武装自己以示对抗。但是今天,拟仿又逃脱了这些范畴,遮盖了真理的法则。

在医学和军队这些拟仿所钟爱的领域之外,问题又回到了宗教和神圣的拟象,"我不允许在寺院有任何拟象,因为使自然充满生气的神圣性本身是从来不能被再现的。"它其实是可以这样的。但是,当神圣性将自己展现为圣像时,当它在拟象中被多样化时,它会变成什么样子?它会保留那无上的力量在意象中化生为一种可见的神学吗?或者,它会在单独显出力量与迷人景象的拟象中彰显自己吗?圣像的可见机制取代了上帝纯粹的只可理解的理念。这正是偶像破坏者所害怕的东西,其有关千禧年的争论今天仍与我们同在。[1]这正是因为他们预见到,拟象的万能、拟象的本领,是要从人类的意识中抹掉上帝。他们允许破坏性的、歼灭性的真理出现——从根本上说,上帝从来没有存在过,而只有拟象存在过,甚至上帝自己除是自身的拟象之外什么也不是。由此出发,激发了他们欲摧毁那些图像的冲动。如果他们早能相信这些图像只是模糊或者掩饰了柏拉图主义的上帝理念,那么他们也不会有任何理由破坏这些图像了。每个人都可以与歪曲的真相共存,但是反偶像崇拜者的形而上学的绝望来自这样一种观念,即图像根本不能隐藏任何东西。这图像本质上并不是图像,好像有一个原始的模型制造了它们,而是十分完美的拟象,永远都会从自身的魅力中散发光辉。因此,必须不惜一切代价驱除神圣的指涉物的这种死亡。

必须明白,被指控为蔑视和否定图像的偶像破坏者们,实际上是真正赋予图像应有的价值的人。相反,那些偶像崇拜者只从图像上看到了自己的映像,并且满足于崇敬一个饰有金银丝细工的上帝。另一方面,我们也可以说,这些偶像崇拜者具有最现代的心灵,最有冒险精神,因为他们以使上帝彰显为镜像式的图像为借口,已经在上帝再现的圣旬节里把他引向了死亡和消失(他们也许已经知道他不再代表任何东西。这纯粹是一个游戏,却是一场壮丽的世俗游戏——他们也知道揭穿偶像是危险的,因为偶像掩饰了一个事实,那就是在图像之外别无他物)。

这是耶稣会士的方法,他们的政治就是建立在上帝虚拟性的消失和世俗

---

[1] 参见米歇尔·伯尼奥拉:《图像、视觉、拟象》,第39页。

的、奇观性的意识操控之上，亦即在神显的权力中上帝的消失。这是超越性的终结，它现在仅仅是对完全摆脱影响与符码的一种策略性托词。在图像的巴洛克形式背后，隐藏着政治明显的灰色性。

以这样的方法为赌注，就可以维系着图像的谋杀力量，如同拜占庭人的圣像可以是神圣的同一性的圣像一样。这图像是真实的谋杀者，是图像自身的模型的谋杀者。与这种谋杀的力量相对立的，是再现作为辩证的力量，是真实可见的和可理解的中介。所有的西方信仰与善的信念都会加入这场再现的赌博，一个符号可以指谓着意义的深度，一个符号可以用来交换意义，而且会有某个东西来保障这场交换——这当然是指上帝啦。但是，如果上帝本身能被拟仿，也就是说，如果上帝能被简约为构成信仰的符号，那会是什么样的情况？那时，整个系统就将变得无关紧要，除了是一个巨大的拟象什么也不是——不是非真实，而只是一个拟象。更确切地说，在那个不会被打断的、没有指涉也没有疆域线的环圈之内，它再也不能和真实做交换，而只能和自己做交换。

这就是拟仿，它和再现是对立的。再现产生于符号与事实的等价原理（就算这种等价是乌托邦，它也是一条基本公理）。相反地，拟仿产生于等价原理的乌托邦，产生于对符号等同于价值的根本否定，产生于作为每个指涉的颠倒和死刑的符号。尽管再现总想通过把拟仿阐释为一种虚假的再现来吸纳它，拟仿却涵盖了再现自身作为一个拟象的整座大厦。

下面是图像的不同阶段：

1. 它是某个深度真实的反映；
2. 它遮盖深度真实，并使其去本质化；
3. 它遮盖着某个深度真实的缺席；
4. 它与无论什么样的真实都毫无关联，它是自身的纯粹拟象。

在第一种情况中，图像是一个好的表象——再现乃神圣秩序的再现。在第二种情况中，图像是一种邪恶的表象——它是邪恶秩序的再现。在第三种情况中，图像假装是一个表象——它是巫术秩序的再现。在第四种情况中，图像不再是属于表象的秩序，而是属于拟仿的秩序。

从掩饰某个东西的符号到无从掩饰的符号，这一转换标志着一个决定性的转折。第一种反映了真理和神秘的神学（意识形态的概念就属于这种神学）。第二种则开创了拟象和拟仿的时代。在那里，不再有一个上帝认可其自身的存在，不再有一个末日审判来区分虚假与真实，区分真实与它的人工复活，就像是一切都已经死去而又提前复活。

当真实不再是真实时，怀旧之情就会赋予它充盈的意义。于是就有了原始神话和现实符号的过剩——一种真理的过剩，第二客观现实和真实性的过剩。真实在扩大，生命体验在扩大，而客体和实体已经消失的修辞在复苏。真实和指涉物惊慌失措的生产与物质产品惊慌失措的生产可能平行，也有可能前者比后者更甚，这就是拟仿在与我们相关的这个时代所呈现的样子。这就是现实的策略，是新现实和超现实的策略。这一策略在任何地方都是延宕策略的双重化。

二、拉姆西斯，或玫瑰色的复活

1971年，人种学遭遇了它悖谬的终结——有一天，菲律宾政府决定把十几个塔萨代人遣返回自然。他们是刚刚在丛林深处被发现的。他们已经在那里生活了八个世纪了，与其他人类种族没有任何接触。他们处在原始状态，与殖民者、旅游者、人种学者没有任何联系。根据人种学家自己的说法，他们看着那些土著居民在与外界的接触中迅速解体败亡，如同暴露在空气中的木乃伊。

为了人种学的生存，它的对象必须死去。借由死亡，那个客体以"被发现"的形式施展报复，用它的死亡来反抗想要掌握它的科学。

科学不就是以这种悖谬的斜坡为生吗？以至于在它本身的疑虑中，它的定局借着它的客体的崩溃，借着那死去的客体施加给它的无情的反转而被注定。就像俄耳甫斯（Orpheus），科学总是转身回眸得太快，就像欧律狄刻（Eurydice），它的客体就此坠落，回到冥府。

与这悖谬的冥府相对立，人种学家希望通过用原始森林隔离塔萨代人来保护他们。再也没有人能接触到他们，正如在一个矿井里矿脉被封闭了。科学在那儿失去了宝贵的资本，但是客体仍然安全地不被科学所玷污，保有着其"处子之身"。这不是牺牲的问题（科学从来没有牺牲过自身，它嗜好谋杀），而是它的客体为了拯救其现实法则而拟仿牺牲的问题。那些塔萨代人冻结在其自然因素中，将提供一种完美的托词、一个永恒的保证。在此，出现了一种反人种学，它永远不会终结。朱林（Jaulin）、卡斯塔涅达（Castaneda）、克拉斯特（Clastres）是不同的见证人。无论如何，一种科学的逻辑演变就是要使自己远离自己的客体，直到它全然无须仰赖这个客体为止，它的自足只不过是把自己交付给更多的梦幻——这样它就能获得自身的纯粹形式。

就这样，印第安人被装在热带雨林的玻璃棺材里，回归到定居区，再次成为所有在人种学之前就可能存在的印第安人的拟仿模型。从此，这个模型在完全是重新被发明的这些印第安人的"残忍"现实中，准许自己奢侈地在自身之外将自己肉身化——野蛮人得感激人种学的正是后者使其仍然还是野蛮人：多么了不起的事件反转啊！这一似乎专注于破坏的科学取得了多么大的胜利啊！

当然，这些野蛮人是待解剖的，被冷冻、被冰封、被绝育、被保存在死亡之中。他们已经成为指涉性的拟象，而且科学自身也成为纯粹的拟仿。同样的情形也适用于克鲁尔索。在"开放的"博物馆层面，每个人都在某一固定位置被博物馆化，成为他们时代的"历史"见证人：整个工人阶级的邻居，现有的冶金学领域，整个的文化，男人、女人和小孩都被包括在内——姿态、语言、风俗民情等，就像是活化石，被放在一张特写照片内。这种博物馆没有被限定在一个几何学的场所，它们现在比比皆是，就像生命的某个维度。因此，在今天，人种学并没有把自己限定为一种客观的科学，而是从它的客体中获得了解放，运用到所有活的事物中，并使自己成为不可见的，就像无所不在的四维空间。这就是拟象的维度。我们全都是塔萨代人，全都是那些再度成其为自身的印第安人——是最后宣告人种学的普遍真理的拟象的印第安人。

在人种学或反人种学那幽灵般的光环里，我们全都成为活生生的标本。这不过是获胜的人种学的纯粹形式——在死去的差异的符号下，也是在差异的复活下。所以，在野蛮人或某个第三世界中寻找人种学是十分天真的——它处处都有，在大都市里，在白人社区里，在一个彻底被编目过和分析过的世界里。接着，在真实的保护下，它们又被人工地复活，在一个拟仿的世界里，在幻化真理的世界里，在勒索真实的世界里，在谋杀每一个象征形式及其歇斯底里的、历史性的、反思的世界里——那被谋杀的对象首先是那些野蛮人。但是，在很长一段时间里，它会蔓延到所有的西方社会，蔓延到那些高贵的人身上。

但同时，人种学也教给我们它唯一的和最终的教训。这就是杀死它的秘密（而关于这一点，野蛮人要比人种学知道得更多），亦即死亡的复仇。

对科学客体的囚禁，与囚禁疯子和死者没什么两样。而且，正如整个社会都会不可避免地被这一疯狂之镜污染，它最终也会指向自身。同样地，科学也会受到这充当其反面之镜的客体之死的污染。是科学主宰着客体，然而客体也依据一种无意识的反转把自己投注到它身上，以制造出深度。这一无意识的反转对于死亡和循环的质询只会作出死亡和循环的回应。

当社会打破了疯狂之镜（如废除疯人院、重新给予疯子言说的能力等）时，或者，当科学看似打破了其客体性之镜（如在自己的客体面前抹除自身，例如在卡斯塔涅达的例子中），然后屈膝于"差异"的脚下时，这都不会改变什么。由囚禁所产生的形式，会尾随着某个不可计数的、衍射的、减速的机械装置。当人种学崩溃在自己的古典建制中时，它又在一种反人种学中偷生。这种反人种学的任务就是再次注入差异性的虚构，注入无处不有的野蛮人的虚构，以便掩盖世界或我们的世界的真相。这世界以自身的方式再次成为野蛮的，也就是说，被差异和死亡毁灭。

同样，假借着要挽救原住民的文化，人们禁止参观者进入拉斯科岩洞，但是在距离它500米的地方修建了一个精确的复制品。这样，每个人都能看见它了（你可以透过一个可窥视的小孔看到那真正的洞穴遗迹，然后再造访那个再构建的复制品的全部）。就这样，原始岩洞的记忆本身可以被铭刻在未来各代人的心中，但从今以后就不再有任何差异了，复制足以把原作和复制品都化为人工的。

以同样的方式，科学和技术最近也被调用来拯救拉姆西斯二世的木乃伊。它被遗弃在一座破旧的博物馆已经几十年了。只要一想起可能无法挽救那个被象征秩序保存了四十个世纪、早就不见天日地埋没在地底的东西，西方人就恐慌不已。拉姆西斯对于我们并不意味着什么，只有他的木乃伊是无价的；因为它保证了一点，那就是堆积沉淀本身就具有意义。说白了，如果我们不能保存过去，那我们整个线性地积累起来的文化就会崩溃。正是为了这一目的，法老们必须从坟墓里被挖出来，而木乃伊也要打破其沉默。为了这个目的，它们必须被挖掘出来，并被赋予军事的荣誉。它们同时成为科学和蛆虫的猎物。唯有绝对的秘密能保证他们这种千年的力量——对腐烂物的主宰权显示着对与死亡交换的完整循环的主宰。我们只知道如何使我们的科学服务于木乃伊的修复，也就是说，修复一种可见的秩序。尽管涂抹香油于尸体上是一种神话性的努力，意在使某个隐秘的维度永垂不朽。

我们要求一个可见的过去、一个可见的连续体、一个可见的起源神话，以使我们对于自己的结局安心。因为最终我们从来没有信任过它们。这也就是在奥利机场的木乃伊接驾的历史性场景。为什么？因为拉姆西斯是一个非常专制和好武的人物吗？当然。但主要地还是因为我们的文化梦想着一种和它一点关系都没有的秩序——在这个它试图要串联的消逝的权力之背后。而且，我们的文化之所以有这一梦想，是因为它通过把木乃伊的出土视作它自身的过去来终结这木乃伊。

我们被拉姆西斯迷惑，就像文艺复兴时期的基督徒被美国印第安人吸引一样。这些（是人类吗？）存在物从来就不知道基督的话语。因而，在殖民化的开始，在完全有可能逃离《福音书》的普遍法则之前，会有一段时间的困惑和沉迷。有两种可能的反应存在：要么承认这种法则是普遍的，要么消除印第安人来抹掉这个证据。一般来说，人们满足于使他们皈依，甚至仅仅满足于发现他们，这样就可以慢慢地消除他们。

就这样，通过博物馆化把拉姆西斯挖掘出来，就足以确保对他的剪除。因为木乃伊腐烂并不是来自蛆虫，它们是死于从一种缓慢的、凌驾于腐烂和死亡之上的象征秩序中被外移到一种历史、科学和博物馆的秩序中。这是我们的秩序，它不再能主宰任何东西，而只知道去谴责早先把它推向腐烂和死亡的东西，继而再试图用科学来修复它。这种对所有神秘物不可挽回的暴力，这种没有任何秘密的文明的暴力，因为其自身的基础而仇视整个的文明。

而且和人种学的情形一样——它为了更好地保护自己的纯粹形式，不惜将自身与其客体分离开来——"去博物馆化"也不过是另一种人工化的回旋。以库沙亚的圣米迦勒修道院为证，人们不惜一切代价也要把它从纽约的修道院移回到它的"原址"加以重建。而且，似乎人人都应为这次复原喝彩。（就像他们为了修复香榭丽舍大街的人行道而举行的"实验性抗争"！）那么，如果说搬移飞檐的举动实际上是一神任意的行为，如果说纽约的那些修道院是所有文化的人工拼贴物（根据资本主义价值中心化的逻辑），那么，把它们重新搬移到原址的举动就更加是人工化的行为，是通过一个完整的环绕而和"现实"连接起来的总体拟象。

那座修道院应该留在纽约，保持它拟仿的环境，至少这样还不会愚弄任何人。复原它只是一种辅助的托词，装作好像什么事也没有发生，沉浸在过去的幻想中。

以同样的方式，美国人在为他们已经把印第安人带回到征服前的水平而自鸣得意。他们抹掉了一切，好重新再来。他们甚至夸耀自己做得更好，因为印第安人的人口比以前更多。这就是文明优越性的证据，它会比印第安人自己制造出更多的印第安人。（非常恶劣的是，这种过剩生产又是摧毁他们的一种手段。因为印第安文化，像所有的部落文化一样，仰赖于群体的有限性，仰赖于对任何"无限制"的增长的拒绝，就像在伊希的例子中看到的。这样，他们的人口统计学的提升正是迈向象征性灭绝的另一步。）

在各个地方，我们生活在一个奇异地类似于原初状态的宇宙中——事物被它们自身的演出场景双重化。但是这种双重化并不意味着——正如它在传统中那样——它们的死亡的迫近。它们已经将自己的死亡置之度外了，因为死了比活着要好。并且根据它们的模型，死了比活着更高兴、更真实可信，就像殡仪馆里的面孔。

■ 三、超现实与想象

迪士尼乐园是所有纠缠在一起的拟象秩序的完美模型。首先它是幻象与奇景的游戏，如海盗船、前线边境、未来世界，等等。这个想象的世界被认为能确保运作程序的成功。但是，最吸引大众的肯定是，它是社会的缩影，那宗教化的、微缩的真正美国式的乐趣就是它的局限和快乐。只要你在外面停好车，有秩序地进去，你就立即被出口遗弃。这个想象的世界唯一的迷幻就在于大众的柔情与温暖，也在于要创造出如此多样的效果，就必须准备充足和过量的小把戏。与停车场——一个真正的集中营——的绝对孤独形成对照的是总体。或者，更确切地说，在里面，所有小把戏的华丽盛装如磁石般吸引着人群定向流动，而在外部，孤寂指向一个单独的小玩意：汽车。通过不寻常的巧合（但这无疑是由与生俱来的对这个星球的着迷所激发的），这个冻结的、小孩式的世界之所以被建立，是为一个本身即被冷冻的人所构思和实现的——华特·迪士尼（Walt Disney），他在摄氏180度的地底等待复生。

这样，在迪士尼乐园的每个角落，美国的客观性图像被绘制出来，直达所有个体和群体的形态学都被描画得淋漓尽致。所有的价值都被这缩影和漫画故事提升。它们不仅被铭记在人们心中，而且令人感到慰藉。据此，一种关于迪士尼乐园的意识形态分析具有了可能性［这一点，马林（L. Marin）在《乌托邦空间的游戏》中做得很好］：美国式生活的融会贯通，美式价值观的颂歌，对于一种自相矛盾的现实理想化的置换。当然，这同时掩盖了某些东西，这种"意识形态的"毯子就像第三秩序拟仿的护身符一样运作：迪士尼乐园之所以存在，就是为了掩盖它就是一个"真实"的国家、"真实的"美国本身就是迪士尼乐园的事实（这有点儿像是说，监狱之所以存在，就是为了在它的整体上、在它的全能中，掩盖它便是这个社会的化身这一事实）。为了让我们相信剩余的都是真实的，迪士尼乐园的存在被呈现为想象性的，所以，围绕着它的洛杉矶和美国都不再是真实，而是属于超现实和拟仿的秩序。它不再是关于再现现实（意识形态）的问题，而是关于遮蔽事实的问题——而这个事实不再是真实，也就是说，是关于拯救现实法则的问题。

迪士尼乐园的想象，既说不上是真实，也说不上是虚假。它是为了在对立的阵营复原虚构的事实而设立的一架障碍机器。据此，想象的退化也就是它退回到幼儿期的衰竭。为了使我们相信成年人住在这个"真实的"世界另外的地方，这个世界想要变得稚气，想要掩盖真正的幼稚无处不在的事实。这就是为什么成年人自己要来这儿扮演小孩，好来孵化自身真正的稚气的幻觉。

然而，迪士尼乐园并不是唯一的例子。魔幻村庄、魔山，以及海底世界，洛杉矶被这些提供现实的想象的地方包围着。对一座城市而言，真实的能量就是什么也不是，只是一道道被切割开来的非真实的网络——一座拥有难以置信容量的城市，但是，没有空间和向度。就像是电子与原子发电站，也如同电影制片场，这个城市就得什么也不是，只是一个巨大的剧景、一个无止境的长镜头。它需要有老式的想象，就像一个以孩童时期的符号和伪装幻觉构建的神经交感系统。

迪士尼乐园，一个经由想象重塑的空间，如同一个垃圾处理厂，就在别处，甚至就在此地。今天，在每一个场所，每个人都必须回收废物，而梦想、幻觉、历史、仙境、儿童和成人的传奇，这些想象性的东西正是废品，是超现实文明首要的巨型有毒排泄物。在心理的层面来说，迪士尼乐园是这种新功能的原型。但是所有关于性欲的、心灵的、肉体的回收建制,那些在加利福尼亚增生扩散的东西,都属于同一种秩序。人们不再彼此相望,但是,有些建制可以这么做。他们不再互相联系,但是会有接触治疗帮助这么做。他们不再走路,但会去慢跑,等等。在每个角落,人们在回收遗失的机能、遗失的身体、遗失的社会性,或者,遗失的对于事物的味觉。人们彻底改造并重新发明了守穷、禁欲主义、已经消失的野蛮性:天然食品、健康食品、瑜伽。马歇尔·萨林斯(Marshall Sahlins)认为,那使赤贫隐秘化和得以证实的东西是市场经济,而根本不是自然经济,而且是在第二层面。在那里,就在取得胜利的市场经济的精密的禁锢中,被重新发明出来的是赤贫/符号、赤贫/拟象、某种未开发的拟仿行为(包括采用马克思主义的教条)。它们以生态学、能源危机和资本批判为幌子,给这种神秘主义文化的胜利增添了最后一抹神秘的光环。然而,也许一种心理的灾变、一种没有任何前兆的心理内爆与回旋,正在等待着这样一种系统。其可见的符号可能就是那种奇怪的肥胖模样,或者是最奇异的理论和实践难以置信的并存。这些理论和实践与奢侈、天堂和金钱之间不可能的联盟相对应,与生命的不可能的奢侈的物质化相对应,与不可发现的矛盾相对应。

■ 四、政治的魔咒

水门事件,其情节和迪士尼乐园一样(想象性的效果掩盖了一个事实,即真实既不存在于人工作品的外部,也不存在于它的内部)。在这里,丑闻的效应在于掩藏了这样一点,即事实与对事实的揭露谴责之间没有区别(无论是中央情报局的探员,还是《华盛顿邮报》的记者,方法都是一样的)。一样的运作,都是要从丑闻中再生一种道德和政治的准则,也是想从想象中挖出一种事实法则。

丑闻的告发向来就是对法律的一种敬意。而水门事件在利用水门事件是一个丑闻的观点上特别成功。从这种意义上说,它是一次巨大的陶醉运作。大量的政治道德被重新注入某个世界准则中。我们也许会赞同布迪厄(Bourdieu)的话:"每一种力的关系的本质就在于化解它自身,以及获取所有它自己的力量，因为只有这样它才能化解它自身。"对于这句话，我们可以作如下的理解：资本是不道德的，是没有顾忌的，它只能在一种道德的上层建筑背后来运作，并且无论是谁想复活这种公共道德（通过义愤、告发，等等），也都是在为这种资本主义的秩序服务。这就是《华盛顿邮报》的记者所做的事。

但是，这样说也只是意识形态的公式。而且，当布迪厄这样说时，他是将"力的关系"视作资本主义统治的真理，而他自己公开指责这种力的关系为丑闻。这样，他和《华盛顿邮报》的记者一样，持有同样确定的和说教的立场。他在做同样的净化和再造道德秩序的工作。这是一种真理的秩序。在这种秩序中，产生了社会秩序真正的象征性暴力，并超越了所有力的关系。这些关系只是在人类的道德和政治意识中从事其转移的和冷漠的形构。

资本要求我们的一切，就是接受它是理性的，或者以理性的名义和它作战，接受它是道德的，或者以道德的名义和它作战。因为这两者都是一样的。它们可以用彼此的形式被构想，前者要做的就是化解丑闻，而今天，我们要做的就是去掩饰，伴装根本没有丑闻。

水门事件根本就不是丑闻。这是不惜一切代价说出来的，因为每个人都在忙着去掩盖，通过这种掩饰，掩盖住一种不断被强化的道德性，正如我们临近资本的原初场景时所体会到的道德恐慌：它转瞬即逝的残酷，它不可理解的暴戾，它本质上的非道德性——对自启蒙运动一直到共产主义的左翼思想的公理，即道德和经济平等体系而言，这就是丑闻，是不可接受的。也有人会以资本契约来反对这种思考，但是资本根本不会发出控诉——它只是一种恐怖的、无准则的事业，除此之外没有别的。它是一种"被启蒙"的思想，力图通过在自己身上强加各种规则来控制自己。而且，今日，为了不遵循游戏规则，所有取代革命思想的各种替代物都会反过来控告资本。"权力是不公正的，它的公正是阶级公正、资本剥削我们，等等。"——好像资本通过一个契约而与它所统治的社会联系在了一起。正是给资本提供了一个平等镜像的左翼思想希望资本能够顺从，顺从这个社会契约的幻光魅影，向全社会履行它应尽的义务。（这样的话，就没有革命的必要了，资本足以让自己适应那个理性的交换公式。）

资本实际上从来没有和它所控制的社会订立任何契约。它是一种社会关系的巫术，它是对社会的一种挑战，而且它必须如此这般来作出回应。它并不是应当根据道德和经济理性来谴责的丑闻，而是一种根据象征性法律来接手的挑战。

■ 五、莫比乌斯式的回旋的否定性

因此,水门事件只不过是系统为了抓住它的对手而设计的一个诱饵——为了不断再生而做的一次丑闻的拟仿。在这部电影中,主角是饰演"深喉"的那个演员,据说他是共和党人的灰色领袖,为了把尼克松拉下马,他操纵着那份左翼的报纸的记者——为什么不呢?所有的假设都是可能的,但这一个是多余的:左翼分子完美地做了一件好事,而且同时地,他也为右翼做事。另外,如果说我们在此是看见一颗苦涩的良心在工作,那也未免太过于天真了,因为操纵活动是一种摇摆的因果关系,在其中,正面性和否定性互相交叠着被生产出来,在其中既没有主动性,也没有被动性。正是通过对这种回旋式的因果关系任意的停止,政治现实的原则得到了拯救。正是通过对狭隘的、传统的视角领域的模拟,其中的某个行为或事件的前提和后果才得以被计算好,政治的可信性得到维持(当然还有"客观的"分析、斗争,等等)。如果我们预想在一个线性的连续性和辩证的两极都不再存在的系统,在一个没有被拟仿所搅乱的场域中,任何的行为或事件的整个循环,那所有的规定性就都会蒸发掉。到最后,所有的行动都会被终结。在循环的终场,每个人都会因此而获利,但是事件也因此而散落于各个方向。

任何发生在意大利的炸弹事件,可能是左翼极端分子的工作,也可能是右翼极端分子的挑衅,也有可能是中立主义者用来诋毁任何极端恐怖主义者,并且强化自己已经没落的权力的脚本,或者也有可能是聪明的警察机关设计出来的剧情和对公共安全的勒索形式。是这样的吗?所有这些可能性同时都是真的,而且,对证据的搜索,也就是找出客观的事实,并不能终止这种解释的眩晕。换句话说,我们所处的逻辑是拟仿的逻辑,它与事实的逻辑或理性的秩序没有任何关系。拟仿是被一个序列化的模型所描述出来的,这些模型的根据就是最纯粹的事实——首先是模型的出现,它们的循环就像是炸弹的轨道,构形着事件真正的磁场。事实不再有特殊的轨道,它们诞生于各种模型之间的交叉点。某个单纯的事实可以被所有的模型同时制造出来。这种预见、这种序列、这种短路、这种事实与模型之间的混淆（不再有意义的差别，不再有辩证的两极，不再有电流的负极、相互对立的两极的内爆），使我们可以同时采纳所有可能的阐释，甚至最相矛盾的不同版本——所有可能的阐释都是真的，只要它们的真实性能够互换，只要它们处在一个普遍化的循环中，只要它们处在作为其源头的模型的形象中。

谁能解开这种纠葛呢？这个解不开的死结至少可以被切割开来。如果我们切开一个莫比乌斯环带，结果会是一种增补性的回旋，连表面的可逆转性也不会被解决（在此指的是假设的可逆转之连续性）。拟仿的地狱，不再是酷刑的场所，而是一个有着微妙的、恶意的、捉摸不透的扭曲特性的意义（这并不必然会导致意义的绝望，而是会导致有意义的、无意义的、互相瓦解的许多同时发生的意义的即席创作）——甚至在博尔赫斯的小说中受到谴责的东西，也算是给佛朗哥（Franco）与西方民主的一个礼物。它们因此可以抓住重建自己逐渐衰弱的人道主义的时机，而且借助于结合西班牙大众来抗议外国政权的干涉，借助于他们义愤填膺的抗议，佛朗哥的政权也得到了安慰。当这样一种共谋在不知道其书写者的情况下极好地把它们自己扭结在一起时，所有这些东西的真理又在哪里？

系统的连接和系统的两个极端之间的连接，就像是某种弧状镜子的两面，那是政治空间的一种"恶意"弯弧。如此之后，它就被磁场化、流通化，被从左翼到右翼，被不断地逆转，如同传送信息的邪恶精灵。这整个系统、这种资本主义的无限性折回到它自己的表面。它是无限的吗？它对于欲望和性欲空间不是一样的吗？它是欲望与价值的连接，是欲望与资本的连接、欲望与法律的连接，而最终的快乐，就是法律的变形（这就是为何它是今日的普遍秩序）。在我们觉得现在可从资本中获得快乐之前，利奥塔（Lyotard）就已经指出，只有资本能带来快乐。在德勒兹（Deleuze）看来，欲望具有巨大的多功能性，某种高深莫测的逆转把欲望带到"自身之中的革命性，仿佛不由自主地渴望它想要的"，去渴望它自身的压抑，并把自己投注到偏执狂和法西斯主义的系统中。一种恶毒的扭转把这种革命的欲望转向那同样根本的模糊的他者，即历史性的革命身上。

所有的指涉物把它们的话语结合在某个环状的、莫比乌斯式的强迫性中。不久以前，性与工作是强烈对立的两个字眼。可如今，它们俩都被融入相同类型的需求之内。前者有关历史的话语是从激烈地把自己和自然、把欲望的话语和权力的话语对立起来获取其权力的,而今天,它们交换各自的能指和剧情。

要跨越所有威慑性的剧情运作的否定性的全部范围,可能需要很长的时间。这种威慑性的剧情,例如水门事件,试图通过拟仿的丑闻、幻觉和谋杀,来使一种垂死的原则获得再生——这是一种通过否定性和危机来产生某种荷尔蒙的治疗。这总是一个通过想象来证明现实,通过流言蜚语来证明真相,通过僭越来证明法律,通过罢工来证明工作,通过危机来证明系统,通过革命来证明资本的问题,就像在别的地方(如塔萨代人)通过对它们的客体的剥夺来证明人种学的问题,而且还没有考虑如下这些东西:

通过反剧场来证明剧场;

通过反艺术来证明艺术;

通过反教学来证明教学;

通过反精神病学来证明精神病学,等等。

每件事物都被变形为和自身相反的东西,为的就是要在已被删除的形式中使自己永垂不朽。所有的权力、所有的建制,都是通过否定来发言,通过拟仿的死亡,避开它们真正的死亡的剧痛。权力可以上演自己的死亡,来重新发现存在和合法性的微光。这就是有些美国总统玩过的把戏:肯尼迪家族被谋杀,是因为他们还占据着一个政治维度。其他人,如约翰逊(Johnson)、尼克松(Nixon)、福特(Ford),只有幽灵化的尝试和拟仿性的谋杀的权力。但是,这种人工性的威胁的气氛仍然是有必要的。它们掩盖了一个事实,即他们除了是人体模特儿什么也不是。以前,国王(以及上帝)必须死去,如此才能够保全他的权力。今天,他可怜兮兮地被强制假装死去,为的就是保存权力的祝福。但是连这种祝福的权力也已经失去了。

在它自身的死亡中寻找新鲜的血液,通过危机、否定性和反权力的镜像重新开始那死的循环。这是每一种权力的不在场证明/解决的唯一途径,是每一种机制打破它不负责的恶循环、它的基本的不存在性、它的早就被看见以及早就已经死去的恶循环的唯一出路。

(选自[法]雅克·拉康、[法]让·鲍德里亚等著,吴琼编《视觉文化的奇观——视觉文化总论》,中国人民大学出版社2005年版)

利奥塔与《崇高与先锋》

经典导读

让-弗朗索瓦·利奥塔（Jean-Francois Lyotard, 1924—1998），法国著名哲学家，后现代思潮理论家，解构主义哲学的杰出代表。主要著作有《现象学》《力比多经济》《后现代状况》等。利奥塔早年在中学教哲学，从1972年到1987年在巴黎第八大学任教，成为资深教授，还曾在美国加利福尼亚大学尔湾分校和亚特兰大的埃默里大学任教。他在青年时代加入马克思主义的反斯大林主义团体"社会主义或野蛮"（Socialisme ou barbarie），后来组织成立了极左的"工人权力"（Pouvoir ouvrier）团体。

利奥塔早年深受马克思主义影响，但是他并没有接受马克思的总体论思路，而是强调差异的根本重要性，他并不像马克思那样构建一个人类总体解放的蓝图，而是鼓励人们站在差异一边，反对普遍化标准和价值。利奥塔最著名的著作是1979年发表的一本薄册子《后现代状态——关于知识的报告》。该书本来是应魁北克政府大学委员会的要求撰写的一份"知识报告"，属"应景"之作，却对后现代性理论和这个概念的推广产生了巨大影响。这本书重要，因为它是政治、经济、美学等不同领域种种争论交汇的"十字路口"。传统上，知识的合法性依赖一个"元话语"（métadiscours）和"大叙事"（grand récit）：

在各种叙述问题中，如下的问题理所当然地期待一个英雄的名字作出回答："谁"有权为社会作出决定？那个制定规则并强迫别人服从的主体是什么？

这种考查社会政治合法性的方法与新的科学态度是一致的：英雄的名字是人民，合法性的标志是共识，规范化的方式是协商。由此必然产生进步观念……①

然而在后现代的状况之下，知识的叙述方式和接受条件发生了变化，作为西方文明的深层结构与认知基础的元话语逐渐衰败销蚀，"叙事危机"与知识合法化受到了严重挑战。指示性陈述与规范性陈述之间及不同学科话语之间的可通约性受到强烈质疑，公理体系自身的完备性在库尔特·哥德尔之后也变成泡影，传统上以哲学思辨加以组织的总体知识结构在后现代条件下已经分裂为碎片，从语用学的角度说，人们不能再以一种总体性的方式叙述知识了。同时，利奥塔的后现代主义哲学话语对西方文学及其批评理论的影响颇大，启发或刺激了一场关于"艺术表征危机"的讨论。

《崇高与先锋》是1983年利奥塔在柏林艺术学院的法语演讲稿。海克·鲁特科（Heik Rutke）首先读了这篇文章，并与黑尔勒（Härle）一起把它译为德文，1984年3月发表在《水星》杂志。1985年法文版发表在《诗刊》第34期。这篇文章谈论的是纽曼的艺术，纽曼创作过一幅名为《英雄人物的崇高》的画，宽5.42米，高2.42米，以及一系列与"此刻"主题相关的作品。"1948年12月，纽曼写过一篇论文，题为《崇高是此刻》。"②在利奥塔那里，崇高是一个与现代性密切相关的问题。

18世纪以前，"modern"这个词的主要意思还是"现在"（now），它完全是一个形容词。然而在19世纪以后，"modern"有了新的内涵，使它可以成为一个名词"modernity"。那么"modern"这个词新的内涵是什么？那个时代发生了什么？从18到19世纪，欧洲发生了"历史"本身，或者说现代的历史观得到了确立。18世纪以前是没有历史的，所谓没有历史，并不是说没有"history"这个词，也不是没有历

---

① [法] 让-弗朗索瓦·利奥塔尔：《后现代状态：关于知识的报告》，车槿山译，生活·读书·新知三联书店1997年版，第63页。
② [法] 让-弗朗索瓦·利奥塔：《崇高与先锋》，见[法] 让-弗朗索瓦·利奥塔《非人——时间漫谈》，罗国祥译，商务印书馆2000年版，第100页。

史书。然而，启蒙运动以前，欧洲历史是没有方向的，虽然有时间的标识，但是古代的时间与我们现在的时间概念是不同的。古代的时间是均质的，无方向的。现代与过去这两个时间本身并没有必然的等级关系，过去的某个时间可能是更好的，现在也可能是更好的，关键要由这两个时间所指的具体生活和精神状态来确定，这样既可以回望过去，也可以肯定现在，而未来则不属于人的世界——未来属于上帝，属于末日审判。18世纪以来，我们在时间的轴线上加了一个箭头，定义了一个方向，这是一个向上的、进步的方向。达尔文的进化论在这个过程中起到了决定性的作用。根据这个进步的方向，世界从原始到文明，从落后到发达，从冰河纪到现在和未来，而已知的人类历史只不过是这个宏伟的进步历史中的一环，人类的整个历史命运都被纳入整体的进化—进步进程之中。所以，福柯把19世纪定义为"历史的世纪"①。在这个历史观中，未来具有决定性的意义。

　　尚未出现的未来一方面确证了人的伟大（进步的保证），另一方面也给我们带来强烈的不安。"这种不安只与某种有待确定的、尚未成为其所是的事物同等的可能。人们可以也应该努力在构建一个体系、一种理论、一个纲领、一项计划的同时确定它。同时还要预测它。人们也可以对这种'尚未'进行考察，让不确定像问号那样出现。"②而崇高的根本感受是"不可表达"，是一种难以言说的紧张感，之所以无法表达并不是因为它在彼岸的另一个世界，它就在此处。这个现代性的崇高与朗吉努斯所说的崇高一样，令人难忘，不可抗拒，令人思考。在这个此刻与崇高的关系上，利奥塔提出："最好不是将'崇高即此刻'（The Sublime is Now）译为：'崇高是现在'，而是译为：'现在，这就是崇高'。崇高不是在别处，不在彼岸，不在那儿，不在此前，不在此后，不在过去。这里、现在、偶然会……，就是这幅画。正是现在的这里才有这幅画，此外什么也没有，这就是崇高。"③对未来或者对时间箭头的强烈感受凝聚到"现在"，此处凝结着全部的过去，同时孕育着全部的未来。眼前短暂的一瞬间，既是稍纵即逝，如梦幻泡影，又是一个真正的决定性时刻。"现代"本身就是崇高的体现。

---

① 参见 Michel Foucault, *Les Mots et les choses*, Paris: Gallimard, 1966, pp.378–385。
② [法]让-弗朗索瓦·利奥塔：《崇高与先锋》，见[法]让-弗朗索瓦·利奥塔《非人——时间漫谈》，商务印书馆2000年版，第102页。
③ [法]让-弗朗索瓦·利奥塔：《崇高与先锋》，见[法]让-弗朗索瓦·利奥塔《非人——时间漫谈》，商务印书馆2000年版，第104页。

利奥塔敏锐地把握了现代精神所感受到的崇高，就像本雅明对艺术现代性的描述使震惊成为当代艺术的独特体验，这在先锋艺术中表现得尤其强烈。资本主义社会对先锋派艺术的态度是矛盾的，一方面市场经济压制先锋派对"事件－作品"（l'oeuvre-événement）的探索，另一方面资本主义与先锋派也存在一种默契。因为资本主义经济鼓励艺术家不断破除陈规，持续创新。"纽曼作品的主题总的来说就是'艺术创作'本身，是创世般的瞬间象征，就像《创世纪》所说的那样。"[1]艺术家把目光投向"当下"这一绝对的时空，当下不是一个确定的时空点，但是却具有真正的永恒性，换句话说，它是在流动中获得永恒不变的性质。这种悖论在"现代"这样的概念上强烈地体现出来，后现代的概念更加突出了其内在的矛盾性。因为当我们回到"现代"的原义（现在）的时候，把我们当前的生活定义为后现代似乎违背了时间的逻辑，但是却那么符合现代的精神：为时间确定一个方向！

延伸阅读文献

1. ［法］让－弗朗索瓦·利奥塔尔：《后现代状态：关于知识的报告》，车槿山译，北京：生活·读书·新知三联书店1997年版。

2. ［法］让－弗朗索瓦·利奥塔：《崇高与先锋》，见［法］让－弗朗索瓦·利奥塔《非人——时间漫谈》，罗国祥译，北京：商务印书馆2000年版。

3. ［英］西蒙·莫尔帕斯：《导读利奥塔》，孔锐才译，重庆：重庆大学出版社2014年版。

4. ［法］让－弗朗索瓦·利奥塔：《后现代道德》，莫伟民等译，上海：学林出版社2000年版。

5. ［法］让－弗朗索瓦·利奥塔：《话语·图形》，谢晶译，上海：上海人民出版社2012年版。

6. ［英］詹姆斯·威廉姆斯：《利奥塔》，姚大志、赵雄峰译，哈尔滨：黑龙江人民出版社2002年版。

---

[1] ［法］让－弗朗索瓦·利奥塔：《瞬时，纽曼》，见［法］让－弗朗索瓦·利奥塔《非人——时间漫谈》，商务印书馆2000年版，第90~91页。

7. [法] 让-弗朗索瓦·利奥塔:《后现代性与公正游戏——利奥塔访谈、书信录》,谈瀛洲译,上海:上海人民出版社1997年版。

(钱翰 撰)

—— 原文:《崇高与先锋》

经典原文

崇高与先锋[1]

利奥塔 著　罗国祥 译

1

1950—1951 年，巴尔纳特·巴鲁什·纽曼画了一幅宽 5.42 米，高 2.42 米的油画，取名为《英雄人物的崇高》(*Vir heroïcus sublimis*)。1960 年初，他的 3 座雕塑题为《此地 1 号》《此地 2 号》《此地 3 号》。另一幅画叫作《不在此地，此地》，另两幅都题为《此刻》。1948 年 12 月，纽曼写过一篇论文，题为《崇高是此刻》。

怎样理解崇高——可以暂时称之为崇高体验的对象——是此地此时这个概念呢？这是不是相反认为这种暗示某种东西的体验是不能展示的，或如康德所言，是不可表现（dargestellt）的呢？在 1949 年底的一篇未完成的短文《新美学弁言》中，纽曼写过，说在其绘画中，他不是致力于"空间组合，也不是对形象的组合，而是致力于对时间的知觉"。他补充说，这里不涉及承载着怀念、伟大悲剧、联想和历史的知觉的时间，这种时间曾是绘画之永恒主题的时间。此文写到这种否定时中断了。

这里涉及的是什么样的时间？纽曼从这种时间中看到的此刻是什么样的呢？他的朋友，评论家托马斯·B.黑塞认为可以说这种时间就是希伯来传统的玛空或哈玛空（Hamakom），就是那儿，就是位置、地点，就是托拉为不可称谓的主[2]起的名称之一。我对玛空所知不多，不敢说纽曼说这种时间时想到

---

[1] 本文系 1983 年 1 月在柏林艺术学院用法语演讲的讲稿。海克·鲁特科（Heik Rutke）首先读了这篇文章并与克列门斯·卡尔·黑尔勒（Clemens Carl Härle）合作将其译为德文，德译文发表于《水星》(*Merkar*，第 38 期第 2 册，1984 年 3 月)。法文文本于 1985 年发表于《诗刊》(第 34 期)。
[2] "托拉"经即摩西十诫第二诫规定："不可雕刻、跪拜和侍奉任何偶像"，其中包括上帝的偶像。这样，除上帝的戒律"托拉"外，实际上就没有固定的符号来指称主（上帝）了。——译者注

的就是玛空。可是谁又对此刻有足够的了解呢？肯定地，纽曼不能想到"现在的瞬间"，这个瞬间试图站在未来和过去之间，让未来和过去把自己吃掉。"现在"是从奥古斯丁和胡塞尔以来研究的时间性"迷醉"之一。这种思想试图从意识开始来构成时间。纽曼的此刻是一个很短暂的此刻，是为意识所不识的，不能由意识来构成的。更确切地说，它是离开意识、解构意识的那种东西，是意识无法意识到的，甚至是意识须忘之才能构成意识本身的东西。我们无法意识到的东西，就是某种到来的东西。或更确切和更简单地说：到来……（qu'il arrive…）从大众媒介的意义上说不是一个大事件。甚至也不是一个小事件。而只不过是一个际遇。

这里涉及的不是一个意义问题，也不涉及这时到来者，这意味着的现实，就是说在存在前，可以说应该"先"有其"到来"即有。可以说到来总是"先于"碰到到来者的那个问题；或者确切地说，问题先于其自身。因为"到来"就是作为事件的问题，"然后"它才碰到刚刚到来的事件。作为疑问的事件"先于"作为问号的事件到来。确切地说，到来"首先"是到了吗？是吗？可能吗？仅仅"然后"才用问号来限定：此事物或彼事物到了吗？是此事物或彼事物吗？此事物或彼事物可能吗？

一个事件，一个际遇，即马利丹·海德格尔称为非寻常性（ein Ereignis）的东西是极为简单的。但是这种简单性只有在本真状态（dénûment）中才是可以接近的。人们称之为思想的东西应该被解除武装。有一种哲学的、绘画的、政治的和文学的传统和体制。这些"学科"都在学派、纲领、研究计划和"倾向"的形式下拥有一个未来。思想在未来中表现在被接受的东西上，它力图思考它、超越它。它试图确定已被思考、写作、绘画和社会化了的东西，为的是确定尚未被思考、写作、绘画和社会化的东西。我们熟悉这一点，这是我们的日常面包，这是战时的面包、士兵的饼干。然而这种不安，从最典雅的意义上说（不安是康德用以指具判断力的并对其起作用的精神活动所用的词），这种不安只与某种有待确定的、尚未成为其所是的事物同等的可能。人们可以也应该努力在构建一个体系、一种理论、一个纲领、一项计划的同时确定它。同时还要预测它。人们也可以对这种"尚未"进行考察，让不确定像问号那样出现。

被思想学科门类和体系预先假设的东西，就是尚未被说过、记载过、登录过的东西。听到过或被说过的词语不是最新的词语。在一句话"之后",在一种色彩"之后",还会有一句话、一种色彩到来。但不知是什么样的话和色彩。如果人们信任能使句子相连、颜色相接的,正好保存于我曾说过的过去和未来体制中的规则的话,人们就相信能知道是什么样的话和色彩,在什么样的话之后,学派、纲领和计划将宣告什么样的话,什么类型的话是不可避免的,什么类型的话是允许的,什么类型的话是被禁止的。这涉及绘画,正如涉及其他思维活动一样。在一部绘画作品之后,另一部绘画作品是必然的,或被允许,或被禁止。在什么样的颜色之后是另一种什么样的颜色,在什么样的线条之后应是另一种什么样的线条。一个先锋派宣言和一个美术学派的研究计划之间没有重大的差异,如果将它们放在这种时间关系中来检验的话。它们俩都与最好今后有所到来的选择相关。然而同样它们俩都忘记了这样一个可能性:即什么也没有到来,词语、色彩、形状或声音都缺失,句子是最新的,面包不是日常的。这种不幸就是画家与形体面、音乐家与声波、思想家与思维之荒野等打交道时的不幸,不仅在白画布或白纸前,在作品"开端"时是如此,而且每当某种事物让人等待并因此向每个问号,向每个"现在"提问时亦如此。

人们常将焦虑感的未到来归结为或然性。这是现代存在和无意识哲学包含的一个话语。它将主要是否定性的价值给予相关的期待,如果这确实与一种期望相关的话。然而悬念也可以伴随着乐趣,比如接待一位陌生人的乐趣,甚至一种喜悦——正如巴鲁什·斯宾诺莎所言,一种由事件带来的存在增量所获的喜悦。这更可能是一种矛盾的感觉。但它至少是一个迹象,一个问号本身,是到来赖以自持和宣示"到来了吗?"的方式。这个问题可以用任何语调提出,正如德里达说的那样。但问号是"现在",是此刻,就像什么也未到来的感觉那样:现在是虚无。

这种矛盾的感觉:如乐趣、痛苦、喜悦、焦虑、激奋、消沉,在17到18世纪的欧洲被命名或重新命名为崇高;古典诗学的命运曾经正是在这个名词上成功和失败的;正是在这个名词的范围内,美学使其对艺术的批评权有了价值,浪漫主义,也就是说现代主义取得了胜利。

解释崇高这个名词怎样于1940年左右回到一位纽约犹太画家笔下是艺术史家的权限。今天,崇高一词在民间法语日常用法中是指引起惊讶[相当于美语的超乎寻常(great)]和赞叹的东西。但是它包含的概念至少两个世纪以来仍属于对艺术的最严格意义上的反思。纽曼并非不知崇高一词伴随着的美学和哲学赌注。他读过爱德蒙·伯克的《探讨》①。他根据自己的观点，批评伯克对崇高作品的描绘太"超现实"。反过来也可以说纽曼认为超现实主义太依赖于前浪漫主义或浪漫主义的不确定手法。所以当纽曼在这里和现在中寻找崇高时就中断了浪漫主义的艺术雄辩，不过他没有抛弃其基本任务，即：绘画或其他艺术表达法是不可表达性的见证。不可表达性不是处于一个"那儿"、另一个世界、另一个时间中，而是处于"这里"：（某种事物的）此在。在绘画艺术的确定性中，不确定的、此在的是颜料，是画。作为际遇，事件的颜料和画不是实验性的。而他所要证明的就是这一点。

为忠实表达对浪漫主义和"现代"先锋派之间的差异来说至关重要的位移，最好不要将"崇高即此刻"（The Sublime is Now）译为："崇高是现在"，而是译为："现在，这就是崇高"。崇高不是在别处，不在彼岸，不在那儿，不在此前，不在此后，不在过去。这里、现在、偶然会……，就是这幅画。正是现在的这里才有这幅画，此外什么也没有，这就是崇高。领会了其不动心并承认之的心智放弃即绘画的际遇不是必然的，也不是可预见的；"到了吗？"面前的本真、任何禁忌"之前"的际遇的保留、说明与评论、人们提防着又在此刻的保护下保留着的拒"前"性（Le garde "avant"）②，这就是先锋派的严密性。在文学这门艺术的规定性中，对"在否？"的苛求将在格特鲁德·斯泰因（Gertrude Stein）的《怎样写作》中找到其最严格的实施之一。这种崇高虽仍在伯克和康德的大方向上，但已非他们的那种崇高。

2

我说过，不确定性借以宣示和自我缺失的矛盾情感曾是17世纪末至18世纪末对艺术进行反思的赌注。崇高也许是构成现代性特征的艺术感觉模式。有

---

① 此书题目全称为《关于崇高美和秀丽美概念起源的哲学探讨》（1751）。——译者注
② "先锋派"艺术在法文中称为"avant-garde"。作者将两个词倒置并为"avant"一词加了引号，其含义便不同。因为garde一词有"防范"之意，且avant一词有"面前"之意，故是译。——译者注

一个悖论被文学史划入最积极的老派古典主义保卫者之列的法国作家引入论战和极力捍卫。1674 年,布瓦洛发表了他的《诗学》和《论崇高》的译本或编译本。这是一篇论文或更确切地说是一篇评论,被认为是一位叫作朗吉努斯的、其身份长期不明、今天被人们置于 1 世纪末的人写的。作者是位修辞学家。他基本上是教授演说者用来说服或鼓动(根据其类型)其听众的方法。从亚里士多德、西塞罗和昆提利安以来,演说艺术的教学法一直是传统式的。它与共和体制相关联。在议会或法庭上应该能言善辩。

可想而知,朗吉努斯的文本遵循了由这种传统留下的箴言和原则。使《论辩技艺》(tekhnè rhétoriké) 教学法形式永存。文本的结构布局显得零乱不明确,似乎其主题,即崇高和不确定性使之没有稳定的教学方案。我不能在这里分析这种不稳定性。布瓦洛和许多评论家对此很敏感,他们的结论是,只能以崇高的风格来论述崇高。朗吉努斯力图指出演说中的崇高性特征;他说,崇高性是令人难忘的,不可抗拒的,尤其是令人思考的,"从它那里,可以引发许多反思"(hou pollè anathéorèsis)。他还试图从演说者的德行和辞藻、演讲的方式中确定崇高的来源:修辞格、词语的推敲、陈述时的语音语调和演说的结构。他由此寻求遵从上述方式的规则(修辞的、诗学的、政治的),该方式本身也是为向实践者提供一个范例。

然而,当涉及崇高时,修辞和诗学的固定陈述就遇到了阻碍。比如有一种思想的崇高——朗吉努斯写道——它有时以极为简洁的表达方式在演说中显示出来,正是在这种表达方式中产生的特点使人期待更多的庄严,这种效果有时甚至是以纯粹和简单的寂静来获得的。我很愿意人们仍然将这种寂静作为一种修辞格来对待。不过人们会同意我的观点说,它是修辞格中最不确定的一种。但是,在布瓦洛的翻译中,当那位修辞学家声称,为了得到崇高的效果,"没有比那种完全隐蔽的、未被人承认为一种修辞格的修辞格更漂亮的修辞格了"时,修辞学还剩下些什么呢?或者,是否有藏匿修辞格的手法呢?是否有抹掉修辞格的修辞格呢?非修辞格又是什么呢?这里又出现了对专业用语功能的重大打击;当演说是崇高的时,它允许自己伴有不足、趣味的缺乏,形式的瑕疵。比如柏拉图的风格就很自负、浮夸,充满生硬勉强的比喻。总之柏拉图是一个矫揉造作的作者,或像吕西亚斯(Lysias)那样的巴洛克风格作家,或像一个伊翁(Ion)般的索福克勒斯,或像一个品达罗斯(Pindaros)般的巴克基利得斯（Bacchylides），反正他像前者那样崇高，而只有后者才是完美的。职业生涯中的欠缺是可原谅的，如果它是"真正高大"的代价的话。当演讲的崇高性可以证明思维与真实世界之间的不可通约性时，它就是真的。

这就是倾向于这种类比或者初期的基督教对朗吉努斯之影响的布瓦洛所作的注释吗？说精神的崇高不属于这个世界，这不能不让人想起帕斯卡对范畴的区分。技艺领域内的可臻完美性不必然地是一种有关崇高情感的性质。朗吉努斯甚至以出名的自然和理性的句法混乱之崇高效果作为这方面的例子。至于布瓦洛，在其1674年为朗吉努斯的著作写的出版前言中，在1683年和1701年为其加的旁注，以及1710年他去世后才发表的第10篇思考中，他完成了与技艺的古典体制的适时决裂：崇高是不可教授的，教学法对此无能为力；崇高与可由诗学确定的规则无关；它只要求读者或听众有所领会，有所品味，和只要他"感觉到大家都能感觉到的东西"。这样，布瓦洛就于1671年和布鲁斯神父采取了同样的主张；这一年，布鲁斯神父宣称，遵循规则不足以写出一部好作品，而应该另样地需要一种被称为天才的、"不可理解和不可解释"的、"我不知其所是"的、基本上"藏匿着"的、只被对接受者产生的"效果"所承认的天赋。布瓦洛在关于正流动的和流逝的《圣经》之光（Fiat lux, et lux fuit de la Bible）是否如朗吉努斯所言，或为的是在崇高的论战中反对于埃（Huet）①，他求助于王家埠②先生们的意见，特别是勒梅斯特尔·德·萨西（Le Maistre de Sacy）的见解：詹森教主义者是关于隐匿意义，能说话的寂静、超出任何理性之感觉，最终是"在吗？"之接受性的大师。

这些神学—诗学争论中有意思的是艺术作品的地位问题。它们是理想模式的复制吗？对它们中的最完美者进行的思考能从中抽出保证它们达到其目的，即培训说服和愉悦方法的规则吗？如此说来，有了知性就足够了吗？对作品的思考集中在崇高性和不稳定性主题上时，就会使技艺承受重大动荡，也会使与之相关的学院、学派、大师和信徒、情趣，以及由王公廷臣们培养出来的明理读者承受重大的动荡。受到诘问的是作品的用途本身或命运。技艺理念的优势将作品置于一种复杂调节中，即在画室、学派、学院中传授的模式，由贵族读

---

① 于埃（1631—1721），法国思想家。他曾整理出版古希腊神学家奥利金注释过的《马太福音》。——译者注
② 法国17世纪的詹森教派学者聚集地。——译者注

者分享的情趣的模式调节中，也在由表明某位红衣主教德行的完美之所系的一个神名或人名之荣光的艺术目的模式调节中。崇高的理念扰乱了这种和谐。

让我们把这种扰乱的特点放大。在狄德罗的笔下，技艺成了"雕虫小技"。艺术家不再受一种文化的指引。这种文化曾将艺术家作为上帝荣光音讯的传送者和大师，作为天才，他无意识地接受了来自"我不知其所是"者的灵感。公众不再根据受共同趣味传统支配的标准进行评判：艺术家所不熟悉的（"民众"）阅读书籍、游览沙龙、拥挤在剧场和露天音乐会场，他们是随机情感的猎物，时而吃惊，时而赞美，时而轻蔑，时而漠然。问题不在于在引导读者观众进入某个角色分享对其德行的赞颂的同时取悦他们，而在于使他们惊讶。布瓦洛写道："从本来意义上说，崇高不是某种自我验证和自我显示，而是一种神奇，它使人震慑，使人惊讶，使人感觉。"甚至缺陷、对情趣的破坏及丑陋，在震慑效果中都有其作用。艺术不模仿自然，它另创一个世界。后来保罗·克利（Paul Klée）说，人们可以认为畸形和丑陋在世界之间（eine Zwischenwelt）和世界之外（erne Nebenwelt）有其权利，因为它们可以是崇高的。

人们会原谅我将随崇高理念的现代发展而出现的变化简化到如此地步。人们本可以在现代时代之前的中世纪美学，比如说维克多兰斯（Victorins）的美学中发现它的踪迹。无论如何，它说明对艺术的反思主要不再是作品的传送者——被人们弃留给天才的孤独——而是它们的接受者。今后，最好去分析影响后者的方式，后者接受和感受作品的方式，他评判作品的方式。这样，美学和对艺术爱好者的情感的分析就取代了作为艺术家教学法的诗学和修辞学。也不是：怎样搞艺术？而是：怎样感受艺术？然而，不确定性在回归，直至回到对这后一个问题的分析。

3

鲍姆嘉登于1750年发表了《美学》，第一部美学著作。康德后来简要地说这部著作建立在错误的基础上。鲍姆嘉登将知性根据其范畴组织现象时限定性应用中的评判，混同于和感知形式与主体特性之间的不确定相关的思考性应用中的评判。鲍姆嘉登的美学仍然依赖于与艺术作品之间确定的概念关系。对康德来说，美的感觉就是由面对一个艺术的或自然的对象时在形象功能与概念功能之间的自然和谐引发的愉悦。崇高的感觉更加不确定：它是一种夹杂着苦痛的愉悦、一种来自苦痛的愉悦。面对一个崇高的对象，如荒野、高山、金字塔或极强大者如大洋上的风暴、火山的喷发时，就会产生一种只能被思考的绝对的理念，这理念不能像一个理性的理念（Idée de la raison）那样，它仍是无感性直觉的。表现能力和想象没能为这个理念提供一种适宜的表现方式。这种表现方式上的失败引起了一种痛苦，一种介于可构思和可想象的主题之间的区分。但是这种痛苦又包含着一种愉悦，一种双重的娱乐：想象的无能相反表明它试图使人甚至看到其所不能是的东西，而它却正因为如此而力求使想象之对象和理性之对象达到和谐；另一方面，形象的不足则是理念力量之无限性的否定性迹象。形象中间的不规则特性产生极度的张力（他①叫作"动荡"），使崇高的夸张区别于美感的恬静。只要两者不完全分裂，理念的无限或绝对就能在一种康德称之为否定性呈现，甚至一种无呈现（non-présentation）的东西中被认出。他列举犹太律法的禁止偶像法作为一个突出的否定性呈现的例子：几乎被压缩殆尽的视觉愉悦使人对无限产生无限的遐想。甚至在浪漫主义艺术从古典主义及巴洛克形象中脱离出来之前，通往抽象艺术和最小主义艺术方向的大门就已开启。先锋派就这样在康德关于崇高的美学中萌发。然而这种崇高美学分析的艺术效果本质上明显在于表现崇高主题。而时间问题，即"在吗？"的问题不是，至少不明确地是康德在这方面课题的组成部分。

相反我认为，这是爱德蒙·伯克发表于1757年的《关于崇高美和秀丽美概念起源的哲学探讨》的核心的组成部分。康德徒劳地将伯克的主题当作经验论和实验心理主义扔掉，却硬把以崇高感觉为特征的矛盾分析塞给他；康德将我认为是其重大赌注的东西从伯克美学中剥掉了；伯克美学的这个重大赌注就是指出，崇高是由对什么也不到来的威胁引出的。美引出实证的愉悦。但是还有另一种愉悦，它与比实证愉悦更强烈的欲念相关，它是苦痛和死亡的临近。灵魂在苦痛中受到震撼。然而灵魂也可以震撼躯体，就像躯体仅通过无意识地与痛苦的境遇相关的表现方式而体验到一种内在的原初苦痛那样。这种纯属精神的欲念在伯克的词汇中叫作恐惧。而所有恐惧都与丧失某物有关：光的丧失，

---

① 指康德。——译者注

对黑暗的恐惧；他人的丧失，对孤独的恐惧；言语的丧失，对沉寂的恐惧；客体的丧失，对空虚的恐惧；生命的丧失，对死亡的恐惧。使人害怕的，就是有可能存在不在，不再有在。

伯克写道，为了使这种恐惧与愉悦相融而构成崇高感，还需要它所包含的威胁是悬置的、尚有距离的、张而未发的。这种悬念，这种威胁或危险的减弱引起某种愉悦，这种愉悦肯定不是实证满足的愉悦，而更多的是缓解的愉悦。这仍是一种丧失，但是第二级的丧失：灵魂中未被剥夺殆尽的光、言语和生命的威胁。伯克将这种二级丧失的愉悦与实证愉悦相区别，他将它命名为快乐（delight），即高兴。

下面就是崇高的自述：一个很伟大的、强有力的客体威胁说要把一切在从灵魂中夺走，用"震惊"来打击灵魂（以很小的强度就能使灵魂被仰慕、崇拜和尊敬所震慑）。灵魂惊呆了，像死了一样。在离开这种威胁的同时，艺术获得了一种舒缓快乐的愉悦。亏了它，灵魂回到了生命与死亡之间的躁动，而这种躁动就是灵魂的健康和生命。对伯克来说，崇高不再是高尚（这是亚里士多德借以辨识悲剧的范畴），它是个紧张化问题。

伯克的另一个意见值得注意，因为这个意见宣告文艺作品超越模仿的古典规则。在长期的各执己见的绘画与诗歌的争论中，伯克站在诗歌一边。绘画被斥责为对实物的模仿和它们的偶像之表现。但是如果艺术的目的是使作品的接受者体验强烈情感的话，那么以形象方式达到的偶像化就是一种约束，它限制激情表达的可能性。在言语艺术中，尤其在诗歌——诗歌被伯克视为对言语的某种探索而不是具其规则的文学体裁——中，使人激动的力量是不受偶像真实性限制的。"当人们想在画里表现一位天使时做了什么呢？人们画了一位长翅膀的美少年；可是难道绘画永远不能提供另一个同样伟大的形象，仅在旁注上写：主的使者吗？"怎样以同样强烈的情感来画出《死亡宇宙》（A Universe of Death）和弥尔顿的《失乐园》，（Paradise Lost）中坠落的天使及其旅行的结束呢？

词语在情感的表达中享有好几种特权：它们本身负载着欲念的联想；它们能够唤起属于灵魂的、无需目睹的东西；最后，伯克补充说，"它在我们的力量支配下用词语做出了用任何其他方式不可能做出的组合"。在崇高美学的推动下，追求强烈效果的艺术无论用什么样的材料，都能够和应该忽略对仅仅漂亮之实物的模仿，试着做出令人意外的、不寻常的，令人不快的组合。最出色的震撼就是（某种东西）在，而不是什么也没有，不是悬置的丧失。

人们怀疑伯克的这些分析能够轻松地在拉康-弗洛伊德式课题中被重提和评论［这是皮埃尔·考夫曼（Pierre Kaufman）和巴尔迪纳·圣-吉鲁斯（Baldine Saint-Girons）曾做过的］。我在另一种思想，即支配我的主题的先锋派思想中想起了它。我曾想暗示，在浪漫主义的边缘，崇高美学由伯克设计，而康德以微不足道的身份指明了艺术实验的可能性世界。通过这个世界，先锋派们将踏出自己的道路。总的来说不是凭经验可观察到的直接影响。莫奈、塞尚、波洛克和毕加索也许没有读过康德的书，也没读过伯克的书。这里涉及的更多的是作品之用途中不可逆转的偏离，它规定了艺术状况的所有化合价。艺术家试着进行允许包含有事件的组合。艺术爱好者不是体验到一种简单的愉悦，他不是从与作品的接触中获得伦理的教益，他希望从作品中得到感受和理解能力的加强，一种矛盾的情感乐趣。作品不屈就于实物，它试图表现某种不可表现的东西；它不模仿自然，它是一个赝像、一个幻影。社会共同体不是在这些艺术作品中认识自己，它不了解艺术作品，它将它们当作不可理解的东西扔掉；后来，它同意先锋派将它们保存在博物馆，作为企图见证精神的强盛与衰弱的印迹。

4

19世纪和20世纪艺术的赌注是利用崇高美学来使自己成为不确定性的见证者。关于绘画，伯克在其对词语力量的评论中指出的矛盾是，这种见证只能以确定的方式进行，在浪漫主义艺术中仍显必需的载体、背景、线条、色彩、空间，形象仍受再现性的约束。但是在莫奈和塞尚那里，目的与手段之间的矛盾已经产生了使从15世纪（quattrocento）①以来决定空间、颜色浓淡和价值处理中之表现形式的某些规则成为问题的效果。在读塞尚通信集时，人们明白他的作品不是那种有其"风格"的天才画家的作品，而是对这样一个问题的试答：

---

① 指早期文艺复兴阶段，即15世纪意大利文学艺术的兴盛时期。——译者注

一幅画是什么？他的工作的赌注就是只把"着色的感觉""微小的感觉"记录在载体上。在塞尚的设想中，只有这些感觉才能构成一个对象如水果、山、葡萄、花的全部绘画存在。既不考虑故事或"主题"，也不考虑线条和空间，甚至不考虑光线。这些本原的感觉被仍处于习惯式或古典式透视法霸权下的普通透视法掩盖了。它们只有以使目光和精神视野脱离甚至已铭刻在视觉本身之中的偏见的内在禁欲为代价，才能被画家所接受并因此由画家将其变成可回复原状的。如果观画者方面不使自己处于类似的禁欲状态，画对他来说就只会是一个不可理解的非意义。画家应该毫不犹豫地冒被人看作涂鸦者的危险。"人们不为什么大事而作画。"在作为探索者的画家以及同僚们对其作品真正想取得的成功之评判，也就是在"让人看使人看者而不是可看者"这个真正的赌注面前，绘画的控制组织机构如学士院、沙龙、批评界、公众兴趣的认可就无足重轻了。

莫里斯·梅洛-庞蒂曾评论过他正确地称之为"塞尚之疑惑"的东西，似乎画家的赌注实际上是捕捉和复原最初的感知，感知"前"的感知；我想说那就是：际遇中的色彩，至少是映入眼帘的最好"此在"（某种东西：色彩）。在这种对塞尚的微小感觉之"原初"价值的信任中，有一点现象学方面的轻信。经常抱怨感觉之不足的画家本人写道，它们是一些"抽象"，"它们没能使他覆盖住画布"。可是，他为什么非要覆盖住画布不可呢？抽象是被禁止的吗？

折磨着先锋派的疑惑总跟随着塞尚的"色彩感觉"，好像它们是不容置疑的，而且它们宣示的抽象并没有什么长处。证明不确定性的应有任务不断引出防线，用以对抗理论家的文章和画家们自己的宣言发起的诘问浪潮。对绘画对象的一个形式主义的定义，例如克莱蒙·格林伯格（Clement Greenberg）于1961年和美国"后造型艺术"（Post-plastique）对抗时提出的定义很快就被最小主义流派（Le courant minimaliste）所歪曲。至少需要一个夹框吗（为将画布绷紧）？不。需要色彩吗？马列维奇（Malévich）在白色上画一个黑方框已经回答了这个于1915年提出的问题。① 必须有个表现对象吗？身体艺术（Le body art）和随机派（Le happening）力求证明说不。为了展览，至少像杜

---

① 马列维奇（1878—1935）是第一位用抽象几何图形构成画面的苏联画家。其代表作名为《白上之白》（藏于纽约市现代艺术博物馆）。——译者注

尚的《泉》暗示的那样需要一个场所吗？达尼埃尔·布朗（Daniel Buren）的作品证明那也是一个值得怀疑的主题。

无论它们是否属于被当代艺术史命名为最小主义或贫乏艺术（Arte Porera）流派，先锋派的探索不断地引出能被当作绘画艺术"基本的"或"本源的"构件。它们以最小方式（ex minimus）实施。最好将激活这些构件的严格要求与阿多诺在《否定辩证法》结尾时描绘的原则相对照；这个原则使《美学理论》的文字"在其精彩部分伴随着形而上学的"思维只能以"显微学"（micrologie）的方式进行。

显微学不是破碎的形而上学，就和纽曼的画不是德拉克洛瓦绘画碎片之拼凑一样。显微学将思维的际遇当作在伟大哲学思维的衰退中仍在思维的非思维（L'impensé）来记录。而先锋派试验艺术则将敏感的此刻的际遇当作不能被表现的又仍在表现性的伟大绘画的衰退中表现的东西来记录。和显微学一样，先锋派艺术不致力于在"主题"中的东西，而致力于"在吗？"和致力于贫乏。它就是以这种方式归属于崇高美学的。

在诘问此在也就是作品的同时，先锋派艺术抛弃了作品以前那种与接受者团体相关的认识作用。即使像康德所构思的那样，将感觉的普遍性（sensus commums）看作合法的（de jure）推断，而不是实际的（de facto）现实，这种共同感觉（此外，康德不是在论及崇高，而仅仅是在论及美时谈到这种感觉的）也不可能在诘问式作品面前稳定下来。它刚一形成就已经太晚了；当这些作品被放到展览馆时，就被看作属于共同体的遗产，是为该共同体的文化和乐趣服务的。它们还应该是对象或者经得起比方说被摄影术将其对象化吗？

在这种孤立和不被理解的境遇下，先锋派艺术是脆弱的和受压制的。它似乎只使接受者团体在从20世纪30年代直到50年代中的"重建"后期的长时间衰败中经历的身份危机更加恶化。在这里甚至不可能设想在"我们是谁？"和对虚无的焦虑和恐惧面前产生的派别机构（Les Etats-partits）曾怎样企图将这种感觉变成对先锋派的仇恨。希尔德加·波利奈（Hildegard Brunner）对纳粹主义的文艺政策的研究，或汉斯·于尔根·希贝尔贝格（Hans Jürgen Syberberg）的电影不仅仅分析了这些压制手段，他们还解释了由那些文化特派员和法奸艺术家强加给绘画尤其是音乐的新浪漫主义和象征主义形式会怎样地禁锢由"在吗？"所改变的否定辩证法——在将这个问题翻译成对一个传奇般"主题"的期待:"纯种的民族在吗?""元首在吗?""齐格弗里德①在吗?"的同时——崇高美学就这样被中性化和改变成神话政治,并一度得以在纽伦堡的齐柏林飞艇(Le Zeppelin Feld)上构建成人类的"培训"建筑②。

另一种对今日所谓最发达社会所经历的超资本化(sur-capitalisation)"危机"有利的反先锋派攻击出现了。这种威胁压制先锋派探索作品-事件(l'oeuvre-événement),压制它对此刻的接纳尝试;这种威胁不需要派别机构,它"直接"出自市场经济。市场经济与崇高美学的关联是暧昧甚至邪恶的。毫无疑问,崇高美学曾是并继续是一种对事实材料的实证主义和支配市场经济之现实主义盘算的一种反动,正如司汤达、波德莱尔、马拉美、阿波里奈尔、布勒东这样的作家兼艺术评论家所指出的那样。

然而,在资本与先锋派艺术之间存在着一种默契。从某种意义上说,马克思曾不断地分析和确认,资本主义启动的怀疑甚至破坏力量鼓励艺术家拒绝信赖陈规,不断实验新的表达方式、风格和材料。在资本主义经济中也有崇高。资本主义经济不是经院式的,它不是重农主义的,它不接纳任何自然。从某种意义上说,它是根据一种理念即财富或无限的动力来调节的经济。它无法在证实这种理念的现实中呈现任何例子。它通过工艺尤其是言语工艺而从属于科学。可是与此相反,它又只使现实变得越来越不可把握,越来越成问题,越来越缺乏。但仍然不应该将理念混同于概念。

人类主体之个人或集体的经验及围绕其周遭的灵光在利润的盘算、物欲的满足及其成功的自我确认(auto-affirmation)中消散。……但值得注意的是人类许多代传下来的经验在时间连续性消失的状况下被传播着。信息的占有成为社会重要性的唯一标准。而从定义上说,信息是一种寿命极短的元素,当它被传播和分享后,就不再是一条信息而成为一个外围的已知条件,成为"明明白白的":人人"皆知"。它被放入记忆机器中。这样,它占据的时间绵延是瞬间性的。从定义上讲,在两条信息之间什么也没有。这样,与信息相关者和领袖之间的模糊性就成为可能,而先锋派的问题则是在在者即新的东西与"在吗"

---

① 齐格弗里德(Siegfried):古日耳曼英雄史诗《尼伯龙根之歌》中的人物。——译者注
② 齐柏林的飞艇首创人类飞越大西洋的业务。——译者注

之间的模糊性即此刻中。

人们设想，纳入以新为规则之一切市场中的艺术市场能够对艺术家产生某种诱惑。这种诱惑不仅仅起因于讹用（corruption），它还借助于当代资本主义特有的时间性保持的创新性和非寻常性（Greignis）之间的含混性。一条"牢固的"——如果可以这样说的话——信息，是由于它的意义与其接受者拥有的惯例可赋予的意义相反。它像是一些"噪音"。公众和艺术家都很容易听到；在中介人的建议下，文化商品传播者从这种看法中总结出一个原则，即一件作品只有当它被剥离了意义时才是先锋派的。这样的作品难道还不能作为一个事件吗？

这种作品的荒诞性还不应当威慑购买者，就如同引入商品中的创新会使消费者靠近、评价和获取一样。和商业成功的秘密一样，艺术成功的秘密在于令人意外和"喜闻乐见"之间以及信息在惯例之间的适当比例。艺术中的创新是这样的：人们采用被以前的成功证明了的形式，将它们和其他原则上讲不协调的形式相接，使它们失衡，比如引语大混杂、饰物大混杂和作品片段大混杂。人们甚至可以用媚俗（Kitch）[①]和巴洛克风格。人们迎合某些没有鉴赏力的公众的"兴趣"和某种被太多的形式及可供消遣对象造成的感觉折中。人们以为这样就表达了时代精神。其实这只是反映了市场精神。崇高不在艺术中，而是在对艺术的思辨中。

"在吗"之谜并未消散到如此程度，画某种非确定性事物即有本身的任务也未过时。际遇即非寻常性并非轻微的震动和有成效的夸张所能为之，它伴随着革新。在革新的犬儒主义中，肯定隐藏着一切都不再到来的悲观。然而革新在于做得似乎有许多事物到来，和使它们到来。意志以革新证明其对时间的主宰。因此它符合资本的形而上意义即资本是一种时间工艺。革新在"进行"。"在吗？"的问号停止了。有了际遇，意志就消散。先锋派艺术家的任务仍是拆散与时间相关的精神推断。崇高的感觉就是这种剥离的名称。

（选自［法］让-弗朗索瓦·利奥塔《非人——时间漫谈》，罗国祥译，商务印书馆2000年版）

[①] 这是德文Kitsch（媚俗）的误写。——译者注

彼得·比格尔与《先锋派理论》

经典导读

彼得·比格尔（Peter Bürger，1934—　　），德国文化批判理论学者。求学于慕尼黑大学和埃尔朗根-纽伦堡大学，1971年起任职于不来梅大学文学系比较文学与法国文学专业，2013年从教授职位上荣休。作为法兰克福学派第三代学者[1]，比格尔与德国黑格尔、马克思以来的思辨传统渊源密切，并延续阿多诺、本雅明、马尔库塞、哈贝马斯等对资本主义文化危机的思考，在先锋派问题研究上影响卓著。代表作有《法国超现实主义：先锋派文学研究》《先锋派理论》《现代主义的衰弱》《超现实主义和疯癫》《先锋派之后》等。

比格尔关于先锋派的理论建构集中于著作《先锋派理论》。以往学者对先锋派的探讨通常停留在风格、技术、手段、语言创造力和艺术天才等层面，甚至将先锋派与现代主义等概念混淆等同[2]，而比格尔则将先锋派放在整个资产阶级社会发展线索

---

[1] 参见［美］马丁·杰伊《法兰克福学派史（1923—1950）》，单世联译，广东人民出版社1996年版，"第二版序"第8页。
[2] 参见［美］约亨·舒尔特-扎塞《现代主义理论还是先锋派理论》，见［德］彼得·比格尔《先锋派理论》，高建平译，商务印书馆2002年版，"英译版序言"，第1~52页。

中去考察，从而具有"历史的具体性和理论的精确性"①。他认为先锋派的出现内在于整个资产阶级文化发展逻辑，先锋派的全部挑战在于攻击以艺术自律为准则的资产阶级艺术体制本身。

比格尔认为，随着资本主义社会发展，艺术经由宗教艺术、宫廷艺术发展为一种以自律性为准则的资产阶级艺术体制，这使得艺术与日常生活实践相分离，传统而古老的、前资本主义时代的完整日常经验（Erfahrung）分化为手段—目的理性和以艺术为媒介的自我关照，人类的完整性似乎在日常生活中被排挤、在艺术中得以保存。艺术生产者和接受者因此在艺术体制内部获得独立价值和地位，艺术家、文学家发展为以艺术为目的的专门家，欣赏者成为单子的个体。然而悖论在于，由于艺术与日常经验的分离，艺术家和读者、观众的经验"收缩"至狭小的意义阈限，无法再"翻译"和融入生活实践，因而这种经验不再是具有回返结构的完满的感性-物质经验，仅是被无效化和虚假化的"代偿性满足"②。与此同时，资产阶级艺术由于内容的"收缩"，形式（手段、技术）扩张为内容本身，唯美主义正是资产阶级艺术自律准则的极端表现，它以形式膨胀和社会介入性的匮无为特点，艺术无法再对社会产生作用，对人性、欢乐、真理、团结等价值的陈述也被化约至最低限度。在比格尔看来，先锋派以激烈的姿态反抗资产阶级自律的艺术体制，试图将艺术拉回到生活实践，使艺术经验成为"一串所经历的知觉和思考"③，这便是先锋派在资本主义社会中的功能和意义所在。

以超现实主义、达达为代表的先锋派试图通过现成品、自动写作、集体创作、受众（读者）参与等蒙太奇方式打破艺术与生活实践的界限，令其互相渗透、彼此结合。他们尝试建立一种新的艺术和生活实践，这是对资产阶级艺术体制的"扬弃"。这并不意在消灭艺术，而是要以新的方式将艺术转移并结合到日常生活中。由于先锋派的反抗内在于资本主义文化逻辑，它建基在对以唯美主义为代表的资产阶级自律艺术的批判之上，因此先锋派天然带有资产阶级艺术悖论的因子。如同资产阶级艺术仅在自律的条件下才能够与手段—目的理性保持相对的自由空间，从而具

---

① ［美］约亨·舒尔特-扎塞：《现代主义理论还是先锋派理论》，见［德］彼得·比格尔《先锋派理论》，高建平译，商务印书馆2002年版，"英译版序言"第5页。
② 参见［美］赫伯特·马尔库塞《文化的肯定性质》，见［美］赫伯特·马尔库塞《审美之维》，李小兵译，广西师范大学出版社2001年版，第1~41页。
③ ［德］彼得·比格尔：《先锋派理论》，高建平译，商务印书馆2002年版，第101页。

有"代偿性满足",先锋派的攻击也需建立在艺术与生活实践的界限之上,一旦"容器"① 被打碎,界限也就不复存在,先锋派的攻击也就无的放矢:"当艺术与生活实践成为一体,当实践是审美的而艺术是实践的之时,就无法再发现艺术的目的,因为构成目的或有意识地运用的两个相互区分的领域(艺术与生活实践)的存在已经结束了"②。因此,内在于资产阶级文化逻辑的先锋派的挑战注定是失败或无效的,在比格尔看来,这也正是资本主义文化危机的深刻悖论。然而,历史上的先锋派有其重要价值,它对艺术体制的攻击使这一危机为众人所知,其蒙太奇实践改变了自律艺术的有机作品范畴,一种打破艺术与日常生活界限的诗意实践也因其扬弃意义在历史缝隙中留存。

延伸阅读文献

1. [德]彼得·比格尔:《先锋派理论》,高建平译,北京:商务印书馆2002年版。

2. Peter Bürger, *The Decline of Modernism,* trans. Nicholas Walker, Cambridge: Polity Press, 1992.

3. Peter Bürger and Christa Bürger, *The Institutions of Art*, trans. Loren Kruger, Lincoln, NE and London: University of Nebraska Press, 1992.

4. Peter Bürger, "The significance of the Avant-Garde for Contemporary Aesthetics: A Reply to Jürgen Habermas," *New German Critique*, no.22, Special Issue on Modernism, 1981.

5. Peter Bürger, "Avant-Garde and Neo-Avant-Garde: An Attempt to Answer Certain Critics of Theory of the Avant-Garde," trans. Bettina Brandt and Daniel Purdy, *New Literary History*, 2010,

---

① Jürgen Habermas, "Modernity—An Unfinished Project," *Habermas and the Unfinished Project of Modernity: Critical Essays on the Philosophical Discourse of Modernity*, ed. Maurizio Passerin d'Entrèves and Seyla Benhabib, trans. Nicholas Walker, Cambridge, MA: The MIT Press, 1997, pp.38~55.
② [德]彼得·比格尔:《先锋派理论》,高建平译,商务印书馆2002年版,第122~123页。

41（4）.

6. ［德］阿多诺：《美学理论》，王柯平译，成都：四川人民出版社1998年版。

7. ［美］赫伯特·马尔库塞：《审美之维》，李小兵译，桂林：广西师范大学出版社2001年版。

8. ［德］瓦尔特·本雅明：《迎向灵光消逝的年代：本雅明论艺术》，许绮玲、林志明译，桂林：广西师范大学出版社2004年版。

9. Jürgen Habermas, "Modernity—An Unfinished Project," *Habermas and the Unfinished Project of Modernity: Critical Essays on the Philosophical Discourse of Modernity*, ed. Maurizio Passerin d'Entrèves and Seyla Benhabib, trans. Nicholas Walker, Cambridge, MA: The MIT Press, 1997.

（宋晓琛 撰）

—— 原文：《先锋派理论》（节选）

经典原文

先锋派理论（节选）

彼得·比格尔 著　高建平 译

■ 第三章　论资产阶级社会中的艺术自律问题

它（艺术）的自律必定会保持不变。[①]

不把作品掩盖起来，就不能设想艺术的自律。[②]

1. 研究问题

上面引用的两个句子规定了"自律"范畴的矛盾性：一方面固然要对资产阶级社会中艺术是什么下定义；另一方面又具有意识形态扭曲的痕迹，没有揭示这种定义是受社会条件制约的。这表明，自律的定义将支撑着下面的评论，并将之与两个其他的、相互竞争的概念区分开来：为艺术而艺术的自律概念与一种实证主义社会学的、将自律仅仅看成艺术生产者主观思想的自律概念。

如果艺术的自律被定义为艺术从社会中独立出来，那么，对这个定义就会有几种理解。将艺术与社会的分离构想为它的"性质"，这意味着不自觉地采用了为艺术而艺术的概念，从而使人们不再能将这种分离解释为历史和社会发展的产物。另一方面，如果人们认为艺术独立于社会之外，仅仅存在于艺术家的想象之中，并不能说明作品的地位，那么那种将自律看成由历史条件决定的现象的观点就走向了它的反面，自律只不过是错觉而已。这两种方法都不能说明自律的复杂性。这个范畴的特征在于，它描述了某种真实的东西（艺术作为人类活动的一个特殊领域与生活实践间联系的分离），但同时，它又用一种阻碍对这一过程的社会决定性的认识的概念来表现这一真实的现象。正像公共

[①] 阿多诺《美学理论》（法兰克福：祖尔坎普，1970），第9页。
[②] 阿多诺《试论瓦格纳》（慕尼黑/苏黎世，1964），第88页。

领域（Öffentlichkeit）一样，艺术自律是资产阶级社会的范畴，它既揭示也掩盖实际的历史发展。所有对这一范畴的讨论都必须在这样一个范围内进行：它是否从逻辑的和历史的角度对存在于该事物内部的矛盾性作出了成功的揭示和解释。

　　由于必要的对艺术和社会科学的前期研究还没有做，因而对在资产阶级社会中作为体制的艺术的历史描述在这里就很难接着做下去。在这里，我们将对各种对"自律"范畴作唯物主义解释的方法进行讨论，这也许会引导我们既对概念，也对事实作一澄清。同时，具体研究的视角也更容易从对最新研究的批判中发展起来。① B. 欣茨对艺术自律思想的起源解释如下："在将生产者与他的生产手段分开的历史阶段，艺术家是唯一的未受劳动分工的影响的人，当然这绝不是说这种分工未在他们身上留下痕迹。……他的产品取得某种特别的，'自律的'的地位的原因，似乎是由于在劳动分工的时代到来后，他继续保持手工的生产方式。"② 在一个劳动分工和劳动者与他的生产资料的分离日益普遍的社会之中，被局限在手工生产阶段就成为艺术被看成某种特别的东西的前提条件。由于文艺复兴时期的艺术家主要在官廷工作，他们对劳动分工作出了"封建"的反应。他们否定自己作为手艺人的地位，而将自己所做的看成纯粹知识分子才能取得的成就。M. 米勒得出了类似的结论："至少从理论上说，正是官廷推动了艺术工作在物质与精神生产方面的分工，这种分工发生之处正是艺术创造之处。这种分工是对变化了的生产条件的封建的反应"（欣茨《艺术自律》

---

① 我在这里指的是下列研究：M. 米勒《艺术的与物质的生产：论意大利文艺复兴的艺术自律问题》、B. 欣茨《论市民的自律思想的辩证法》，这两篇文章都收入《艺术自律：一个市民社会范畴的形成与批判》（法兰克福：祖尔坎普，1972）。除此以外还有：L. 温克勒《文学市场的形成与功能》，见温克勒《文化产品的生产：文学与语言社会学论文集》（法兰克福：祖尔坎普，1973），第12～75页；B. J. 瓦内克恩《自律与功用及其在资产阶级社会文学中的相互关系》，载《修辞学、美学、意识形态：批判文化学面面观》（斯图加特，1973）第79～115页。
② B. 欣茨《艺术自律》，第175页。在20世纪20年代，俄国先锋派艺术家阿瓦托夫已经对资产阶级艺术作出了一个类似的阐释。"当整个资本主义社会的技术都建立最高和最新的成就之上，并代表着大众生产技术（工业、无线电、运输、报纸、科学实验室，等等）之时，资产阶级艺术仍从原则上说保留在手工时代，并由于这个原因被挤出人类的一般社会实践，而成为与世隔绝的、纯粹美学的领域。……孤独的大师是资本主义社会中仅有的一种艺术家类型，这种类型的'纯'艺术的专门家们在直接功利性的，以机器技术为基础的实践之外工作。这是艺术自身就是目的的错觉产生的原因，所有资产阶级的拜物教都是从这里起源的。" [H. 京特与卡拉·希尔舍翻译和编辑《艺术与生产》（慕尼黑：汉斯，1972），第11页]。

第 26 页)。

上面的论述是促进一种对超越资产阶级与贵族阶级间严格对立的精神现象作出唯物主义解释的重要的尝试。作者们并不满足于仅仅将精神的对象化归结为社会地位，而是试图从社会动力学中抽引出意识形态（这里是指对艺术创造过程的性质的认识）。他们将艺术所宣称的自律看成这样一种现象，它出现在封建的时代，却是对早期资本主义经济给宫廷带来的变化的一种反应。这一细致的阐释计划与维尔纳·克劳斯（Werner Krauss）对17世纪法国的绅士风格①的设想相似。②绅士们的社会理想不能被简单地理解为失去政治作用的贵族意识形态。正是由于这种理想反对财产决定论，克劳斯将之解释为贵族阶级争取上层资产阶级的支持以实现专制主义的企图。然而，这一对艺术社会学研究成果的价值在于其思辨成分（这对米勒也适用）占据了统治地位，从而不应以其实际的研究成果来对之进行估价。另一个因素更具有决定性："自律"概念在这里所指的完全是艺术成为自律过程的主观方面。解释工作的对象是艺术家关于自己活动的观念，而不是自律作为一个整体的出现。但是，这一过程同时包含着另一个因素，即一种对过去附属于宗教崇拜目的知觉和对现实造型能力的解放。尽管我们有理由假定这一过程中的诸因素（意识形态的与真实的）间有着相互联系，将之归结为其意识形态层面仍是有问题的。卢茨·温克勒的解释工作所针对的正是这一过程的真实一面。他的出发点是豪塞尔的一个观点，即随着从个人为着某一具体目的向艺术家定制某件作品到收藏家们在日益发展的艺术市场中获得一些著名艺术家作品的过渡，独立工作着的艺术家的出现与收藏家具有历史上的对应关系。③ 由此，温克勒得出了下面的结论："委托制作的个人与被委托制作的作品的抽象化，即使该市场成为可能的抽象化，是艺术抽象，即对构图和色彩等技术的感兴趣的前提条件"（温克勒《文化产品的生产》第18页）。豪塞尔主要在描述；他阐明一种以收藏家与独立的艺术家的同时出

---

① 绅士风格（honnêt homme），指17世纪中叶起法国文学流行的一种风格。它的最重要的代表是莫里哀。——译者注
② 维尔纳·克劳斯《关于17世纪古典思想的代表》，载克劳斯《文学与语言学文集》（法兰克福，1949），第321~338页。这篇文章是在奥里克·奥尔巴克的《宫廷与城市》一文（收入奥尔巴克《欧洲文学的戏剧场景》一书，纽约：Meridian Books, 1959）对公众社会学的重要研究的基础上发展起来的。
③ 阿诺德·豪塞尔《艺术的社会史》第2卷（纽约：Vintage Books），第42页。

现为特征的历史发展，也就是说，艺术家为匿名的市场而生产。在此基础上，温克勒解释了审美自律的产生。我感到，这样将描述性记叙解释为历史性建构似乎是有问题的，豪塞尔的其他一些论述提供了其他的结论，但问题仍然存在。豪塞尔写道，尽管在15世纪艺术的画室仍是手工作坊，并服从于行会的规章（豪塞尔《艺术的社会史》，第56页），但在大约16世纪初，艺术家的社会地位得到了改变，这是由于新的封建领主、诸侯以及富裕的城市形成了对能够承担重要艺术品制作的优秀艺术家日益增长的需要。豪塞尔在这个语境中也提到艺术市场的需要，但"市场"在这里的意思不是作品被买卖，而是日益增长的重要的定制。这种增长导致艺术家与行会的联系变得松弛（行会生产者自我保护，防止产品过剩，并导致价格下降的机制）。当温克勒从市场机制（艺术家为收藏家在其中购买作品的匿名的市场生产；他们不再为订购的个人生产）引申出"艺术抽象"，即对构图和色彩的技术感兴趣时，他的解释就与他可从豪塞尔的论述中推导出的解释出现了矛盾。从豪塞尔的观点出发，对构图和色彩的兴趣就将是艺术家的新的社会地位的结果，这不是由于委托制作艺术的重要性的减少，而是由于它的增加。

我们在这里并不寻求对什么是"正确的"解释作一个决断，重要的是认识到各种不同的解释尝试所暴露出来的研究上的问题。艺术市场的发展（不管是旧式的"委托"市场，还是新的买卖作品的市场）提供了一种很难从中发展出任何审美自律思想的"事实"。我们称为艺术的社会领域的增长过程经历了几个世纪。这种发展时而具有跳跃性，时而为相反的运动所阻碍。在这个领域的形成原因中，市场机制固然相当重要，但绝不是唯一的原因。

布雷登坎普的研究与上述的研究方法不同，他试图揭示"'自由的'（自律的）艺术的概念或思想是从一开始就与特定的阶级联系在一起的，宫廷与大资产阶级在推动艺术作为他们统治的见证"（《艺术自律》第92页）。由于审美的感染力被用于统治的手段，布雷登坎普将自律看成一种错觉。与自律艺术相对的是非自律艺术，对此他赋予肯定的价值。他努力揭示，下层阶级在15世纪还墨守14世纪的形式并非由于情感上的保守主义，"而是由于他们有能力体验和抵制与上层阶级的意识形态联系在一起的艺术从宗教上发展出来，从而对自律的要求"（同上，第128页）。同样，他将平民与小资产阶级教派的破坏偶像运动解释为对感性的感染力变成某种自身独立的过程的彻底反抗，萨沃纳洛拉（Girolamo Savonarola）①当然不会反对一种倾向于道德训导的艺术。在这种类型的阐释中，主要的问题是阐释者的见解与事件经历者的经验被等同了。阐释者无疑有权利［为对象］增添属性；处于社会之中，在关于社会的经验的基础上，人们也许会倾向于相信，下层社会的审美保守主义包含着真理的成分。但是，阐释者不能将这种见解简单地说成15世纪意大利小资产阶级和平民阶层的经验。布雷登坎普在他的论述的结尾处再一次清楚地指出，宗教禁欲主义艺术是"党派性"的"早期形式"。他还赋予这种"党派性"以正面的价值，即"谴责自我优越感及其在艺术中大量出现，倾向于为大众所接受，降低对审美感染力而转向道德与政治上的清晰性的重视"（第169页）。布雷登坎普尽管并非故意这么做，实际上在肯定一种传统的观点，即"介入的艺术"（engaged art）不可能是"真正的"艺术。更具有决定性的是，由于他偏爱道德化的艺术，布雷登坎普没有能对审美感染力从宗教语境中解脱出来的解放意义给予足够的重视。

在这里，如果人们想把握艺术成为自律的过程的矛盾性的话，就必须注意起源与作用的分离。审美在其中第一次作为特殊的快感对象而提供的作品很可能在起源上与从具有统治力量的光环中解放联系在一起，但这并不改变这一事实，即在历史的进一步发展的过程中，它们不仅使某种快感（审美）成为可能，而且对一个我们称为艺术的领域的创造作出贡献。换句话说：批评科学不应简单地否认社会现实的一个方面（艺术自律就是这样的一个方面），并且退缩到几个两分结构中（统治者的灵光圈与大众的接受性，审美感染力与教化和政治的明晰性）。它必须使自身向着本雅明在下面的话中所概括的艺术辩证法开放："没有文明的文献不同时也是野蛮的文献。"②本雅明无意于在这段话中谴责文明，因为这样的话，就会与他关于批评是挽救或保存某物的思想不一致。相反，他提出一个见解，即到现在为止，文化都是以那些被排斥在文化之外的人的苦难为代价的。（例如，希腊文化就是一个奴隶主社会的文化）。确实，作品之美并不能使它们赖之以生存的苦难合理化；但人们也不可对证明了这一苦

---

① 萨沃纳洛拉（Girolamo Savonarola，1452—1498），意大利牧师，改革家、美第奇家族被推翻后的佛罗伦萨的领导人。他与腐败的教会制度进行了坚决的斗争，最后为此而受到审判并被处决。——译者注
② 本雅明《历史哲学诸问题》，见《启示》第256页。

难的作品本身加以否定。尽管揭示在伟大的作品中的压迫因素（优越的韵味）是重要的，但作品并不能仅仅归结于此。企图通过造成"道德化的"与"自律的"艺术间的对立来消除艺术发展中的矛盾是错误的，这是因为它们既忽视了自律艺术中的解放性，也忽视了道德化艺术中的倒退性。与这样一些非辩证的思考相比，霍克海默与阿多诺在《启蒙的辩证法》中坚持文明的过程与压迫密不可分的论断是正确的。

各种更为晚近的关于澄清艺术自律的研究没有在这里构成交锋。这不是由于我们不赞成这种努力，正好相反，我相信这种努力是极端重要的。然而，这一交锋也具有导致出现历史－哲学的思辨的危险。尤其是一门科学将自身理解为唯物主义的时，更要对此保持警惕。这并非意味着号召对"物质性"的盲目服从，而是寻求一种理论指导下的经验主义。这一公式指出，就我所知，唯物主义的文化科学至今还没有清楚地表述，更没有解决的研究中隐藏的问题：我们可以设置一个什么样的程序，以使对历史唯物的研究能够产生的结果用于解决某些没有在理论的层面上设定的技术性问题？只要这个问题没有提出，文化科学就冒着在坏的具体性与坏的普遍性之间摇摆的风险。涉及自律问题，人们应该问一问，是否在两个因素（艺术从生活实践中脱离，与模糊这一过程的历史条件，例如对天才的崇拜）之中存在着联系，会是一种什么样的联系。考察审美从生活实践中解放出来的过程，最方便的途径是看美学思想的发展。文艺复兴时期所创造出来的艺术与科学关系问题，也许可以被解释成艺术从仪式中解放出来的第一步。考察艺术从直接服务于宗教目的中解放出来的过程，人们也许应该看这一过程的中心部分，但这是极难分析的，因为它经历了几个世纪才完成，从而实现艺术的自律。艺术与宗教仪式中的分离无疑不应被看成一个不间断的发展；这一过程是矛盾性的（豪塞尔反复强调，直到15世纪，意大利的商人阶层还定制再现性的宗教作品来满足他们的需要）。但是，即使在那些仍是描述外在形象的宗教作品中，审美的解放就已经发展起来了。甚至那些还在利用艺术效果的这场改革的反对者们，也违背他们本意地以自己的行动推动了它的解放。确实，巴洛克艺术产生了巨大的影响，但这种艺术与宗教主题的联系却变成相对松弛了。这种艺术的主要效果不再来自主题（*sujet*），而是来自丰富的色彩和形式。由于艺术家们突出色彩与形式，这些改革的反对者们原来设想一种宗教宣传的手段的艺术,结果却使自身从宗教的目的脱离。① 从另外一个意义上讲,审美解放的过程也具有矛盾性。正如我们所见到的,这里所发生的并非仅仅一种新的知觉方式,它与强制性的"手段—结果"的理性方法无关。这里揭示的领域是意识形态化的(天才观念,等等)。最后,要了解这一过程的产生,无疑要与资产阶级社会的兴起联系起来,并以此为出发点。显然,要证明这一点还有许多工作要做。马堡的研究者们朝向艺术社会学迈出了第一步,这个工作还要继续下去。

2. 康德与席勒美学中的艺术自律

就此而言,正是文艺复兴时期的艺术向艺术自律发展的史前史提供了一些启示。直到18世纪,随着资产阶级社会的兴起以及已经取得经济力量的资产阶级攫取了政治权力,作为一个哲学学科的系统的美学和一个新的自律的艺术概念才出现。在哲学美学中,一个有着许多世纪之久的过程的结果被概念化了。由于一个"直到18世纪末叶才流行的,泛指诗歌、音乐、舞台艺术、雕塑、绘画以及建筑的现代艺术概念"②,艺术活动被理解为某种不同于其他一切活动的活动。"各种艺术被从日常生活的语境中抽离开来,设想为某种可被当作一个整体对待的东西。……作为一个无目的创造和无利害快感的王国,这一整体与社会生活形成了鲜明的对比。在社会生活中,给予一个理性的安排,严格地适应明确的目的似乎是未来的任务。"③ 随着美学作为一个独立的哲学知识的领域的建构,这种艺术概念也就形成了。它所造成的结果是,艺术生产与社会活动整体相分离,从而与之构成抽象的对立。尽管愉悦与教化(*delectare* and *prodesse*)的结合不仅在古典主义的所有诗学,特别在贺拉斯以后变得司空见惯,而且成为艺术的自我理解的一个基本主题,建构无目的的艺术王国导致教化在艺术理论上被理解为一种超美学的因素,而批评性的文字被

---

① 当艺术是仪式的一个组成部分时,它是无法控制的,因为它不作为一个独立的领域而存在。这时,作品是仪式的一部分。只有当艺术成为(相对地)自律时,它才可以被控制。艺术的自律同时是它后来变成他律的前提条件。商品的美学是以自律的艺术为前提条件的。

② 见库恩《美学》,载 W. H. 弗里德里希和 W. 基利编《菲舍尔辞典·文学卷》(法兰克福,1965),第 52、53 页。

③ 同上。

当成具有训诫倾向的非艺术品。

康德在《判断力批判》(1790)中思考了艺术从实际的生活关怀中分离的主体方面问题。①康德所研究的,不是艺术作品,而是审美判断(趣味判断)。它存在于感性与理性领域之间,在"关于快适方面的偏爱心"(《判断力批判》第5节)与道德律之实现的实践理性的利益之间,并被定义为无利害。"那规定鉴赏判断的快感是没有任何利害关系的"(第2节),在这里,利害被定义为"和欲望官能有关"(同上)。如果欲望官能是人在主体一面使得以追求最大利润为原则的社会成为可能的能力,那么,康德的原理也是从摆脱发展中的资产阶级-资本主义社会的限制来定义艺术的自由的。审美被构想为这样一个领域,它没有落入占据着统治地位的以追求最大利润为原则的生活中的诸领域。在康德那里,这一因素还没有突出地显示出来。相反,他清楚地表明,与资产阶级社会批评家将封建的生活方式归入判断的特殊性中相比,强调审美判断的普遍性具有什么样的含义(审美从所有的实际生活语境分离)。"如果有人来问我,对于在眼面前看到的宫殿我是否发现它美,我固然可以说:我不爱这一类徒然为着人们瞠目惊奇的事物,或是,像那位伊诺开的沙赫姆那样来答复,他在巴黎就没感到比小食店使他更满意的东西;此外我还可以照卢梭的样子骂大人物的虚荣浮华,不惜把人民的血汗浪费在这些无用的东西上面。……人们能够对我承认和赞许这一切,但现在不是谈这问题。人只想知道:是否单纯事物的表象在我心里就夹杂着快感。"(同上,第2节)

这段引文清楚地表达了康德关于无利害的含义。不管是"伊诺开的沙赫姆",即指向需要的直接满足,还是卢梭的社会批判家的理性的实际利害,都处于康德所标明的审美判断领域之外。为了要求使审美判断变成普遍的,康德也对他所属阶级的特殊利害视而不见。针对阶级敌人的产品,资产阶级理论家宣布具有公正无私性。康德的命题中的资产阶级性恰恰在于要求审美判断的普遍有效性。普遍性的情致是资产阶级的独特特征,这个阶级与代表了特殊利益的封建贵族阶层进行着斗争。②

---

① 康德《判断力批判》。(这里的译文参照了宗白华中译本,商务印书馆1985年版——译者注)
② 这一因素在康德的论述中比瓦列根(B. Warneken)所揭示的康德论宴会音乐仅仅提供愉悦而不能称之为美(《判断力批判》第44节)的观点所表达的反封建因素更为重要(见《自律与功用》第85页)。

康德不仅宣布美学独立于感性和道德的领域（美既不是快适，也不是道德上的善），而且认为它也独立于理论领域。趣味判断的逻辑特殊性在于，尽管它宣称普遍有效性，它却不是"依照概念的逻辑的普遍性"（第31节），因为如果那样的话，"那个必然性的普遍的赞同将能由于论证来强迫执行了"（第35节）。对于康德来说，审美判断的普遍性就是一种观念与适用于一切判断的使用的主观条件相契合，具体说来，就是想象力与知解力的契合。

在康德的哲学体系中，判断力占据着一个中心的地位，它具有连接理论知识（自然）和实践知识（自由）的任务。它提供了"自然的合目的性的概念"。而这一概念不仅允许从个别上升到一般，而且允许对现实的实际修正。这是因为，只有当自然于其多样性中体现出来合目的性，才被认作一个整体，并成为实践行动的对象。

康德赋予审美一个特殊的处于感性与理性之间的位置，并将趣味判断定义为自由的和无利害的。对席勒来说，这些康德的思考成为出发点。他从这里出发，进而从事某种对审美的社会功能的界定。他的这一尝试看上去似乎是一个悖论：正是由于审美判断的无利害性，像康德强调的原则所暗示的那样，艺术仿佛具有的无用性。席勒试图揭示，正是由于*自律*，由于不与直接的目的相连，艺术才能完成一个其他任何途径都不能完成的任务：增强人性。他的思考的出发点是分析在法国革命的恐怖统治的影响下，他所谓的"我们时代的戏剧"：

> 在为数众多的下层阶级中，我们看到的是粗野的、无法无天的冲动，在市民秩序的约束解除之后这些冲动摆脱了羁绊，以无法控制的狂暴急于得到兽性的满足。……国家的解体是其证明。解脱了羁绊的社会，不是向上驰入有机的生活，而是又堕入原始王国。另一方面，文明阶级则显出一幅懒散和品质败坏的令人作呕的景象，这些毛病出于文明本身，这就更加令人吃惊。……文雅的阶级在这一点上不是毫无道理，理性的启蒙自鸣得意，但从总体上讲，对人的气质并没有产生多少净化的影响，反倒通过准则把腐败给固定下来了。①

---

① 席勒《审美教育书简》。（中译本参考了冯至、范大灿译本，北京大学出版社1985年版，第25页，并作了多处修改。——译者注）

在这段引文所分析的层次上,问题似乎还没有解决。"为数众多的各下层阶级"的行为受冲动的直接满足支配。不仅如此,"理性的启蒙"与教育"文明阶级"有道德的行动无关。换句话说,按照席勒的分析,人们既不能信任人的好的本性,也不能信任理性的可教育性。

席勒的方法的关键之处在于,他并不为他的分析的结果寻求一个人类学的解释,设想人具有一个确定的本性,而是历史地解释它,将之看成一个历史过程的结果。他争辩说,文明的发展摧毁了感性与理性的统一,而这种统一在希腊人那里是存在的:"我们看到,不仅是单独的主体,就是整个阶级的人也只是发展他们天禀的一部分,而其余的部分,就像在畸形生物身上看到的那样,连一点模糊的痕迹也看不到。"(中译本第28~29页)"人永远被束缚在整体的一个孤零零的小碎片上,人自己也只好把自己造就成一个碎片。他耳朵听到的永远只是他推动的那个齿轮发出的单调乏味的嘈杂声,他永远不能发展他本质的和谐。他不是把人性印在他的天性上,而是仅仅变成他的职业和他的专门知识的标志。"(中译本第30页)当各种活动变得相互不同,"更加严格地划分各种等级和职业"就成为必要(中译本第29页)。用社会科学的概念来表述,这意味着劳动的分工使得阶级社会成为不可避免的结果。但是,席勒认为,阶级社会不能由社会革命来废除。革命只能由这样一些人来进行,这些人打上了劳动分工的社会的烙印,因而不能发展他们的人性。席勒在第一层次的分析中出现的由于感性与理性的不可解决的矛盾而造成的困窘,在第二层次的分析中又重新出现了。尽管在这里,矛盾已不再是永恒的,而是历史的,但似乎同样无望得到解决,因为任何有益于朝向既是理性的又是人性的社会的改变,都以人为前提,而这种人又需要在这样一种社会之中成长起来。

正是在讨论的这一关节点上,席勒提出了艺术。他给予艺术一个无异于是将撕裂的人的"两半"重新放到一起的任务,这意味着,在一个已经以劳动分工为特征的社会,个人不能在他的活动领域实现的完整性,可以由艺术来完成。"但是,人怎么可能就得为了某种目的而忽略自己?自然怎么可能为了它的目的就得夺走理性为了它的目的所给我们规定的完善呢?所以,培养个别的力,就必须牺牲这些力的完整性,这肯定是错误的;或者,纵使自然的法则还是朝这方面进逼,那么,通过更高的艺术来恢复被艺术破坏了的我们天性中的这种完整性,也是我们自己的事情。"(中译本第34页)这一段很难理解,所使用的概念并不严谨，而是用一种思想的辩证法来把握，并转化到与其相对立的概念上去。"目的"在一开始指个体的有限的任务，接着又指存在于并通过历史发展（"自然"）而出现的目的论（呈现为独特的人的力量），最后，指理性所要求的人的全面发展。类似的考虑适用于自然概念，它既指一种发展规律，也指作为心理物理总体的人。艺术也具有两种不同的意义。它首先指技术和科学，其次具有一个与生活实践相区分的领域（"更高的艺术"）的现代意义。席勒认为，正是由于艺术放弃了所有对现实的直接干预，它适合于恢复人的完整性。席勒看到，在他的时代，建立一个允许所有人力量的整体性发展的社会是不可能的，但他不放弃这一目标。确实，创造一个理性社会依赖于人性，但这种人性首先是通过艺术来实现的。

我们在这里的目的不是在细节上探索席勒的思想，观察他是怎样为他等同于作为感性冲动与形式冲动的综合的游戏冲动下定义的，或者他是怎样在一种思辨的历史中寻求通过美的经验从感性的魔力中解放出来的。在我们的语境中所要强调的是，席勒正是由于艺术脱离所有实际生活的语境而赋予它的核心社会功能。

结论：艺术自律是一个资产阶级社会的范畴。它使得将艺术从实际生活的语境中脱离描述成一个历史的发展，即当那些阶级的成员，至少是有时，摆脱了生存需要的压力，一种感性可以展开，而这不是任何手段——目的关系的一部分。这里我们在谈论自律性艺术作品时，找到了真理的契机。这一范畴所不能把握的是，艺术从实际语境中脱离是一个历史过程，即它是由社会决定的。在这里，存在着范畴的非真理性，存在着任何意识形态都具有的扭曲的因素，假如人们在早期马克思在对意识形态批判的意义上来使用这个词的话。"自律"的范畴不允许将其所指理解为历史地发展着的。艺术作品在资产阶级社会的生活实际上相对疏离的事实，因此形成艺术作品完全独立于社会的（错误的）思想。从这个术语的严格的意义上说，"自律"因此是一种意识形态范畴，它将真理的因素（艺术从生活实践中分离）与非真理因素（使这一事实实体化，成为艺术"本质"历史发展的结果）结合在了一起。

3. 先锋派对艺术自律的否定

在到现在为止的学术讨论中，"自律"范畴深受不精确之害，种种亚范畴被认为在自律的艺术品的概念下构成一个整体。由于这些单个的亚范畴间的发展并不同步，也许在有些情况下，宫廷艺术仿佛已经自律了，而在另外的情况下资产阶级艺术才显示出自律的特征。为了弄清楚由于该问题的性质而产生的种种解释之间的矛盾，我们将简要地说明一种历史类型学，并把所分析的要素有意识地压缩到三个（目的或功能、生产、接受），因为这里所要做的是清楚地、非共时地说明单个范畴的发展。

A. 宗教艺术（例如：中世纪鼎盛期的艺术）用作崇拜物。它完全融合进了被称为"宗教"的社会体制。它作为一种手工艺，取集体生产的方式。它的接受方式也体制化为集体的。①

B. 宫廷艺术（例如：路易十四宫廷中的艺术）也具有可精确定义的功能。它是再现性的，服务于对王室的赞美和宫廷社会的自我描绘。宫廷艺术是宫廷生活实践的一部分，正如宗教艺术是信仰生活实践的一部分一样。然而，从宗教联系中脱离是艺术解放的第一步。（"解放"一词在这里被当作一个描述性的术语来使用，指艺术构成一个独特的社会亚系统的过程。）宫廷艺术与宗教艺术的区分在生产领域表现得特别明显：艺术家作为个体从事生产，并发展出一种他的活动的独特性的意识。而另一方面，接受则仍是集体的。但这种集体活动的内容已不再是宗教的，而是社交性的。

C. 仅仅在资产阶级采用贵族阶级所拥有的价值概念的范围内，资产阶级艺术具有一种再现的功能。当这是真正的资产阶级艺术时，它就成了这个阶级的自我理解的客观化。表现在艺术中的这种自我理解的生产和接受不再与生活实践联系在一起。哈贝马斯将之称为对过剩需要的满足，即淹没在资产阶级社会的生活实践中的需要的满足。这时，不仅仅是生产，而且接受也成了个人的行为。独自专注于作品成了背离资产阶级生活实践的创造物起作用的充分方式，尽管这些创造物仍然宣称在阐释那种实践。最后，在唯美主义，即资产阶级艺术达到自我反思阶段，就不再宣称作这种阐释了。与生活实践的分离过去总是被看成在资产阶级社会中艺术起作用方式的条件，而现在却成了它的内容本身。下表可以帮助我们理解这里所述的类型学（黑色的竖线表示发展中的确定

---

① 关于这一点，可参见 R. 瓦宁最近发表的文章《仪式、神话与宗教剧》，收入《恐惧与戏剧：神话接受问题》，富尔曼编（慕尼黑，1971），第 211~239 页。

性变化，而虚线表示非确定的变化）。

宗教艺术、宫廷艺术与资产阶级艺术之比较

	宗教艺术	宫廷艺术	资产阶级艺术
功能的目的	崇拜对象	再现性对象	资产阶级自我认识的展现
生产	集体的手工艺品	个人的	个人的
接受	集体的（宗教的）	集体的（社交的）	个人的

此表使人们注意到，范畴的发展并非共时性的。作为资产阶级社会艺术特征的个人生产起源于宫廷的庇护制。但宫廷艺术仍是生活实践的一个组成部分，尽管与崇拜功能相比，再现功能成为趋向宣称艺术直接起着社会作用的一极的缓冲。宫廷艺术的接受也是集体的，尽管集体活动的内容改变了。从接受方面看，只是随着资产阶级艺术的出现，决定性变化的时刻才到来：由孤立的个人来接受。小说是这样一种文学门类，在其中，新的接受方式找到了适用于它的形式。① 资产阶级艺术的来临也是作用与功能方面的决定性的转折点。尽管方式不同，宗教艺术与宫廷艺术都是接受者生活实践的组成部分。作为崇拜和再现的对象，艺术作品被赋予具体的作用。这一要求不再在同样程度上适用于资产阶级艺术。在资产阶级艺术中，对资产阶级自我认识的展现出现在一个位于生活实践之外的领域。在日常生活中被限制为部分功能（手段与目的的活动）的公民，这时能够在艺术中被发展为"人类"了。在这里，人们可以展现自己丰富的天才，尽管这是以该领域与生活实践严格分开为先决条件的。从这个方面看，艺术与生活实践的脱离成为资产阶级艺术自律的决定性特征（上表没有能充分显示这一点）。为了避免误解，必须再次强调的是，在此意义上的自律为艺术在资产阶级社会中的地位下了定义，却没有对相关的艺术作品的内容作出断言。尽管艺术作为体制也许会被认为在18世纪末叶才完全形成，作品内容的发展却服从于一种历史动力学。这种动力学的终点是由唯美主义达到的，在这里，艺术变成艺术的内容。

欧洲先锋主义运动可以说是一种对资产阶级社会中艺术地位的打击。它所

---

① 黑格尔即已指出，小说是"现代中产阶级的史诗"，见《美学》第2卷，德文本（柏林/魏玛，1965）第452页。

否定的不是一种早期的艺术形式（一种风格），而是艺术作为一种与人的生活实践无关的体制。当先锋主义者们要求艺术再次与实践联系在一起时，他们不再指艺术作品的内容应具有社会意义。对艺术的要求不是在单个作品的层次提出来的。相反，它所指的是艺术在社会中起作用的方式。这种方式与作品的具体内容一样，对作品的效果起着决定性的作用。

先锋主义者将与生活实践分离看成资产阶级社会艺术的主要特征。使这种分离成为可能的一个原因是，唯美主义使得定义作为体制的艺术的要素成为作品的根本内容。只有体制与作品内容汇合在一起，才使先锋派对艺术的讨论在逻辑上成为可能。先锋主义者提议扬弃艺术——扬弃取黑格尔赋予这个术语的意思：艺术将不是简单地被消灭，而是转移到生活实践中，在那里被保存，尽管将改变其形式。先锋主义者因此采用了唯美主义的一个基本要素。唯美主义者在生活实践与作品内容间造成了距离。唯美主义所指的，并加以否定的生活实践是资产阶级日常的手段—目的理性。现在，先锋主义者的目的不是将艺术结合进此实践之中。相反，他们赞同唯美主义者对世界及其手段—目的理性的反对态度。与唯美主义者的不同之处在于，他们试图在艺术的基础上组织一种新的生活实践。从这个意义上说，唯美主义也成了先锋主义艺术主张必要的先决条件。只有在单个作品的内容完全区别于现存社会的（坏的）实践时，艺术才能在组织新的生活实践的出发点上起着核心的作用。

在马尔库塞的有着资产阶级社会的艺术的双重性质的理论构架（在第一章中曾提到）帮助下，先锋主义者的意图可以得到特别清楚的理解。所有那些由于无处不在的竞争原则而不能在日常生活中得到满足的需要，可以在艺术中找到自己的家园，因为艺术是与生活实践相分离的。像人性、欢乐、真理、团结等价值仿佛被从生活中排挤了出去，却在艺术中得到了保存。在资产阶级社会，艺术起着矛盾的作用：它投射了一个更好的秩序的意象，就此而言，它是对流行的坏秩序的抗议。但是，通过在想象中实现更好秩序的仅仅是外观的意象，它对现存社会中那些本来可形成变动力量所造成的压力起舒缓作用。这些力量被局限在一个理想的领域。当艺术实现这一作用时，它就是马尔库塞所谓的"肯定的"。如果资产阶级社会中艺术的这两重性质构成了这样的事实，即与社会生产与再生产过程的距离包含着一种自由的因素，以及一种不介入和不具有任何后果的因素，那么，先锋主义者试图将艺术重新与生活过程结合本身就是一个具有深刻矛盾性的努力。这是因为，如果要有一种对现实的批判的认识的话，艺术与生活实践相比，（相对的）自由同时是一个必须实现的条件。在历史上的先锋主义运动时期，所有历史进步性带来的同情都站在排除艺术与生活的距离的尝试一边。但同时，文化产业带来了艺术与生活的距离的虚假消除，这也使人们认识到先锋主义事业的矛盾性。①

下面我们就将概述，消灭艺术体制的意图是怎样在三个我们用于表示自律的艺术的领域中表现出来的。这三个领域就是目标与功能、生产、接受。我们将不用先锋作品，而用先锋现象一词。一个达达主义的现象并不具有作品的特征，却无疑是艺术上的先锋现象。这并不意味着先锋主义者根本不生产作品，而用短暂的事件来取代它们。我们将看到，尽管先锋主义者并没有摧毁艺术作品，却对艺术作品的范畴作出了深刻的修改。

在这三个领域中，先锋主义现象的有意的目的或功能最难界定。在唯美主义艺术中，作为资产阶级社会中艺术地位的特征的作品与生活实践的脱离，成了作品的基本内容。仅仅是作为这一事实的结果，艺术作品才成为完全意义上的它自身的目的。先锋派艺术家对这种无功能性的回应，不是通过一种在现在社会中将具有结果的艺术，而是通过在生活实践中扬弃艺术的原则。然而，这样一种观念使得对艺术的有意目的的定义成为不可能。艺术重新融入生活实践之中，不再像唯美主义那样，连指出其缺乏社会目的也不再可能。当艺术与生活实践成为一体，当实践是审美的而艺术是实践的之时，就无法再发现艺术的目的，因为构成目的或有意识地运用的两个相互区分的领域（艺术与生活实践）的存在已经结束了。

我们看到，自律艺术作品的生产是个人的行为。艺术家是作为个人来生产的，个性不是被理解为某种东西的表现，它完全是另外一回事。天才的概念证明了这一点。而唯美主义所取得的一种准技术性的艺术品制作能力似乎与此相矛盾。例如，瓦莱里将之非神秘化，一方面将之说成是心理学中的动机，另一方面将之看成可获得的艺术手段。当伪浪漫主义的灵感思想被视为生产者的自我欺骗时，将个人看成艺术的创造主体的思想也受到了打击。确实，瓦莱里关

---

① 有关艺术在生活实践中的虚假扬弃，可参见哈贝马斯的《公众空间的结构性转变：资产阶级社会的一个范畴研究》（新维德/柏林，1968），第18节，第176页起。

于一种引发并推动创造过程的自信的力量再次更新了以资产阶级社会的艺术为中心的艺术生产的个人性质的观念。① 在其最为极端展现中，先锋派回应道，作为生产的主体，这不是集体的，而是对个人创造范畴的彻底否定。当杜尚在大规模生产的物品（一个便池，一瓶干燥剂）上签名并将它们送去展览时，他否定个人生产的范畴。由于所有个人的创造性都受到嘲弄，签名的目的原本是标明作品中属于个性的特征，即它的存在依赖于这一特定的艺术家，这里却被签在随意选出的大规模生产的物品上。杜尚的挑战不仅撕下了艺术市场的假面具，在那里，签名不过是意味着作品的质量而已；而且，它对资产阶级社会的艺术原则本身提出了质疑，按照这一原则，个人被看成艺术作品的创造者。杜尚的现成物不是艺术品而是展现。人们不能从单个物品的形式—内容整体，而是从一方是大规模生产的物品，一方是签名和艺术展览之间的对比来推导其意义。显然，这种挑战并不能无限重复。这种挑战依赖于其对立面而存在：在这里，这种对立面即个人是艺术创造的主体的思想。一旦签了名的干燥剂被接受并在博物馆中占据了一席位置，挑战就不再具有挑战性；它转变为其对立面。如果今天一位艺术家在一个火炉的烟囱上签上名，并展出它，这位艺术家当然不是在谴责艺术市场，而是适应它。这种适应并不消除个人创造性的思想，而是肯定它，原因在于先锋主义者扬弃艺术的企图的失败。既然历史上的先锋派对作为体制的艺术的抗议本身已经被接受为艺术，新先锋派的抗议姿态就不再显得真实。由于这一切都显得无可挽回，也就不再能坚持称之为抗议。这一事实是对先锋派常常传达的艺术与工艺的意见的说明。②

先锋派不仅否定个人生产的范畴，而且否定个人接受的范畴。在公众受达达现象的挑战而动员起来，作出从叫嚷到斗殴的反应时，其性质当然是集体的。确实，这仍然是对过去的挑战的反应和回应。无论公众如何积极参与，生产者和接受者之间仍泾渭分明。假如先锋主义者要取消艺术作为一个与生活实践相分离的领域的话，那么，消除生产者与接受者之间的对立就是合乎逻辑的。查拉对写作达达主义的诗歌的指示，与布列顿的自动文本的写作，都具有

---

① 见比格尔的《瓦莱里自信（orgueil）观念的功能与意义》，载《浪漫主义年鉴16》（1965），第149~168页。
② 关于先锋派绘画与雕塑的例子可以参见展览目录《集萃：欧洲先锋派1950—1970》，G. 阿德里亚尼编（图宾根，1973）。

制作法的性质，这绝不是偶然的。① 这不仅代表了对艺术家个人创造性的攻击；这种制作法将被从字面上理解，暗示一种接受者的活动。自动文本也应该被当作对个人生产的指导来阅读。但这种生产不应被理解为艺术生产，而是自由的生活实践的一部分。这正是布列所要求的诗被实践。在这种要求所表示的生产者与接受者一致之外，存在着这些概念推动它们的意义的事实：生产者与接受者不再存在。所存在的是那些将诗作为工具以便生活得更好的个人。在这里，仍存在着至少是一部分超现实主义所具有的危险：唯我主义，即退回到孤立的主体问题。布列顿看到了这一危险，并设想了对付它的不同方法。其中的一种方法是，美化性爱关系的自发性。也许严格的群体纪律也是驱除超现实主义所包含的危险的一种方法。②

作为对上述论述的概括，我们注意到，历史上的先锋派运动否定了那对自律艺术具有决定意义的因素：艺术与生活实践的分离、个性化生产，以及区别于前者的个性化接受。先锋派要废除自律艺术，从而将艺术与生活实践结合起来。在资产阶级社会，除一种虚假的对自律艺术的扬弃以外，这种结合并没有实现，大概也不可能实现。③ 通俗小说与商品美学证明了这种虚假的扬弃的存在。如果一种文学的主要目的是将一种特殊的消费行为强加给读者，它其实

---

① T. 查拉《达达主义诗歌的写作》，见查拉《七个达达主义的宣言与灯具作坊》（未注明出版地点，1963），第64页。A. 布列顿《超现实主义宣言》（1924），见《超现实主义宣言》（巴黎，1963），第42页。

② 有关超现实主义的群体纪律和他们所寻求和部分实现了的集体经验，见伊丽莎白·伦克《泉边的纳西瑟斯：布列顿的诗的唯物主义》（慕尼黑，1971），第57、73页。

③ 十月革命后，由于社会条件的变化，俄国的先锋主义在将艺术重新融入生活实践方面究竟在什么范围内获得了一定程度的成功，这是值得研究的问题。不管阿瓦托夫还是特雷雅可夫都将在资产阶级社会中发展起来的艺术概念正好倒转了过来，将艺术直截了当地定义为社会上有用的活动："将生糙的材料转变为社会上有用的形式所产生的快乐，是与技巧和对合适形式的苦苦追寻联系在一起的——这正是'为一切的艺术'的口号应该表示的意义。"[S. 特雷雅可夫《革命中的艺术与艺术中的革命》，载于特雷雅可夫《作家的劳动》一书，伯恩克编（汉堡，1971），第13页。]"以在生活的所有领域所共有的技术为基础，充斥于艺术头脑中的是适合的思想。这种适合的思想不是由艺术家在面对材料进行工作时指引着他的主观趣味，而是客观的生产任务决定的。"（B. 阿瓦托夫《无产阶级文化体系中的艺术》，载阿瓦托夫《艺术与生产》，第15页。）以先锋派艺术为出发点，以具体的调查为指导，人们还应该讨论作为体制的艺术在社会主义国家的社会中所占据的位置的范围（以及对艺术主体的种种影响）方面的问题，这与它在资产阶级社会中的位置是完全不同的。

就是实践的,尽管这与先锋主义者所想要的那种实践性不同。在这里,文学不再是解放的工具,而成了压迫的工具。①对于商品美学,我们也可以作出同样的评论,这种商品美学用来诱使购买者买下他们所不需要的东西。在这里,艺术成了实践性的,它是一种具有迷惑力的艺术。②这一简短的提示表明,先锋派的理论帮助我们认识到,通俗文学和商品美学是艺术体制的虚假的扬弃的形式。在晚期资本主义社会,历史上的先锋派的意图得到了实现,但其结果是不受欢迎的。假定对自律的虚假扬弃经验的存在,人们需要问,是否我们真的想要扬弃自律地位,是否艺术与生活实践间的距离对一个自由空间来说是必不可少的,在这个自由空间中,我们可以设想作出与现存的一切不同的选择。

(选自[德]彼得·比格尔:《先锋派理论》,
高建平译,商务印书馆2002年版)

---

① 克丽斯塔·比格尔《作为意识形态批判的文本分析:当代消遣文学的接受》(法兰克福,1973)。
② 见 W. F. 豪格《商品美学批判》(法兰克福:祖尔坎普,1971)。

莫里斯·韦兹与《理论在美学中的作用》

经典导读

  莫里斯·韦兹（Morris Weitz，1916—1981），美国当代著名分析美学家。于密歇根大学获博士学位，曾先后执教于瓦萨学院、俄亥俄州立大学和布兰迪斯大学。主要著作有《艺术哲学》(1950)、《文学哲学》(1963)、《哈姆雷特与文学批评哲学》(1964)，并编有《美学问题》一书。《理论在美学中的作用》是其代表性论文，发表于《美学与艺术评论》1956年秋季号，曾引起美学和艺术哲学界长时间聚讼。

  这篇论文引起知识界震动的主要原因在于作者提出的观点令人不安。韦兹在这篇论文中明确指出，艺术是不可定义的。在他看来，美学界和艺术哲学界设置的传统问题，即"什么是艺术？"这一提法本身存在问题，合理的提问方式是"艺术是哪一种概念？"韦兹做了这种转换之后，就把定义艺术的两种传统思路——自上而下地从哲学体系中演绎出艺术的本质和自下而上地从艺术品中抽取归纳出艺术的本质——转变成对"艺术"这一语词的辨析。他指出，概念分成两种，一种是封闭的，即在一定充分和必要条件下成立的，另一种则是开放的，即无法提供确定的充分和必要条件，需要不断修正其成立条件的。艺术属于后一种。他以多种流行艺术定义为例，指出尽管这些定义的提出者宣称它们普遍有效，但实际上这些定义都无法令人满意。出现这种情况的原因在于艺术具有"扩张性、冒险性"，"它时时出现的变化与新奇的创造，从逻辑上说，使保障任何一组具有界定意义的特征的尝试成为不可能的事"。因此，艺术是一个开放性概念，无法定义。

韦兹的这个观点在西方非常有影响，引起很多美学家的回应。例如同时代著名分析美学家西伯利就专门撰文《艺术是一个开放概念吗？》来回应韦兹的观点。一些美学家，如肯尼克、曼德尔鲍姆等人对韦兹的观点非常赞同，肯尼克撰写的《传统美学是否基于一个错误》、曼德尔鲍姆撰写的《家族相似及有关艺术的概括》都继续阐发韦兹的艺术不可定义的观点。韦兹与其赞同者一起主导了20世纪50年代艺术哲学领域的反本质主义潮流。

在《理论在美学中的作用》一文中，韦兹还有一个观点值得注意，那就是他借用了维特根斯坦的"家族相似"观点来解决艺术的辨认问题。"家族相似"的观点源于维特根斯坦后期著作《哲学研究》。维特根斯坦以游戏为实例，指出各种游戏从外观上来看形态各异，没有共同的本质，它们彼此之间只是一种网状交叉的相似关系。在维特根斯坦看来，不仅游戏如此，语言、艺术都具有这一特质。但他并没有做进一步展开。韦兹把维特根斯坦的这个观点切实延伸到对艺术的描述活动中，用它来解决没有定义的情况下如何来辨认艺术、如何为艺术归类。他指出，与游戏相似，各门艺术之间也并不存在共同的特质，而只是一种网状交叉的家族相似关系。正是这种家族相似关系，实现了我们对艺术品与非艺术品的区分，把艺术品有效分类。他的这种观点背后还存在一个关键点，就是他对"艺术"这一语词用法的分析。他把"艺术"一词的用法分成描述性和评价性两种，当我们说"X是一件艺术品"时，有时是描述性的，有时是评价性的。从评价的意义上来使用"艺术"，只表示一种肯定、赞许和敬意，并不是下定义或为艺术归类。而从描述的意义上来看，我们指认某一物品是艺术品时，并不是说存在充要条件使我们认定其为艺术品，而是存在着一些相似条件，虽然它们没有逐一出现，但当我们描述时，大部分条件都出现了。因此，艺术的辨认是根据正在接受辨认的物品与此前艺术品的相似关系来断定的。韦兹通过这种方式，就解决了没有定义"艺术"，但仍然可以使用这个概念的尴尬情况。

通过对《理论在美学中的作用》一文的阅读，我们能够发现韦兹分析美学的如下特征：他借用了维特根斯坦的语言游戏和家族相似思想，又发展了后者的观点，他从语言学角度细化了艺术的用法，把艺术归入开放性概念，同时把这种艺术的开放性与其不可定义性联系在一起，进而又用家族相似思想来解决艺术的归类和辨认问题。这一方面使其艺术不可定义的观点令人信服，另一方面又在无法定义的情况下提出了解决艺术辨认问题的建设性策略，在一篇篇幅不长的论文中，他实现了如此缜密的分析，实在值得称道。

　　韦兹这篇论文在当代艺术哲学史上具有里程碑意义，对艺术如何定义这一美学和艺术哲学的基本问题，他转变了提问方式，开启了新的思考路向。前面我们已经指出，正是韦兹提出的艺术不可定义性，带来了20世纪50年代美学领域的反本质主义潮流。而后来反对这一观点的美学家也不得不从回答韦兹对艺术定义的责难和质疑这里起步，在回应韦兹的观点处提出艺术的定义。因此，后来无论赞同韦兹者，还是持不同意见者，都是沿着韦兹的思考继续前行的。这集中体现在三个方面：其一，对艺术的思考不再从美学立场出发，不再从艺术的感性和视觉特质立论；其二，即使新的艺术定义被提出，但其理论基础往往逃不掉反本质主义底色，丹托的艺术界理论如此，乔治·迪基的艺术制度论也是如此；其三，韦兹对艺术自身的延展性、时间性问题的关注，也成为后来者对艺术定义问题再思考的重要着力点。

延伸阅读文献

1. ［美］W. E. 肯尼克：《传统美学是否基于一个错误》，见［美］M. 李普曼编《当代美学》，邓鹏译，北京：光明日报出版社1986年版。

2. ［美］M. 曼德尔鲍姆：《家族相似及有关艺术的概括》，见［美］M. 李普曼编《当代美学》，邓鹏译，北京：光明日报出版社1986年版。

3. Arthur Danto, "The Artworld," *The Journal of Philosophy*, vol.61, no.19, 1964.

4. George Dickie, *Art and the Aesthetic*, Ithaca, NY: Cornell University Press, 1974.

5. ［奥］维特根斯坦：《哲学研究》，李步楼译，陈维杭校，北京：商务印书馆1996年版。

6. ［美］诺埃尔·卡罗尔：《超越美学》，李媛媛译，高建平校，北京：商务印书馆2006年版。

（张冰　撰）

　　原文：《理论在美学中的作用》

经典原文

理论在美学中的作用

莫里斯·韦兹 著　程介未 译

　　理论在美学中历来占据着中心位置，并且是艺术哲学的首要问题。它公开声明，其考虑对象依然是确定那种可以用公式化的定义来表示的艺术本质。它把定义解释成对正在被界定事物的必要而充足的性质所作的陈述。在定义中，陈述意味着关于艺术本质所作出的正确或错误的主张，而艺术本质则表示艺术的特征并将它与其他事物区别开来。每一种伟大的艺术理论——形式主义、唯意志论、唯情论、唯理智论、直觉主义、有机主义——都会聚集于这一点，即试图陈述艺术那具有界定意义的性质。每一种理论都宣称自己是正确的，理由是它已经将艺术本质正确地归纳为一个真正的定义；而其余理论则是错误的，因为它们遗漏了一些必要而充足的性质。许多理论家争论说，他们的事业并不是仅仅的智力训练，而是任何对艺术的理解及我们对艺术的恰当评价所需要的一种绝对的必然。他们说，除非我们知道什么是艺术，什么是它必要而充足的性质，我们就无法开始对它做出合适的反应，或者无法说出一件作品不错或比另一件好之所以然。这样，审美理论不仅本身很重要，对于欣赏与批评的基础来说也很重要。哲学家、批评家以及就艺术进行过论述的艺术家都认为美学中最重要的是一种关于艺术本质的理论。

　　美学理论在一个正确的定义或一组必要而充足的艺术性质的意义上是否可能？美学史自己应该在此作一次很大的停顿，假如其他事物不停顿的话。因为尽管已经有了不少种理论，我们今天似乎并没有比柏拉图的时代更加接近自己的目标。每一个时代，每一次艺术运动，每一种艺术哲学都一而再、再而三地试图建立固定的理想，但也只能被一种新型的、修正过的、至少是部分地在否定先前理论的基础上发展起来的理论取代。甚至在今天，每个对审美事物发生兴趣的人也都深深地抱有这种希望：正确的艺术理论即将到来，我们只需考察一下有关艺术的大量新著，其中提出了许多新的定义；或者，尤其在我们这个国度，检查一下那些基本的教科书与各种有关论集，就会认识到，艺术理论的重要性是多么牢固。

在这篇文章里，我想为抛弃这一课题作一番辩护。我想说明，理论——在必要的和传统的意义上——在美学中绝不会即将到来，并且，我们最好能像哲学家那样，用其他问题替代"什么是艺术本质"这一问题，而回答了这些问题，我们也就能够理解所有能够出现的艺术。我想说明，理论的种种不充足主要不是任何合理的困难，譬如，艺术的极大复杂性所引起的那些困难可以通过进一步的探讨研究得以克服。它们基本的不充足倒是在于从根本上误解了艺术。审美理论——它的全部——认为一种正确的理论是可能的，这在原则上就错了，因为它根本就曲解了艺术概念的逻辑。其主要论点："艺术"经得起真正的或任何一种正确的定义检验，是错误的。其发现艺术之必要而充足的性质的企图从逻辑上说是不合理的，原因很简单，因为它的这样一组，继而，这样一种公式是绝不会即将到来的。艺术，如这一概念的逻辑所示，并没有一组必要而充足的性质，因此，它的理论不仅事实上很困难，在逻辑上也是不可能的。审美理论试图以其必要性去界定那些无法界定的事物。但在建议否定审美理论时，我不会像其他许多人那样从这一点，即它逻辑上的混乱使它显得毫无意义或者毫无价值，去展开论说，相反，我希望主要地再一次确定它的作用及其贡献，以便说明，它对于我们理解艺术是最为重要的。

我们现在来简单地回顾一些尚存而比较著名的审美理论，这样，可以看出它们是否真的就艺术本质发表了各种正确而合适的陈述。其中每一种都假定只有自己才正确地列举了艺术具有界定意义的性质，暗示了先前的理论都强调了错误的定义。这样，我们可以从考虑贝尔和弗莱（R. Fry）阐述的一套著名的形式主义理论开始。确实，他们在著作中大部分讲的是绘画，但两人都宣称，他们在那种理论里发现的东西也能够被用来表达其他艺术中的基本"艺术"特征。他们认为，绘画的核心在于各造型因素的相处关系。其具有界定意义的性质是有意义的形式，也即线条、色彩、形状、体积——画布上除描绘因素之外的所有东西——的一定组合，这些线条、色彩、形状、体积激发起人们对这些组合的一种独特的反应。绘画像造型结构一样，也是可以界定的。艺术本质，它真正的本质，如他们的理论所示，是一些因素（能详细说明的造型因素）按一定关系形成的独特组合。任何属于艺术的事物都是一个实际的有意义的形式；而任何不属于艺术的事物则没有这种形式。

对于这种理论，唯情论者回答说，艺术的真正的基本性质已给被遗漏了。托尔斯泰、杜卡斯（C. J. Ducasse），或所有这一理论的提倡者发现，必要而具有界定意义的性质不是有意义的形式，而是某种引起美感的大众媒介中表现出来的情感。假如一块石、一些单词或声音中没有灌注进情感，那里就没有艺术。艺术确实就是这种情感的体现。正是这一点才独特地表示出艺术的特征，而包含在某种恰当的艺术理论中的任何正确的、真正的艺术定义必须这样来阐明它。

直觉主义者否认情感与形式是具有界定意义的性质。例如在克罗齐的理论中，艺术不等同于某个物理的、社会的现象，而等同于一种创造性的、认识方面的以及精神上的特定活动。艺术确实是知识的第一阶段，一些人（艺术家）在这个阶段中抒情式地阐明或表现了他们的意象和直觉。如此，它是一种对于事物独特个性的意识，其特征是非概念性的；而且，由于它的存在低于概念化或行为的程度，它不具备科学或道德内容，克罗齐挑选出这个精神生活的第一阶段，把它作为具有界定意义的艺术核心，并把它与艺术的一致性提到哲学式的正确理论或定义的高度。

有机主义者对所有这些理论提出了自己的看法，认为艺术确实是一种有机整体，由一些可以区别，尽管不可分离的因素所组成，这些因素随意构成各种卓有效验的关系，后者则体现在某种激发美感的媒介中。在布拉德雷（A. C. Bradley）的理论中，在他有关文学批评的零星文章里，或者在我自己对这一理论作了一般性修改的《艺术哲学》中，我们的主张是，任何属于艺术品的东西本质上是各种相互联系部分组成的独特复杂体——譬如，在绘画中，线条、色彩、体积、题材，等等，都在某种绘画材料表面相互作用。自然，至少在一个时期里，我认为这种有机理论构成了一种正确而真实的艺术定义。

从逻辑上说，我最后一个例子是所有例子中最有趣的，这便是帕克（H. Parker）的唯意志理论。帕克在关于艺术的文章里，一再怀疑传统中对美学所作的简单片面的定义。"构成每一种艺术哲学基础的假设是，一些共同的本质存在并体现于所有艺术之中。"①"所以如此流行的简单的艺术定义——'有意义的形式''表现''直觉''客体化的快感'——都是靠不住的，原因要么

---

① 帕克：《艺术的本质》，收入维法斯和克里格编的《美学问题种种》，纽约，1953年，第90页。

是，当适合艺术的时候，它们也适合于许多非艺术的东西，于是就无法将艺术与其他事物区别开来；要么是，它们忽视了艺术的某一基本方面。"①但帕克并没有申诉那种做出艺术定义的企图本身，而是坚持认为，我们需要的是一个复杂而不是简单的定义，"因此，艺术定义必须从特征的复杂性出发，所有著名定义的缺陷历来是未能认识到这一点。"②本人关于唯意志论的阐述是这样一种理论，即艺术的关键在于三件事：那些通过想象得以满足的希冀与欲望的体现，使大众艺术媒介具有特征的语言，以及把这种语言与富于想象的灌注的各个层次统一起来的和谐。于是在帕克看来，这样论述艺术倒不失为正确的定义：它"通过想象、社会意义以及和谐提供了满足，我觉得，除了艺术品，没有什么东西具有所有这三个标志"③。

看来，上述所有理论在许多不同的方面是不恰当的。每一种都声称对所有艺术品具有界定意义的特征作了完美的陈述。但都遗漏了一些被其他理论视为关键的特征。有一些是循环的，譬如，贝尔-弗莱的作为有意义的形式这一艺术理论部分地是根据我们对有意义的形式的反应而界定的。有一些理论在探索必要而充足的性质时，强调的性质太少，又如贝尔-弗莱的定义，遗漏了绘画中的主观表现，或者如克罗齐的理论，故意没有包括极为重要的，像建筑中的大众性、物理性特征。其余理论则太笼统，包括的对象既有非艺术品又有艺术品。有机主义无疑持这一观点，因为它既能适用于自然界中任何偶然的统一，也适用于艺术。还有一些理论基于含糊不清的原则，譬如，帕克的理论宣称艺术体现了富于想象的而非实在的各种满足；或如克罗齐断言，有非概念的知识。结果，即使艺术有一组必要而充足的性质，我们所提到的理论还没有哪一种，或者，就此而言，迄今为止，在所有提出的审美理论中还没有哪一种将它列举出来，而使一切有关人士满意。

还有另一种困难。作为真实的定义，这些理论被假定为关于艺术的事实报道。假如是这样的话，我们可不可以问，它们是否以经验为根据，并可以被核实或伪造？譬如，什么东西会证实或否定这种论说，即艺术是有意义的形式，或是情感的体现，或是各意象的创造性的综合？甚至还没有迹象暗示有某种即

---

① 帕克：《艺术的本质》，见维法斯、克里格编《美学问题种种》，纽约，1953年，第93~94页。
② 帕克：《艺术的本质》，见维法斯、克里格编《美学问题种种》，纽约，1953年，第94页。
③ 帕克：《艺术的本质》，见维法斯、克里格编《美学问题种种》，纽约，1953年，第104页。

将到来的证据将会对这些理论作出测定；而且人们确实想知道它们可不可以算是对"艺术"表示敬意的定义，换言之，可不可以算是为了应用艺术概念，根据一些经过选择的条件提出的重新界定，而丝毫不是关于艺术基本性质的正确或错误的报道。

但是所有这些对传统审美理论的批评——说它们是循环的、不完善的、经不起测试的，是不真实的、伪装起来的，为了改换概念的意义而提出的一些建议——以前就已经提出。我的意图是超越这些理论，提出一种更为基本的批评，亦即，审美理论从逻辑上说是想要界定无法界定的东西，想要陈述那些不具备必要而充足性质的事物的必要而充足的性质，想要把由艺术概念的切实运用所揭示出来并要求的开放性设想为封闭性这样一种徒然的企图。

我们最先必须解决的问题不是"什么是艺术？"，而是"艺术是哪一种概念？"确实，哲学本身的根本问题是解释使用各种一定的概念与使它们可以被正确地应用的条件之间的关系。假如我可以解释维特根斯坦（L. Wittggenstein）的话，我们不应该问，任何具有哲学意义的 X 的本质是什么？或者根据语义学家的意见，甚至不应该问，"X"意味着什么？这是一种转换，它导致把"艺术"灾难性地解释成为某个特定客体种类而设立的一个名称；而应该问，"X"的运用或使用指什么？"X"在语言中做些什么？在我看来，这是个初步的问题，是所有哲学难题及其回答中带有推动性的问题，假如不是带有了结性的问题的话。这样，在美学中，我们遇到的第一个问题是阐明如何切实使用艺术概念，为这概念的切实作用作逻辑性的描述，包括描述那些使我们得以正确运用它或它的相关事物的种种条件。

我在这种逻辑式的描述中，或哲学中所用的模式来自维特根斯坦。同样是他，在驳斥那种根据制定各种哲学统一体的定义的意义进行哲学式的推理时，为当代美学的任何一种进展提供了出发点。在他的新著《哲学研究》里，维特根斯坦提出了一个解说性的问题，什么是游戏（game）？传统的哲学与理论会根据所有游戏的一组共同的详尽的性质来作出回答。对于这点，维特根斯坦说，让我们考虑一下我们称为"游戏"的东西：我指的是棋类游戏、扑克游戏、球类游戏、奥林匹克运动会，等等。它们的共同点是什么？——不能说：一定有一些共同点，否则它们就不会被称为"游戏"了，而要查看并注意一下它们是否有共同点。——因为假如你注意它们的话，你就不会看到所有游戏都具有共同之处，有的只是一些相似之处，一些联系，而且是一系列诸如此类的东西。……

扑克游戏在某些方面与棋类游戏相像，在其他方面则不。并非所有游戏都是娱人的，也不总是有胜负或竞争。有的游戏在某些方面与其他游戏相似——仅此而已。我们所发现的不是必要而充足的性质，而只是"一些相互叠盖，交叉往来的相似之处所组成的一个复杂网络"，我们就游戏能说的就是这些，即它们以家族相似（family resemblances）而不是以共同特性组成了一个家族。假如有人问什么是游戏，我们就挑选几个游戏样式，对它们作一番描述，然后说，"这些以及与它们相似的东西就叫作'游戏'"。这就是我们所需要说的一切，也确实是我们任何一个人所理解的游戏。理解什么是游戏并非就理解了某个真正的定义或理论，而是能够辨认出游戏并对它作出解释，能够在假想的和新的例子中判定哪些能够或不能被称为"游戏"。

艺术本质的问题如同游戏本质的问题，相似之处至少有这些方面：假如我们实际看看并注意到我们称为"艺术"的是什么，我们也会发现没有共同的特征——只有相似的各组成部分。了解艺术是什么并不就理解了一些明显或潜在的核心，只是能够辨认、描述或解释那些我们根据这些相似之处称为"艺术"的事物。

但这两个概念之间的基本相似点是它们的开放结构。在阐述这两个概念时，我们无法提出一组详尽的实例，却可以提出一些（范例式的）实例，关于这些，不应该怀疑它们是否被正确地描述为"艺术"或"游戏"。我可以列举一些实例及条件，在这些情况下我可以正确地应用艺术概念，但我无法列举出所有实例与条件，因为有一个十分重要的原因，那便是，我们所无法预见的或新奇的条件总会随时出现或来临。

一个概念是开放性的，假如应这个概念的条件可以修正并改正的话；也就是说，假如可以想象或保证一种情形或实例，而后者会需要我们这方面的某种决定，把这一概念的应用范围加以扩大，并包括这种情形或实例，或者封闭这一概念，并发明一种新的概念，去处理新的实例及其新的特征。假如可以陈述应用一个概念所需要的必要而充足的条件，这概念便是封闭的。但这只能发生在逻辑学或数学里，在那里概念才得以构成，得到完满的界定。它无法与实验描述性的概念与标准的概念一起出现，除非我们断然规定它们的应用范围，把它们封闭起来。

我可以通过从艺术的次概念（subconcept）中得到的例子最充分地说明"艺术"的这种开放性。想想像"多斯·帕索斯（Dis Passos）的《美国》是部小说吗？""沃尔芙（V. Woolf）的《到灯塔去》是小说吗？""乔伊斯的《为芬尼根守灵》是小说吗？"这些问题。从传统的观点看，它们被视为实际的问题，可以根据具有界定意义的性质的出现与否来作出肯定或否定的回答。它一旦出现，正如它在小说体裁从理查森到乔伊斯的发展过程中多次出现的那样（例如，"纪德的《夫人学校》是小说还是日记？"），要紧的不是实际分析那些必要而充足的性质，而是作出一个决定，即被研究的作品是否在某些方面与其他已经被称为"小说"的作品相似，进而确保这一概念延伸到涵盖这一新的实例为止。新作品是叙述性的、虚构性的，包括人物描写与对话，但是（比如说），它在情节上没有时间顺序，或者夹进了一些实际的新闻报道。在某些方面，它与也已得到承认的小说 A、B、C……相像，但在其他方面又与之不同。然而，当我们决定把应用于 A 的概念延伸到 B 和 C 时，B 和 C 在某些方面都与 A 不尽相同。由于作品 N+1（一部全新作品）在一定程度与 A、B、C……N 相像——在许多地方与它们相似，概念便延伸了，小说从而形成了一个新的阶段。这样的话，"N+1 是小说吗？"就不是一个实际问题，而是个判断问题了。这时，定论就取决于我们是否为了应用这个概念去扩大自己的那一组条件。

我认为，符合小说的东西也符合艺术的每一个次概念："悲剧""喜剧""绘画""歌剧"，等等，符合"艺术"本身。"X 是一部小说吗？是一幅油画吗？是一部歌剧吗？是一件艺术品吗？"这类问题不容许我们用实在的是或否来作出确定的回答。"这抽象的拼贴是不是一幅画？"并不依赖于任何一组绘画的必要而充足的特征，而是依赖于我们是否决定——像我们以前做的那样——把"绘画"延伸到涵盖这个实例。

"艺术"，就其本身而言，是个开放概念。新的条件（实例）一直在不断生产，而且无疑还将不断产生；新的艺术形式，新的运动将会出现，它们将要求那些对此有兴趣的人士，通常是专业评论家，来决定这个概念是否应该延伸。美学家为了使这一概念能正确应用，可以制定类似条件，但绝不会是必要而充足的条件。对"艺术"来说，它的应用条件永远也无法详尽地列举出来，因为艺术家，甚至大自然总是能够想象或创造出新的情形，后者会要求一些人延伸或封闭旧概念，或创造出一个新概念。（譬如，"这不是一件雕塑品，而是一辆汽车。"）

这样，我所争辩的是，艺术这种扩张性、冒险性，它时时出现的变化与新奇的创造，从逻辑上说，使保障任何一组具有界定意义的特征的尝试成为不可能的事。我们当然可以决定封闭这个概念。但对"艺术"或"悲剧"或"肖像画法"等采取这种做法是荒谬可笑的，因为当各种艺术中创造性地制定那些条件时，它已经成形了。

当然，艺术中有合理而有用的封闭概念。但它们总不外乎是些条件的界限已经围绕一个特定的目的制定了概念。不妨想想譬如"悲剧"与（尚存的）希腊悲剧之间的差别。第一种是开放的，而且必须保持开放，方能顾及新条件的可能性，例如，在一出戏中，主角不是显赫人物，也不是犯了错误，或者并没有主角，而只有其他一些像我们已经称之为"悲剧"的戏中一样的因素。第二种是封闭的，它能够得以应用那些戏，那些条件——在这些条件下，它能够被正确地运用——都在，一旦界限制定，"希腊"之内，批评家可以在这里制定一个理论或一个真实的定义，在这个理论或定义中，他们列举了至少是尚存希腊悲剧的一些共同性质。亚里士多德的定义作为埃斯库罗斯、索福克勒斯和欧里庇德斯的所有戏剧的理论是错误的，因为它没有涵盖其中被恰当的称为"悲剧"的一些戏剧。尽管这样，它还是能够被解释为这个封闭概念的一个真实的（尽管是不正确的）定义；尽管它也能够被认为，就像以往不幸已经被认为的那样，是"悲剧"的一个有意图的真实定义，在这种"悲剧"事例中，它由于犯下了试图界定无法界定的事物——试图把一个是开放性概念的东西塞进一个尊敬的、为封闭概念而设的公式——这种逻辑错误而受到损害。

假如批评家不想变得浑浑糊糊，最重要的是要绝对清醒地了解他用以设想自己的概念的方法；否则，他会从企图界定"悲剧"等概念这个问题走到按照选择好的一定条件或特征断然封闭这个概念，归纳这些条件与特征时用的是语言学意义上的措辞（recommendation），而自己则错误地认为这些措辞表示了开放性概念的一个正确定义。这样，不少问"什么是悲剧？"的批评家和美学家选择了一种他们可以真实地叙述其共同性质的实例，进而把这种关于选择好的封闭种类所作的叙述解释为悲剧的整个开放性种类的正确定义或理论。我认为，这是大多数所谓的艺术次概念——"悲剧""喜剧""小说",等等——理论所具有的逻辑机械论。事实上,这整个程序,尽管会微妙地令人产生误解,相当于一个转换。即从为辨认出一些合理地封闭起来的艺术品种类的成员而制定的正确标准转化为为评价这个种类中任何假定成员而推荐的标准。

美学的首要任务不是追求一种理论,而是阐明艺术概念。尤其是描述我们用以正确应用这一概念的各种条件。定义、重新构造及分析的形式在这里是不合时宜的,因为他们曲解并无助于我们对艺术的理解。那么,"X是一件艺术品"的逻辑又是什么?

当我们实际使用"艺术"这个概念时,它既具有描述作用(像"椅子"),又有评价作用(像"好的");也就是说,我们讲"这是一件艺术品",有时用来描述某样东西,有时用来评价某样东西,两种用法都不令人奇怪。

首先,当说出的"X是一件艺术品"具有描述作用时,这句话的逻辑是什么?我们用以正确地说出这样一句话的条件是什么?不存在必要而充足的条件,却存在着相似条件,亦即一束束特征的组成部分,这些条件或特征没有哪种一定要出现,但当我们描述到像艺术品这样的东西时,大部分都出现了。我们把它们称为艺术品的"辨认标准",所有这些都像传统的个人艺术理论所具有的界定标准那样起过作用;因此我们对它们已经十分熟悉。所以,当把某样东西当作艺术品描述时,我们依据的条件是,要有某种通过人的技巧、独创性以及想象力所制造出来的人工制品,这种物品在引起美感的大众媒介中——石块、木块、声音、词汇等——体现了一定的可以区别的因素和关系。专门理论家会加上类似愿望的满足、客体化或情感的表现、某种移情活动等这样的条件;但这些后来附加的条件似乎是很不一定的,当事物被描写为艺术品时,这些条件会呈现给部分观众而不会给另一些观众,"X是一件艺术品,而不包括情感、表现、移情活动、满足,等等",这完全是很好的判断,通常也可能是正确的,"X是一件艺术品,而且……不是人创造的",或"……只存在于头脑中,不存在于任何公共场合可以观察到的事物中",或"……是当他把颜料洒在画布上时偶然创造的",在上述每一种情况中,正常的条件被否定了,它们也是合乎情理的,在一定的环境中也能够是正确的。辨认标准中没有一条是必要或充足的,或具有界定意义的,因为我们有时可以宣称某样东西是一件艺术品,并进而否定这些条件中的任何一种,甚至可以否定那种历来被视为基本的条件,即作为一件人工制品的条件：想一想"这片漂浮木是一件可爱的雕刻品"。这样，谈论什么东西是一件艺术品就是肯定这些条件中有一些已经呈现。我们几乎不会把 X 描述为一件艺术品，假如它不是一件人工制品，或不是某种媒介中一些因素用给人以美感享受的方式呈现出来的一种集成，或不是人的技巧的产物的话，等等。假如条件一种也没有呈现，假如没有呈现出将某样辨定为艺术品的标准，我们就不会将它描述成艺术品。但即使如此，这些条件、标准或任何条件、标准的集成中也没有哪一条是必要而充足的。

阐明对"艺术"加以描述性的使用（descriptive use）几乎没有遇到什么困难。阐明评价性的使用（evaluative use）却招致了一些困难。对许多人，尤其是理论家来说，"这是一件艺术品"所做的远不止描述；它还是赞美。因此，说这话时的条件包括了经过选择的一定艺术特征或性质。我将称之为"评价的标准"。看看这评价性使用的一个典型例子，根据这种使用，说某物是件艺术品这一观点就意味着艺术品是各种因素成功的和谐一致。艺术的许多尊敬的定义以及它的次概念都是这种形式。在这里，关键是"艺术"被解释为一个评价性的术语，这术语既与它的标准一致，又是根据其标准来证明。"艺术"是根据它的评价特征，如成功的和谐一致来确定的。按照这种观点，说"X 是一件艺术品"便是（1）说一些被用来表示"X 是一个成功的和谐一致"的话（譬如，"艺术是有意义的形式"）或（2）根据它成功的和谐一致说一些赞扬的话。理论家们从未搞清被提出的究竟是（1）还是（2）。大多数理论家，尽管他们关心的是这种评价性使用，系统地阐述了（2），即艺术那种在赞美意识中使它成为艺术的特征，然后去陈述（1），即根据它的艺术创作特征所下的"艺术"定义。这显示是要把我们用以说一些评语的条件与我们所表达的意思混淆起来。评价式地说"这是一件艺术品"不能指"它是各种因素成功的和谐一致"——除非越过界定——而至多是由于其艺术创造性才说的。一旦"艺术"被用来进行估价，艺术创造性便被视为"艺术"的一个（或唯一的）标准。当我们评价式地说"这是一件艺术品"时，这句话的作用是称赞，倒不是正是说这句话的理由。

尽管"艺术"的评价性使用与使用的条件有所区别，它却非常密切地与这些条件联系在一起。因为在每一个（用来称赞的）这是一件艺术品的实例中，会发生这种情况：为运用艺术概念而制定的评价标准（如成功的和谐一致）被变换为辨认标准。这就是当"这是一件艺术品"被用来评价时，何以暗示着"这包含了P"，而"P"则是某种经过选择的艺术创造性。这样，假如有人像许多人做过的那样决定评价性地运用"艺术"，以便使"这是一件艺术品，（从审美方面看）却不好"毫无意义，他会通过某种方法使用"艺术"，这样他便拒绝把任何事物称为艺术品，除非它体现了他杰出的标准。

评价性使用没什么过错；事实上，用"艺术"来称赞事物还有充分的理由。但是我们须排除这个想法，即关于评价性地使用"艺术"的各种理论是艺术之必要而充足特征的正确而真正的定义。相反，它们是一些纯粹而又简单的表示敬意的定义，在这些定义中，"艺术"历来是根据经过选择的标准来界定的。

但是使它们——这些表示敬意的定义——变得极有价值的倒不是它们掩饰起来的语言上的措辞；而是这样一些辩论：为什么要改变那些包括在定义中的艺术概念的标准。在每一种伟大的艺术理论里，无论是它们被正确地理解为表示敬意的定义，或错误地被当作真正的定义而接受，最为重要的是各自为自己的理论辩护时所提出的理由，也就是说，为经过选择或挑选的杰出标准或评价所列举的理由，正是这种关于这些评价标准的持续辩论才使审美理论的历史成为现实中一种重要的研究。每种理论的价值在于它试图陈述或证实为先前的理论所忽视或曲解了的一些标准。我们再看看贝尔-弗莱的理论。当然，"艺术是有意义的形式"不能作为一个正确的、真正的艺术定义而被接受；毫无疑问，它在他们的美学中实际上是根据有意义的形式所具有的经过选择的条件，作为艺术的一个新定义而起作用的，但是赋予它以审美重要性的是藏在这个公式背后的东西：在文学与表现因素已经在绘画中处于至尊地位的这样一个时代，对造型因素的回归，因为这些因素才是绘画所固有的。于是，理论的作用不在于界定任何事物，而在于几乎是用警句的方式运用定义的形式，突出一个关键的措辞，以便把我们的注意力再一次引向绘画中的造型因素。

作为哲学家，一旦我们理解了公式与藏在公式背后的东西之间的区别，我们对待传统艺术理论时就应该宽容一些；因为它们的每一种都包括了某种辩论和论争，要强调或突出被人忽视或歪曲的艺术的某一特征。假如我们像以往人们那样从字面上去理解这些审美理论，那么，它们都是失败之作；但假如我们根据它们的作用和要点，把它们作为致力于艺术中一定的杰出标准的严肃而为人赞许的措辞去加以重新解释，我们将会看到，审美理论远非毫无价值。确实，它在美学中，在我们对艺术的理解中，像其余任何东西一样重要，因为它教我们在艺术中寻找什么，并怎样看待艺术中的它。在所有理论里，重要而必须明确表达出来的是它们关于艺术中杰出特点的理由所进行的辩论——关于作为评价标准的感情深度、深刻的真理、自然美、精确性、清新的手法等等的辩论——所有这些辩论都会聚在什么使艺术品好这一经久不衰的问题上。理解审美理论的作用不是把它设想为定义，这在逻辑上是注定要失败的，而是把它作为一些被严肃提出的建议的归纳来阅读，通过一定的途径去注意艺术一定的特征。

（选自人大复印资料《美学》1988年第4期）

阿瑟·丹托与《艺术世界》

经典导读

阿瑟·丹托（Arthur Danto，1924—2013），美国当代著名哲学家、美学家和艺术评论家。丹托出生在密歇根州的安娜堡市，成长于底特律，大学就读于韦恩大学（今韦恩州立大学），学艺术和历史，毕业后入哥伦比亚大学攻读哲学硕士学位。1949到1950年，他获得富布莱特奖学金，负笈法国师从梅洛-庞蒂进修，1951年返回哥伦比亚大学任教。他曾先后担任美国哲学学会主席、美国美学学会主席等。1984年成为美国《国家》（*The Nation*）杂志艺术评论撰稿人，直到2009年。丹托可谓著作等身，一生共撰写了20余部专著，涉及哲学、历史哲学、艺术哲学、艺术评论等诸多领域。在美学和艺术哲学方面，其代表作有《寻常物的嬗变》（1981）、《哲学对艺术的剥夺》（1986）、《超越布里洛盒子》（1992）、《艺术的终结之后》（1997）、《美的滥用》（2003）等。

丹托最有代表性的学术贡献主要在两个领域。其一是历史哲学。1965年，他出版了《历史的分析哲学》，这部书已经成为当代史学经典著作。在该书中，他提出了"叙述句"的观念，即一个叙述句是根据未来描述过去。具体说来，就是事件的意义并不在它发生的时候就作为知识存在，而是以稍晚时间的一个事件为参照系才获得其历史意义的。其二是艺术哲学。在这方面，他的杰出贡献在于提出了"艺术世界"的思想与"艺术的终结"命题。后一个命题曾引起世界性学术聚讼，这里所选的《艺术世界》则是对前一个命题的阐发，即他的"艺术世界"思想。

《艺术世界》是丹托的一篇论文，发表于《哲学杂志》1964年秋季号，如今已经成为分析美学和当代艺术哲学的经典文献。它是对当年春季波普艺术家安迪·沃霍尔在斯泰堡画廊展出的作品《布里洛盒子》的评论。《布里洛盒子》属于木制雕塑，其原型是当时超市中正在售卖的布里洛牌洗涤用品的包装箱。沃霍尔在他的艺术制造工厂里与工人们一起钉制了这些木盒子，然后手绘上与超市中的包装箱一模一样的图案，把它们作为艺术品在画廊展览和出售。这些"布里洛盒子"最打动丹托的地方在于，它们和超市中的包装盒从视觉上看几乎没有差别，但后者是生活中的普通物品，堆放在仓库里无人问津，而前者则成为艺术品，放在艺术画廊里受到人们的膜拜。这位深邃而敏感的哲学家希望用自己的理论来解释这一现象。

因此，在《艺术世界》里，丹托讨论的都是一些视觉上无法区分的例子，如艺术家与笨伯（Testadura，丹托在文中虚构的一个俗人、外行）面对劳申伯格的床、用同样图案标示出来的牛顿第一定律和第三定律等。通过对它们的分析，丹托指出，这些视觉上无法区分的作品实际上属于完全不同的东西，因为它们有着完全不同的解释。由此，他提出了自己对《布里洛盒子》所引发的艺术辨认和定义问题的理解，即沃霍尔的《布里洛盒子》与超市中的包装箱之间的区别并不在其视觉观感上，而是因为前者有着后者所没有的理论依托。正是这种艺术史和理论的背景使前者成为艺术，而后者却不是艺术。在这一理解基础上，他提出当代有关艺术的一个著名定义：把某物看作艺术需要眼睛无法辨别的东西——一种艺术理论的氛围，一种艺术史知识，一个艺术世界。

丹托的《艺术世界》在发表之初并没有引起学界的重视。10年之后，乔治·迪基提出的艺术制度论迅速在学界产生影响。迪基指出，自己的观点来自丹托艺术世界的思想，人们才重新发现了这篇文章，并给予其应有的学术史地位。丹托的这篇论文的价值在于：其一，在一个以韦兹为代表的反本质主义潮流占据优势的时代，丹托坚持为艺术下定义，表明了自己的本质主义立场；其二，它提示了当代学者对于艺术的定义，如果从视觉和外观的视角来着眼已经无效，那么可以选择从隐在因素，例如背后的理论、氛围来寻找突围的路径；其三，丹托的这一定义思路启发了一批艺术哲学家，坚持艺术定义的有效性。如乔治·迪基发展了该定义中的体制维度，莱文森发展了该定义中的历史维度，卡罗尔发展了该定义中的阐释学维度等。他们与丹托一道成为当代艺术制度论的代表。

《艺术世界》是丹托最早的一篇关于艺术的论文，因此文章暗示了他在20世纪80年代对艺术思考的一些线索。例如，在这篇论文里，他举了视觉上无法区分、却是完全不同的东西，后来他把这种现象抽象为"感觉上不可区分"原理，并认为这是哲学要解决的基本问题，即哲学其实是在区分两个在视觉上无法辨识但分属不同领域的对象。同理，当艺术中也出现了这种视觉上无法辨识的对等物时，也就意味着艺术将自身发展成哲学问题，这实际上就是他后期有关艺术的终结的基本内涵之一。不过，毕竟这是他早年论文，与后来他的艺术哲学观之间还是存在区别的，例如，80年代之后，他思想中的黑格尔因素非常明显，但在这篇论文中，还没有明显向黑格尔靠拢，并且在这篇文章中，他受到分析哲学的训练痕迹非常清晰，例如他使用了风格矩阵，并且对系词"is"作了使用方法上的语言学辨析等。

—— 延伸阅读文献

1. ［美］阿瑟·C.丹托：《艺术的终结之后——当代艺术与历史的界限》，王春辰译，南京：江苏人民出版社2007年版。

2. George Dickie, *Art and the Aesthetic*, Ithaca, NY: Cornell University Press, 1974.

3. Jerrold Levinson, "Defining Art Historically," *British Journal of Aesthetics*, vol.19, no.3（1979）.

4. Noel Carroll, *Philosophy of Art*, London and New York: Routledge, 1999.

5. Mark Rollins, *Danto and His Critics*, Cambridge, MA: Blackwell Publishing, 1993.

（张冰 撰）

—— 原文：《艺术世界》

经典原文

艺术世界

阿瑟·丹托 著　王春辰 译

哈姆雷特：你没有看到那里有什么东西么？
王后：什么也没看见；我看见的就是这些。

——莎士比亚：《哈姆雷特》第三幕第四场

尽管哈姆雷特和苏格拉底分别持有赞美和贬低的态度，但他们还是把艺术比作观看自然的镜子。这种艺术具有事实的基础，虽然在态度上可以大相径庭。苏格拉底把镜子仅仅看作反映了我们已经看到的东西；所以艺术好像一面镜子，它产生的是事物表象的无用的准确复制品，因此没有任何的认识价值。哈姆雷特非常敏锐地看到了镜子反射面的突出特征，即它们向我们显示了我们无法用别的方法感觉到的东西——我们自己的脸和形象——所以，艺术就像镜子一样，向我们自己显示了我们，因此，即使按照苏格拉底的标准，它毕竟具有一些认识上的用处。但是，作为一名哲学家，我发现苏格拉底的讨论在其他的理由方面存有缺陷（也许不如这些理由深刻）。如果镜像 o 确实是 o 的模仿，那么，如果艺术是模仿，镜像就是艺术。但是，事实上，用镜子反映事物不是艺术，这和把武器交还给疯子不是正义一样；指向反映物仅仅是一种狡黠的反证，我们知道苏格拉底会在反驳中提出一种理论利用它们进行说明的。如果该理论要求我们把这些归类为艺术，那么它表明了它的不充分（inadequacy）："是模仿"并不能作为"是艺术"的充分条件。然而，也许因为在苏格拉底时代和以后时代的艺术家都致力于模仿，理论的不充分直到摄影发明以后才被注意到。作为充分条件的模仿一旦被抛弃，甚至作为必要条件的模仿也很快被放弃了；正因为康定斯基的成就，模仿的特征被降到批评话语的边缘地位，结果是一些作品尽管具有这些品质、优点（曾经被赞美为艺术的本质的优点差点没逃脱被降低为仅仅是插图的命运），却仍然留存了下来。

当然，在苏格拉底的讨论中绝对需要所有的参与者都是进行概念分析的大师，因为目标是把一个真实的定义表达式与实际使用的一个术语匹配起来，关于充分性的实验假定，包括了证明前者分析并应用到全部且只有那些后者为真的事物上。虽然遭到普遍的否认，但是传说中，苏格拉底的听众都知道什么是艺术，也知道他们喜欢什么；从而一种艺术理论（此处看作一种"艺术"的真正定义）并不会在帮助人们承认其应用的例证方面有多大用处。他们先前承认的这种应用的能力正是理论的充足性需要证明的，问题仅仅是显明他们已经知道的东西。据称，理论的意义就是记录我们对这个词的使用，但是我们被认为有能力（用近来的一位作家的话说）"从非艺术品的对象中区分开那些属于艺术品的对象，因为……我们知道如何正确地使用'艺术'一词，知道如何应用'艺术品'这个短语"。理论在这种情况下就有点像苏格拉底说的镜像，显现了我们已经知道的，用语言反映了我们所掌握的实际语言学实践。

但是，即使对于说母语的人，把艺术品与其他物品区分开也不是一件简单的事情。近来，人们可能没有意识到他正置身在艺术领域中，而这是不需要有艺术理论告诉他的。部分原因在于这个领域的构成之所以是艺术的，是因为按照了艺术理论的缘故。这样，艺术理论除了帮助我们区分艺术与其他东西，其用途还包括了使艺术成为可能。格劳孔（Glaucon）和其他人几乎不知道什么是艺术、什么不是艺术：否则他们绝不会被镜像欺骗。

一

假设人们把一种全新类型的艺术品的发现看作类似于在任何地方的一种全新事实的发现，即类似于某种有待于理论家解释的东西。在科学中，乃至别的领域，我们经常通过辅助假设（auxiliary hypotheses）让新事实适应旧理论，如果所涉及的理论被认为有相当价值而不立即被抛弃的话，这算是足可被原谅的保守主义。现在，如果人们仔细思考一下，就会发现艺术模仿理论是一种特别有效的理论（IT），可解释与艺术品的因果关系和评价有联系的大量现象，可把一种惊人的统一性带入复杂的领域中。而且，通过这种辅助假设，即偏离模仿性的艺术家都是任性、无能或疯子的，就可以反对许多假设的范例，以此来赞同模仿论就变得很简单了。事实上，无能、欺诈或愚蠢是可以验证的判断（predication）。那么就假如，既然试验表明这些假设不成立，所以这个理论（现在难以修补）必须被取代，所以就提出了一种新的理论，尽可能包含旧理论的精华，再融会那些至今解释不通的事实。人们可能（边读本文边思考）表现艺术历史特征的某些情节，其与科学历史的某些情节没有差异，在科学史中观念演变受到影响，拒绝支持某些事实，部分原因出于偏见、惰性及私利，也出于传统的（well-established）或至少得到普遍赞誉的理论受到威胁（此威胁就是一切的统一都要瓦解）的情况。

一些这样的情节就是随着后印象派绘画的到来而发生的。用广为流行的艺术理论（IT）来说，不可能把这些接受为艺术，除非是无能的艺术（inept art）；否则，它们可能受到冷遇，被认为是胡闹、自吹自擂或是疯子的疯言疯语的视觉对应物（visual counterpart）。所以，按照《基督变容》中的根据（还不用说兰西尔画的牡鹿），为了把它们接受为艺术就不需要太多的趣味变化，不需要对理论作大篇幅的修正，而涉及的不仅是对这些对象的艺术授权，而且是强调这些被认可的艺术品具有新的意义的特征。这样，现在就不得不针对它们作为艺术品的地位给予不同阐述。作为新理论被接受的结果，不仅后印象派绘画被接受为艺术，而且把大量的对象（面具、武器等）从人类学博物馆（以及其他各种地方）转移到了美术馆，尽管什么都不需要从美术馆里搬出来——即使内部进行重新布置，如在储藏室与展厅之间，因为我们希望新理论被接受的准则，是它能解释旧理论所曾解释的任何东西。无数个说母语的人在郊区的壁炉台上挂无数个典范之作（paradigm cases）的复制品，为的是教授"艺术品"这一表达用语，这就可能将他们的爱德华时期的先辈们陷于语言学中风中。

可以肯定的是，我通过谈论一种理论在作曲解：历史地讲，足以令人感兴趣的是，有几种理论或多或少都是用 IT 理论定义的。必须在进行逻辑说明的迫切要求之前放弃艺术-历史的复杂性，而且我要谈一谈好像有一种代替理论，通过选择一种实实在在清晰阐述的理论，部分地补偿了历史谎言（falsity）。根据这个理论，所论及的艺术家被理解为不是不成功地模仿了真实形式，而是成功地创造了新的形式，与旧艺术所曾力图（用最好的例子）完美地去模仿的形式一样真实。毕竟，艺术长久以来被视为是创造性的（瓦萨里说过上帝是第一个艺术家），后印象主义者被解释为是真正具有创造性的，用罗杰·弗莱的话说，就是目的"不在幻觉而在于真实性（reality）"。这种理论

（RT，即 Reality Theory，真实性理论）提供了观看绘画的全新方法，无论新绘画还是旧绘画。实际上，人们可以几乎解释凡·高、塞尚的粗俗绘画（crude drawing），路奥、杜飞的形式与轮廓的错位以及高更、野兽派的任意使用色彩平面（color planes），还有许许多多引人注意的方式，这些都是非模仿的东西，特别是它们的意图都不是为了欺骗。从逻辑上讲，这有点像在防伪钞票上印上"不合法钞票"，因此这个对象（防伪加标记）就不能再欺骗任何人。这不是一张幻觉的钞票，但是仅仅因为它不是幻觉的，所以它也不会自动成为一张真钞票。相反，它只在真实对象和真实对象的真实复制品（facsimile）之间占据了一个全然敞开的空间：它是一个非复制品（non-facsimile），如果人们需要一个词的话，也是对世界的新贡献。这样，凡·高的《吃土豆者》是某种明白无误的变形，成为真实生活中吃土豆者的非复制品：因为这些不是吃土豆者的复制品，所以凡·高的画作为非模仿品，具有与其假定主体一样的被叫作真实对象的权利。借着这个理论（RT），艺术品重新进入最驳杂的事物中，而苏格拉底理论（IT）曾经极力要把它们从这里驱逐出去：如果不比木匠制造的真实更多，它们的真实至少不会更少。后印象主义者赢得了本体论的胜利。

  正是凭借 RT，我们才理解了今天我们周围的艺术品。这样，利希滕斯坦画了喜剧漫画作品，尽管 10 到 12 英尺高。这些都是取材于日常小报，相当忠实地投影放大到巨幅比例的加长框子上，但正是这种比例具有价值。一位娴熟的雕刻家可以在一个图针上雕刻《圣母与大臣罗林》(The Virgin and the Chancello Rollin)，而且同样在凝视中可以辨认出来，但是如果用类似的比例雕刻巴尔奈特·纽曼则只会是一滴色点，消失在缩小中。一张利希滕斯坦的照片与一张《斯蒂夫·坎永》(Steve Canyon) 漫画杂志上同样的照片是区分不出来的：但是照片无法捕捉到比例，因此，是与波提切利的黑白雕刻画一样不准确的复制品（reproduction）。比例在这里是基本要素，就像在那里的色彩一样。那么，利希滕斯坦不是模仿而是新的实体（entity），正像一个巨螺那样的。加斯佩尔·约翰作为对比，画的是与比例问题不相关的对象。然而，他的对象不可能是模仿。因为它们具有非凡的属性。对这一类的对象的成员的任何有意义的复制（copy）都自动成为这一类的一个成员，这样，这些对象在逻辑上是不可模仿的。因此，对一个数字的复制仅仅是那个数字：一幅 3 的绘画就是一个由颜料构成的 3。另外，约翰还画靶子、国旗和地图。最后，我希望不是对柏拉图的不经意的注脚,我们的两个开拓者——劳申伯格和奥登堡——都制作了真正的床。

劳申伯格的床挂在墙上,甩了一些星星点点的油漆。奥登堡的床则是一个长方菱形。一端比另一端要窄,人们会说有一种内嵌式的透视:是理想的小卧室。作为床,它们的售价都出奇的高,但是人们可能会在其中任意一个上睡觉:劳申伯格曾担心过人们会爬到他的床上,酣然入睡。现在,想象某个Testadura——一位普通的演讲者和著名的外行——没有注意到这是艺术,把它们当成是真实物,简单而又单纯。他把劳申伯格甩在床上的油漆当是其主人的邋里邋遢,把奥登堡床的偏斜当成是制作者的无能或者也许是任何"定做"这个床的人的鬼点子。这些可能都是错误的,但是相当奇怪的错误,与惊讶的鸟所犯的错误没有什么特别的不同(这些惊讶的鸟去捉宙克西斯画的假葡萄)。它们把艺术误以为真实(reality),而 Testadura 也犯了这样的错误。但是,根据 RT,它意味着是真实(reality)。一个人能把真实误以为是真实吗?我们如何描述 Testadura 的错误?毕竟,什么防止了奥登堡的创造被当成变形的床?这等于问什么使之成为艺术,带着这个疑问,我们进入了一个观念探索的领域。在这里,说母语是贫穷的向导:他们自己已经迷路。

■ 二

当一件艺术品是人们误会的真实物时,把艺术品误以为真实物不是一个多么了不起的本领。问题是如何避免这样的错误,或如何在它们被制成的时候就消除了这些错误。艺术品是一张床,而不是一个床的幻觉;所以不会像宙克西斯的鸟那样头疼地遇到被欺骗的平面。除了保安提醒 Testadura 不要睡在这件艺术品上外,他可能永远都不会发现这张床是一件艺术品,而不是一张床;毕竟,既然人们无法发现一张床不是一张床,那么,Testadura 如何意识到他犯了一个错误?需要某种解释,因为此处的错误是一个非常令人好奇的哲学错误,就像[如果我们假定 P. F. 斯特劳森(Strawson)的某些著名观点是正确的]当真实的情况是一个人就是物质肉体,意即整个一类的谓项(非常敏感地适用于物质肉体)都非常敏感地(并且诉诸无差别标准)适用于人们的时候,就会把一个人误以为是一个物质肉体。所以，你无法发现一个人不是一具物质肉体。

也许，我们可以通过解释油漆斑点不可以被搪塞过去、它们是物品的一部分来开始，所以物品不是仅仅的一张床——碰巧——上面洒了一些油漆，而是一件用床和一些油漆斑点制作的复杂物品：一张油漆-床。同样的，一个人不是一具物质肉体——碰巧——有一些附加的思想，而是一个由肉体和一些意识状态组成的复杂实体（entity）：一个意识-肉体。人，就像艺术品一样，那就必须被看作不可还原为他们自身的各部分，而且在这个意义上是原始的（primitive）。或者，更准确地说，油漆斑点不是真实物——床——的一部分，床碰巧是艺术品的一部分，而是像床一样，同样是艺术品的一部分。这一点可以归纳为艺术品的大体的特征化，而此艺术品碰巧包含了真实物，作为它们自身的一部分：当真实物 R 是艺术品 A 的一部分而且能够被从 A 分离开，并仅仅被看作 R 的时候，不是 A 的每一部分都是 R 的一部分。这样到目前为止的错误就是把 A 误认为它自身的一部分，即 R，尽管说 A 就是 R、艺术品就是一张床是不正确的。这个"就是（is）"正需要在此澄清。

关于艺术品的声明中有一个非常突出的"是"（is），它不是身份或论断的那个"是"，也不是存在、确认的那个"是"，或某个用来为哲学目的服务的特殊的"是"。不过，这是普通用法，儿童很容易就掌握了。正是根据这个"是"的含义，给小孩一个圆圈、一个三角，问哪个是他、哪个是他姐姐，小孩就会指着三角形说"那是我"；或者，对我的问题作出反应，挨近我的一个人指着一个穿紫色衣服的人说"那是里尔"；或者，在美术馆里，出于对我的同伴的考虑，我指着我们面前一幅画上的斑点说"那块白色比目鱼是伊卡罗斯"。这些例子里，我们的意思不是说所指示的任何东西都代表了或再现了它被所说的东西。因为"伊卡罗斯"一词代表了或再现了伊卡罗斯；然而，我不会用"是"的同样含义指示该词，说"这是伊卡罗斯"。句子"此 A 是 B"与"此 A 不是 B"是一致的，当第一个句子应用了"是"的一个含义，而第二个句子应用了某个另外的含义，尽管 A 和 B 在整个过程中都是清晰地使用着。实际上，通常第一句话的真实性需要第二句话的真实性。事实上，第一句与"此 A 不是 B"不一致，仅当那个"是"始终被清晰地使用着。由于缺少一个词，我就指定这个作为艺术确认的"是"；在每一个被使用的情况中，A 代表了对象的特定物理属性或物理部分；最后，这是某物成为艺术品的必要条件，即它的某部分或属性可由一个应用了这个特别的"是"的句子的主语来指定。顺便提及的是，正是"是"在边缘的、神秘的宣言中具有近亲关系。[因此，一个是羽蛇神（Quelzalcoatl）；那些是赫拉克勒斯的支柱。]

让我说明一下。两个画家被要求用壁画装饰科学图书馆的东西墙，分别被叫作牛顿第一定律和牛顿第三定律。这些绘画，当最后昭示于人时，分别如下图：

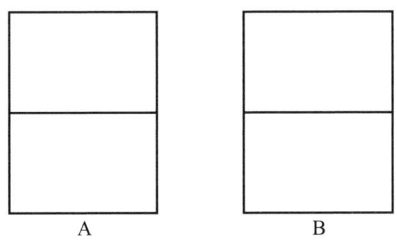

表示牛顿第一定律和牛顿第三定律的两幅画

作为对象，我假定作品不可区分：在白色底上有一条黑色水平线，每一维度和元素都一样大。B解释他的作品如下：一块物质，往下压，遇到了一块向上挤的物质；下面的物质同等地并相反地作用于上面的物质。A解释他的作品如下：经过空间的线是孤立的分子的路径。路径从边通向边，有一种它要超越的感觉。如果它在空间内结束或开始，那么，这条线将弯曲：它平行于顶边和底边，因为如果它比另一条边更接近一条边，那么就必须有一种力来解释它，这是与它成为孤立的分子的路径相矛盾的。

随着这些艺术确认（identification）还有许多东西。把中间一条线看成边（物质遇到物质）就强加了一种确定图画的上部分和下部分的需要，或作为长方形，或作为两个区分开的部分（不必然是两块物质，因为线可以是一块向上——或向下——伸入空的空间中的物质的边）。如果它是一条边，我们无法这样把绘画的整个区域都看成一个单一的空间：而是它由两个形式构成，或一个形式和一个非形式。我们只要通过把中间的水平看作一条不是边的线就可以把整个区域看成是一个单一的空间。但是这差不多要求对整个图画进行三维确认：区域可以是一个平面，线在上面（喷气飞机飞），或在下面（潜艇–路径），或在平面中（线），或在里面（裂变），或经过（牛顿第一定律）——尽管在这最后的情况下，区域不是一个平面，但是一个绝对空间的透明的交叉部分。我们可以通过想象与画面的垂直交叉部分来廓清所有这些介词资格。那么，根据可应用的介词从句，区域就艺术地被水平元素所打断或没有打断。如果我们把这条线看作经过空间，那么图画的边就不真正是空间的边：空间超越了图画，如果线本身超越了；我们处于和线一样的空间里。作为 B，图画的边可以是图画的一部分，如果物质直接走向边，这样图画的边就是它们的边。在这种情况下，图画的最高点就会是物质的最高点，除了物质比图画本身多有四个最高点：这里的四个最高点将会是艺术品的一部分，而艺术品不是真实物的一部分。再一次，物质的各个面（face）可能就是图画的面（face），在观看图画的时候，我们就正看着这些面；但是空间没有面，在阅读 A 时，作品必须不得不被阅读为无面（faceless），而物理对象的面将不会是艺术品的一部分。这里要注意的是一个艺术确认如何产生了另一个艺术确认，我们如何（与已给定的确认一致）被要求给出其他并仍然被排除于其他：确实，一个给定的确认决定了一件作品可包含多少个元素。这些不同的确认彼此之间是不一致的，或者说一般来讲是这样，每个都可能据说构成一件不同的艺术品，即每个艺术品包含了可确认的真实物作为自身的一部分——或者至少可确认的真实物的各部分作为其自身的一部分。当然，有无感觉的确认：我认为，没有一个人可以敏感地把中间的水平读作《爱的徒劳》(*Love's Labour's Lost*) 或《圣埃拉斯姆斯的上升》(*The Ascendency of St. Erasmus*)。最后，注意一下一种确认如何被接受而不是另一种被接受，实际上是用一个世界交换另一个世界。确实，我们可以进入一个宁静的诗意世界，只要我们确认上部分区域有明净无云的天空，倒映在下部静谧的水面上，只需要水平线的不真实边界分离开白（whiteness）与白。

现在，Testadura 在旁听了整个讨论之后抗议他所看见的是颜色：白色涂成长方形，而且其上涂了一条黑线。他真的是非常正确：那就是他看到的全部或者任何人能够看到的，我们美学家也不例外。所以，如果他问我们向他展示一下还可以进一步看到的东西，通过指点显示一下这就是艺术品（海洋与天空），我们无法满足，因为他什么都没有忽略（如果假设他忽略了，且有一些我们可以指给他的小玩意，而他自己瞥了瞥，说"哈，是的！毕竟是一件艺术品啊！"，那将是荒谬的）。只有他掌握了艺术确认的是（the is of artistic identification）并因此把它构成一件艺术品时，我们才能帮助他。如果他不能达到这个程度，他将永远不能看到艺术品：他将像一个把棍子看成是棍子的小孩。

但是，纯抽象又怎么样？比方说看起来像 A 却提名为 No.7 的什么东西。第十大街的抽象主义者毫无表情地坚持此处什么都没有，而只有白颜料和黑颜料，我们的文字确认都不适用。那么，什么可以把他与 Testadura 区别开？Testadura 的外行说法与他的无法区别。当他们都同意眼睛什么都没有看到的时候，它如何是对于他是一件艺术品而对 Testadura 不是艺术品？答案（只要它可能是每一个多样性的纯粹主义者就不会受欢迎）就在于事实上这个艺术家通过混合了艺术理论和最近及以前的绘画、元素（对于这些他正努力用他自己的作品予以纯化）的历史的氛围，已经回到颜料的物理性；作为这个结果，他的作品属于这种氛围，是这个历史的一部分。他通过拒绝艺术确认达到了抽象，回到了真实世界，而这样的确认是把我们（他认为）排除于这个真实世界的，有点类似于青原（Ching Yuan）的方式，他写道：

> 我三十年之前没研究禅时，我看山是山，看水是水。当我接近更密切的知识时，我看山不是山，看水不是水。但是现在，我得到了本质，我沉于安静。我复又看山是山，看水是水。（原文：参禅之初，看山总是山，看水总是水；禅有悟时，看山不是山，看水不是水；禅中彻悟，看山仍是山，看水仍是水。或另一种文本：三十年前没有参禅时，见山是山，见水是水。后来有个入处，见山不是山，见水不是水。而今得个歇处，依前见山只是山，见水只是水。——译者注）

他对他所作的确认从逻辑上依赖于他所拒绝的理论和历史。他的论说与 Testadura 的"这是黑颜料、白颜料，仅此而已"之间的差异在于事实上他仍然使用了艺术确认的"是"，这样他使用"那块黑颜料是黑颜料"不是同义词的重复说。Testadura 不出生在这个阶段。把某物看作艺术需要眼睛无法诋毁的某种东西——一种艺术理论的氛围，一种艺术历史的知识：一个艺术世界。

■ 三

波普艺术家安迪·沃霍尔先生展出了布里洛盒子的复制品，在整洁的架子上堆放得高高的，和在超市的仓库中一样。它们碰巧是木制的，画得就像一个纸板，那为什么不是呢？为了解释一下《时代》杂志的一位批评家，如果人们可以用青铜翻制人体的复制品，为什么不能用木板制作布里洛盒子的复制品呢？这些盒子的成本碰巧是真实生活中常用的同样盒子的 2×10^3 倍——这种差异几乎不能归结于它们的耐用性差异。事实上，布里洛生产者可以微微地提高一点成本，用木板来制作他们的盒子而不会使这些盒子成为艺术品，沃霍尔可能用纸板来制作他的盒子而不会不是艺术。所以，我们可能会忘记内在价值的问题，而且问道为什么生产布里洛盒子的人不能制造艺术品？为什么沃霍尔必然制造艺术品。当然了，确定无疑，沃霍尔的盒子是手工制作的。毕加索曾把一个苏士酒瓶上的标签贴到一幅画上，这有点像把毕加索的做法疯狂地颠倒过来，说好像学院艺术家关心准确模仿，一定总是缺少真实的东西：那么，为什么不正好使用真实的东西呢？波普艺术家费力地用手工重新制作出机器制造物品，例如，画咖啡罐上的标签（人们可以听到熟悉的赞美"完全是手工做的啊"已经在遇到这些物品的时候痛苦地排除在向导的语汇之外）。但是差异不能包括手艺：一个用石头雕了许多小鹅卵石并小心翼翼地建构一件叫作《沙砾堆》的作品的人可能会引发一种价值的劳动理论来解释他所要求的价格；但是问题是，什么使它成为艺术？而为什么无论如何需要沃霍尔来制作这些东西？为什么不是仅仅在盒子上涂上他的签名？或者，把盒子弄烂了，以《弄烂的布里洛盒子》（"抗议机械化……"）名义展示出来或仅仅作为《未弄烂的布里洛盒子》（"大胆肯定产业的造型真实性……"）展览一个布里洛纸盒？这个人是米达斯一类的人吗？可以把任何他触摸过的东西都变成纯艺术金子？由隐藏的艺术品组成的整个世界等待着，就像现实中的面包和酒一样，经过某些黑暗的神秘，变成圣礼中不可辨认的肉体和鲜血吗？千万不要介意布里洛盒子可能不好，更不是伟大艺术。给人突出印象的是它完全是一个艺术。但是如果它是艺术，为什么那些不可区别的布里洛盒子还放在库房里？或者说，艺术与现实之间的整个区分已经打破？

假定一个人收集了各种物品（现成品），包括布里洛纸盒；我们赞美了展览的多样性、独创性以及你所愿意说的好话。接下来，除了布里洛纸盒，他什么都没有展览，我们批评他沉闷、重复、自我剽窃——或（更深刻地）声称他被规矩、重复困扰，就如《玛利亚温泉》(*Marienbad*)一样。或者他把它们堆得高高的，留出一条窄窄的路径；我们踏着我们的足迹穿过这个不透明的堆积物，发现它是一次让人惊悸不安的经历，撰文称其为消费产品所包围，把我们当囚徒一样限制起来：或我们说他是一个现代的金字塔建筑者。确实如此，我们没有说这些东西是关于库房保管员的。不过，一间仓库不是美术馆，我们无法轻易地把布里洛盒子与它们所置身其中的美术馆分离开来，正如我们无法把劳申伯格的床与其上的油漆分离开一样。出了美术馆，它们是纸板盒子。不过，洗尽了油漆，劳申伯格的床还是一张床，还是它被变成艺术品之前的样子。不过，如果我们仔细考虑一下这事情，我们会发现艺术家没能（真正地、出于需要地）生产出一个纯粹的真实物。他生产出了一个艺术品，他使用真正的布里洛盒子只成了艺术家所掌握的资源的扩大，是对艺术家的材料的贡献，正如油画颜料一样或如制版墨（tuche）一样。

最终在布里洛盒子和由布里洛盒子组成的艺术品之间作出区别的是某种理论。是理论把它带入艺术的世界中，防止它沦落为它所是的真实物品。当然，没有理论，人们不可能把它看作艺术，为了把它看作艺术世界的一部分，人们必须掌握大量的艺术理论，还有一定的纽约当代绘画史。如果倒退五十年回去，这不会是艺术的。但是另一方面，任何事情都是公平的，在中世纪也不会有飞行保险，或不会有伊特鲁利亚打字机消除剂。世界必须准备迎接某些事情，艺术世界和真实世界一样。正是艺术理论的作用（近来总是如此）使艺术世界乃至艺术成为可能。我大概会想，拉斯科岩洞的画家可能永远不会想到他们是在那些墙上生产艺术。要等到有了新石器的美学家才会是的。

■ 四

艺术世界对于真实世界有点像上帝之城对于世俗之城的关系。某些物品就像某些个人一样喜欢双重公民身份，但是尽管有 RT 理论，艺术品与真实物之间还是有基本点对比。也许早期的 IT 理论的构建者已经模模糊糊地感觉到了这一点，他们刚刚开始意识到艺术的非真实性（nonreality），也许受到限制只能假设对象具有的唯一作用（不同于真实）就是成为假的，这样艺术品必然地必须是真实物的模仿品。这就太狭窄了。所以，叶芝写道："一旦脱离自然，我将永远不再从任何自然物中取得我的肉体之形。"这仅仅是一个选择的事情：艺术世界的布里洛盒子可能就正好是真实世界的布里洛盒子，由艺术确认（artistic identification）的是分开并统一起来。但是我想最后谈谈使艺术品成为可能的理论，以及它们彼此的关系。在谈的时候，我将恳求几个我所知道的最坚硬的哲学问题。

现在，我谈几对彼此作为"对立项"（opposites）相联系的谓项（predicate），并立刻承认这个陈旧的术语的含混性。矛盾的谓项不是对立项，因为它们每一对的一个对立项都必须适用于宇宙中的每一个对象，一组对立项中的任何一个都不需要适用于宇宙中的某些对象。一个对象必须首先在一组对立项中的任意一个适用它之前居于某一类，然后，至多并至少，对立项中的一个必须适用于它。所以，对立项不是相反项，因为相反项可能两者对于宇宙中的某些对象都是假的（false），但是对立项无法两者都是假的；对于某些对象，一组对立项的任何一个都不能敏感地适用，除非对象具有正确的一种（be of the right sort）。那么，如果对象具有要求的一种，对立项按矛盾项行动。如果F和非-F是对立项，对象o必须在这些对立项任何一个敏感地适用前具有某种K；但是如果o是K的一个成员，那么，o或者是F或者是非-F，而排除另一个（the other）。我把敏感地适用于（ô）Ko16的几组对立项类指定为K-相关的谓项类。对象具有一种K的必要条件是至少一组K-相关对立项敏感地适用于它。但是，实际上，如果一个对象具有一种K，至少并至多每个K-相关一对的对立项的一个适用于它。

我现在感兴趣的是艺术品的K类的K-相关谓项。让F和非-F成为这类谓项的对立项。现在，可能的情况会是，经过整个时代，每一个艺术品是非-F。但是因为迄今为止没有什么既是艺术品又是F，任何人都不可能出现非-F是一个艺术相关的谓项。艺术品的非-F性没有标记（goes unmarked）。作为对比，一个给定时代的所有作品可能都是G，任何人都永远不会想到这点，直到那个时候某物可能既是艺术品又是非-F；确实，当事实上某东西可能在G敏感地推断它之前——在这种情况中，非-G可能也推断了艺术品，而且 G 自身不可能是这一类的定义性特征——首先不得不成为艺术品时,人们可能认为 G 是艺术品的一个定义性特征。

让 F 成为"是再现的"而让 G 成为"是表现主义的"。在一给时间,这些和它们的对立项也许是批评用法中唯一的艺术相关的谓项。现在,让"+"代表一给定谓项 P,"-"代表它的对立项非-P,我们可以或多或少地建立如下的一个风格矩阵:

F	G
+	+
+	-
-	+
-	-

行决定了现有的风格,已知(given)积极的批评词汇:再现的表现主义的(野兽派);再现的非表现主义的(安格尔);非再现的表现主义的(抽象表现主义);非再现的非表现主义的(硬边抽象)。简单地说,当我们增加艺术相关的谓项时,我们以 2n 比率提高了现有风格的数量。当然,并不能很容易地事先看到哪一个谓项将被增加或被它的对立项替代,但是假定一个艺术家决定 H 将自此以后在艺术上与他的绘画有关。那么,事实上,H 和非-H 都变成在艺术上对所有绘画有关,而且如果他的绘画是第一个且唯一的是 H 的绘画,那么每一个现存的其他的绘画都变成了非-H,而且整个绘画社区与翻番增加的现有风格机会一块变得富庶起来。正是这个艺术世界中对实体的追溯的丰富性让它有可能一起讨论拉斐尔和德库宁,或一起讨论利希滕斯坦和米开朗琪罗。艺术相关谓项的多样性越大,艺术世界的个体成员就变得越复杂:人们了解整个艺术世界的人口越多,人们与其任何成员的经验就越丰富。

在这一点上,要注意到,如果有 m 个艺术上相关的谓项,那么,总有一底部行具有 m 个减号。这一行很容易被纳粹主义者占据。他们一旦洗尽了画布上他们认为是非本质的东西,便认为他们提炼出了艺术的本质。但这仅仅是他们的谬见:许多艺术上相关的谓项既完全适用于它们的方形单色作品,也完全适用于任何艺术世界的成员,它们只在"非纯粹"绘画存在的情况下才作为艺术品而存在。严格来讲,莱因哈特的黑方形在艺术上和提香的《圣者与凡人之爱》(Sacred and Profane Love)一样丰富。这就解释了少如何就是多。

时尚碰巧青睐这个风格矩阵的某些行：博物馆、鉴赏家以及其他人都是艺术世界中的无足轻重的人。为了坚持或为了寻求所有的艺术家变成再现的，也许为了进入特别有名望的展览，把现有的风格矩阵分成两半：那么仍有 2n/2 个满足要求的方式，那么，博物馆能够展览它们已定下的题目的所有这些"方法"(approach)。但是，这是一个几乎是纯粹社会学的兴趣的事情：矩阵中的一行与另一行是一样合法的。我认为，艺术突破包括了给矩阵增加列的可能性。然后，艺术家或是非常爽快或是不太爽快，占据了如此打开的地位：这就是当代艺术的显著特征，对于那些不太熟悉这个矩阵的人来说，很难（也许不可能）去承认某些艺术品所占据的地位。如果没有艺术世界的理论和历史，这些东西也不会是艺术品。

布里洛盒子以一种同样的带有激励精神的不协调进入了艺术世界。《喜剧作品》(Commedia dell'arte)的特征带入了《纳克索斯岛上的阿里阿德涅》(Ariadne auf Naxos)。不论艺术上相关的谓项是什么（它们凭此获得进入的资格），艺术世界的其他部分在获得对立的谓项并适用于它的成员时变得更加丰富。那么就回到哈姆雷特的观点上（我们以此开始了我们的讨论），布里洛盒子向我们自己显示了我们，同样，任何东西也能这样显示：作家拿起来观察自然的镜子，它们也可能用来捕捉到我们的诸位国王的良心。

（选自汝信主编《外国美学》第 20 辑，江苏教育出版社 2012 年版）

乔治·迪基与《审美态度的神话》

经典导读

乔治·迪基（George Dickie，1926—2020），美国当代美学家，属分析美学阵营，曾任教于伊利诺伊大学芝加哥分校哲学系。迪基在美学、艺术哲学领域名声斐然，很重要的一个原因是他的艺术体制理论（the Institutional Theory of Art）为20世纪美学界聚讼不已的艺术定义问题提供了新思路。迪基的艺术体制理论经历了一个不断修正和发展的过程，他的前后期著作都有涉及，比如《美学导论》（1971）、《艺术与审美》（1974）、《艺术圈》（1984）等。除此之外，他的代表作还有专门论述艺术评价问题的《评价艺术》（1988）、《艺术与价值》（2001），梳理18世纪趣味理论的《趣味的世纪》（1996）。

本书所选的《审美态度的神话》发表于1964年，处于迪基学术生涯的早期，但是它的地位举足轻重。究其原因，第一，从迪基的整个理论体系来看，这篇文章开启了艺术体制理论的先声，第二，从20世纪美学史走向来看，使审美态度理论从盛极一时到如今支持者寥寥，迪基可谓功不可没，他的《审美态度的神话》被公认为是针对审美态度的致命一击。所谓的审美态度即这样一种观点：在审美过程中，必须先具备一种特殊的审美知觉或审美意识，这样我们才能理解和欣赏对象所具备的审美特性，也就是说，所谓的审美的"态度"才是关键的，它决定了对象是否是美的。在历史上，审美态度理论曾起过重大作用，有学者甚至认为"将它作为美学理论的逻辑基础是现代美学的标志"①。它将美学从对美本身的过度关注中解放了出来，转而关注审美主体。因此，在20世纪早期至中期，出现了各种各样的审美态度理论。无论这些审美态度理论有何不同，它们的核心理念始终如一，那就是高度强调一种特殊的心灵状态在审美体验中的重要性。这样，它就走向了彻底的主体化，美完全取决于个体的态度。迪基认为，审美态度理论已经成为一种子虚乌有的神话，因此，有必要用一种全新的眼光对其进行清算。

在《审美态度的神话》一文里，迪基选取了三种具有代表性的审美态度论。一是布洛的心理距离说，它意在让人们同现实的关注保持适当的距离，以便进入审美欣赏的状态。布洛举了一些例子，比如：在海上遇到大雾的人们，因为怀着轮船可能触礁的恐惧而无法欣赏雾景之美，观看《奥赛罗》的某位丈夫，因为猜忌自己妻子的可疑行为而无法欣赏剧情等。布洛由此提出，为了获得审美体验，我们得克制现实的情感和冲动。而迪基认为，根本不存在一种约束观众的心理力量，审美欣赏和考虑实际事务也并不冲突，布洛所举例子中的观看者只是因为恐惧和猜忌而导致完全无法集中注意力，所谓的保持距离与否只是关注与没关注审美对象的区别。

审美态度理论的第二种代表被迪基总结为无利害关注和不及物关注理论，其代表性理论家分别是斯托尼兹和维瓦斯。在他们看来，无利害关注意味着不关注任何无关的目的，不掺杂外部因素，只专注于对象本身。迪基对此一一进行反驳。他认为，所谓有利害的关注和及物的关注导致无法欣赏审美对象根本不成立，因为在这些假设中，主体根本没有关注审美对象。迪基的另一个批评对态度理论构成了更大的威胁，斯托尼兹认为区分无利害关注与否取决于关注背后的目的，迪基对此加以批驳，他认为目的的不同并不能表明关注的不同，比如为了写评论而听音乐与纯粹地听之间并没有什么不一样，尽管动机、意图和理由各异，但是对审美对象的关注方式只有一种。经过辨析，迪基总结出，"无利害关注"或者"不及物"作为概念本身就是含混不清的，因此并不能用来指称一种特殊的关注方式。

第三种审美态度理论是文森特·托马斯的密切关注论。迪基认为这种论断没有提供任何有效信息，因此不堪一击。然而，从中也可看出审美态度理论的局限。审美态度理论撇清了审美与历史、批评、道德等一切外部联系，从而将美抽离成真空

---

① Jerome Stolnitz, "Some Questions Concerning Aesthetic Perception," *Philosophy and Phenomenological Research*, vol.22, no.1, 1961.

状态。当迪基逐一破除罩在"心理距离""无利害""不及物"等之上的神秘光环后，审美态度的意义也就被架空了。

在《审美态度的神话》一文中，迪基对审美态度的解构到此戛然而止，但这并非最后的结局。迪基之所以如此不遗余力地攻击审美态度，是因为他想尝试脱离审美态度的构想来重新阐释审美对象。在审美态度理论家的定义里，"审美对象"即审美态度的对象，但问题是，任何东西都可以成为审美态度所观照的对象，因此，迪基认为，审美态度不能把不属于审美对象的方面排除出去。那么，如何区分审美特征与非审美特征就成了问题。对此，迪基给出了自己的答案，他认为，"观众在欣赏艺术作品时，起作用的是艺术体制中的惯例"①。这种惯例是人们在日常生活中潜移默化习得的，它如此根深蒂固地存在于人们的意识中，以至于我们很难发现它的存在，然而正是它决定了我们把哪些东西当成审美对象。比如，我们在看演出时，会自觉地专注于舞台上的表演，而不会去欣赏幕布或者道具。因此，决定我们是否将某物当成审美对象加以关注的，不是某种心理因素，而是特定情境中的艺术惯例。

和审美态度理论曾经将美学从对"美"的执念中解脱出来一样，迪基试图将美学从 19 世纪以来一直盛行的心理分析中解放出来。在他这里，审美对象的决定权不再囿于主体，而转到情境和惯例的广阔天地中。当审美态度的迷雾被廓清之后，迪基的艺术体制理论也愈发明晰起来。从这个意义上说，《审美态度的神话》一文不仅使以往的审美态度理论式微，而且也让美学思考有了新维度。

──── 延伸阅读文献

1. George Dickie, *Art and the Aesthetic: An Institutional Analysis*, Ithaca, NY: Cornell University Press, 1974.
2. George Dickie, *The Art Circle: A Theory of Art*, New York: Haven Publications, 1984.
3. ［英］爱德华·布洛：《作为艺术因素与审美原则的"心理距离说"》，见中国社会科学院哲学研究所美学研究室编《美学译

---

① George Dickie, *Art and the Aesthetic: An Institutional Analysis*, Ithaca, NY and London: Cornell University Press, 1974, p.102.

文》（2），北京：中国社会科学出版社1982年版。

4. ［美］杰罗姆·斯托尔尼兹：《"审美无利害性"的起源》，见中国社会科学院哲学研究所美学研究室编《美学译文》（3），北京：中国社会科学出版社1984年版。

5. ［美］乔治·迪基：《何为艺术》（Ⅱ），见［美］M.李普曼编《当代美学》，邓鹏译，北京：光明日报出版社1986年版。

6. ［美］乔治·迪基：《艺术界》，见李钧编《二十世纪西方美学经典文本》第三卷《结构与解放》，上海：复旦大学出版社2001年版。

7. 高建平：《"心理距离"研究纲要》，见高建平《西方美学的现代历程》，合肥：安徽教育出版社2014年版。

（李素军　撰）

—— 原文：《审美态度的神话》

经典原文

审美态度的神话[①]

乔治·迪基 著　李素军 译

最近[②]，一些文章[③]对审美态度的观点提出了不满，现在是时候用全新的眼光来看待这一顽固的信念了。这种构想对美学和批评曾经是很重要的，它帮助它们摆脱了对美以及相关概念的单一关注。[④]然而，我想论证的是审美态度是一个神话，正如赖尔（G. Ryle）说的那样，"当神话仍然是新的的时候，它们常常对理论很有益"[⑤]，而此处这个神话则已不再有用，事实上它在误导着审美理论。

这是一系列理论，其不同之处取决于审美态度的强烈程度。这种差异可以在每种理论所使用的语言上反映出来。最强的一类是爱德华·布洛（Edward Bullough）的心理距离说，近来为希拉·道森（Sheila Dawson）所拥护。[⑥]该理论的核心专门术语是"距离"，它作为一个动词使用，指的是构成审美态度或者说审美态度所必需的一种行为。比如，这些理论家会说："他同戏剧保持距离（或者没能保持距离）。"第二类被广泛接受，只不过近些年来得到了杰罗姆·斯托尼兹（Jerome Stolnitz）和艾利西奥·维瓦斯（Eliseo Vivas）

---

① 中译本译自 George Dickie, "The Myth of the Aesthetic Attitude," *American Philosophical Quarterly*, vol. I, no.1, 1964。
② 我想感谢门罗·比厄斯利和杰罗姆·斯托尼兹，他们阅读了本文的初稿并提出了很多让我受益匪浅的意见。
③ 参见 Marshall Cohen, "Appearance and the Aesthetic Attitude," *Journal of Philosophy*, vol.56（1959），p.926；以及 Joseph Margolis, "Aesthetic Perception," *Journal of Aesthetics and Art Criticism*, vol.19（1960），p.211。马格利斯给出了一个论点，但是不够严密，最多只是暗示性的。
④ Jerome Stolnitz, "Some Questions Concerning Aesthetic Perception," *Philosophy and Phenomenological Research*, vol.22（1961），p.69.
⑤ Gilbert Ryle, *The Concept of Mind*, London, 1949, p.23.
⑥ Sheila Dawson, "'Distancing' as an Aesthetic Principle," *Australian Journal of Philosophy*, vol.39（1961），pp.155–174.

的最为强烈的支持。这个类别的核心专门术语是"无利害（disinterested）"①，作为副词或者形容词使用。这种较弱的理论说的不是一个特别的动作（保持距离），而是用特定方式（无利害地）完成的一种普通行为（关注）。前两个版本的差别也许不像我在分类中所说的那么大。但是它们的语言差别很大，足以证明二者应该分开讨论。在对第二个类别的讨论中，我大多数情况下用的都是杰罗姆·斯托尼兹的著作②，这是一个透彻的、前后一致的、大规模的审美态度版本。最弱的审美态度理论可以在文森特·托马斯（Vincent Tomas）的论断"看一幅画的时候，如果全神贯注地观看都不是处于真正的审美态度中的话，那么到底什么才是？"③中找到。接下来我将探讨审美态度概念，而这个概念可能和我们日常所用的态度几乎没有关系。

一

根据布洛所说，心理距离是某人将一些对象（可以是一幅画、一场戏剧，或者海上危险的大雾）同自身的实际利益的啮合中脱离（out of gear）④的心理过程。道森女士坚持认为，正是"现象的美吸引了我们的注意力，让我们从与实际生活的啮合中分离，并促使我们在审美意识的层面上看待它，如果我们愿意这样的话"⑤。

---

① "无利害"：是杰罗姆·斯托尼兹的术语。维瓦斯用的是"不及物"。
② Jerome Stolnitz, *Aesthetics and Philosophy of Art Criticism*, Boston, 1960, p.510.
③ Vincent Thomas, "Aesthetic Vision," *The Philosophical Review*, vol.68（1959），p.63. 我应该忽略托马斯对区分表象和现实所作出的尝试，因为它看起来只是让审美理论混乱而非得到澄清。参见 F. Sibley, "Aesthetics and the Looks of Things," *Journal of Philosophy*, vol.56（1959），pp.905-915; M. Cohen, "Appearance and the Aesthetic Attitude," *Journal of Philosophy*, vol.56（1959），pp.915-926; 以及 J. Stolnitz, "Some Questions Concerning Aesthetic Perception," *Philosophy and Phenomeological Research*, vol.22（1961），pp.69-87。托马斯只讨论了视觉艺术和审美态度，但是他的言论可以被归纳成全面性的理论。
④ 布洛的 out of gear 是一种比喻的说法，指对象与实际的自我相分离。高建平先生在其论文《"心理距离"研究纲要》（见高建平《西方美学的现代历程》，安徽教育出版社2014年版）中指出它的本意是"挂空挡"，指汽车挂空挡自由滑行。——译者注
⑤ Sheila Dawson, "'Distancing' as an Aesthetic Principle," *Australian Journal of Philosophy*, vol.39（1961），p.158.

之后她声称一些人（评论家、演员、乐队成员等类似角色）"有意地拉开距离"①。道森女士追随布洛讨论了某些人不能实现拉开距离的行为或者无法进入保持距离的状态的例子。她用了布洛所举的嫉妒的（"距离过小"）的丈夫在观看《奥赛罗》时无法集中注意力，因为他不停想起自己妻子可疑举止的例子。从另一个方面看，如果"我们主要关注戏剧表演中的技术性细节，那么就可以说是距离过大"②。那么，存在着一种行为——拉开距离（distancing），它可以是有意为之，并且引发一种意识状态——保持距离（being distanced）。

问题是：真的有"拉开距离"这样的行为或者"保持距离"这样的意识状态吗？当剧场的幕布升起，当我们走近一幅画，或者当我们看日出的时候，我们被引向一种保持距离的状态，这究竟是因为被对象之美打动，还是因为做出了拉开距离这种行为？我回想不起任何这种特殊行为，也不曾记起进入任何特殊状态，而且我没有理由怀疑自己在这方面是非典型的。也许距离理论家会问，"但难道你不是常常察觉不到除了看戏之外的声音和场景吗，或者会无视一幅画的周围墙上的痕迹吗？"答案显而易见——"是的"。但是如果"拉开距离"和"保持距离"仅仅意味着一个人注意力集中的话，那么引入新的专门术语，就好像它们指的是某种特殊的行为或者意识状态又有什么意义呢？距离理论家可能会进一步辩解说，"但你肯定把戏剧（绘画，日出）同你的实际利益脱节开来吧？"当被问到我是否在看剧而非想起我的妻子或者在思考他们如何布置舞台布景的时候，我认为这样的提问方式很奇怪（通过采用"挂空挡"这种技术性的比喻）。为什么不直接问我集中注意力没有呢？因此，当道森女士说嫉妒的丈夫与《奥赛罗》距离过小，而那个对舞台表演技巧有着强烈兴趣的人与戏剧距离过大时，只不过是专业化地、误导性地描述两种不同的不注意的例子而已。在这两个例子中，都有一些东西被注意，但都不是戏剧情节。引入专业术语"距离"（distance），"距离过小"（under-distance）和"距离过大"（over-distance）没有任何作用，只是让我们追逐虚幻的行为和意识状态。

---

① Sheila Dawson, "'Distancing' as an Aesthetic Principle," *Australian Journal of Philosophy*, vol.39（1961），pp.159-160.
② Sheila Dawson, "'Distancing' as an Aesthetic Principle," *Australian Journal of Philosophy*, vol.39（1961），p.159.

道森女士对距离理论（艺术品若要审美地看待就必须具备的一种心理隔绝状态）的恪守使得她得出一个非常奇怪的结论，以至于让我们对这个理论产生了质疑。

我们记得在《彼得·潘》中失去距离的恐怖——当彼得说"你们相信世界上有小仙女存在吗？……如果相信就鼓掌吧！"面对这一幕，大多数孩子都想逃出剧院，不少孩子还哭了——不是因为小仙女丁克贝尔要死了，而是因为戏剧魔力消失了。说到底，如果李尔王离开考狄利娅，站在舞台中央说，"所有的成年人们，有谁认为她爱我的，请大声喊'是'"的时候，我们又作何感受呢？①

很难相信会有任何孩子的反应会像道森女士所描述的那样。事实上，彼得·潘请求鼓掌的一幕是戏剧的一个高潮，孩子们对此反响热烈。剧作家给了孩子一个暂时性的成为剧中演员的机会。在那个时刻，孩子们并没有失去或者脱离保持距离的状态，因为自一开始他们就不曾拥有或者在所谓的那样的状态中。将彼得·潘的请求同假设的李尔王中的场景对比是没有意义的。《彼得·潘》是一个魔法剧，几乎任何事情都可以发生，但是《李尔王》则不同。顺便说一下，很多戏剧中的演员在表演中都会直接和观众说话（《我们的城镇》《婚姻掮客》《蜜糖滋味》等），这样并没有减少戏剧的价值。这样的戏剧是不寻常的，但是不寻常并不意味着一定是坏的；罔顾戏剧的种类去制定所有戏剧都要遵守的规则没有任何意义。

或许值得一提的是，苏珊·朗格（Susanne Langer）说过她小时候看到《彼得·潘》那一幕时的反应。② 据她说，彼得·潘的请求粉碎了幻觉，让她陷入了剧烈的痛苦。但是，她还写道其他所有小孩都在鼓掌欢笑，乐在其中。

---

① Sheila Dawson, "'Distancing' as an Aesthetic Principle," *Australian Journal of Philosophy*, vol.39（1961），p.168.

② Susanne Langer, *Feeling and Form*, New York, 1953, p.318.

二

审美态度的第二种构思方式——以特定方式（无利害地）完成的普通的关注行为——在杰罗姆·斯托尼兹和艾利西奥·维瓦斯的著作中得到了说明。斯托尼兹将"审美态度"定义为"对于意识到的对象，给予无利害的、同情的关注和沉思，无论它本来是什么样的。"[①] 他对自己定义中的主要术语作出界定："无利害的"的意思是"对任何其他的目的都不予关注"[②]；"同情的"（sympathetic）指的是"按照对象本身的条件接受它并加以欣赏"[③]；而"沉思"（contemplation）的意思则是"直接针对对象本身的感知，观看者不会对其进行分析或者发问"[④]。

无利害概念是此处的关键术语，斯托尼兹曾在其他地方说过[⑤]它对现代美学理论有着巨大影响。因此，厘清各种艺术中的无利害关注的本质是必须的。例如，只有在有利害地听音乐这种说法行得通时，无利害地听音乐才是有意义的。除非走路可以是慢的，我们才可以说走得快。用斯托尼兹对"无利害"的定义，这两种情形可以被描述为"不带其他目的地听"（无利害地）和"带有其他目的地听"（有利害地）。要注意的是，最开始看上去只是知觉上的不同——用特定的方式聆听（有利害地或无利害地），转变成了一种动机或意图上的不同——为了或者带着一个特定目的。假设琼斯听一段音乐是为了在次日的考试中进行分析和描述，而史密斯听的时候没有其他的目的。这两人的动机和意图当然是不同的：琼斯有一个同音乐无关的其他目的，而史密斯没有，但这并不意味着琼斯的听就不同于史密斯。很可能两人都享受音乐，也或者都觉得乏味。也许他们中的某人或者两人都会兴趣衰减。要重点指出的是，一个人的动机和意图不同于他的行为（琼斯的听音乐就是一个例子）。尽管只有一种听音乐的方式（要有注意力），但是这种听有注意力集中程度的差别，有形

---

① Jerome Stolnitz, *Aesthetics and Philosophy of Art Criticism*, Boston, 1960, pp.34-35.
② Jerome Stolnitz, *Aesthetics and Philosophy of Art Criticism*, Boston, 1960, p.35.
③ Jerome Stolnitz, *Aesthetics and Philosophy of Art Criticism*, Boston, 1960, p.36.
④ Jerome Stolnitz, *Aesthetics and Philosophy of Art Criticism*, Boston, 1960, p.38.
⑤ Jerome Stolnitz, "On the origins of 'Aesthetic Disinteretedness'," *The Journal of Aesthetic and Art Criticism*, vol.20（1961）, pp.131-143.

形色色的动机、意图和理由，也有将注意力从音乐上分散开来的各种各样的方式。

为了避免美学家们常犯的一个错误——得出关于一种艺术的结论，从而就假设它对所有艺术都适用——无利害关注的问题必须放在除了音乐之外的艺术中进行考察。那么一个人无利害地或有利害地观看绘画又是什么样呢？一个所谓的有利害地观看的例子可能是这样一种情形，某幅画让琼斯想起了他的祖父，琼斯就开始思考或者跟同伴讲述自己祖父以前的卓越事迹。这样的事情可能就会被态度理论家认定为将艺术品当成联想的工具，亦即有利害地关注的例证。但是琼斯根本没有在看（关注）绘画，尽管他可能睁着眼睛正对着它。琼斯正在做的事情是思考或者关注他所讲的故事，尽管他最开始必须得看那幅画以便觉察到它像他的祖父。琼斯不是有利害地看画，因为他现在没有在看（关注）绘画。和猜测艺术家的意图一样，琼斯思考或者讲述他祖父的故事也并不是绘画的一部分，因此，他的思考、讲述、猜测等都不应该被描述为有利害地关注绘画。态度美学家们让我们看到的只不过是一些无关的联想，它们使得观众对绘画或者其他对象的注意力被转移。

现在我们来看无利害与戏剧。我想用厄姆森（J. O. Urmson）提供的一些有趣例子[①]，但是我并不是在宣称厄姆森是一位态度理论家。厄姆森在自己的文章里谈及的从来不是审美态度，而是审美满足。除了审美满足，他还提到了经济的、道德的、个人的和智识的满足。我想态度理论家也许会把上述后四种满足看成"其他目的"，因此都是有利害地关注。厄姆森假设了一个坐在剧场观众席上兴高采烈的人的例子。[②] 据发现他的高兴仅仅是因为满座这个事实——这个人是剧院的经理。厄姆森称这位经理的满足是经济的而非审美的，是很正确的，尽管经理坐在观众席上这一点使得这个例子有点古怪。但是，我的关注点不在于厄姆森的例子，而在于态度理论。就这个词最完全的意义而言，这位经理肯定属于有利害的一派，但是，他被认定为有利害关注的行为和坐在他旁

---

① "What Makes a Situation Aesthetic?" in *Philosophy Looks at the Arts*, ed. Joseph Margolis, New York, 1962. 再版于 *Proceedings of the Aristotelian Society*, Supplementary vol.31（1957）, pp.75-92。

② "What Makes a Situation Aesthetic?" in *Philosophy Looks at the Arts*, ed. Joseph Margolis, New York, 1962. 再版于 *Proceedings of the Aristotelian Society*, Supplementary vol.31（1957）, p.15。

边的普通市民的被认为无利害的关注真的不同吗?在厄姆森所描述的情形中,说经理正在观看戏剧是毫无意义的,因为那个时刻他的心思都在收入上。如果非要说他在关注什么的话(而不仅仅是想到什么),那也是剧场的规模。我的意思并不是说一个经理坐在座无虚席的观众当中就无法关注他的戏剧;我要挑战的是无功利关注的意识。提到个人的满足,厄姆森举出其女儿参与演出的某位观众的例子。智识上的满足指的是解决了戏剧中的技术问题,而道德满足则是关心戏剧对观众行为的教化作用。这三种例子都可能会被态度理论家当成是有利害的关注,但结果证明他们不过是以不同方式从戏剧观看中转移了注意力,因此并非有利害地关注戏剧的例子。当然,没有理由去认为这其中任何一个例子里转移注意力或者不注意必须是彻底的,尽管可能会如此。实际上,这样的不注意经常发生,但是它们是如此的转瞬即逝以至于戏剧、音乐或者其他艺术中的任何东西都不会被漏过或错过。

一个剧作家怀揣重写剧本的想法观看一场彩排或者外地的演出,对我来说,这显然是一个观众正在观看戏剧(不同于那个经理),但是以一种有利害的方式观看的例子。这种情形同我们以上所讨论的都不相同,但是同之前的琼斯(不是史密斯)听某段音乐的例子相似。我们的剧作家——像琼斯要用那段音乐参加考试一样——有着其他的目的。更进一步说,跟普通观众不同,剧作家可以在演出之后或者在彩排中间改变剧本。但是我们的剧作家的注意力(和他的动机和意图区别开)同普通观众的有什么不一样呢?剧作家也可以和任何一个观众一样对演出感到享受或者厌倦。他甚至还可以注意力涣散。简而言之,跟剧作家的注意力有关的事情和发生在普通观众身上的并无二致,尽管二者有着非常不一样的动机和意图。

要讨论文学中的无利害的阅读,转向艾利西奥·维瓦斯的论点是很合适的,他的大部分著作都跟文学相关。维瓦斯评论说:"用非美学的方式处理一首诗,它可能就会变成历史、社会批评、对作者的神经官能症的诊断证明,以及其他的数不清的方式。"[①]他进一步指出,据柏拉图所说,"希腊人把荷马当成作战时以及太阳之下几乎任何事情的权威",而且某一首诗"可以被解读为色

---

① "Contextualism Reconsidered," *The Journal of Aesthetics and Art Criticism*, vol.18(1959), pp.224-225.

情诗歌，也可以是对一种神秘体验的阐释"①。将诗歌解读为历史或者诸如此类（非美学的解读方式）同美学地解读的区别取决于我们如何处理或者阅读它。一首诗"不是自带标签的"②，但是只有用特定的方式进行阅读的时候——当它成为审美经验的对象时——它才可能是诗。对维瓦斯来说，成为审美对象就意味着成为审美态度的对象。他将审美经验定义为"一种全神贯注的经验，对一个对象全部呈现出来的最直观的内在意义和价值进行不及物的（intransitive）把握"③。维瓦斯认为他的定义"帮助我更好地理解在阅读《卡拉马佐夫兄弟》时什么能做什么不能做"，而且他的定义"迫使我们承认《卡拉马佐夫兄弟》几乎不能被当成艺术阅读。……"④ 这种承认意味着因为《卡拉马佐夫兄弟》的卷帙浩繁和错综复杂，我们很可能无法不及物地理解它。

"不及物"是这里的关键术语，我们需要弄清楚维瓦斯的意思是什么。有好几段都提到了它的含义，但是下面这一段可能是最好的。"曾经看到一场慢动作的曲棍球比赛，我想证明它是一个纯粹的不及物的经验［关注］的对象——因为我对哪支球队赢得比赛并不感兴趣，我对缓慢移动的人们的优美节奏的兴趣也不混杂外在因素。"⑤ 维瓦斯的"不及物关注"的意思似乎和斯托尼兹的"无利害关注"看上去是一样的，换句话说，"不带有其他目标的关注"⑥。因此，要问的问题就是"如何及物地关注（阅读）一首诗或者任何文学作品？"一个人当然可以出于各种各样不同的目标，因为各种各样不同的理由关注（阅读）诗歌，但是他可以及物地关注一首诗吗？我认为不可以，但是让我们看一下维瓦斯提供的例子。他提到"一种类型的读者"，他们用某首诗或者诗中的某些部分作为跳板进行"散漫的、不加约束的、放松的白日梦，心不在焉地漫游，同上下文控制相脱离"⑦。但是，说这样的沉思是及物地关注一首诗

---

① "Contextualism Reconsidered," *The Journal of Aesthetics and Art Criticism*, vol.18（1959），p.225.
② "Contextualism Reconsidered," *The Journal of Aesthetics and Art Criticism*, vol.18（1959），p.225.
③ "Contextualism Reconsidered," *The Journal of Aesthetics and Art Criticism*, vol.18（1959），p.227.
④ "Contextualism Reconsidered," *The Journal of Aesthetics and Art Criticism*, vol.18（1959），p.237.
⑤ "Contextualism Reconsidered," *The Journal of Aesthetics and Art Criticism*, vol.18（1959），p.228.
⑥ 维瓦斯认为不能将《卡拉马佐夫兄弟》当成艺术来阅读的言论暗示出，对他来说，"不及物的关注"有时候指的是"一下子被关注到"或者"可以瞬间先于意识被把握到"。但是，这后两种可能的意义跟本处关系不大。
⑦ "Contextualism Reconsidered," *The Journal of Aesthetics and Art Criticism*, vol.18（1959），p.237.

的例子显然是错误的，因为很明显这是没有关注诗的例子。另外一种假设及物地关注诗歌的方式是将它当成"作者的神经官能症的诊断证明"。如果维瓦斯的意思是说这样做毫无必要，因为这对理解诗歌并无助益，那么他是对的。但是这个例子的点在于利用从诗歌中收集到的信息去对作者进行推断而非关注诗歌本身。在这里，如果说有任何东西得到了关注，那么它也是作者的神经官能症（至少它们正在被思考）。最好将这种情形看成从诗歌中分散注意力的一种特定方式。当然，这种"传记性的"注意力分散可能是无关紧要的，而且是倏忽即逝的，几乎不会因此将注意力从诗歌中转移开（只是关于诗人的一瞬间的见解或理解）。从另一方面说，这样的注意力转移可以变成专门的研究论文和职业。这样一种兴趣会导致读者将注意力（如果他确实读了一首诗的话）集中在诗歌的特定的"信息性的"一面，而不顾其余。这种行为如果持续不断的话是很糟糕的，它充其量也不过是只关注了诗歌的某些特征，忽略了其他方面的例子。

另外一种被断定为及物地阅读诗歌的路数是将诗歌当成历史。这和前面两种情形还不一样，因为诗歌通常包含有历史（会陈述历史事实或者至少会参考历史），但是它（通常）不会对作者的神经官能症等进行叙述，它也不会谈及读者的自由联想（否则我们就不会称它们为"自由的联想"了）。把诗歌当成历史来读意味着我们通过关注一首诗来关注（思考）历史事件——诗歌成了个时间望远镜。看看下面这两段诗：

一四九二年
哥伦布航行在蔚蓝海洋。①

或者像科尔特斯，以鹰隼的眼凝视着太平洋，而他的同伙在惊讶的揣测中彼此观看，尽站在达利安高峰上沉默。②

也许有人全神贯注地读完了这两段诗，并不知道它们引用了历史事实（其中一

---

① 选自英文儿歌 Columbus Sailed the Ocean Blue。——译者注
② 选自济慈 On First Looking into Chapman's Homer，本句的翻译摘自穆旦的译文《初读贾浦曼译荷马有感》。——译者注

个并不是很准确）——这算是一种不及物关注吗？这种阅读——就注意力而言——同认识到诗句中所蕴含的历史内容的阅读有什么区别呢？如果不涉及注意力问题的话，它们并没有太大不同。历史是这两行诗句中的一部分，上述两种阅读的不同就在于第一种没有考虑到诗句字里行间的某一个方面（历史内容），而第二种做到了。也许当维瓦斯说"当成历史来阅读"的时候指的是"仅仅当成历史阅读"。但是即使是这种意思也不能被划分成一种特别的关注，而只是意味着只有诗歌中的某一个方面得到了注意，其他的韵律、节奏等统统被忽视了。将诗歌作为社会批评阅读的情况也可以用当成历史阅读的例子进行分析。有些诗歌是关于或者包含有社会批评的内容，而一种完整的阅读不应该忽略这个事实。

之前所提到的被断定为有利害关注的例子可以整理如下。琼斯听音乐和剧作家看彩排都是带有其他动机关注艺术品，但是没有理由认为他们的关注就和普通观众的不是同一种。将某首诗当成历史来阅读的读者只是仅仅关注了诗歌的一个方面。而剩下的例子——面对绘画讲述祖父故事的琼斯，贪婪地注视的经理，"阅读"诗歌时的做白日梦的人，诸如此类——只不过是没有关注艺术品的例子罢了。

总之，我的结论是：用"无利害"或者"不及物"来指一种特殊的关注是不恰当的。"无利害"这个术语要弄清楚的是某种行为是否含有特定的动机。因此，我们会说无利害的调查结果（调查机构）、无利害的判决（法官、陪审团），等等。当然，关注一个对象有其自己的动机，但是，这种关注本身不应该根据它的动机是否激发了有利害的或无利害的行为而被判定为有无利害（调查结果和判决则可能因为动机而成为有利害的），尽管关注或多或少有密切程度的不同。

我曾经提出第二种构想审美态度的方式也是一种神话，或者说至少它的主要内容——无利害的关注——是；但是我现在必须尝试论证这样一种观点误导了审美理论。我想证明态度理论家在以下几个方面是错误的：（1）对审美相关性（aesthetic relevance）设定限制的方式；（2）批评家与作品之关系；（3）审美价值与道德之关系。

鉴于我要使用斯托尼兹的著作对审美相关性的处理，这里得先说明一下，我并不是非要否认他引证的一些相关性的具体条目，而是不同意他的相关性的标准。他在自己著作的最开始就提出，对相关性设定的标准源自他的"审美态度"定义。这导致比厄斯利（Monroe Beardsley）在给斯托尼兹写的书评中说他的讨论还不成熟。① 比厄斯利建议"只有在对若干种艺术类别，对它们的规模和能力进行谨慎的考量之后，对相关性的讨论才是令人满意的"②。

首先，"审美相关性"指的是什么呢？斯托尼兹通过一个问题来对其进行定义，"如果存在一些对象本身并不具备的想法或者意象或者一点知识，那么这和审美经验还是'相关的'吗？"③ 斯托尼兹从概述布洛对单一色彩和联想的试验和讨论开始。④ 一些联想吸引观看者，使他转移了对色彩的注意力，而另一些联想则同色彩"融合"在一起。后一种联想是审美的，前一种不是。关于联想，斯托尼兹得出了以下结论：

> 如果审美经验像我们所描述的那样，那么，一种联想是不是审美的取决于它是否能够与"无利害关注"的态度相协调。如果这种联想更加集中了对于对象的注意力，通过与对象的"融合"并因此给予它额外的"生命力和意义"，那么它是真正的审美的。但是，如果它将注意力从对象上剥夺，并据为己有，它则是破坏了审美态度。⑤

某物如何能同单一色彩"融合"尚不清楚，但是"融合"是那种极少在美学中得到阐述的词语。斯托尼兹接着用了一个更有效的例子，来自瑞恰兹（I. A. Richards）的《实用批评》（*Practical Criticism*）。⑥ 他印证了学生对一首诗的反应，诗的开头是这样的：

> 树木高耸俨然，
> 我将长跪其间；

---

① *The Journal of Philosophy*, vol.57（1960）, p.624.
② *The Journal of Philosophy*, vol.57（1960）, p.624.
③ *The Journal of Philosophy*, vol.57（1960）, p.53.
④ *The Journal of Philosophy*, vol.57（1960）, p.54.
⑤ *The Journal of Philosophy*, vol.57（1960）, pp.54-55.
⑥ *The Journal of Philosophy*, vol.57（1960）, pp.55-56.

今日不可复得，

故相会某地而祈祷。

某个学生读到这首诗的第三句的时候，脑袋中浮现出的意象是一个橄榄球向前跑。第二个读者想到的则是教堂。教堂的意象"同这首诗的字面意义以及它所表达的感情和心境都是一致的。它没有把注意力从诗中转移走"①。而橄榄球的意象想必是不协调的，且分散了对诗歌的注意力。

将协调性同无利害关注联系在一起作为相关性的标准是令人困惑的。正如我曾尝试说明的那样，如果无利害关注是一个含混不清的概念，那么它就无法成为一个令人满意的标准。同样，当斯托尼兹在谈到为何教堂意象相关，而橄榄球意象不相关的时候，他实际所用的标准是同诗歌的意义的一致性，这和无利害的概念相去甚远。这个问题也许最好应该被描述为同诗歌的相关性，或者更普遍地说，同作品的相关性，而非审美相关性。

态度理论误导美学的第二种方式是，它提出这样一种论点，即批评家同艺术品的关系与其他人和作品的关系是不同的。H. S. 兰菲尔德在早期论述这种观点时写道，我们可能"会从审美愉悦的态度滑向批评家的态度"。他将批评的态度描述为"在理智上被冷静地评估……是非曲直占据"，而审美态度则是对于艺术品的"情感上的反应"②。在书的开头讨论审美态度时，斯托尼兹宣称，如果一件艺术品的感知者"怀有对它下判断的目的，他的态度就不是审美的"③。他在此书后面的部分发展了这条线索，主张欣赏（用审美态度去感知）和批评（寻找支撑作品评价的理由）是（1）不同的，（2）"在心理上是相互矛盾的"④。批评的态度是质疑的、分析的、探索优点与缺点等等。审美态度则恰恰相反："它自由且无可非议地将我们的忠诚交付于对象"；"观看者自身'臣服于'艺术品"⑤。"正是因为这两种态度是相互龃龉的，所以每当批评加强，它

---

① *The Journal of Philosophy*, vol.57（1960）, p.56.
② Herbert Sidney Langfeld, *The Aesthetic Attitude*, New York, 1920, p.79.
③ Jerome Stolnitz, *Aesthetics and Philosophy of Art Criticism*, Boston, 1960, p.35.
④ Jerome Stolnitz, *Aesthetics and Philosophy of Art Criticism*, Boston, 1960, p.377.
⑤ Jerome Stolnitz, *Aesthetics and Philosophy of Art Criticism*, Boston, 1960, pp.377-378.

都会减弱审美趣味。"① 当然，斯托尼兹没有争辩说批评对欣赏是无关紧要的。他声称，批评在使得人们欣赏艺术品的细微差别、细节、形式等方面起着重要且必要的角色。他说，由此而来的敏锐地且准确地读和听是非常应该的，但是问题是，"这难道意味着在我们所认为的审美经验中，必须用价值判断等标准来分析、衡量吗？"② 他给出的答案是"否"，并坚持批评必须"先于审美相遇"③ 而发生，否则会妨碍欣赏。

斯托尼兹是如何知道批评总是会妨碍欣赏呢？他的结论听起来像是说二者中一个是以对实际例子的观察为依据的，但是我不这么想。我认为这是他根据无利害关注（没有其他目的）为审美态度下定义的一个逻辑后果。按照他的观点，我们若要审美地欣赏一个对象，就得摒弃一切其他目的去感知它。但是批评家们带有一个其他目的——去分析和评价他感知到的对象——因此，一个人行使批评家的职责的时候，他就无法成为一个欣赏者。但是，和以前一样，斯托尼兹在这里混淆了感知上的区别与动机上的区别。如果关注可以被看成无利害地或者有利害地，那么批评家（作为感知者）也许能够同其他的感知者区别开。但如果我之前对于关注的论证是正确的，那么批评家只是在动机和意图上和其他的感知者有所不同，而非在关注艺术作品的方式上。

当然，也许寻找理由与艺术欣赏不协调是一种事实，但是我对此持否定意见。若干年前我参加过一系列关于电影的小组讨论。在放映我们要讨论的影片的时候，我得做电影的各方面笔记（演员的表演、剧情发展、荧幕画面的组织以及某一时刻的场景，等等），以便之后进行探讨。我认为这种做法不仅帮助指导我欣赏以后看到的电影，而且对我正在分析的那部影片的欣赏也是一种促进。我注意到了平时由于懒惰而忽视的东西，并因此开始欣赏它们。这一切对于专业的评论家或者任何有洞察力的感知者也是同样的情形，我看不出有理由否认这一点。如果许多专业评论家看起来只欣赏了很少一点作品，那并不是因为他们是评论家，而可能是由于好作品的比例非常小，他们遭受着一种战斗疲

---

① Jerome Stolnitz, *Aesthetics and Philosophy of Art Criticism*, Boston, 1960, p.379.
② Jerome Stolnitz, *Aesthetics and Philosophy of Art Criticism*, Boston, 1960, p.380.
③ Jerome Stolnitz, *Aesthetics and Philosophy of Art Criticism*, Boston, 1960, p.380.

劳症①之苦。

就对一件作品的经验而言,我无法看出"敏锐地和强烈地"关注(斯托尼兹认为这样可以促进欣赏)与为批评而寻找理由而关注有任何显著性差异。如果我的关注是敏锐而强烈的,我心中会有一定的标准和/或范式(并不必然是有意识的),并切身体会到作品中的要素和关系,而且在某种程度上对其进行评价。在斯托尼兹那里,似乎批评发生,接着就结束了,完成了,但是对一个训练有素的欣赏者来说,寻找和发现理由(注意到这个和那个符合等)是持续不断的。有经验的观众甚至不用刻意地去寻找理由,比如说,他或许只是注意到了某幅画中一个线条或部分,而这就成为他认为这幅画好或坏的理由。一个人可以在不是有意的情况下或者甚至没有觉察到的时候成为一个批评者(并不必然是好的批评者)。

还有最后一点值得深究的。从斯托尼兹的论断看出,他认为批评和欣赏不相容的一个原因是它们不能同时出现(这在表演性的作品中尤其严重)。但是寻找和发现理由(批评)并不会在时间上同欣赏形成对抗。首先,要寻找一个理由就意味着已经准备好而且能够发现一些东西,就像一个人要关注什么也是做好了能够有所发现的准备,而这和关注本身在时间上没有冲突。实际上,我应当假设寻找理由会使对艺术作品的注意力更加集中。其次,发现一个理由是成果,就像赢得一场比赛一样。(花费时间的是参加比赛而非赢得比赛。)想想对以下这些理由的发现吧。"看出"某个音符跑调(或者在调子上)需要多长时间?注意到演员读错了一个词(或者读对)要多久?认识到某个角色的行为同他已有的性格设定不符要花多长时间?(他立刻会发现。)认识到大团圆结局同剧情不相称要多长时间?发现这些理由中的任何一个或者通常意义上的理由,都不需要花时间。发现理由就像开始理解一样——是在瞬间完成的。我并不是说一个人在发现理由时不会犯错误。从整场表演(或者从另外观赏绘画的人)的视角看,表演中间(或者在观看绘画过程中等等)看到的缺点或者优点(发现的一个理由)被证明是恰恰相反的。

---

① 战斗疲劳症(combat fatigue)是军事上的术语,指战后创伤带来的行为失调。它会降低战士的作战效果,主要症状有疲劳、反应迟缓、犹豫不决、无法建立与周围环境的联系、不能分清轻重缓急等。此处迪基引用该术语来比拟批评家面对浩如烟海的作品,难以抉择好坏的情形。——译者注

态度理论误导审美理论的第三种方式是它认为审美价值总是独立于道德。这种观点也许并不为态度理论所独有,却是态度解释路径发展出的逻辑结果。这里引用态度理论家的两段话,可以勾勒出他们关于道德和审美价值的观点的大意。

> 我们要么关心对象的美,要么关心它的其他价值。举例来说,只要道德的考虑浮现在我们的脑海中,我们的态度就发生转移了。[①]
>
> 我们中的任何一个人都可能因为一本小说同我们的道德信念相冲突而拒绝阅读它……当我们这样做的时候……我们不是审美地阅读这本书,因为我们让自身的道德的……反应掺和了进来,而这和小说是疏离的。这破坏了审美态度。那么我就不能说这部小说在审美上是糟糕的,因为我们自己并没有从审美上对待它。为了保持审美的态度,我们必须遵循对象本身并且与其同声共气。[②]

这种对于审美态度的构想将道德部分和审美部分截然两分。尽管没有明说,但是推测起来,一件艺术品的道德方面不能成为审美关注的对象,因为按照定义审美关注是无利害的,而道德方面则在某种程度上是实用的(有利害的)。我怀疑艺术中审美关注和道德无法兼容的设想有一些混乱之处,但是我并不打算去澄清,因为这种设想的根源——无利害关注——就是一个混乱的概念。那么,除了审美态度,我们就需要用一些别的方式来讨论道德和审美价值的关系。

大卫·普尔(David Pole)在最近的一篇文章[③]中提出艺术品中所可能蕴含的道德观在审美上是很重要的。在这一点上需要指出的是,并非所有的艺术品都包含着某种道德观。也许有些种类的艺术(例如音乐)就不能体现道德观,但是肯定有一些小说、诗歌、电影和戏剧是可以的。我假定小说等艺术具有道德的方面是不言自明的。普尔注意到了这样一个奇怪的事实,虽然这么多批评

---

① Herbert Sidney Langfeld, *The Aesthetic Attitude*, New York, 1920, p.73.
② Jerome Stolnitz, *Aesthetics and Philosophy of Art Criticism*, Boston, 1960, p.36.
③ David Pole, "Morality and the Assessment of Literature," *Philosophy*, vol.37(1962), pp.193-207.

家"公然地用道德化的术语"来阐释艺术品,但是道德和审美模式……组成不同的范畴……仍然是一个"哲学常识"①。我想很多哲学家只会简单地以为这些批评家没有认清自己的角色。但是普尔认为哲学理论"应该注意到实践"②,他肯定是正确的。在赞同普尔的设想的同时,我想保留自己用特定例子来论证评论家可能被误导这一观点的权利。这种权利在美学领域尤其必要,因为评论家的语言和实践常常背负着以往理论的重负。也许所有的道德式批评都是错的,但是哲学家不应该通过定义自一开始就将它排除。

普尔认为特定的艺术品表现出来的道德观非对即错(也许会出现一种对与错的混合)。如果一件作品具有错误的道德观,那么一些东西"在作品中是付诸阙如的。但是这也就是说[作品]内部是不一致的;一些特定方面肯定与我们所要求的其他方面相冲突。那么我们所发现的道德错误也会被视为审美错误"③。普尔试图说明对于艺术品的道德观的评价只是特定的一致或不一致的例子,由于每个人都会同意一致性是美学范畴之一,那么对于道德观的评价就是一种审美评价。

我认为普尔的结论是对的,但是他的一些论证我并不以为然。首先,我不能确定是否可以说一种道德观对或者错,我想给出一个更加温和的论断——道德观可以被判定为可接受的或不可接受的。(我并不是说普尔是错的,而且我的论断和他的也并不相悖。)其次,我看不出一种错误的(或者不可接受的)道德观会造成作品不一致。我认为,说一部作品一致或不一致就是说它的各部分是如何组成的,与作品对错与否这种外部的东西无关。

无论如何,在我看来,一种错误的道德观可以被看成审美错误,这并不依赖于普尔对正确性和一致性的考虑。正如普尔的论证暗示的那样,一件作品的道德观是作品的一部分。因此,关于作品的道德观的任何论断——描述性的或评价性的——都是关于作品的论断;而任何对于作品的论断都是批判性的,因此不在审美畛域内。判断一种道德观在道德上是不能被接受的也就是认定它是有瑕疵的,这相当于说这件艺术品有不完善的部分。(当然,对于一种道德观的可接受性的判断也许是错的,就像对于某种行为的判断有时候也会失误,但

---

① David Pole, "Morality and the Assessment of Literature," *Philosophy*, vol.37(1962), p.193.
② David Pole, "Morality and the Assessment of Literature," *Philosophy*, vol.37(1962), p.193.
③ David Pole, "Morality and the Assessment of Literature," *Philosophy*, vol.37(1962), p.206.

是这种出错并不会造成什么不同。）因此，作品的道德观是审美价值还是瑕疵，就像作品的一致的程度是价值或者瑕疵一样。但是拿什么来证明道德观是艺术作品的一部分呢？也许"部分"不是最合适的词语，但是它足以说明白这一点。一部小说的道德观是它的重要部分，如果被去掉（我不确定是否能做这样的手术），小说就会发生很大变化。不管怎样，道德观不像小说的封面或封皮。但是，仍然可能有一些人争论说即便一部作品的道德观是有瑕疵的，且道德观是作品的一部分，但是这种瑕疵也不是一种审美的瑕疵。此处的"审美的"是怎么用的呢？它被用来将艺术作品的特定方面或某些部分，比如形式、风格等方面同作品的道德观方面隔离开。但在我看来，这种隔离只是名义上的。"审美的"已被选择出来作为艺术作品特征的一个子集的名称。我当然不能反对这一约定，因为本文的根本目的就是指出"审美"这个术语的空洞。在这里，我只是想坚持认为一部作品的道德观是作品的一部分，因此，评论家可以合理地对其进行描述或者评价。我会把某个评论家合理地指出的任何瑕疵或价值称为审美的瑕疵或价值，但是我们怎么称呼并不重要。

当然，如果仅仅基于道德观（它只是一个部分）来评价作品是错误的。有些评论家用这种方式评价艺术品，这也许和审美态度理论试图将道德和审美隔离的行为负有一样的责任。毫无疑问，事实上这种批评至少得在部分上对审美态度观念的崛起负责。

如果前面的论证是正确的，那么对审美态度的第二种构想至少以三种方式误导了审美理论。

三

在回答用审美的态度观看一幅肖像画的时候都看到了什么这个假设性问题时，托马斯回答："看一幅画的时候，如果全神贯注地观看都不是处于真正的审美态度中的话，那么到底什么才是？"[①] 我将这句话当成审美态度表达的最弱的版本。（我忽略了托马斯对于表象和现实的区分。因此，我的讨论并不是对

---

① Vincent Thomas, "Aesthetic Vision," *The Philosophical Review*, vol.68（1959），p.63.

托马斯的论点的批评；我只是使用他的一句话。）首先，这句话只提及了"看一幅画"，但是"听一首音乐""观看和聆听一场戏剧"等可以被很容易地被补充进去。因此，这个句子经过扩充，可以被整合为一种通用形式："处于审美态度之中就是全神贯注地观看一部艺术作品（或一个自然物）。"

但是这种表述方式中的审美态度（"现代美学的标志"）就大大地让人失望了——它似乎没有说出任何有意义的东西。然而，这看起来是审美态度被褫夺掉距离和无利害之后所能剩下的全部。唯一能阻止审美态度瓦解为单纯地看的限制条件是"全神贯注地"。我认为，一个人可以或多或少地全神贯注地观看一件艺术品，但是这个事实似乎并不能指示出任何很重要的东西。当"在审美态度之中"等于"（全神贯注地）观看"的时候，这种等式既没有包含任何神秘的成分，也不可能误导审美理论。但是如果这种定义没有任何缺点的话，它也就没有任何优点。当审美态度最终被证明只是观看（全神贯注地），这种最终版本也许不应该被称作"最弱的"审美态度版本，而是"最空洞的版本"。

斯托尼兹认为审美态度观念在将审美理论从对美的过分关注中解放出来的过程中扮演了重要角色，从历史上看他无疑是对的。我们很容易就能看出"任何东西都可以成为审美态度的对象"这一口号是如何帮助完成这种解放的。但是，值得注意是，同样的目标可以通过简单地指出这一事实，即艺术品通常也可以是丑陋的或者包含丑陋性，或者含有一些不能归纳为美的特征来实现（在某种程度上或者已经实现过）。毫无疑问，在较近的时代里，人们被鼓励"用审美态度来对待一幅画"，以期用这种方式来减弱他们对于抽象艺术和非客观艺术的偏见。因此，如果审美态度的观念被证明为对美学没有理论上的重要性，它在艺术欣赏上也还是有实际的价值，就像克莱夫·贝尔（Clive Bell）的那个可疑的概念"有意味的形式"（significant form）所起到的作用一样。

（选自汝信主编《外国美学》第24辑，江苏教育出版社2016年版）

古德曼与《艺术的语言》

经典导读

纳尔逊·古德曼（Nelson Goodman，1906—1998）"被公认为二战以后最重要的分析哲学家之一"[1]，在哲学、语言学、美学、分体论（mereology）、科技哲学等领域都颇有建树。更为难能可贵的是，他的著作揭示了上述领域的共同特征及相互联系。古德曼1906年8月7日生于美国马萨诸塞州的萨默维尔城。1928年在哈佛大学获得理学学士学位，1929年到1940年担任沃克尔－古德曼艺术馆（Walker-Goodman Art Gallery）的主任。1941年古德曼以论文《质的研究》在哈佛大学获得哲学博士学位。1942年起在军队服役三年，1944年到1945年在塔夫斯大学任哲学讲师，1946年到1964年在宾夕法尼亚大学授课，1961年至1963年同时在哈佛大学"认知研究中心"供职。1964到1967年在布兰迪斯大学担任哲学教授，1968年到1977年受聘于哈佛大学哲学系。1950年到1952年，古德曼担任美国符号逻辑协会（Association for Symbolic Logic）副主席，同时是美国艺术与科学学院会员，1967年担任美国哲学协会东部分会主席。古德曼获得很多崇高的荣誉，他曾经是美国文理学院院士、大英人文与社会科学全国学院不列颠学院通讯院士。从1946年到

---

[1] ［美］门罗·C.比厄斯利:《西方美学简史》，高建平译，北京大学出版社2006年版，第384页。

1947年，古德曼荣获古根海姆研究基金奖（Guggenheim Fellowship）。可以说古德曼的一生笔耕不辍，卓有成就。

古德曼的著作《事实、虚构和预测》（1954）被列为"过去50年最重要的西方哲学著作"之一①，《艺术的语言》（1968）与杜威的《艺术即经验》是20世纪英语世界公认的最出色的两部美学著作，近些年来，"还没有一本美学著作产生过像纳尔逊·古德曼的《艺术的语言》那样大的影响"②。这本书之所以能获得如此赞誉，一方面是因为"他关于分析美学的有影响的著作和方法，对这一领域中出现的枯竭作出了补偿"③，另一方面是由于他的艺术哲学对新实用主义美学起到了开拓性的影响。

《艺术的语言》一书是古德曼在一般意义上研究艺术哲学的著作。他运用逻辑学、数学特别是符号学的方法审视各门具体的艺术形式，试图回答艺术理论中的一般原理问题，对艺术理论产生非常重要而深远的影响。

古德曼的美学是以符号学为基础展开的，因此符号学是研究古德曼必不可少的关键环节。在古德曼这里，符号学是他所有美学构想的提出途径。从皮尔士（Charles Sanders Peirce）创立符号学开始，符号便与逻辑密不可分，"逻辑学在一般意义上只是符号学的别名，是符号的带有必然性的或形式的学说"④。由于逻辑学与符号学具有这种天然的同构性，因而古德曼的符号学从诞生那一刻开始就与分析哲学结下了不解之缘。继皮尔士之后，莫里斯认为"符号学……是统一科学的一个步骤"，而且"当美学用符号学来解释并与整个科学放置在一起时，美学研究起来才更加清晰"⑤。莫里斯清晰地完成了美学与逻辑学、符号学的联姻，古德曼把符号学的研究方法运用到艺术世界的构造与阐释也就在理论上水到渠成。这样，师承实用主义创始人威廉·詹姆斯的古德曼，在运用符号学时也天然地与实用主义相联系。《艺术的语言》一书的副标题即为"通向符号理论的一种方法"。

---

① 详见陈波《过去50年最重要的西方哲学著作》，《哲学门》第4卷第2册，湖北教育出版社2004年版，第197~207页。入选其中的哲学著作是当代西方享誉世界的十五位哲学家推荐投票而选出，古德曼的《事实、虚构和预测》名列第五。

② 朱狄：《当代西方艺术哲学》，武汉大学出版社2007年版，第79页。

③ Richard Shusterman, ed., *Analytic Aesthetics*, New York: Basil Blackwell Ltd., 1989, p.5.

④ ［美］查尔斯·桑德斯·皮尔士：《论文集》第2卷，第227节。转引自［英］特伦斯·霍克斯《结构主义与符号学》，瞿铁鹏译，刘峰校，上海：上海译文出版社1987年版，第127页。

⑤ Charles W. Morris, "Esthetics and the Theory of Sign," *Journal of Unified Science*, vol.8, (1939/1940), pp.131-150.

古德曼本人又在《艺术的语言》的引言中谈道："贯通全书主要处理的是一些有关艺术的问题，它的范围与惯常意义上的美学领域并不完全契合。"[①] 对此他的解释是，一方面由于他只是偶尔涉及（艺术）价值的问题，并没有对严格意义上的艺术批评作出经典性示范，书中所引用的例证也都不是强制性的判断，读者完全可以根据认知经验替换成自己的图解。另一方面，他的研究范围超越了艺术，涉及科学、技术、知觉，以及社会生活的多种实践，与其说《艺术的语言》是关于艺术问题的汇聚，毋宁说这是一个发散性的起点。这本书的研究目标是"关于广义符号理论的研究方法"，这正是《艺术的语言》副标题所折射出的含义。如果我们把研究的目光再向纵深延伸，会发现古德曼的艺术理论建立在他构造的世界哲学基础上。这种世界观认为，世界在本质上是一种逻辑构造，艺术符号也不是专属美学领域的研究对象，只有当某种符号具有某种功能特点时我们才能称之为艺术，所以，我们不应该问"什么是艺术"，而应该问"何时为艺术"。这样，在古德曼理论体系中，"美学"不再是对抽象美学概念的冥思苦想，而是一种积极参与到构造世界活动中的认知方式与理解世界的方式，这一思想贯穿古德曼的整个理论体系。

古德曼的所有著作有一个显著的特点，即我们不能把它们归结到某一个具体的学科。他终其一生要打破的就是各种学科体制的限制，特别是理性与感性、科学与艺术等西方思想与西方哲学中根深蒂固的二元对立局限。他转而进行一种普遍意义上的基础理论研究。而且，古德曼明确地提出，"我反对科学主义和人文主义把科学与艺术置于相互对立的境地"[②]。这成为古德曼艺术哲学的独特性所在，也是古德曼艺术哲学研究的主要难点所在，令其艺术哲学在接受过程中产生了各种解读困难。

—— **延伸阅读文献**

1. Nelson Goodman, *Fact, Fiction and Forecast*, London: University of London, The Athlone Press, 1954.
2. Nelson Goodman, *Problem and Project*, Indianapolis, IN: The

---

① Nelson Goodman, *Languages of Art*, Indianapolis, IN: Hackett Publishing Company, 1976, preface.
② Nelson Goodman, *Of Minds and Other Matters*, Cambridge, MA and London: Harvard University Press, 1984, preface.

Bobbs-Merrill Company, 1972.

3. Nelson Goodman, *Languages of Art*, Indianapolis, IN: Hackett Publishing Company, 1976.

4. Nelson Goodman, *Ways of Worldmaking*, Indianapolis, IN: Hackett Publishing Company, 1978.

5. Nelson Goodman, *Of Mind and Other Matters*, Cambridge, MA and London: Harvard University Press, 1984.

6. Nelson Goodman and Catherine Z. Elgin, *Reconceptions in Philosophy and Other Arts and Sciences*, London: Routledge, 1988.

7. ［德］鲁道夫·卡尔纳普：《世界的逻辑构造》，陈启伟译，上海：上海译文出版社2008年版。

8. ［奥］恩斯特·马赫：《认识与谬误——探究心理学论纲》，李醒民译，北京：商务印书馆2007年版。

9. ［美］门罗·C.比厄斯利：《西方美学简史》，高建平译，北京：北京大学出版社2006年版。

10. 安静：《个体符号构造的多元世界——纳尔逊·古德曼艺术哲学研究》，北京：中央民族大学出版社2013年版。

（安静 撰）

—— 原文：《艺术的语言》（节选）

经典原文

艺术的语言（节选）

古德曼 著　彭锋 译

■ 第四章　记谱理论

……没有足够的能力让整个世界听任支配，或者说，正是无限的可能性抵消了可能性，直到发现了限制。

——罗杰·塞欣斯（Roger Sessions）[①]

一、首要功能

有某些涉及艺术中的记谱问题通常被当作令人讨厌的东西而不予考虑，这些问题深入语言和知识理论之中。记谱对于舞蹈是不是一个合法的目标，或者为什么记谱对于绘画不是一个合法的目标，若对于诸如此类问题进行肤浅思考，通常就不会去提出这样的问题：乐谱的本质功能是什么？或者究竟是什么东西将乐谱一方面与图画或草描或草图区别开来，另一方面又与语言描述或剧情说明或脚本区别开来？乐谱通常被视为一种单纯的工具，不像雕塑家的铁锤和画家的画架那样对完成的作品来说是本质性的。因为乐谱在演奏之后就可以不用了；而且音乐也能"由耳朵"来创作、倾听和演奏，无需任何乐谱甚而可以由不能阅读或写出任何记谱的人来进行。然而，将记谱仅仅当作演出的一种实际帮助，就错失了它所具有的基本理论的作用。

无论是否用作演奏的指导，乐谱都具有这种首要功能：在一次又一次演奏中将作品确实可信地辨认出来。乐谱和记谱以及假乐谱和假记谱，都具有诸如便于变调、领会甚或创作之类的其他更加令人激动的功能；但所有乐谱作为乐

[①] "Problem and Issues Facing the Composer Today," in *Problems of Modern Music*, ed. P. H. Lang, New York: W. W. Norton & Co., Inc., 1962, p.31.

谱来说，就要将辨认作品当作其在逻辑上优先的功能。①从这里派生了乐谱的所有必需的理论特性，以及于其中得以写出乐谱的记谱系统的所有必需的理论特性。因此，第一步就是更仔细地考察这个首要功能。

首先，乐谱必须定义作品，将属于这个作品的演奏与那些不属于这个作品的演奏区别开来。这并不是说乐谱必须为决定一次特定的演奏是否属于那个作品提供一个轻而易举的检验；毕竟将金子定义为原子量为197.2的元素，也不给将金块与铜块区别开来提供任何现成的检验。所划出的界线，只需在理论上明白就行。这里所要求的东西就是：所有且仅有遵循乐谱的演奏，才是那个作品的演奏。

但这还不是全部。我们在日常话语和形式系统中碰到的绝大多数定义，都没有满足由乐谱的首要职责所提出的更为严格的要求。虽然一个好的定义总是毫不含糊地决定什么对象适合于它，但一个定义很少反过来由它的每个例子单独地决定。如果我指着一个对象而问你它是种什么对象，你可以给出非常不同的答案中的任何一个，挑选出这个对象所属的任何一个种类。因此，在有选择地（和正确地）从一个对象到那个对象所从属的一个定义或一个谓词或其他标记的过渡（比如过渡到"桌子"或某个同延的术语）中，从一个对象到另一个对象（比如一张铁桌子）的过渡中，从一个对象到适用于第二个对象的另一个标记（比如"铁的东西"）的过渡中，从一个对象到遵循第二个标记的第三个对象（比如一辆汽车）的过渡中，我们可以从一个对象过渡到另一个对象，其中在这个系列中没有一个标记可以适用于两个对象；而这个系列中的两个标记可以在外延上完全不同，没有一个对象可以与两个标记相符合。

这种自由的程度在乐谱的情形中是不能容忍的。乐谱和演奏必须如此联系以至于在每个系列中每一步都要么从乐谱到服从的演奏，要么从演奏到适用的乐谱，要么从乐谱的一个副本到它的另一个准确的副本，所有演奏都属于同一个作品，而且所有乐谱副本都界定同一类演奏。否则，从一次演奏到另一次演奏所必需的作品的同一性就不能得到保证；我们就可以从一次演奏过渡到另一

---

① 这绝不是对所有通常被称作乐谱的东西都是真的；就像最熟悉的词语那样，系统化的用法涉及做一种专门化的工作，它与日常用法不同。通过前面一章，在这种情形中做出这种选择的理由应该已经显而易见。显然，通常被称作乐谱却又没有被上述标准赋予乐谱资格的东西，因此不是贬损而只是一种重新分类。

次不是同一个作品的演奏，或者从一份乐谱过渡到另一份规定不同的甚至完全无关的演奏类别的乐谱。在有了演奏和记谱系统的情况下，一份乐谱不仅必须单独地决定属于该作品的那类演奏，而且这份乐谱（作为如此定义作品的一类副本或书写）也必须得到单独的决定。

这种双重要求，的确是一种很强的要求。其动机与结果以及通过各种不同的方式使之变弱的结果，都需要得到仔细的考虑。我们可以从提出这样的问题开始：乐谱和乐谱于其中得以写出的记谱系统为了满足这个基本要求而必须具有的特性是什么？对这个问题的研究将要求对语言的本性的探讨，对语言和非语言符号系统之间的差异的探讨，以及将记谱系统与其他语言区别开来的特征的探讨，而且将意味着详细研究某些相当麻烦的技术细节，但偶尔也可以揭示出某些熟悉问题的新方面。①

二、句法要求

所有记谱系统的符号概型（scheme）都是记谱概型，但不是所有具有记谱概型的符号系统（system）都是记谱系统。将记谱系统与其他系统区别开来的东西，是在记谱概型和应用之间所通行的某些关系特征。"记谱"（notation）通常被中性地用作"记谱概型"（notational scheme）或"记谱系统"（notational system）的简称，为了简便，在上下文没有混乱的时候，我将经常利用这种方便的摇摆不定。

首先，是什么构成了记谱概型？任何符号概型都由字符组成，通常带有将字符联合起来形成其他字符的模式。字符是某些种类的言语或铭写或记号。（我将用"铭写"去包括言语，用"记号"去包括"铭写"；铭写就是视觉的、听觉的等任何属于字符的记号。）于是，记谱系统中字符的本质特征就是，其成员可以自由地相互交换而不会有任何句法影响；或者更确切地说，由于实际记号很少到处移动或交换，因此某个特定字符的所有铭写在句法上都是同等的。换句话说，作为一个记谱中的字符的例子，就必须构成记号作为相互之间

---

① 没有逻辑学、数学或技术哲学的背景的读者可以浏览或跳过本章的其余部分，而从后几章的应用和说明中了解这里所说明的原理。

的"真实复制"或摹本①的充分条件，或构成记号以相同方式来拼写的充分条件。一个x铭写的真实复制的真实复制的真实复制……必须总是x的真实复制。因为如果成为真实复制的关系不是这样可以传递的话，那么记谱的基本目的就不会实现。除非在任何真实复制系列中的同一性得到保持，字符之间因而乐谱之间所必需的分离就将丧失。

因此，记谱的必要条件是每个字符的例子之中的**字符－中立性**或者**字符－无区别性**（character-indifference）。如果两个记号各自都是一种铭写（即属于某个字符），而且其中一个不属于任何字符，另一个也不属于任何字符，这两个记号就是字符－中立的。字符－中立性是一种典型的对等－关系：自反的、对称的和传递的。记谱中的字符是字符－中立的铭写的包容最广的类别；也就是一类这样的记号，其中每两个记号都是字符－中立的，而且这类记号之外的任何记号与这类记号中的任何成员都不是字符－中立的。总之，记谱中的字符是铭写中的字符－中立性的一个抽象－类。②结果是，没有任何记号属于一个以上的字符。

字符因此必须是不相交的（disjoint），这似乎并不是非常重要或显著；但我认为它是记谱的一个绝对本质的特征，而且是一个相当显著的特征；它的根本性的理由已经解释过了。比如，假设一个记号在字母表中既属于第一个字母

---

① 皮尔斯（Peirce）强调词语的"类型"（type）和"表记"（tokens）之间的区别；见 *Collected Papers of Charles Sanders Peirce*, vol.IV, eds. C. Hartshorne and P. Weiss（Cambridge, MA：Harvard University Press, 1933），p.423. 类型是普遍或类，记号是这种普遍或类的例子或成员。虽然我在目前的语境中说到字符作为一类记号，只是由于它可以容易地翻译为许多可以接受的语言，这对我来说才是可接受的非正式的说法。我更喜欢（见 SA, pp.354-364）将类型整个取消，而将一个类型的所谓表记作为彼此的摹本来处理。一个铭写无须是另一个铭写的准确复制而可以成为它的摹本或真实复制；的确，一般来说，任何程度的相似性对于复制都不是必要和充分的。见本节后面进一步讨论的例子。

② 用鲁道夫·卡尔纳普［Rudolf Carnap, *Der Logische Aufbau der Welt*（Berlin, Weltkreis-Verlag, 1928），p.102；英译本见 R. A. George entitled, *The Logical Structure of the World and Pseudoproblems in Philosophy*（Berkeley, University of California Press, 1967），p.119］的术语来说，关系R的类似－范围（similarity-circle）是这样的类：（1）每两个成员结成一个R－对子，以及（2）非成员不与任何成员结成一个R－对子；如果R是一种像上面的情况那样的对等－关系，那么R的类似－范围就叫作R的抽象－类。非抽象－类的成员不能与任何成员结成一个R－对子；由于既然对等－关系是传递的，因此如果一个非成员与一个成员结成R－对子，就会与每个成员结成R－对子，从而违反了条件（2）。

又属于第四个字母。那么,每个"a"和每个"d"将与这个记号是在句法上对等的,由此这两个字母-类就瓦解为一个字符,或者要不然在一个字母-类中的共有的全体成员将不再保证有句法上的对等性。无论在哪种情形中,这些字母都不具备作为记谱中的字符的资格。

字符的不相交性也稍微有点令人吃惊,因为在这个世界上我们并没有一个铭写领域,被整齐地划分为明显分离的类,相反,有的是在各个方面和各种程度上都相互不同的记号的一种令人困惑的混杂。将区分强加给不相交的集合,似乎是一种任意的即使是需要的暴行。而无论字符被如何指定,都几乎不可避免会存在许多记号,要确定这些记号是否属于一个特定的字符将是非常困难的,甚或在实际上是不可能的。字符间的约定的区分越精密和准确(比如,假设一些字符是一些以百万分之一英寸的长度相区别的直线记号的类),要决定某个记号是属于一个字符还是另一个字符就越困难。另一方面,如果在字符之间存在宽广的中立区域或者无区别区域(比如,假如字符是:一到二英寸长之间的直线记号类,五到六英寸长的直线记号类,等等),那么在那些不属于任何字符的记号中,将有些这样的记号,要将它们区别于某个字符的某个例子会极端困难。没有任何方法可以避免这种边界上的渗透,没有任何方法可以确保适当的谨慎就会防止在对一个记号是否属于一个特定的字符的辨认中可能犯下的所有错误。但这种困难也并非记谱所特有;它是经验的一个普遍的和无法避免的事实。而它绝不妨碍不相交的记号类别的确立;它只是让那种类别中的某些记号的成员资格的确定变得困难而已。

显然,任何设计记谱的人都将极力减少错误的可能性。但这是一个技术上的事情,与对不相交性的理论要求明显不同。识别真正的记谱的东西,不是如何容易作出正确的判断,而是判断的结果是什么。这里的关键在于,对于一种真正的记谱来说,与非相交分类形成对照,被正确地判断为一个字符的共同成员的记号,将总是彼此的真正的复制。即使根据一个特定的不相交概型相对容易作出正确判断,而根据真正记谱的那些判断是如此过分的困难以至使记谱变得毫无用处,这种区别依然成立。

不过,当困难在实践中变得超级艰苦,而且在原则上变得不可能的时候,这种困难就不再能仅仅作为技术困难而拒绝受理。只要字符之间的差别是有限的,不管这种差别多么细微,都可以由我们感知的精确性和我们可以设计的器具的敏感性来确定字符中的记号的成员资格。然而，如果差别不是无限的，如果存在两种这样的字符，因此对于某个记号来说甚至没有理论上可行的检验能够决定这个记号不属于这两个字符，那么将这两个字符区别开来就不仅是在实践上不可能的，而且是在理论上不可能的。

例如，假定只考虑直线记号，在长度上以一英寸的最微小部分有别的记号都被规定属于不同的字符，那么不管任何记号的长度被测量得如何精确，总会有两个（实际上是无限多的）符合不同的有理数的字符，因此这种测量就不能决定这个记号不属于这两个字符。对于一个记谱概型而言，不仅在错误得到避免的情况下必须确保拼写的一致性，而且必须至少可以在理论上避免错误。

因此，对于记谱概型的第二个要求是，字符必须是**有穷区分的**（finitely differentiated），或清楚表达的（articulate）。它可以表达为：对于每两个字符 K 和 K′ 以及实际上不属于这两个字符的每个标记 m 来说，对于 m 不属于 K 或者 m 不属于 K′ 的决定是在理论上可能的。"在理论上可能的"可以以任何合理的方式来理解；无论选择哪种理解，所有以逻辑和数学为基础的不可能性（如下面所举的例子）当然都被排除在外。

有穷区分既不包含有穷数量的字符，也不为有穷数量的字符所包含。一方面，一个概型可以提供无穷数量的有穷区分的字符，就像在阿拉伯分式符号中那样。① 另一方面，一个概型可以仅仅由两个不是有穷区分的数字构成，例如，假定所有不超过一英寸长的记号属于一个字符，而所有超过一英寸长的标记属于另一个字符。

如果一个概型提供如此安排的无限多个字符，以至于每两个字符中间都有第三个字符，那么这种概型在句法上就是密集的。这种概型可能仍然留下空缺，就像符合所有要么小于 1 要么不小于 2 的有理数的字符那样。在这种情形中，插入一个符合 1 的字符就会破坏密集性。如果在它们的通常位置中因为其他字符的插入而不破坏密集性，那么这个概型就没有空缺，因而可以称之为**彻底密集的**（dense throughout）。在下文中，"彻底"通常作为省略而删除，而只要说密集性意味着缺乏区分，那么这里的安排就可以理解为这样的安排：位于

---

① 我这里只是谈及符号，而不是符号可以代表的数或任何别的东西。阿拉伯分式数字是有穷区分的，尽管分数的量不是有穷区分的。

两个其他要素之间的任何要素与这两个要素中的任何要素之间的区别,都不如这两个要素自身之间的区别那样可以分辨。

在这种密集的概型中,我们的第二个要求到处都被违反:任何标记都不能被确定是属于一个字符而不是属于许多其他的字符。不过,就像我们上面已经看到的那样,密集性的缺乏并不保证有穷区分;即使一个完全不连续的① 概型也可以是彻底无区分的。当然一个完全或部分连续的概型也可以是局部无区分的;只要即使存在单个的记号,它不属于两个字符,但要确定它至少在那两个字符的一个字符中的非成员资格却是在理论上不可能的,那么,我们的第二个要求就遭到了违反。然而,我们将要考虑的许多区分的概型都是密集的甚至是彻底密集的。

不相交性和有穷区分性的这种句法要求,显然是相互独立的。将所有长度上的无论多么微小的不同都算作字符的不同的直线记号的分类概型,可以满足第一个要求但不能满足第二个要求。一种尽管所有铭写都是显著地不同的但某两个字符却至少有一个共同的铭写的概型,可以满足第二个要求但不能满足第一个要求。

这并不应该当作表明:记号之间的字符一致,或者句法上的对等或者真的复制或复写,只是形状、大小等等的任何简单函数。例如,我们字母表中的字母种类就是根据传统和习惯来确定的;对它们的定义就像对诸如"课桌"和"餐桌"之类的日常术语的定义那样困难。显然,具有相同的形状、大小等等对于两个属于同一个字母的记号来说既不必要也不充分。一个特定的"a"并不怎么像另一个 A,却更像一个特定的"d"或"o"。而且,两个形状与大小一样的记号,作为上下文关系的结果,可以属于不同的字符。实际上,甚至会发生这样的情形:两个记号中的一个孤立地看更像"a"的记号却可以当作"d",而一个看起来更像"d"的记号却可以当作"a"。

---

① 密集性或紧凑性与连续性之间的区别,亦即有理数与实数之间的区别,在这里无需我们煞费心思;因为一个密集的概型,无论是否连续,都是极端地无区分的。由于我保留"离散的"(discrete)一词来指个体之间的不交叉,因此我可以将不包含密集子概型(subscheme)的概型称为"完全不连续的"(completely discontinuous)或者"彻底不连续的"(discontinuous throughout)。"密集的"和"不连续的"当然是"密集的安排"(densely ordered)和"不连续的安排"(discontinuously ordered)的简称;一个特定的集合在一种安排下可能是密集的,而在另一种安排下却可以是彻底不连续的。

这些情形并不引起真正的麻烦；因为我们的条件并不要求不同字符的铭写间有任何特别的不同，或者在决定一个记号在一个字符中的成员资格上禁止运用上下文。如果一个记号在不同时间被放到不同的上下文，并且被模糊地读作不同的字母，这究竟意味着什么？无论是在相同的时间还是在不同的时间，只要记号属于两个不同的字符，不相交性就遭到了违反。因此，如果字母表要具有记谱的资格，那么被当作字符成员即被当作字母铭写的东西，就不必是那种持久的记号，相反而是它们那明确的时间-段（time-slice）①。

如果一个符号概型是在使用中给予的而不是由特定的定义给予的，那么它是否满足记谱要求就必须由对实践的观察来判断。如果对那种实践有可供选择的、同样好的系统表达，那么这些系统表达中某些可能满足条件，而其他的则不能满足条件。但是，第二个条件应用于像字母表一样的传统概型时又该做怎样的解释呢？我们没有明显的程序确定一个特定的记号是否属于任何特定的字符，这很难说是缺乏有限的区分。相反，我们采取一种这样的策略：除非或者直到我们能够决定记号不属于另一个字符，我们就不承认这个记号是一个字符的铭写。实际上，我们是通过排除那些不可决定的情形来强加有穷区分的；而这种策略必须在概型的所有适当的具体化中得到具体表现。这并不是对所有概型都有效；就一个密集的概型而言，结果应该是排除所有的铭写。但是，如果每个字符中只是某些记号的成员资格不能决定，而不是所有记号的成员资格不能决定，那么这个策略就是正常的，而且应该被认为是适合所有概型的，这些概型无须由包含那个记号的具体说明所给予，或者明显要求一个包含那个记号的具体说明。

---

① 在其他情形中，两个同时出现的上下文可以赋予一个记号以不同的读法：例如，广告牌语言中，图中的中间记号竖着可以读作一个字母的例子，而横着可以读作另一个字母的例子。现在这个两可的记号，不是要么与所有"a"的记号无关要么与所有"d"的记号无关的记号（因为不是所有记号都显示这种两面性）；而且，在不牺牲这两个字符中任何一个字符的例子在句法上的对等性的情况下，在不违反不相交性条件的情况下，这个记号也不能既当作一个"a"又当作一个"d"。相反，如果这个标记在根本上是一个铭写的话，它就不是字母表的任何常用字母的例子，而是一个另外的字符。再者，考虑到迁移的情形和多重方向的情形，如果在方向上可以允许的变化使得一个记号有时是一个"d"有时是一个"b"，那么在记谱中具有铭写资格的就是明确的时间-段而不是持久的记号。如果一个记号是同时多重定位的，即同时从不同的方向上服从不同的读法，那么它可以属于一个由所有具有同样多重方位和读法的记号构成的字符。

不相交性和有穷区分的句法要求，可以由我们熟悉的字母表记谱、二进制记谱、电报记谱和基本的音乐记谱所满足，这些记谱中的某些具有纯粹的学术兴趣。另一方面，我们会看到某些设计和称作记谱的概型，由于它们没有满足这些最低要求，因此根本不具备作为记谱的资格。这两项要求并不意味着是对通常被称作记谱的那类东西的描述，相反，如果要达到乐谱的基本理论目的，它们就是必须满足的条件。相应地，它们也能让我们在符号概型的类型之间作出某些关键的区别；不过我将在后面才回到这点上来。

三、字符的组合

在绝大多数符号概型中，铭写可以以某些方式结合起来形成其他的铭写。如果一个铭写不包含其他铭写，那么这个铭写就是**原子的**（atomic）铭写；否则，它就是**复合的**（compound）铭写。如果一个概型不是新近规定的，而是业已等待我们去描述的东西，那么，我们在当作原子的东西以及如何制定结合的规则中，就有了某种自由的余地。有时候，最令人愉快的分析很容易让自身变得明白；例如，在常用的字母表记谱中，字母铭写（包括将一行行字母分开的空白或间距），最好被当作是原子的铭写；而这些字母铭写的连续序列（范围可以从两个字母的铭写直至整个话语），最好被当作复合的铭写。另一方面，对通常的音乐记谱来说，对原子铭写和结合模式的分析就更为复杂，且不容易立即指示出来。这里最有用的处理方式，要求分成类别的原子（音调记号、音部记号、速度记号），不仅要求涉及这些类别的规则，而且要求规定两个维度的结合的规则。如果结合的唯一方式是一个类别中的原子铭写的直线连接，而某些序列（如根据长度或根据某种特别多余的并置而产生的序列）却被排除在这个概型的铭写之外，这种概型便是一种居间的情形。例如，在英语中不是所有的字母串联都是词语。但是，这种对某些联结的排除，绝不能与承认它们却不给它们以应用混淆起来，因为这是个语义问题，我不久将涉及这种语义问题。

实际上没有这种切实可行的概型，它的每种铭写的总集都是一种铭写。作为组成部分的铭写，必须在由结合的控制规则规定的关系中相互维持。因此，即使可以认可无限制的串联，但一种分散的铭写的总集一般也不构成一种铭写。

一个字符是原子字符还是复合字符，这要视它的例子是原子例子还是复合例子而定。记谱的要求既适用于复合字符也适用于原子字符。字符"jup"和字符"j"一定是不相交的，即使一个包含了另一个。这里的悖论是表面的。任何一个字符的铭写都不会是另一个字符的铭写（而且实际上任何"jup"都不是一个"j"，任何"j"都不是一个"jup"）；但是，一个字符的铭写可以是另一个字符的铭写的部分，要不然就是与另一个字符的铭写相交叠（就像每个"jup"都有一个"j"作为其部分一样）。即使是不同原子字符的铭写，都可以具有相同的部分，只要那种部分不是概型中的一个铭写；也就是说，原子铭写只是相对于讨论中的记谱来说必须是分离的，就像"A"和"E"在某种概型中是原子的和分离的，这种概型不承认任何一方的特有部分为一个铭写。①

说一个字符是由某些其他字符组成，这应该被理解为这种说法的缩写：一个字符中的每个成员都是由某些其他字符的铭写组成的。然而，充分而清楚的陈述偶尔也得付出代价。字符"add"可以被很笨拙地描述为字符"a"后面跟着"写了两次的"字符"d"，或者描述为字符"a"跟着字符"d"再跟它自身。它可以更好地描述为一类这样的铭写，其中每个铭写都由一个"a"（铭写）跟着一个"d"再跟着另一个"d"组成。

四、遵从

符号系统由与一个指称领域相关的符号概型组成。尽管在第二章中我们已经看到符号可以指谓它所指称的东西或者不指谓它所指称的东西，但是，在这一章中我所关注的是指谓而不是例示。不过，我们必须将"指谓"理解得比通常用法稍微更广一些，让指谓包含一个这样的系统，其中乐谱与遵从乐谱的演奏相关联，或者词语与它们的发音相关联，以及包含一个这样的系统，其中词语与它们所应用的或命名的东西相关联。在一定程度上作为一种便于记忆的方式，我将互换地使用"遵从"（complies with）和"被指谓"（is denoted by），

---

① 关于分离性（discreteness）、交叠性（overlapping）等等技术处理，可以参见 *SA*, pp.46—61, pp.117—118. 对于记谱的要素必须是分离的这个通常的观念如何误入歧途，需要予以注意。首先，记谱的字符就像类别一样，当然必须是不相交的；分离性是个体中间的一种关系。其次，记谱的铭写根本不必是分离的。最后，即使不同字符的原子铭写也只是相对于那个记谱来说必须是分离的。

互换地使用"作为遵从拥有"（has as a compliant）和"指谓"（denotes），以及互换地使用"遵从-类"（compliance-class）和"外延"（extension）。①遵从不要求特别的一致性；无论什么被一个符号指谓，它都遵从这个符号。

遵从基本上是涉及铭写的。在一个特定的系统中，许多东西都可以遵从一个单一的铭写，而这些东西的类就构成在那个系统中的那个铭写的遵从-类。当然，遵从-类通常自身并不遵从那个铭写；只是它的成员遵从那个铭写。一个具有作为遵从的诸类的铭写，具有一个作为其遵从-类的诸类的类。

也许可以从我简称为声音-英语（sound-English）和客体-英语（object-English）的东西中引出某些专业术语和特征的方便说明，在声音-英语中通常的英语字母记谱与根据常用的发音惯例的声音-结果相关联，在客体-英语中则是与根据常用的应用惯例的客体（包括事件等）相关联。当然，这种说明将依赖某种有关常用惯例的默识的却又明显的任意决定，以及偶尔依赖常用惯例的某种简化。②

某些铭写，即使是某些原子铭写，可以不具有遵从者；在客体-英语中，"ktn"和"k"都没有任何遵从者。不仅复合铭写可能偶然是具有遵从者的最小单位，而且一个由具有遵从者的诸铭写复合而成的铭写，也可能或不可能具有遵从者；在客体-英语中，尽管"绿"（green）和"马"（horse）都具有遵从者，但"绿马"（green horse）不具有遵从者。没有遵从者的铭写，可以称之为空的（vacant）铭写。空（vacancy）要么产生于没有指派遵从者的字符，要么产生于不存在那种如所要求的遵从者那样的遵从者，要么产生于字符不具有遵从者这种明确的约定。空的铭写像任何其他铭写一样，真正属于符号概型，而且可以像大写字和黑体字一样真正属于符号概型；它只是缺乏语义而不是句法。不遵从铭写的对象，在系统中是无法标识的。

概型与指称领域的关联，通常不仅包含铭写与对象的特殊关联，而且包含铭写-遵从与对象之间的关系的关联。例如，声音-英语中字母-铭写的左右

---

① 这不是说一个词语的外延包括它的发音和它所应用的对象二者；因为一个符号的外延总是与一个系统有关，而在正常的或常用的系统中词语不是既与其发音相关又与其应用相关。
② 对于相关联的规则的阐述，如同将铭写分解为原子一样，很少单独为某种特定的自然语言来确定，它取决于这种语言如何被分析和被描述。当我们说到"一种语言"的时候，我们通常是省略地说到一种在某种这样的系统化的阐述之下的语言。

排列顺序，就与声音的时间顺序相关联。即使复合铭写和它的组成部分双方都有遵从者，复合铭写的遵从者可以是或可以不是适当地（或在根本上）由诸部分的遵从者所组成；例如，在声音–英语中，"ch"的遵从者就不是由"c"的遵从者和"h"的遵从者组成的序列。如果每个复合铭写的遵从者是由诸部分铭写的遵从者所构成的整体，而且这些部分的遵从者处于铭写–结合模式与对象间的某些联系之间的那种讨论中的相关性所要求的关系之中，那么整个铭写就是合成的（composite）。任何其他非空的（nonvacant）铭写，都是基本的（prime）铭写。

所有合成（composite）的铭写都是复合的（compound）铭写，但不是所有复合的（即使是非空的）铭写都是合成的铭写。相反，所有非空的原子的（atomic）铭写都是基本的（prime）铭写，但不是所有基本的铭写都是原子的铭写。"合成的"是句法上的"复合的"一词在语义上的对应词，但语义上的"基本的"一词只是部分地与句法上的"原子的"一词类似；因为尽管一个原子铭写中不会有一个适当的部分是一种铭写，但基本铭写的诸部分却都可以有遵从者。铭写之所以是基本的，在于其以一种特别的方式结合起来的诸部分的遵从者并不构成整体的遵从者。

借助的表格，这种大量的术语和专用语也许可以变得更容易驾驭（见下表）。

字符的组合

		句法分类（SYNTACTIC CLASSIFICATION）		
		铭写（Inscriptions）		其他记号（Other Marks）
		原子的（Atomic）	复合的（Compound）	
语义分类（SEMANTIC CLASSIFICATION）	空的（Vacant）	例如，客体–英语中的一个"k"	例如，客体–英语中的一个"ktn"［也可以是一个"方的圆"（square circle）］	包括错误形成的序列，铭写的碎片，以及其他所有不属于任何字符的记号
	基本的（Prime）	例如，声音–英语中的一个"o"	例如，声音–英语中的一个"ch"	
	合成的（Composite）		例如，声音–英语中的一个"bo"	

然而，一个明确是一个单一字符的铭写的记号，如果它在不同时间或在不同上下文中有不同的遵从者，就会是含糊两可的（ambiguous），无论它的几个范围是源自不同的字面运用，还是源自字面的和隐喻的运用。当然，我们应该更严格地说，如果时间有所变化，那么记号的不同时间−段就具有不同的遵从−类；如果同时发生的语境有所变化，那么记号就是在语义上以不同的方式涉及包含这个记号的两个或更多的铭写。①

如果一个字符的任何铭写都不清楚的话，这个字符就是含糊的；但是即使一个字符的每个铭写都是明确的，除非它的所有铭写都具有同样的遵从−类，否则这个字符依然是含糊的。根据一个字符的铭写是空的、基本的或者合成的，这个字符可以是空的、基本的或合成的；而一个字符的诸铭写的共同遵从−类，可以被认为是这个字符的遵从−类。的确，由于一个明确的字符的诸铭写在语义上和句法上是对等的，因此我们通常谈及字符和它的遵从−类，而无须费心去区别它的多种例子。

但是，既然一个含糊的字符的两个铭写可以具有不同的遵从−类，那么就只有在不模棱两可的（unambiguous）系统中，句法上的对等才意味着语义上的对等。无论在含糊的还是不含糊的系统中，语义上的对等都不意味着句法上的对等。具有同样的遵从−类的铭写可以属于不同的字符；而不同的明确字符又可以具有相同的遵从−类。句法上的不同并不由于语义上的相同而消失。

（选自［美］纳尔逊·古德曼《艺术的语言》，彭锋译，北京大学出版社2013年版）

---

① 比较上面第二节对含糊两可的记号的处理。可以通过以某种方式画记号或字符来实现明确性，不过句法上的对等将会变得要依赖于语义上的考量。

杜威与《艺术即经验》

经典导读

约翰·杜威（John Dewey，1859—1952），生于美国佛蒙特州的伯灵顿城。在约翰·霍普金斯大学获哲学博士学位，先后在密歇根大学和芝加哥大学、哥伦比亚大学执教。1919年至1921年间，曾来华讲学两年，对中国学界产生深远影响。

杜威的美学思想主要集中在他的《艺术即经验》一书中。在这本书中，他提出了"活的生物"概念。他认为："为了把握审美经验的源泉，有必要求助于处于人的水平之下的动物的生活。"[①] 根据这一思路，他从动物身上找到了一种经验的直接性和整体性。他认为，就针对当下事物形成经验这一点而言，人与动物是一致的。并且，我们可以从这种经验追溯审美经验的起源。

以"活的生物"为基石，杜威建立了他的一元论哲学。杜威认为，人是环境的一部分，环境也是人的一部分。我们的皮肤不是隔离自我与环境的墙。我们的活动是在环境刺激下形成的，我们的思想也是环境的产物。人的活动表现为与环境中的其他力量的相互作用。更进一步说，人并不是置身于环境之外对环境进行思考的。当人置身于环境之外时，环境就变成了对象。然而，我们无法置身于环境之外，而只能处于环境之中。我们不是世间诸种力量相互作用的旁观者，而是参与者。

[①] [美]杜威：《艺术即经验》，高建平译，商务印书馆2005年版，第18页。

在美学上，杜威谈得更多的是恢复艺术与非艺术之间的连续性。这包括几个层次：第一是艺术品的经验与日常生活经验之间的连续性。我们并非只在接触艺术品时才产生经验，在日常生活中，经验是无处不在的。任何东西，只要能够抓住我们的注意力，使我们感兴趣，给我们提供愉悦的事件与情景，就能使我们产生经验。第二是高雅艺术与通俗艺术之间的连续性。高雅艺术与工艺和通俗艺术的区分是现代社会发展的结果。这种区分使有教养者将自己的欣赏范围局限于前者，而人民大众则由于既缺乏财力、时间和教育水平，又觉得高雅艺术苍白无力而去"寻找便宜而粗俗的物品"[1]。这种分化对艺术的发展来说是具有灾难性的，前者失去了大众，后者则失去了品味机会。第三是美的艺术与实用的或技术的艺术之间的连续性。受审美无利害观点的影响。传统的看法是，只有那些不是为实用目的而制造出来的制成品才是艺术品。杜威认为，实用与否不是区分艺术的标志。上面的这些论述显示出，杜威努力要建立一种回到日常生活的艺术理论。对于他来说，艺术不是无用的摆饰，不是有闲阶级的无病呻吟。

杜威将他的哲学称为经验自然主义。经验是他的哲学的核心，也是他的美学的核心。他提出，经验是超越哲学二元论的关键概念。世界并不处于人的对立面，而只是人的环境而已。活的生物与环境之间的关系才是给定的事实。活的生物与环境接触产生了经验。在这种经验中，既包括环境作用于活的生物所产生的"受"（undergo），也包括活的生物作用于环境所产生的"做"（do）。因此，经验不仅有被动的一面，也有主动的一面。不仅如此，他还指出，经验是动态的而非静态的。活的生物在与环境的相互作用中，不断处于平衡丧失和平衡恢复的过程之中。这种平衡的失与得的过程就是活的生物与环境相互改造的过程。由此，环境成了属于活的生物的环境，而活的生物也适应了环境。在这种动态平衡的过程中，就产生了经验。这种经验既不是纯粹主观的，也不是纯粹客观的，它是人与环境相遇时产生的。更进一步说，只有经验才是第一性的。一切关于"自我"和"对象"的意识、思考和理论都是第二性的，是在"经验"的基础上生长起来的。

从这种对经验的定义出发，杜威进一步提出了他的"一个经验"（an experience）的概念。"一个经验"就是一次圆满的经验。在生活之流中，不完整的经验不具有累积性，不给人以深刻印象，事过境迁，我们可能很快就会将它忘记了。但有时，我

---

[1] ［美］杜威：《艺术即经验》，高建平译，商务印书馆2005年版，第4页。

们会永远记住一些经验。这既可以是一次大难不死的经历，一次刻骨铭心的恋爱，也可以是一次聚会、一次旅游、一餐饭、一件事的处理，等等。"一个经验"给我们提供了一把理解"审美经验"的钥匙。过去的美学家常常利用"审美感官"来论证"审美经验"。这种"审美感官"在一些人如夏夫兹博里和哈奇生那里被看成一种"内在感官"（internal sense），并将这种"内在感官"看成是独立的，看成与"外在感官"即我们通常所说的视听嗅味触感官并列的思想源泉。与这种观点不同，杜威致力于恢复审美经验与日常生活之间的连续性。对他来说，我们只有五种感官，而没有什么第六感官，并不存在"内在感官"。经验只要获得完满发展，就成了"一个经验"。审美经验也不像康德美学所强调的那样，其中没有实用的考虑，没有理智的概念。"审美经验"只是"一个经验"的集中与强化而已。具有整一性、丰富性、积累性和最后的圆满性的经验，就具有审美的特质。

　　杜威接着阐释了"表现"这一当时美学界关注的焦点问题。他认为，表现需要两个条件，即内在的冲动和外在的阻力。它是被压出（ex-press 即 press out）的，因此，有赖于被压的东西和压力。不存在先有一种情感，然后用符号将它记录下来。情感的表现过程，也同时就是产生过程。这是一种情感形成的"柠檬汁"理论。艺术家在艺术创作活动中产生情感，而不是传达已经产生的情感。艺术是在一种表现性动作中形成的。在表现性动作的发展之中，情感就像磁铁一样将合适的材料吸向自身。情感的直接发泄不是表现，只有在它"间接地被使用在寻找材料之上，并被赋予秩序，而不是被直接消耗时，才会被充实并向前推进"①。杜威还进一步将表现中所出现的情感与形式的关系归结到表现性动作上来。他在书中有一段对素描的论述，对表现的这种特点作出了生动的论述。他说："画（drawing）是抽出（draw *out*）；是提取出题材必须对处于综合经验中的画家说的东西。此外，由于绘画是由相关的部分组成的整体，每一次对具体人物的刻画都被'引入'（be drawn *into*）一种与色彩、光、空间层次，以及次要部分安排等其他造型手段的相互加强的关系之中。"②

---

① ［美］杜威：《艺术即经验》，高建平译，商务印书馆2005年版，第75页。
② ［美］杜威：《艺术即经验》，高建平译，商务印书馆2005年版，第92~93页。

―― **延伸阅读文献**

1. ［美］杜威:《艺术即经验》,高建平译,北京:商务印书馆 2005 年版。

2. ［美］约翰·杜威:《经验与自然》,傅统先译,南京:江苏教育出版社 2005 年版。

3. ［美］约翰·杜威:《确定性的寻求——关于知行关系的研究》,傅统先译,上海:上海人民出版社 2004 年版。

4. Sidney Hook, *John Dewey: An Intellectual Portrait*, New York: Prometheus Books, 1995.

5. Philip M. Zeltner, *John Dewey's Aesthetic Philosophy*, Amsterdam: B. R. Grüner, 1975.

6. Philip W. Jackson, *John Dewey and the Lessons of Art*, New Haven, CT and London: Yale University Press, 1998.

7. ［美］约翰·杜威:《杜威五大讲演》,胡适口译,合肥:安徽教育出版社 2005 年版。

8. ［美］简·杜威:《杜威传》,单中惠编译,合肥:安徽教育出版社 1987 年版。

（高建平　撰）

―― **原文:《艺术即经验》(节选)**

经典原文

艺术即经验(节选)

杜威 著　高建平 译

■ 第三章　拥有一个经验

由于活的生物与环境条件的相互作用与生命过程本身息息相关,经验就不停息地出现着。在抵抗与冲突的条件下,这种相互作用所包含的自我与世界的方面和成分将经验规定为情感和思想,从而产生出有意识的意图。但是,所获得的经验常常是初步的。事物被经验到,却没有构成一个经验。存在着心神不定的状态;我们所观察、所思考、所欲求、所得到的东西之间相互矛盾。我们的手扶上了犁,又缩了回来;我们开始,又停止,并不由于经验达到了它最初的目的,而是由于外在的干扰或内在的惰性。

与这些经验不同,我们在所经验到的物质走完其历程而达到完满时,就拥有了一个经验。只是在后来的后来,它才在经验的一般之流中实现内部整合,并与其他的经验区分开。一件作品以一种令人满意的方式完成;一个问题得到了解决;一个游戏玩结束了;一个情况,不管是吃一餐饭、玩一盘棋、进行一番谈话、写一本书,或者参加一场选战,都会是圆满发展,其结果是一个高潮,而不是一个中断。这一个经验是一个整体,其中带着它自身的个性化的性质以及自我满足。这是一个经验。

哲学家们,甚至经验哲学家们,在提到经验时,一般情况下都只泛泛而谈。然而,符合语言习惯的谈话都表示着这样一些经验,它们各具的特征,有其开头和结尾。这是由于生活也不是统一的,不间断地行进和流动。这就是历史,其中每一个都有着自己的情节,它自身的开端和向着终点运动,其中每一个都有着自身独特的韵律性运动;每一个都有着自身不间断的弥漫其中不可重复的性质。一段楼梯,尽管它是机械的,却是由个性化的阶梯构成的,而不是连续的上升,而一个斜面至少通过突然的中断而与其他物分离开来。

在此关键的意义上，经验是由一些我们情不自禁地称之为"真经验"的情景和事件决定的；在回忆这些情形时，我们说："那是一个经验。"它也许非常重要——与一个曾非常亲密的人吵架，千钧一发之际逃脱一场大灾难。或者，可能是某种相比之下微小的事件——也许正是由于它微小，因而更说明它是一个经验。有人将在一家巴黎餐馆的一餐饭说成是"那是一个经验"。它可以是由于对食品所能达到的水平的长久记忆而显得突出。那么，一个人在横渡大西洋时经历到的暴风雨——经验到暴风雨似乎在发怒，在它本身中由于集中了暴风雨所可能有的样子而完成了它自身，并以它与此前和此后的暴风雨不同而突出地显示出来。

在这样的经验中，每个相继的部分都自由地流动到后续的部分，其间没有缝隙，没有未填的空白。与此同时，又不以牺牲各部分的自我确证为代价。与池塘不同，河在流动。但是，它的流动赋予其相持续部分的明确性和趣味要大于存在于池塘中同质的部分。在一个经验中，流动是从某物到某物。由于一部分导致另一部分，也由于这一部分是跟在此前的一部分之后，每一部分都自身获得一种独特性。持续的整体由于其相连的，强调其多种色彩的阶段而被多样化。

由于不断的融合，当我们拥有一个经验之时，中间没有空洞，没有机械的结合，没有死点①。存在着休止，存在着静止之处，但这只是在强调和限定运动的性质。它们总结已进行的，防止其消散和无谓地失去。不断地加速会使人透不过气来，使其中的部分不能获得独特性。在一件艺术品中，不同的场和节出现融合，成为一个整体，但是，在这个过程中，各场和各节自身的特性没有消除或失去——正如在一次亲切的谈话中，存在着意见的不断交换和混合，但是，每一个谈话者都不仅保持了他自身的特性，而且使这种特性获得了比通常情况下更为清晰的显现。

一个经验具有一个整体，这个整体使它具有一个名称，那餐饭、那场暴风雨、那次友谊的破裂。这一整体的存在是由一个单一的，尽管其中各部分变化却遍及整个经验的性质构成的。这一整体既不是情感的或实践的，也不是理智

---

① 死点（dead center），原指蒸汽机的连接杆与曲轴成一直线，从而无法加力的位置，这里指连续经验之中的中断点。——译者注

的，因为这些术语只是说出了一些可以在其内部思考的特征。在关于一个经验的论述中，我们必须利用这些阐释性的形容词。在一个经验发生以后在头脑中温习它之时，我们也许会发现一种，而不是另一种特性充分占据着统治地位，因而可以用它来表示作为一个整体的该经验。存在着一些吸引人的研究与思考，科学家和哲学家强调这些是"经验"。从最终的意义上讲，它们是理智的。但是，在实际发生时，它们也是情感的；有意志和目的存乎其间。然而，此经验并非这些不同特征的总和；在经验中，这些特征失去了其独特性。没有思想家会勤勉地从事自己的工作，除非他被吸引，并从具有内在价值的总体经验得到回报。没有这些，他不会知道真正去思想什么，并会在对真正的思想与虚假的东西进行区分时完全不知所措。思维是以意之链持续的，但意形成链是因为它们远不只是分析心理学所说的意。它们是在情感上和实践上所区分的一种发展中的潜在性质的阶段；它们是其运动中的变异，不是像洛克和休谟所说的分离而独立的观念和印象，而是一种渗透和发展着的色调的微妙差异。

我们谈到得出或作出结论的一个思维的经验。该过程的理论表述常常运用这样的术语，以至于"结论"与每一个发展着的完整经验的完善阶段之间的相似性被有效地隐藏起来。这些表述显然以作为前提的命题与作为被印成文字的结论的命题之间的分离为线索。这一印象来自首先存在着两种独立而现成的实体，然后，它们被控制以产生第三种实体。实际上，在一个思维的经验中，只有在结论显示出来时，前提才出现。像观察一场暴风雨达到高潮，然后慢慢地消退那样的经验，是一个题材的持续运动。像暴风雨中的海洋一样，存在着一系列的风波；动议提出，在冲突中破产，或者被一种合力继续向前推。如果得到了一个结论，它也仅是一种预期和积累的运动，一个最终达到完成的运动。一个"结论"不是分离和独立的事物；它是一个运动的终点。

因此，一个思维的经验具有它自身的审美性质。它与那些被公认为是审美的经验在材料上不同。美的艺术的材料由性质所构成的；那些具有理智结论的经验的材料是一些记号和符号，它们没有自身的内在性质，却代表着那些可以在另一个经验中从性质上体验到的事物。这种差别是巨大的。这是为什么严格的理智的艺术将永远也不会像音乐一样流行的原因之一。然而，经验本身具有令人满意的情感性质，因为它拥有内在的，通过有规则和有组织的运动而实现的完整性和完满性。艺术的结构也许会被直接感受到。就此而言，它是审美的。更为重要的是，不仅这一性质是进行智性研究与保持正直的重要动力，而且，除非通过这种性质来加以完善，没有智性的活动会是一个完整的事件（是一个经验）。没有它，思维就没有结果。简言之，审美不能与智性经验截然分开，因为后者要得到自身完满，就必须打上审美的印记。

同样的意思适用于主要是实践性的行动过程，即由明显的行动所组成。可能会有行动中的高效率，但不存在有意识的经验的情况。活动过于自动化，以至于不允许一种对于它是什么与它向哪儿发展的感觉。它到达了一个终点，但没有到达一个意识中的结束与高潮。障碍被精明的技巧所克服，但这无助于发展经验。还存在着一些行动时动摇、易变、不确定的人，就像古典文学中的幽灵一样。在无目的性与机械性的高效率这两极之间，存在着一些行动的路线，在其中，通过连续性的行为，进行着一种增长着的意义的保留和积累，其终结被感受为一个过程的完成。像恺撒与拿破仑那样变成政治家的成功的政客与将军，都有几分表演者的才能。这本身不是艺术，但是，我想，这表明兴趣并非完全由于，也许并不主要由于结果本身（像仅仅考虑效率时那样），结果是一个过程的结果。存在着完成一个经验的兴趣。某个经验可能会对世界有害，人们不愿看到它的完成。但是，它具有审美的性质。

希腊人将好的行为与均衡、优雅、和谐，与漂亮的阿迦同①等同起来，是一个更为明显的存在于道德行动中的独特审美特性的例证。被看作道德性而流行的一个巨大的缺陷是它的麻痹性质。它不是表示一种全心全意的行动，而是以一种对于责任要求勉强的，零打碎敲的退让形式出现。但是，这些描述也许仅仅在模糊这一事实，即任何实际的活动，假如它们是完整的，并且是在自身冲动的驱动下得到实现的话，都将具有审美性质。

如果我们想象一块向山下滚动石头拥有一个经验，我们也许会得到一个一般化的描述。这一活动肯定是充分"实际的"。石头从某处开始，只要条件允许，就会持续地向着一个地点，向着一个静止的状态运动——那是结束。在这种外在的事实之上，我们可以加上这样的想法：石头带着欲求盼望最终的结果；

---

① 漂亮的阿迦同（*kalon-agathon*）：源自柏拉图《会饮篇》。阿迦同是一个美少年、悲剧家，柏拉图所记载的这次有苏格拉底参加的著名的会饮，是在阿迦同家里，在阿迦同的悲剧得奖后举行的。阿迦同（*agathon*）一词在希腊语中又有"好人"的意思，*kalon*一词的意思在希腊语中接近于现在的"漂亮"，因此，*kalon-agathon*一语双关，同时有"漂亮好人"含义。——译者注

它对途中所遇到的事物，对推动和阻碍其运动，从而影响其结果的条件感兴趣；它按照自己归结于这些条件的阻滞和帮助的功能来行事和感受；以及最后的终止与所有在此之前作为一种连续的运动的积累联系在一起。这样，这块石头就将拥有一个经验，一个带有审美性质的经验。

如果我们从这一想象性的例证转回到我们自己的经验上来，我们就会发现，我们的经验比起其他来，更接近石头的情况，更符合想象所提供的条件。我们的经验在绝大部分情况下都不关注一个事件的前因后果。不存在着对于控制可被组织进发展中经验的关注性拒斥和选择的兴趣。事情发生了，但它们既不是明确地被包括在内，也不是明确地被排斥在外；我们在随波逐流。我们屈服于外在压力，我们逃避、妥协。有开始，有停止，但没有真正的开端和终结。一物取代另一物，却没有吸收它，并将它继续下去。存在着经验，但却松弛散漫，因而不是一个经验。不用说，这样的经验是麻痹性的。

因此，非审美性存在于两种限制之中。其一极是松散的连续性，并不开始于某一特别的地点，也不结束于——从某种意义上讲是中止于——某一特别的地点。其另一极是抑制、收缩，在那些相互只有机械性联系的部分间进行活动。这两种经验存在着多种多样的情况，它们在无意识之中被当作所有经验的规范。那么，当审美出现之时，就与已有的关于经验的形象形成鲜明的反差，以至于不能将其特殊的性质与此形象的特征结合起来，审美没有了它的位置。对于经验的，主要是理智的和实践的说明想要证实，在拥有一个经验时，不存在这样的反差；但实际上正好相反，经验如果不具有审美的性质，就不可能是任何意义上的整体。

审美的敌人既不是实践，也不是理智。它们是单调，松垮而目的不明，屈从于实践和理智行为中的惯例。一方面是严格的禁欲、强迫服从、严守纪律，另一方面是放荡、无条理、漫无目的地放纵自己，都是在方向上正好背离了一个经验的整体。也许，正是部分出于这些考虑，才促使亚里士多德求助于"比例中项"来对道德与审美的独特特征作出恰当的说明。在形式上，他是正确的。然而，"中项"与"比例"都不是自明的，也不能在一种先验的数学意义上来接受它们。它们的特性属于一种具有向着其自身的完满发展运动的一个经验。

由于经验只有在活跃于其中的能量起了合适的作用时才中止，我强调了每一个完整的经验都朝向一个完成和终结运动的事实。这一能量循环的封闭性是与静止和滞积正相对立的。成熟与定型构成两极对立。斗争与冲突是痛苦的，但是，当它们被体验为发展一个经验的中介之时，当它们成为经验向前发展的成分，而不仅仅作为事件存在之时，本身可被欣赏。正像我们后面会看到的，在每一个经验中，都有着一个所经历的，从更大的意义上讲是所感到的痛苦的成分。否则的话，将不会包容以前的经验。在任何重要的经验中，"包容"都不仅仅是将某物放在对以前所知物的意识之上。它与重构也许是痛苦的东西有关。必要的经历阶段本身令人愉快还是痛苦，这是由具体的条件所决定的。它对总体的审美性质无动于衷，更不用说，很少有强烈的审美经验完全是愉快的。它们固然不应被描绘成是令人愉悦的，但它们在施加于我们身上之时，确实部分地与对愉悦的完整的知觉相一致。

我曾谈到，使一个经验变得完满和整一的审美性质是情感性的。这个说明也许会带来问题。我们乐于将情感想象成像我们用来称呼它们的词那样是简单而紧凑的事物。欢乐、悲伤、希望、恐惧、愤怒、好奇被当作各自都是某种已经成形的实体出现在人们面前，当作某种也许会持续或长或短时间的实体，而这种持续或这种增长和遭遇与其本性无关。实际上，当情感重要时，它们是一个复杂的，运动和变化中的经验的性质。我说当它们重要时，是因为否则的话，它们就仅仅是婴儿被打扰后的吵闹而已。所有的情感都像是一出戏的特性，随着戏的发展，这些情感也在改变。常常有人说一见钟情。但是，他们所钟情的，并非存在于那瞬间的某物。如果被压缩在瞬间之中，其中没有渴望和牵挂的任何空间的话，那么爱又从何谈起呢？情感的内在性通过人看戏和读小说的经验而显示出来。它参与了情节的发展；而情节需要舞台，需要在空间中发展，需要在时间中展开。经验是情感性的，但是，在经验之中，并不存在一个独立的、称之为情感的东西。

同样，情感依附于运动过程中的事件和物体。它们除了作为生理学的例证，绝不是私人的。甚至一个"无对象"的情感也要求某种处于它自身之外，又供它依附的东西，因此，它很快就会产生一种缺乏某种真实性的错觉。情感赋予自我一种肯定性。但是，它是在事件朝向一个所想要的，或不喜欢的问题的运动中赋予这个自我的。我们在受到惊吓时立刻跳起来，在感到羞愧时立刻脸红。但是，在这种情况下，害怕和羞怯并非情感状态。它们本身只是自动的反应。要成为情感的,它们必须是一个范围广泛而又时间长久的,与对象及其问题有关的情境的一部分。当发现或想到存在着一个必须对付或逃离的威胁物之时,惊吓的一跳就成了情感上的恐惧。当一个人在思想上将他的一个举动与其他人对他的不赞同反应联系起来时,脸红就成了羞愧的情感。

来自地球上遥远地方的物质的东西被物质性地运输,物质性地引起相互间的作用与反作用,构成新的物体。精神的奇迹在于,类似的东西在经验中发生,却没有物质的运输和装配过程。情感是运动和黏合的力量。它选择适合的东西,再将所选来的东西涂上自己的色彩,因而赋予外表上完全不同的材料一个质的统一。因此,它在一个经验的多种多样的部分之中,并通过这些部分,提供了统一。当统一像这样被描绘时,经验就具有了审美的特征,尽管它主要不是一种审美经验。

两个人会面;一个是职位申请人,而另一个手中握有处置此事的权力。面谈也许是机械的,由一套问题和例行公事式地对问题的回答组成。这两人会面中不存在经验,通过接受和拒绝,重复着已多次做过的事。事情的处理就像会计在记账一样。但是,一种相互作用也许在发生,在其中,一个新的经验发展着。我们应在哪儿找到这样一个经验的说明?不是在分类账目中,也不是在关于经济学、社会学,或者人事心理学的论文中,而是在戏剧和小说中。它的性质与含义只是通过艺术才表现出来,这是因为存在着一种经验的统一,它只能表现为一个经验。该经验具有充满着未定因素的材料,并通过相互关联的一系列多种多样的事件向着自身的完善运动。在申请者一边,主要的情感也许是起初的希望或沮丧,以及在最后兴奋或失望。这些情感使得经验能够成为一个统一体。但是,随着面谈的继续,次要的情感逐渐形成,成为主要而基本的情感的变异。甚至连每一个态度与手势,每一个句子,几乎是每一个词,都有可能产生不只一种基本情感的强度上的波动;即产生性质的色彩和浓淡上的变化。雇主通过他自己的情感反应看到申请者的特征。他在想象中将申请者投射到要做的工作之中,并通过场面所组合的成分及其间的或是冲突,或是相互适应的关系,来评价他是否合适。申请者的表现与行为或者是与他自己的态度及愿望和谐,或者与之相冲突及对立。像这样一些从性质上讲天生是审美的因素,是将面谈中的多种因素引向决定的力量。它们进入了对每一个其中存在着的悬而未决情境的解决中去,而不管这种情境的主导特性是什么。

因此，不管各经验的对象在细节上是如何相互不同，各种各样的经验中存在着共同模式。存在着一些必须符合的条件，没有它们，一个经验就不能形成。这种共同模式的主要原则是由这样的一个事实所决定的，即每一个经验都是一个活的生物与他生活在其中的世界的某个方面的相互作用的结果。一个人做了某事，例如，他举起了一块石头。其结果是，他经受和遭受了某种东西：重力、张力和他所举之物的表面组织。所感受到的特性决定了下一步的行动。石头太重或太锐利，或者不够结实；或者，所感受到的特性显示，它适合于用来达到想要达到目的。这个过程在持续，直到自我与对象相互适应，而这一种特殊的经验结束。这个简单的例子所说明的道理与所有的经验形成的道理是一样的。行动着的活的生物可以是一个在从事研究的思想家，而与之相互作用的环境可以不是由一块石头，而是由一些想法组成的。但是，两者的相互作用构成所有具有总体经验，所达到的结果都是一种感受到的和谐的建立。

一个经验具有模式和结构，这是因为它不仅仅是做与受的变换，而是将这种做与受组织成一种关系。将一个人的手放在火上烧掉，并不一定就得到一个经验。行动与其后果必须在知觉中结合起来。这种关系提供意义；而捕捉这种意义是所有智慧的目的。这种关系的范围和内容衡量着一个经验的重要内容。一个孩子的经验可以是强烈的，但是，由于缺乏来自过去经验的背景，受与做的关系把握得比较少，因而这种经验在深度和广度方面不够。没有人成熟到看清所有相关的联系。曾经有人（欣顿先生）写了一篇名叫《无知无识者》的小说。这篇小说描绘了一个人在死后无穷无尽的生活延续中对发生在短暂的人世生活中事件的回顾，对与事件相关的关系的不断发现。

经验是受着所有干扰观察受与做之间关系的原因制约的。出现干扰的原因也许会是由于太多的做，或者太多的接受性，或受。任何一方的不对称，都会使对关系的观察变得模糊，使经验变得片面和扭曲，使意义变得缺乏和虚假。做的热情、行的渴望，导致许多人几乎令难以置信地缺乏经验，流于表面，特别是在我们生活于其中的这个忙乱而缺乏耐心的人文环境中，就更是如此。没有一个经验能够有机会完成自身，因为其他的东西来得是如此迅速。被称为经验的东西变得如此分散和混杂，以至于简直不配用这个名称。抵抗被当作需要被压制的障碍，而不是对思考的启发。人们更多的是通过无意识而不是故意选择，逐渐找到能在最短时间里做最多的事的情境。

经验也会由于过多的接受性而造成揠苗助长。这时，人们就珍视这样那样的单纯经历，而不管有没有看到任何的意义。人们将尽可能多的印象聚集在一起，并将之设想为"生活"，但这些印象只不过是一些浮光掠影罢了。比起被欲望所激发而行动者来说，感伤主义者与白日梦患者也许有着更多的幻想与印象穿过他们的意识。但是，这个行动者的经验同样是扭曲的，这是因为，当不存在做与受的平衡时，没有什么能在心灵中扎下根。为了与世界的现实建立接触，为了使印象可以这样与事实关联，从而使它们的价值得到检验和组织，某种决定性的行动是必要的。

由于对所做与所受之间关系的知觉构成了理智的工作，由于艺术家在他的工作过程被他所把握的已做的与将做的之间的联系控制，那种认为艺术家的思考不如科学研究者那样专心致志而敏锐透彻的想法是荒谬的。一位画家必须有意识地感受他画出的每一笔效果，否则的话，他就不会明白他在做什么，他的作品会向什么方向发展。此外，他必须联系到他所要产生的总体来看每一个做与受之间的联系。要理解这样的关系就要去思考，而且是最严格的方式的思考。同样，不同画家所作的画之间的区别，不仅是由于对色彩本身的敏感性以及处理技巧的不同，而且是由于进行这种思考的能力的不同。至于绘画的基本性质，区别确实是比起其他来更依赖于用于影响知觉的理智的性质——当然，理智与直接的敏感性密不可分，同时，尽管以一种更为外在的方式，与技巧联系在一起。

任何在艺术作品的生产中忽视理智的不可或缺作用的想法，都是以将思维与使用某种特殊材料，如语言的记号和词语等同为基础的。根据性质的关系进行有效的思考，与根据语词的或数学的符号进行思考具有同样严格的对于思想的要求。实际上，由于语词更易于以机械的方式进行处理，一件真正艺术作品的生产可能会比绝大多数傲慢地自称为"知识分子"的人进行的所谓的思考要求更多的智力。

在前面几章中，我们努力说明，审美既非通过无益的奢华，也非通过超验的想象而从外部侵入经验之中，而是属于每一个正常的完整经验特征的清晰而强烈的发展。我将此事实当作审美理论可以建筑于其上的唯一可靠的基础。这一基本事实的一些含义还有待于说明。

我们在英语中没有一个词明确地包含"艺术的"与"审美的"这两个词所表示的意思。既然"艺术的"主要指生产的行为,而"审美的"指知觉和欣赏行为,缺乏一个术语来表示这被放到一起的两个过程,这是不幸的。它的结果有时就是将这两者区分开来,将艺术看成附加在审美材料之上,或者认定,既然艺术是一个创造过程,对它的知觉与欣赏与创造行动没有任何共同之处。不管怎样,存在着某种语词上的笨拙性,我们有时被迫使用"审美的"这个术语来覆盖全部领域,有时被迫将它限制在指活动整体的接受知觉方面。我从这一明显的事实开始,是为了显示,有意识的经验的观念是怎样作为做与受的知觉到的关系,使我们理解这样的联系,即艺术作为生产,知觉与欣赏作为享受,是相互支持的。

艺术表示一个做或造的过程。对于美的艺术和对于技术的艺术,都是如此。艺术包括制陶、凿大理石、浇铸青铜器、刷颜色、建房子、唱歌、奏乐器、在台上演一个角色、合着节拍跳舞。每一种艺术都以某种物质材料,以身体或身体外的某物,使用或不使用工具,来做某事,从而制作出某件可见、可听或可触摸的东西。《牛津词典》引了一句约翰·斯图尔特·穆勒的话为例:"艺术是一种在实施中对完善的追求",而马修·阿诺德①称之为"纯粹而无缺陷的手艺"。

"审美"一词,正如我们已经指出的,指一种鉴别、知觉、欣赏的经验。它代表一种消费者而不是生产者的立场。它是嗜好、趣味;并且,正如烹调,准备食品的厨师明显需要有技艺的活动,而消费者需要趣味;在园艺中,种植与耕作的园丁与欣赏完成了的产品的住户之间也有类似的差别。

然而,正是这些例子,以及拥有存在于做与受之间的一个经验的关系,表明我们不能走得太远,以至于将审美与艺术之间的区别扩展到将它们分开。实施中的完善不能根据实施来衡量和定义;它包含了对所实施的产物的知觉与欣赏。厨师为消费者准备食物,衡量所准备的东西的价值尺度是在消费中找到的。孤立地根据其自身来判断的,仅仅是实施中的完善,也许只有由机器而不是人才能做到。就其本身而言,它至多是技术性的。一些大艺术家在技术上并

---

① 马修·阿诺德(Matthew Arnold,1822—1888),英国维多利亚时代诗人,著有一些诗集和诗歌研究著作。他的《文化与无政府状态》一书由于对"文化"的理解和倡导而产生巨大的影响。——译者注

非第一流的（塞尚就是一例），正像一些大钢琴演奏家并非在审美意义上伟大，正像萨金特①并不是一位大画家一样。

归根结底，技艺成为艺术依赖于"爱"；必须深深地喜爱技能所施加的对象。一位雕塑家会留心使所塑的胸像奇迹般地精确。区分一张塑像的照片和一张塑像所再现的人的照片也许会很难。从技巧上讲，这些塑像是令人惊叹的。但是，人们会问，是否胸像的制作者自己也具有那些观看他的作品的人同样的经验。要想成为真正艺术的，一部作品必须同时是审美的——也就是说，适合于欣赏性的接受知觉。经常的观察对于从事生产的制作者来说，是必要的。但是，如果他的知觉不同时在性质上是审美的，那么它就是苍白的、冷漠的对所做的事的认知，仅成为一个本质上是机械的过程的下一步的刺激物。

总之，艺术以其形式结合了做与受、能量的出与进的关系，这使得一个经验成为一个经验。由于去除了所有对行动与接受的因素间相互组织不起作用的一切，也由于仅仅选择了对它们间相互渗透起作用的方面和特征，其产品才成为审美的艺术作品。人们削、割、唱、跳、做手势、铸造、作素描、涂颜色，只有在所见到结果具有其所见之性质控制了生产问题的本性之时，做与造才是艺术的。以生产某种其直接接受经验可欣赏为意图的生产动作具有一种自发而不受控制的活动所不具有的性质。艺术家在工作时将接受者的态度体现在自身之中。

举例说，假定一个精工细作的物品，其组织和比例看上去很令人愉悦，曾被人相信是某原始民族的作品。后来所发现的证据却证明，它是一个偶然的自然产物。作为一个外在的事物，它现在与以前完全一样。然而，它立刻不再是一件艺术品，而成为一件自然"奇观"。它现在属于一家自然史博物馆，而不再属于艺术博物馆。并且，异乎寻常的事是，由此而造成的区别并非仅仅是一种理智上的分类。在鉴赏性知觉中，以一种直接的方式，形成一种区别。审美经验——在其有限的意义上——因此是天生与制作的经验联系在一起的。

眼与耳的感性满足，当成为审美时，就是如此，因为它并非自身独立，而是与它自身是其结果的活动联系在一起。甚至味觉的愉悦对一位美食家来说，

---

① 萨金特（John Singer Sargent, 1856—1925）一般被认为是美国画家，生于意大利，1876年取得美国国籍，后赴欧洲学画，长期居住在伦敦。作者这里的意思是说，萨金特在肖像画技术上非常出色，但不是最伟大的画家。——译者注

也与对于那些仅仅在吃时对于食物"喜欢"的人,在性质上不同。美食家意识到比食品的滋味要多得多的东西。作为直接的经验而进入味觉之中的,有着依赖于参照其起源以及与鉴别其是否优秀的标准相联系的生产方式的性质。由于生产必须将产品所领悟到的性质吸收到自身之中,并受其支配,因此,从另一方面说,看、听、尝与一种独特的活动方式的关系与知觉适应时,它们就成为审美的。

在所有审美知觉中,都具有一种激情的因素。然而,当我们被激情压倒,如在极端的愤怒、恐惧、嫉妒之中时,经验就肯定不是审美的。在产生激情的活动的性质中,没有感受到关系。这种经验的材料因此而缺乏平衡和合比例的成分。这是因为,正如在优雅与高贵的行动中一样,只有在动作被一种它所支撑的对关系敏锐的感觉所控制——它对场合和情景适应时,这些成分才能呈现。

艺术的生产过程与接受中的审美是有机地联系在一起的——正像上帝在创世时察看他的作品,并发现它是好的一样。① 艺术家会不断地制作再制作,直到他在知觉中对他所做的感到满意为止。当结果被经验为好的时,制造就结束了——并且这种经验不是来自仅仅是理智的和外在的判断,而是存在于直接的知觉之中。与同时代人相比,一位艺术家不仅特别具有实施力的禀赋,而且对事物性质的异常敏感。这种敏感也指导着他去做和去制造。

我们在操作时去触去摸,正像我们在看时看到,在听时听到一样。手持着蚀刻针或画笔移动,眼睛注视并报告所做的结果。由于这一紧密的联系,做具有一种累积性,它既不是一种任性所为,也不是例行公事。在一种特殊的艺术-审美经验中,这种关系极其密切,从而同时控制了制作与知觉。如果仅仅是手与眼的参与,那么这种重要的亲密关系也不可能形成。当它们两者不都是作为整体的人的器官来行动时,存在着的只能是一种感觉与行动的如同在自动

---

① 这里化用了《圣经·旧约·创世记》中的话。上帝在创造世界的几天里,几次评价自己的作品是好的。在此书的早期希腊文译本中,这里的"好的"被译为"美好的"(*kalon*)。在英文中,它们分别为 good 和 fine。不管"好的"还是"美好的",在《创世记》都是上帝"看"到所创造之物后的评价,因此,它表示的是知觉上的"好"或"美好"。这曾经是中世纪美学家们在神学氛围中肯定"世界是美的",从而肯定美的此岸性的一条重要证据。作者这里用这个例子来说明艺术家在创作过程中活动与知觉的相互作用关系。——译者注

行走时一样的机械顺序。当经验是审美的时候，手与眼仅仅是工具，通过它整个的活的生物自始至终主动而积极地活动。因此，表现是情感性的，在目的的引导之下。

由于所做的与所受的之间的关系，因而对所知觉的事物以共存或冲突的形式，以加强或干涉的形式存在具有一种直接的感觉。制造动作的结果在感觉中的反映，显示所做的是将所实施的想法推向前进，或者是对它的偏差与背离。就对一个经验的发展是通过参照这种直接感受到的秩序与完成的关系来控制而言，经验在本性上主要是审美的。对于行动的冲动成了那样一种行动的冲动，它将导致一个满足直接知觉的对象。陶工用黏土造型，成为一个可盛谷物的碗；但他以规律性地用一系列知觉来总结一系列制作行动的方式来制作，从而使碗具有长久的韵味和魅力。画一幅画，或者塑一个像，情况也大致如此。此外，在每一步，都有对于将要成为某物的预期。这种预期是在下一步要做的与它将提供给感觉的之间的联系环节。因此，所做的与所受的相互作用，逐渐累积，互为手段，循环不已。

人们也许会做得精力充沛，受得锐利强烈。但是，除非它们相互联系而在知觉中成为一个整体，所做的东西就不是审美的。例如，制作可以是技术性的艺术技巧显示，而感受可以是一股情感迸发，或者是一阵浮想联翩。如果艺术家在工作过程中不是完善一种新的视像的话，那么，他就是机械地行动，重复某种像印在他的脑海中的蓝图一样的旧模式。大量的观察以及在对质的关系的知觉中所使用的那种智力，成为创造性艺术作品的特征。这种关系不仅应看成一对一的、成对的，而且与正在建构的整体具有联系；它们不仅在观察中，而且在想象中起作用。诱惑太多就神不守舍；求得丰富，却偏离了主题。有时，当对主导思想把握变得软弱无力，艺术家就无意识地做出动作，直到他的思想重新变得强大为止。一位艺术家的真正的工作是要建立在知觉中具有连续性，而又在其发展中不断变化的一个经验。

当一位作者在纸上写下他已经清楚地想好、次序连贯的想法时，真正的作品则是在写之前就已经完成了。或者，他也许依赖由此活动所产生的更大感受能力，以及它的感性反馈来指示他完成这部作品。复制行动本身在审美上是无关紧要的，除非这个行动在整体上进入了通向完成的一个经验的构造之中。甚至在头脑中构想的，从而在物质上是私人的结构，就其实质内容上讲也是公众的，这是因为它是在参照了对可见的，从而从属于公众的世界的产品的处理来构想的。否则的话，它就将是心理错乱或过眼云烟。通过绘画将所见的一幅风景的性质表现出来的冲动，通过对铅笔与画笔的要求来持续。没有外在的体现，一个经验就会是不完整的；从生理与功能上讲，感觉器官是运动器官，并且是通过人的身体中的能量配置，而不仅仅从解剖上，与其他的运动器官联系在一起。"建筑""构造""工作"① 既指一个过程，也指其最后的产物，这不是一种语言的巧合。没有作为这些词的动词意义，就没有这些词的名词意义。

作家、作曲家、雕塑家或者画家在创作过程中，可以回顾他们前面已经做的。当他们在经验的感受或知觉阶段感到不满意时，他们可以在某种程度上重新开始。这种回顾在建筑中不容易做到——这也许是有着这么多的丑的建筑的原因之一。建筑师不得不在将他们的想法译成完全的知觉对象的行为发生之前，就完成这些想法。不能在形成想法的同时形成它的客观体现成为一个不利因素。然而，除非是在机械而刻板地工作，他们也不得不根据体现的媒介以及最终的知觉对象来构想他们的想法。也许，中世纪教堂的审美性质是由于这样的事实，在某种程度上，它们的建筑不像现在那样，是根据计划和事先确定的细则来控制的。计划随着建筑过程而发展。但是，甚至一件密涅瓦式的产品②，如果它是艺术的，都是以一个先在的孕育期为前提，在这里，投射到想象中的做与知觉相互作用，相互修正。每一件艺术品都继一个完整的经验的计划和类型之后而出现，将这个经验变得更为强烈，更为集中。

对于接受者与欣赏者来说，理解做与受的亲密结合没有像对于制作者那么容易。我们天然地以为前者仅仅接受完成了的形式，而不是意识到这种接受活动与创作者的活动有着类似之处。但是，感受性不是被动性。它也是由一系列反应性动作所组成，这些动作积累下来指向客体的实现。否则的话，这没有知觉，而只有认识了。这两者的区别是巨大的。认识是拥有自由发展机会之前的

---

① 这三个词，在英文中既指过程，也指结果。在汉语中，情况略有不同。建筑（building），既指过程（造房子的过程），也指结果（建筑物）；构造（construction）指过程时可译为"建造"，指结果时则似应译为"建筑物"；"工作"（work），在作为工作的结果讲时，习惯上译为"作品"。——译者注

② 指工匠的产品。密涅瓦是罗马神话中的女神，司掌各行业技艺。一般被认为对应于希腊女神雅典娜。罗马的阿文蒂诺山设有她的神庙，此地成为工匠行会的聚会场所，戏剧诗人与演员也在此集会。——译者注

受抑制的知觉。在认识中，存在着一个知觉行动的开端。但是，这一开端并不能服务于发展一个对所认识事物的完全的知觉。它停留在它服务于其他目的之处，正如我们在街上认出一个人，是为了向他打招呼或者躲开他，而不是以为了看那里究竟有什么为目的而看他一样。

在认识中，我们求助于某些先前形成的图式，就像依赖一种模型一样。某些细节或细节的安排成了单纯的认出某物的线索。在认识中，将这种单纯的框架作为模板运用于眼前的物体就足够了。有时，我们碰到的不是一个人，而仅仅是身体特征的痕迹，对此我们以前并不知道。我们意识到自己以前并不知道此人；从任何可能包含的意义上讲，我们都没有见过他。现在，我们开始研究，并"接受"。知觉取代了单纯的认识。有了一种重构的行动，意识变得新鲜而有活力。这一看的行动尽管仍是含而不露，却涉及诸动力因素的合作，以及所有积存着的，用于完成正在形成中的图画的想法的合作。认识因其太容易，而不能激起生动的意识。在新的与旧的之间，没有足够的抗争，从而不能保证对所拥有的经验的意识。甚至一只看到主人回来而高兴地叫唤并摇尾巴的狗的这种接待自己朋友的态度，也比一个仅仅满足于单纯地认识的人具有更充分的活力。

单纯的认识满足于为对象加上合适的标签，"合适"指服务于认知行为以外的一个目的——比方说一位推销员根据一个样品验证货物。这没有激起有机体的兴奋，没有内在的骚动。但是，一个知觉动作则在扩展到整个有机体的持续波动中进行。因此，在知觉中不存在看或听外加情感的情况。被知觉的物体或景观渗透了情感。当一种被激起的情感没有弥漫在被知觉或被思考的物质之中时，它或者是初步的，或者是病态的。

经验的审美或感受阶段是接受性的。它与服从有关。但是，一种充分的自我的退让只有通过一种控制下的活动，可能是强烈的活动才会实现。我们在与周围世界的许多接触中都在退让；有时，在不恰当地消耗贮存的能量情况下，是由于恐惧；有时，在认识的情况下，是由于消除对外在事物的关注。知觉是一种消耗能量以求接受的动作，而不是对能量的保存。要想使自己沉浸在一个题材之中，我们就必须首先投身进去。当我们仅仅是被动地面对一个景观时，它压倒我们，由于我们缺少回应的活动，我们没有知觉到那压垮我们的对象。为了接受它，我们必须鼓起精神，像定好调子一样确定相应的状态。

人人都知道，需要通过训练才能学会使用显微镜和望远镜，学会像地质学家一样看地形。那种审美知觉是闲暇之事的想法是我们的艺术落后的原因。眼睛与视觉器官可以不触及；像巴黎圣母院和伦勃朗的《亨德里克·施特夫尔的肖像》这样的对象可以只具有物理的存在。从某种单纯的意义上讲，后者可以被"看见"。它们也许被看，可能还被认识，并且被冠以正确的名称。但是，由于缺乏在整个有机体与对象之间的持续的相互作用，它们没有被知觉，尤其没有被审美地知觉。一群访客在导游的带领下走过一个画廊，注意力被指向这里那里，这不是知觉；只有在偶然情况下，为着题材本身看一幅画的兴趣才能生动地实现。

为了进行知觉，观看者必须创造他自己的经验。并且，他的创造必须包括与那种原初的创造者所经受的相类似的关系。它们在字面意义上并不相同。但是，对于知觉者，正像对于艺术家一样，必须有一种整体的成分的调整，它尽管不是在细节上，却是在形式上，与作品的创造者在意识中所体验的组织过程是相同的。没有一种再创造的动作，对象就不被知觉为艺术品。艺术家按照自己的兴趣来进行选择、简化、清晰化、省略与浓缩。观看者也必须按照自己的观点和兴趣完成这些活动。在两种情况下都出现了一种抽象动作，一种从有意义的东西中抽取的动作。在两种情况下，都存在着对其字面意义的理解——即将从物质意义上将分散的细节与特点集合为一个经验的整体。无论从感知者，还是从艺术家一面看，都有工作要做。做此工作时太懒、无所事事、拘泥于旧惯例的人，不会看到或听到。他的"欣赏"将成为学识碎片与通常欣赏的惯例标准，以及尽管其中有真实性，却是混乱的情感刺激的混合体。

前面所提出的想法，由于具体强调点方面的原因，意味着一个经验（取其所蕴含的意义）与审美经验之间既有相通性，也有相异性。前者具有审美性质；否则的话，其材料就不会变得丰满，成为一个连贯的经验。一个生机勃勃的经验是不可能被划分为实践的、情感的及理智的，并且为各自确定一个相对于其他的特征。情感的方面将各部分结合成一个单一整体；"理智"只是表示该经验具有意义的事实；而"实践"表示该有机体与围绕着它的事件和物体在相互作用。最精深的哲学与科学的探索和最雄心勃勃的工业或政治事业，当它们的不同成分构成一个完整的经验时，就具有了审美的性质。这是因为，这时，它的各种部分就联系在一起，而不只是一个接着一个。各部分通过它们在经验中的联系而推向圆满和结束，而不仅仅最后停止。不仅如此，该圆满并非只在意识中等待整个活动完成时才实现。它是全部活动的期待所在，并不断地赋予经验以特别强烈的滋味。

然而，这里所讨论的经验，受引起与控制它们的兴趣和目的制约，主要还是理智的或实践的，而不是独特地审美的。在一个理智的经验之中，结论有着自身的价值。它可以作为一个公式或一个"真理"被抽取出来，并由于它作为一个因素所具有独立的完整性，可以用于其他研究之中。在一件艺术品中，不存在这样单一的、自足的积淀物。结尾与终点的意义不在于它自身，而在于它是各部分的结合。它没有其他的存在。一部戏剧或小说的意义也是如此，它不在其最后一句话，即使人物被处理为从此幸福地生活着。在一个独特的审美经验中，那些屈从于其他经验的特征取得主导地位；从属的变成了统治的——也就是说，依靠这些特征，经验成了完整、完全而又独立的经验。

在每一个完整的经验中，由于有动态的组织，所以有形式。我将这种组织称为动态的，是因为它要花时间来完成，是因为它是一个生长过程：有开端，有发展，有完成。材料通过与先前经验的结果所形成的生命组织的相互作用被摄取和消化，这构成了工作者的心灵。这种孵化过程继续进行，直到所构想的东西被呈现出来，取得可见的形态，成为共同世界的一部分。只有在先前长时间持续的过程发展到一个突出的阶段，一个横扫一切的运动使人忘记一切，在这个高潮中，审美经验凝结到一个短暂的时刻之中。使一个经验成为审美经验的独特之处在于，将抵制与紧张，将本身是倾向于分离的刺激，转化为一个朝向包容一切而又臻于完善的结局的运动。

经验过程就像呼吸一样，是一个取入与给出的节奏性运动。它们的连续性被打断，由于间隙的存在而有了节奏，中止成了一个阶段的停止、另一个阶段的开始和准备。威廉·詹姆斯巧妙地将一个意识经验的过程比作一只鸟的飞翔和栖息。飞翔和栖息密切地联系在一起；它们不是许多不规则的跳跃后的许多不规则的停息。经验的每一休止处就是一次感受，在其中，前面活动的结果就被吸收和取得，并且，除非这种活动是过于怪异或过于平淡无奇，每一次活动都会带来可吸取和保留的意义。正像随着一支军队前进，所有已经获得的都周期性地得到巩固，同时将眼光放到下一步要做的事上。如果我们前进得太快，我们就会远离供给基地——即所积累的意义——从而经验就会变得混乱、单薄和模糊。如果我们在取得一个纯价值以后，磨蹭得太久，经验就会空虚衰亡。

因此，整体的形式存在于每一个成分之中。实现完成和完满是持续的活动，而不仅仅是结束，仅仅处于一个地方。一位雕刻家、画家或作家时刻处在完成其工作的过程中。他必须时刻处在保持和总结作为已经做的，作为一个整体的一切，又时刻考虑作为一个整体的将要做的一切。否则的话，他的系列动作就没有连续性和稳定性。处于经验节奏之中的系列性活动，赋予多样性和运动；它们使作品免除了单调和无意义的重复。感受是节奏中的相应的成分，它们提供整一；它们使作品不会成为仅仅是一系列刺激的无目的性。当它决定任何可被称为一个经验的要素被高高地提升到知觉的阈限之上，并且为着自身原因而显现之时，一个对象就特别并主要是审美的，它产生审美知觉所特有的享受。

（选自［美］约翰·杜威《艺术即经验》，高建平译，商务印书馆 2005 年版）

舒斯特曼与《实用主义美学——生活之美,艺术之思》

经典导读

理查德·舒斯特曼（Richard Shusterman, 1948—　），犹太裔美国人，美国实用主义哲学美学的重要代表人物。曾在耶路撒冷接受大学和硕士教育，后赴牛津大学攻读博士学位，其间受到最正统的分析哲学训练。舒斯特曼本人曾是分析美学领域的杰出学者，他主编的《分析美学》一书曾被作为此派美学的经典著作。然而，正是这样一位曾活跃于分析美学阵营的著名人物，却在声名鹊起之时毅然转向实用主义哲学，并通过对身体美学的倡导异常坚决地捍卫和延续了实用主义美学所强调的实践和行动精神。这样一种激进的转折本身可以作为哲学界从分析哲学走向实用主义这一潮流的一个样本。主要代表作有《实用主义美学》（1992）、《哲学实践：实用主义与哲学生活》（1997）、《表面与深度》（2002）、《身体意识：关于专注的哲学与身体美学》（2008）等。

舒斯特曼很早就显露出对分析美学自身症结的批判。在《分析美学：回顾与展望》一文中，他总结了分析美学的十个特征，同时揭示了它的缺陷，如偏重描述和分类，避免作出价值判断；关注艺术，而忽视自然；忽视艺术的社会、历史语境；等等。舒斯特曼认为，当代分析美学要想获得新的发展，就必须吸纳其他理论资源，如实用主义和行动主义的要素。他以杜威美学思想为基本依据，根据当代社会和文化的现实，推动并复兴了实用主义美学在当代的传承与创新。在舒斯特曼看来，当今艺术和社会的发展已使通俗艺术的合法性问题成为一个不可回避的美学追问。实用主义美学要想产生真正的影响，就不能只研究传统的艺术哲学问题，而应该回应当今社会文化中出现的新的美学问题。因此，舒斯特曼的目标是在通俗艺术和实用主义之间构建更为坚固的联系。他对实用主义美学的贡献主要在于对通俗艺术［以希普霍普（hip-hop），即拉谱（rap）为个案和典型］的高度推崇和创立了作为一门学科的身体美学。

虽然舒斯特曼极力地为大众通俗文化辩护，但他并非没有认识到通俗文化的弊端。在一味责难的悲观主义和一味颂扬的乐观主义这两极之间，他采取了中立的立场，提倡改良主义，既承认通俗艺术的缺点，也认识到它的优势和潜能。他指出，高雅文化并非完美无瑕，通俗文化也非一无是处。二者的区别是历史性的，而不是本质性的。批评家们对通俗艺术的批判，比如标准化（即采用同样的规则）、缺乏政治意义等，同样适用于高级艺术。事实上，所有反对通俗艺术的论证，都是建立在"艺术与现实生活之间根本对立"的观点之上的。

舒斯特曼对实用主义美学的另一发展在于对身体美学（somaesthetics）的提倡。传统美学通常将审美限于精神领域，排斥身体的介入，而舒斯特曼革命性地把艺术和审美推进到身体领域，提出了作为一个学科的身体美学的范畴，这个主张仍然牢牢扎根于实用主义精神的土壤。舒斯特曼指出，作为一种更为具体化的实用主义美学，身体美学并不限于关注身体的外在表面形式和肤浅的装饰性美容；更重要的是，它关注身体自身的运动与经验，也就是说，关注它们怎样通过增进感觉经验的质量和意识，从而丰富我们的生活，这显然有助于在伦理和认识方面的自我改造。

舒斯特曼对通俗艺术的拥护和对身体美学的提倡遭到很多人的误解。其中最常见的误解是认为他为通俗艺术辩护就意味着谴责高级艺术。舒斯特曼本人的辩解是，这样一种误解的产生是因为受到二元论的束缚，将通俗艺术和高级艺术极端地对立起来，赞赏一个，就意味着排斥另一个。舒斯特曼对这种非此即彼的理解模式的回应是：通俗艺术和高级艺术之间的区别并不能从哲学和美学方面得到有效的论证。另一种误解是，由于舒斯特曼重视艺术的自然根基，就被指责为无视其社会—历史构造。而事实上，舒斯特曼非常强调艺术的社会和历史维度，他曾经批评分析美学缺乏对复杂的社会语境的关注，并指出艺术并不是自律的，它是一项社会实践，是文化、政治、道德等事业的具体而微的表现。第三种误解是，舒斯特曼提倡一种身体美学，有人担心对身体愉悦的关注会导致对艺术的理解和价值认知的漠视。这种误解仍然是将精神和身体看成势不两立的两极，将身体享受视为无知的肉欲享乐的结果。

舒斯特曼的新实用主义美学采用了与杜威美学同样激进的立场，并且，他根据当代社会的语境，把实用主义美学推向了更为广泛的领域。他深信，哲学最为重要的使命不是为真理而真理，而是达到更广泛而深刻的自我关怀，并最终通向社会的完善，在此意义上，哲学生活应该遵循一种审美模式。可以说，舒斯特曼成功地用美国本土的哲学诠释了美国当代的通俗文化，并为艺术向日常生活的回归勾勒了光明的前景。

延伸阅读文献

1. Richard Shusterman, *Practicing Philosophy: Pragmatism and the Philosophical Life*, New York: Routledge, 1997.
2. Monroe Beardsley, *The Philosophy of Criticism,* Detroit: Wayne State University Press, 1970.
3. ［美］杜威：《艺术即经验》，高建平译，北京：商务印书馆2005年版。
4. ［美］理查德·罗蒂：《哲学和自然之镜》，李幼蒸译，北京：商务印书馆2003年版。
5. ［美］理查德·舒斯特曼：《表面与深度：批评与文化的辩证法》，李鲁宁译，北京：北京大学出版社2014年版。
6. ［美］理查德·舒斯特曼：《身体意识与身体美学》，程相占译，北京：商务印书馆2011年版。
7. ［德］阿多诺：《美学理论》，王柯平译，成都：四川人民出版社1998年版。
8. 彭锋：《回归：当代美学的11个问题》，北京：北京大学出版社2009年版。

9. 涂纪亮:《分析哲学及其在美国的发展》,武汉:武汉大学出版社2007年版。

(李媛媛 撰)

—— 原文:《实用主义美学——生活之美,艺术之思》(节选)

经典原文

实用主义美学——生活之美，艺术之思（节选）

舒斯特曼 著　彭锋 译

■ 第十章　身体美学：一个学科提议

一

"美是一个伟大的荐举"，蒙田写道："没有人如此粗野和坚强，以至于不稍微为它的魔力所打动。在我们的存在中，身体占很大的部分，占据很高的等级；因此它的结构和组成值得很好地考虑。"① 蒙田这里对身体的兴趣，显然不在于身体的生理学成分，而在于它的审美功能，它的美的潜能。

在别处已经表明，这种审美的潜能至少有两个方面。作为被我们外在感觉把握的对象，身体（别人的甚或自己的）可以提供美的感官感受或（用康德著名的术语来说）"表象"（representation）。但是，也存在来自内部的自身肉体的美感经验——心血管系统高标准运动导致脑肽增强式的容光焕发，迟钝的味觉意识的增进，深深的呼吸，感觉到进入某人脊椎的新部分的刺痛似的颤抖。② 如果说我诉诸个人身体经验的生理本体感受的美，似乎给人一种生疏的特出或怪异的"新时代"（New Age）的感觉的话，那么，就请看看曾经声名远扬的《当代美学中的问题》（*Les problèmes de l'esthétique contemporaine*）的作者居约在1884年发表的评论："深深地呼吸，感觉血液怎样通过与空气的接触得到净化和整个循环系统怎样呈现新的活力，这差不多是一种真正令人陶醉的快

---

① Michel de Montaigne, "Of Presumption," in *The Complete Essays of Montaigne*, Stanford: Stanford University Press, 1965, p.484.
② 参见 Richard Shusterman, "Die Sorge um den Körper in der heutigen Kultur," in *Philosophische Ansichte der Kultur der Moderne*, ed. Andreas Kuhlmann, Frankfurt: Fischer, 1994, pp.241–277。

乐，其审美价值是绝不能否定的。"①

与对它的否定不同，我的目的是不仅肯定蒙田和居约对身体的审美关注，而且要使它更加系统化。在对身体在审美经验中的关键和复杂作用的探讨中，我预先提议一个以身体为中心的学科概念，我称之为"身体美学"（somaesthetics）。② 作为一个羞怯的试验，我的提议还非常模糊。由于只是提议将身体美学作为一个可能值得探索的学科，因此，我不敢指望由提出一个关于主题、概念、目标以及它可能涉及的实践的系统化说明来对它进行界定。差不多在哲学的三千年之后，还去提议一个新的哲学学科，似乎是一种不计后果的傲慢自大的行为；而且，去提议一个以身体为中心的学科，只能给傲慢再增添些荒谬。尽管如此，本文将冒着被奚落的风险，略述身体美学的基本目标和要素，并试图解释，它是如何可能引起某些最为紧要的哲学关切的。我的目的是展示它的潜在效用，而不是它的极端新异。如果说身体美学是根本性的，那也只有在复兴美学和哲学的某些最深刻的根源的意义上才是如此。然而，正如威廉·詹姆斯在将实用主义定义为"某些旧思想方式的新名字"——一个恰好符合我心目中的身体美学的定义——中所精明地认识到的那样③，像"身体美学"这样的新名称，对于重新组织因而重新激活旧的见识，可以有一种特别的效果。

为了显示身体美学怎样建立在美学传统之上，我将由考查确立现代美学的哲学文本即亚历山大·鲍姆嘉登的《美学》（*Aesthetica*，1750/1758）开始。我将显示鲍姆嘉登最初的美学方案比我们今天认作美学的东西具有远为广大的范

---

① J. M. Guyau, *Les problèmes de l'esthétique contemporaine*（1884），11th ed., Paris: Alcan, 1925, pp.20–21；参照英译本 *Problems of Contemporary Aesthetics*, Los Angeles: DeVorss, 1947, p.23.

② 参见 Richard Shusterman, *Practicing Philosophy: Pragmatism and the Philosophical Life*, New York: Routledge, 1997, pp.127–129, pp.166–177。这是我使用"身体美学"这个术语的第一个英文文本。这个术语在拙著 *Vor der Interpretation*（Vienna: Passagen, 1996, p.132）也有介绍，该书是拙著 *Sous l'interprétion*（Paris: L'éclat, 1994）的修订德译本。也可参见拙文"Somaesthetics and the Body/Media Issue," *Body and Society* 3（1997）: pp.33-49。身体也是我较早的时候在 *Pragmatist Aesthetics: Living Beauty, Rethinking Art*（Oxford: Blackwell, 1992, pp.6–7, pp.52–53, pp.258–261）第 1 版中展开的美学的中心。

③ 这个定义以詹姆斯的著作《实用主义：某些旧思想方式的新名字》（*Pragmatism: A New Name for Some Old Ways of Thinking*, New York: Longmans, 1907）的副标题的形式出现，该书重印于 William James, *Pragmatism and Other Essays*（New York: Simon and Schuster, 1963）。

围和远为重要的实践意义,它涉及在生活艺术中的哲学自我完善的总体方案。随后,我将略述身体美学学科,解释它是怎样享有鲍姆嘉登所要求的同样的广大范围、多重维度和实践成分,而且刚好也推进了那些传统上确定为对哲学自身方案至关重要的目标:诸如知识、美德和美好生活的目标。除追求鲍姆嘉登美学的宽广的实践图景之外,身体美学通过包含鲍姆嘉登在他的方案中不幸遗漏的中心特征——身体的培养——甚至走得更远。现代哲学常常表现出同样的对身体的不幸忽视。然而,鉴于两个当代哲学家约翰·杜威和米歇尔·福柯不同地示范了我的身体美学的观念,尽管对这个领域作为一个学科尚没有作出适当的主题论证和清楚说明,我还是作出了提议建立身体美学学科的结论。……

二

当亚历山大·鲍姆嘉登铸造美学一词来搁置一个正式的哲学学科的时候,他为那个学科设计的目标远远超出今天确立为哲学美学的中心问题:关于美的艺术和自然美的理论。① 鲍姆嘉登从希腊语"aisthesis"(感性认识)得出它的名字,打算用他的新哲学科学去构成感性认识的一般理论。这种感性认识被当作逻辑的补充,二者一起被构想为提供全面的知识理论,他称之为"Gnoseology"(知识论)。

虽然鲍姆嘉登追随他的莱布尼茨主义者的老师沃尔夫将这种感性认识称为"低级能力",但他的目的不是去谴责它的低级。相反,《美学》对感性认识的认识论价值进行了争辩,颂扬它不仅对更好的思想而且对更好的生活的丰富潜能。在这本书的"绪论"中,鲍姆嘉登断言美学研究将以几种不同的方式促进更广泛的知识:通过提供更好的感性认识作为"科学处理的好材料",通过展示它自己特殊的感性认识作为科学的"合适"的对象,进而通过"提升科学超

---

① 鲍姆嘉登首先使用这个术语是在他 1735 年的博士论文 *Meditiationes Philosophical de nonnullis ud poema pertinentibus* 的第 116 节中。在 1742—1749 年于奥得河的法兰克福大学(University Of Frankfurt-on-the-Oder)讲授关于美学的讲演课程之后,他于 1750 年出版了一本(用拉丁文写作的)题为《美学》的长论文,在 1758 年又由一个较短的第二部分作了补充。我对鲍姆嘉登的引用,出自鲍姆嘉登 *Theoretische Ästhetik: Die grundlegenden Abschnitte aus der "Aesthetica"* (1750/1758) 这本著作的双语(拉丁语–德语)对照本,德语翻译为 H. R. Schweizer (Hamburg: Felis Merner, 1988)。英文翻译是我自己的。我的文本中随后对这本书的提及将以加括号的形式——即(A)——注出。

出仅仅处理清晰的［即逻辑的］认识的局限"，以及通过提供"好的基础给所有沉思活动和自由艺术"。最后，通过美学研究而获得的感性认识的改善，将不仅在思想上而且"在共同生活的实践行为中"，"给予一个个体在其他条件都相同的情况下（ceteris paribus）一种超越他人之上的优势"（A§3）。

鲍姆嘉登为美学要求的这种广泛的效用，隐含在对美学最初的定义中："美学（作为自由艺术、低级认识的科学、美的思考的艺术和类推思想的艺术）是感性认识的科学"（A§1）。这种包含所有感性认识的更为广阔的领域，使得鲍姆嘉登将美学同已经确立的诗学和修辞学学科区分开来。像这些学科一样（以及像它那严峻的姊妹逻辑学一样），美学不仅是一个理论事业，而且是一种规范化的实践——一种旨在实现有用的目标的实际练习和训练的学科。"美学的目的"，鲍姆嘉登写道，"同样是感性认识的完善，这就意味着美"，而相反的"不完善"（与"残缺"一样）是应该避免的（A§14）。

美学作为一个完善感性认识（artificialis aesthetices）的系统学科，既区分又依赖于鲍姆嘉登称之为"自然美学"（aesthetica naturalis）的东西。他将这种"自然美学"定义为我们感性认识官能和它们在非系统化的学习与练习中自然发展的天生行为。这种系统地完善我们感性认识的美学目的，当然要求我们"较低级的"（即与感觉相关的）认识官能的至关重要的自然礼物。鲍姆嘉登尤其坚决要求"感觉的敏锐""想象的能力""有穿透力的洞察""优良的记忆""诗的性情""好的趣味""远见"和"表现的才能"。但是，所有这些，他论辩说，必须为"理解和推理的更高级的认识能力"（facultates cognoscitivae superiores... intellectus et ratio）所统治（A§30~38）。

然而，美学的至善主义方案，必须超越所有这些（高的和低的）自然发展的能力。它进一步要求一个系统的教导计划。这个计划包括两个分支。第一个分支［苦行（askesis）或训练美学（exercitatio aesthetica）］是一个实践练习或训练项目。在这个项目中，一个人通过不断反复操练某些种类的动作，学会逐渐养成心灵对于一个给予的主题或思想的协调感（A§47）。鲍姆嘉登将这种审美操练与机械的军事操练对照起来，将它定义为既包括即席创作甚至游戏的系统练习也包括更有学问的艺术训练。（A§52,55,58）

美学教导的第二个分支是一种与众不同的理论教导。这种理论研究（鲍姆嘉登将它刻画为 mathesis 和 disciplina aesthetica）属于所有美的知识形式

（*pulchra eruditio*），它的"最重要的部分是上帝的、宇宙的和人的科学"，特别是那些涉及"他的道德形象、历史"的人的科学，"不排除神话、古代文化和对他有重要意味的天赋的展示"（A§62~64）。但是，理论性的美学学科，必须包括一般的"美的认识的形式理论"（*theoria de forma pulchrae cognitionis*），去补充在讲演、诗歌和音乐等门类的美学学科中业已确立的规则和理论。（A§68，69）

鲍姆嘉登的美学奠基方案的主要目的、概念和结构成分，与这种简要描述相比，值得更为详细的关注。（如果对今天熟悉鲍姆嘉登作品的美学家如此之少感到震惊的话，那么似乎更令人感到耻辱的是他的《美学》还没有被翻译为英语。）① 虽然如此，我对鲍姆嘉登美学的纲要性概述，应该足可以既显示它的实用主义潜能，又突显一个令人震惊地缺席、而从他的方案来说在逻辑上又必需的主题：身体的培养。

鲍姆嘉登将美学定义为感性认识的科学且旨在感性认识的完善。而感觉当然属于身体并深深地受身体条件的影响。因此，我们的感性认识依赖于身体怎样感觉和运行，依赖于身体的所欲、所为和所受。然而，鲍姆嘉登拒绝将身体的研究和完善包括在他的美学项目中。在它囊括的众多知识领域中，从神学到古代神话，就是没有提及任何像生理学和人相学之类的东西。在鲍姆嘉登展望的审美经验的广阔范围中，没有荐举明显的身体练习。相反，他似乎更热心于劝阻强健的身体训练，明确地抨击它为所谓的"凶猛运动"（*ferociae athleticae*），将它等同于其他臆想的肉体邪恶，如"性欲""淫荡"和"纵欲"（A§50）。

当我们认识到鲍姆嘉登在本质上将身体等同于感觉的低级官能，而刚好是这些官能的认识构成美学的真正对象的时候，这种否定美学的身体训练和理论就显得更为令人震惊了。"低级官能、肉体"（*facultates inferiores*，*caro*），他写道（A§12），不应该被"煽动"至它们的堕落状态，而应该通过美学训练得以控制、改善和适当地引导。用被指控为罪孽深重的词语"肉体"（*flesh*）来指称身体，表明鲍姆嘉登从神学上对身体的厌恶，而且拉丁语 *caro* 的内涵

---

① 不过，上面引用的鲍姆嘉登的博士论文和第一本书有了英文译本。由 Karl Aschenbrenner 和 W. B. Hoelther 翻译和编辑。它的英文题目为《诗的沉思》（*Reflection on Poetry*, Berkeley: University Of California Press, 1954）。

（作为与更标准的 carnis 的对立），尤其指否定的意义。①

这些线索显示了鲍姆嘉登将身体排斥在他的感性科学的美学方案之外的宗教动机。②我们也能推想出更特别的哲学原因。在鲍姆嘉登从笛卡尔通过莱布尼茨至沃尔夫继承下来的理性主义传统中，身体仅仅被视为一种机器。因此，它从来不能真正成为感觉能力或感性认识的场所，更不用说知识了。从另一方面来说，这些明确将身体从感知心灵中分割出去的哲学，它们自身在很大程度上受到将身体贬低为保存和展示非实质性灵魂的宗教学说的激发。

无论鲍姆嘉登在美学中否定身体的精确原因究竟是哪种，它们都不保证其继续忽略的正当性。非常有趣的谱系追究，可以被引导去描绘这种持久不变的否定身体美学的传统，从而解释为什么后-鲍姆嘉登美学的范围被从感性认识的广大领域减缩为美和美的艺术的狭窄范围。我们可以进一步追问，为什么美学最初的实用主义和改良主义方面（即，它那鲍姆嘉登式的作为完善感性认识因而完善行为的定义）也消失了。换句话说，美学如何像哲学自身一样，从一个高尚的生活艺术收缩为狭小的、专门的大学学科？③

正如这些追问所具有的迷人魅力一样，我这里的主要目的，与其说是历史的，不如说是重构的：（1）复兴鲍姆嘉登将美学当作超越美和美的艺术问题之上、既包含理论也包含实践练习的改善生命的认知学科的观念；（2）终结鲍姆嘉登灾难性地带进美学中的对身体的否定（一个被19世纪美学中的主要唯心主义传统所强化的否定）；以及（3）提议一个扩大的、身体中心的领域，即身

---

① "Caro" 经常在与灵魂的否定性对照的意义上被使用，就像在塞涅卡著名的评论中那样："在这个败坏的居所中，灵魂自由生活。我的肉体绝不会使得我感到恐惧，或者采取一个好人不足取的伪装。"见塞涅卡的《书信》(Epistles)。"Caro" 也用于一条用来蔑视人的拉丁习惯用语中——"caro putida"（臭皮囊）。见 Harper's Latin Dictionary, New York: Harper, 1907, p.294。
② 鲍姆嘉登出生于一个虔信派教徒的家庭背景中，他当然意识到，如果早期启蒙哲学家以与教会教义相冲突的方式来建立他们的理论的话，他们就ействор面临极大的风险。他的哲学英雄，克里斯蒂安·沃尔夫，就被驱逐出哈雷（鲍姆嘉登在这里学习，后来在这里任教），因为他的学说惹怒了那里的宗教领袖。在那个时候，斯宾诺莎和他的追随者的文本，因为有关于上帝和心-身统一的异端邪说，也经常被焚毁。总之，鲍姆嘉登不得不将美学引进的那个宗教意识形态占统治地位的环境，对强调身体的哲学是完全无法容忍的。
③ 在《哲学实践》(Practicing Philosophy) 的"导言"中，关于哲学从一种丰润醇厚的生活艺术退化为一种纯粹的学院理论学科的历史原因，我提供了一些尝试性的猜想。我提供的这种解释，在很大程度上建立在皮埃尔·阿多和米歇尔·福柯的工作之上。不过，我自己的大量努力，被投入去探究将哲学实践当作一种具体化的生活艺术的可能性和范型。

体美学，它能对许多至关重要的哲学关怀作出重要的贡献，因而使哲学能够更成功地恢复它最初作为一种生活艺术的角色。

三

身体美学可以先暂时定义为：对一个人的身体——作为感觉审美欣赏（*aisthesis*）及创造性的自我塑造场所——经验和作用的批判的、改善的研究。因此，它也致力于构成身体关怀或对身体的改善的知识、谈论、实践以及身体上的训练。如果我们把反对身体的传统哲学偏见放在一边，仅仅回想一下哲学的认识、自我认识、正当行为和追问善的生活之类的中心目的，那么身体美学的哲学价值就可以在好几种方式上变得条理清晰。

（1）由于知识在很大程度上建立在感性认识——其可靠性经常被证明是可疑的——之上，因此，哲学总是通过将感觉递交给推论的理性，而涉及对感觉的批判，以及揭露它们的局限和避免它们误导。哲学在这里的工作（至少在西方现代性中），已经被限制为对构成传统认识论的感觉陈述的某种二阶（second-order）的批判分析。相反，身体美学提供的补充路径是：通过给某人身体的改善指导，去改正我们感觉功能的实际执行，因为感觉是属于身体并且以身体为条件的。

这种身体美学的策略具有古老的哲学根基。苏格拉底自己就肯定身体照料有至关重要的作用，并通过常规的舞蹈训练和朴素的生活，"注意训练他的身体和将它保持在一个良好的状态中"。"身体，"他断言，"对所有的人的活动都有价值，在它的所有利用中，至关重要的是，它应该尽可能地健康舒适。即使在被认定为要求最小身体协助的思想活动中，每个人都知道严重的错误，常常是经由身体的不健康而发生的。"①

……

承认身体训练是通向哲学启迪的基本方式，导致了亚洲的瑜伽、禅定和太极拳的练习。像日本哲学家汤浅泰雄所强调的那样，"个人修行"或者修行（*shugyo*），在东方思想中被认为是"哲学的基础"。这种修行训练，具有必

---

① 参见 Diogenes Laertius, *Lives of Eminent Philosophers*, Cambridge: Harvard University Press, 1991, vol.1, p.153, p.163; Xenophon, *Conversations of Socrates*, London: Penguin, 1990, p.172.

需的身体成分,因为"真的知识,不能仅仅依靠理论化的思考获得",而只有"通过'身体的体悟或领会'(*tainin* 或 *taitoku*)"而获得。① 像这些古老的亚洲练习一样,当代西方的身体训练,如亚历山大技法(Alexander Technique)、费尔登克拉斯方法(the Feldenkrais Method)和生物疗法,都通过培养对身体运行的高度关注和掌握,寻求改善我们感觉的敏锐、健康和克制,同时也将我们从损害感觉性能的习惯和缺点中解放出来。② 从这种身体美学的视野出发,不是由否定我们的身体感觉,而是由对它们的完善,而增进对世界的认识。

(2)如果自我认识(而不只是对世界事实的认识)是哲学的首要认识目的,那么就一定不能忽视对一个人的身体维度的认识。身体美学不仅关注身体的外在形式或表现,而且关注它那活的经验,从而致力于改善我们对身体状态和感受的意识,进而提供对我们短暂的情绪和持久的态度以更加重要的洞见。因此,身体美学能够展示和改进那些身体故障,这些故障即使影响到我们的安康与行为,也通常不被发觉。

……

(3)哲学的第三个重要目的是美德和正当行为,为此我们不仅需要认识和自我认识,而且需要有力的意志。由于行为只有通过身体来实行,我们的意志力量——像我们想要去行动的那样去行动的能力——依赖于身体的功效。通过身体美学对我们身体经验的探察和修炼,我们能够获得对有力意志的实际运作合乎实际的、"躬行"(hands-on)把握——一种对意志在行为中的具体运行的更好掌握。如果我们不能使我们的身体执行意志,对正当行为的认识和欲望就将落空;我们对执行最简单的身体任务的令人惊讶的无能,正好与我们对这种无能的令人惊骇的无知相称,这些疏忽源于缺乏充分的身体美学意识。

---

① Yásuo Yuasa, *The Body: Toward an Eastern Mind-Body Theory*, Albany: SUNY Press, 1987, p.25. 在汤浅的后一本书 *The Body, Self-Cultivation, and Ki-Energy*(Albany: SUNY Press, 1993)中,*shugyo* 一词被翻译为"自我修养"(self-cultivation)。日文 *Shugyo* 由两个分别表示"掌握"和"行为"的字合并而成,在字面上意味着"掌握一种行为",但是,这种要求自我修养和自我掌握的观念,是固有的和根本的。

② 我已经在"Die Sorge um den Körper in der heutigen Kultur"中分析了这些练习,在这里我只是指出少数重要的原始资料的例子。F. M. Alexander, *Constructive Conscious Control of the Individual*(New York: Dutton, 1924)和 *The Use of the Self*(New York: Dutton, 1932);Moshe Feldenkrais, *Awareness Through Movement*(New York: Harper Collins, 1977)和 *The Potent Self*(New York: Harper Collins, 1992);以及 Alexander Lowen, *Bioenergetics*(New York: Penguin, 1975)。

……

（4）对美德和自我把握的追求，在传统上被整合在伦理学对更好的生活的追求之中。如果哲学关注对幸福的追求，那么涉及作为我们愉快的场所和媒介的身体的身体美学，显然应该得到更多的哲学关注。即使所谓纯粹思想的快乐和刺激，（对我们有肉体的人类来说）也受到身体条件的影响，也需要肌肉收缩。因此，通过增进身体意识和修炼，思想能够得到强化和更好地享受。近来哲学的一个非常悲哀的奇特性是：致力于痛苦的本体论和认识论的探究是如此之多，而致力于痛苦的心身的管理，致力于痛苦的驾驭和向宁静或愉悦的转变的探究是如此之少。①

（5）这四个被忽视的要点，并没有穷尽身体学作为哲学的中心的方法。米歇尔·福柯的那种作为铭记社会权力的温顺、柔韧场所的生殖身体景象，显示出身体学能够为政治哲学扮演至关重要的角色。它为复杂的权力谱系怎么能够在没有任何要求它们变成清晰的法律或正式强迫它们的情况下被普遍地操练和再生产，提供了一种理解方式。因此，整个统治的意识形态，能够由根据身体标准对它们的编译而隐蔽地物化和维护，这种身体标准，像身体习惯一样，典型地变得信以为真，从而逃脱批评意识。例如，"体统的"妇女说话轻柔、亭亭玉立、吃食挑剔、坐着两腿并拢的假定，以及在（异性）性交中的被动角色或下面的位置的假定，所有这些都作为维持妇女没有授权但又获准全部正式自由的肉身化的标准而起作用。然而，如果压制性的权力关系，能够对在我们自己的身体中得到编码和支持的负有法律责任的身份施加影响，那么，这些压制性的关系自身，就有可能被另外的身体实践所挑战。这种福柯式的要旨，被近来的女性主义者和同性恋理论家富有成效地接受，已经长期成为像威廉·赖希和摩西·费尔登克拉斯等身体临床医学家的项目中的组成部分。

---

① 当然，愉快并没有穷尽身体美学——像美学那样——应该检验和获得的有价值的感受。但是在挑战愉快对所有价值的垄断中，我们不应该轻视愉快的价值，不应该将它的深度和种类的范围降低到最小的限度。有关这个问题的争论，见 Alexander Nehamas, "Richard Shusterman on Pleasure and Aesthetic Experience"（和我的回应），*Journal of Aesthetics and Art Criticism* 56(1998), pp.49–53。也见与 Wolfgang Welsch 的一个类似的交流，"Rettung durch Halbierung? Zu Richard Shustermans Rehabilhierung ästhetischer Erfahrung," *Deutsche Zeitschrift für Philosophie* 47 (1999), pp.111–126; "Provaktion und Erinnerung: Zu Freude, Sinn, und Wert in ästhetischer Erfahrung," ibid., pp.127–137。

（6）超出已经提到的认识论、伦理学和社会-政治哲学的根本问题之上，身体还在本体论中扮演至关重要的角色。尼采和梅洛-庞蒂展示了身体的本体论中心，即身体作为我们世界和我们自身从中交互建构地投射出来的焦点，而分析哲学则将身体作为个人身份认同和（通过它的中枢神经系统）解释心理状态的本体论基础来考察研究。①

（7）最后，在学院哲学的合法化范围之外，像赖希、F. M. 亚历山大和费尔登克拉斯之类的身体临床医学家，也肯定一个人的身体和他的心理发展之间的深层次的交互影响。身体的功能失调，既被解释为人格问题的产物，也被解释为强化这些人格问题的原因。这些人格问题自身可以要求身体为它们的适当治疗而工作。不仅瑜伽修炼者和禅师，而且健美运动员和武术从业者，也作出了同样的主张。在这些不同的科目中，身体训练形成了对自我的伦理关怀的中心，成为精神健康和心理自制的先决条件。

这七点可以提醒我们，在当代理论中，已经存在关于身体的丰富谈论。但是，这种身体谈论，往往缺少两个重要的特征。第一，它需要一个结构上的总揽或体系构造，将它那非常不同的、似乎全不相称的谈论整合为一个更有成效的系统化的领域。拥有一个全面包容的架构，能够将生物政治学的谈论与生物能量学的治疗连接起来，甚至可以将分析哲学身心相关的副现象的本体论学说与健美运动的超集原理联系起来，这应该是非常有益的。②在最通行的关于身体的哲学谈论中，第二个缺乏的东西是：一个清晰的实用主义方向——个体可以直接转化为改善身体实践的训练的东西。这两者的不足，可以由提议中的身体美学——一个理论和实践的学科——的领域来补救。

---

① 例如，见 Friedrich Nietzsche, *The Will to Power,* New York: Vintage, 1968; Maurice Merleau-Ponty, *The Phenomenology of Perception*, London: Routledge, 1962; Owen Flanagan, *The Science of the Mind*, 2nd edn, Cambridge MA: The MIT Press, 1991.
② 虽然副现象对学哲学的学生来说是一个非常熟悉的概念，但超集（superset）概念就需要解释："超集是两种［或更多的健美运动］连续不停顿地进行的练习。"更详细的内容，见 Arnold Schwarzenegger, *Encyclopedia of Modern Bodybuilding*, NewYork: Simon and Schuster, 1985, p.161。

四

身体美学具有三个基本维度。

(1) 分析美学将身体感知和实践的基本性质，描述为我们对现实的知识和构造。这种理论化的维度，包含有关传统本体论和认识论的身体问题，也包括福柯和皮埃尔·布尔迪厄已经使之成为中心的社会政治学的探究：身体怎样既被权力塑造又被雇佣为维持权力的工具；健康、灵巧和美丽的身体标准，甚至性和性别的最基本范畴，是怎样被构造去反映和维持社会势力的。①

福柯对这些身体问题的处理方法，具有谱系的特色，即对历史上出现的不同身体学说、标准和实践进行描述。布尔迪厄的工作超出了这种描述方法，对身体标准的社会构造和使用进行社会学上的细节化的共时分析，这种分析还能够进一步由对照两个或更多的共时文化的身体观点和实践的比较分析所补充。这种历史－社会分析的价值，并不排除给具有更普遍主义倾向的身体美学的分析留有余地，像在梅洛－庞蒂和更传统的关于心－物关系的本体论理论中所发现的那样，这种传统本体论形成了诸如二元论、副现象主义、消解唯物主义（eliminative materialism）、机能主义、突现主义（emergentism）以及它们各自的亚变种之类的学说。

(2) 与逻辑（无论是谱系的还是本体论的）是描述性的分析身体美学相对，实用主义身体美学通过提议身体改善的特殊方法和从事于它们的比较批评，而具有特出的标准的、规范的特征。由于任何提议的方法的生存能力，都依赖于关于身体的某种（无论是本体论的、心理学的还是社会的）事实，这种实用主义的维度总是预先包含分析的维度。但是，它不仅通过对分析描述的事实进行评价，而且通过提议以不同的方法重塑身体和社会去改善某种事实，从而超出了纯粹的分析。

在人类历史的漫长历程中，有大量不同的实用主义科目被推荐去改善我们的经验和身体的作用：不同的食谱、身体的刺扎和刺割和诸如亚历山大技

---

① 例如，见 Michel Foucault, *Discipline and Punish*, New York: Vintage, 1979; *The History of Sexuality*, vol.1, *An Introduction*, New York: Vintage, 1980; vol.2, *The Use of Pleasure*, New York: Vintage, 1986; vol.3, *The Care of Self*, New York: Vintage, 1988; Pierre Bourdieu, *The Logic of Practice*, Stanford: Stanford University Press, 1990; "La Connaissance par Corps," in *Meditations Pascaliennes*, Paris: Seuil, 1997。

法、费尔登克拉斯方法、生物能量学、罗尔芬按摩疗法等现代心理身体临床治疗。这些不同的实践方法，可以被粗略地区分为外观形式和经验形式。外观身体美学，强调身体表面的外观；而经验科目，喜欢集中在它的"内在"经验的审美性质上。这种经验方式，旨在使我们在这两个含糊的惯用语（它刚好反映了美学这个术语的模糊性）的意义上——不仅使我们经验的品质更令人满意地丰富，而且使我们对身体经验意识更加敏锐和细致——"感觉更好"。美容实践（从化妆、发型制作到整形手术），表明了身体美学的外观方面；而像瑜伽、禅定或费尔登克拉斯"通过运动的认识"，在提高品质和感知敏锐性这两者的意义上，都是经验模式的典范。①

……

（3）不管我们怎样划分实用主义身体美学的不同方法论，它们都必须与它们的实际实践相区分。我将这第三个维度称为实践的身体美学。它不是制造理论或文本的事情，甚至不是提供身体关怀的实用主义方法的文本，而完全是通过针对身体自我完善的明智地规范的身体操作，对这种关怀的实际实践（无论是采用表象、经验还是执行模式）。这种实践维度不是与说有关，而是与做有关，它最被学术人的哲学家所忽视，这些哲学家对推论逻辑的承诺，在这种语境化的身体中典型地终结了。对实践身体美学来说，说得越少越好，如果这意味着从事更多的实际练习的话；但是，不幸的是，它常常意味着实际身体练习只不过完全被哲学实践遗弃在外。不幸的是，在哲学中没有说就典型地意味着没有做，因此，身体练习的具体活动，必须被强调地命名为身体美学至关重要的实践维度，它被构想为一个关系到自我认识和自我关怀的综合性的哲学学科。

---

① 当然，我没有主张像瑜伽和禅宗的修炼（或者费尔登克拉斯和亚历山大的那些练习）整个地或首要地是为审美经验来从事的。但是，它们事实上强调了它们的审美维度和益处。例如，参见 Svatmarama Swami 的古老的 *Hatha Yoga Pradipika*（trans. Pancham Sinh, Allabad, India: Lalit Mohan Basu, 1915），其中说到"一个瑜伽修行者的身体，怎样变得神圣、充满生机、健康和发出神圣的气味"，因此他或她"变得几乎像爱神一样美丽"（p.23, p.57）。也见 Dogen "Principles of Seated Meditation," Carl Bidefeldt, *Dogen's Manuals of Zen Meditation*, Berkeley: University of California Press, 1988。

五

通过略述身体美学的三个主要维度以及它的表象与经验模式，已经对身体美学究竟意谓什么作出了解释，现在，我要转向由本文的标题的另一半所引发的问题。如果身体美学被当作"一个学科的提议"来倡导，它可以是一种怎样的学科？它将怎样或者应该怎样与传统的美学和哲学学科发生关联？

第二个问题很容易回答。在提议身体美学作为一个学科中，我审慎地利用了学科的双重含义：作为学习或教育的一个分支和作为训练或练习的一种具体形式。显然，身体美学的分析维度可以包含系统化的知识结构，例如身体标准、理想和实践的历史与人类学研究，或者心-身关系的心理学与本体论理论，等等。这些能够阐明身体作为美的场所的作用的不同知识形式，典型地处于非常不同且常常互不交叉的学科分支之中。提议身体美学作为一个学科的部分理由，正是为了构成一个学科的框架，以便在结构上联结和广泛地整合许多有关身体的研究，这些研究目前是在没有关联的探究和似乎不可沟通的学科形式中进行的。

至于我所谓的实用主义身体美学，可以作出同样的论证。从节食读物到瑜伽指南，从"整容"和体操录像到健美手册和与身心相关的治疗指南，我们发现一大批令人眼花缭乱的关于改善我们身体的作用、健康和经验的理论。在身体美学的学科标题下将它们联结起来，通过鼓励基本的共同原则和用于这些不同实践的分类和联系的区分标准的研究，可以帮助我们给这些混乱而丰富的理论一种更有生产力的秩序。相反，我确立为实践身体美学的那种活动，符合学科化的第二种意义——不仅作为理论而且作为实际的身体训练或练习的要求。

在更宽泛的学科知识领域中，哪里可以找到这种三个方面、双重联结的身体美学学科的位置？它能在已经确立的知识分支中找到令人满意的栖息地吗？或者它必须努力去构成它自己的独特肢翼去攀登学科的位置吗？身体美学的名字，意味着它可以最好落实为已经很好地确立的美学学科中的一个分支学科，反过来，美学也由于包含了身体美学而被扩展和稍微改变。

为了使这种选择更为可信，我从显示身体美学——尽管它被鲍姆嘉登的现代美学奠基方案遗漏了——对美学学科的完全成功来说是怎样必不可少的开始。无论如何，在鲍姆嘉登的美学之前的很长时间，不仅在希腊和罗马而且在亚洲的哲学传统中，对身体之美的和感觉敏锐的欣赏，都可以是我们今天称作审美的关注的中心。① 让我们考虑一下大卫·休谟(一个鲍姆嘉登的同代人)和弗里德里希·尼采。休谟以他那"每个感觉的完善"的标准观念对实践作为一种使感觉欣赏——好的批评家所要求的——变得敏锐的方法的坚决主张,明确指出了身体美学的方向。尼采以鼓吹"一个不断增强的感觉的精神化和增殖"去为生命-增进的价值而实现身体的审美潜能,对身体的庆颂,同样指明了身体美学的方向。② 这种例子也表明,如果存在身体的审美用途和愉快的多样性,就没有理由将我们细微的眼肌或无形的味蕾排除在身体美学的练习之外,因为身体美学的练习不必被限制为塑造一大堆鼓胀的二头肌的粗野意象。

因此,身体美学似乎最容易被当作美学的一个分支学科,一个像"音乐美学""视觉美学"或"环境美学"之类的业已确立的分支学科一样的东西,虽然它是一个更着重于身体的分支学科。但是,这种主张可能会引起两方面的反对。第一,其他分支学科似乎是由特殊的艺术类型或特殊的审美对象(如自然和建筑的环境)所界定的,而身体美学似乎是横跨所有审美类型的领域。这是因为它不仅将身体视为审美价值和审美创造的对象,而且将身体视为增进我们对其他所有审美对象的处理以及增进我们对非标准的审美事物的处理的至关重要的感觉媒介。例如,我们可以很容易发现,身体美学对感觉敏锐性、肌肉运动和根据经验的意识的改善,怎样富有成效地有助于诸如音乐、绘画和舞蹈(最卓越的身体审美的艺术)之类的传统艺术的理解和实践,怎样增进我们对我们穿行和栖息的自然与建筑环境的欣赏。而且,通过处理非典型地当作审美的事物——不仅包括武术、运动、冥想练习和身心关系的治疗,而且包括哲学的自我认识和自我驾驭的工作核心,身体美学预示着狭义的美学学科界限的破裂。

---

① 关于印度古典美学怎样强调身体和身体的感官愉快的一个有益的说明,参见 Rekha Jhanji, *The Sensuous in Art: Reflections on Indian Aesthetics*, Delhi: Motilal Banarsidass, 1989。这本书反驳了印度美学那种十足的超验-宗教的形象,印度美学的这种形象通过 Ananda Coomaraswamy 的著作而变得非常有影响。

② 见 David Hume, "of the Standard of Taste," in *Essays Moral Political, and Literary*, ed. E. F. Miller, Indianapolis: Liberty Classics, 1985, p.236。尼采的引文引自 *The Will to Power*(New York: Vintage, 1968),第 820 节。梅洛-庞蒂是另一位强调审美欣赏和艺术创造中的身体作用的重要哲学家。见他在《眼与心》(*Eye and Mind*)中有关绘画的说明,载 Maurice Merleau-Ponty, *The Primacy of Perception*, Evanston: Northwestern University Press, 1964, pp.159-190。

对这第一个反对有一个不客气的答复：美学的狭义定义多么糟糕！作为一个开放的、本质上可以争论的概念，美学可以吸收新的主题和实践。而且其中某些"引入的"主题对美学领域并不是真正全新的。隐约有一个将美学作为伦理学和生活艺术的关键来探究的光辉传统，一个在席勒的《审美教育书简》和克尔凯郭尔、尼采以及后期福柯的著述中被强有力地例示了的传统，它比当今对体育美学的兴趣要古老和重要得多。①

对身体美学作为美学的分支的第二个反对可以作如下表述：如果美学是哲学的分支学科，身体美学又试图成为美学的分支学科，那么根据递进的包含关系，身体美学应该也是哲学的分支学科（或分支分支学科）。然而，虽然身体美学明显涉及哲学，但就哲学分支学科所能容纳的东西来说，它似乎包含了太多其他的东西。身体美学声称不仅要从事有关身体的人类学、社会学和历史的研究，而且要进行生理学和心理学的研究。此外，通过身体美学的实践维度，它甚至还从事对传统哲学如果不是敌意的也是有害的身体训练：武术、时尚、美容化妆、健美、节食等等。如果哲学被界定为理论，那么身体美学至关紧要的实践维度不是把它关在哲学分支学科的门外了吗？

对这些反对，我看有两个可能的回应。一个是论证更宽泛的哲学观念。这种哲学观念不仅认可历史的、人类学的、社会学的和其他的经验科学对哲学研究颇有价值，而且通过回想古代作为一种身体实践、一种生活方式的哲学观念，进一步强调哲学不只是理论。由所有相关科学形成的、指向改善生活品行的哲学理想，似乎与我们的学术训练和作为概念分析专家的职业的自我形象背道而驰。这种哲学理想的完全实现，也许超出我们的能量之上，而且它当然不可能通过普通的课堂教育而实现。想象一下对一个要求身体美学讨论班的学生躺在课堂上练习赖希的性欲高潮反应以研究威廉·赖希的身体疗法的哲学教授会发生什么！要求学生减肥或做出瑜伽姿势和呼吸练习会更容易些吗？哪怕要求他们跳舞、唱歌或保持特殊的节食，对今天纯理论样式的哲学都会是极大的

---

① Alexander Nehamasm 在 *The Art of Living*（Berkeley: University of California Press, 1998）中提供了一种在苏格拉底、柏拉图、蒙田、尼采和福柯等人中的哲学的生活艺术的有趣研究。也见 Wolfgang Welsch, *Undoing Aesthetics*, London: Sage, 1997。沃尔夫冈·韦尔施凭借感性认识（*aisthesis*）的概念，鼓吹一种非常广义的美学的哲学概念，这种美学在根本上不以艺术为中心。

惊吓。但是，古代哲学学园，像稍后的宗教科目（和军事学园）一样，在这方面常常显得非常不同，它们在一种更为整全的意义上运用教导弟子的制度化的训练。尽管给习惯的学术界提出了难题，但这种理想仍然是一种令人尊敬和向往的哲学模式，一种身体美学作为分支学科可以令人满意地与之吻合的哲学模式。①

当然，还有另一条路径认可这种领域特别宽泛的身体美学探究，而且也可以包含身体实践的具体履行在内，却又依然能够使这一学科保持为美学的分支学科。我们可以简单地将美学视为不止是哲学分支学科。这种以更切近地从事人和自然科学而超越标准哲学的广义美学观念，事实上已经由20世纪某些有影响的理论家如马克斯·德索和托马斯·门罗所提倡。为了反对传统的艺术和美的哲学的限制，他们寻求创立作为知识领域中的间际学科的美学，这种美学将独立于哲学，是一个有自己特别的期刊和"独特院系"的学科。②通过进一步扩展这个观念，我们可以将美学当作除理论追求之外还包括摄制、表演、艺术批评和其他美学实践在内的学科。尽管这个扩展的美学学科观念对绝大多数哲学系来说非常陌生，但它对在其他学院——如音乐、艺术、舞蹈和烹饪等学院中的工作来说，是非常熟悉的。

在落实身体美学为一种学科的这两种选项中，哪种选择更为可取？作为一个渴望拓宽其学科概念并使之更实践化的哲学家，我更喜欢将扩展的身体美学纳入哲学的怀抱，从而推进哲学学科的发展。我也担心作为独立于哲学的自律

---

① 对这种论点——哲学不能有效地处理身体经验，因为根据哲学的定义，它被限制在语言领域之内——的进一步的批评，见 *Practicing Philosophy*，第6章。
② 见马克斯·德索，他建立于德国美学协会和 *Zeitschrift für Ästhetik und allgemeine Kunstwissenchaft* 杂志，他的主要著作被翻译为 *Aesthetics and Theory of Art*（Detroit: Wayne State University Press, 1970）。也见托马斯·门罗，他后来帮助建立了美国美学协会和它的官方刊物 *The Journal of Aesthetics and Art Criticism*。门罗对美学独立的主张，可以在下列文献中找到："Aesthetics and Philosophy in American Colleges," *Journal of Aesthetics and Criticism* 4（1946），pp.185-187; "Society and Solitude in Aesthetics," *Journal of Aesthetics and Criticism* 3（1945），pp.33-42; 和 "Aesthetics as Science: Its Development in America," *Journal of Aesthetics and Criticism* 9（1951），pp.161-207。对于门罗为了将美学确立为一个独立的领域且将美国确立为它的首选地点而从德索（和其他人）那里借来的策略的一种说明，见 Richard Shusterman, "Aesthetics Between Nationalism and Internationalism," *Journal of Aesthetics and Art Criticism* 5（1993），pp.157-167。

学科的美学，是否在制度上能足够坚强地承受培育身体美学的挑战。但是，我至少有三种理由乐意将这些附属性的精细问题暂时不予解决。作为一个新的、尚且是大纲式的提议，身体美学还不应该把它的学科约束得太紧。它应该允许足够的自由，使它在证明对它的进步最富有成效的方向上成长壮大。其次，为了发展，身体美学必须是思想者和实践者的共同体协力完成的工作，而不是某种个人意见的声明。其明确的学科中心和界限，将最好被定义为这种共同体而不是个人。为什么我乐意留下那种附属性的和划界的细节问题不予解答的第三个理由是，在身体美学领域中从事实际工作，比划分它的精确界限具有更大的紧迫性和更大的兴趣。

六

其中某些重要问题可以通过对照两位20世纪的哲学家约翰·杜威和米歇尔·福柯引导出来，他们对在有关身体美学的三个维度上展开的工作都是很好的例证。受达尔文和詹姆斯的鼓动，杜威发展了对他所谓的"身-心"的自然主义的"突现"（emergent）解释。但是，这种本体论理论同样也受到他对F. M.亚历山大的实用主义"身-心"方法论研究的指导，对于这种方法论，杜威撰写了好几篇祝贺性文章。杜威对身-心统一的赞同，也许最受他在亚历山大技法中的具体实践练习的激发，在那里他训练了20多年，（在差不多90岁的时候）他将自己的健康身体和长寿归因于这种训练。[①]

福柯对包含所有三个主要分支的身体美学的渴求，尽管与杜威截然不同，但比杜威的追求更加引人注目。这个显示"温顺的身体"如何被表面上清白的身体-戒律为提升某种社会政治性事物而系统地塑造的分析系谱专家，同样也显现为提议可选择的身体实践去克服深埋在温顺的身体中的压制性意识形态的实用主义方法论者。

……

身体美学必须将身体差异和趣味自由的要求与介于更有争议的自然/文化区分之间的客观身体标准和身体需要的相反要求调和起来。如果身体美学能够

---

① 关于杜威身体理论和实践以及他同亚历山大的关系，见我的 Practicing Philosophy，第1章、第6章。

诉诸不是固定的身体美或愉快的定义,那么,尽管如此,它必须尽力把握这种公正的判断:某种身体形式、功能和经验比另一种可能更好或更坏。虽然这是些棘手的问题,但它们对我们美学家来说,不应该觉得特别奇怪而吃惊不已,因为它们在根本上包含了与审美主观性和规范标准之间、个人趣味和共同感(sensus communis)之间的相似的理论张力,这些理论张力构成了自休谟和康德以来的现代美学的核心。这里,身体美学仍然再一次坚定地扎根于传统美学理论的难题之中。

但是,也存在身体美学的更实际(和存在论上更紧迫)的问题,它们更值得关注。在我们文化的后现代多元主义的无序中,我们沉浸在生活风尚的意识形态中,饱受从令人困惑的变化中作出选择之苦。那么,我们应该怎样塑造和关怀我们肉身化的自我呢?用迷幻的毒品还是素食,用光头还是长发,用细托环和皮革面罩还是用类固醇和硅树脂灌注,通过穿刺、有氧运动还是普拉纳雅玛(pranayama)的瑜伽练习?在兜售的大不相同的身体美学项目中,存在进行选择的标准吗?存在将它们结合起来的好方法吗?为什么那些处于亚洲哲学中心的在哲学上丰富和在批评上深思熟虑的身体美学训练,对我们西方哲学工作仍然如此陌生?

这些问题,只显示了身体美学作为一个学科的提议所聚集和引起的问题中的一小部分。如果这些问题仍然缺乏系统处理而只是暗含在鲍姆嘉登最初的美学的"任务陈述"中;如果它们同样也由作为具体化的生活方式的古典哲学观念所蕴涵,那么身体美学就应该值得命名为哲学研究的分支,并作为哲学分支来进行研究。它最终在哲学的更宽泛领域中找到的精确位置,并不是某种我们能够保证为最初提议的东西,因为这些问题不仅依赖未来身体美学研究将采取的主要方向,而且依赖本质上有争议的哲学领域自身的变化,以及它那同样变化和充满争议的分支学科。

然而,身体美学最初似乎最好被安置在一个扩展的美学学科里。这种扩大的美学对今天身体在审美知觉和经验中所扮演的至关重要的角色将给予更加系统的关注,包括对保持在学院美学理论的边缘的身体疗法、运动、武术、美容化妆等的审美维度的关注。但是,要结合身体美学的实践维度,美学的领域也必须向旨在身体审美改善的特殊身体实践的实际的、躬行的训练,扩展它的学科关注的观念。将这些身体功课包含在内,将使美学在标准的大学课堂中更难教授或实践,但是,当它开始使我们更多的肉身化自我参与其中时,它一定会使这个领域变得更令人激动和更有吸引力。

(选自[美]理查德·舒斯特曼《实用主义美学——生活之美,艺术之思》,彭锋译,商务印书馆2002年版)

阿诺德·贝林特与《艺术与介入》

经典导读

  阿诺德·贝林特（Arnold Berleant，1932—　）是一位活跃于当代国际美学领域的重要美学家，美国长岛大学荣休哲学教授，曾担任国际美学协会主席。主要著作有《审美场：审美经验的现象学》（1970）、《艺术与介入》（1991）、《环境美学》（1992）、《生活在景观中：走向环境美学》（1997）、《重构美学》（2004）、《感性与感觉》（2010）、《超越艺术的美学》（2012），等等。

  本文节选自阿诺德·贝林特的奠基之作《艺术与介入》。"审美介入"（aesthetic engagement）概念是其美学理论体系的基点，提出这个概念的主要目的是挑战 18 世纪以来艺术欣赏的审美无利害传统，摒弃二元论，强调积极的融入、主客体的互动交融及在此基础上形成的整体。自康德以来，审美经验就一直被当成是脱离实用目的和欲望的，"审美"一词被抬高到一个至高无上的地位，艺术对象与欣赏者之间处于隔绝状态。由此带来的结果是被动的观照而非积极的欣赏，距离而非融入成为主导性的审美态度。与此相反，"审美介入"理论"主张连续性而不是分裂，主张语境的重要性而不是客观性，主张历史多元论而不是确定性，主张本体论上的平等而不是优先性"[①]，强调欣赏者以参与的姿态积极介入艺术对象或环境，反对艺术对象与欣

[①]［美］阿诺德·贝林特：《艺术与介入》，李媛媛译，商务印书馆2013版，"前言"第 3 页。

赏者的分离。这样一种认知不是来自书本,而是来自艺术实践本身。

"审美介入"有如下三个特征。一是强调审美经验的一体性,认为当审美欣赏最大程度地实现时,在创作者、艺术对象和感知者之间的传统划分不再有效,我们的感官知觉与艺术对象和环境合为一体,构成不能分解的经验统一体。二是主张连续性,认为审美经验是人类经验整体的一部分,倡导审美经验与其他经验模式、艺术与日常生活之间的联系和融合。三是强调介入性的审美态度,它确信审美欣赏需要感知者的积极参与。"审美介入"的概念与贝林特在1970年提出的"审美场"概念一脉相承,这个概念把审美情境的四个主要方面——创造性的、客观性的、欣赏性的和表演性的——结合成一个整体,很显然,这是一种与西方哲学中主客二分的二元论截然不同的艺术欣赏方式。

贝林特追溯了对艺术进行创造和欣赏的态度与方式发生流变的谱系,认为较之审美无利害理论所诉诸的传统,"审美介入"的原理建立在一个更为古老而强大的传统之上,它涵盖了艺术史的绝大部分。在哲学家和美学家那里,从亚里士多德到席勒,从尼采到杜威,从梅洛-庞蒂到德里达,"介入"原理得到了不同程度的倡导和发挥。

事实上,这个原理之所以应该在今天重新提倡,与当代社会经济和文化的发展是分不开的。贝林特认为,工业化生产带来的技术创新以及现代世界的社会变迁和感性知觉的变化给美学理论的变革提供了机会。这至少带来两方面的变化,一是审美距离的消弭,二是静观性欣赏变为积极参与。例如,我们在城市的雕塑和建筑中间行走,在观看戏剧时与表演者坐在一起,我们融入艺术,进入环境,艺术与日常生活过程的重新结合又反向地推动了这种参与的冲动。以观看风景画为例,贝林特区分了两种欣赏风景画的方式:全景式风景(the panoramic landscape)和参与式风景(the participatory landscape)。前一种方式认为我们的视域必须包含整幅画,这事实上是不可能的,因为随着观者观赏位置、角度及关系的变化,会产生不同的视觉经验。而后者则需要我们窥视空间内部,进入它,成为它的一部分。这需要一种新的观看方式,需要把绘画空间看作与观者连为一体的,而不是对立的。把这个见解扩展开去,人与周围的一切事物都是结合在一起的,环境不是外在于人的,而是在与人不断地发生相互作用。

阿诺德·贝林特在很大程度上借用了实用主义美学的反基础主义的自然主义来阐释当代艺术的新发展,他的论著充满与实用主义美学相似的论调,例如,强调人与其环境相互作用的密切关系，强调审美经验的整一性和强烈性，主张用鲜活的经验，而不是固定的对象来定义艺术，等等。与以杜威为代表的传统实用主义美学的不同之处在于，贝林特除了希望提供一个更好的关于传统的欣赏经验的解释，更试图对当代艺术革新提供说明。阿诺德·贝林特把这种新的美学精神推进到包括环境美学、当代艺术等更广阔的范围，并赋予其丰富的内涵。这样，"介入"既成为一种有效的经验方式，也成为当代美学理论的解释原则，在这样一种原则的指引下，发生最大改变的不是艺术或艺术家，而是我们欣赏的态度和能力。在他的倡导下，更具包容性的"介入"而非"旁观"的审美态度已逐渐成为当代美学发展的一种主导性潮流。

延伸阅读文献

1. Noël Carroll, *Beyond Aesthetics*, Cambridge: Cambridge University Press, 2001.
2. Arnold Berleant, *Re-thinking Aesthetics: Rogue Essays on Aesthetics and the Arts*, Aldershot: Ashgate Publishing Company, 2004.
3. Jerrold Levinson, *The Oxford Handbook of Aesthetics*, Oxford: Oxford University Press, 2003.
4. ［美］阿诺德·伯林特：《美学与环境——一个主题的多重变奏》，程相占、宋艳霞译，郑州：河南大学出版社2013年版。
5. ［美］阿诺德·伯林特：《环境美学》，张敏、周雨译，长沙：湖南科学技术出版社2006年版。
6. ［美］阿诺德·伯林特：《生活在景观中——走向一种环境美学》，陈盼译，长沙：湖南科学技术出版社2006年版。
7. ［法］莫里斯·梅洛-庞蒂：《眼与心》，杨大春译，北京：商务印书馆2007年版。
8. ［美］阿瑟·C.丹托：《艺术的终结之后——当代艺术与历史的界限》，王春辰译，南京：江苏人民出版社2007年版。
9. ［德］彼得·比格尔：《先锋派理论》，高建平译，北京：商务印书馆2002年版。

10. 朱狄：《当代西方艺术哲学》，北京：人民出版社1994年版。

（李媛媛 撰）

—— 原文：《艺术与介入》（节选）

经典原文

艺术与介入（节选）

阿诺德·贝林特 著　李媛媛 译

■ 第一篇　第二章　审美经验的统一体

　　那些同从18世纪承袭而来的美学相对立的艺术变革在艺术史上并不反常。我们无须将它们作为异常现象、一种对事物的真实而固有的过程的令人不快的偏离（尽管这种偏离是暂时的）而予以拒斥。事实上，它们在向古老得多的艺术一体化的传统靠近，这种一体化是非工业文化的至关重要的一部分。然而，主导了理解和欣赏大约两个世纪的哲学景观已经形成一种关于分离、孤立、静观和距离的美学。这个学说如此强势，以至于批评、解释和反应都受到其原则的指引和决定。这些原则如此彻底地渗透了我们的思想，以至于无人置疑，也似乎无法构想别的选择。

　　然而，理论和欣赏都必须建立在艺术中所发生之事的基础之上，而过去一个世纪艺术的发展在某种程度上改变了知觉和理解，这种变化驱使我们走向另一种不同的审美。我们已经看到，艺术对象和艺术实践发生的这些变化要求一种新的反应模式，一种可以扩展到积极参与的欣赏性注意力。它采取很多形式，有多少艺术和艺术对象，这种形式就有多少。有些参与模式是直接而显著的，而另一些则较为隐蔽。然而，所有这些都使我们超越了存在于传统态度中的静观享受的心理学模式，走向一种经验的统一。如果传统和当代都存在一种特别的艺术特征的话，那么这种特征就是要求持续不断的审美介入。无利害的静观已然成为一种学究气的、不合时宜的错误。

　　为什么艺术经验发生了如此醒目的变化？这些发展是艺术正在进行的发展演变的结果吗？在现代世界中存在推动艺术朝向新的方向发展，并强化这个过程的特殊而突出的条件吗？两种情况都可能是事实，为了回答这些问题，让我们更细致地思考一下某些推动近代艺术远离较为传统的对象和欣赏的模式和形式的力量。

在这些变化的诸多源头中，有两个特别令人感兴趣。其一是工业主义所带来的一系列技术革新；其二是现代世界的社会变革和知觉的变化。工业生产技术所带来的新的材料、对象和技巧已进入艺术世界，并深刻地影响了艺术家的语言和实践。与此同时，现代世界发生的根本性的社会变化将我们在艺术中的知觉活动重新塑造成不同的新形式。这些发展有助于说明艺术中出现的非传统的材料和技巧，它们也可以解释艺术对经验的刺激，而这在以前却毫无地位，亦无人认可。

艺术是人类文化中的一个强健的要素，它的演变不仅对于它自身的未来，而且对理解更大范围的社会都至关重要。此外，艺术是文化变革的表征和征候，这在今天再明显不过了。因为艺术——无论通俗还是高雅——以前所未有的多样性和广泛性渗入了现代社会。并且，它们受到的关注也更为集中，而艺术公众的范围及其影响可能比古典时代以来的任何时候都要大。然而，这种影响是相互的，因为社会和技术的发展本身已经深刻地影响了艺术的实践和对艺术的经验。

希望现代社会的工业变革不会对艺术产生影响，这是很奇怪的。令人惊讶的是，传统的制作和欣赏艺术的方式能长期保持不变。但是，现在，我们身上已发生了这种变化，我们发现用传统术语来解释它们和用杠杆原理来说明核发电器的能量同样困难。工业技术改变了艺术对象，它同样改变了其他的人造物品，并且更为微妙而深远地改变了我们与它们的关系。但是它采取什么样的方式呢？

找出过去的艺术对象的典型特征并不难。它们在很大程度上源于这样的事实：这些物品是由有手艺的工匠使用相对简单的手工工具生产出来的。[①] 这些对象兼有以下特征：复杂的工艺、独一无二的设计，以及由于生产它们所需的大量劳动而导致的"物以稀为贵"。由于其生产方式，传统艺术对象带有人工手艺和容易出错的特点，常常显示出相当大的不规律性，并且在制作过程中有大量的作出不假思索的、出于直觉的决定的机会。并且，由于这种艺术承担大

---

① 这一论述某种程度上来自 Lewis Mumford 的富有启发性的发现。见他的 *Technics and Civilization*（New York, 1934）。

量功能，如有助于宗教崇拜或记载人或事件，艺术家们被迫在材料选择、抽象能力及其可以唤起的观众反应等方面受到严格的限制。

与此同时，美的艺术有庆祝的特征，因为它们与宗教仪式和社会特权的各种形式联系在一起。这促成了这样一种发展，即在人的实践活动（它要求无条件地服从有用性）和审美享受的艺术活动（它与实际事务割裂，并因其自身的价值而受到重视）之间进行严格的区分。与这种考虑相伴而生的是在美的对象和有用的对象之间的明确区别。艺术对象受到特殊对待，它们由于其年代、由于其赞助人或主人的地位而受到珍视和尊崇，并作为拥有内在永恒的价值的东西而受到保护。并且，这些特点并不仅仅是过去艺术的描述性特征，它们还带有一种很强的标准化内涵。人们期待艺术拥有的正是这些特征。

工业技术改变了这一切。它使我们周围的事物具有全新的特征，这些特征在当代艺术中得到反映。我们现在不再拥有独一无二的、具有复杂结构、手工生产的、少量而昂贵的对象，而是拥有大批量生产的、设计简单、价格经济的同质化物品。传统艺术对象的不规则性和可误性，以及以前生产它们时的直觉态度都让位于由仔细计算决定的精确无误。对象不是因其年代和耐久性而受到珍视，相反，我们重视事物的光亮如新，这些事物因变化和改良而具有消费性。

像由传统方法生产的艺术的特点一样，这些新的特征开始具有审美标准的特质，并使艺术生产有了新材料、新对象和新技术。艺术从服务于历史准确性和信仰目的中解放出来，这促成了它们的抽象倾向。与此同时，它们通过其功能融入日常生活的交易之中，用对人类日常生活过程的专注取代了孤立的艺术对象。艺术家们现在随意地使用新技术生产的材料，如塑料、丙烯、机器零部件、电子声音、泡沫聚苯乙烯和泡沫橡胶，他们利用日常物品，如报纸、厨具、剧院帐幕，以及日常场景，如工厂工作和装配线。他们使用非永久性的材料，如树叶、纸、光、气球和新技术生产的大众文化的诸多元素，如连环画和街道上的喧哗。视觉艺术家们钻孔、焊接、让水滴淌和泼溅。作曲家用电子设备处理录音，并合成新的作品。而使用多种媒介的艺术家用计算机来作曲、设计、写作、画画。在使用工业文化的材料、对象和技巧的背后，是生产它的科技带来的启示。

这并不是近来才出现的一个趋势，因为我们时常忽视了很多艺术长期以来对现代世界的材料变化是多么敏感。我们忘了一个世纪以前，修拉、西涅克和克罗斯发明了点彩画法，作为一种生产绘画的方法，它借用了现代技术的机械技巧、科学研究的分析方法和光学原理。我们没能回想左拉是如何将小说视为一种科学实验的典范，并使小说家变成观察者和实验者的，与此同时，自然主义小说是如何对进化论生物学的观点作出回应，并揭示了新兴的工业社会的情况的。

科技不断地对关于艺术生产的理论及其结果产生深远的影响。莱热等立体主义画家在他们的绘画中从机器的几何图形转换到自然界的几何图案，而格罗皮乌斯和包豪斯则在机器中发现了现代媒介和设计原理。再后来，画家们把科学概念和科学术语运用到他们的作品中，例如，欧普艺术家参与新趋势，他们创造了由很多小几何单元组成的统一图案，称之为周期结构，并称其作品的元素为信息，称其成分排列为编程。作曲家也以类似的方式作出回应，他们称乐谱为"时–空"，并使用数学和自然科学的图表、统计图、符号编码、法则和公式。计算机和音乐的音响合成器等技术工具现在很平常，而磁带上的录音既帮助了表演者，又取代了他们。

录音技术本身通过各种各样的操作改变了音乐对象，如通过平衡扩音器、回声室、多轨录音和录音带的拼接和剪辑。甚至可以说，录音把音乐变成了集体生产，它是作曲家、表演者和录音师通力合作的结果。有评论家声称，录音使现场音乐会变得过时。[①] 录音改变了对表演的要求，以至于录制的音乐成为一种不同于现场音乐的艺术。例如，常常把音速放快，以消除死点。在现场表演中，人们会发现，表演者在间隙时会为下一步做准备，而录像则用直接推进到下一个音符来取代这一视觉场景。并且，录制的表演技术上的出色通常是由于多个镜头接合而成。音乐不再作为一种全新的再造行为而存在和发展；更恰当地说，它像机器生产那样构造而成。

机器的精准性和标准化也采用其他形式，如极简派、欧普艺术家和某些波普艺术家使用重复的图案和数学般准确的线条和排列。甚至在当代艺术的对象似乎否定这些特征时（如偶发艺术、波普艺术，以及当今的表演艺术中有时会

[①] 这方面的一个引发争议的例子是 Edward Rothstein 的 "Making-Believe Crazy," *New Republic*, 1986 年 8 月 25 日，第 28~29 页。

出现这种情况),这些艺术形式仍然很容易被理解为对工业化带来的技术变革和与之相伴的大众商业文化的评论和反对,而不是自然产生的发展。[①]工业革命最终延伸到艺术领域。

尽管艺术的机械化的确似乎有时削弱了人的创造因素,但这并不是技术本身的内在缺陷的一个标志。相反,它暗示了创造性想象力的新形式和新方向。例如,电子技术产生了新型的音乐作品,因为电子合成器可以用乐器无法直接采用的方式来生产和组合声音。其他当代艺术也有类似的例子。传统的雕塑技术显示了一种手工艺技术,作为个体的雕塑家从粗糙的、没有形状的石块中设计并制作他自己的雕刻作品。当青铜成为令人满意的材料时,雕刻家开始用蜡或黏土来生产模型,以制作模具,而工匠用青铜来浇铸。雕刻家不仅让其他人用他的模具来制作铸件,而且还让他们用小的纸片制作金属薄片的雕塑(毕加索就是这么做的),并根据设计图和草图建造大型的建筑物(大卫·史密斯就是这样做的)。此时,有些艺术家利用新的、废弃的活动工业技术产品,有时只是像达达主义者、构造主义者和废品雕塑家那样对作品进行选择或将其安置在底座上。

然而,或许同时发生的最显著、最具启发性的事件是摄影术和电影摄影机的出现带来的戏剧艺术的变革。传统戏剧仍在发挥作用,尽管这种作用可能减弱了,影响更小了,观众数量也变少了,同时,新的技术产生了新的艺术。其中,定影在电影胶带上的图像快速地接连放映,以制造运动的幻觉,这种技术的出现取代了人们的实际活动和谈话。机械方法取代了演员和观众之间的旧式关系,但是创造了一种新的、强烈的经验,在这里,电影观众可以不必采用欣赏传统戏剧所必需的惯常的、时常僵硬的幻觉。取而代之的是,通过杰出的机械发明,观众离开电影本身,进入了一个新世界。

与工业技术的广泛影响带来的艺术的材料和对象的变化相伴而生的是新的知觉活动,后者源于社会的根本变化。贵族艺术不得不对与日俱增的民主化作出回应。艺术不再仅仅为帝王将相服务:它必须满足新的大众的需要,满足明星制的经济需求和消除从业艺术家为争取可靠稳定的收入而联合起来形成的压

[①] 见 J. P. Hodin, "The Aesthetics of Modern Art," *Journal of Aesthetics and Art Criticism*, vol.2, no.2, pp.184-185。

力。艺术管理已经从制作人转至公司。人口的分隔让位于人口的大规模聚集，并进一步通过媒体而联合成国家性或世界性的观众群。大众工业文化及艺术生产、分配和消费的扩张超越国界，遮掩了局部文化和地域文化。

这些社会变革与艺术实践和知觉之间的关系仍然模糊不清，但是它们的影响不可否认、意义深远。当社会变革与工业技术结合起来时，就产生了新的制作和感知艺术的模式。其中一个新进展就是在知觉性质的类型和范围以及审美知觉认可的对象等方面呈现出极大的包容性。我们被要求去感知以条纹或块面形式排列的色块之间的相互影响以及区分单色画布难以判定的价值等级。电子乐器极大地扩展了我们听到的声音的频率范围、音色和节奏的复杂性。光令我们目盲，镜子让我们震惊，无拘无束的舞蹈姿态语言令我们兴奋不已，对电影着魔般的全神贯注令我们欣喜若狂。我们在雕塑中间行走，在环境中和勇于创新的建筑结构中调整我们的空间秩序感，我们与戏剧事件中的表演者坐在一起。我们在别人的安排下观看亵渎神圣、令人憎恶、世俗平庸、商业化的事物；听车辆或滴水的声音；随着强烈音响的节拍摇摆，在频繁出现的暴力面前卑躬屈膝。

当代艺术不仅极大地扩展了传统审美的感觉和对象的范围，而且还利用了以前从不允许使用、至少是没有被意识到的感官能力。当然，对我们的触觉和肌肉运动知觉的敏感性的迎合出现了一个重大变化，即将审美知觉的界限扩大到超越传统的视觉和听觉等审美感官。伴随着我们知觉反应之扩张的是审美禁忌的打破，其中最为意义重大的是反对肉欲的禁忌。[①] 做一个视觉的精神主义者要比做触觉的精神主义者更容易，随着触觉的纳入，允许在舞蹈、雕塑、电影和小说中公开展示性爱。当在艺术中，性变得越来越平常之时，艺术家们继续扩展艺术的边界，使之僭越了通常的性变态、极端怪诞、排泄物和死亡等禁忌。

审美感性的扩张至少在当代艺术的知觉经验中引起了两个重要变化。我们已经细致地探究了其中的一个变化，即穿越欣赏的距离，从观照性的欣赏转变为积极的参与。因为审美介入将对象和欣赏者、艺术家和艺术对象、创作者和

---

① 见我的文章"The Sensuous and the Sensual in Aesthetics," *Journal of Aesthetics and Art Criticism*, vol.23, no.2, pp.185-192。

感知者联合在一起，并使所有这些因素都在表演的积极影响下结合起来。思考一下艺术怎样有意地消弭审美经验各主要因素之间在知觉上的分离是有趣的。当听众面对震耳欲聋的音乐，不再能保持静观性的远离时，当表演者和观众被声响包围时，当聚光灯令人目眩地照射着观众时，当演员和舞者经过观众，有时从观众席中入场时，当构建的环境要求人们必须进入或通过时，当雕塑和装配艺术的镜子般的反光面将观众纳入作品，使之既作为图像又作为通过感知作品的行为而进入其中的参与者时，当欧普艺术扭曲了徒劳地试图达到统一性的眼睛时，当没有情节的电影要求观众赋予流逝的时间以动人的幻象时——这个目录可以无限延伸——艺术对象不可避免地成功地对欣赏者产生影响。① 如同在行动绘画和表演艺术中一样，有创造力的艺术家以类似的方式与对象合为一体；如同在某些形式的现代民族即兴舞蹈和观众参与的戏剧中一样，创造者和感知者联合在一起；如同在偶发艺术、表演艺术和电脑小说中一样，表演者变得与其他所有人相似。审美情境的所有要素以连贯的、交互作用的形式结合在一起，以构成一种统一的经验。

然而，在知觉经验中发生的另外一个变化是日常生活的特质有意地与艺术相融合。生活与艺术之间的关系总是为小说提供动力，并且从20世纪早期以来就成为先锋派的信条，但是在很多当代艺术中，它成为一个重要的主题。② 艺术反映这些特征的最为引人注目的方式是使用偶然因素。任意音乐、行动绘画，需要读者从各种可能结局中进行选择的文学作品，这些都将日常经验的偶然性用艺术形式来体现。艺术家也通过使用日常生活中的素材，如平淡无奇的事件、普通的物件和日常谈话，将艺术与生活合而为一。例如，约翰·凯奇的音乐把各种噪音作为声音材料纳入。凯奇发现"人们可以把日常生活本身当成

---

① 一个著名的例子是由乔佛瑞芭蕾舞团表演，杰拉尔德·阿尔皮诺编排的芭蕾舞《阿斯塔蒂》，它使用摇滚乐和设置闪光灯，以造成一种令人心醉神迷的场景。另一部是皮埃尔·布列兹的作品《应答曲》，在这部作品中，第一圈有六位独奏环绕着指挥，每位独奏的身后都有一个扩音器，它使其演奏产生一种经电子设备调节后的回声，接着是站得远一点的演奏者，最后一圈是观众，在观众的身后安置了扬声器。近来对于环境音乐的兴趣至少可以追溯至文艺复兴时期威尼斯的安德烈·加布里埃利和乔万尼·加布里埃利的对唱铜管乐合奏。

② 约翰·凯奇曾经指出，流行艺术的风格和题材来自商业和广告，它营造了一种让人们走出去购买的环境，并使这种素材脱离这一背景。这种实践主张在这里仍然存在，而流行艺术从中获取具有讽刺意味的意义。

戏剧来看",他本人也对偶发艺术的发展产生了影响。

虽然偶发艺术是一个短暂的艺术阶段,但是它既作为新的感知性审美的例证,又影响了其后的运动。偶发艺术不仅把审美场的所有要素综合成一项单独的创造性活动,而且有意地从正在进行的日常生活过程以及工业物品和活动中提取主题和材料。当旁观者被纳入活动之中,并被迫对一个新环境、一次奇遇、一次对于习以为常的事情和事件的拙劣模仿作出反应时,观众就成为作品的一部分。偶发艺术或许在雷吉斯·德伯雷那里得到了最为充分的扩展,他把一次革命看成一系列协同合作的游击队偶发艺术。事实上,他的一些崇拜者参与偶发事件,将其当成为将来使用枪支弹药的事件做准备的训练。王尔德关于"生活模仿艺术"的格言在这里得到了最佳证明。

抽象拼贴画和雕塑中使用的拾得物(*objects trouvés*)有意地从最不可能采用的、平淡无奇的资源中获得联想,它引发了对社会信念和实践的拙劣模仿、讽刺或直接批评,同时增强了人对日常环境的意识。当代舞蹈动作设计者常常从日常活动和普通的姿态中发展他们的艺术,如莫尔斯·坎宁安的《如何传球、踢、倒和跑》(顺便提一句,它配的是凯奇的音乐),或崔拉·夏普的《陷入绝境》。与日常经验状况的这种交互作用长久以来一直是电影的一个部分,在当代电影中,这种相互影响最为强烈,它关注日常事件和场域的可见细节。在描绘时空中自由运动着的真实表层时,电影接近了生活的直接性和随意性。电视纪录片和戏剧利用了这种媒介引导观众进入与具体人物和人类境况亲密接触的能力。波普艺术和视频艺术中使用的图像也从它们与日常生活的对象和事件的联系中获得力量。例如,罗伯特·劳森伯格否认在"神圣艺术"和"世俗生活"之间的任何区分,并坚持"在二者之间的缝隙中"工作。实际上,如他曾经评论的那样:"没有理由不把世界看成一幅巨大的绘画。"①

这里,戏剧加入了其他艺术。任何事物都是合适的话题,用最为平直的话说,从自由主义和种族关系到同性恋、残疾人、军事问题和性行为。情节的距

---

① 凯奇发现,"当今艺术的义务——道义(如果你愿意的话),就是强化、改变知觉注意,因而强化、改变意识。关于什么的注意和意识?关于真实的物质世界的注意和意识,关于我们所见、所闻、所尝、所触的事物的注意和意识"。见凯奇访谈 "We Don't Any Longer Know Who I Was," *New York Times*, 1968 年 3 月 16 日, D9。 见 "An Interview with John Cage," *Tulane Drama Review*, 第 10 期, 1965 年冬, 第 66 页。

离逻辑退隐了,取而代之的是我们从未用心去注意的生活的平凡细节,如一位男士坐在椅子上或一位妇人拿起一个杯子或轻启樱唇等动作,哈罗德·品特是表现这些活动的意义的大师。世俗的秘密取代了戏剧的形式,我们不是停留于剧作家提供的结构,而是必须继续前行,到达自身注意力的顶点。① 女性主义诗人、黑人诗人和颓废诗人联合起来,因为他们都不能容忍那些排除了日常生活巨大压力,并以辞藻极其华丽的作品来予以回应的诗歌。

在建筑和电影中,艺术再明显不过地与生活环境结合在一起,较之其他艺术,它们或许更好地体现了当下艺术的活力。奥古斯特·雷诺阿曾经评论说:"绘画与木工或铁艺一样,是一种工艺,因此它们遵守共同的法则。"艺术家总是知道艺术体现了一种技术,从语源学上看,它的字面意思是连接或组合。但是,在现代建筑和电影这些工业技术的产品中,这种结合最为显著。建筑和电影体现了一种功能美学,前者显然是人类活动的汇集,而后者则是有趣的创造和关于这种创造的评论。例如,钢铁结构和玻璃结构的摩天大楼是一种机械建筑,如弗兰克·劳埃德·赖特所说,一种"纯粹而简单的机器",作为工业活动的典型和工业力量的杰出典范,它有一种反射的力量。格罗皮乌斯在现代摩天大楼的低天花板、装有空调的小隔间与构成哥特式教堂的基础结构的低天花板、潮湿的小房间之间进行对比。后者提醒我们在上帝面前的卑微,而前者提醒我们在金钱面前的卑微。虽然后现代建筑带来了历史和幻想的回归,但是功能性并未消失,它只是退居幕后,而以前它总是呈现在表面。而电影或许是我们这个技术时代最为非凡的艺术成果,它作为一种关于人类风俗习惯和现代文化的生动感人的描述、评论和影响而起作用。

当代艺术强调它们与艺术生产的技术性和艺术的社会功用的功能性之间的连续性,从而再一次证实了它们与人类生活的基本活动的联系。在很多方面,传统艺术的贵族式的懦弱都让位于民主化的接受和参与。无论这种影响程度如何,生活和艺术已经变得不能分离了。

这样一个冗长的目录仍然在不断得到补充,而这正是20世纪艺术的重要主旨——艺术的有意退隐和艺术与人的正常活动过程的重新结合。这使当代

---

① 见 Walter Kerr, "The Theater of Say It! Show It! What Is It!" *New York Times Magazine*,1968 年 9 月 1 日,第 10 页。

艺术既有人文的一面,又有邪恶的一面。绘画、雕塑和电影中出现了天真无邪的、原始的、异想天开的和梦境般的、绝对简单的事物,同时出现的是它们的对立面:攻击性的、奇形怪状的、野蛮的、污秽不堪的、邪恶堕落的事物。美的理想一去不复返了,取而代之的是世俗和隐秘的事物。音乐、舞蹈和造型艺术与其他艺术一起进入了一种生活的戏剧之中,在这里,所有事物都呈现在我们眼前,却什么也没有告诉我们。

因此,工业技术急遽地改变了艺术生产的方法和艺术对象,而现代世界的社会和知觉的变化推翻了审美经验的各构成因素之间由来已久的分裂。这些变化鼓励高雅艺术从社会生活领域的尊贵而孤立的位置撤离,回归更具整合性、更重要的位置,在其他任何一种丰富多彩的文明中,这才是它们通常所在的位置。虽然毫无疑问,不同的因素共同起作用形成了人类世界和我们这个时代的艺术,但是,工业制度的技术和它们不可避免地引起的人类生活和经验的变化确实是影响我们时代的艺术的最为强大而普遍的力量。

关于这些使艺术发生变革的进展的审美理论的意义何在?我们难道不能把以上所回顾的革新当成纯粹的例外,抑或艺术史上的几次越轨吗?它们有可能仅仅是自我放纵的呼吁和孩子气的兴趣,或者屈就寻找感觉的公众变化无常的趣味——这种趣味是由见利忘义的艺术家和企业家们开发出来的——吗?① 我们怎样看待过去两个世纪支配着我们关于艺术的思考的一套公理?把它们看成作为一门学科的美学源头的遗产吗?一种介入的美学会为了寻求赞同和追求包罗广泛而抛弃艺术中那些具有特别意义的东西吗?

不论我们遵循哪种路线,艺术和审美活动中的这些变化都不能随意悬浮在艺术理论的表层。我们也不能通过诉诸传统概念和原理或通过特别的、不触及其基本结构的解释来修改它们,从而使这些革新合法化。这些变化并不是外围的,或仅仅是在高雅艺术的保守进程中的一种越轨。相反,它们是艺术进步的主要推动力,并扩展了艺术的力量和范围。与此同时,在着手说明艺术的这些发展的时候,我们并没有预先承诺它们的价值。艺术的伟大成就与较小的成就以同样的方式发生,美学应该解释,而不是判断。对我们来说,这里比伟大

---

① Jerome Stolnitz 把这些革新描述成一种孩子气的放纵,见"The Artistic and the Aesthetics 'In Interesting Times'", *Journal of Aesthetics and Art Criticism*, vol.35, no.4, p.411, p.412。

更为重要的是艺术所采取的形式和过程。因为用旧的、约定俗成的标准来判断新的、不同的艺术会很容易产生失误。然而，这种"证明"是根据带有偏见的标准，以及结论事先确定的程序（即循环论证，question-begging）得出的。在一项研究的结论部分，而不是在一开始对价值进行判断，会有益得多。在艺术中，我们太善于在发现一部作品的特殊倾向并知道怎样介入它之前就进行价值判断。价值是这个过程的结果，是一个对象有效地在审美情境中起作用的结果。事先决定价值阻挡了经验新的和出乎意料的东西的可能性，并限制了我们掌握它们的能力。

然而，一种包容这一发生于艺术中的根本变化的美学并不必去否定过去的艺术。事实上，一种新的理论语境可以使传统艺术重获新生，其方法是使它们更容易为现代鉴赏力所接受。因为艺术并不是永恒的，我们用来经验艺术的知觉和意识的模式也不是永恒的。这就是为什么优秀艺术的阐释的丰富性引导我们超越了对象固有的性质，并使之适应新的环境的原因。因此，艺术可以比解释它的理论更为耐久，并通过一种更具包容性的审美而增强力量。一种可以将当代艺术与传统艺术联合起来的审美理论将有助于重新确立我们与艺术传统的联系，它们不再是储存逐渐过时的奇特事物和圣迹的仓库，而是通过历史性的共鸣而得到扩展的现代社会中的鲜活力量。

有一种美学可以取代启蒙运动时期的距离和无利害的美学，在西方文化中，后者是一段历史，而不是传统。尽管它起源于远古，并且有着深刻的根源。但是，这个世界上关于人的内在本性的观念长期以来作为一条暗流在涌动。它体现在万物有灵论中，即相信精神存在于所有事物——有生命的和无生命的、人类和非人类——之中。它是狄奥尼索斯式的迷狂的核心，古典时代以来的静观传统一直以怀疑和不友好的态度对待这种状态。它存在于神秘主义中，即人与场域、人类与宇宙万物的融合。在通过祭祀物品和典礼活动而使社会集团联合成一体的具有内聚性的仪式中也可以发现它。它出现在集会、体育竞技、游行、马戏表演等社会集体活动中。它是友谊和爱的行为的核心。介入是行动世界、社会交流、人与人之间的相遇和情感遭遇、游戏、诸如浪漫主义的文化运动等事物的显著特征，正如我们这里所主张的，它也是以一种紧密而吸引人的方式将我们纳入艺术、自然或人类世界所构成的情境中的直接而强有力的经验的显著特征。①

尽管我们今天与艺术的相遇具有复杂性，但是有一条理论法则来自这一经验基础。它围绕介入的观念展开了一种说明，这种说明具有广泛性、包容性和流动性，能够对现代艺术和传统艺术中丰富的对象和经验作出回应。虽然分离、距离的模式可能在分析、研究和批评中服务于有用的目的，但是这种标准使艺术经验受到外在的限制，从而造成误导。静观理论阻碍了艺术全部力量的发挥，并误导了我们对于艺术和审美实际上如何发挥作用的理解。与此相反，介入理论是在艺术活动最为突出而强烈地发生时，直接地对之作出反应。

欣赏并不是来自一种指向艺术对象的精神性的信号。相反，一种根本性的相互作用在对象和欣赏者通过不可分割的力量的相互影响、彼此回应之时，使二者联合在一起。欣赏性的知觉并不仅仅是一种心理活动，甚至不是个人所独有的行动。它建立在人与对象相互之间的介入基础之上，而这里的人与对象双方都很积极而包容。一种全面的理论必须包含相互作用，这种相互作用使审美遭遇充满活力，因为紧密的联系将关于对象的知觉和知觉的对象结合成一个无法分解的经验统一体。

艺术史提供了生动的例子，这些例子证实了艺术对欣赏的要求。文艺复兴时期的圣母玛利亚，从她的座位下逐渐铺展开放的台阶，鼓励观众靠近。夏特尔大教堂②的西入口向外延伸，侧面柱子上的雕像引导人们走进去。17、18、19世纪西欧风景画的传统构筑了场景，从而引导观众进入它的空间。实际上，舞蹈、音乐和建筑等所有艺术都要求欣赏者发挥必不可少的作用。

这样一种非正式地呈现在过去的艺术中的参与冲动，被20世纪的艺术家们当成一种基本的力量来把握。达达主义、超现实主义和波普艺术的效果并不是存在于对象或图像中，而是存在于它们与观众促成的意义和联系的相互关系中。这种欣赏的核心进一步扩展到观念艺术中，在这种艺术中，对象变得无意义或完全消失。我们已经提到需要欣赏者积极干预的绘画和雕塑、使演员与观

---

① Morris Berman 在 *The Reenchantment of the World*（Ithaca: Cornell University Press, 1981）中挖掘了科学的这段传统的历史，并辨明了它当前的力量和意义。

② Chartres，法国的夏特尔大教堂位于夏特尔市中心，是欧洲最大的教堂之一，历经多次宗教战争、法国大革命、两次世界大战而丝毫无损，被称为"石砌圣经"，1979年被联合国教科文组织列为"世界遗产"。——译者注

众融为一体的戏剧、需要读者的合作以获得连贯性和完整性的小说、把听众纳入听觉体验的音乐——这方面的材料在不断增加。[①]知觉的介入成为当代艺术的一个主要特征。

因此,审美介入使感知者和对象结合成一个知觉统一体。它建立了一种连贯性,这种连贯性至少展示了三种相关的特性:连续性、知觉的一体化和参与。连续性借助使审美经验获得同一性的要素和力量的不可分割性(尽管并非不可区分)促进了这种统一。当感觉加入意思和意义的共鸣时,知觉的一体化就以共同感觉(感觉的经验性融合)的形式出现了。欣赏者通过促成构成审美过程的各要素的统一而参与了审美。这些介入模式是怎样起作用的呢?

连续性的观念反映了这样一种理解:艺术并未与其他人类事务分隔开,而是被吸收进个人的和文化的经验的整个范围中去,却并未消弭作为一种经验模式的个性。艺术对象与其他通常不进入审美语境的对象一样起源于人类活动和生产技术。除此之外,社会的、历史的和文化的要素影响了艺术家们的所作所为,以及他们生产的艺术的用途。审美知觉必然与渗透所有知觉的意义、联想、记忆、想象等密切相关,而审美经验是人类经验整体的一部分。这里也存在交互性,因为我们在审美情境中的停留影响了更广泛的社会和个人对艺术的使用,而这些用途相应地影响了欣赏的特性。

在艺术家对没有文字记载的文化中的艺术的力量进行重新发现的时候,有一种深刻的连续感,在这种文化中,艺术作为一种把人与大地和宇宙联结在一起的仪式而起作用。一些当代雕塑家和环境艺术家仿效史前文化堆土墩和排列石头的方式,这种方式似乎表达了一种宇宙意义。古代艺术的影响力既证明了也象征着这些艺术家们对于艺术的社会意义和功能的认可。[②]在对壁画的修复的兴趣中和关于场所与人造物品的审美共鸣(远远超出了土地测量的几何学和对古代文物的保存)中也可以发现连续性。印度巴厘岛的音乐以及其他非西方

[①] 女演员 Mercedes McCambridge 在一次访谈中谈到广播剧时表达了同样的观点:"我是一个团队的一员,这个团队的其他人是听广播剧的人",见 "All Things Considered," *National Public Radio*,1983 年 12 月 14 日。

[②] 在 *Overlay*(New York: Pantheon, 1983)中,Lucy R. Lippard 对古代的很多土、石作品的遗址进行了细致的描述,并讨论了它们的社会意义和宇宙内涵,以及近来受它们启发的艺术家的作品。

的文化都对当今的很多作曲家产生了深刻影响,艺术以一种远远超越了过去三个世纪的大多数西方音乐的常规和边界的方式,从其古代的根源出发,不断地发展繁荣。因此,连续性确认艺术及其经验并未分离,而是比我们可能认识到的更轻松地进入人类文化的丰富多彩的活动之中。一旦我们认识到这一点,我们就可以开始理解艺术怎样影响了使人类文化变得如此令人迷惑而无法预知的力量,并对之作出回应。所有这些都证明了艺术与生活之间的密切关系。

这里重要的不是艺术对象,而是我们称之为审美的情境。然而,这里也存在连续性,因为审美经验与其他经验模式——实践的、社会的或宗教的——有联系,尽管其个性特征以一种与众不同、可以辨认的方式结合在一起。①

审美介入的第二个特征是知觉的一体化,它是我们把握审美经验中的连续性的手段,是审美情境中的所有要素结合到一个统一的经验序列中去的途径。在艺术创作者、审美感知者、艺术对象和表演者之间的传统区分模糊了,他们的功能也趋向于重叠和融合,并且他们被当成连续的来经验。在艺术中,正如在现代社会中一样,传统的角色变得模糊不清。②

并且,审美场不仅展示了这种经验中的不同要素的一体化,而且也展示了各种感觉模态的联合,这种现象被称为通感(synaesthesia)。知觉心理学与现象学哲学的结合,打破了通常将感官经验划分成不同感觉通道(分别其主导感官的支配)的做法。在美学和批评中这种受到批判的落后倾向仍然存在,它对艺术进行区分,并将它们与感官或似乎支配每种艺术的感官结合在一起,于是就有了视觉艺术、音乐或声音的艺术、观看戏剧或舞蹈的观赏艺术,以及低级的、实践性的触觉艺术或工艺。20世纪不可抗拒的艺术创新的冲动有意地使艺术脱离这些感觉通道,并且这一趋势发展得越来越快。早期的努力——如斯克里亚宾把香味和色彩与音乐结合起来,兰波发现了元音的色彩——以许多种方式成倍增长,会说话的雕塑、会发出声音的墙板、戏剧化的音乐演出和综合了广泛的艺术材料和感觉性质的表演艺术,成为当代多媒体发展的样板。最为重

---

① 艺术与审美之间的连续性是 John Dewey 的 *Art as Experience*(New York: Minton, Balch, 1934)第 230~232 页的主要论题。

② 见 D. W. Gotschalk 的 *Art and the Social Order*(New York: Dover, 1962)。亦见 Arnold Berleant, *The Aesthetic Field: A Phenomenology of Aesthetic Experience*, Springfield, IL: Charles C. Thomas, 1970,这本书是发展这里所概括的语境化审美的一种系统性尝试。

要的是这样的事实：这些并不是简单的各元素的结合，而是一种新的综合体，一种在知觉活动中自由运用各种感觉受体的实实在在的结合的经验统一体。

然而，知觉经验除具有惊人的复杂性之外，它的性质并不只限于感觉性。作为人，我们是文化的创造物，无法脱离联想和意义去感觉。事实上，感觉发展的过程是一个文化移入的过程，观点和信念通过这个过程体现在我们的直接经验中。这些意义和态度并不纯粹是理性的构造或感觉的内在实现，而是与感觉经验密切地融合在一起。通过训练观看者的意识，可以激活颜色、线条、声音和空间关系的知觉性质。通过重构诗歌语言引发的意象，读者可以重新体会诗人的情感。通过促进达达主义和波普艺术引发的意义和联想，旁观者可以还原处于核心位置的意识状态。通过识别具有独创性的多种自我反射（这在我们当今艺术中很常见），意识的诸多层面可以在有趣的相互影响中同时起作用。

理解经验的连续性和一体化就是把这些要素作为我们实际通过感觉来介入这个世界的一种表现来理解。新思想意味着新的知觉，而理性和知觉领域的排他性同其他关于客观性的二元论神话一起退隐到过时思想的历史中。经验的一体化成为艺术的标志和对美学的一个挑战。

最后，这样一种新的介入美学的重要特征是强调审美经验的积极特性及其本质上的参与性。这种投入发生在很多不同种类的活动中——感觉的、意识的、身体的和社会的——但是它在审美经验中最为明显。过去和现在，艺术实际起作用的途径反映了这种投入。因为审美介入建立在一个传统的基础之上，这个传统较之审美无利害的理论可能诉诸的任何传统都要古老和强大。实际上，介入原则反映了在不同社会中起作用的艺术史的绝大部分。在西方文化史上，在古希腊的模仿（mimēsis）观念和亚里士多德的净化（catharsis）理论中都可以发现这个传统的各个层面，它在席勒、尼采，以及近来的杜威、梅洛-庞蒂和德里达等不同作者那里也有所反映。

所有这些都表明承认感知者和对象在审美情境中进行审美互动的参与模式的重要性。在这里，经验的统一体这个概念很重要，因为艺术不仅由物构成，也由经验发生的情境构成。相互作用的力量的统一场域包含感知者、对象或事件、创造的积极性以及某种表演或激发。它的主要因素——欣赏性的、物质的、创造性的和表演性的——展现了一体化的、统一的经验的各个层面。

最能表达我们称为审美的完整而复杂的经验的概念是审美场（aesthetic

field）。在这里，对象、感知者、创造者和表演者所代表的四个要素是起作用的核心力量，它们受到社会制度、历史传统、文化形式和实践、材料和技术的科技进步等背景条件的影响。把它们任何一个挑选出来，作为艺术的核心，就是误把某一部分当作审美场的整体。要描述和呈现审美经验，所有要素都是必需的，因为它们都对审美经验构成了影响。艺术对象与其他对象之间并无根本性的差异，但是它们拥有使审美情境生动、有效的特质，正是在这种审美情境中，它们才成为艺术。因此，关于"场"理论的美学与18世纪的思想传统截然不同，艺术并不是只存在于对象之中。正如华莱士·史蒂文斯所发现的，"她并不是贵妇/离马车百码之遥"。①

然而，一种介入的美学不能只通过历史分析或抽象论证来确立，也不能因其内部的连贯性或内在的合理性而仅仅适用于艺术。一种经验性的理论需要经验性的论证，而这必须建立于具体事例之上。对审美经验的四种维度如何在积极地介入具体艺术的过程中结合在一起的细致研究是对这种替代性的美学的最好证明。因此，此时此刻，让我们转向艺术本身。

（选自［美］阿诺德·贝林特《艺术与介入》，
李媛媛译，北京：商务印书馆2013年版）

---

① 引自"Theory"，见 *The Collected Poems of Wallace Stevens*（New York: Vintage, 1982），第86页。

沃尔夫冈·韦尔施与《超越美学的美学——致力于该学科的一种新形式》

经典导读

沃尔夫冈·韦尔施（Wolfgang Welsch，1946— ），在慕尼黑大学和维尔茨堡大学学习哲学、艺术史、心理学、考古学，1974年获博士学位。1982年获特许任教资格，之后在埃尔兰根-纽伦堡大学、柏林自由大学、马格德堡大学、柏林洪堡大学、斯坦福大学和埃默里大学从事教学工作，现为德国耶拿大学理论哲学教授。1992年获得马克斯·普朗克研究奖。主要研究领域为认识论、人类学、美学、艺术理论，以及文化哲学。论著包括《感官性：亚里士多德的感觉论的基本特点和前景》（1984）、《我们后现代的现代》（1987）、《审美思维》（1990）、《理性：同时代的理性批判和横向理性的构想》（1995）、《重构美学》（1997）、《目光的转换——美学新路径》（2012）、《人类与世界》（2012）、《美学及其超越》（2012）等。

《超越美学的美学——致力于该学科的一种新形式》从美学的定义和学科界定切入，直截了当地对传统美学中一个普遍受到认可的假设提出质疑。这个假设认为美学的主要研究对象是艺术，审美静观是欣赏艺术的唯一方式。18世纪以后居于主流地位的康德、黑格尔、谢林将美学等同于艺术哲学，在此之外，还存在一条潜流，即席勒、马尔库塞、克尔凯郭尔、尼采、杜威等人所代表的另一种传统，主张艺术与生活之间的连续性，倡导艺术融入生活。然而，韦尔施指出，尽管后一种传统的主张与前者相比在表面上有很大的差异，但这两种传统都有一个共同的学科假设，即艺术构成美学的中心。

韦尔施回溯了美学的学科历史。他提醒人们，"美学之父"鲍姆嘉登创建这一学科时，是以认识论为基础的，美学主要是指提高感官认知能力，以感情、感觉作为主题，因此，美学的功能是丰富我们的经验。将美学的范畴窄化，限定为艺术学，将审美经验限定于封闭的系统内，必然会限制经验，也限制了学科的拓展。对"艺术构成美学的中心"以及在此基础上建立一个确定的、永恒的、普适性的艺术概念，颠覆这等传统美学假设，摒弃对艺术的单一概念式分析，提倡美学向艺术之外的问题开放，采用多元化的、跨学科的研究方法，这些成为韦尔施"超越美学"理论的起点。

韦尔施通过对历史的反思，对传统美学提出了三重批评：第一，全盘颂扬美；第二，主要宣传美，而忽视其他审美价值；第三，批评传统美学在我们的文化信仰与愿望中的效用。在此基础上提出美学的边界并不限于艺术，美也不是唯一具有合法性的审美价值，所谓艺术的本质是不存在的。韦尔施借用了维特根斯坦的"家族相似"理论，提出艺术范式仅仅是依靠概念的重叠而形成相似之网。这种反本质主义立场成为20世纪下半叶西方美学的一个明显趋势。很多艺术哲学家认为，"艺术"这个词所蕴含的统一性是不存在的。威廉·肯尼克（William Kennick）认为传统美学基于一个错误认识，即认为所有艺术品都具有共同的特征。一些维特根斯坦主义者，如莫里斯·韦兹等人也对本质主义的争论弃之不顾，主张艺术如同一场语言游戏，它是开放的，没有固定的规则，具有艺术地位的作品之间仅仅是"家族相似"关系，艺术并没有一个恒定不变的本质。纳尔逊·古德曼则提出，重要的不是艺术是什么，而是什么时候成为艺术。韦尔施通过质疑，努力准确而明晰地定义艺术，他通过对传统美学的核心主张的解构，淡化了美学研究形而上学的色彩，也拓展了美学的疆域。

韦尔施立足于美学实践，把握当下新的全球化、信息化、图像化趋势，指出传统美学研究的假设及方法在当代艺术实践中遭遇尴尬的局面。全球范围内泛审美化的出现使得审美看似容易，导致审美疲劳，由此引起了反向的对非审美、干扰、破裂的偏好。而图像时代的到来改变了我们对这个世界的认知，使"现实究竟是不是真实的"成为问题，虚拟世界有可能比真实世界更加真实，从而导致感性的重构。这样一种媒体的暴力导致对非电子经验的重视，与媒体的普遍流动性和可变性形成对立的是自然的可抵抗性与不可变性，日常经验作为媒体经验以外的补充重新生效。由此，审美泛化带来了对非审美的需求，而媒体拟象的蛊惑性和虚假性导致了对日常经验的回归。现实世界与媒体所构建的世界之间形成的双重维度构成一种张力，使我们具备了在不同的现实和经验之间穿梭的能力。因此，美学所面临的挑战并不一定会消解美学，反向的潮流也带来了新的契机，产生了新的美学精神、新的研究方法和新的学科。

韦尔施通过打破美学研究中所遭遇的各种壁垒，如学科间的壁垒、艺术与生活之间的壁垒、现实世界与虚拟世界之间的壁垒，试图重塑人类的感觉和知觉方式与结构，从不同的事物和学科中汲取资源，形成一种具有开放性、包容性、多元性的审美态度，一种真正的综合性、基础性、统摄性的美学呼之欲出。这样一种经过重构的美学不仅是对传统美学的超越，更是与传统的融通，不是决裂，而是一种在新的时代条件和学科发展基础上的延续。

―――― **延伸阅读文献**

1. W. Tatarkiewicz, *A History of Six Ideas: An Essay in Aesthetics*, Warszawa: Polish Scientific Publishers, 1980.
2. Monroe Beardsley, *Aesthetics from Classical Greece to the Present*, New York: Macmillan, 1966.
3. Jerome Carroll, *Art at the Limits of Perception: The Aesthetic Theory of Wolfgang Welsch*, Bern: Peter Lang AG, 2006.
4. Arthur Danto, *The Transfiguration of the Commonplace: A Philosophy of Art*, Cambridge, MA: Harvard University Press, 1981.
5. ［德］沃尔夫冈·韦尔施：《重构美学》，陆扬、张岩冰译，上海：上海译文出版社2002年版。
6. ［美］诺埃尔·卡罗尔：《超越美学》，李媛媛译，高建平校，北京：商务印书馆2005年版。
7. ［英］迈克·费瑟斯通：《消费文化与后现代主义》，刘精明译，南京：译林出版社2000年版。

8. ［法］让·波德里亚：《象征交换与死亡》，车槿山译，南京：译林出版社 2012 年版。

9. ［斯］阿莱斯·艾尔雅维茨：《图像时代》，胡菊兰、张云鹏译，长春：吉林人民出版社 2003 年版。

10. ［英］特里·伊格尔顿：《后现代主义的幻象》，华明译，北京：商务印书馆 2000 年版。

（李媛媛　撰）

—— 原文：《超越美学的美学——致力于该学科的一种新形式》（节选）

经典原文

超越美学的美学
——致力于该学科的一种新形式（节选）

沃尔夫冈·韦尔施 著　徐德林 译

■ 引言：问题的概述

1. 流行观点：美学以艺术为核心

什么是美学？百科全书给出的答案十分清楚。《美国学术百科全书》（*Academic American Encyclopedia*）指出："美学是哲学的分支，旨在确立有关艺术与美的普遍法则。"①相应地，意大利的《哲学百科全书》（*Enciclopedia Filosofica*）定义美学为"讨论美和艺术的哲学学科"（disipline filosofica che ha per oggetto la bellezza e'arte）②。法国的《美学词典》（*Vocabulaire d'Esthétique*）分别定义美学为"对美的反思性研究"（étude reflexive du beau）和"关于艺术的哲学与科学"（philosophie et scence de l'art）③。而德国的《哲学史词典》（*Historisches Wöterbuch der Philosophie*）则解释指出："'美学'一词已将自己确立为哲学分支的名称，旨在其间探求……艺术与美"（Das Wort 'Aesthetik' hat sich als Titel des Zweiges der Philosophie eingebürgert, in dem sie sich den Künsten und dem Schönen [...] zuwendet）④。简言之，美学被视为艺术学，被视为对特别关注美的艺术概念的一种阐释。

那么，本文标题所提出的"超越美学的美学"会是什么呢？为了有的放矢，措辞指向之物必须超越这种以艺术为核心的美学理解，必须超越艺术学。

---

① *Academic American Encyclopedia*（Danbury, CT: Grolier Inc., 1993），第1卷，第130页。
② *Enciclopedia Filosofica*（Florence: G. C. Sansoni Editore, 1967），第2卷，第1054条。
③ *Vocabulaire d'Esthétique*（Paris: PUF, 1990），第691~692页。
④ *Historisches Wöterbuch der Philosophie*, ed. Joachim Ritter（Basel: Schwabe & Co.），第1卷（1971），第555条。

但是，这又怎么可能是一种美学呢？"美学"一词有助于某种超越艺术的含义吗？

从传统来看，这显然是事实。"aesthetics"（美学）一词联系着希腊语词根 α-σθησις、α-σθάνεσθαι 及 α-σθηιός——换言之，它在具有任何艺术含义之前，通常意指感情与感觉的表达方式。该词在当下的用法也并不局限于艺术；在日常语言中，我们在艺术范畴之外使用"美学"一词的频率远远大于在艺术范畴之内，比如我们会言及审美行为或者有审美感的生活方式，或者媒体的审美独特性，或者世界的日益审美化。

然而，从传统来看，"美学"学科并未如此程度地把感情与知觉作为主题，而是主要集中于艺术——尤其是艺术的概念问题，而不是其感官问题。学术性学科往往把自己限定于艺术学之内，而无论艺术这一概念本身可能已在此间变得多么不确定。

当然，在该支配性发端处存在着例外和逆趋势（counter-tendency）。比如，请记住，为美学命名的"美学之父"亚历山大·鲍姆加登（Alexander Gottlieb Baumgarten）曾主要把这门新学科设想为一门认知学科，旨在提高我们的感官认知能力。在基于鲍姆加登的美学乃"感官认知的科学"这一定义的美学范畴内，艺术并未被提及。①

然而，不久之后——在康德出版《判断力批判》（Critique of Judgment）的1790年、黑格尔写作《德国唯心主义的最初的体系纲领》（The Oldest System-Program of German Idealism）的1796年前后，谢林（Schelling）出版《先验唯心论体系》（System of Transcendental Idealism）的1800年之间——当时美学开始史无前例地提升自己到哲学的高度，开始被人理解为仅仅是艺术哲学。在随后的漫长时间中，这始终为人们对美学的支配性认识，成为黑格尔、海德格尔、英伽登（Ingarden）及阿多诺（Adorno）等不同哲学家的共识。

逆趋势也同样存在。从席勒（Schiller）的首先从艺术的艺术转向政治的艺术，然后转向教育的艺术，最后转向"生活的艺术"（Lebenskunst），一直到马尔库塞（Marcuse）的一种新社会感性的思想；或者从克尔凯郭尔

---

① 当然，鲍姆加登曾使用过源自艺术的例子，尤其是源自诗歌的例子，但仅仅是为了阐明何物可为审美完善——作为感官知识的完善。

(Kierkegaard)的对审美存在的描述、尼采的对审美活动的原则化,一直到杜威(Dewey)的把艺术融入生活之中。但是,这些逆趋势并非真正要设法改变学科的目的。它们在一定程度上甚至分享着传统美学的基本假设,即艺术构成美学的核心;这些改革者同时也继续视艺术为审美实践的模式,以及转向他们所提倡的对美学进行超艺术理解的范式。

目前,"美学"学科仍然倾向于将自身局限于艺术学。尽管可能有承认超越美学的美学的诸多好的理由,但是在我努力培养这种趋势的若干年中,我在学科之外得到的理解与支持要多得多——源于其他领域的文化机构或者理论家①——我的种种努力主要是在学术上已确立的美学框架内遭遇到了阻力(至少在德语世界是如此)。依旧被视为不言自明的是,美学必须是艺术学;人们依旧是这一传统图景的俘虏。而且,人们可以继续追随维特根斯坦(Wittgenstein)的意思,指出:"我们无法超越它,因为它位处我们的学科之内,而该学科似乎在不断向我们复制它自己。"②

2. 克服传统偏见

(1)作品的特性与普适性的艺术概念

但是,人们有设法抽离美学-艺术学等式的上佳理由,或者——再次借用维特根斯坦的话——"告诉苍蝇飞离苍蝇瓶的路"③。因为传统美学的核心问题之一是它甚至没有履行其职责。它不能公正地对待艺术作品的特性。美学的目的被转向了普适性的、恒久的艺术概念的建立。因此,美学的开展可以是——甚至被认为是——无须通过独特艺术作品或者历史上不同艺术类型定位。比如,谢林坦承了这一点,当时他宣称艺术的哲学仅须处理"这般的艺术"以及

---

① 参见 *Die Aktualität des Ästhetischen*, ed. Wolfgang Welsch(München: Fink, 1993)。该卷书以文献形式记录了1992年9月举办于德国汉诺威的一次题为"美学的现状"的国际大会。该大会汇集了来自不同领域的专家:哲学、社会学、政治科学、女性主义、媒体研究、设计、神经生理学、科学哲学、艺术实践和艺术史。由于参与者达数千人之众,该大会产生了广泛的影响。
② 维特根斯坦曾经说道:"图画俘虏了我们。我们无法超越它,因为它位处我们的语言之中,而语言似乎在不断地向我们复制它自己。"(Ludwig Wittgenstein, *Philosophical Investigation*, trans. G. E. M. Anscombe, New York: Macmillan, 1968, p.48ᵉ[115])
③ Ludwig Wittgenstein, *Philosophical Investigation*, trans. G. E. M. Anscombe, New York: Macmillan, 1968, p.103ᵉ[309]。——这就是维特根斯坦回答何为"哲学的目的"这一问题的方式。

"绝非经验艺术"①,以及宣称他自己的艺术哲学仅仅是其"哲学体系"的"翻版"——这一次从艺术角度得到了实现,一如另一次从自然或者社会的角度得到了实现。②

一如我们今天看来不合时宜那样,这一策略被艺术家视为不合时宜为时已久——比如罗伯特·穆齐尔(Robert Musil)嘲笑这样的美学是一种旨在寻找匹配于每件艺术作品、适合于竖起整幢美学大厦的普适性砖头的努力③——谢林毫不含糊地表达了对传统美学的一种基本信念:基本的、普适性的艺术概念之类的东西是存在的,对该概念进行阐释是美学的实际任务和唯一目的。这便是为什么美学家们并不把详细研究单个艺术作品视为必需,而是仅仅利用有关某些艺术作品的基本知识来应付的原因所在。它足以作为他们对一般艺术概念的直觉的起点。④

当然,这一传统策略是站不住脚的。艺术实践并不在于举例说明一个普适性的艺术概念,而是关涉新的艺术作品及概念的创造。虽然新概念肯定会在某些方面与以前的支配性概念有相同之处,但是在其他的同样重要的方面却显著不同。这在从一种风格或者范式到另一种风格或者范式的每一次转向之中,都

---

① 详见1802年9月3日致施莱格尔(August Wilhelm Schlegel)的信,引自 *Aus Schellings Leben, in Briefen*, vol.1, ed. G. L. Plitt (Leipzig: Hirzel, 1869), pp.390–399, 此间引文见第397页。谢林在其《艺术哲学》(*Philosophie der Kunst*)中解释道:"更庸俗意义上的艺术无一不能占据哲学家的心灵:对哲学家而言,艺术是直接从绝对中流出来的一个必需的幻影,而且仅有在它能被以此显现和测定的时候,它才对哲学家具有真实性。"[Friedrich Wilhelm Joseph Schelling, *Philosophie der Kunst*(1802—1803学年冬季学期耶拿讲座),1859年版重印本,Darmstadt: Wissenschaftliche Buchgesellschaft, 1976, 第384页。]
② Schelling, *Philosophie der Kunst*, 第7、124页。
③ 德语原文如下:Die wissenschaftliche Ästhetik sucht nach dem Universalyiegel, aus dem sich das Gebäude der Ästhetik errichten ließe. (Robert Musil, *Tagebücher*, ed. Adolf Frisé, Reinbek bei Hamburg: Rowohlt, 1976, p.449.) 该注释起源于大约1920年前后。
④ 这一发端的结果是这类哲学对有关任何真正艺术的东西的评说之道一无所知。在谢林成为慕尼黑造型艺术学院(Munich Akademie der bildenden Künste)秘书长的时候,他受职位要求有了作艺术哲学讲演的义务。但是,他坚守沉默是金。在任职的十五年间,他一次讲演也未作。当面对决断、遭遇艺术时,艺术哲学始终一言不发。对这类美学而言,算总账的时刻变为公之于众的警言。——我已然笼统地讨论过传统美学的问题,详见 Traditionelle und moderne Ästhetik in ihrem Verhältnis zur Praxis der Kunst (*Zeitschrift für Ästhetik und Allgemeine Kunstwissenschaft*, 第28卷,1983年,第264~286页)。我的逆概念(counter-concept)是在我的《美学思想》(*Ästhetisches Denken*, Stuttgart: Reclam, 1990年初版, 1999年第5版)一书中首次提出来的。

是显而易见的。因此，艺术范式通过从一个概念到下一个概念的某种重叠，彼此相连［维特根斯坦意义上的"家族相似"（family resemblance）］，但是绝对不是通过它们共有或者代表所有艺术作品的基本核心的某种普适性模式。艺术的本质一类的东西根本不存在。

这就意味着传统方法在原则上是错误的——甚至在仅仅关乎艺术的美学的狭隘范畴内亦如此。传统方法所依赖的是一种对艺术这一概念的根本性误解——这种误解甚至已然构成传统的美学概念的核心。另一方面，通过艺术概念本身对不同艺术概念的历史成因的洞悉、对这些概念的家族相似（而不是所谓的本质同一性）的洞悉，使得美学的这一传统的、全球化的发端的错误一清二楚，以及要求转向一种不同的、多元的美学。

（2）为学科的扩展式理解而战

但是，要对我们当下不得不正视的美学进行重组，我们就必须更进一步。因此，我迄今仅仅讨论了传统的美学框架内即艺术学范畴内的范式变化：我们不能继续充当艺术的本质论图景的俘虏。但是，可以进一步被证明必需的，是超越这一整体框架——美学与艺术学的传统等式。艺术学的内在多元化——从对艺术的单一概念式分析转向对艺术的不同类型、不同范式、不同概念的考察——应当辅以美学的外在多元化——通过把学科边境扩展至超越艺术的问题。这便是我希望借本文提出的观点。

我将在第一节中提出超越美学的美学的一些主要论题。在第二节中，我将努力阐明这样一种美学的可接受性，以及就如何重组美学的疆界提出一些建议。我主张美学向艺术之外的问题开放，开发学科的跨学科结构。当然，该结构依旧包括艺术的问题，但它也包含超越艺术的问题；一如首先要被证明的，这对艺术分析本身十分重要。借助并非仅仅局限于艺术分析的美学的视角，艺术会得到更为准确的考察。

第一节 超越美学的美学的一些主要论题及其适当性

一般而言，对美学的拓展有两组理由：第一组关涉当下对现实的形塑（fashioning of reality），第二组关涉当下对现实的理解（understanding of reality）。①

1. 对现实的审美形塑——修饰

（1）全球审美化

今天，我们生活在一个以前闻所未闻的对真实世界的审美化之中。② 修饰（embellishment）和造型（styling）随处可见。它们已然从个人的外部延伸至都市和公共空间，从经济学一直延伸到生态学。

个人正在置身于身体、灵魂与行为的全方位造型之中。在美容院和健身中心，他们追求对自己身体在审美上的完善；在坐禅课程和新时代研讨会（New-Age seminars）上，他们实践对自己灵魂的审美化；礼仪课程旨在训练他们进行符合审美理想的行为。"美学人"（Homo aestheticus）已然成为新的角色模型。在都市地区，几乎万物都在近年经历了一场"面部整容"——至少在富裕的西方国家是如此。经济也大获其利，主要是因为消费者并非真正意欲获得某种商品，而是通过购买手段让自己进入广告策略以之联系商品的具有美感的生活方式之中。甚至生态也在审美的意义上是经济的伙伴。它正在成为一个修饰部分，本着复杂性或者自然美等审美理想的精神，促成对环境的造型。如果富裕的工业社会能够完全行如其愿，它们定会把都市的、工业化的、自然的环境，全然改造为一个超审美场景。连接个人与生态造型的**遗传工程**（genetic engineering）是又一证据。它根据我们的需求改变一切生命，使我们得以——根据我们的审美期待——提供我们所希冀的产品及子嗣类型。遗传工程是一种遗传化妆手术。

对这些旨在修饰及全球审美化——这些现象实在是显而易见的——的趋势进行详细阐释，是肯定不必要的。相反，我希望考察这些发展与美学的相关性。

这些现象并不实实在在地为美学新领域提供基础。审美活动与审美取向总

---

① 我在《审美化过程：现象、特征和展望》（"Aestheticization: Phenomena, Distinctions and Prospect"）一文中对这些思想进行了更为广泛的说明（载于 *Grenzgänge der Ästhetik*, Stuttgart: Reclam, 1996, pp.9-61；英语版：*Undoing Aesthetics*, London: Sage, 1977, pp.1-32）；我将在一定程度上以该文为基础。

② "审美化"（aestheticization）意指不具美感的东西被变得或者理解为具有美感的东西。

是对真实世界产生影响——无论多小；另一方面，美学学科可能已然考虑到了这一点。对今天来说，新鲜的，是这些审美化活动的程度与级别。审美化已然成为一种全球性的和首要的策略。

（2）对当代美学的影响

在我看来，这种趋势一定会在影响传统美学的同时，影响当代美学。对当代美学的影响存在于对这些现象的义不容辞的反思之中，因为它们不仅代表着美学的延伸，而且同时改变着其构型与"化合价"（valency）。因此，美学——作为审美的反思权威——也必须找到今天的审美在如下这些领域中的状况，包括生命世界与政治学、经济与生态学、伦理学与科学。简言之，它必须考虑美学的新构型。这并非意味着审美的全球化与本质已完全得到了认可，而是它在今天的议程中有益于每一种充分的审美判断与批评。

（3）与传统美学的关系

在我们致力于考察传统美学是否赞成同审美的全球化时，对传统美学的影响就变得一目了然了。这显然是事实。过去的一些重要审美工程决然地支持全球审美化，它们甚至指望从中最终完成我们在世间的任务，实现人类的终极幸福。例如请记住《德国唯心主义的最初的体系纲领》借审美的媒介力量的立誓方式：通过理性与感觉的结合，美学将促成"受开化与未受开化的人……联手"，所以"永恒的同一性盛行于我们之中"，这甚至是"人类最新和最伟大的工作"[①]。同样，工艺美术运动（The Arts and Crafts Movement，又称手工艺运动）或者德意志工作联盟（Werkbund）与包豪斯（Bauhaus）这样的审美观念的调和者——就他们努力在日常生活中实现美学所宣传的审美价值而言的调和者——深信审美全球化会彻底改变世界。

因此，古老的美学梦想正在通过当下的审美化获得补救。但是，急需解释的令人不快的事实是，今天的结果与原初的期盼截然不同。它们丝毫也不令人遗憾。旨在赋予世界以美的东西，结果以纯粹的悦人和爱出风头收场，最终制造出漠然甚至厌恶——至少在具有审美敏感的人当中是如此。无论如何，无人敢称当下的审美化直截了当地实现了。因此，对古老的美学梦想的这一补救一

---

① 《德国唯心主义的最初的体系纲领》，载于 *Hegel Selections*, ed. M. J. Inwood（London & New York: Macmillan, 1989），第86~87页。

定出了什么差错。要么是旧有纲要的当下运用不够准确,要么是这些古旧纲要本身含有某种缺陷,这种缺陷潜伏至今,正在为人所揭露。有时候,补救可以等同于揭示。在我看来,这便是当下审美化的情形。

(4)全球审美化中的一些缺陷

对当下的审美化感到失望的原因何在呢?对这些过程的美学反思所要凸显的关键之处是什么呢?我想对此作三点提示。

第一,形塑万物为美丽之物会毁损美丽的性质。无处不在的美会失去美的独特性,衰败为纯粹的悦人或者变得非常没有意义。让独特之物变成标准之物,人们就不得不改变其性质。

第二,全球化的审美化成为其自身的牺牲品。它以麻木(anaestheticization)告终。全球化的审美让人体验为令人讨厌,甚至恐惧。因此,审美漠然成为一种明智的、几乎不可避免的态度,以期抽离这种无所不在的美的强求。麻木——拒绝继续感知受神性修饰的环境——变成一种幸存策略。①

第三,恰好与此相反,一种对非审美的需求出现了——一种对干扰和破裂、对冲破修饰的欲望。倘若艺术今天仍旧对公共空间任务在身,那么它的任务并非向已然过度修饰的环境引入越来越多的美,而是通过在超级审美之中创造出休耕区域和沙漠,阻止这一审美化机制。②

(5)对传统美学的回应

有关世界变强的古老美学梦想的当下补救的这些批评性体验,必然会反过来作用于我们对传统美学的看法。

美学总是颂扬美与美化,认为它有这样做的好理由。但是,它从未考虑过它所支持的、我们今天正在体验的全球化美化的后果。它甚至从未想象过全球化修饰可能会毁损世界的外貌——不是完善它,或者甚至不是补救它。并且,传统美学所赞同的对美的称颂,为当下的审美化过程不断提供语词上的支持。对美的传统热情阻止了我们考察审美化的负面影响,即使在这些影响已长期一

---

① 我在《审美与麻木》("Ästhetik und AnÄsthetik")一文中首次讨论了这一点(载于 Ästhetisches Denken,第9~40页)。

② 参见论文《公共空间的当代艺术——视觉盛宴抑或烦恼?》("Contemporary Art in Public Space—Feast for the Eyes or Annoyance?"),载于 Grenzgänge der Ästhetik,第202~209页,以及 Undoing Aesthetics,第118~122页。

目了然时亦如此。传统美学的起支持作用的、起合法化作用的、起英雄化作用的力量,至少应部分地对现代的审美化趋势负责,以及为盲视审美化的负面影响负责。

因此,需要对传统美学进行三重批评。首先,对美的全盘颂扬应该遭到反对。为了这样做,或者人们可以区隔出更为普通的美和更为崇高的美——事实上,前者借此非常接近于纯粹的愉悦,以致它可以被视为"受开化与未受开化的人"共有的一种行为,可以被认为通过当下的修饰策略得到了实施;但是,唯有后者才是例外的动人现象——正如里尔克(Rilke)言说美时所描述的那样,它是"令人恐怖之物的开端"[①]。或者人们可以认为美不过是代表一种与标准的非美相对的价值,然而,是一种因其传播而失去独特性的价值。

第二,传统美学的缺陷之一在于它仅仅(或者主要)宣传美,忽视其他审美价值。换言之,它忘记了美学自身便是发现,即户枢不蠹、流水不腐(variatio delectat)——而不是一种审美属性。在当下修饰之中,这一缺陷变得令人痛心地清晰。美学——可能实际上是多元性的学科——已错误地使自己单一化,没有能够认识到同质化从审美方面讲也具有体系性的错误。

第三,传统美学在我们的文化信仰与愿望的家庭中的效用需要批评性地予以质疑。这是一个开放先前的审美教条的问题。美学有充分的理由变得具有自我批评精神。

小结:当下的审美化不仅为当代美学带来了新的问题与任务,而且就这在一定程度上对审美化过程的缺陷有责任以及广义地讲有帮助而言,对传统美学产生了批评性作用。因此,超越美学的美学的种种问题不仅关涉那些已然愿意拓宽美学范畴的人,而且对那些依旧坚持美学的传统框架的人而言,同样是代表一个强制性的主题。今天,超越美学的美学是不容忽视的,即使人们仅仅希望发展出一种在审美之内站得住脚的美学。

2. 对现实的审美理解

赞同转向超越美学的美学的第二组意见关涉对现实的当下理解。一如我希

---

① Rainer Maria Rilke, "Duineser Elegien," in Rilke, *Sämtliche Werke*, 6 vols. (Frankfurt/Main: Insel, 1955—1966),第1卷,第685页(哀歌1)。

望阐明的，这已然变得越来越具审美了。

今天存在着意象及审美模式的一种显在支配，这不仅存在于对现实的形塑中，而且也存在于与当下现实的接触之中。这一支配从对单一客体或者主体的表述、对我们日常新闻的性质的介绍，一直延伸到我们对现实的基本理解。比如，请想想公司广告及自我表述中的图像支配，或者我们自己在万维网（World Wide Web）中的视觉呈现。或者想想电视的图像需求；电视不但有所选择地决定什么可以算作新闻，而且最近影响到了印刷媒体等电视之外的新闻的介绍。最后，想想我们对现实的理解之中的变化。在过去，为了能够被视为是真实的，凡物都必须是可以计算的；今天，它必须在审美方面是可以呈现的。审美已然在现实贸易中成为新的主要通货。

再次指出的是，我无意对这些现象进行深度探讨。它们十分为人所熟悉，经常为人所分析。相反，我将考察这些发展对美学的影响，指出面对这些发展的美学的一些新任务。

我仅聚焦于一点——聚焦于我所谓的"现实的去真实化"（derealization of reality），以及两种后果——对感性（aisthesis）的重构、经验在电子媒体之外的重新生效（revalidation）。①

（1）现实的去真实化

借用"现实的去真实化"，我意指现实——正如当下首先被媒体所传导的那样——深受这类思想影响这一事实。② 现实正在呈现出失去引力、从义务变为儿戏的趋势，正在经历持续的失重过程。

这是由媒介美学的特征所致，因为媒体通常促成身体与图像的自由流动与失重。一切都可能是电子操控（manipulation）的对象，而且"操控"一词在媒体中不再是一个规范性的，而是实际上仅是描述性的术语。任何进入电视王国的事物都是在步入可变性的王国，而不是恒定性的王国。倘若在什么地方有着一种"存在之轻"（lightness of being），那么它就是在电子王国之中。

---

① 关于去真实化与重新生效的问题，请参见论文《人造乐园？对电子媒体世界的思考——兼及其他世界》（"Artificial Paradises？Considering the World of Electronic Media—and Other Worlds"），载于 Grenzgänge der Ästhetik，第289~323页，以及 Undoing Aesthetics，第168~190页。

② 借用"媒体"（media）一词，我将——在下文之中——始终意指电子媒体，并非在暗示可能存在着独立于这种或者那种媒体的任何一种经验。

而且，我们不但认识到和了解了万物皆可操控，而且拥有了实际操控的知识。比如，想想海湾战争的报道吧，它们有时候用技术拟象（technological simulation）盅惑我们，而受害者的真相从未得到显现；或者以像素技术为例。到头来人们永远也不知道自己究竟是在目睹现实的一种回放还是一种拟象，这自然会影响我们对所谓的现实的信任。当然，虽然"眼见为实"不假，但是人们永远不会见到不该见到的东西；人们永远也不能肯定所见到的究竟是现实的馈赠还是仅仅为频道所提供。

此类经验首先导致我们对媒体－现实（media-reality）的信任的降低。现实的表征与拟象之间的差异正变得日益不明显，正趋向于失去意义。相应地，媒体自身越来越多借虚拟与儿戏的模式呈现其图像。①

另一方面，这并未使我们远离媒体。虽然我们知道图画可能撒谎，但是我们依旧收看电视图画。我们显然更喜欢另一种后果，即改变我们对现实的理解，选择去真实化之路。

第二，对媒体－现实的这种态度也正日益延伸至日常现实。这一情形的发生，是因为日常现实正日益基于媒体模式被建构、表征和感知。于其间，电视是现实的主要媒体和角色原型，处处都留有去真实化的痕迹。真相正趋于失去其坚持性、强制性及重力；它似乎在变得日益轻松、日益不具强制性、日益不具责任感。媒体对现实的表征的强求已然不再引发痛苦，而是恰恰相反：漠然。倘若人们同一晚上在不同频道看到相同的意象，或者数天之内反复看到——无论它们的编排或者设计多么令人印象深刻，那么它们的影响就被削弱了：感觉加重复引发漠然。紧随这样的机制，我们对真相的态度——在媒体内外——变得越来越宛若它就是十足的拟象。我们不再那么十分严肃地对待现实，或者不那么看重其真实性。并且，在对真相的这一悬置之中，我们的判断与行为也有所不同。我们的行为模式正变得日益具有模拟性与可替换性。当下日常世界中的诸多令人困扰的现象都与我们对现实的理解的持续弱化有关——但是朝向自由的一些步伐亦如此，这是我希望保留的。

---

① 对观众而言，随着先前对被传送之物的真相的信任的消失，对媒体娱乐的欲求正在同等程度上占据上风。——我在此间首先意指电视，虽然它在今天的电子世界中，由于某种原因是一种旧式的媒体。然而，它是大家都知道和使用的媒体。种种更为先进的技术的影响并非在数量上彼此不同，而是加剧去真实化的趋势。

由于上述过程是由媒体美学的特征所引发的，所以对每一种并非意在忽略，而是分析当下审美状态，并因此恰当地处理其责任的当代美学理论而言，这些过程的考虑无不是一种强制性的议程。

最后，请注意当代科学也日益通过其原型与发现显示出审美特征。宇宙大爆炸（Big Bang）学说、有关夸克（quark）及弦（string）的有趣故事，本质上是在很大程度上具有审美性的定律。我在此间意指的一切审美化过程受支撑于一种认知的、认识论的审美化，它（自康德以降，尤其是在当下）影响着我们的思考空间——这样做是因为有不可辩驳的理由。①

（2）对感性的重构

此外，对感性的重构在今天显而易见。比如，媒体支配的后果之一是对"视觉优先"（primacy of vision）原则的挑战；该原则形塑了古希腊以降的西方文化，在电视时代达到了巅峰。虽然对视觉中心主义（ocularcentrism）的当代批评还有其他原因，但是媒体经验构成了其间的一个重要因素。

视觉在传统上得到支持，是因为它是距离、准确及普适性的标记，是因为它的决定能力及其与认知的亲近。从赫拉克利特（Heraclitus）经列奥纳多·达·芬奇（Leonardo da Vinci）到梅洛-庞蒂（Merleau-Ponty），视觉一直被视为我们最杰出、最高贵的感觉。

然而，与此同时，潜伏于这一特权背后的模式——感知与认知的支配性模式——已然受到海德格尔、维特根斯坦、福柯（Foucault）、德里达（Derrida）及伊利格瑞（Irigaray）等作者的批评。② 而且，我们此刻正体会到视觉实际上不再一如它过去被认为的那样，是与现实相连的可靠感觉——这在物理学于其间变得不能证明的世界里不再有效，以及在媒体的世界里几乎无效。

同时，其他感觉已然引起新的关注。比如，听觉正再次为人所赏识，因为它与事件而非永恒存在的反形而上学式亲近，因为它在本质上具有社会性而非视觉的个人主义式实施，以及因为它联系着情感因素而非通过视觉对现象的无

---

① 参见本书中的论文 "Ästhetische Grundzüge im gegenwärtigen Denken"。
② 参见马丁·杰伊（Martin Jay）的考察：*Downcast Eyes: The Denigration of Vision in Twentieth-Century French Thought*（Berkeley, CA: University of California Press, 1994）。

情感式把握。①触觉以同样的方式找到了支持者,这既是因为马歇尔·麦克卢汉(Marshall McLuhan)和德里克·德·克尔柯霍夫(Derrick de Kerckhove)所分析的媒体技术之中的新发展②,也是由于触觉显在的身体特征——再次与视觉的"纯粹的"、没有丝毫牵连的特征形成对照。

紧随这样的发展,越来越多的起点源自传统的感觉阶序——视觉最高,听觉次之,嗅觉最低。敏感性之牌正被人重洗。人们要么倾向于对诸感觉的公正评价,要么(一如我所偏爱的)倾向于不同的、以目的为转移的阶序,而不是一个稳固确立的阶序。

对感性的这一重组同时联系着文化模式与需求中的一个重要变化。美学应当把感性的这些新状态及文化模式的相应变化作为其分析的客体。这样,也许它就会帮助我们以一种更为清晰、更为可靠的方式完成这些改变过程。另外,此间有一个机会,供美学从一门十分含糊的古老学科重新演变为一个当代分析与讨论的有趣领域。

(3)非电子经验的重新生效

媒体经验及去真实化的另一个后果,是经验在电子媒体之外的重新生效。大致情形如下:不同于媒体-现实(或者媒体-去真实化)的特点,出现了对经验的非电子现实与模式的一种新欣赏——这种欣赏特别强调那些既不能由媒体经验所模仿,也不能为之所替代的特征。高度发达的电子世界并非仅仅简单地克服或者吸收传统形式的经验——正如某些媒体热心人士希望让我们相信的那样——相反,我们可以观察到补充媒体经验的日常经验的重新生效。这一点在近年来的讨论中很少受到关注。

因此,我们今天要学习如何重新评价与媒体世界的普遍流动性和可变性相对立的自然的可抵抗性与不可变性,并且以相同方式重新评价与信息的自由运动相对立的具体的持续、与图像性的悬浮相对立的"物质之重"(massivity of matter)。不同于任意的可重复性,独特性重新获得了价值。电子的无所不在唤醒了对另一种在场的渴望:对此地此时(hic et nunc)的不可重复的在场的渴望、对奇特事件的渴望。不同于共有的社会电子虚数,我们再

---

① 要了解更多细节,请参见论文《走向一种听觉文化?》("On the Way to an Auditive Culture?"),载于 *Grenzgänge der Ästhetik*,第 231~259 页,以及 *Undoing Aesthetics*,第 150~167 页。
② 参见 Derrick de Kerckhove, "Touch versus Vision: Ästhetik neuer Technologien," 载于 *Die Aktualität des ästhetischen*,第 137~168 页。

次开始更高度地评价自己的想象,一种他人不可得的想象。另外,我们正以同样的方式,重新发现身体的独立自主与毫不妥协——比如,想想纳多尔尼(Nadolny)"对缓慢的发现"①或者汉德克(Handke)对疲倦的赞美吧。②

为了不被误解,我必须指出:我当然不仅仅把这些趋势理解为针对电子世界人造乐园的一个简单逆计划(counter-program),而是相反,理解为补充它们的一个计划。这些反元素(counter-element)并不否认电子世界的魅力,但是这也不仅仅是一个回归感官经验的问题,一如它可能在前电子时代。相反,重新生效也受到了电子媒体的经验的影响。电子经验与非电子经验之间有着明显的联系。有时候自然经验也正是虚拟的爱好者的追寻之物。我所钟爱的例子是硅谷的电子学痴迷者,他们趁黄昏驱车去海滨,观看那些确实无可比拟的加州日落,然后回到他们的家用计算机上,潜入因特网的人造乐园之中。③

我们的感性一方面与盛行的媒体趋势一致,另一方面是非电子经验的重新生效,因而正在变成双重的。它同时追求媒体魅力与非媒体目标。这种双重性中没有什么不对。相反,我们在此间有一个正显现于当下的广泛转向双重性的有趣例子。我们正变得有能力穿梭于不同类型的现实与经验之间。也许当下的感性便是这一现象已最自然、最成功地发生于其间的领域。

(4)小结

我已在开场白中建议美学学科超越美学与艺术的传统等式,我已在这一节叙述中评价了当下的审美化过程对当代及传统美学的影响,同时指出了超越美学的美学的三个具体领域。现实的去真实化、对感性的重组、约定俗成的经验形式的重新生效,构成希望恰当地为其正名的当代美学的重要问题。如果美学把对这些问题的讨论全然交给社会学家、心理学家或者报纸的文艺批评专栏,美学就是伤害自己,对自己犯罪。

(选自汝信主编《外国美学》第21辑,江苏教育出版社2013年版)

---

① Sten Nadolny, *Die Entdeckung der Langsamkeit*, Munich: Hanser, 1983.
② Peter Handke, *Versuch über die Müdigkeit*, Frankfurt/Main: Suhrkamp, 1989.
③ 参见论文《信息高速公路抑或一号公路?》("Information Superhighway or Highway One?"),载于 *Undoing Aesthetics*,第191~202页。

沃尔海姆与《观看者之所见》

经典导读

理查德·沃尔海姆（Richard Wollheim，1923—2003），20世纪下半叶英国颇有影响力的分析美学家。沃尔海姆出生于英国伦敦，就学于牛津大学贝利奥尔学院。1949年至1982年在英国伦敦大学学院教授哲学，1963年至1982年任格罗特心灵与逻辑哲学教授（Grote Professor of the Philosophy of Mind and Logic）。1982年退休后移居美国，就职于美国哥伦比亚大学，其后在加利福尼亚大学伯克利分校任教职，1998年至2002年任加利福尼亚大学伯克利分校哲学系系主任。先后任亚里士多德学会、英国美学学会主席。沃尔海姆在美学方面有影响力的著作有《艺术及其对象》（1968年初版，1980年修订再版），以及1984年在美国国家美术馆举办的梅隆艺术讲座的演讲文集《绘画作为一种艺术》（1987）等。

沃尔海姆在精神分析理论与艺术哲学领域均有建树。就其艺术哲学研究而言，沃尔海姆所致力之工作，是以精神分析尤其是无意识这一心理结构为支撑，在心灵哲学的整体框架下，建构一个解释艺术定义、艺术本体论、图像再现、艺术表现、意义、审美价值、意图等艺术哲学基本问题的系统方案。在艺术立场上，沃尔海姆与当时主流的符号论、语境论等青睐社会文化解释的艺术哲学理论有所不同，主张一种倡导人类心灵本性，并兼顾社会文化因素的综合性方案。最初这体现在他对维特根斯坦的"生活形式"概念的借鉴上，即在拒绝艺术"彻底独立于或先于艺术惯例"的同时，坚持艺术不能"脱离于本能行为的兴衰变迁"①。沃尔海姆的这种理论立场在他对图像再现的视觉经验之本质的探讨中得到了最充分的考察，并最终发展成观看者"再现性观看"的特定的视觉经验，即对"看进"双重性的理解。沃尔海姆在此方面作出了卓越贡献，他是当代艺术哲学领域图像再现论题的开辟者之一。

可以说，沃尔海姆对图像再现中观看问题的心理学思考，乃至对艺术的文化/人类本性的综合立场在他对"看进"的不同阶段的理解中逐渐成熟。这主要体现为1976年《看似、看进与图像再现》中"看进"视觉方案的提出，以及1984年《绘画作为一种艺术》中对"看进"经验的修正性理解。在前一阶段，"看进"双重性被理解为观看过程中两种同时发生而又相互分离的视觉经验，这主要指对图画表面的物理维度与对再现对象的图像维度的两种视觉意识。而在后一阶段，"看进"双重性被视为单一视觉经验彼此区别却不可分离的两个方面。沃尔海姆称之为对再现方式的构型方面与对再现对象的识别方面的视觉意识。当"看进"最终被理解为包蕴多维因素的复合型单一视觉经验时，沃尔海姆也形成了对艺术的先天之视知觉能力与文化惯例因素的综合性理解。我们的视知觉能力本身就具备在文化语境下自我调整的能力，这恰恰是文化语境变化过程中，再现范式尽管改变，观看者却能把握它的视觉心理学基础。

此处所选《观看者之所见》一文收于《绘画作为一种艺术》第二章。在这篇文章中，沃尔海姆着重强调了艺术家作为观看者的立场，以及观看者进行再现性观看的视觉能力问题。这其中涉及再现性艺术家与观看者如何通过图画进行视觉交流，具体说来，即艺术家需要采取特定的再现方式，传达出他意图再现的内容，而观看者则可以通过看到绘画的再现方式，识别出艺术家的意图。而无论艺术家还是观看者，都不仅需要了解某些知识惯例，更需要调用他们视觉上先天具备的知觉信念。这便是沃尔海姆所强调的"看进"的知觉能力。

在本篇选文中，沃尔海姆就"看进"的双重性展开了细致讨论，澄清了"看进"与再现的关系。对于前一问题，沃尔海姆此时转向了对"看进"双重性即单一视觉经验的两个方面的观点，并在文末指出"看进"的识别方面与构型方面的"相互关系"，构型方面对观看者看到再现内容有重要作用，正是这两方面的相互关系令观看

---

① ［英］理查德·沃尔海姆：《艺术及其对象》，刘悦笛译，北京大学出版社2012年版，第90~91页。

者在绘画技巧与主题因时而异的情况下，仍能在画中"自然地"识别出某事物，而这却是文艺复兴等时期的自然主义再现观所忽视的。沃尔海姆在本文中关注的另一重要问题是"看进"的性质。沃尔海姆认为"看进"是一种先天知觉能力，因此无论是在逻辑上还是历史上，"看进"都先于再现。这意味着当观看者面对一幅再现性绘画时，他并不依赖自己对某种再现惯例的掌握去"识图"，而是可以因看到画布上的构型而识别出再现内容。沃尔海姆因此反思了文化相对论所主张的先知后看的惯例观，并强调"观看"本身所基于的先验直觉。当然，从"看进"与再现的关系来说，沃尔海姆并不完全拒绝视觉经验中惯例性因素的影响。文中，沃尔海姆进一步通过讨论再现的三个一般性问题展开了对"看进"本质及其界限的阐述。

沃尔海姆的美学带有明显的复兴论色彩，在某种程度上可视为对当时主流符号论、体制论、语境论哲学的反思。不过，他试图在心理学的大厦之下为艺术所提供的系统解释仍呈现出去历史化方面的困难，这集中表现在他认为"看进"经验作为一种知觉能力可以同时解释传统再现性图像与抽象艺术等现代艺术作品，但显然"看进"其实是看画经验中颇为特殊的一种视觉经验，因而也具有其自身的限定性。同样，"看进"双重性缺乏严格阐述，尤其是当"看进"发展单一视觉经验的识别／构型两个方面时，这两方面的性质究竟如何？如果说识别／构型方面对应着再现对象及其被再现方式，那么这视觉经验的两方面究竟是如何作用的？对于这些，沃尔海姆留下了许多空白，并引发了诸多争议。

―――― 延伸阅读文献

1. Richard Wollheim, *Art and Its Objects: An Introduction to Aesthetics*, New York: Harper & Row, 1968.

2. Richard Wollheim, *On Art and the Mind: Essays and Lectures,* London: Allen Lane, 1973.

3. Richard Wollheim, *Painting as an Art,* Princeton, NJ: Princeton University Press, 1987.

4. Richard Wollheim, *The Mind and Its Depths*, Cambridge, MA: Harvard University Press, 1993.

5. Jim Hopkins, and Anthony Savile, eds., *Psychoanalysis, Mind and*

Art: Perspectives on Richard Wollheim, Oxford: Blackwell, 1992.
6. Rob van Gerwen, ed., *Richard Wollheim on the Art of Painting: Art as Representation and Expression*, Cambridge: Cambridge University Press, 2001.
7. Robert Hopkins, *Picture, Image and Experience: A Philosophical Inquiry*, Cambridge: Cambridge University Press, 1998.

（殷曼楟 撰）

—— 原文：《观看者之所见》

经典原文

观看者之所见[①]

沃尔海姆 著　殷曼婷 译

（1）本文从"看进"（seeing-in）开始讨论。

"看进"是一种独特的知觉，它由一个差异化表面这个视域内的可见标记所触发。并非所有的差异化表面都会有这种效果，但为了产生这效果，我恐怕还是得对一个表面应当怎样说些什么。在表面恰当的情况下，与某种特定现象学有关的经验就会发生。对"看进"来说，正是该现象学颇为独特。讨论再现的理论家一直忽视或简化了这种现象学，结果曲解了再现。我称这种独特的现象学特征为"双重性"（twofoldness），因为当"看进"发生时，两个事件发生了：我在视觉上意识到了我所注视的表面，同时我辨识出某物正在这表面前凸显出来，或在一些特定个案中，某物陷在了其他事物的后面。比如我按照列奥纳多·达·芬奇对一个有上进心的画家的著名建议，注视了一面有污迹的墙[②]，又或我双眼游弋于一片结霜的玻璃板上。在同一时间，我视觉上既意识到墙壁或那片玻璃，（在每个案例中）又在一个较暗背景的前面识别出一个裸体男孩或一位穿着件薄纱衣裙的舞者。据此经验，我可以说在墙壁上看到了男孩，在结霜的玻璃上看到了舞者。

必须强调的是，在我注视如污墙等这类对象时，所发生的两种状况是我所拥有的单一经验的两个方面。这两个方面固然彼此区别，却不可分离。它们是单一经验的两个方面，而并非两个经验。它们既非同时发生的两个各自独立的经验（我一度心中多少这么认为），也不是两种各自独立并交替发生的经验（我在这两种交替经验之间摇摆，尽管这单一经验的每个方面能被描述得类似

[①] 译自 Richard Wollheim, *Painting as an Art*, Princeton, NJ: Princeton University Press, 1987, chapter 2, "What the spectator sees," pp.46-75. 本篇中大多原注是沃尔海姆就相关观点的拓展介绍，本译文为控制篇幅作了省略，仅保留说明文献出处的注释。同时，本译文在不影响理解的情况下，省略了原文中的部分插图。——译者注

[②] *The Notebooks of Leonardo da Vinci*, ed. and trans. Edward McCurdy（London, 1938）, p.231.

于单个经验）。它可以被描述得就好像它是单纯注视一面墙的情况，或是面对面看一个男孩的情况。但认为上述情况就是"双重性"的性质，这是错误的。在没有把该复合经验的任一方面与单一经验相等同的情况下——尽管那样它才能被描述，如果我们追问这任一方面究竟在经验上如何相似或不似于那一类似经验，我们与其说是犯了错误，不如说是陷入了困惑。当在墙上看见男孩时，我们有了关于那孩子的知觉现象学，或是有了有关那面墙的知觉现象学。一旦我们开始把上述两者与我们面对面看到男孩或墙壁的知觉现象学相比较，我们就迷糊了。这种比较看似极易进行，但最终证明不可能执行。具备一种经验、但缺乏另一种经验的特殊复杂性让它们各自的现象学无法对应。当然，所有这些说法都不是要否认在"看进"与面对面看见之间存在着一种重要的因果关联。孩子们恰是通过最初在书页上看见许多熟悉及不熟悉的物体，从而学会识别出它们的。

当然，"看进"的双重性并不排除复合经验的其中一方面被强调而损害了另一方面的情况。在污墙之上看到男孩的过程中，我可以极专注于那些污迹，它们形状如何？它们所包含的材质与色彩如何？它们如何装饰外层或遮盖墙壁的原初纹理的？我或许会因此忘记一切，而只留下对男孩的朦胧意识。或者，我会专注于男孩，专注于他似乎要长出的长耳朵和他拿着的盒子——那是一个炸弹还是给某人的礼物？并因此对墙壁究竟如何标记只有模糊意识。经验的其中一方面走到前台，而另一方面则变得模糊。有时对经验某一方面的偏爱会达到顶点，此时另一方面便会消逝。双重性丧失了，"看进"让步于一种全然不同类型的经验。这一转换在两种方向上都可发生，从而"看进"可以因面对面地看到墙壁及其污迹而成功，它也可以让位于心灵之眼中把男孩视觉化。但鉴于墙壁的迥异会在一开始就允许了"看进"，这两种后继经验都不太可能被证实是稳定的。"看进"很可能会再次显现自身，这就是它的张力。

（2）就如我已经描述过的那样，"看进"先于再现，无论逻辑上还是历史上，它都先于再现。"看进"在逻辑上先于再现，这在于，我能在既非再现、我也不相信它是再现的那些表面中看到某个事物。许多其他例子也很容易能包括进我们刚刚审视的那些例子里。比如云朵，我能在云中看到无头躯干或是伟大的瓦格纳式指挥家在天空穹顶之下排成一排。"看进"从历史上说先于再现，是因为早在我们的远祖想到用他们狩猎到的动物形象来装饰自己的洞穴之前，他们无疑已经那么做了。

但这并不只是"看进"先于再现。就如以下所展现的那样，再现可根据"看进"来解释：在一个"看进"被稳固建立的共同体中，其成员——让我们（过早地）称其为一个艺术家——怀着让周围人在画面中看到一个确定事物（比如一头野牛）的意图，开始标记图画表面。如果就如他所标记的那样，这个艺术家有意让一头野牛在表面上成功地被人们看到，那么这共同体就通过合作做到了一点——有人确实在其中看到一头野牛，那他就是坚持正确地观看了表面；或许也有人在其中看到了其他东西或什么也没看到，那他则是坚持不正确地观看了表面。这样，那被标记的表面就再现了一头野牛。

于是，当某种迄今还未曾具备的东西，即某种正确性或非正确性的标准被加诸"看进"这一自然能力时，再现就实现了。只要这些意图得到实现，这一标准就由艺术家的意图为每幅画设置下来。荷尔拜因著名的肖像画流传下来衍生出多个版本，这肖像画并非查尔斯·劳顿的肖像①，尽管老影迷会说在那幅肖像画中看到了查尔斯·劳顿，并且我也敢这么说。但这是一幅亨利八世的肖像，因为在其中能看到亨利八世，而这也是荷尔拜因有意要呈现的视觉经验。但对潮湿的污迹、结霜的玻璃板以及云朵来说，却没有什么是在其中正确看到的，这就如同著名的哈姆雷特与波洛尼厄斯之间交替所阐明的那样。甚至，不正确的情况是在其中看到某物，而非什么都看不到。

促使我提到这最后一点的是，有一种图画是向再现演变的某种过渡形式。有些图画，有人确实在其中看到了某物，但其实那儿什么都没有。换言之，有人在这些图画中，确实是看到了某物而非什么都没看到。但实际上，画中并没有一个能声称在其中正确被看到的具体东西。罗夏墨迹心理测验卡就是一个很好的例子。这些模拟墨渍作为诊断测试，其效果取决于满足两个条件：即在它们中看到某物是可能的，但没什么东西（即没有一样特定东西）能令人信服地声称比其他东西更能被看到。

就充分发展的再现而言，正确性标准确切地规定了在画中能看到什么。然而即便对这类再现来说，从该标准中偷闲片刻，挑出我们在一幅画中所能看到

---

① 这里指1933年电影《亨利八世的私生活》，查尔斯·劳顿扮演亨利八世。荷尔拜因的肖像画是指《亨利八世肖像》（1537）。——译者注

的各种东西，而且那还是我们所选择要看到之物，这仍是可能的、惬意的、也许也是有益的。例如，普鲁斯特过去这么做过：他会去卢浮宫，并在早期绘画大师的画中发现与他朋友相像的形象，或是与他近郊熟人相像的形象。吕西安·都德（Lucien Daudet）告诉我们，站在基尔兰达约的双人肖像画①面前，他假装那个鼻端有息肉的形象是德格雷夫勒伯爵夫人的老朋友，彻头彻尾的花花公子杜劳侯爵，此人的容貌特征被保留在一幅已经褪色的照片中。②《追忆似水年华》第1部《在斯万家那边》的读者会回忆起斯万本人对这些知觉诀窍有着怎样的相同爱好，读者觉得他们不知怎的也扩大了斯万的朋友范围。当斯万在波提切利对西坡拉（《圣经》中摩西岳父叶忒罗的女儿）③的再现中发现妻子奥黛特的面貌特征时④，他对奥黛特的迷恋被封印了。但无论斯万这个人，还是他自己，普鲁斯特都没有声称，这些游戏改变了他所利用的那些绘画的再现内容。他只是出于片刻愉悦或是某种永久考虑，拒绝了艺术家的意图。

（3）"艺术家的意图"。我在上篇演讲中明确地抵制了两种立场，即对艺术家意图过于狭义的或过于宽泛的理解，而在这篇演讲中我也含蓄地指出了这一点。但现在看起来好像我已经转移了立场，并且在期待意图为再现的正确性提供标准的过程中，我即便没这么说，但也已转向了那种狭义理解。因为，如果艺术家的意图是某种艺术家头脑中的东西，并决定了譬如在一个给定表面中，是一头野牛而不是一头公牛，或者，是亨利八世而非查尔斯·劳顿会被看见。那么看起来，似乎最能胜任该任务的候选品仅涉及艺术家方面的意志，而观看者则应辨识出艺术家所规定要再现的东西。还有什么必要把思想、信念、经验、情感、承诺这些关于艺术家意图的更宽泛的理解引入考虑呢？似乎这里并不需要它们。

---

① 这里指意大利文艺复兴时期画家基尔兰达约（Domenico Ghirlandaio）的二人肖像画《老人和他的孙子》（*An Old Man and His Grandson*，1480），不过沃尔海姆这里采用的作品英译名为"*Old Man and Boy*"。——译者注
② 该故事出现在下列文献中：Lucien Daudet, *Autour de Soixante Lettres de Marcel Proust*（Paris, 1928）, pp.18-19。
③ Marcel Proust, *À la Recherche du Temps Perdu*, Tome I, *Du Côté de Chez Swann*（Paris, 1914）, pp.273-277, trans. C. K. Scott Moncrieff and Terence Kilmartin, as "Remembrance of Things Past", Vol.I, *Swann's Way*（London, 1981）, pp.242-246。
④ 这里指文艺复兴时期波提切利作品《摩西生平》中摩西妻子西坡拉的形象，奥黛特为斯万的夫人。——译者注

然而只有当我刚才是指下列情况时，上文结果才会发生。即艺术家在计划自己要再现某物的过程中以任何可能方式标记了画布，只要能实现那种效果——即观看者辨识出了艺术家想要图画再现的内容。但这根本不是我在说的东西。显然，一个观看者在图画中辨识出一个物体或事件并不止一种方法，他可以利用多种线索，比如，他可以预期艺术家的意图。但只有观看者通过在图画表面中看到一物体或一事件而辨识出它时，观看者的反应才与图画的再现性内容有关。因此，再现性艺术家必须至少让自己这么做：以特定方式标记画布，从而确保观看者不仅是辨识出图画所意在再现的内容，他还要能看到、在图画中看到那些内容。而这一要求使得艺术家不管怎样也要凭借他的知觉信念。有关被再现事物的知觉信念必须在因果上有助于再现的制造，而这意味着这些知觉信念包含于艺术家的意图之中。

但是，尽管上述的后果证实，对艺术家意图最狭义的阐释不足以说明再现。情况莫非是（反对意见此时会起作用）某个相当狭义的阐释是恰当的，而我所提议的宽泛理解则不恰当？我们能否不从再现性艺术家的意图中排除诸如思想、情绪、承诺等这样更深层的心理现象？

就此而言，必须回到这些演讲的标题，并提醒我们它所假定的区别：作为一种艺术的绘画与以其他方式所作之画相对比。因为，一旦绘画被作为一种艺术来实践，那么毫无疑问，行动者不仅会调动他有关所再现事物的知觉信念，而且也调动有关那事物的一系列态度。其实，他所调动的某些知觉信念本身就取决于这些态度。他再现一张脸的方式与他对脸孔主人的感觉紧密相连，他再现一座建筑的方式现在也无法摆脱他对其尊严或魅力的反应。

最后这一点有时是由一种说法说明的，即据说与原始绘画者相比，艺术家想要公平对待再现什么与怎样再现：他会努力确定，他所要再现之物如何能打动观看者。但这并非一个说清问题的好办法。因为，在创造一幅有关被再现事物看来如何的更精确的形象时，艺术家实际上是在再现一种甚至更特别的事物类型。在再现工作的范围之内，并不值得在再现什么与怎么再现之间拉出一条界线，每次把握到的新再现方式都生成了一个新的再现对象。

（4）人们一度相信"看进"具有文化相对性，再现因而也是如此。也就是说，它出现在某些社会，而不发生于其他社会之中。但一些人类学家收集的证据事实上展示了某种受到更多限制的东西、某种非一般意义的东西。比如他们给西南非洲的部落成员提供了下图的那种图画，然后问他们，站在那儿的猎人能击中鹿吗？就受试者回答的情况而言，那猎人不能，因为山丘或道路是处于人鹿之间的。这些答案所揭示的是，把握描绘了相对复杂的空间关系的绘画，这需要经验，并依赖于相对微妙的视觉线索。但受试者终究回答了这些问题，他们能把"猎人""鹿""山丘""道路"这类术语应用于图画，这一事实毫无疑问地表明，他们拥有"看进"的能力，尽管没有发展到（知识）准备充分的欧洲人的程度。

《水平图像空间》

［出自哈德森（W. Hudson）三维图形的知觉测试卡1（左）与测试卡4（右）（1960年）］

但意义更深远而重要的一点是，"看进"似乎是有其生物学基础的。这是一种先天能力，尽管如同所有的先天能力，它要求某种充分适合而又具有刺激作用的环境，以便在其中发展这种能力。一个几天大的婴儿会对一张脸的绘画有反应，当然是瞬间地，但同样情况适用于他对外部世界的所有反应。……

（5）再现与"看进"之间的联系受到了古代及文艺复兴的再现理论家们的注意。但几乎对他们每个人而言，这些思想家就这种联系的理解都误入歧途，无论从逻辑上还是从历史上，他们都把"看进"视为后于再现的。他们认为，每当我们在诸如一朵云、一堵污墙抑或一片阴影中看到一匹马时，这都是因为那儿已经有了关于一匹马的再现。当然，这是由非人类之手所制造的一个再现。这些再现可能是神明之作或是意外之果，它们等待着特别敏感的人看出它们，然后把自己交付给他们。

当15世纪艺术家希望再现"看进"活动本身时，这种解释方向上的颠倒让再现陷入一个有趣的问题，并且这也创造出了一个问题：即"看进"指向了自然现象。因为，为了再现这活动本身，艺术家必须按他们对事件的说明，再现这一活动所预先假定的东西：他们不得不把自然显示为一册相当具有人为性但极为隐蔽的再现集。一个著名的例子是安德烈亚·曼特尼亚（Andrea Mantegna）的《圣塞巴斯蒂安的殉难》（*Martyrdom of St. Sebastian*，维也纳艺术史博物馆）。在这幅画上，艺术家试图再现一种云朵，在其中可以看到骑手，他把云朵再现为仿佛它是一位骑手的仿古浮雕。而怪诞的例子是皮耶罗·迪·科西莫（Piero di Cosimo）所作的两幅神话题材的绘画：《西勒诺斯的不幸》（*The Misfortunes of Silenus*，马萨诸塞州剑桥市哈佛大学福格艺术博物馆）、《发现蜂蜜》（*The Discovery of Honey*，马萨诸塞州伍斯特市伍斯特艺术博物馆）。在这些绘画中，野生动物的形象巧妙地印入树枝与树木的截梢树干之内。

当然，即使传统对再现的说明颠倒了正确的解释方向，因而被抛弃，但根据我对该问题的说明，对再现艺术家在其作品中所涉及的那种知觉来说——他们的作品依赖这种知觉——这仍然是一个问题，并且可能被认为是个难以克服的问题。它要求某种或许固有地超越其手段的东西。解决该问题的一种尝试是由查尔斯·梅里翁（Charles Meryon）的两幅画（马萨诸塞州威廉斯镇克拉克学院）提供的[①]，梅里翁是19世纪巴黎伟大的建筑制图家及蚀刻版画家，他开始再现能在其中看到女性的那种云朵。就如梅里翁所观察到的那样，这个工作是再现云朵，而非再现女人。换而言之，这女人要在云朵中被看到，但不是在画中被看到。

在《描绘的艺术》（*The Art of Describing*）一书中，斯维特拉娜·阿尔珀斯（Svetlana Alpers）给我们提供了试图处理"看进"的一个有趣例子。[②] 1628年，在哈勒姆城外的一个小村子里，一棵老苹果树被砍倒了。据一些虔信者所称，在它的树皮内有神奇的天主教神父的形象。一份虔诚的印刷物很快出版，以庆祝这一发现。一年之内，为了反驳这些迷信，"证明谣言之虚假"，为某种自然主义解释提供这些迷信何以出现的材料，彼得·珊列丹（Pieter Saenredam）完成了一幅画，之后制作了另一印刷物，它展示了树的横截面。为了阐明他的观点，珊列丹致力于展示出那树皮是如何构型从而能在其中看到神父们的。但尽管神父们能在其中被看见，他们也不能如此有力地、或

[①] 克拉克艺术学院在此处被简称为克拉克学院。此处附有梅里翁《拟人化云的研究》（*Anthropomorphic Cloud Studies*，第2版）的插图，本译文不再收入。——译者注

[②] Svetlana Alpers, *The Art of Describing*（Chicago, 1983）, pp.80–82.

者说如此清晰地被人们看到，并足以让我们断定，这是一个神圣创造者期待我们看到的东西，除非——这印刷物暗示——我们被迷信刺激得去这么想。

（6）再现以"看进"为基础，这一点通过"看进"服务于解释再现的普遍特征而得到确证。只要我们也认识到"看进"本身是由观看再现这一经验所延续的，我们就开始认识到再现涉及并反映了"看进"的本质与界限，而一旦如此，有关再现的最一般性问题就变得经得起检验了。我想到了三个一般性问题。它们是：（一）我们如何划定再现？或者说，什么是一个再现，什么不是？（二）什么能被再现？或者更具体地说，能被再现的是哪几种事物，以及它们所引起的是哪些再现类别？（三）对一幅再现性图画来说，现实的（realistic）、自然（naturalistic）、逼真的（lifelike）、真实的（true）是怎样的？我现在换着用这些术语来指同样的难解属性。这最后的问题是一个我们能追寻但无须把任何特殊价值附着到那属性本身之上的问题。

我将依次来考虑这三个一般性问题。

（7）第一，我们如何划定再现？

就前理论层面说，或在这讨论开始之前，我们并没有很多对此问题的确信，而将再现与"看进"联系起来有利于我们组织关于再现的思考，从而保存并培养那些我们确实拥有的直觉。

首先，此联系告诉我们，再现并没有一个非常清晰的边界。国际公路符号、标识、火柴人、公共厕所上的符号是不是再现？利用我所建议的联系，我们现在可以把问题改写为，当我们注视这类东西时，我们在其表面中看到了它们所是的东西了吗？抑或，我们只是把这些东西视为标记，于是能根据我们对它们所属系统的知识，识别出它们是什么符号？另一种提出问题的方式是，只要我们把这些东西视为有意义的，我们就必须意识到深度并关注到被标记的表面吗？我认为，要回答此类问题，可能要在这些我们或许能做到的个案，以及在我们或许不能做到的那些个案中讨论它，但对这两种方式，我们都不太可能很有信心地这么说。这表明所有这些个案都处于再现的边界上。我相信，它们与我们先在的直觉相一致，而且再现展示了边界个案的宽泛范围，这情况也符合这样的先在直觉。

其次，这一联系允许我们把诸如地图这样的符号从再现性中排除出去，这些符号不是因为我们在诸如地图中看到因而是它们本身。我们可能、也或许不能在它们中看到它们是什么，但如果我们能，确保它们意义的也不是这一事实。一幅荷兰地图并不因为荷兰大陆块能在其中被看到而是荷兰的，即便对一个现代旅行者来说，在一架飞机的飞行高度俯视地面的情况下，一幅地图提醒了他能看到什么。不是那样，让地图是荷兰的因素其实是我们可以概略地称为惯例的东西。

这个关于地图的事实，以及它们所绘的内容，是通过我们从它们中提取出这些所含信息而得到确证的。我们这么做并不依赖某种诸如我认为"看进"所具备的那种自然知觉能力。我们依靠某种习得的技能。这明显被称作"识图"（map-reading）：即"阅读地图"（map-*reading*）。

如果我们把再现和地图并置，再现与地图的差别，即两种事物的差异，乃至我们与这两种事物发生关系的方式上的差别，就很好地显示了出来。更好的例子是，我们想到一个包含了对地图加以再现的再现，例如，想想维梅尔（Jan Vermeer）的《军人与微笑女郎》（*Officer and Laughing Girl*，纽约市弗里克收藏），它再现了一男一女和一幅荷兰地图。对于那让维梅尔画作的某块区域是个女子、而让画作的其他区域是幅地图的原因，它与让地图是荷兰的某种原因相当不同。其结果是，如果观看者既要得知该画能透露给他的关于地图的信息，又要获悉地图所能告诉他的有关荷兰的信息，观看者所拥有的各种能力及其生涯中的不同历史都必须被调动起来。如果他是为了找出荷兰地理情况而很低效地决定看维梅尔的作品，那么他就不得不连续地调动这两种能力：起初，"看进"告诉他墙上有幅地图、这地图是什么样的，然后在知道其外观的情况下，"识图"告诉他那幅地图就荷兰的地表透露了什么信息。

又一次，再现与地图之间的区别符合了我们的先验直觉，即使它们并未呼唤它。

再次，再现与"看进"的联系允许我们拒绝对再现性绘画与抽象画进行对比，这种拒绝经常是推断得出但没根据的。要领会这一观点，我们第一要弄清"看进"的全部范围，第二则是要弄清我们对抽象画本质的看法，或弄清它对观看者的典型要求。我会依次加以讨论。

在某方面，我所给出的观看自然现象之中事物的例子可能会带来误解。我引用了在污墙上看到一个男孩的例子，在结霜的玻璃板上看到舞者的例子，或在高耸的云朵中看到躯干或一个伟大的瓦格纳式指挥的例子。但接着上述个案继续说的则是这些例子：我们在一片氧化金属中看到一个不规则固体，在一棵树的光秃树枝中看到一个球形，或只是在某个粗粗做好的墙上看到空间。这两种例子主要在概念类别上有差异，根据这两类概念，我们得出了在不同表面所看到的不同东西。在我们一直讨论的那类例子中，我们运用了"男孩""舞者""躯干"这些词，即运用了具象概念。而在新类型的个案中，我们使用了"不规则固体""球形""空间"，即运用了非具象概念或抽象概念。故此，我们很自然会想到的是，这两类例子都是"看进"的真正例子，因此它们都为一种艺术再现创造了条件，而它们的差异在于，它们为不同类型的再现性艺术铺平了道路。一种为具象性的再现性艺术创造条件，另一种则为抽象性的再现性艺术创造了条件。

当我们现在转向抽象画时，它其实已经在20世纪出现了，我们可以看到，这种思考方式充分得到了证实。如我们所知道的那样，抽象艺术往往同时是再现性的而又抽象性的艺术。绝大多数的抽象画都展示形象，换句话说，我们在它们面前所被要求具有的经验一定包含了注意到被标记表面的经验，但它也包括了一种对深度意识的经验。在强求第一与第二个要求的过程中，抽象画揭示出自己是再现性的。在这一点上，我们很少能准确地表达出它们所再现之物其实是不重要的。

考虑诸如汉斯·霍夫曼（Hans Hofmann）壮丽的《庞贝》（*Pompeii*，伦敦泰特美术馆）的这类绘画，应能阐明这一点。因为这幅画显然要求我们在其他平面之前看到一些颜色的平面，或者，我们在其表面看到某东西。这是真实的，尽管我们应该只能最泛泛地说出我们在表面所看到的是什么。

我已经讨论了绝大多数的抽象画是什么样的，这引发了是否确实有非再现性抽象画或不要求"看进"的抽象画这类问题。（我已经注意到一个奇怪的事实，一旦人们不再抵抗有些抽象画是再现性的这种观念，他们就教条地认为所有抽象画都是再现性的，他们拒绝一种非再现性抽象画的观点。）就这一点而言，有理由保持审慎。认为譬如巴尼特·纽曼（Barnett Newman）的某些庞大装置，如《高迈的英雄汉》（*Vir Heroicus Sublimis*，纽约现代艺术博物馆）是非再现性的，这似乎是合理的。可以说对这幅图画的正确知觉，或者说与艺术家所实现的意图相一致的知觉，并不具有双重性的特点。

然而值得注意的是，如果说有些抽象画因其并不要求深度意识而是非再现性的,那么也有一些绘画是因相反的原因,或者说因它们并不唤起——实际上它们是排斥了——对被标记表面的注意,而是非再现性的。错视画无疑属于这类,就比如勒鲁瓦·德·巴尔德(Leroy de Barde)水粉画所做的精美系列橱柜(橱柜图纸,巴黎卢浮宫)。它们挑动了我们的深度意识,但这是通过设计旨在迷惑我们对表面标记注意力的方式实现的。

(8)第二个宽泛问题是,什么能被再现?或,假设能被再现的对象根据某种原则可再细分,在这个可信的假设下,什么类型的事物能被再现?换言之,再现的各个种类是什么?

对什么能被再现这一问题,似乎可以合理地认为,其答案不是在我所讨论的再现与"看进"之间的联系中发现的,而是在似乎更基础性的再现与观看的联系中发现。更基本的情况是,除非某物能被看到(如我所指出的那样,被看到是指面对面的),否则它如何能在一个被标记表面让人看到?因此会自然浮现的一个答案是,所能再现之物是任何能面对面看到之物。再现本质上是可见的。

在下一部分的最后,我会提出,出于相对微妙的原因,该答案并没有它最初看起来的那么充分,并且,在适用范围的问题上,"看进"而非"观看",依然更可靠地导向再现。然而,观看之所以是不那么可靠的向导,是由于它在范围上过于具有限制性,或者说它过度限制了再现的种类。所以,对再现的各种说明不但将自身建立在观看基础上,还对所能看到之物也采取了过分限制性的观点,此类说明加剧了它的不充分性。这就处于了双重麻烦之中。在或许是专论视觉艺术的最卓越论述中,我们会发现这种说明,这就是莱辛的《拉奥孔》。或许也有人会说,这本书是反对视觉艺术的论述。在讨论再现范围的过程中,我会从《拉奥孔》开始。

莱辛在其论证的核心提出一个主张,即被引向眼睛的图画艺术只可能是能由眼睛所捕捉之物。然而,从这个可接受的前提出发,莱辛继续就什么不能再现得出了一个强势的、不可接受的结论,正是在这点上,对于什么对象能被看到这方面,他的观点局限性体现了出来。比如莱辛断定,视觉艺术品不能再现一个行动。在再现一件披风的情况下,任何一次再现都必定处于两种情况之间:一种情况是再现一件罩了个人的披风,另一种情况则是再现一件即刻间没罩着人的披风。莱辛让我们相信,这些限制以及对再现的其他限制,都直接是由视觉不证自明的有限性所造成的。为了强调，他把受限制的视觉本质及视觉艺术的狭窄范围，与语言的自由本质及文学的宽泛范围作了比较。①

在本阶段，我建议我们提醒自己某些有关什么可见的宽泛真理，即面对面观看。当我们记起某类事物——譬如即使我们不能看到一物的每个部分，但能看到它；即使两个东西极为相似，但我们可以看到某个东西而非另一东西，尽管在其他情况下，在不了解两者的情况下，我们或许不能区别它们，或会误认它们；我们能看到一物正在做或正在经历某事，即使除非通过指涉某种我们不能看到的东西，它在做什么或经历什么其实都不能被辨认出来——这时，我们就回想起了一种对视域的更好理解。

只要我们牢记这些真理，那么即使我们继续认为所能再现之物与所能看到之物共存，我们还是会从认为再现是受莱辛思路所限的想法中摆脱出来。例如，我们应会承认下列再现的存在。第一，佛兰斯·哈尔斯（Frans Hals）在他的群像《圣乔治市民警卫队官员之宴》（The Company of St George，1616，哈勒姆哈尔斯博物馆）中再现了他们的上校，尽管那上校坐在桌边，他身子的下半部并不可见。其实在描绘《神秘羔羊的崇拜》（The Adoration of the Mystic Lamb，根特圣巴夫教堂）中的奏乐天使时，凡·艾克走得更远，他再现了一个天使在吹着一架风琴的风箱，尽管因为这天使是在风琴后面，我们只能看到天使的一绺头发和一小片布料。第二，马奈的《女人与鹦鹉》（Woman with Parrot，纽约大都会艺术博物馆）再现了一个女人与一只活鹦鹉，而尼古拉·普桑（Nicolas Poussin）的《日耳曼将军之死》（The Death of Germanicus，明尼阿波利斯艺术学院）再现了一个男人躺在他临终之床上，尽管一只活鹦鹉未必能与一只精巧的填充鹦鹉相区别，而一个躺在临终之床上的男人不一定能与一个假装生病的男人区别开。第三种则直接就莱辛自己的例子展开了争论，一幅拉奥孔的画可以把拉奥孔再现为就要痛苦呼号，或将他再现为身陷雅典娜

---

① 《拉奥孔》中仅在引用《伊利亚特》卷二第43～47行诗时提到了披风，在莱辛引用了荷马描写阿伽门农装束时，诗中说"套上宽大的披风"，结合本诗上下文中莱辛的论述来看，他指出一种写法是从诗人描写穿衣的动作中看到衣服，另一种写法则是一件件仔细地描绘物件本身，但在后一种写法中，人们不会看到动作。沃尔海姆据此例证再现披风的前一种情况是再现动作，而后一种再现则是再现物件。并且莱辛认为画适于再现物件，而诗适于再现动作。参见［德］莱辛《拉奥孔》，朱光潜译，人民文学出版社1979年版，第86页。——译者注

送去折磨他的巨蛇所盘成的圈中，尽管拉奥孔的呼号其实存在于将来，而雅典娜则在遥远之地，这两者皆非可见。

然而，即使根据某种对可见性的更恰当理解，莱辛设置在视觉艺术上的种种限制将不得不大量扩充，但事实上，什么可见仍然给予我们关于何物能得到再现的某种不充分的标准。一旦我们超越加诸再现的一般要求，这就将更清晰地显现出来，并开始对再现的各种类别进行分类。这就是我现在要转向的话题。

（9）当然，根据它们再现什么来对再现进行分类也有许多方式，事实上这就如对被再现事物产生兴趣的方式一样多，但最基础的方式是给予我们某种交叉类别，其基础地位是因为它把我们领向再现如何与现实关联的核心。一种解读方式是，这种分类把再现分成对物的再现与对事件的再现。而另一种解读方式是，它把再现分成对作为殊例的物体或事件的再现，以及那对只是某个类别的物体或事件的再现。下述例子会阐明这一分类。

一幅画可以再现一个年轻女子，于是它会再现一个物体。或它能再现一场战争，于是它会再现一个事件。如果它再现了一个年轻女子，它或许就像安格尔的肖像画那样，再现了墨瓦特雪夫人（华盛顿国家艺术馆），那么它会再现一个作为殊例的物体。同样地，如果它再现了一场战争，它也可以像乌切洛（Uccello）的绘画《圣罗马诺的溃败》（*Rout of San Romano*，伦敦国家美术馆）那样再现，那它会再现一个作为殊例的事件。然而，在再现一个年轻女性方面，一幅画可能就像马奈《白兰地》（*La Prune*，华盛顿国家艺术馆）所做的那样，只是再现了一个年轻女性，或一个年轻的法国女人，或是一个特定时代、阶级、年龄、性格、职业和前景的年轻法国女人，但仍然不是一个作为殊例的年轻女人，于是它再现的仅仅是某个类别的某个物体。同样地，在再现一场战争方面，一幅画可能只是再现了一场战争，或可能再现了一场骑兵战争，或甚至再现了一场实力悬殊的骑兵之间的战争，有些配备步枪，有些佩刀，有些配手枪，有些人有胸甲而有些没有，处在一个易于伏击的地势下，但这战争仍然不是一场作为殊例的战争，于是它再现的仅仅是某个类别的某个事件。

再现作为殊例的物体或事件的图画，以及再现仅仅是某个类别的物体或事件的图画，显示这二者之间第二种区别的方式如下：谈到一幅再现了一个年轻女人的画，我们或许会问，哪个年轻女人？现在对某些诸如安格尔肖像那样的图画，的确有这问题的一个答案，即使我们所追问的真人并不知道这幅画。在这样的例子中，图画再现了一个作为殊例的物体。然而对诸如马奈的风俗画这样的其他画来说，该问题没有答案。并且问这问题只表明，我们已经误解了我们所获知的内容。在这类例子中，绘画仅再现了某个类别的某个物体或某一事件。

但又有点新情况。

（上文中所关系到的）专属性的两种类别并不是以下两类画的对应：即再现了作为殊例的物体或事件的画，与再现了某个类别的物体或事件的画。不，专属性的两种类别精确地说是如下两类画的对应：是再现了作为殊例的物体或事件的画，与再现了仅表示某个（抽象）类别的物体或事件的画。① 每幅再现性绘画其实都再现了某个类别的事物。这并不是一个与它有关却无聊的事实。因为，如果图画另外又再现了某个特别事物，那么不管那东西是什么，这画都把它再现为是属于那个类别的。所以安格尔的墨瓦特雪夫人肖像画（就如他所做的那样）再现了一个女性、年轻、法国人，出生于19世纪早期，有自信、奢华，这幅画把它的模特儿再现为这样一个人。

大体说来，绘画力争遵守的一个原则是，它们都把事物再现为是只属于那些它们实际所属的类别——当然，尽管没有画能把事物再现为是属于它实际所属每一种类别。我们或许可以把没有画能有望去遵守的原则称为全部真相（the whole truth），而称绝大多数画打算去遵守的原则为确系真相（nothing but the truth）。也有一些动机能时不时引导一个画家背离原则，它们当然并不止于纯无知或纯无能的范围，比如说为了奉承。而对确系真相原则或多或少系统性的背离则会出现在一类绘画中，即漫画，它把事物再现为它们所不是的事物，漫画把这个做法变成一种优势。我们能在菲利蓬对路易·菲利浦所作的极为著名的漫画中看到这一点，他把路易·菲利浦再现为一只梨子（见

---

① 沃尔海姆这里所指的"专属性类别"是与"交叉类别"相对应的。本文中，专属性类别一种指图画再现具体个别事物（如我自己的肖像画），另一种则指图画只是再现一个抽象类别（如"人"），这两种是沃尔海姆区分的两类截然不同的再现。但沃尔海姆在本文中所关注的绘画是同时属于上述两种情况的图画再现，比如"墨瓦特雪夫人肖像画"，他称之为"交叉类别"。文中括号内的内容为译者所加。——译者注

下图）①，路易·菲利浦当然不是只梨。而在一幅新颖的维多利亚时代肖像画《爱德温·兰西尔爵士》（*Sir Edwin Landseer*，伦敦国家肖像馆）中，兰西尔爵士被再现了两次——一次再现成他自己，一次则再现成他为特拉法加广场被处死的众狮之一。

将路易·菲利浦再现为一颗梨子

现在我必须强调，作为殊例的事物的图画与仅表示了某个类别的事物的图画，这二者的区别就是根据艺术家意图来运用的图画与实现了艺术家意图的图画之间的区别。这关乎艺术家想要图画如何绘制，以及他在多大程度上成功地让这幅画胜任那一期望。这区别根本不取决于我们碰巧知道那画是关于什么人或什么东西。譬如一个男人的一幅文艺复兴肖像画，或是一个公主的法尤姆肖像②，这些人的身份信息已经遗失很久，并永远也不会重新获得，这类画像从现在到永远都将是它原本的身份。就像安格尔的墨瓦特雪夫人画像，它是一幅某个具体人物的画，而没人知道这是谁的情况并不改变这个事实。

在一篇我给自己设定的理论或哲学目标更小的演讲中，我会谈到更多有关这种交叉类别的说明，这只是因为它把我们带向再现如何与世界相关联的核心。在本篇演讲中，它则打算只为一个目的服务，即证实并详述再现对"看进"的依赖——是依赖"看进"而非面对面观看。因为我在一个表面所见之事物正是受制于与一幅画所再现之事物同样的交叉类别：物体与事件；以及作为殊例的物体或事件与仅表示某个类别的物体或事件。即使该类别的第一部分也适用于我面对面见到的事物，但重要的是，第二部分并非如此。如果我声称面

---

① 1831年6月，法国政治讽刺漫画家菲利蓬（Charles Phillipon）刊出的漫画《梨》，该画把国王路易·菲利浦的脑袋再现为一只梨子。——译者注
② 公元1—4世纪间在埃及出现，一般用蛋清或蜂蜡调和的天然颜料画在木板上，置于死者木乃伊面孔的包裹布上。——译者注

对面看到了一个年轻女人,当有人问哪个年轻女人时,我不能推辞说这问题不合适,并声称问这个问题只是反映出对我所说内容的误解。我当然可以说,我不知道答案。但这并不是没有一个答案。正是这个事实最具决定性地主张:能被再现的事物只是能在一个被标志的表面被看到的事物,而不是能被面对面看到的事物。

(10)第三,有一种属性难以捉摸但又值得注意,我们可以根据它对再现进行分类,我们可以称之为自然主义(naturalism)、现实主义(realism)、生动逼真(lifelikeness)、自然真实(truth to nature),我已经提过这些术语可以互换。我说"可互换"而非"同义的",是因为我怀疑它们是否是同义词。在我看来,我们用了各种词语,这些词精确地说意思并不完全一样,我们是要挑出一个熟悉的属性,而每个词都抓住了该属性的某个方面。引起我们兴趣的是该属性本身,而这属性部分地是参考在观看者中所引起的某种效果而确认的,部分地,这也是参考图画引起该效果的方式而确认的。在诸如韦登(Rogier van der Weyden)的《一个女士的画像》(*Portrait of a Lady*)以及罗姆尼(George Romney)的《阿奇博尔德·坎贝尔爵士》(*Sir Archibald Campbell*,以上两幅作品都收藏华盛顿国家艺术馆)这样的作品面前,这种效果我们都曾经历过。但这效果无法用言语来把握,因此我认为,这属性最好通过该效果被引发的方式来理解。我会就这一主题说些内容。我会通篇采用"自然主义"这一术语来指该属性。

再说一次,我的主张是,为了欣赏再现的一个关键方面——这一次,是自然主义效果如何获得的问题——再现与"看进"之间的联系提供了必不可少的材料。我们特别需要援引"看进"的现象学——双重性。

有关自然主义的绝大多数说明做了什么,它们怎么出错了,事实上这是因为它们只专注在"看进"两个方面的其中一方面,它们试图仅通过参照那一方面来解释自然主义效果。更特别的是,它们专注于在被标记的表面中辨识某事物,或者我应该称为识别方面(recognitional aspect)。于是,它们很容易地,或者说迅速地,又或说毫不抗拒地继续把自然主义效果等同于图画所再现之物突然冲击给我们的效果。"看进"的另一方面,即我们对被标记表面本身的意识,或是构型方面(configurational aspect)则被忽视了,就好像它与这一问题无关。

我相信一切以此方式所获得的说明在根本上都是误入歧途。任何这样的说明只涵盖了有限的个案，并仅是碰巧涵盖了它们。要获得对自然主义的一种充分说明，或者说一个涵盖了所有个案并解释它们的说明，我们必须重新引入构型方面，因为自然主义效果是通过视觉经验——我们在那些图画面前得到的这种经验，我们因此视之为是自然主义的——的那两个方面的一种相互关系、一种特定类型的相互关系而产生的。这不是任意类型的相互关系，我要强调，它是一类特别的相互关系。我们没有关于该相互关系的常规说明，尽管我们会期待这种常规性说明。这正是为何自然主义效果不得不在各年代被重新发现的原因，更明确地说，这是指各年代在主题及技巧方面的每一次改变都被重新发现。如果"相互关系"允许我们让自然主义的即兴特征走向前台，那这个词的不精确性便是件好事。

只有这种从更丰富的材料构造出来而非泛泛地用于此目的的说明，才能容纳——实际上那可以预言——所有同为自然主义的绘画所展现出的外观上的广泛多样性。这种外观的广泛多样性在韦登和罗姆尼的绘画中得到了很好的例证，这就是我为何选它们的原因。自然主义范围内外观上的同样反差还可以从有着天壤之别的画家那里得到说明，比如霍赫（Pieter de Hooch）与格吕内瓦尔德（Grünewald），或是莫奈与方丹－拉图尔（Fantin-Latour），或是布伦齐诺（Bronzino）与毕加索。所有这些画家尽管各有不同，但他们都能实现自然主义效果。

我现在必须澄清的一点是，在把自然主义视为存在于某种相互关系内或在"看进"的两个方面相匹配时，我们必须小心，不要把对被标记表面的意识等同于对笔法的注意。对笔法的注意只是注意到被标记表面所能采用的其中一种形式，并且由于历史原因，它不是在约 1500 年之前被采用的形式，1500 年时单位标记或笔触被主位化了。但早在笔触成为审美细查的必需对象之前，被标记表面就已有大量其他特征要求关注：轮廓、调节（modulation）、冲压标记（punch mark）①、空气透视、细节精度（fineness of detail），以及就此而言的表面平滑或笔触的不可见。

（选自高建平主编《外国美学》第 26 辑，江苏教育出版社 2017 年版）

---

① 参考绘画技法方面的资料，modulation 推测是指色彩、色调方面的调节，punch mark 推测是指文艺复兴时期盛行于托斯卡纳作坊的一种批量、模板化的制作技法。——译者注

马格利斯与《为一种阐释理论所作的各项准备》

经典导读

约瑟夫·马格利斯（Joseph Margolis，1924—2021），美国当代哲学家、历史学家、美学家。犹太移民后裔，出生于新泽西州纽瓦克市。1953年毕业于哥伦比亚大学，获得哲学博士学位。马格利斯学术影响广泛，他先后任教于美国、加拿大、欧洲、日本、南非、越南等地，曾担任美国哲学会主席、国际美学会主席等职，为1973年世界"人道主义宣言Ⅱ"（Humanist Manifesto Ⅱ）的签署者，现为美国天普大学劳拉·H.卡内尔（Laura H. Carnell）终身讲席教授。主要代表著作有《艺术语言与艺术批评：美学中的分析问题》（1965）、《艺术与哲学》（1980）、《彻底却并非任意的阐释：艺术与历史的新困惑》（1995）、《艺术作品到底是什么？艺术哲学讲演集》（1999）、《9/11之后的道德哲学》（2004）、《实用主义的改造：20世纪末的美国哲学》（2002）、《科学主义的解析：20世纪末的美国哲学》（2003）、《艺术与人的定义：走向哲学人类学》（2008）、《实用主义的优越性：20世纪末的美国与欧洲哲学》（2010）等。

作为一个相对主义的历史与文化哲学家，马格利斯认为整个西方哲学史，包括当代英美分析哲学与欧洲大陆人文主义哲学，一直徘徊于追求事物本质之"恒变"与"恒静"两极的分裂状态，这种分裂状态既损害了哲学的进步，也使哲学与人的生活愈行愈远。真正的哲学研究应该超越英美分析哲学的自然主义传统与欧洲大陆哲学的人文主义传统，摒弃任何先验的客观准则或"第一原则"，从人与世界的历史性存在入手，坚持人与周遭世界的当下性、多样性与历史生成性。在马格利斯看来，虽然人与世界客观的"自然属性"具有本体论的优先性，但是从认识论的角度看，我们只有首先理解其"文化属性"，才能达至对人与世界本质的认识。换句话说，人与世界的本质并不在于其先天的、客观的"自然属性"，而在于其后天的、历史的"文化属性"。

基于这一基本哲学立场，马格利斯提出了如下重要哲学命题。第一，客观存在的现实并不具有一目了然的自明性，因为它要首先经过人的观念图式与语言阐释的重新构造，然后才能成为人的认知对象。第二，客观现实的结构与人类思维的结构骈体共生，现实的可理解性与思维的可理解性并无逻辑上的先后之分。第三，思想是历史的存在物，所有那些曾经被我们视为客观存在的普遍性、理性、逻辑、自然准则等，都是诞生于不同社会与不同群体的历史存在物，它向历史敞开并处于永恒变迁之中。第四，思想的结构随人类个体成长与代际发展而不断得到形塑，其中，特定文化群落中的文化信条、行为准则、语言结构等会直接影响人的思想与思想结构的形成。第五，人类文化与人的存在都是社会建构或社会形塑的产物，它们并无先天的本质，而是历史性的文化生成。

这些哲学命题贯通到艺术领域，就生成了他的"人化"艺术本体观。马格利斯认为，人与艺术作品具有本体论的相似性。后者作为"具象体现"（physically embodied）与"文化突现体"（culturally emergent entities），正是"人之表达"（human utterance）的绝佳范例。整个人类的文化世界处于一种语义的、符号的密集领域，其中充满了各种自我指涉、自我阐释的文本、行为与人造物，它们构成了整个世界。这种观点在他的论文《为一种阐释理论所作的各项准备》中得到了充分体现。马格利斯在文中批判了阿瑟·丹托的艺术阐释观点，并指出，艺术是人的艺术，是"有意图的"事物，因而是可阐释的，而且对艺术的阐释要从其文化属性出发。

可以看出，用相对主义的哲学视角，融通大陆自然主义哲学与英美分析哲学，将以往艺术与哲学中认定的那种静态的、稳定的本体矫正为历史的、生成的、动态的本体，坚持历史主义与相对主义的艺术本体论，是马格利斯美学的根本特色。

就此而言，艺术的本质并不单纯存在于作为知觉对象的艺术作品之中，亦即并非仅限于单纯的物质客体自身，像传统的艺术认识论所秉持的那样；事实上，艺术之为艺术，艺术区别于其他任何物质客体的地方在于它是一种文化实体

（cultural entities）。马格利斯提出，艺术是体现在物理实体中的文化实体。艺术作品作为"真的"实体，首先依赖其物质表达媒介的自然属性，比如雕塑依赖大理石的坚硬、乳白等物质属性，中国画依赖宣纸的晕染效果与毛笔的可塑性等。这些属性经艺术家之手，首先把物质材料塑造为一个二维或三维空间中的物理实体。然而，艺术的本质并不止于艺术作品的单纯物理实体，它要超越物理实体而向文化特性提升。艺术的文化特性既包括艺术批评家或观众对艺术品的多样阐释与身份认定，也包括艺术品由于置身于特定的社会、经济和政治当中而被自然赋予的意义。

因而，艺术作品就是显示了文化属性的人造物。正是文化属性真正为艺术作品赋予了艺术的身份，使其区别于其他物理实体或人造物。

既然任何艺术作品都是"物理实体+文化实体"的二元构造，那么，我们去理解"何为艺术"或艺术本体问题，也需要遵循"客观描述+主观阐释"的方式。因为，"客观描述"虽然可以完成对艺术物理属性的认知，但是，艺术的文化特性只有通过"主观阐释"才能理解。这正是《为一种阐释理论所作的各项准备》一文强调艺术的意图属性和可阐释属性的根由。

因此，对任何艺术作品，都不止于一个合理的阐释；同时，也不存在理解一部艺术作品的"正确途径"。艺术作品的多样阐释与不同理解是其存在的常态。艺术作品就在多样阐释与不同理解中不断获得新的生命力。但多样阐释与不同理解并不意味着艺术作品阐释与理解的随意性。这是因为，艺术作品的文化属性总会受制于一种特定的文化时期经由普遍讨论与理解而达成的文化共识，后者将足以在更大的社会语境中解决对艺术作品理解的差异问题。

总体来看，在人类历史的客观变迁与人类文化的多元发展中，坚持艺术的多样性与动态本质是马格利斯在艺术本体问题上区别于欧洲大陆人文主义美学与英美分析美学的主要地方。同时，这种历史主义与相对主义的人类学美学，在理论上为当今世界多样民族、多样类型、多样风格的艺术与美学平等出场提供了可能。

── **延伸阅读文献**

1. Joseph Margolis, *Pragmatism's Advantage: American and European Philosophy at the End of the Twentieth Century*, Stanford, CA: Stanford University Press, 2010.

2. Joseph Margolis, *Culture and Cultural Entities*, 2nd ed., Dordrecht: Springer, 2009.

3. Joseph Margolis, *The Arts and the Definition of the Human: Toward a Philosophical Anthropology*, Stanford, CA: Stanford University Press, 2008.

4. Joseph Margolis, *On Aesthetics: An Unforgiving Introduction*, Belmont, CA: Wadworth, 2008.

5. Joseph Margolis, *Moral Philosophy After 9/11*, University Park, PA: Pennsylvania State University Press, 2004.

6. Joseph Margolis, *The Unraveling of Scientism: American Philosophy at the End of the Twentieth Century*, Ithaca, NY: Cornell University Press, 2003.

7. Joseph Margolis, *Reinventing Pragmatism: American Philosophy at the End of the Twentieth Century*, Ithaca, NY: Cornell University Press, 2002.

8. Joseph Margolis, *What, After All, Is a Work of Art? Lectures in the Philosophy of Art*, University Park, PA: Pennsylvania State University Press, 1999.

9. Joseph Margolis, *The Language of Art and Art Criticism: Analytic Questions in Aesthetics*, Detroit, MI: Wayne State University Press, 1965.

（谷鹏飞 撰）

—— 原文:《为一种阐释理论所作的各项准备》

经典原文

为一种阐释理论所作的各项准备

马格利斯 著 陈佳 译

我发现有充分的理由把以下这些都看作"各种阐释"的例子,如:对历史的解释、古人类学、美国宪法、合同法、谈话、艺术品、个人生活及事业、奥杜威峡谷、不同动物种类的胚胎发育、第二次世界大战、学者们的成就、佛教教义、各民族的风味饮食,以及这种多样化的实际上可以无休止地添加下去的例子。这些例子有很多相似性,引发我们去认真思考,所有这些的背后也许包含一个共同的实践和目标;它们既是"阐释的各种形式",因而又都是"知识的各种形式";然而,这些"知识形式"追求的实际目标各不相同,且各个实践程序所受的严格限制又有差异,由此产生出极大差别的客观性和有关有效性和确认的评价体系。

我这篇文章是对现代绘画的哲学阐释的一个初步探讨,我将主要围绕阿瑟·丹托关于安迪·沃霍尔的波普艺术的意义的讨论,后者取代了抽象表现主义在西方绘画界(具体而言,纽约艺术圈内)的支配地位。

我的选题出于以下几方面原因的考虑:第一,在我们时代,绘画的历史和阐释,已经备受争议地提供了也许是最有效的讨论阐释(狭义和广义上)的公共空间。丹托本人是这一讨论话题的最具代表性人物之一,他关于如何理解艺术界的本性,如何理解绘画作为艺术品的意义,以及阐释对于帮助我们理解艺术作品起何作用的观点,都极富争议性,这使得丹托既是一位学识渊博的著名艺术哲学家,同时是极富名气的一名艺术评论家。第二个原因在于,实际上艺术阐释的问题,带给我们的挑战和争论可能是最为复杂、多元且公共化的,它们需要面对既来自专家,又包括有文化的非专业人士的各种质疑。第三个原因是,想要在整个文化相关学科领域内概括阐释理论的话,我发现,如果我们采取先从艺术入手,再逐步扩展到其他所有的阐释形式的方法,而不是反其道而行,这将更有助于清晰的论证。最后一个同样重要的原因是,由于丹托在其艺术及阐释理论的哲学论证上的重大失误,无意间启发了我们转向一个更为合理、更为可行的路径，那就是：反对丹托本人明确提出的观点，并在此基础上重新出发。

为缓和对我的指责并减少你们的怀疑，这里需要作一个必要说明：我实际上不相信存在一种独一无二的、对"艺术"或"阐释"的正确的定义或特征，因此同样地，也不存在对"知识""真理"或是最本质的"现实"的正确的定义。我的主张是，最好的出发点是把阐释作为一种伦理的（sittlich）的实践，就如同我们对科学和道德的分析视角一样，因此在这个意义上，我是站在黑格尔立场，反对康德的。

当下关于阐释的许多观点较为混乱。例如，一些活跃的艺术哲学家（也许有些并不出名）并没能清晰阐明什么是一件艺术品，如何能符合一件艺术品的本性，以及二者之间的概念关系问题。令人吃惊的是，我们将看到丹托同样在这一点上让我们失望，因为他没能提供可操作的分析标准，来说明他自己在"日常身份"的"是"和"艺术身份"的"是"（"is" of artistic identity），两者之间作出的有趣的区别，如何有助于辨别一件艺术作品（以及推定的艺术品的"边界"：请注意，这一要求是丹托自己在讨论沃霍尔的《布里洛盒子》时提出的）。[①] 门罗·比厄斯利（Monroe Beardsley），当代美国美学和艺术哲学的第一位泰斗，但从未真正回答一个关键问题，即如何决定一件艺术品中，哪些东西是"内在的"，哪些又是"外在的"，这个问题的解答对于阐释的逻辑限制条件起着关键作用。[②]

这里，我们已经开始看到，在前述各种阐释观点中，任何一个可靠的阐释理论的前提都可概括为至少三方面：第一，在一个艺术品（或一个行动）的"本性"与任何对该艺术品的"可阐释的特点或内容"的有效性阐释之间，必须存在某种"恰当性"（虽然各不相同）；第二，尽管对第一点的答案也许会极其多元，涉及各个领域或各种具体门类，但我们把很大一部分的阐释（如在艺术、历史、法律以及科学中的阐释）看作具有客观的立场，也就是，具有真值或（至少）类似真值的价值（如有效性、可能性或者合理性等类似价值，而严格的二阶价值在概念上并不属于这一类）；第三个方面，若要真正落实上述客

---

① Arthur C. Danto, "The Artworld," *Journal of Philosophy*, 61（1964）, pp.571-584.
② Monroe C. Beardsley, *The Possibility of Criticism*, Detroit, MI: Wayne State University Press, 1990.

观立场或可行性,那么,对于文化生活中所包含的关于全球秩序的各个不同部分之有效的、可接受的大量阐释,我们需要有针对性地、限制性(即使是宽泛的、非正式的)地加以区分。

我深信,在广阔的"物理自然界"中,人类社会以不同方式生活在语言化的(诸)文化世界中;文化世界极其独特,其特点和功能是非语言化的(或者,亚语言的)动物世界既无法展现、也无从区分的,尽管灵长类动物一定具有某种持续性的能力,才使得语言进化得以可能。这里需要补充说明的是,我把诸如"人""自我""主体""我"以及它们在第一、第二和第三人称中的同根词,都看作可替代使用的,尽管其功能上会有差异。我把所有明确属于文化世界,以及属于其行为者(人)的活动的对象,都冠以一个艺术的术语:"意图的"(这个术语的意思是,具有或能被阐释为具有、或能显示语言的符号意义),它适用于所有阐释的领域(艺术评论、历史、法律、科学解释及类似)。这可作为阐释的第四个前提。所有这四个前提都是对阐释理论的约束限制。

为便于对上述讨论进行小结,请允许我加上第五点概括,尽管我限于篇幅无法展开更有说服力的论证,那就是,把人类自我或人看作一个文化产品,看作一个灵长类动物的有效的形而上学的变形〔这是进化论意义上的智人以及功能意义上的人类婴儿的常规的教化(Bildung),即一个通过掌握母语实现自我转变的过程〕。在此意义上,掌握一门真正语言,是以下几类存在物的必要条件:人,以及其他杂交种的、文化的、人工制造的、有意图的"事物"(最典型的例子是艺术品、行动、言语和诸多历史)。① 这几个条件的核心,是强调人的新获取的能力以及意图性事物的可阐释性,两者在概念上不可分隔,且本质上都是伦理的。只有凭借人和他们的语言工具能力,意图性事物才得以存在并被辨识(高等动物和我们统称为人形机器人中,完全有可能出现或将会出现,类似早期人类的迹象)。

在我看来,丹托的理论主要围绕何为艺术品,以及阐释对于我们理解艺术品和整个艺术界的作用。这仍是关于艺术的最有趣的问题,每个人都对此有所疑惑并试图给出回答。但合理回答这个问题,至少需要解答另外两个相关问题:

---

① 我在许多著作中已对第四、第五项进行过形而上学的解释,最近的一次论述可参见 *Pragmatism Ascendent: A Yard of Narrative, a Touch of Prophecy*(Stanford, CA: Stanford University Press, 2012), Ch.3.

第一，完全属于物理或物质世界的东西，与共同属于或非共同属于（丹托强调的"修辞学"用法）人类文化世界的东西，这两者的本体论层面（丹托的主要关注点）的关系究竟为何？我称后者为有意图的世界，这是一个临时借用的艺术术语（既符合丹托的概念，又能超越其局限）。第二，在什么样的认识论条件下，关于具体某些艺术品的阐释的真实性，能得到有效的证实或确证？

几乎从未有人回答过这些问题。就我所知，丹托没有一个合理的理论，来阐述人是什么，也没讨论过阐释艺术作品是依靠哪些认知官能，同样，他未能阐明人是否以及以何种方式属于物质世界，或者，一个类似于"艺术世界"的"世界"，这是一个修辞意义上的，"不同于"物质世界的、但同样经阐释生成"存在"的世界。丹托的理论也未曾回答，什么是演说和阐释？他声称两者都能带来现实世界的"变形"或"嬗变"。①

我总结丹托的艺术理论（主要关于绘画和文学的艺术评论）的特点是，赋予艺术"修辞学"方式的存在（丹托的术语），尽管他认为绘画的修辞学存在本身是一个本体论的论断。相应地，丹托的理论可被概括为"半还原主义者"，因为他并不希望将艺术品还原为仅仅物理或物质的东西，艺术品并不在数量上等同于"实物"，丹托的世界中并不产生严格等同的问题。"两个"事物的"关联"仅通过"艺术身份的'是'"，这是以独特的修辞学方式来对"实物"作进一步解释的结果，这给予艺术品一个特别的"存在"，虽然就艺术品本身而论，不是一种物质存在。一件艺术品，并不具有实际的、真实存在的物体所呈现的那种存在，虽然它的艺术性依赖于对它的物质属性的阐释：要获得它的修辞性存在，也许不得不舍弃其他存在方式。丹托关于"实物"的还原主义立场是有说服力的，但我不确信丹托是否已做好准备将其唯物主义立场延伸至"现实世

---

① 在《寻常物的嬗变》(*The Transfiguration of the Commonplace*, Cambridge, MA: Harvard University Press, 1981) 一书中，丹托使用"嬗变"（transfiguration）这个巧妙的概念，表示一个艺术家的作品对画家材料（画布、画框及油彩）的物理特性和相互关系的改变，最终这些物质本身并未改变，而是通过一种修辞方法将它们"转型"（仅限于艺术界）为艺术品。在《哲学对艺术的剥夺》一书中，丹托的观点有所缓和，使用了"变形"（transform）一词，它与"嬗变"可替代使用，两词有相同含义。（我们稍后会举例说明。）但这是否意味着"生产"或"创造"一件"艺术品"包含着物质的一面（丹托并没承认），或者它意味着人类婴儿的教化和语言的习得（这使得阐释成为可能）只是通过"修辞"使婴儿"嬗变"，因此不存在从灵长类动物到人的实际变形？

界"中。这是丹托整个"本体论"的杠杆,它超越了艺术界,范围涵盖了历史、行动和(我可以想象的)人类、言语、思想以及受言语和思想所影响的行为。但对于人的本体论属性,丹托几乎没有讨论。

我们一下子触及了丹托最错综复杂的概念。但我们并不清楚,他的艺术和阐释理论是否一方面能保持概念上的一致(基于丹托的艺术品的修辞性存在的观念),另一方面,如果第一条无法实现,他的本体论是否能够支持这样一个(他提倡的)艺术和阐释的可行的理论。我对此很是怀疑。但我会稍后再提出批评,这有助于更好地理解我已经指出的矛盾。在此,我先介绍丹托艺术和阐释理论中最著名的一段论述(当然,这段话的语境是黑格尔的历史理论),但暂不作评价。以下这段话曾让许多读者迷惑不解:

> (丹托建议)我应该把阐释看作能将一个物质对象变形为艺术作品的诸种功能。阐释实际上就是一个杠杆,借助它,一个物体被举起,从而离开了现实世界,进入艺术界,并在那儿它常常被罩上了出其不意的服装。一个物质对象,仅当它与一种阐释产生关联时,才成为一件艺术品。这当然并不说明一件艺术品的实质仅仅以某种有趣的方式相对存在。一件艺术品所成为的那个物,事实上可能具有不同寻常的稳固性。①

这儿我必须要进行两种不同路向的论证,我相信丹托会出于同样的原因,有相同的顾虑。一方面,我必须质疑丹托的本体论的前后一致性以及合理性:我会提出自己的不同观点来支持突现论(emergentism),虽然尚无法证明这个新观点就是我称为有意图的事物的真正的本体论,但理论本身一致且合理,这些都是丹托的本体论缺乏的。而且,突现论涵盖的范围也很广(超越了艺术),这也符合丹托的期望。另一方面,我承认丹托理论的有效性,但不可否认的是,该理论引起的各种矛盾,使得它无法充分阐释艺术品的本质,也无法为其他相似的人工制品提供应有的阐释。因而,关于阐释的主题,我们会展开两种观点的论述。

以下是丹托矛盾的阐释理论中的最简要的表述,与他的艺术本体论的矛盾

---

① Danto, *The Philosophical Disenfranchisement of Art*, p.39.

之处不相吻合:

> 我的观点,哲学上理解就是,诸阐释构成了艺术品,因而你不是,一方面拥有艺术品,另一方面又拥有对艺术品的阐释……[《寻常物的嬗变》]中的论点在此处被取代了,而不只是被扩展和延伸。①

但这个问题纠缠不清的是,如果阐释"构成"艺术品,却不属于物质世界,尽管阐释的"修辞学"力量将纯实物变形成为艺术品,而后又"提升"它们进入丹托发明并称为"艺术界"的世界,难道这个"阐释的行为"本身不就是一种对原先就属于物质世界的某个"身体运动"的修辞学变形吗?

理论在这儿面临着一个严重后退的威胁,因为丹托缺乏一套理论,来说明具有言语和阐释能力的人的强大的本体论存在。我猜测我们不能否认自身与真实的物理对象,实际同处一个世界——我们的实际"存在",是作为能将实物变形为艺术品的、掌握独特语言的人类。任何将"实际世界"和"艺术世界"割裂开来的观点,都面临失去艺术或人类或两者的危险。没有一个可行的阐释是预设了两个世界,尽管有一个世界容纳了实际突现的"事物",因为显而易见,(丹托观点是)艺术品将拥有的属性,不能还原为物质。我补充一点,丹托观点和亨普尔的还原主义的关键区别,正体现在这里。我认为丹托无法逃出其理论困境,他的整个本体论系统面临致命的危险:艺术、人、行动、语言、历史、知识、物质——都属于同一个世界。

丹托的意图是,"组成"艺术品的阐释行为(无论我们如何解释它)所实施的世界,必须与物体被(有效)变形为艺术品的世界同属一个空间。言语,是体现突现论的最佳例子。没有人能够否认语言完全是一个独特的、极其复杂的文化发明(在一些重要方面,仍保持与非语言化的动物的交流能力之间的连续性),语言包含在人类身体的生物学进化过程中,但无法物质性地还原(尽管我们宽容地认为语言本身是一个"物质"的能力和过程,就像约翰·塞尔和诺姆·乔姆斯基以不同方式表达的那样)。关键是这些提法对我们毫无帮助,我们只能说突现的世界是一个物质世界,这一部分世界拒绝发生诸如亨普尔那

---

① Danto, *The Philosophical Disenfranchisement of Art*, p.23.

些评论家所坚信的所谓的还原。这说到我论证的关键点了,即丹托陷入了自己设下的囚笼,这是一个看似无人之地的世界,他能随时随地、随心所欲地"提升"自己和"艺术界"至此空间,从而来挽救其本体论,挽救历史和人的世界,以及所有丹托希望涉及的阐释的领域——然而,他并没有告诉我们这种变形过程如何产生,又是在何处发生的!(我想我们只能接受一个世界。)

丹托本人曾有一个专断的评价,他的艺术哲学在其《哲学对艺术的剥夺》一书中得到了完满的阐述[朝艺术哲学史方向作了调整,澄清了在《艺术世界》一文和《寻常物的嬗变》一书中的"不可辨识性"(indiscernibility)的重要意义]。在《艺术的终结》一文(《哲学对艺术的剥夺》一书的第五章)中,他转向了一个他在自己的第一本书《历史的分析哲学》(1964),继而又在《行动的分析哲学》(1973)中反对的立场。没人能比丹托本人对自己的立场更公正了。但想要重新恢复论点的连贯性,使之和丹托全部观点相一致(即他关于艺术品、历史、行动以及世界的理论及实践知识等观点),这需要对丹托原初的唯物主义观作出超出他预计的颠覆性的改动。

显然他更倾向有关艺术界的新观点,其中很大部分来源于他将黑格尔的解读运用到对布里洛盒子的分析:他大大减少了自己在"分析哲学"三部曲中对半还原主义论的依赖,但仍保留唯物主义立场。对此我的解读是,丹托从不认为,一个否定还原主义的存在可能性的唯物主义是令人信服的,这种观点甚至都不屑讨论还原主义的观点(事实上:这完全不同于亨普尔对维也纳学派部分极端观点的慎重否定)。

丹托在这一危险的"战争"区(他自己的术语)中,成功地找到了临时庇护所,即"艺术界"的"修辞学"理论(带有明显的萨特口吻)①;尽管,这个权宜之计缺乏足够的理论强度。我认为"修辞学"策略(与还原主义的策略一样)行不通,尽管丹托的其他观点仍在顽强坚持。目前,我们从中获取的教训是,"修辞学"的含义无法仅靠丹托的术语得以澄明,它自身需要更多的清晰性。

丹托理论的一个亮点,是抓住了惠特尼双年展(Whitney Biennials)中的颠倒的"历史"这一特点,揭示了从表现主义到波普艺术的转变的重要性,他

---

① Danto, *The Philosophical Disenfranchisement of Art*, p.5.

通过批评前者的粗鄙，逐步提出自己的观点：

> 我想这不是人们设想的事物接下来应该发展的道路，由此我觉得艺术毕竟应该有一个有序的历史，一条事物发展不得不遵循的道路。艺术史必定有个内在的结构，甚至是一种必然性。正是这种确信促使我写了《艺术的终结》这篇文章及其他著作，用我从黑格尔那里学来的方式明确阐述一种艺术史哲学。而令我吃惊的是，从我的第一本书、1965年的《分析的历史哲学》起，我的观点几乎全都在原则上反对这种艺术史哲学的可能性。无论对错，我的观点是，艺术界不需要单纯的艺术哲学，它需要的是自身的历史哲学。这本书中的文章正是要阐明这种想法。①

在同书的序言中，丹托明确阐述了他的新历史概念与新的艺术概念之间的关联，以及他对此关联的阐释（即，他在"俱乐部"与表现主义者较量之后，在《艺术世界》一文中发表了如下宣言）：

> 为了回应它们［即他最初关于"两个来自不同历史时期的不可辨识的物体"的疑惑］，就需要一种受历史可能性限制的阐释。概括地说，历史，由于与阐释不可分离，也就与艺术密不可分，因为艺术品本身与界定它们的阐释之间有着内在的关联。②

丹托至少在两个不同的、但相关的层面上，使用"修辞的"一词。一方面，"修辞"和"阐释"被作为可互相替代的词，因为两者都可将"实物构成为"艺术品，尽管"阐释"在许多场合也许不能被清晰地等同于"修辞"。在另一方面，"修辞"是本体论上的概念工具，通过它，物质材料转型或变形为艺术品。这使得每次需要丹托承认阐释至少有时会被应用于现成的艺术品，或除艺术品之外其他的"意向物"时，他总是对阐释的含义模糊其词。

我这儿事实上提出了对丹托理论的一系列质疑：（1）他没有清楚地阐明，

---

① Danto, *The Philosophical Disenfranchisement of Art*, p.xiv.
② Danto, *The Philosophical Disenfranchisement of Art*, pp.xi-xii.

艺术品相对于物理对象或"纯实物",所声称具有的本体论地位究竟为何(是什么样的存在?)。(2)他没有解释如何以公共的和客观的方式,且适合于艺术世界用以描述、阐释、交流、争议的方式,来识别或区分艺术品。(3)他的理论没有丝毫关于其他类型的有意图的事物的讨论(诸如人、词语、行动、历史、制造物、制度、传统),而这是谈论艺术品的本体论地位必然要涉及的。(4)他没有探讨如何在操作层面上区分,物理对象的实际边界,与一件艺术品的"边界"(无论根据他倾向的哪个艺术理论)。这种区分有助于解决意图相关性(有效性或客观性)的问题,包括艺术品的描述、阐释以及欣赏。(5)他没有阐述艺术品的"存在"和"阐释",与其他有意图"事物"(行动、历史、言语、行为)相比,是否有重要的本体论或认识论意义上的相同或不同?以及如何不同?抑或,这样的比较对于他整个理论的一致性和连贯性有何重要意义?(6)他没有解释如果"纯实物"包括了有意图的非艺术品或"尚未成为"艺术品的事物(布里洛盒子、铲子、瓶架),它们如何能与物质对象一样真实(即日常身份的"是",以及认知意义上将它们识别为纯实物),或者它们如何也能变形为艺术品,尽管他们先前的意图属性并未阻碍它们从属于物质事物所在的现实世界。(7)他从未表示如果他的"不可辨识性"仅限于经筛选的某些无法区分的现象属性,这将对他关于艺术品的本体地位的理论的有效性起着决定作用。因为(就如《布里洛盒子》乃至《泉》作品中所见,尽管出于不同原因)这个原则要么在经验上是错误的,或是无关的,要么忽略了现象学层面的差异,以及忽略了意图、内涵、强度以及相似的属性。(8)他从未考虑过,出于连贯性或者对阐释的客观性的需求,整个人类文化的语言世界(包涵了我称为有意图的事物),也许会允许某种形式的唯物主义**突现论**,这种观点把意图属性看作与物质属性具有相同的"客观"性。我相信,上面提到的几点质疑都针对了丹托理论的致命弱点,但我不否定有找到修复理论的可能性。

  揭示丹托的矛盾的重要意义在于,如果我对他的解读正确的话,他的艺术品和阐释理论一定会被当作从本体论和认识论意义上,悬置于两个观点之间:一是半还原主义,但它无法达到丹托的新的绘画观所提的概念要求;另一个是针对物质对象变形为艺术品过程的"修辞学"描述,这种观点常常被当作一种权宜之计,总是无法清晰、充分地填补两者之间的缝隙。我的大胆建议是,只有一种突现论形式的唯物主义,才可能弥补这种空缺。

这里需要提到一个重要的战略上的不对称性。我们不能否认自身的存在或作为人的地位，并且正是人的"形而上学"才为艺术品以及行动和历史的分析提供了范式（令人好奇的是，丹托没有提出一套关于人或语言的理论）。我理解的"人"是一种变形的结果，即人通过文化浸润和教化，掌握一门母语，学会了思考，并获得了行为方式，而语言使得这一变形得以完成。我把语言的掌握和人格的形成，看成同一个文化（或人工的）变形过程的两面，因而语言和人的出现，也为唯物主义（甚至可能是还原论）的生物学观点，提供了一种稳定的突现论的典型范式。亨普尔相信生物学可以还原至化学："每个真实的生物学理论 B 可以还原为某个真实的生理化学理论 P"（他接着通过还原的术语来进一步分析）。[1] 丹托反对将行动仅仅看作身体运动，就如他反对将艺术品简单等同于单纯的物质对象。但他同样拒绝承认，唯物主义的突现形式在本体论上已足以阐明艺术品和历史的意图特性——也就是它们（看似）可阐释的属性。我认为这恰能够解释被歪曲的"修辞"手段的作用，即借助类似于艺术家的"意图"（例如，使用颜料或大理石），或借助阐释者（通常意义上，并不负责生产艺术品）的相关意图，"纯实物"或物理对象被"变形"或"转型"为一个艺术品。就我的理解，丹托理论并未清晰阐明人工制品是否可被阐释，或是否一个相关者的意图能使它们获得"最好的阐释"，如果答案是肯定的，那么人工制品与艺术品的区别何在？

问题关键点在于"修辞"，因为纯实物的变形并不能证明，在表达艺术品与纯实物两者的关联时，使用"日常身份"的系词"是"（the "is" of numerical identity）是合理用法。艺术品不是（从未是）像真实的"纯实物"那样意义上的"真实的"（这个论题需要更充分的论述）。类似观点在涉及人的语境中不可能成立，例如讨论一个画家的生产绘画作品的行为。因此，同样的观点甚至在讨论不同的绘画作品与它们的阐释时，也无法成立。

也就是说，关于人和艺术品的不同的本体论，可能会对何为一件艺术品或何为艺术品的有效阐释，产生不同看法。对此，丹托并未作出充分的解释。人和其行动的密不可分，恰恰表明了对某种突现论唯物主义的需求。如果我们

---

[1] Carl G. Hempel, "Reduction: Ontological and Linguistic Facets," in *The Philosophy of Carl G. Hempel: Studies in Science, Explanation, and Rationality*, ed. James H. Fetzer（New York: Oxford University Press, 2001）, p.192.

（跟随丹托）更倾向给出一种对唯物主义的本体论的，而非语义学的（一种卡尔纳普式的或亨普尔式的）理解，我们反对一种对意图属性的还原方法。

  这可以解释丹托在其著作《寻常物的嬗变》中，对于艺术世界的"不可辨识性"的巧妙分析（尤其是沃霍尔的布里洛盒子）①，解答了维特根斯坦的著名谜题，即"我举起我的胳膊"和"我的胳膊被举起"两者的区别（《哲学研究》§621）。丹托无法将他分析绘画的"修辞学"方法，应用到言语、芭蕾或音乐表演。鉴于人和他们行动的不可分离的前提，他本可以运用修辞学的二分法：如果他采取突现论的立场，他将不得不接受不同艺术品（绘画或诗歌）的本体论观点，把它们和人的行动都看作真实的，并且，两者与物理对象和纯实物共属同一个世界。我必须指出丹托的阐释理论或绘画的"修辞学结构"理论，看起来像是 Humpty Dumpty② 发明的单词意义理论的侄子，如果后者是错误的，事实也如此，那么丹托的绘画理论同样是错误的。

  但有人也许会担忧，何时以及在何种条件下，自命不凡的、边缘化的、默默无闻的"艺术家们"才有资格声称他们的作品是艺术品的候选者；在我们这个"后历史"时代，如何能向丹托所说的"任何物都能是艺术"？当艺术品的候选者自身是一个可出售的商品，当它的对手在商品大潮中几度进出，我们还可能确认一件艺术品被错误地阐释了吗？如果艺术家的意图或艺术史的本性，都如丹托描述的是不稳定的、自行生效的，我们如何能在艺术地位或客观性阐释上，强加任何可靠的限制呢？一个艺术史的有效建构就像是一件制造物——一个重要的可出售的制造物——对它的确证力量同样也决定了什么是艺术"候选者"。我可以假设，"任何物"都能是艺术的断言中的"任何物"一词，与当被问及昨晚谁参加了聚会时，某人回答"每个人！"，是一样的用法。没有一个词像"艺术品"这样，能被有意义地运用，使得曾在历史上适用的种种条件（不论多么灵活）都不再具有任何相关的适用性。如果"艺术品"可以如此使用，"真实""知识"以及"物质品"同样可以。

  在《哲学对艺术的剥夺》一书的序言中，丹托承认他的真正目的是，通过"把审美因素当作艺术品欣赏的附属条件"，以及"强调哲学和艺术的本质区

---

① 参见 Danto, *The Transfiguration of the Commonplace*, Chs.1-2。
② 英国童谣里的人物，引申为杜撰词义的人。——译者注

别",从而"重新恢复"艺术的权利(反对柏拉图的艺术哲学):"[他说]我的目标是要说明我们已经进入了一个艺术的后历史时期,不断的自我革命的需求已经过时了。"① 如果"不断的自我革命的需求"是一种艺术的、哲学的或是艺术史的乱序,那么一个"后历史"时期的必要性是否是另一种乱序呢?丹托是否承认"一个艺术的后历史时期"本身是一种矛盾修辞法,或是对黑格尔的失败的一种确认,又或者,是在承认某个后波普艺术风潮的来临之前,一种对时间的划分方式?通常那种风潮或许更适合一种持续的艺术史。

丹托这一部分的论点在我看来缺乏连贯性,他认为"我们已经进入一个艺术的后历史时期"是力图陈述一个事实,但是,"重新恢复"艺术的权利,必须允许(至少经验上)"艺术的终结"有可能并不成熟。但谁又能知道呢?又有谁已具备绝对知识呢?这里没有任何解决方法。"艺术的终结"在我看来指的不过是一种人类兴趣和努力的耗尽;艺术史的终结也许只是一个理论家的酸葡萄——掌握了一个重要的先验真理的托词。但我在其中并没发现任何本体论,没有黑格尔式的柏拉图主义。试想(后历史时期)的"艺术"能否继续具有"哲学的"意义?如果我对丹托的理解正确,哲学的历史不会中止,除非它使所有知识都走向终结(达到绝对知识)。但矛盾在于,这将意味着艺术不可能在哲学终结之前结束!

我们现已来到了最后结论。我的目的是摆脱丹托的论点,重新寻找新观点。丹托有这么一段论述,其强硬的口气很少能有人接受:

> 至此,艺术能成为任何东西,它已经穷尽了它的概念使命。艺术将我们带至一个本质上处于历史之外的思想境地,或至少我们能思考艺术的普遍定义的可能性,并证明哲学的长久志向,这样的一个艺术定义将不会受到历史终结的威胁。②

当然,如果历史能克服它自身连续性的阻挠,那么即便一个柏拉图理念式的艺术哲学也能被"终结",为什么不呢?

---

① Danto, *The Philosophical Disenfranchisement of Art*, p.xv.
② Danto, "Art, Evolution, and the Consciousness of History," *The Philosophical Disenfranchisement of Art*, pp.209–210.

丹托的评价是，这样的可能性不适用于哲学本身，因为哲学（按照黑格尔观点）不会有"后历史阶段"：因为当哲学走向终点，它就是终结了！当然，如果当哲学"终结"时，能证明已找到了所有它想表达的终极真理，那么它可能不会终结。但是，那种真理又是什么？丹托是否指"艺术能是任何东西"这个结论本身就是关于艺术的最终真理？我宁愿相信丹托的整个论述是一个绝妙的玩笑，一个关于阐释理论的困境的教训。

丹托还讨论了其他许多关于艺术品和它们的阐释的专门话题。但不可辨识性的错误或是无关性，大大挫败了他理论的真正冒险部分，因为这个弱点既颠覆了"非真实艺术品"论点的积极意义，又颠覆了任何潜在的艺术家对实际物品（"一个纯实物"）作出的"建构阐释"（即他的意图）的阐释适宜性；潜在艺术家通过物质材料的方式或者阐释的方式，改变物质品，就像他在观赏《布里洛盒子》和杜尚的《泉》时，赋予两件"作品"艺术身份，并提供合适的"修辞阐释"或"身份"，即对物质品本身作"修辞学变形"一样。

丹托并未解释以下两个过程之间的区别，一是一个"纯实物"在尚未成为一件艺术品时（包装布里洛盒子的有着适当字母的纸板盒，或是一个标准的小便池）而获得独特的意图和内涵的过程；二是一个物理对象或纯实物变形为一件艺术品的过程，在后一过程中修辞行为所获得的意图的或内涵的属性，被恰到好处地赋予材料"事物"（但仅限于艺术世界的非真实存在的范围中），因而矛盾就此产生。我最大的直觉是，这种方法不会适用于阐释人类或言语言语。我们关于艺术品（行动、历史，以及可阐释世界的其余部分）的任何本体论或认识论层面的描述，都必须与我们关于人和言语的描述相一致，我们不能一方面杜撰出关于绘画的一套理论，而对诗歌和交流又给出别的阐释，我们必须有个新的起点。

（选自汝信主编《外国美学》第24辑，江苏教育出版社2015年版）

麦克卢汉与《媒介即是讯息》

经典导读

　　马歇尔·麦克卢汉（Marshall McLuhan，1911—1980），加拿大著名传播学家、文学学者、媒介环境学的创始人，被誉为信息社会、电子世界的"圣人""先驱"和"先知"。出生于加拿大艾伯塔省埃德蒙顿市的一个偏僻小镇，早年在曼尼托巴大学求学，后来到英国剑桥大学攻读英语文学博士学位，并在美国多所大学执教。可以说，麦克卢汉是20世纪名副其实的传播学大师，是最富有原创性的传播学理论家。我们常挂在嘴边的"地球村"一词出于麦克卢汉之口。他关于"地球村""重新部落化""意识延伸"的论述的敏锐性，至今无人能出其右。他对电子时代和赛博空间的预言——变成现实。

　　麦克卢汉是一个具有洞察力和创造性的预言家，他所提出的"讯息论""延伸论""冷热论"等，在传播学和文艺学等领域产生了巨大影响。其主要著作有《机器新娘：工业人的民俗》(1951)、《古登堡星汉璀璨：印刷人的诞生》(1962)、《理解媒介——论人的延伸》(1964)、《媒介法则：新科学》(1988)、《地球村的战争与和平》(1967)、《媒介即按摩：效应一览》(1967)、《麦克卢汉：其人及讯息》(1989)、《传播学探索》(1960)、《言语·声像·视像探微》(1967)、《麦克卢汉：亦冷亦热》(1967)、《通过消失点：诗画中的空间》(1967)、《内部景观：麦克卢汉论文学批评》(1969)等。其中，前三部著作作为麦克卢汉独著，其他均为合著或后人整理之作。《理解媒介——论人的延伸》（后文简称为《理解媒介》）的出版在人文学科领域引起了巨大轰动，《纽约先驱论坛报》因此将麦克卢汉誉为继牛顿、达尔文、弗洛伊德、爱因斯坦和巴甫洛夫之后最重要的思想家。选文《媒介即是讯息》为《理解媒介》一书33个论题中的第一个论题。

有一种观点认为，《理解媒介》之所以引起世人的关注，主要有两个原因：一是麦克卢汉提出来的新颖的学术观点，其中包含媒介观、传播观、社会观等；二是他的研究方法，他的方法和西方科学研究、实证研究的传统背道而驰。麦克卢汉反常的研究方法可以概括为：探索而不做结论，定性而不定量。作为媒介文化理论的代表人物，麦克卢汉有关媒介的许多论点都具有深远影响，例如，他认为每一种新媒介的产生都开创了社会生活和社会行为的新方式，媒介是社会发展的基本动力，也是区分不同社会形态的标志。这一明显具有"媒介决定论"偏见的观点，虽不无争议，但在相关研究领域还是得到了比较广泛的认同。

麦克卢汉最著名的论断无疑是"媒介即是讯息"。在《理解媒介》第一章"媒介即是信息"的第一段里，麦克卢汉说："我们这样的文化，长期习惯于将一切事物分裂和切割，以此作为控制事物的手段。如果有人提醒我们说，在事物运转的实际过程中，媒介即是讯息，我们难免会感到有点吃惊。"① "媒介即是讯息"，大体上可以这样理解：过去，人们把媒介看成一种运载物质或信息的工具，媒介本身并不重要，它并不能决定或改变它所运载的东西。但麦克卢汉看到媒介的决定性作用，特别是在电子化时代，媒介具有前所未有的积极的能动作用。媒介引起了人间事物的尺度变化和模式变化，媒介改变、塑造和控制人的组合方式和形态。

麦克卢汉"媒介即是讯息"这一观点还带来了一场方法论革命。它使媒介研究的思维方式由平面思维转变为立体思维，从微观思维转变为宏观思维，由片面思维转变为全面思维。研究视角和方法的转变有助于人们更科学地探索个体心理和社会变化的原因，从而为解决问题制定更客观准确的对策。

有评论说，用艺术的方式进行探索，就意味着放弃逻辑推理式的话语，就是说放弃因果类的推断。但麦克卢汉宣称："我不解释，我只探索。"他的探索精神，被人阐释为对发现和辨识的偏好以及对用双关语等类似技巧的迷恋，而不是利用逻辑

---

① ［加］马歇尔·麦克卢汉：《理解媒介——论人的延伸》，何道宽译，商务印书馆2000年版，第33页。

分析和实证测试等学院派的传统做法。麦克卢汉的文学背景，他在学术上的艺术尝试，传统社会科学界对媒介本身研究的忽略，这三者结合在一起，决定了"媒介就是讯息"这一警句的出现以及它为何震动了传播学界。麦克卢汉在分析60年前的信息渠道时感叹说："思想的高速公路在当代人的头脑里纵横交错、密如蛛网……"，按照何道宽的说法，"《理解媒介》是一座绕不开的丰碑，麦氏其人是推不倒的先知圣哲。他的遗产渗入了人类生活和学术的一切领域。他的预言一个个变成现实并不奇怪。奇怪的是，他的梦话变成现实竟然会这么快。30年前，谁敢梦想数字化生存、信息高速公路、网络世界、虚拟世界、电脑空间？只有他！20年前，谁会大声疾呼全球一体、重新部落化？只有他！"①

必须指出的是，麦克卢汉的理论一直颇受争议。争议主要源于两个方面：其一是自身缺陷；其二是他者误解。

"自身缺陷"，即麦克卢汉媒介理论本身的缺陷与不足。例如，他把媒介技术说成凌驾于生产关系之上的社会变革和发展的决定性因素，这无疑是本末倒置。在过度重视技术的同时，他没能充分认识到人的主体性和能动性。此外，他的理论立足于媒介工具对中枢感觉系统的技术性影响，并试图以此来解释人类的全部行为，这种"唯媒介"论的片面性与弗洛伊德的"力比多"理论一样，皆有见木不见林的嫌疑。麦氏理论另一屡遭诟病的原因是，麦克卢汉的所有概念几乎都是含混不清的。例如，他界定的媒介范围的模糊性使人们对什么是媒介无从把握。麦克卢汉从理论和应用两个层面、微观和宏观两个角度对媒介进行分析，他在此书的应用篇里分析了从古到今的26种媒介：口语词、书面词、道路与纸路、数字、服装、住宅、货币、时钟、印刷品、滑稽漫画、印刷词、轮子自行车和飞机、照片、报纸、汽车、广告、游戏、电报、打字机、电话、唱机、电影、广播电台、电视台、武器、自动化。但他对什么是媒介并没有一个严格的界定，无法感知媒介到底以什么样的标准来界定。

"他者误解"，即学术界对麦氏媒介理论的误解。例如，有一种观点认为他过于突出媒介技术的作用，否认讯息的存在。实际上这是断章取义，麦克卢汉是从宏观的历史角度来看媒介的作用的，而并不是就微观的事物来讨论的。而且最为重要的

---

① 何道宽：《中译本第二版序——麦克卢汉的遗产》，见〔加〕马歇尔·麦克卢汉《理解媒介——论人的延伸》，何道宽译，商务印书馆2000年版，"序"第6页。

是，他是从功能角度来看问题的。除此之外，如果孤立地或从某一具体事物上来检验麦克卢汉的观点，便容易视其观点为一种谬论。

波兹曼在《娱乐至死》中坦言其"媒介即隐喻"与"媒介即讯息"关系密切，并欣然接受"波兹曼从麦克卢汉结束的地方开始"这一说法。他说："虽然很多值得尊敬的学者觉得否认和他的联系很时髦，但是如果没有麦克卢汉，他们也许至今仍然默默无闻。"① 从这句简短的评论也不难想见，正是"自身的偏见"和"他人的误解"，造成了对麦克卢汉评价的"不虞之誉"和"求全之毁"。但无法抹杀的是，麦克卢汉的媒介理论开一时先河，且影响深远。

延伸阅读文献

1. ［加］梅蒂·莫利纳罗、［加］科琳·麦克卢汉、［加］威廉·托伊编：《麦克卢汉书简》，何道宽、仲冬译，北京：中国人民大学出版社2005年版。

2. ［英］尼克·史蒂文森：《认识媒介文化——社会理论与大众传播》，王文斌译，北京：商务印书馆2001年版。

3. ［美］马克·波斯特：《信息方式——后结构主义与社会语境》，范静晔译，周宪校，北京：商务印书馆2000年版。

4. ［美］约翰·奈斯比特、［美］娜娜·奈斯比特、［美］道格拉斯·菲利普：《高科技·高思维——科技与人性意义的追寻》，尹萍译，北京：新华出版社2000年版。

5. ［美］西奥多·罗斯扎克：《信息崇拜——计算机神话与真正的思维艺术》，苗华健、陈体仁译，北京：中国对外翻译出版公司1994年版。

6. ［美］迈克尔·德图佐斯：《未来会如何——信息新世界展望》，周昌忠译，上海：上海译文出版社1999年版。

7. ［加］埃里克·麦克卢汉、［加］弗兰克·秦格龙编：《麦克卢汉精粹》，何道宽译，南京：南京大学出版社2000年版。

---

① ［美］尼尔·波兹曼：《娱乐至死》，章艳译，广西师范大学出版社2004年版，第10页。

8. ［美］保罗·莱文森：《数字麦克卢汉——信息化新纪元指南》，何道宽译，北京：社会科学文献出版社2001年版。

9. 黄鸣奋：《数码艺术学》，上海：学林出版社2004年版。

10. 吴伯凡：《孤独的狂欢——数字时代的交往》，北京：中国人民大学出版社1998年版。

（陈定家 撰）

—— 原文：《媒介即是讯息》

经典原文

媒介即是讯息

麦克卢汉 著 何道宽 译

我们这样的文化，长期习惯于将一切事物分裂和切割，以此作为控制事物的手段。如果有人提醒我们说，在事物运转的实际过程中，媒介即是讯息，我们难免会感到有点吃惊。所谓媒介即是讯息只不过是说：任何媒介（即人的任何延伸）对个人和社会的任何影响，都是由于新的尺度产生的；我们的任何一种延伸（或曰任何一种新的技术），都要在我们的事务中引进一种新的尺度。比如说，由于自动化这一媒介的诞生，人的组合的新型模式往往要淘汰一些就业机会，这是事实，是其消极后果。从其积极因素来说，自动化为人们创造了新的角色；换言之，它使人深深卷入自己的工作和人际组合之中——以前的机械技术却把这样的角色摧毁殆尽。许多人会说，机器的意义不是机器本身，而是人们用机器所做的事情。但是，如果从机器如何改变人际关系和人与自身的关系来看，无论机器生产的是玉米片还是卡迪拉克高级轿车，那都是无关紧要的。人的工作的结构改革，是由切割肢解的技术塑造的，这种技术正是机械技术的实质。自动化技术的实质则与之截然相反。正如机器在塑造人际关系中的作用是分割肢解的、集中制的、肤浅的一样，自动化的实质是整体化的、非集中制的、有深度的。

电光源的例子在这方面可以给人启示。电光是单纯的信息。它是一种不带讯息（message）的媒介。除非它是用来打文字广告或拼写姓名。这是一切媒介的特征。这一事实说明，任何媒介的"内容"都是另一种媒介。文字的内容是言语，正如文字是印刷的内容，印刷又是电报的内容一样。如果要问"言语的内容是什么"，那就需要这样回答："是实际的思维过程，而这一过程本身又是非言语的（nonverbal）东西"。抽象画表现的是创造性思维的直接显示，就像它们在电脑制图中出现的情况一样。然而，我们在此考虑的，是设计或模式所产生的心理影响和社会影响，因为设计或模式扩大并加速了现有的运作过程。任何媒介或技术的"讯息"，是由它引入的人间事物的尺度变化、速度变化和模式变化。铁路的作用，并不是把运动、运输、轮子或道路引入人类社会，而是加速并扩大人们过去的功能，创造新型的城市、新型的工作、新型的闲暇。无论铁路是在热带还是在北方寒冷的环境中运转，都发生了这样的变化。这样的变化与铁路媒介所运输的货物或内容是毫无关系的。另一方面，由于飞机加快了运输的速度，它又使铁路塑造的城市、政治和社团形态趋于瓦解，这个功能与飞机所运载的东西是毫无关系的。

我们再回头说说电光源。无论它是用于脑外科手术还是晚上的棒球赛，都没有区别。可以说，这些活动是电灯光的"内容"，因为没有电灯光就没有它们的存在。这一事实只能突出说明一点："媒介即是讯息"，因为对人的组合与行动的尺度和形态，媒介正发挥着塑造和控制的作用。然而，媒介的内容或用途却是五花八门的，媒介的内容对塑造人际组合的形态也是无能为力的。实际上，任何媒介的"内容"都使我们对媒介的性质熟视无睹，这种情况非常典型。只是到了今天，产业界才意识到自己所从事的是什么业务。国际商用机器公司发现，它的业务不是制造办公室设备或商用机器，而是加工信息；此后，它才以清楚的视野开辟新的航程。通用电器公司获取的利润，很大一部分靠的是制造灯泡和照明系统，它还没有发现，正如美国电话电报公司一样，它的业务也是传输信息。

电光这个传播媒介之所以未引起人们的注意，正是因为它没有"内容"。这使它成为一个非常珍贵的例子，我们可以用它来说明，人们过去为何没有研究媒介。直到电光被用来打出商标广告，人们才注意到它是一种媒介。可是，人们所注意的并不是电光本身，而是其"内容"（实际上是另一种媒介）。电光的讯息正像是工业中电能的讯息，它全然是固有的、弥散的、非集中化的。电光和电能与其用途是分离开来的，但是它们消除了人际组合时的时间差异和空间差异，正如广播、电报、电话和电视一样，他们消除时空差异的功能是完全一致的，它们使人深深卷入自己所从事的活动之中。

如果摘录莎士比亚的著作，我们可以编写一本相当完整的研究人的延伸的手册。有人会说，莎士比亚在《罗密欧与朱丽叶》的几句广为人知的台词中，是不是在指电视：

轻声！那边窗子里亮起来的是什么光？它欲言又止。①

和《李尔王》一样，《奥赛罗》与幻觉改变了人的痛苦有关。《奥赛罗》的这几句台词，说明莎士比亚对媒介改变事物的力量有一种直观的把握：

世上有没有一种引诱青年和少女失去贞操的邪术？罗德利哥，你有没有在书上读到过这一类的事情？②

《特罗伊罗斯与克瑞西达》几乎全部用来对传播进行心理和社会研究。莎士比亚在此表明他的认识：正确的社会和政治导航，有赖于能否预见革新产生的后果。他写了以下的台词：

什么事情都逃不过旁观者的冷眼，渊深莫测的海底也可以量度得到，潜藏在心头的思想也会被人猜中。③

对媒介作用日益增长的认识——不论其"内容"或程序如何——在下面这一节表现烦恼的无名氏的诗歌中显露出来：

在现代思潮里，（即使事实并非如此）
不起作用的东西，确确实实存在；
只写隔靴搔痒的东西，也被看作是睿智有才。

与此相同的完整的轮廓意识，能揭示为何媒介是社会交往的讯息，这一认识在最新、最基础的医学理论中也出现了。汉斯·塞尔耶在《生活之压力》中，述及同事听见他最新理论时的沮丧情绪：

我用这种那种不纯净的或有毒的物质做动物实验，以观察结果。当他看

---

① 《罗密欧与朱丽叶》第二幕第二场，第三句话为著者所加。
② 《奥赛罗》第一幕第一场。
③ 《特罗伊罗斯与克瑞达》第三幕第三场。

见我如痴如狂地描绘实验情况时,他用极其悲伤的眼神看着我,显然带着绝望的神情说:"可是塞尔耶,你应该知道自己在干什么,否则后悔就来不及了!你做的决定,是搞那些脏东西的药理学,这要耗掉你的生命!"①

塞尔耶在他的疾病的"压力"理论中研究的是整个环境。同样,媒介研究的最新方法也不光是考虑"内容",而且还考虑媒介及其赖以运转的文化母体。过去人们对媒介的心理和社会后果意识不到,几乎任何一种传统的言论都可以说明这一点。

几年前在圣母大学②接受荣誉学位时,萨诺夫(David Sarnoff)将军在演说中说:"我们很容易把技术工具作为那些使用者所犯罪孽的替罪羊。现代科学的产品本身无所谓好坏,决定它们价值的是它们的使用方式。"这是流行的梦游症的声音。假定我们说:"苹果馅饼无所谓好坏;决定它们价值的是如何吃。"或者说:"天花病毒无所谓好坏;决定其价值的是如何使用它。"又比如说:"火器本身无所谓好坏;决定火器价值的是使用火器的方法。"换言之,如果子弹落在好人手里,火器就是好的东西。如果电视显像管里用适当的武器向适当的人开火,武器技术就是好的东西。我这样说并不是刚愎自用。萨诺夫的话里,根本没有什么东西,因为它忽视了媒介的性质,包括任何媒介和一切媒介的性质。它表现了人在新技术形态中受到的肢解和延伸,以及由此而进入的催眠状态和自恋情绪。萨诺夫将军接下来解释了他对印刷术的态度。他说,印刷术固然使一些垃圾得以流通,但是它同时又传播了《圣经》,宣传了先知和哲人的思想。萨诺夫将军从未想到,任何技术都不能给我们自身的价值增加什么是和非的东西。

希奥波尔德、罗斯托(W. W. Rostow)和加尔布雷思(Kenneth Galbraith)之类的经济学家多年来试图解释,古典经济学何以不能说明变革和增长。机械化自身有一个矛盾:虽然它是最大限度增长和变革的原因,可是机械化的原则又使增长不可能,又排除了理解变革的可能性。因为机械化的实现,靠的是将任何一个过程加以切分,并把切分的各部分排成一个序列。然而正如休谟③在

---

① 《特罗伊罗斯与克瑞达》第三幕第三场。
② 圣母大学,即诺特丹大学,美国著名学府,天主教会办,位于印第安纳州北部。
③ 休谟(David Hume,1711—1776),苏格兰哲学家、史学家。

18世纪里就证明的那样，单纯的序列中不存在因果原理。一事物紧随另一事物出现时，并不能说明任何因果关系。紧随其后的关系，除带来变化之外，并不能产生任何东西。所以，最大的逆转与电能的问世同时发生，电能打破了事物的序列，它使事物倏忽而来，转瞬即去。由于瞬息万变的速度，事物的原因又开始进入人们的知觉，正如过去它们在序列和连续之中出现时不曾被人察觉一样。人们不再问先有鸡还是先有蛋；突然之间，人们似乎觉得，鸡成了蛋想多产蛋的念头（A chicken is an egg's idea for getting more eggs）。

飞机速度接近音障的临界点时，机翼上的声波变成了可见波。声音行将消逝时突然出现的可见性足以说明存在所具有的美妙的模式。这一模式显示，早先形式的性能达到巅峰状态时，就会出现新颖的对立形式。机械化的切分性和序列性，在电影的诞生中得到了最生动的说明。电影的诞生使我们超越了机械论，转入了发展和有机联系的世界。仅仅靠加快机械的速度，电影把我们带入了创新的外形和结构的世界。电影媒介的讯息，是以线形连接过渡到外形轮廓。正是这一过渡产生了现已证明为十分正确的思想："如其运转，则已过时。"（If it works, it's obsolete.）当电的速度进一步取代机械的电影序列时，结构和媒介的力的线条变得鲜明和清晰。我们又回到无所不包的整体形象。

对于高度偏重文字和高度机械化的文化来说，电影看上去是一个金钱可以买到的使人得意扬扬的幻影和梦幻的世界。在电影出现的时刻，立体派艺术出现了。贡布里希（E. H. Gombrich）在《艺术与幻觉》中，把立体派说成"根绝含糊歧义，强加一种解读方式去理解绘画的、最极端的企图，而绘画则是一种人造的构图，一种有色彩的画布"。因为立体派用物体的各个侧面同时取代所谓的"视点"，或者说取代透视幻象的一个侧面。立体派不表现画布上的第三维这一专门的幻象，而是表现各种平面的相互作用，表现各种模式、光线、质感的矛盾或剧烈冲突。它使观画者身临其境，从而充分把握作品传达的讯息。许多人认为这是绘画的操练，而不是幻觉的运用。

换言之，立体派在两维平面上画出客体的里、外、上、下、前、后等各个侧面。它放弃了透视的幻觉，偏好对整体的迅疾的感性知觉。它抓住迅疾的整体知觉，猛然宣告：媒介即是讯息。一旦序列让位于同步（sequence yields to the simultaneous），人就进入了外形和结构的世界，这一点还不清楚吗？这一现象在物理学中发生过，正如在绘画、诗歌和信息传播中发生过一样，这一点难道不是显而易见吗？对专门片断的注意转移到了对整体场的注意。现在可以非常自然地说：媒介即是讯息。在电的速度和整体场出现之前，媒介即是讯息这一现象并不显著。那时的讯息似乎是其"内容"，因为人们总爱问，画表现的是什么内容。然而，人们从来不想问，音乐的旋律表现的是什么内容；也不会想问，房子和衣服表现的是什么内容。在这样的东西中，人们保留着整体的模式感，保留着形式和功能是一个统一体的感觉。但是，在进入了电力时代之后，结构和外形这个观念已经变得非常盛行，以至于教育理论也接过了这个观念。结构主义的教育方法不再处理算术中专门的"问题"，而是遵循数字场的力的外形，周旋于数论和"集合"之间。

红衣主教纽曼（Cardinal Newman）评价拿破仑时说："他深谙火药的语法。"（He understood the grammar of gunpowder.）拿破仑还重视别的媒介，尤其重视旗语，这使他占了敌人的上风。据载，他曾经说过："三张敌对的报纸比一千把刺刀更可怕。"托克维尔[①]是第一位深明印刷术和印刷品精义的人物，所以他才能解读出美国和法国即将发生的变革，仿佛他正在朗读一篇递到他手上的文章。事实上，法国和美国的19世纪对他来说正是一本打开的书，因为他懂得印刷术的语法。所以他也知道印刷术的语法何时行不通。有人问他既然谙熟英国、钦慕英国，为何不写一本有关英国的书。他回答道：

> 谁要是相信自己能在6个月之内对英国作出判断，那么他在哲理上一定是非常愚蠢的。要恰如其分地评价美国，一年的时间总是嫌短。获取对美国清晰而准确的观念比清楚而准确地了解英国，要容易得多。从某种意义上说，美国的一切法律都是从同一思想脉络中衍生出来的。可以说，整个社会只建立在一个单一的事实上；一切东西都导源于一个简单的原则。你可以把美国比作一片森林，许多道路贯穿其间，可是所有的道路都在同一点交汇。你只要找到这个交汇的中心，森林中的一切道路全都会一目了然。然而，英国的道路却纵横交错。你只有亲自踏勘过它的每一条道路之后，才能构建出一幅整体的地图。

[①] 托克维尔（Alexis de Tocqueville，1805—1859），法国政治家、旅行家、史学家。

托克维尔在较早一些的有关法国革命的著作中曾经说明，18世纪达到饱和的出版物，如何使法国实现了民族的同一性。法国人从北到南成了相同的人。印刷术的同一性、连续性和线条性原则，压倒了封建的、口耳相传文化的社会的纷繁复杂性。法国革命是由新兴的文人学士和法律人士完成的。

然而，英国古老的习惯法的口头文化传统却是非常强大的，而且中世纪的议会制还为习惯法撑腰打气，所以新兴的视觉印刷文化的同一性也好，连续性也好，都不能完全扎根。结果，英国历史上最重要的事情就没有发生。换言之，根据法国革命的路线方针而组织的那种英国革命就没有发生。美国革命需要抛弃的，除君主专制之外，没有中世纪的法律制度。许多人认为，美国的总统制已经变得比欧洲的任何君主制更加富有个人的色彩，已经比欧洲的君主制还要更加君主制了。

托克维尔就英美两国所作的对比，显然是建立在印刷术和印刷文化基础上的，印刷术和印刷文化创造了同一性和连续性。他说英国拒绝了这一原则，坚守住了动态的或口头的习惯法传统，因此产生了英国文化的非连续性和不可预测性。印刷文化的语法无助于解读口头的、非书面的文化制度的讯息。英国贵族被阿诺德[①]可怜巴巴地归入开化的野蛮人，因为他们的权势地位与文化程度无关，与印刷术的文化形态无关。格罗切斯特郡的公爵在吉本[②]的《罗马帝国衰亡史》出版时对他说："又一本该死的大部头的书，唉，吉本先生？乱画一气、乱写一通、胡乱拼凑，唉，吉本先生？"托克维尔是精通文墨的贵族，他可以对印刷品的价值和假设抱一种超脱的态度。只有在这样的条件下，站在与任何结构或媒介保持一定距离的地方，才可以看清其原理和力的轮廓。因为任何媒介都有力量将其假设强加在没有警觉的人的身上。预见和控制媒介的能力主要在于避免潜在的自恋昏迷状态。为此目的，唯一最有效的办法是懂得以下事实：媒介的魔力在人们接触媒介的瞬间就会产生，正如旋律的魔力在旋律的头几节就会施放出来一样。

[①] 阿诺德（Matthew Arnold, 1822—1888），英国诗人、批评家、教育家。
[②] 吉本（Edward Gibbon, 1737—1794），英国著名史学家，《罗马帝国衰亡史》是启蒙时期代表作，在近代文学中占有重要地位。

福斯特（F. M. Foster）[①]在《印度之旅》中用戏剧手法表现东西方文化的差异，揭示了口头的直观的东方文化和理性的、视觉的西方经验模式遭遇时那种无能为力的情况。当然，理性对西方来说一向意味着"同一性、连续性和序列性"。换言之，我们把理性和文墨、理性主义和某种特定的技术联系起来了。因此，对传统的西方人来说，电力时代的人似乎变成了非理性的。在福斯特这部小说中，男女主人公到达巴达巴尔山洞的时刻，正是西方印刷文化痴迷状态的真相和不合时宜暴露出来的时刻。亚德拉·奎斯特德的推理能力对付不了印度文化整个的无所不包的共鸣场。在山洞的经历之后，小说写道："生活一如既往，可是没有任何影响。换句话说，声音不再回响，思想也不再发展。一切东西似乎都被连根切断，因而受到了幻觉的浸染。"

《印度之旅》（书名取材于惠特曼[②]，他认为美国正在走向东方）的寓意所指，视觉和声音之间，感知和经验组织的书面形式和口头形式之间的最后冲突，业已降临到我们头上。正如尼采所言，既然理解能阻止行动，那么借助弄懂媒介——媒介使我们延伸，挑起我们里里外外的战争——我们就可以节制这场冲突的激烈程度。

读书识字所引起的非部落化进程及其对部落人所造成的创伤，是精神病学家 J. C. 加罗瑟斯一本书的主题，书名是《非洲人的精神健康与病变》（世界卫生组织，日内瓦，1953年版）。该书的许多材料见他发表在1959年11月号《精神病学》上的文章，题为《文化、精神病和书面语》。这篇文章揭示了同样的情况：从西方输入的技术力量如何在偏远的丛林、草原和沙漠中起作用。有一个例子是贝都因人[③]骑着骆驼听半导体收音机的现象。洪水般滚滚而来的观念使土著人面临灭顶之灾，没有任何东西使他们作好准备去对付汹涌而来的各种观念。这就是我们的技术通常所发挥的作用。我们在读书识字的环境中遭遇收音机和电视机时所作的准备，并不比加纳土著人对付文字时的本领高强。文字环境把加纳土著拽出集体的部落社会，使他们搁浅在个体孤立的沙滩上。我们在新鲜的电子世界中的麻木状态，与土著人卷入我们的文字和机械文化时所表

[①] 福斯特（Edward Morgan Foster，1879—1970），英国小说家、散文家，《印度之旅》是他最重要的小说，含重要社会主题，被称为现实主义和象征主义的杰作。
[②] 惠特曼（Walt Whitman，1819—1892），美国诗人。
[③] 贝都因人，沙漠地区从事游牧的阿拉伯部族，分布在阿拉伯半岛、叙利亚、非洲。

现出来的麻木状态，实际上是一样的。

电的速度把史前文化和工业时代商人中的渣滓混杂在一起，使文字阶段的东西、半文字阶段的东西和后文字阶段的东西混杂在一起。失去根基，信息泛滥，无穷无尽的新信息模式的泛滥，是各种程度的精神病最常见的原因。温德汉姆·刘易斯（Wyndham Lewis）的系列小说《人的时代》所写的就是这一主题。其中的第一卷《儿童的屠场》所表现的正是作加速运动的媒介变革，表现它如何屠杀天真无邪的人们。在我们的世界里，因为能更好地觉察技术对心理形成和变化的影响，所以我们对正确判定愧疚的信心正在丧失殆尽。古代的史前社会把暴力犯罪看作可怜。杀人者在古人的心目中就像今天癌症患者一样可怜。"他那样做内心一定感到很痛苦吧。"辛格①在剧本《西部世界的花花公子》中卓有成效地继承了古人这一思想。

如果说古时候的罪犯是不遵守传统规范的人，他们不能适应技术的要求，而我们的行为则是遵照相同而连续的模式，那么我们很容易把不顺应传统的人看成可怜的人。尤其是儿童、伤残人、妇女和有色人更是可怜。在一个视觉和印刷技术的时代，他们看上去是不公平待遇的受害者。如果从相反的角度来看问题，如果一种文化给人们分配的是角色而不是各种工作，那么侏儒、驼背和儿童就能够开辟自己的天地。不应该把他们塞入格格不入的整齐划一的、可以重复的框框之中。想想这句话："这是一个男人的世界。"作为来自一种同质文化内部的无限重复的经验之谈，这句话指的是，男人在这样的世界中若要找到归属，就不得不像山茱萸一样地整齐划一。我们在智商测试中搞出来的那些不恰当的标准真是泛滥成灾。我们的测试者没有意识到自己文化的偏颇，他们想当然地认为，统一而连续的习惯是智慧的表征，因而就淘汰了听觉和触觉发达的人。

C. P. 斯诺②在评论 A. L. 罗斯的书《绥靖和通向慕尼黑的道路》（见《纽约时报书评》1961年12月24日号）时，描绘了20世纪英国最高层的智囊和经验。他说："这些人物的智商大大高于一般的政治领袖。为什么他们竟然带来了一场浩劫？"斯诺赞成罗斯的观点："他们不倾听别人的警告，因为他们不

---

① 辛格（J. M. Synge, 1871—1909），爱尔兰剧作家。
② 斯诺（Charles Percy Snow, 1905—1980），英国小说家、科学家和政府官员，《两种文化与科学革命》是其最著名亦最有争议的作品。

愿意听。"由于他们反对红色苏俄,他们就不能解读希特勒的信号。但是,他们的失败与我们现在的失败相比,真可谓小巫见大巫。美国人把读书识字当作技术所下的赌注,在教育、政治、工业和社会生活各层次上的整齐划一性,全都受到电力技术的威胁。斯大林或希特勒的威胁来自外部,而电力技术就在大门之内。然而,我们对电力技术与古登堡技术遭遇时所产生的威胁却麻木不仁,真可谓又聋又瞎又哑。美国生活方式的形成,既要以古登堡技术为基础,又要凭借于它的这个渠道。但是,现在来提出救世的策略,还不是时候,因为世人连这种威胁是否存在都尚未公认。我的处境与巴斯德[①]的处境十分相似。他告诉医生们说:医生的敌人是完全看不见的,而且他们完全没有认识到自己的敌人。我们对所有媒介的传统反应是,如何使用媒介才至关重要。这就是技术白痴的麻木态度。因为媒介的"内容"好比是一片滋味鲜美的肉,破门而入的窃贼用它来涣散和转移看门狗的注意力。媒介的影响之所以非常强烈,恰恰是另一种媒介变成了它的"内容"。一部带电影的内容是一本小说、一个剧本或一场歌剧。电影这个形式与它的节目内容没有关系。文字或印刷的"内容"是言语,但是读者几乎完全没有意识到印刷这个媒介形式,也没有意识到言语这个媒介。

阿诺德·汤因比[②]一点也不了解媒介是如何塑造历史的。不过他的著作里这一类的例子可真是俯拾即是,研究媒介的学者可以引用。有一个时期,他认真地指出,成人教育,比如英国工人教育协会所从事的成人教育,对于流行的出版物是一个有用的反击力量。他认为,虽然所有的东方社会都已经接受了工业技术及其社会后果,"但是在文化这个层面上,并没有出现与此相应的整体划一的倾向"(《萨默威尔》第 1 卷第 267 页)。这像是文人在广告环境中苦苦挣扎时夸下的海口:"就我个人而言,我根本不理睬广告。"东方各国人民对我们的技术可能抱有精神上和文化上的保留态度,这对他们自己是一无好处的。技术的影响不是发生在意见和观念的层面上,而是要坚定不移、不可抗拒地改变人的感觉比率和感知模式。只有能泰然自若地对待技术的人,才是严肃的艺

---

① 巴斯德(Louis Pasteur,1822—1895),法国生物学家、化学家、免疫学家,近代微生物创始人,发明消毒素等,对近代医学作出杰出贡献。
② 阿诺德·汤因比(Arnold Toynbee,1832—1883),英国社会学家、经济学家。遗稿《英国十八世纪产业革命讲稿》1884 年出版。其侄阿诺德·约瑟夫·汤因比著《历史研究》,比他更有名气。

术家，因为他在觉察感知的变化方面，够得上专家。

17世纪货币媒介在日本的运作所产生的结果，与印刷术在西方运作，不无相同之处。桑塞姆（G. B. Sansom）认为，货币经济渗入日本，"引起了一场缓慢的、然而是不可抗拒的革命，终于导致封建社会的瓦解。日本在两百多年的闭关锁国之后，终于又恢复了与外国的交往。"（引自《日本》，克雷西特出版社，1931年，伦敦）货币重新组织了各国人民的感性生活，正是因为它使我们的感性生活产生了延伸。这一变革并不取决于社会中生活的人赞同与否。

阿诺德·汤因比从一个角度去研究媒介的改造力量，反映在他的"以太化"（etherization）概念之中。他所谓的以太化，是组织或技术中递进简化和递增效率的原理。这是一个典型的例子，说明他忽视这些媒介形式的挑战对我们的感性反映所产生的影响。他想，与社会中的媒介或技术相关联的，是我们的意见。显然，这个"观点"是中了魔，是被印刷技术迷住了的。因为在一个有文字的、形态同一的社会中，人对多种多样的、非连续性的力量，已经丧失了敏锐的感觉。人获得了第三向度和"个人观点"的幻觉。这是他自恋固着（Narcissus fixation）的组成部分。他完全和布莱克或大卫王①敏锐的知觉隔绝起来了。我们自身变成我们观察的东西。

今天，我们想在自己的文化中认清方向，而且有必要与某一种技术形式所产生的偏颇和压力保持距离。要做到这一点，只需看一看这种技术存在的一个社会，或者它尚不为人所知的一个历史时期就足够了。施拉姆②教授在其大作《电视对儿童生活的影响》中，就使用了这种策略。他寻找电视尚未渗入的领域，进行了一些测试。但是，因为他没有研究电视形象的具体性质，所以他的测试偏重电视的"内容"、收看时间和词汇频率。总之，他研究电视的方法用的是研究文献的方法，尽管他并未意识到。因此他不可能提出任何报告。即使回到公元1500年，用这样的方法去研究印刷书籍对儿童或成人生活的影响，他也不可能发现印刷术给个人心理和社会心理带来的变化。印刷术在16世纪造就个人主义和民族主义（Print created individualism and nationalism in the sixteenth century）。程序分析和"内容"分析在弄清这些媒介的魔力或潜在威

---

① 大卫王，《圣经》中《诗篇》的作者，古代以色列国王。
② 施拉姆（Wilbur Schramm），美国当代著名学者，信息论、传播学创始人之一。

力方面,都不可能提供任何线索。

列昂纳德·杜布(Leonard Doob)在报告《非洲的信息传播》中,谈到一位非洲人。这个人费尽心思每晚必听 BBC 的新闻节目,虽然一句话也听不懂。每晚 7 点准时听见那些声音,对他是至关重要的。他对言语的态度,正像我们对旋律的态度——铿锵悦耳的语调本身就很有意思。17 世纪时,我们的先人对媒介的形式所抱的态度,仍然与这位非洲土著人的态度相同。这一点在下文所表现的情感中是显而易见的。法国人贝尔纳·拉姆(Bernard Lam)在《说话之艺术》(1969 年,伦敦)中写道:

此乃上帝智慧所赐之果。上帝造人,意在使之幸福。凡有益于人之会话(会话乃人之生活方式)者,均于人相宜。……因为凡食物者,倘有营养,均宜品味;反之,其他食物,若不能为我吸收、不能成为我血肉之躯者,则索然无味、味同嚼蜡也。说话者难以应付之谈话,不能使听话者感到愉悦;听话者不感到高兴之谈话,说话人也难以做到伶牙俐齿。

这是关于人的食物和言语表达的一种平衡理论。经过几个世纪的分割肢解和专业分工之后,我们才开始寻找一种关于媒介的平衡理论。

教皇庇护十二世(Pope Pius XII)主张认真研究媒介,他对此深表关注。1950 年 2 月 17 日,他曾经说:

可以毫不夸张地说,现代社会的未来及精神生活是否安定,在很大程度上取决于在传播技术和个人的回应能力之间,是否能维持平衡。

数百年来,人类在这方面的失败具有典型的意义,这是完完全全的失败。对媒介影响潜意识的温顺的接受,使媒介成为囚禁其使用者的无墙的监狱。正如利布林[①]在《出版业》一书中所云,倘使人看不见他所走的方向,他就不可能自由,即使他携枪去到达目的地,他也不能获得自由。因为每一种媒介同时又

---

① 利布林(Abbott Joseph Liebling,1904—1963),美国记者,《纽约客》周刊评论员,以其幽默和广泛的兴趣而闻名。

是一件强大的武器，它可以用来打垮别的媒介，也可以用来打垮别的群体。结果就使当代成为内战频仍的时代。这些内战并不仅限于艺术界和娱乐界。在《战争与人类进步》中，内夫①断言："我们时代的战争都是一系列聪明错误的结果……"

倘若媒介的塑造力正是媒介自身，那就提出了许许多多的大问题。可惜我们只能在此一笔带过，虽然它们值得用浩繁的卷帙大书特书。换句话说，技术媒介就是大宗商品或自然资源，酷似煤炭、棉花和石油。任何人都会承认，如果社会经济依赖一两种粮食、棉花、木材、鱼或牲畜之类的大宗产品，结果就会产生一些显而易见的组织模式。太强调几种大宗产品，就会使经济极不稳定，但是它又造就人们极大的忍受能力。美国南部的怜悯和幽默，扎根于有限产品的经济之中。依靠几种产品而形成的社会，把这些商品当作社会纽带来接受，很像大城市把新闻当作社会纽带一样。棉花和石油，如同收音机和电视机一样，在人民的整个精神生活中变成"固执的电荷"（fixed charges）。这一普遍的事实造成一切社会的独特文化景观。每一种塑造社会生活的产品，都使社会付出沉重的代价。

人的感觉——一切媒介均是其延伸——同样是我们身体能量上"固执的电荷"。人的感觉也形成了每个人的知觉和经验。这两点可以从另一个方面体会出来。心理学家荣格②论及此时写道：

> 每一位罗马人都生活在奴隶的包围之中。奴隶及其心态在古代意大利泛滥成灾，每一位罗马人在心理上——当然是不知不觉地——变成奴隶。因为他经常不断生活在奴隶的氛围之中，所以他也透过潜意识受到奴隶心理的浸染。谁也无法保证自己不受这样的影响。（《分析心理学论文集》，伦敦，1928年）

（选自［加］马歇尔·麦克卢汉《理解媒介——论人的延伸》，何道宽译，商务印书馆2000年版）

---

① 内夫（John Ulric Nef，1862—1915），化学家，美国建立研究生制度的领导人。
② 荣格（Carl Custav Jung，1875—1961），瑞士心理学家、精神病学家、分析心理学创始人之一，弗洛伊德最亲密的同事。

波兹曼与《娱乐至死》

经典导读

尼尔·波兹曼（Neil Postman，1931—2003），美国媒体文化研究者和批评家。曾任纽约大学教授，并为该校首创媒体生态学专业，长期担任纽约大学文化传播系系主任，直至去世。他的主要著作有《娱乐至死》《童年的消逝》《技术垄断》《教学：一种颠覆性的活动》（合作者查尔斯·韦恩加特纳）、《教学：一种保存性的活动》《诚心诚意的反对》《疯狂的谈话，愚蠢的谈话》《如何看电视新闻》《建造通向18世纪的桥梁：过去怎样改变未来》等。

《娱乐至死》是波兹曼最著名的著作之一。作为对西方媒介体制转型深怀忧虑的反思之作，该书被译成多种文字出版，在西方文化界产生了深远的影响。在该书的序言中，波兹曼比较了两部描述未来的著名小说，即奥威尔的《一九八四》和赫胥黎的《美丽新世界》。前者警告人们将会受到外来压迫的奴役，后者预言人们会渐渐爱上压迫，崇拜那些使人丧失思考能力的工业技术。波兹曼指出，奥威尔害怕的是那些强行禁书的人，赫胥黎担心的是失去任何禁书的理由，因为再也没有人愿意读书；奥威尔害怕的是那些剥夺我们信息的人，赫胥黎担心的是人们在信息的汪洋大海中日益变得被动和自私；奥威尔害怕的是真理被隐瞒，赫胥黎担心的是真理被淹没在无聊烦琐的世事中；奥威尔害怕的是我们的文化成为受制文化，赫胥黎担心的是我们的文化成为充满感官刺激、欲望和无规则游戏的庸俗文化。正如赫胥黎在

《重访美丽新世界》里提到的,那些随时准备反抗独裁的自由意志论者和唯理论者完全忽视了人们对于娱乐的无尽欲望。在《一九八四》中,人们受制于痛苦,而在《美丽新世界》中,人们由于享乐而失去了自由。简而言之,奥威尔担心我们憎恨的东西会毁掉我们,而赫胥黎担心的是,我们将毁于我们所热爱的东西。波兹曼在《娱乐至死》中想告诉读者的是,可能成为现实的,不是奥威尔的预言,而是赫胥黎的预言。

波兹曼认为,和语言一样,每一种媒介都为表达思想和抒发情感的方式提供了新的定位,从而创造出独特的话语符号。这一说法显然是对麦克卢汉"媒介即讯息"的呼应。波兹曼吸收了麦克卢汉媒介形式必将影响文化传播内容的观点,但他同时认为,麦克卢汉在把握媒介形式和文化内容的关系方面,忽略了"思维方式"的作用,于是他提出了"媒介即隐喻"的论点,以强调不同媒介环境对思维方式的影响。"信息是关于这个世界的明确具体的说明,但是我们的媒介,包括那些使会话得以实现的符号,没有这个功能。它们更像是一种隐喻,用一种隐蔽但有力的暗示来定义现实世界。""媒介的独特之处在于,虽然它指导着我们看待和了解事物的方式,但是这种介入却往往不为人们所注意。"①

在波兹曼看来,我们生活在一个电视主宰文化话语的时代,电视作为包罗万象的媒介形式,以"声像"刺激充塞视听,使人们无需思索就能"享受文化生活"。但是,"电视只有一种不变的声音——娱乐的声音。……电视正把我们的文化转变成娱乐业的广阔舞台"。在电视的强势影响下,一切文化都依照娱乐原则改头换面以适应电视的传播,不知不觉地,追求娱乐精神便渐渐变成了时代文化的主潮。"除了娱乐业没有其他行业"②,当娱乐成为唯一的目的时,本来意义上的文化也就荡然无存了。总之,电视使娱乐变成一种超级意识形态,文化的灵魂在无度的娱乐过程中日渐走向衰亡。因此,波兹曼认为,看上去辉煌灿烂、喜气洋洋的电视文化,本质上不过是一片吞噬人们肉体和灵魂的"文化的沙漠"。

必须指出的是,1985年《娱乐至死》出版时,在美国看电视已成为普通大众日常生活中的重要部分,"电视在为我们安排交流环境方面的能力是其他媒介根本无法企及的"③,用罗兰·巴特的话来说,电视已成为这个时代的"神话"。正因为电视成

---

① [美]尼尔·波兹曼:《娱乐至死》,章艳译,广西师范大学出版社2004年版,第12、13页。
② [美]尼尔·波兹曼:《娱乐至死》,章艳译,广西师范大学出版社2004年版,第106、128页。
③ [美]尼尔·波兹曼:《娱乐至死》,章艳译,广西师范大学出版社2004年版,第104页。

了时代神话，于是造就了波兹曼所说的"娱乐至死"的时代：一切都成了娱乐的对象，就连"道德""政治""宗教"都已变成"娱乐"的对象。从"一切都为娱乐"到"一切都被娱乐"，再到"一切都是娱乐"，"娱乐至上"似乎成了电视行业天经地义的信条。但是，物极必反，娱乐一步步走向了它的反面——从"娱乐至上"走向"娱乐至死"。

从文化批判的意义上说，"娱乐至死"这一惊人的论断是波兹曼对当代媒介文化一声绝望的呐喊。有评论者注意到，1900 年电视诞生，至今 120 年，但它已将政治、新闻、教育乃至整个世界变成一场喧哗缤纷的"杂耍"。在那块壮阔无比的电视屏幕上，无论多么残忍的谋杀、多么恐怖的地震、多么荒诞的政治丑闻，只要主持人温柔地说一声"接下来"，一切便从人们的脑海中消失得干干净净。对此，波兹曼绝望之至，他感叹："如果一个民族分心于繁杂琐事，如果文化生活被重新定义为娱乐的周而复始，如果严肃的公众对话变成幼稚的婴儿语言，总而言之，如果人民蜕化为被动的受众，而一切公共事务形同杂耍，那么这个民族就会发现自己危在旦夕，文化灭亡的命运就在劫难逃。"①

波兹曼说："电视正把我们的文化转变成娱乐业的广阔舞台。"② 由于电视业收视率至上的商业化规则和娱乐至上的观众需求，电视商为吸引观众不断加大感官兴奋剂的剂量，观众不知不觉地变成抵抗能力日渐丧失的瘾君子，电视台"不要思想，只要娱乐"，观众则"不看表演，只管刷脸"，这种恶性循环的结果必然是审美的麻痹和理性的丧失。"电视其实只是现代化的一个象征物而已，波兹曼担心的是，由美国电视业所象征的现代文化的娱乐化、平庸化，正在把我们的世界变成一个《美丽新世界》中'如今人人都快乐'的'反乌托邦'。这才是《娱乐至死》这个书名的真正含义。"③ 从这个意义上说，电视就像一个让人倍感快适的文化温水池，为了保持我们的快适感，它得不断升温，当人们意识到温度太高的时候，已经无力脱离水池了。一言以蔽之，《娱乐至死》所讲述的，就是这样一个类似"温水煮青蛙"的电视文化悲剧。

---

① ［美］尼尔·波兹曼：《娱乐至死》，章艳译，广西师范大学出版社 2004 年版，第 202 页。
② ［美］尼尔·波兹曼：《娱乐至死》，章艳译，广西师范大学出版社 2004 年版，第 106 页。
③ 江晓原、刘兵：《波兹曼："娱乐至死"背后的深刻思考》，《中国图书评论》2010 年第 8 期。

―― **延伸阅读文献**

1. Espen J. Aarseth, *Cybertext: Perspectives on Ergodic Literature*, Baltimore, MD: John Hopkins University Press, 1997.

2. Theodore Holm Nelson, *Literary Machines*, published by the author, 1981.

3. Erich Fromm, *The Revolution of Hope: Toward a Humanized Technology*, New York: Harper & Row, 1968.

4. ［法］让·鲍德里亚：《消费社会》，刘成富、全志钢译，南京：南京大学出版社2000年版。

5. ［美］尼古拉·尼葛洛庞帝：《数字化生存》，胡泳、范海燕译，海口：海南出版社1997年版。

6. ［美］戴安娜·克兰：《文化生产：媒体与都市艺术》，赵国新译，南京：译林出版社2001年版。

7. ［英］詹姆斯·W.麦卡里斯特：《美与科学革命》，李为译，长春：吉林人民出版社2000年版。

8. ［美］阿瑟·阿萨·伯杰：《通俗文化、媒介和日常生活中的叙事》，姚媛译，南京：南京大学出版社2000年版。

9. ［英］迈克·费瑟斯通：《消费文化与后现代主义》，刘精明译，南京：译林出版社2000年版。

10. 南帆：《双重视域——当代电子文化分析》，南京：江苏人民出版社2001年版。

11. 蒋原伦：《媒介文化十二讲》，北京：北京大学出版社2010年版。

（陈定家 撰）

―― **原文：《娱乐至死》（节选）**

经典原文

娱乐至死（节选）

波兹曼 著 章艳 译

在历史上的不同时期，不同的城市都曾经成为美国精神熠熠生辉的焦点。例如，18世纪后期，波士顿是政治激进主义的中心，震惊世界的第一枪在那里打响，那一枪只会在波士顿的郊区打响，而不会是在其他任何地方。事件报道之后，所有的美国人，包括弗吉尼亚人，从心底都成了波士顿人。19世纪中叶，来自世界各地的弃儿们在埃利斯岛登岸，并把他们陌生的语言和陌生的生活方式传播到美国各地，纽约从而成为大熔炉式国家的象征——至少是有别于英国。20世纪早期，芝加哥开始成为美国工业发展的中心。如果芝加哥的某个地方有一座屠夫的雕像，那么它的存在是为了提醒人们记住那个到处是铁路、牛群、钢铁厂和冒险经历的时代。如果现在还没有这样的雕像，那么我们应该尽快来做这件事，就像代表波士顿时代的有民兵雕像，代表纽约时代的有自由女神像一样。

今天，我们应该把视线投向内华达州的拉斯维加斯城。作为我们民族性格和抱负的象征，这个城市的标志是一幅30英尺高的老虎机图片以及表演歌舞的女演员。这是一个娱乐之城，在这里，一切公众话语都日渐以娱乐的方式出现，并成为一种文化精神。我们的政治、宗教、新闻、体育、教育和商业都心甘情愿地成为娱乐的附庸，毫无怨言，甚至无声无息，其结果是我们成了一个娱乐至死的物种。

我写作此文时的美国总统是昔日好莱坞的演员。他的主要竞争对手之一是20世纪60年代最为人瞩目的电视节目的宠儿，也就是说，是一名宇航员[①]。很自然，他的太空探险被拍成了电影。

此外，美国前总统理查德·尼克松曾把自己的一次竞选失败归罪于化妆师

---

① 指约翰·格伦，美国第一个绕地球轨道飞行的宇航员，退役后当选为美国参议员。——译者注

的蓄意破坏,他就如何严肃对待总统竞选这个问题给了爱德华·肯尼迪一个建议:减去20磅体重。虽然宪法对此只字未提,但似乎胖子事实上已被剥夺了竞选任何高层政治职位的权利,或许秃子也一样不能幸免于此,当然还有那些外表经过美容仍无法有较大改观的人。我们似乎达到了这样一个阶段:政治家原本可以表现才干和驾驭能力的领域已经从智慧变成了化妆术。

美国的新闻工作者,如电视播音员,对此也心领神会了。他们中的大多数人在吹风机上花的时间比在播音稿上花的时间多得多,并且由此成为娱乐社会最有魅力的一群人。虽然联邦新闻法没有明文规定,那些不上镜头的人其实已被剥夺了向大众播报所谓"今日新闻"的权利,但是那些在镜头前魅力四射的人确实可以拥有超过百万美元的年薪。

美国的商人们早在我们之前就已经发现,商品的质量和用途在展示商品的技巧面前似乎是无足轻重的。不论亚当·斯密倍加赞扬还是卡尔·马克思百般指责,资本主义原理中有一半都是无稽之谈。就连能比美国人生产更优质汽车的日本人也深知,与其说经济学是一门科学,还不如说它是一种表演艺术,丰田每年的广告预算已经证明了这一点。

不久前,我看到比利·格雷厄姆①和谢基·格林、瑞德·巴顿斯、迪昂·沃威克、弥尔顿·波尔及其他神学家一起向乔治·伯恩斯表示祝贺,庆祝他在娱乐性行业成功跌打滚爬了80年。格雷厄姆教士和伯恩斯说了很多关于来世的俏皮话。虽然《圣经》里没有任何明示,但格雷厄姆教士向观众保证,上帝偏爱那些能让人发笑的人。这是一个诚实的错误,格雷厄姆只是错把美国全国广播公司当成了上帝。

鲁斯·威斯西马博士是一个心理学家,她主持了一档很受人欢迎的广播节目及一个夜总会节目,在这些节目中,她向听众们介绍有关性事的林林总总,所用的语言在过去只能是卧室和某些阴暗的街角里专用的。她和格雷厄姆教士一样是一个有趣的人,她曾经说过:"我的初衷并不是为了逗乐,但是,如果我所做的确实能让人开心,我不妨继续下去。有人说我取悦于人,我说这很好。如果一个教授上课时表现幽默,人们就会带着记忆下课。"②她没有说人们

---

① 比利·格雷厄姆(Billy Graham),美国基督教福音派传教士、浸信会牧师,在美国和世界各地通过广播、电视、电影宣讲耶稣基督福音,开展福音奋兴运动。——译者注
② 引自1983年8月24日《威斯康星州日报》,第1页。

带着怎样的记忆，也没有说这些记忆有何裨益，但她说明了一点：能够取悦于人，真好。确实，在美国，上帝偏待的是那些拥有能够娱乐他人的才能和技巧的人，不管他是传教士、运动员、企业家、政治家、教师还是新闻记者。在美国，最让人乏味的是那些专业的演员。

对文化表示关注和忧虑的人，如正在阅读此类书的人，会发现上面的这些例子并不罕见，已是司空见惯了。批评界不乏有识之士，他们注意并记录了美国公众话语的解体及其向娱乐艺术的转变。但他们中的大多数人，我相信，还没有开始探究这种变化的根源和意义。那些已经对此做过研究的人告诉我们，这一切都是走向穷途末路的资本主义的余渣，或者，正相反，都是资本主义成熟后的无味的果实；这一切也是弗洛伊德时代神经官能症的后遗症，是人类任凭上帝毁灭而遭到的报应，是人性中根深蒂固的贪婪和欲望的产物。

我仔细研读过这些阐述，从中不是没有学到东西。马克思主义、弗洛伊德理论，甚至神学家们，都是不能等闲视之的。在任何情况下，如果我的见解能够基本接近事实，我都会感到惊讶。正如赫胥黎所说的，我们没有人拥有认识全部真理的才智，即使我们相信自己有这样的才智，也没有时间去传播真理，或者无法找到轻信的听众来接受。但是在这里，你会发现一个比前人的理解更为透彻的观点。虽然这个观点并不深奥，但它的价值体现在其视角的直接性，这样的视角正是2300年前柏拉图提出的。根据这个观点，我们应该把焦点放在人类会话的形式上，并且假定我们会话的形式对于要表达的思想有着重大的影响，容易表达出来的思想自然会成为文化的组成部分。

我形象地使用"会话"这个词，并不仅仅指语言，同时也指一切使某个文化中的人民得以交流信息的技巧和技术。在这样的意义上，整个文化就是一次会话，或者，更准确地说，是以不同象征方式展开的多次会话的组合。这里我们要注意的是，公众话语的方式是怎样规范乃至决定话语内容的。

我们可以举一个简单的例子，如原始的烟雾信号。虽然我不能确切地知道在这些印第安人的烟雾信号中传达着怎样的信息，但我可以肯定，其中不包含任何哲学论点。阵阵烟雾还不能复杂到可以表达人们对于生存意义的看法，即使可以，他们中的哲学家可能没有等到形成任何新的理论就已经用尽了木头和毡子。你根本不可能用烟雾来表现哲学，它的形式已经排除了它的内容。

再举一个我们更熟悉的例子：塔夫脱，我们的第27任总统，体重300磅，满脸赘肉。我们难以想象，任何一个有着这种外形的人在今天会被推上总统候选人的位置。如果是在广播上向公众发表演讲，演讲者的体型同他的思想是毫不相干的，但是在电视时代，情况就大不相同了。300磅的笨拙形象，即使能言善辩，也难免淹没演讲中精妙的逻辑和思想。在电视上，话语是通过视觉形象进行的，也就是说，电视上会话的表现形式是形象而不是语言。政坛上形象经理的出现以及与此相伴的讲稿作家的没落证明了这样一点，就是：电视需要的内容和其他媒体截然不同。电视无法表现政治哲学，电视的形式注定了它同政治哲学是水火不相容的。

还有一个例子，更复杂一些：信息、内容，或者如果你愿意，可以称之为构成"今日新闻"的"素材"，在一个缺乏媒介的世界里是不存在的——是不能存在的。我并不是说，火灾、战争、谋杀和恋情从来没有在这个世界的任何地方发生过。我想说的是，如果没有用来宣传它们的技术，人们就无法了解，无法把这一切纳入自己的日常生活。简而言之，这些信息就不能作为文化的内容而存在。"今日新闻"的产生全然起源于电报的发明（后来又被其他更新的大众传播工具发扬光大），电报使无背景的信息能够以难以置信的速度跨越广阔的空间。"今日新闻"这种东西纯属技术性的想象之物，准确地说，是一种媒体行为。我们可以了解来自世界各地对于各种事件的片段报道，因为我们拥有适用于报道这些片段的多种媒体。如果某种文化中没有具有闪电般速度的传媒工具，如果烟雾信号仍是最有效的传播途径，那么这种文化就不会拥有"今日新闻"。如果没有媒体为新闻提供传播的形式，那么"今日新闻"就不会存在。

用平白的话语来说，这本书是对20世纪后半叶美国文化中最重大变化的探究和哀悼：印刷术时代步入没落，而电视时代蒸蒸日上。这种转换从根本上不可逆转地改变了公众话语的内容和意义，因为这样两种截然不同的媒介不可能传达同样的思想。随着印刷术影响的减退，政治、宗教、教育和任何其他构成公共事务的领域都要改变其内容，并且用最适用于电视的表达方式去重新定义。

马歇尔·麦克卢汉有一句著名的警句："媒介即讯息。"如果我上面所说的有引用之嫌，我绝不否认其中的联系（虽然很多值得尊敬的学者觉得否认和他的联系很时髦，但是如果没有麦克卢汉，他们也许至今仍然默默无闻）。30年前遇到麦克卢汉的时候,我还是一名研究生,而他也只是一个普通的英语教授。那时我就相信,现在仍然相信,他继承了奥威尔和赫胥黎的传统,对未来进行了预言。我对他的理论坚信不疑。他认为,深入一种文化的最有效途径是了解这种文化中用于会话的工具。我也许应该补充一点,最早激发我对这个观点产生兴趣的是一位比麦克卢汉更伟大、比柏拉图更古老的预言家。我年轻时研究过《圣经》,在其中我获得了一种启示:媒介的形式偏好某些特殊的内容,从而能最终控制文化。这种启示来自"十诫"中禁止以色列人制作任何具体形象的第二诫:"不可为自己雕刻偶像,也不可做什么形象,仿佛上天,下地,和地底下水中的百物。"和很多其他人一样,我那时很疑惑,为什么上帝要规定人们应该或不应该怎样用符号表现他们的经历。除非颁布训诫的人认定人类的交际形式和文化的质量有着必然联系,否则把这种禁令归于伦理制度之中的做法是不可理喻的。我们可以冒险作一猜测:那些如今已经习惯于用图画、雕塑或其他具体形象表达思想的人,会发现他们无法像原来一样去膜拜一个抽象的神。犹太人的上帝存在于文字中,或者通过文字而存在,这需要人们进行最精妙的抽象思考。运用图像是亵渎神祇的表现,这样就防止了新的上帝进入某种文化。我们的文化正处于从以文字为中心向以形象为中心转换的过程中,思考一下摩西的训诫对我们也许是有益的。即使这些推想有不妥之处,我仍然认为它是明智而中肯的。我相信,某个文化中交流的媒介对于这个文化精神重心和物质重心的形成有着决定性的影响。

语言无愧为一种原始而不可或缺的媒介,它使我们成为人,保持人的特点,事实上还定义了人的含义。但这并不是说,除语言之外没有任何其他媒介,人们还能够同样方便地以同样的方式讲述同样的事情。我们对语言的了解使我们知道,语言结构的差异会导致所谓"世界观"的不同。人们怎样看待时间和空间,怎样理解事物和过程,都会受到语言中的语法特征的重要影响,所以,我们不敢斗胆宣称所有的人类大脑对于世界的理解是一致的。

如果我们考虑到,在语言之外还有如此丰富多样的会话工具,我们就不难想象,不同文化在世界观方面会存在多大的分歧。虽然文化是语言的产物,但是每一种媒介都会对它进行再创造——从绘画到象形符号,从字母到电视。和语言一样,每一种媒介都为思考、表达思想和抒发情感的方式提供了新的定位,从而创造出独特的话语符号。这就是麦克卢汉所说的"媒介即讯息"。但是，他的警句还需要修正，因为，这个表达方式会让人们把信息和隐喻混淆起来。信息是关于这个世界的明确具体的说明，但是我们的媒介，包括那些使会话得以实现的符号，却没有这个功能。它们更像是一种隐喻，用一种隐蔽但有力的暗示来定义现实世界。不管我们是通过言语还是印刷的文字或是电视摄影机来感受这个世界，这种媒介—隐喻的关系为我们对这个世界进行着分类、排序、构建、放大、缩小、着色，并且证明一切存在的理由。卡西尔曾说过：

> 随着人们象征性活动的进展，物质现实似乎在成比例地缩小。人们没有直面周遭的事物，而是在不断地和自己对话。他们把自己完全包裹在语言形式、艺术形象、神话象征或宗教仪式之中，以至于不借助人工媒介他们就无法看见或了解任何东西。①

媒介的独特之处在于，虽然它指导着我们看待和了解事物的方式，但它的这种介入往往不为人所注意。我们读书、看电视或看手表的时候，对于自己的大脑如何被这些行为所左右并不感兴趣，更别说思考一下书、电视或手表对于我们认识世界有怎样的影响了。但是确实有人注意到了这些，尤其是在我们这个时代，刘易斯·芒福德②就是这些伟大观察者中的一个。他不是那种为了看时间才看钟表的人，这并不是因为他对大家关心的钟表本身的分分秒秒不感兴趣，而是他对钟表怎样表现"分分秒秒"这个概念更感兴趣。他思考钟表的哲学意义和隐喻象征，而这些正是我们的教育不甚了了的地方，钟表匠们对此更是一无所知。芒福德总结说："钟表是一种动力机械，其产品是分和秒。"在制造分秒的时候，钟表把时间从人类的活动中分离开来，并且使人们相信时间是可以以精确而可计量的单位独立存在的。分分秒秒的存在不是上帝的意图，也不是大自然的产物，而是人类运用自己创造出来的机械和自己对话的结果。

在芒福德的著作《技艺与文明》中，他向我们展示了从 14 世纪开始，钟表是怎样使人变成遵守时间的人、节约时间的人和现在被拘役于时间的人。在这个过程中，我们学会了漠视日出日落和季节更替，因为在一个由分分秒秒组

---

① 卡西尔：《人论》，纽约花园城：双日出版社 1956 年版，铁锚丛书，第 43 页。
② 刘易斯·芒福德（Lewis Mumford, 1895—1990），美国社会哲学家、教师、建筑及城市规划评论家，其著作多涉及人与环境的关系。——译者注

成的世界里,大自然的权威已经被取代了。确实,正如芒福德所指出的,自从钟表被发明以来,人类生活中便没有了永恒。所以,钟表不懈的滴答声代表的是上帝至高无上的权威的日渐削弱,虽然很少有人能意识到其中的关联。也就是说,钟表的发明引入了一种人和上帝之间进行对话的新形式,而上帝似乎是输家。也许摩西的"十诫"中还应该再加上一诫:你不可制作任何代表时间的机械。

字母带来了人与人之间对话的新形式,关于这一点如今学者们已达成共识。人们说出的话不仅听得见,而且看得见——这不是一件小事,虽然关于这一点我们的教育也未作太多评论。但是,很明显,语音的书写形式创造了一种新的知识理念,一种关于智力、听众和后代的新认识,这些东西柏拉图在其理论形成的初期就已经认识到了。他在《第七封信》中写道:"没有一个有智力的人会冒险用语言去表达他的哲学观点,特别是那种会恒久不变的语言,例如用书面的文字记录下来。"他对此进行了详尽的阐述,他清楚地认识到,用书面文字记录哲学观点,不是这些观点的终结,而是这些观点的起点。没有批评,哲学就无法存在,书面文字使思想能够方便地接受他人持续而严格的审察。书面形式把语言凝固下来,并由此诞生了语法家、逻辑家、修辞学家、历史学家和科学家——所有这些人都需要把语言放在眼前才能看清它的意思,找出它的错误,明白它的启示。

柏拉图深知这一点,他知道书写会带来一次知觉的革命:眼睛代替了耳朵而成为语言加工的器官。相传,为了鼓励这种变化,柏拉图要求他的学生在来他的学园之前先学习几何学。如果确有其事,柏拉图就确实很明智,因为正如伟大的文学批评家诺思洛普·弗莱所说的:"书面文字远不只是一种简单的提醒物:它在现实中重新创造了过去,并且给了我们震撼人心的浓缩的想象,而不是什么寻常的记忆。"[①]

柏拉图对于书面文字重要性的推断现在已被人类学家所深刻理解,特别是如果在他们所研究的文化中语言是复杂对话的唯一源泉时。人类学家知道书面文字不仅仅是话音的回声,这一点诺思洛普·弗莱也曾提到过。这完全是另一种声音,是一流魔术师的把戏。在那些发明文字的人眼里,文字确有此神力。

[①] 诺思洛普·弗莱:《伟大的符号:圣经和文学》,多伦多:学术出版社1981年版,第227页。

考虑到这些，那么埃及神话中把文字带给塔慕次国王的月神透特同时是魔术之神，就不足为奇了。我们这样的人也许看不出文字有何神奇，但我们的人类学家知道，对于一个只有口头语言的民族，文字会显得多么奇特而富有魔力——这样的对话似乎没有对象，又似乎任何人都是对象。有什么比把问题诉诸文本时的沉默更奇怪的呢？有什么比向一个无形的读者倾诉，并且因为知道有一个无名的读者会反对或误解而修正自己更玄妙的呢？而这正是每一本书的作者必须做的。

提出上述的观点，是因为本书后面将讨论我们的民族怎样经历从文字魔术向电子魔术转换的巨大变化。我这里想要指出的是，把诸如文字或钟表这样的技艺引入文化，不仅仅是人类对时间的约束力的延伸，而且是人类思维方式的转变，当然，也是文化内容的改变。这就是为什么我要把媒介称作"隐喻"的道理。在学校里，老师非常正确地告诉我们，隐喻是一种通过把某一事物和其他事物作比较来揭示该事物实质的方法。通过这种强大的暗示力，我们脑中也形成这样一个概念，那就是要理解一个事物必须引入另一个事物：光是波，语言是一棵树，上帝是一个明智而可敬的人，大脑是被知识照亮的黑暗洞穴。如果这些隐喻不再有效，我们一定会找到其他适用的：光是粒子，语言是一条河，上帝是一个微分方程（正如罗素曾经宣称的），大脑是一个渴望栽培的花园。

但是我们这种媒介—隐喻的关系并没有如此明了和生动，而是更为复杂。为了理解这些隐喻的功能，我们应该考虑到信息的象征方式、来源、数量、传播速度以及信息所处的语境。例如，钟表把时间再现为独立而精确的顺序，文字使大脑成为书写经历的石碑，电报把新闻变成商品。要想深刻理解这些隐喻，我们确实要费些周折。但是，如果我们能够意识到，我们创造的每一种工具都蕴含着超越其自身的意义，那么理解这些隐喻就会容易多了。例如，有人指出，12世纪眼镜的发明不仅使矫正视力成为可能，而且还暗示了人类可以不必把天赋或缺陷视为最终的命运。眼镜的出现告诉我们，可以不必迷信天命，身体和大脑都是可以完善的。我觉得，如果说12世纪眼镜的发明和20世纪基因分裂的研究之间存在某种关联，那也不为过。

即使是显微镜这样不常用的仪器，也包含了令人惊讶的寓意，这种寓意不是关于生物学的，而是关于心理学的。通过展示一个肉眼看不见的世界，显微镜提出了一个有关大脑结构的解释。

如果事物总是不同于它的表象，如果微生物不可见地隐藏于我们的皮肤内外，如果隐形世界控制了有形世界，那么本我、自我和超我是否也可能不可见地隐藏在某个地方？精神分析除充当大脑的显微镜之外还有什么？我们对于大脑的理解除来自某些工具所产生的隐喻之外，还有什么途径？我们说一个人有126的智商，又是怎么一回事？在人们的头脑里并不存在数字，智力也没有数量和体积，除非我们相信它有。那么为什么我们还要相信它有呢？这是因为我们拥有可以说明大脑情况的工具。确实，我们思想的工具能帮助我们理解自己的身体：有时我们称自己的身体为"生物钟"，有时我们谈论自己的"遗传密码"，有时我们像看书一样阅读别人的脸，有时我们用表情传达自己的意图。

伽利略说过，大自然的语言是数学。他这样说只是打个比方。大自然自己不会说话，我们的身体和大脑也不会说话。我们关于大自然以及自身的对话，是用任何一种我们觉得便利的"语言"进行的。我们认识到的自然、智力、人类动机或思想，并不是它们的本来面目，而是它们在语言中的表现形式。我们的语言即媒介，我们的媒介即隐喻，我们的隐喻创造了我们的文化的内容。

（选自［美］尼尔·波兹曼《娱乐至死》，章艳译，广西师范大学出版社2004年版）

艾尔雅维克与《眼睛所遇到的……》

经典导读

阿列西·艾尔雅维克（Aless Erjavec，又译阿莱斯·艾尔雅维茨，1951—　），著名美学家，斯洛维尼亚文理科学院哲学研究所研究员，兼卢布尔雅那大学教授。早年求学于卢布尔雅那大学，20世纪80年代时曾在巴黎美学研究所参加研讨班学习，1993年至1994学年在美国加利福尼亚大学伯克利分校读博士后。他是斯洛文尼亚美学学会的创始者，1984年至1999年任该会主席。1995年至1998年任国际美学协会秘书长，1998年至2001年任国际美学协会主席。主要著作有《论美学、艺术与意识形态》（1983）、《美学与认识论》（1984）、《意识形态与现代主义艺术》（1988）、《卢布尔雅那：80年代斯洛文尼亚的艺术与文化》（1991）、《美学与批判理论》（1995）、《超越图像》（1996）。在推动斯洛文尼亚美学的全球化及其艺术的后现代转向上发挥过重要作用。

这里的选文译自艾尔雅维克的《超越图像》（Tower the Image）一书第二章（该书已有胡菊兰、张云鹏的全译本，译作《图像时代》，其中第二章译作《满足眼睛》①）。阿列西的这本著作的核心论题可用一句话概括为：对作为当代全球化社会重要特征的艺术与文化上的"图像转向"（pictorial turn）进行学理化反思与阐释。

---

① 参见［斯洛文尼亚］阿列西·艾尔雅维克：《图像时代》，胡菊兰、张云鹏译，吉林人民出版社2003年版。

艾尔雅维克坦言，他的灵感部分来自德波的《景观社会》、鲍德里亚的"超现实"（hyperreality）论、米切尔的"图像转向"等思想的启发。他宣称，与该书话题相关的许多理论家，包括哈贝马斯、韦尔默、利奥塔、罗蒂、韦尔什等，都同意这样一个观点，即无论我们喜欢与否，如今我们自身都已处于"视觉成为现实主导形式"的"图像社会"之中。

在《超越图像》一书中，艾尔雅维克指出，随着全球化视觉文化的增殖，对视觉文化的理论兴趣也在增大。虽然在不同的文化与历史时期中视觉文化都可以遇到，只是在近几十年它才成为文化的主要形式。在艾尔雅维克看来，学科意义上的视觉文化理论产生于法国的符号学，罗兰·巴特堪称首创者。另一方面，英国的文化研究对视觉文化理论的诞生与流行也起到了推波助澜的作用。在书中，艾尔雅维克将现代视觉文化的萌芽期向前推到19世纪80年代，尤其是在19世纪90年代初，在哲学、思想史、视觉理论和艺术史的汇合点上，涌现出许多著作。这些著作致力于研究视觉中心论的问题，即观看、被视与凝视等，艺术史为视觉文化分析提供了一个理论起点，在这里，不仅艺术史是进行如此分析的一种工具，而且，视觉文化的分析还改变了艺术史，使艺术史从此开始把图像作为符号进行解释，从而使我们能够将图像作为文本来阅读，图像是更广阔的社会现实的整体部分。在艺术史家与美学家之间引起烦恼的现实问题和理论问题，往往都与视觉文化密切相关，作为文化特殊形式的视觉文化与艺术之间存在着一种剪不断、理还乱的复杂关系，特别是对于在文化对立中建构起来的现代主义艺术而言，这一点表现得更为充分。

必须指出的是，图像文化的风生水起是一个全球化文化现象，各国学者都不失时机地在理论上作出了积极回应。其实，所谓的图文战争早就发生了，匈牙利电影理论家巴拉兹在20世纪之初就预言，随着电影的出现，一种新的视觉文化将取代印刷文化，德国哲学家海德格尔的"世界图像时代"的论断更是令人印象深刻，法国哲学家德波描绘的"景观社会"已成为风靡全球的文化现象，……在当代社会生活的每一个角落都能看到艾尔雅维克所谓的图像转向的影响。令人吃惊的是，潜心研究文学、思想史的学者也被卷入图像文化的洪流之中。有学者把将图像引入思想史研究的做法戏谑地称为"图谋不轨"，但葛兆光把"不轨"解释为"另辟蹊径"[①]。值

[①] 李倍雷：《图像还是文本：中国美术史学的基本问题》，《山西大同大学学报（社会科学版）》2011年第1期。

得玩味的是，"图谋不轨"的说法未必只是戏谑，事实上早有学者对图像的种种"文化越轨"行为提出了严正警告与严肃批评。

艾尔雅维克甚至把这种"文化越轨"归结到一位伟大的哲学家那里。"笛卡尔被许多现代哲学家认为是今天在理论和哲学中强调视觉的罪魁祸首。我们在海德格尔（他于1938年发表论文《世界图像的时间》），在梅洛-庞蒂（例如他于1961年发表的著名论文《眼与心》），在拉康（他在1964年出版的著作《精神分析的四个基本概念》），在罗蒂的《哲学与自然之镜》之中都发现了这种观点。这些论述对笛卡尔最根本的指责是，笛卡尔错误地将主体与客体分开，将认识与存在分开。海德格尔发现，绘画占统治地位的根源在希腊化时代即已存在，因而，笛卡尔只是在错误的道路上向前迈进了一步。"① 不难看出，艾尔雅维克的著作具有博雅风格和思辨魅力，《眼睛所遇到的……》一文视野开阔，取材宏富，信息量大，为我们理解图像文化或视觉艺术提供了一个极佳切入点。

按照译者高建平的说法，《眼睛所遇到的……》一文针对当代社会全球化、资本在世界范围内流动的现实，围绕着电视的普及、以音像业为代表的文化产业的兴起所造成的视觉艺术占据统治地位的状况，对艺术的一些深层问题进行了思考。语词与图像之间的竞争在西方有着漫长的历史，在古代社会和中世纪、文艺复兴后的近代社会，许多文艺思想上的理论论战都围绕着这个问题而展开。它的最新表现，就是文本性话语与信息技术建造的影像世界之间的紧张关系。在"语言转向"之后，是否存在着一个"图像转向"？后现代主义与现代主义之间，究竟存在着什么样的关系？艾尔雅维克在梳理了一些事实后指出：艺术正在发生深刻的变化，迫切需要从理论上寻求一个新的界定。

—— 延伸阅读文献

1. M Barnard, *Art, Design and Visual Culture*, London: Macmillan, 1998.

2. J. Baudrillard, *Simulacra and Simulation*, New York: Semiotex(e),

---

① ［斯洛文尼亚］阿列西·艾尔雅维克：《眼睛所遇到的……》，高建平译，《文艺研究》2000年第3期。

1983.

3. J. Berger, *Ways of Seeing*, London: BBC Publications, 1972.

4. ［美］尼古拉斯·米尔佐夫:《视觉文化导论》，倪伟译，南京：江苏人民出版社2006年版。

5. ［美］W. J. T. 米歇尔:《图像理论》，陈永国、胡文征译，北京：北京大学出版社2006年版。

6. ［美］W. J. T. 米歇尔:《图像学：形象，文本，意识形态》，陈永国译，北京：北京大学出版社2012年版。

7. ［美］欧文·潘诺夫斯基:《图像学研究：文艺复兴时期艺术的人文主题》，戚印平、范景中译，上海：上海三联书店2011年版。

8. ［斯洛文尼亚］阿莱斯·艾尔雅维茨:《图像时代》，胡菊兰、张云鹏译，长春：吉林人民出版社2003年版。

9. 周宪:《视觉文化的转向》，北京：北京大学出版社2008年版。

10. 陈永国:《视觉文化研究读本》，北京：北京大学出版社2009年版。

（陈定家 撰）

—— 原文:《眼睛所遇到的……》

经典原文

眼睛所遇到的……

艾尔雅维克 著 高建平 译

■ 一

愚人从图像中所接受的,是受过教育的人从《圣经》中所接受的东西。愚人从图像中看到他们必须接受的东西,从中读到他们不能从书本上读到的内容。——格里高里大帝

这段由一位公元 6 世纪时教皇所作出的捍卫图画的名言,可被看成有关图像的长期斗争的一部分。在整个西方文明史上,视觉和图像始终是一个关键问题。正如被人们无数次地指出过的那样,从古希腊时起,图像就对发展我们的共同文化具有无比的重要性。

从古希腊哲学时代起,视觉就被推崇为在各种感觉中具有最突出的地位。Theoria 这一心灵的最高贵的活动,在绝大多数情况下都被人们用从视觉领域获得的隐喻来加以描述。……视觉除为理智活动的高层结构提供比喻外,常被当作各种知觉的范式,并因此作为其他感觉的尺度。①

从古希腊时期起,许多作者就不仅从几何学,而且从理论发展的角度强调视觉。换句话说,西方文明从一开始起就打上了"视觉和视觉中心主义"(ocularcentrism)的特点。基督教初期的破坏偶像运动试图冲击这种视觉和图像的优势地位。在希伯来禁止制造偶像精神支持下,绝大部分基督教思想家都

---

① Hans Jonas, *The Phenomenon of Life: Toward a Philosophical Biology*, New York: Harper & Row, 1966, p.135.

奋力围剿这种对镜像（the specular）的无所不在的热情。特图里安（Tertullian，公元 150 或 160 至 220 年）在《论偶像崇拜》（De idololatria）一书中写道：

> 但当魔鬼给世界带来制作雕塑、图像或各种类似物的匠人之时，对虚假的神和对魔鬼的崇拜就立刻将世人迷惑住了。①

基督徒们禁止或至少批评图像的主要理由有以下几点：（1）人们把再现和所再现的对象混淆起来；（2）神不能再现为可见的形象，因为神是不可见的；（3）通过再现神，我们已经将他降低为我们自己的样子了。人只能将神再现为一个凡人和一个生物的形象，而不是一个造物主的形象，因此，这种再现的尝试从一开始就注定是要失败的。在此以后很久，加尔文提出一个相关的观点：

> 我们只是在灵魂中与神相似，没有图像能够再现神。那些试图再现神的本质的人是疯子。即使普通人的没什么价值的灵魂也是不可再现的。②

然而，恰恰是在此之时，一个与图像有关的深刻变化出现了：虽然新教教会撤掉了所有的图画及其他各种图像（彩色玻璃的窗户除外），图像仍保留在人们的私人住宅之中，韦伯所谓的私人空间在这里起了作用。绘画不再被人们带着宗教的眼光注视，而成为世俗乐趣的对象。在宗教改革之时，教会已不再需要图像来传播《圣经》中的道理，教育的发展已经使格里高里大帝的话过时了。过去包罗万象的宗教世界已被分隔为各具特色的社会领域，绘画也离开宗教。从此，宗教变得仅仅与语词有关，而图像走上一条基本上自我独立的路。图像在世俗的社会生活领域繁荣发展，并且，随着技术的发展，在社会中变得越来越重要。虽然绘画和雕塑仅仅是视觉再现领域的一部分，然而它们却代表着一个在欧洲历史上的延续性因素。与此相反，在希伯来传统和绝大部分伊斯兰传统中，就缺少这些因素，从而使它们在那些社会中处于边缘地位。

正是由于笛卡尔以及在他之前的透视学的发展（或发现），马丁·杰伊

---

① Moshe Barasch, *Icon: Studies in the History of an Idea*, New York: New York University Press, 1992, p.111.
② 转引自 Sergiusz Michalski, *The Reformation and the Visual Arts*, London: Routledge, 1993, p.62。

（Martin Jay）才确立了他所谓的笛卡尔透视主义（Cartesian perspectivalism）。[1] 也正是由于这一原因，笛卡尔被许多现代哲学家认为是今天在理论和哲学中强调视觉的罪魁祸首。我们在海德格尔（他于1938年发表论文《世界图像的时间》），在梅洛-庞蒂（例如他于1961年发表的著名论文《眼与心》），在拉康（他在1964年出版的著作《精神分析的四个基本概念》），以及在罗蒂的《哲学与自然之镜》之中都发现了这种观点。这些论述对笛卡尔的最根本的指责是，笛卡尔错误地将主体与客体分开，将认识与存在分开。海德格尔正确地发现，绘画占统治地位的根源在希腊化时代即已存在，因而，笛卡尔只是在错误的道路上向前迈进了一步。梅洛-庞蒂对笛卡尔持同样的态度。在1961年的一篇文章中，梅洛-庞蒂称笛卡尔的《屈光学》(Dioptrik) 是一本关于思想不再愿意与可见物妥协，而决定根据这种思想构建的模式再造可见物的经典著作。1971年，利奥塔发表了他的博士论文《话语，造型》(Discours, Figure)。在该书中，他试图反对弗洛伊德以牺牲想象为代价而强调符号的倾向（这种倾向以拉康为代表）。进而，他挑战了占据着统治地位的关于图像的理论方法，用造型（figure）和话语（discours）的区分取代了传统的图（image）与词（word）的区分。[2] 他的这种区分与传统区分的不同之处在于，他的区分形成并非相互截然不同，而是灵活而可相互替换的两个概念。利奥塔的这种思想与马丁·杰伊最近在一本书中所描绘的持续不断地贬低视觉和视觉主义的倾向是背道而驰的。[3] 在拉康的著作中，只有在语言的层面上，即在符号的层面上，人才能进入与他人（共存）的主体间性的世界。如果他不能实现这一点的话，他就仍是想象和视像阶段的囚徒。在此阶段，他不区分想象中的肉体上完整（正如他在镜前看到的自己一样）与精神上的不完整（以我们的精神过程为典型代表），而错误地将我们（在笛卡尔思想的帮助之下）当成一个不可分割的整体——当成主体。正如拉康在他的《论文集》(Écrits, 1966) 中所说，由于这个原因，笛卡尔的主体成了心理分析的前提条件。

笛卡尔的透视主义与现代思想的两个要素相契合：主体（以及从古代继承

---

[1] Martin Jay, "Scopic Regimes of Modernity," *Force Fields*, London: Routledge, 1993, p.115.
[2] 参见 Jean-Francois Lyotard, *Discours, Figure*, Paris: Klincksieck, 1971。
[3] Martin Jay, *Downcast Eyes: The Denigration of Vision in Twentieth-Century French Thought*, Berkeley, CA: University of California Press, 1993.

来的视觉中心主义理论)与视觉(在这里,透视主义有意识地提供一种关于我们的现实的科学观)。这一透视主义也为诺尔曼·布伦松(Norman Bryson)所谓的本质性复制(essential copy)提供了基础①,即相信对一个被再现物的完美的复制是可能的,要达到这一复制目的所要做的只是发现完美的技术。尽管一些人指出了其他的可能性(在他们中,最为突出的是马丁·杰伊②和斯维拉纳·阿尔佩斯③),透视主义无疑在现代性的视觉领域占据着统治地位。

二

我们怎样才能理解目前的这种日益增加和日益深入的从哲学上对图像的批判?它与目前图像出现量的增加是巧合还是其中另有深刻的原因?托马斯·米歇尔(Thomas Mitchell)对此提出一个了具有说服力的回答:

> 罗蒂将视觉的,尤其是镜像的隐喻完全排除在我们的言语之外的决心,既继承了维特根斯坦的图像厌恶症,也反映了语言哲学中对视觉再现的普遍的焦虑。这种焦虑,这种在视觉图像面前捍卫言语的需要,恰恰是图像转向(pictorial turn)正在形成的确实的标志。④

在这里,米歇尔主要是指他所谓的语言哲学,但这一论断,正如马丁·杰伊在《低垂的眼睛》(Downcast Eyes)一书中所说,同样适用于后结构主义,适用于许多当代的或更为晚近的法国哲学(也包括法国传统、甚至宗教哲学),当然,也适用于整个与犹太传统有关的思想线索,例如,列维纳斯(Emmanuel Levinas)。在其他情况下,想象的优先性减少了对视觉主义的批判,例如,德勒兹(Gilles Deleuze)和伽塔里(Félix Guattari),以及身体和

---

① Norman Bryson, *Vision and Painting: Logic of the Gaze*, New Haven, CT: Yale University Press, 1983.
② 参见 "Scopic Regimes of Modernity" 一文。
③ 参见 Svetlana Alpers, *The Art of Describing*, London: Penguin, 1983。
④ W. J. T. Mitchell, *Picture Theory*, Chicago: The University of Chicago Press, 1994, pp.12-13.

触觉抵制视觉的统治地位，例如伊利格瑞（Luce Irigaray）。在这里，视觉与其说是一种隐喻的方式，不如说与视觉能力，及其生理的、历史的和社会的因素有关。

这种哲学上最新的一波反对偶像主义，即清洗从视觉上寻求隐喻的做法和视觉中心主义理论的浪潮，很有可能不是出于理论的需要，而是由于其他方面的原因：

> 如果我们追问为什么图像转向会发生在现在，发生在20世纪的后半叶——一个常被人们说成是后现代的时期，我们就会面临着一个悖论：一方面，显而易见，在电视摄像、光纤、电子媒介的时代，人们以前所未有的力量仿制图像，生产幻象；另一方面，害怕图像，一种对图像力量也许最终会摧毁创造者和操作者的焦虑，与图像制作本身一样古老。偶像崇拜、破坏偶像、图像厌恶症、拜物教等等本身均非仅仅是后现代的现象，我们的时代所带来的只是上面所述的悖论。图像转向，由图像完全统治文化的幻想，正在全球的范围内成为真正的技术可能性。①

理论界流行的图像厌恶症和与之并存的图像优势地位（米歇尔在解释罗蒂的"语言转向"后就提出"图像转向"），可被视为古老的偶像破坏与偶像崇拜间斗争的继续。这一观察的合理性本身当然是很难否定的。尽管它所提供的无非是一种比较，并在一定程度上使得理论上流行的争论和文化上的现象相对化；然而，历史的相似性可以帮助人们了解我们当下的情况：图画影响情感却阻碍理解，由此激起了普遍的理论批评：

> 图像是一种不被当作符号的符号，伪装成（或者对于相信的人来说，实际上）具有自然的直接性和呈现性。语词则是他者，通过将非自然的成分引入时间、意识、历史的世界之中，并运用符号思维的外在干预，造成自然呈现的中断，形成人为而任意的对人的愿望的生产。②

---

① W. J. T. Mitchell, *Picture Theory*, Chicago: The University of Chicago Press, 1994, p.15.
② W. J. T. Mitchell, *Iconology: Image, Text, Ideology*, Chicago: The University of Chicago Press, 1986, p.43.

在相应的社会,尤其是文化状况中寻求当前这场争论的原因,似乎比将过去关于图像和视觉主义的争论与现在的争论作一般性比较更有意义。这是因为这种一般性比较并不能说明,现在的状况以及相关的理论探讨是与过去一百年,特别是过去几十年中巨大的技术进步直接联系在一起的。

　　在本文中,我的意旨不在于讨论技术这一巨大的范围。我所要做的是,将注意力放在几个试图辨识目前所发生的事的逻辑性理论假设之上。

　　也许是早年的鲍德里亚(Jean Baudrillard)第一次发展出具有分析性、且相对连贯的关于当代图像社会的理论。他在 70 年代形成的关于符号经济、超现实、特别是影像的思想,揭示了一种正在出现的镜像世界。在此之前,居伊·德波(Guy Debord)在 60 年代对视像社会(society of the spectacle)的批判,是对这种思想的预示。而对图像的批判,则有着更深的背景,它是与消费社会的批判联系在一起的:在阿多诺第二次世界大战前以及并更多地在战后所写的文章中可找到较早的对大众和消费文化的批判;同样的批判在马尔库塞和其他一些学者的文章中也都能找到。不言而喻,这是 60 年代的文化产业对视觉性的强调,引起了哲学界对这种新出现的现象的批判。在当时,古典的(或更精确地说,是现代的或现代主义的)对精英艺术与大众(和传统)的文化所作的区分还基本上原封不动地保存着。从 20 世纪起开始的由于新技术的发明和广泛传播(照相术、电影、收音机及手提收音机)而形成的全球性变化,由于一项具有重大意义的技术发明而得到极大的推动,这项发明就是电视。[①] 随后发生的事件就无须复述了:电视所带来的虽缓慢却深刻的变化,涉及信息的传播和创造(以及虚构)、摄像技术的扩散、日常生活的审美化,以及由此而来的都市环境的审美化(至少在第一世界是如此)。技术的进步使人们能够制造出新的、更加完美、更具审美性的广告和日常生活用品等。60 年代时德波所说的"景观社会"还仅仅是开始阶段,只是到了今天,它才得到了完美的发展。正是这种视觉画面的充盈,这种媒体文化的充斥,被人们用来作为区分现代性和后现代性的标志。然而,现代性与后现代性的区别真的从现象学上说是如此吗?

---

① "一旦电视接收机可以被生产和出售,人们就会大量购买它。" 1944 年 Carmine 先生语。载 *Scientific American*, December 1994, p.10。

对于这个问题的一个肯定性的答复仍与主体问题有关：如果主体是一元的，如果这是笛卡尔式的主体，那么，后现代的主体则"看上去"绝非如此。后现代的主体似乎是泛化的自我，一种阿尔都塞所说的将个体当作主体，因而具有想象的（或用阿尔都塞的术语说是意识形态的）效果。我这里用"看上去"一词，是说，一个分裂的主体并非一定要与后现代理论有关。我们可以回到所谓"现代的"理论。例如，海德格尔就是如此。他在《康德和形而上学问题》（1929）一书中，对将"此在"（Desein）与对人的生存状态和官能的人类学–心理学描述相混淆，以及对将"此在"看成主体提出了警告。① 此外，我们还可以从弗洛伊德自己的理论中找到后现代对主体贬斥的根源，尽管这种理论在时间上从属于现代主义。这同样适用于所谓的后结构主义，它难道不是与解构一样，是一种典型的现代主义的努力吗？换句话说，难道20世纪的许多伟大的哲学文献，尽管它们被认为是现代性的核心，不是在实际上对笛卡尔的主体作了持续的批判吗？如果事实确实是如此，那么，我们说现代性与后现代性之间的断裂并不是像人们通常所宣称的那样深刻。而我们将后现代性看成与现代性一样的一个社会–历史实体是有问题的。如果我们将后现代性看成现代性的最新阶段，将后现代主义看成现代主义之后的现代性的文化时期，那么，我们对解释当前的事件就处于一个有利的地位。我认为，前面的论断尽管时髦，却不仅使后现代主义和现代主义，而且使当代视觉文化的实质性问题变得模糊了。如此看来，整个有关后现代的讨论从一开始起就与文化和艺术相关，就不是一个偶然的巧合了。在我解释我的立场之前，我愿简要地介绍詹姆逊（Fredric Jameson）的相关观点。

三

詹姆逊的基本而著名的观点（最早在《后现代主义》一文，后来在《晚期资本主义的文化逻辑》一文中表述出来，于1984年在《新左派评论》发表）是，资本主义是一个包罗万象的世界；近年来他则写道，对我们来说，今天，

---

① 参见 Jean-Luc Nancy, *Ego Sum*, Paris: Aubier-Flammarion, 1979, pp.12–13。

想象地球和自然的彻底恶化，比起想象晚期资本主义的破产要更容易。① 按照詹姆逊的观点，现实主义与市场资本主义相对应，现代主义与垄断阶段（帝国主义）相对应，而后现代与多国资本相对应。② 詹姆逊认为后现代主义，

> 仅仅记录了变异本身，从而更清楚地知道，内容仅是更多的图像。在现代主义那里……一些自然或"在"（being）的、老的、更老的、古老的残留区域仍然支撑着；文化还能对自然做点什么，还能对指涉对象进行改造。后现代主义则是现代化过程完成和自然永远消失时才出现的。③

詹姆逊发现了符号变化的三段论：在现实主义中，符号与所指称对象仍有关联，在现代主义中，它们相互分开，而在后现代主义中，

> 具体化渗透到符号本身中，能指与所指分离。这时，指称过程与对象完全消失，甚至意义，即"所指"的存在也成了问题。我们所剩下的只是纯粹的能指在杂乱地起着作用，这就是我们所说的后现代主义。④

鲍德里亚强调，日益发展的当代拟象（simulation）危及真理和现实的区分本身："拟象对真与假、真实与想象之间的区别构成威胁。"⑤ 鲍德里亚继续说：

---

① Fredric Jameson, *The Seeds of Time*, New York: Columbia University Press, 1994, p.xii.
② 见 Fredric Jameson, *Postmodernism, or, The Cultural Logic of Late Capitalism*, London: Verso, 1991, pp.35-36。
③ Fredric Jameson, *Postmodernism, or, The Cultural Logic of Late Capitalism*, London: Verso, 1991, p.ix. 由于詹姆逊没有很清楚地表述此自然的性质，我也许该指出，我们不仅应将自然视为一个所指称对象，其中当然有文化的介入，而且应看到，文化也变形为自然。例如，苏珊·布克-摩斯就曾注意到，"本雅明提出，在20世纪，工业文化的'新自然'生长出了一个神话般的力量以实现一种'普遍的符号主义'。"见 Susan Buch-Morss, *The Dialectics of Seeing: Walter Benjamin and the Arcades Project*, Cambridge, MA: The MIT Press, 1991, p.255。
④ Fredric Jameson, *Postmodernism, or, The Cultural Logic of Late Capitalism*, London: Verso, 1991, p.96.
⑤ Jean Baudrillard, "Simulacra and Simulations"（1981）, in *Selected Writings*, ed. and intro. by Mark Poster, Cambridge: Verso, 1988, p.168.

所有西方人的信仰，所有良好的信仰，都投入这一对再现的赌博之中：一个符号能够指向深层的意义，符号能够交换意义，这种意义的交换可以由某物那里求得保证——这某物当然是指上帝。但如果上帝本身可以被拟象，也就是说，可以被归结为证明上帝存在的符号时，那又会发生什么情况呢？这时，整个体系就会失重了，它不再是物，而是一个巨大的影像：不是非真实，而是一个影像，不再与真实相交换，而是在其自身之内交换，从而出现一个没有指称、无中断的、闭路的符号运动过程。①

正如我们所看到的，鲍德里亚的影像理论与詹姆逊对一些后现代主义的特征所作的描述是相似的（更不用说福柯在《事物的秩序》中的一些观点了）。此外，鲍德里亚还强调，符号与所指称对象之间的联系被切断了，影像创造它们自己的现实，然后，它自己变成所指称的对象。在现在的这种镜像世界中，影像的意义可以从《波兰扎》（Bonanza）的例子中得到说明。《波兰扎》是美国60年代的一个著名电视系列片，这个系列片放映了几年之久，故事背景被放在内华达山中的弗吉尼亚城周围（在加利福尼亚州和内华达州交界处）。为了拍摄这个系列片，电视公司建造了假牧场、假城镇等一整套背景。在60年代，这个电视系列片获得了巨大的成功。由于大多数中年美国人都熟悉这个电视剧，最近，这些当时为拍电视剧而建的东西得到了重建，于是那儿就有一个叫"波兰扎"的城镇。而旅游者，特别是从国外来的人来到这个被安放在旅游必经路线旁的小镇时，会相信，这是原来的城镇，而电视剧是以此为基础而拍摄的。

这导致我们涉及詹姆逊所提到的另外一点：

不仅在美国，而且在全球范围内，后现代文化是一个全新的美国军事和经济在全世界称霸浪潮中内在的、位于上层建筑层面上的表现。②

---

① Jean Baudrillard, "Simulacra and Simulations" (1981), in *Selected Writings*, ed. and intro. by Mark Poster, Cambridge: Verso, 1988, p.170.

② Fredric Jameson, *Postmodernism, or, The Cultural Logic of Late Capitalism*, London: Verso, 1991, p.5.

正如詹姆逊在另一处所提到的,后现代主义是第一个起源于美国而取得主导地位的文化要素,也是第一个名副其实全球的、完全由市场支配的文化要素。在后现代主义影响下的审美化,是与失去所指称对象,与所指和能指的分离辩证地联系在一起的。正如他在前面所引的一段话中所说,在现代主义中,

> 一些自然或"在"(being)的、老的、更老的、古老的残留区域仍然支撑着;文化还能对自然做点什么,还能对指涉对象进行改造。后现代主义则是现代化过程完成和自然永远消失时才出现的。①

换句话说,在现代主义中,自然仍被指称着,尽管已"缺席"(in absentia);而在后现代主义中,自然消失了,视觉效果,尤拉西克·帕克(Jurassic Park)的镜像征服了现实。我们"生动的"现实与在荧屏上映出的图像的区别不再被视为真实与虚构的区别。这种图像现在被视为仅是一个文学的能指。这一发展也显示出,艺术和文学失去了它们许多的"存在的"功能,而这正是在现代主义时期所赋予艺术和艺术家的浪漫主义特权。换句话说,随着文化上的霸权的建立,文学和艺术不再是我们过去所了解的样子了。

人们也许会说,在前现代时期,艺术也起着无足轻重的作用,不为人们所重视。也有人反对这种观点,认为艺术对人的存在是非常重要的,只是以各种面貌,而不是以艺术的面貌出现而已。我认为,后一种观点是靠不住的。通过想象取得符号性的主体间性可以通过各种手段达到,以现代方式理解的艺术只是其中之一。因此,今天的艺术只是在失去它在现代主义时代所拥有的特殊的地位和作用而已。或者,正如詹姆逊所说,在后现代主义之时,艺术尚未成功地提供他所谓的"认识的勘测"(cognitive mapping):即符号性地将我们自身放置进这一新的多国资本之中。在他看来,由于缺少这种勘测,导致许多后现代艺术的精神分裂的性质,也导致目前这种我们似乎日益缺少熔铸我们当下经验以求得表现的能力的状况。②

---

① Fredric Jameson, *Postmodernism, or, The Cultural Logic of Late Capitalism*, London: Verso, 1991, p.ix.
② Fredric Jameson, *Postmodernism, or, The Cultural Logic of Late Capitalism*, London: Verso, 1991, p.21. 显然,詹姆逊暗中接受了卢卡奇在《历史与阶级意识》(1924)一书中所表述的理论,"认识的勘测"也可理解为"阶级意识"的同义语。

■ 四

现在,让我们回到前面所涉及的后现代主义文化和艺术的话题上来。显然,后现代艺术的艺术性变得越来越少,而文化性变得越来越多,也就是说,变成相对中性的实体,没有特别的、有价值的特性。此外,这种文化由于晚期资本主义带来的技术的迅速进步而日益具有国际化的特色。在这样一个文化框架内,过去的现代主义艺术(精英艺术)似乎不仅丧失了它在符号性商品市场上的地位,也丧失了它大部分过去(现代主义)的存在功能:显示或讲述隐藏的真理,通过作品建立一个联结作者与他或她的观众之间的纽带。然而,这难道不也是现代主义本身的一个典型特征吗?一些现代主义的新先锋派艺术家难道不是狂热地试图摧毁艺术规则和深层意义的最后遗迹,取而代之以事物的纯表面性吗?这样一个趋势难道不在悄悄地贬低作为意义媒介的语言手段("文学")而有利于(如果不是产生的话)相对随意的对视觉艺术的理论反思吗?难道这不是被赞美为艺术的"自由""表现""实验"和"新异性"吗?难道我们说,现代主义的死亡是由它自己造成的吗?确实,它与巨大的技术进步同时发生,而且使得海德格尔的 die Technik(机械)与艺术不仅缠绕在一道,而且两者几乎无法区分。要认识这一点,只要比较一下我们与海德格尔对于 Kraftwerk(发电站)与 Kunstwerk(艺术品)区别的理解的差异就知道了。①我们的理解也许几乎完全消失了,这不是由于水电站在这期间获得了根本改变,而是由于技术改变了我们对什么是艺术品的看法。此外,艺术和艺术家成功地说服我们,实际上任何东西都可被称为艺术品,关于艺术的制度化理论从哲学上说明了这一点。所有这一切都是现代主义的特征,而后现代主义在这方面仅仅是它的历史延续(也许也是限制)。要想确定谁是这一变化的罪魁祸首,人们会很容易地找到一系列从现代主义到后现代主义的艺术家:马塞尔·杜

---

① "这条河(莱茵河)具有水电提供者的意义是由于建成了水电站。为了对这个在这儿占据统治地位的巨大怪物有所了解,我们不妨想一想这两个称号:作为一个被筑起了大坝成为水电站的莱茵和作为一个被荷尔德林称为艺术品的莱茵。但是,难道莱茵不仍旧是有着自然风光的一条河吗?也许,但在什么情况下是如此?只在旅游产业在组织旅游团到河上旅游时才是如此。"[海德格尔《关于技术的问题》(1953 年),引自 *Basic Writings*, ed. David Farrell Krell, San Francisco: Harper, 1977, p.297]

尚（Marcel Duchamp）、安迪·沃霍尔（Andy Warhol）、约瑟夫·博伊于斯（Joseph Beuys）以及超现实主义者。在这些艺术家的作品和著作中，我们发现了典型的现代主义和后现代主义特征：主体的疏离，玩弄材料和对象，玩弄die Technik（机械，如杜尚），坚持在人的主体性与公众之间建立空隙（使作品的意义不透明），并置互不谐调的材料和要素，避开绘画中深度，等等。

通过强调现代主义与后现代主义的相似性，我愿在此指出，后现代主义并非人们常说的一个突破，它实际上代表着一个从现代主义继承而来的趋势的直接延续。当然，其中差异是存在的，最突出的是视觉文化的重新定向。由此，文化的产业的或大众的一面向全世界渗透。文化产业日益变成了视觉文化产业，并由音乐和其他媒介起着辅助的作用。今天，我们可以进一步说，我们已经进入了下一个阶段，它超越了视觉，日益成为多种媒体和多种感觉的复合体。尽管如此，图像仍是主要的传播载体。原因很清楚：图像（有声音的支持）知觉上更容易接受（"图像自己能说话"，意思是，它们本身就有说服力）；从技术上说，它的传播也简单。同时，它具有高昂的价值；因此这种产业需要一个大市场，最好是国际市场。

图像的优势地位，或"图像转向"，对解释近年来在哲学上和在一般理论上的"语言转向"是一个帮助。进一步说，这种优势似乎暗示着某种其他的东西：词的失败。人们常说，宗教改革不仅导致图像的世俗化，而且也导致它们在社会上的优势地位。然而，现代主义本身从根本上说是意识形态的、政治的和文学的话语。在后现代主义中，文学迅速地转向了后台，而让舞台的中心位置为视觉文化所照亮。此外，这种中心舞台变成不仅仅是一个舞台，而是一个世界：在公共空间中，这种审美化是无所不在的。但是，难道我们不能同时认为，这种"图像转向"仅仅是对语词在社会和历史上的持续作用的一个补充吗？难道我们不能认为，正在发生的只不过是那不久以前还在这个世界上处于相当边缘地位的视觉文化悄悄扩散结果而已？假如图像不是拥有针对我们感官、我们的情感的特殊力量，或者说，以一种非反思的方式在说服我们（这是历史上绝大多数破坏偶像运动的根源），一切就无疑会是如此。图像阻止全能主义。正如莱辛所警告的，以图画形式表现"普遍思想"的企图，只能导致怪诞的寓言形式。①

在这方面,图像是非现代主义的。这是由于现代主义以其对话语的强调,企图实现全能主义。普遍化和整体化是理性的语言话语中天生的东西。现代主义视觉艺术天生要求一种整体化的推理基础,而后现代艺术和文化不要求这一点。在这方面,后现代主义显示出一种非(如果不是"反"的话)启蒙文化的倾向,因为理性从根本上依赖于理性的并因而全能化的话语。目前的技术革新当然并不仅仅与图像有关,它们也与文本,或者更确切地说,与声音有关。声音是对运动着的图像的看不见的补充和辅助媒介。与静态的图像中的文字标题相配的图像能给人以享受,而现代主义的大众文化也能做到这一点。也许除社会学者以外没有人在当时对此予以足够的理论上的注意。在那时,"下等的通俗小说"和正在兴起的大众传播媒介在社会很大的一部分空间中起着"文化的作用"。这种作用与今天的由于技术的进步而发展起来的荧屏文化并没有什么区别。所不同之处在于其影响范围和背后的原因:正如詹姆逊所指出的,后现代主义是第一个发源于美国的、全球性的文化要素。(正是在美国文化中,阿尔诺和马尔库塞找到了对消费文化批判的头号靶子。)日益商业化是后现代文化的主要动力,而从现代主义的观点看,这种商业化的特征是质疑的对象。在今天,我看不出有什么理由来保持这样一种观点。我们为什么一方面允许文化的扩展,允许审美化,而另一方面又要避免商业化,将之看成必然会遭到反对呢?后现代艺术和文化并不仅仅是将对象和图像审美化。按照一些人的观点,后现代主义已经成功地避免了商业化的一些陷阱。它同时既极端又保守,既有先锋性又兼收并蓄,因而并不与过去的艺术构成一种本质上的区别。②

■ 五

目前,作为现代性的最新阶段的对视觉社会的批判,与后现代主义的类似的批判同时出现。后现代主义的批判主要是从视觉出发的。在这种文化中,图

---

① 引自 W. J. T. Mitchell, *Iconology: Image, Text, Ideology*, Chicago: The University of Chicago Press, 1986, p.41。

② 参见 Terry Eagleton, *The Ideology of the Aesthetic*, Oxford: Blackwell, 1990, esp.373 *et passim*。

像和图画不仅纠缠在一起，而且可互换。对于这种新近发生的变化，有人想将之理论化①，但这种变化的广泛性和非中心性，给这种努力带来了很多的困难。由于精英艺术与大众艺术新近出现的合流并因此造成的一种含混性，或者说，它们变成了一种完全不同的、更加无所不在的文化环境，在其中，艺术迅速地失去了它旧有的特性，获得一种自我指称性，并将之与任何一种主体的转移区别开来，仿佛现代主义艺术莫名其妙地突然变成了它的影子一样。我曾努力说明，这样一个过程不仅是现代主义本身中所固有的，而且也是与技术和市场的力量联系在一起的。我还指出，"图像"和"视觉主义"在我们的文明中具有很长的历史。尽管在现代主义和后现代主义中存在着重要的差异，我认为，它们两者应被看成同一的全球性历史过程和时代的一部分。新一轮的理论上破坏偶像运动将不会减少图像在社会、政治和情感上的影响力。同时，根据新近的技术进步而将现行的文化仅仅归之于图像（忘记同样重要但不那么引人注目的艺术的声音、文本、甚至触觉和空间特征），是一种不公正的过分简单化。

目前的这种得到声音补充的图像在理论上没有相应的反映。在现代主义，不管理论的还是在其中特别活跃的批评活动中②，文本的话语都是最后的参照点。在其中，非推理的再现或符号化的对象获得了反思性的肯定、评价，并成为被包括进"艺术王国"中的手段。这样一种（将一幅画、一段音乐、一个舞蹈等）翻译成文本的活动就将它们提高到了具有特权的现代主义的符号形式的地位——使它们具有了语言的话语。特别是由于它们的短暂的性质，运动着的画面通常很难用文本固定下来。即使可以固定，也不会有什么大影响。理论的反思被转化为没有巨大社会影响的飘忽不定的活动。同时，由于它们主要不是指现在的经验中的现实，而是指由娱乐业所提供的超现实，对之进行理论化的任务，除最一般的理论探讨外，就很少被人们所提起。当代对全能化的话语的质疑又进一步压缩这方面的需要。最新的技术取代了近年来的在语词和图像方面的对立，供人消费的各种感觉材料出现了日益广泛的相互流动。在大部分娱

---

① 例如，Scott Lash, *Sociology of Postmodernism*, London: Routledge, 1990。在该书中，作者把利奥塔对话语（discourse）和造型（figure）的区分运用到现代主义和后现代主义的区分上来，认为前者是推理性优先，而后者是造型性（并因而图像）优先。

② Mario Praz, *Mnemosyne: The Parallel Between Literature and the Visual Arts*, Princeton, NJ: Princeton University Press, 1974, p.216.

乐业提供超现实,以吸引必要的注意,以新的感觉材料满足想象之时,那些可被称为"真正的艺术"解开了所指称对象、能指和所指的联系环节,更深刻地反映了一个新的建成的社会现实。尽管这种艺术能被说成是"真正的",指称链的分离却阻止了推理性的固定和全能化,因而在这方面将这种艺术放在与娱乐业的产品相类似的地位上。

  要了解现代主义时期由艺术扮演的角色将由什么来代替问题,一个新的认识论的界定是必要的。这一任务会是由艺术,还是由流行文化(或某个其他什么东西)来完成,我们还需等一等才能看清。另一个,也许是更为迫切的问题是,这样一个我们所熟知的,根据现代主义观念而形成的界定在什么程度仍是可行的?更进一步说,艺术能够在目前情况下提出一个从理论上讲可行的界定吗?可以肯定的是,今日的艺术已经,而且会更加与不久前的艺术有深刻的差别,就像我们在将现代主义艺术与现实主义艺术相比时也会得出类似的结论一样。

(选自《文艺研究》2000年第3期)

出版说明

经典文本阅读是学术训练的基础。任何一门学科都有其必须研读的经典，作为该学科全部知识的精华，它凝聚着历代学人持续的思考和深入的探索。我们组织编写的这套"现代学术经典精读"系列丛书，旨在提升研究生教学水平，提高研究生的学术鉴别能力和学术素养，向需要开拓学术领域的青年教师和研究人员提供研究读本，帮助学生和青年教师为将来的研究奠定基础。更为重要的是，通过阅读这些学术经典，读者非但可以摸清治学门径，领悟写作和研究范式，也能拓宽学术视野，见识学术研究的高下之分，在研究起始阶段即能站在学术的制高点上。

这套丛书内容涵盖文、史、哲、艺术等学科。丛书中每卷主编都是该学科领域有较大学术影响的专家。每卷的选文为该研究领域学生所应读、必读的经典论文或经典著作的节选，时间跨越 20 世纪，并以读者较难获得的论著为优先；而且，所选论著大体上构成了该学科研究的学术史体系，展现了该学科研究的发展历程、主要代表人物以及标志性成果。在每卷前，该卷主编撰写导言，介绍该领域学术史概况及论著遴选标准等，以开放的视角和批判性的思维，对所选论著进行简要介绍和点评等，在如何阅读学术经典、如何培养问题意识等方面，也殊多新意和创见。每篇选文前的导读，使每一卷都成为一本该领域最新的核心论著，选文后列出的延伸阅读文献也是编者们精心遴选的，可作为扩展阅读和参考。

为保护知识产权，我们向尚在版权期内的选文权利人寄去了授权协议书，部分作者收到了协议书并签订了授权协议。可能由于种种原因（如联系方式变动），一些权利人没有收到协议书，希望看到本书后主动与我社取得联系。在此，先对给各位造成的不便表示道歉。

在编辑过程中，我们基本保留了选文的原貌，只对部分原文和注解按编辑规范进行了校改。这套丛书一定还有不完善之处，希望读者们多提意见，以便重印和再版及时更正。最后，向这套丛书的编者以及选文授权者表示谢意，也恳请方家指正，以便我们今后把"现代学术经典精读"这套丛书做得更好。

高等教育出版社

2021 年 1 月

郑重声明

高等教育出版社依法对本书享有专有出版权。任何未经许可的复制、销售行为均违反《中华人民共和国著作权法》，其行为人将承担相应的民事责任和行政责任；构成犯罪的，将被依法追究刑事责任。为了维护市场秩序，保护读者的合法权益，避免读者误用盗版书造成不良后果，我社将配合行政执法部门和司法机关对违法犯罪的单位和个人进行严厉打击。社会各界人士如发现上述侵权行为，希望及时举报，本社将奖励举报有功人员。

反盗版举报电话　（010）58581999　58582371　58582488

反盗版举报传真　（010）82086060

反盗版举报邮箱　dd@hep.com.cn

通信地址　北京市西城区德外大街4号
　　　　　高等教育出版社法律事务与版权管理部

邮政编码　100120